军用光电系统技术与应用

周金鹏　王省书　郑佳兴　编著
　　　　吴　伟　雷　兵

国防工业出版社
·北京·

内 容 简 介

本书在内容上分上、下两篇，在特色上注重"军用"。上篇以光电系统的信息流向为主线，通过信息的产生、传输、会聚、转换、检测、处理以及输出等环节，全面展示支撑军用光电系统的系统级技术；下篇则以现代局部信息战的军事行动为导向，按光电侦察、光电打击、光电对抗、光电导航以及光电通信进行分类，详细介绍光电装备的原理、战技性能、应用和发展趋势，充分展示军用光电系统技术在现代战场中的典型应用。本书旨在帮助读者掌握军用光电系统的分类、组成、工作原理、战技性能及评价方法，理解军用光电系统的基本设计理论，初步具备运用所学知识分析和解决战场实际问题的能力，为从事光电武器装备的研究和应用奠定基础。

本书可作为高等军事院校本科生的光电类专业课教材以及部队任职培训教材，也适合光电武器装备使用和维护人员在工作中学习参考。

图书在版编目(CIP)数据

军用光电系统技术与应用 / 周金鹏等编著. —北京：
国防工业出版社，2023.1
ISBN 978-7-118-12715-7

Ⅰ．①军… Ⅱ．①周… Ⅲ．①光电子技术–研究
Ⅳ．①TN2

中国国家版本馆 CIP 数据核字(2023)第 022036 号

※

国防工业出版社出版发行

(北京市海淀区紫竹院南路23号　邮政编码100048)
莱州市丰源印刷有限公司印刷
新华书店经售

*

开本 787×1092　1/16　印张 32½　字数 752 千字
2023 年 1 月第 1 版第 1 次印刷　印数 1—2000 册　定价 98.00 元

(本书如有印装错误，我社负责调换)

国防书店：(010)88540777　　书店传真：(010)88540776
发行业务：(010)88540717　　发行传真：(010)88540762

前 言

从20世纪的海湾风云至21世纪的俄乌战争，无论是战场信息的获取，还是重要目标的精确打击，无不昭示着军用光电武器装备在现代高科技信息化局部战争中的重要地位。光电武器装备在学科中被称为军用光电系统，它是与电子雷达、水声系统并驾齐驱、不可缺少的高技术军用武器装备，具有分辨率高、信息容量大、抗干扰性能强、隐蔽性好等诸多优点，其在战场中科学使用，有助于作战人员"看得更清，打得更准，生存能力更强，反应速度更快"，在现代高科技信息化局部战争中的应用无处不在。

我国光电武器装备技术的发展相比国外稍晚，但到20世纪90年代末，许多光电装备也开始陆续被配发到各兵种部队。特别是进入21世纪后，光电武器装备的发展十分迅猛，拥有并科学使用先进的光电武器装备，已成为现代战争双方争夺的制高点。因此，在军事院校中建设相关教材，培训具有光电知识背景的高素质军事人才，满足军队对光电技术人才的实际需求，避免出现装备等人的不良局面，对现代高科技信息化局部战争的制胜具有重要意义。通过教材的学习，可让光电武器装备的使用人员全面掌握现役光电装备的工作原理、战技性能和科学应用，做到知其然并知其所以然，科学地应用光电武器装备来提升部队的战斗力。

本书在内容上分为上、下两篇，在特色上突出"军用"。上篇为军用光电系统技术，包含第1章至第7章，其内容安排以光电系统的信息流向为主线，通过信息的产生、传输、汇聚、转换、检测、处理以及输出等环节，全面展示支撑军用光电武器装备的系统级技术，具体包括目标与背景的光辐射特性、光辐射的大气传输、光辐射的光学变换、光辐射的调制与转换、光电信号的检测与处理、光电系统的控制与执行；下篇为军用光电系统应用，包含第8章至第12章，其内容安排以现代局部信息战的军事行动为导向，按光电侦察、光电打击、光电对抗、光电导航以及光电通信进行分类，详细介绍光电装备的原理、战技性能、应用和发展趋势，充分展示军用光电系统技术在现代战场中的典型应用。本书内容在强调光电系统的系统性、实用性和工程性的同时，重点彰显其"军用"特色。

本书所涵盖的知识紧贴军队需求，紧扣现代战争的新特点，围绕"以战领教，为战育人"的教学理念，科学地、系统地安排知识章节。通过对本书的学习和理解，可帮助读者系统地掌握军用光电系统的关键技术、工作原理、战技性能及评价方法，理解军用光电系统的基本设计理论，初步具备运用所学知识分析和解决工程技术问题的能力，增强其在军用光电武器装备使用方面的创新能力和创新意识，为从事军用光电系统与装备的研究和应用打下坚实的基础，更好地与部队任职需求相衔接。同时，本书也适合部队现有光电装备使用和维护人在工作中学习参考，更好地保障光电武器装备的正常运行，促进部队战斗力的显著提升。

本书涉及的技术面广，且内容的知识综合性特别强，要求读者具备一定的光电基础知识，最好是预先学习过"应用光学""物理光学""激光原理与技术""光电技术"等光电类基础课程。

全书共 12 章，周金鹏编写了第 1~8 章，王省书编写了第 11 章，吴伟编写了第 9 章，郑佳兴编写了 10 章，雷兵编写了第 12 章。全书由周金鹏统稿、定稿。

在本书编写过程中，魏立安参与了部分课程教学和资料搜索，胡春生、黄宗升及战德军也为教材讲义的成稿提供了部分参考资料，学院训练部钟海荣对本书的出版提供了大力支持，在此谨表衷心感谢。

此外，在编写过程中，我们还学习和参考了前辈专家有关军用光电系统的专著、教材和论文，受益匪浅，使本书得以顺利完成，在此向他们表示诚挚的谢意。

本书虽经反复修改和教学使用，但因作者水平有限，加之本书涉猎的技术面广、知识的综合性强，疏漏和不妥之处在所难免，诚望广大老师、学生和读者予以批评指正。

作　者

2022 年 5 月

目 录

上篇 军用光电系统技术

第1章 绪论 ········· 3
1.1 军用光电系统的基本概念 ········· 3
1.2 军用光电系统的基本组成 ········· 4
1.3 军用光电系统的分类 ········· 5
1.4 军用光电系统的基本性能和特点 ········· 6
1.5 军用光电系统在现代战争中的作用和地位 ········· 8
1.6 军用光电系统的发展趋势 ········· 9
思考题 ········· 10

第2章 目标及背景的光辐射特性 ········· 11
2.1 辐射的基本理论 ········· 11
   2.1.1 基本概念和名词 ········· 11
   2.1.2 辐射体的分类 ········· 13
   2.1.3 辐射定律 ········· 14
   2.1.4 目标与背景的辐射对比度 ········· 17
   2.1.5 实际物体的红外辐射 ········· 18
2.2 目标及背景光辐射特性概述 ········· 18
2.3 典型背景的光辐射特性 ········· 19
   2.3.1 深空背景 ········· 20
   2.3.2 地球大气背景 ········· 23
   2.3.3 天空背景 ········· 28
   2.3.4 海洋背景 ········· 31
   2.3.5 地物背景 ········· 34
2.4 典型目标的光辐射特性 ········· 40
   2.4.1 空间目标 ········· 40
   2.4.2 空中目标 ········· 42
   2.4.3 地面目标 ········· 51
   2.4.4 海面目标 ········· 53
思考题 ········· 55

第3章 光辐射的大气传输 ... 56
3.1 大气的结构和组成 ... 56
3.1.1 大气结构 ... 56
3.1.2 大气的组成 ... 57
3.1.3 大气的气象条件 ... 62
3.1.4 标准大气 ... 63
3.2 大气消光 ... 65
3.2.1 大气吸收 ... 65
3.2.2 大气散射 ... 69
3.2.3 实际大气中光辐射的衰减 ... 72
3.3 大气折射 ... 75
3.3.1 大气光路方程 ... 76
3.3.2 蒙气差 ... 76
3.3.3 光路曲率 ... 77
3.3.4 地平抬高和观测距离增大 ... 78
3.4 大气湍流 ... 79
3.4.1 湍流的数学描述 ... 79
3.4.2 大气湍流气团 ... 79
3.4.3 大气湍流效应 ... 79
3.5 大气热晕 ... 81
3.6 大气传输对军用光电系统的影响 ... 82
思考题 ... 83

第4章 光辐射的光学变换 ... 85
4.1 光学系统概述 ... 85
4.1.1 表述光学系统接收光辐射能的参量 ... 85
4.1.2 影响光学系统像质的因素 ... 87
4.2 汇聚光学系统 ... 88
4.2.1 折射式物镜 ... 88
4.2.2 反射式物镜 ... 91
4.2.3 折反射系统 ... 93
4.3 发射光学系统 ... 97
4.3.1 准直光学系统 ... 97
4.3.2 强激光发射光学系统 ... 99
4.4 扫描光学系统 ... 102
4.4.1 两种基本光机扫描方式 ... 103
4.4.2 光机扫描器件 ... 104
4.4.3 几种常用的光机扫描方案 ... 108

4.5 辅助光学系统 ·· 109
4.5.1 场镜 ·· 109
4.5.2 光锥 ·· 113
4.5.3 浸没透镜 ··· 118
4.5.4 整流罩与窗口 ·· 122
思考题 ··· 124

第5章 光辐射的调制与光电转换 ··· 125
5.1 光辐射的调制 ·· 125
5.1.1 概述 ·· 125
5.1.2 典型调制波形 ·· 126
5.1.3 调制波的形式与特性 ·· 129
5.1.4 调制盘的工作原理及类型 ·· 136
5.2 光辐射的光电转换 ·· 149
5.2.1 光辐射探测器的工作原理 ·· 149
5.2.2 探测器的主要特性参数 ··· 158
5.2.3 主要光辐射探测器的特性参数 ··· 162
5.2.4 光电探测器的性能比较及应用选择 ·· 165
5.2.5 红外探测器的制冷器 ·· 169
思考题 ··· 174

第6章 光电信号的检测与处理 ·· 175
6.1 光电信号检测 ·· 175
6.1.1 噪声和信号分析 ··· 175
6.1.2 信号与噪声的分离 ·· 179
6.1.3 信号的检测与方法 ·· 183
6.2 光电信号处理 ·· 189
6.2.1 信号放大 ··· 189
6.2.2 信号滤波 ··· 199
6.2.3 直流的隔除与恢复 ·· 204
6.2.4 自动增益控制 ·· 205
6.2.5 多路传输和延时 ··· 207
6.2.6 相位检测 ··· 208
6.2.7 频率检测 ··· 210
6.2.8 脉宽鉴别 ··· 211
6.2.9 坐标变换 ··· 212
6.2.10 信号抽样 ·· 213
6.2.11 彩色合成 ·· 215
思考题 ··· 216

第7章 光电系统的控制与执行 ····· 217
7.1 光电搜索 ····· 217
7.1.1 搜索系统的工作原理 ····· 217
7.1.2 对光电搜索系统的主要要求 ····· 219
7.1.3 搜索信号的产生 ····· 220
7.1.4 行扫描搜索系统及其他 ····· 225
7.1.5 搜索系统的作用距离方程 ····· 228
7.2 光电跟踪 ····· 229
7.2.1 目标方位信息的探测 ····· 229
7.2.2 光电跟踪系统的组成及跟踪原理 ····· 239
7.2.3 调制盘跟踪装置 ····· 242
7.2.4 成像跟踪系统的工作原理 ····· 251
思考题 ····· 256

下篇 军用光电系统应用

第8章 光电侦察 ····· 259
8.1 微光夜视 ····· 259
8.1.1 夜天辐射基础 ····· 259
8.1.2 微光夜视仪概述 ····· 264
8.1.3 第一代微光夜视仪 ····· 267
8.1.4 第二代微光夜视仪 ····· 272
8.1.5 第三代微光夜视仪 ····· 277
8.1.6 微光夜视仪的静态性能 ····· 280
8.1.7 微光夜视仪的视距估算 ····· 285
8.1.8 微光电视 ····· 290
8.2 红外热成像 ····· 292
8.2.1 红外成像技术概述 ····· 292
8.2.2 热成像装置的组成及基本工作原理 ····· 295
8.2.3 几种典型热成像装置的介绍 ····· 301
8.2.4 热成像系统的性能评价 ····· 312
8.2.5 热成像技术的军事应用 ····· 319
8.2.6 展望 ····· 320
8.3 激光测距 ····· 321
8.3.1 脉冲激光测距系统构成及工作原理 ····· 321
8.3.2 相位激光测距原理 ····· 322
8.3.3 脉冲激光测距方程 ····· 323
8.3.4 最大可测距离和精度分析 ····· 324

8.3.5　军用激光测距机的特点 ·················· 325
　　　8.3.6　军用激光测距机的主要军事应用 ············ 326
　　　8.3.7　军用激光测距机的现状与未来发展趋势 ······· 331
　8.4　激光雷达 ································· 332
　　　8.4.1　激光雷达的特点 ······················ 333
　　　8.4.2　激光雷达分类 ························ 333
　　　8.4.3　激光雷达组成及原理 ···················· 334
　　　8.4.4　激光雷达的应用 ······················ 337
　　　8.4.5　典型军用激光雷达 ····················· 340
　　　8.4.6　激光雷达的发展现状和趋势 ··············· 342
　8.5　光学遥感 ································· 344
　　　8.5.1　光学遥感系统组成 ····················· 344
　　　8.5.2　光学遥感系统的军事应用 ················ 345
　　　8.5.3　全景摄影航空相机 ····················· 345
　　　8.5.4　定狭缝摄影航空相机 ···················· 346
　　　8.5.5　多光谱相机 ·························· 347
　　　8.5.6　多光谱摄像机 ························ 347
　　　8.5.7　超光谱摄像系统 ······················ 347
　思考题 ······································· 348

第9章　光电打击 ······························ 349
　9.1　光电制导 ································· 349
　　　9.1.1　光电制导技术的特点及发展 ··············· 349
　　　9.1.2　光电制导技术分类和基本概念 ············· 351
　　　9.1.3　激光制导 ··························· 354
　　　9.1.4　红外寻的制导 ························ 363
　　　9.1.5　电视制导 ··························· 374
　　　9.1.6　光纤制导 ··························· 378
　　　9.1.7　展望 ······························ 380
　9.2　光电火控 ································· 382
　　　9.2.1　光电火控系统的组成 ···················· 382
　　　9.2.2　系统工作原理 ························ 383
　　　9.2.3　光电火控系统的功能和性能特点 ············ 384
　　　9.2.4　典型光电火控系统 ····················· 385
　　　9.2.5　火控系统性能实例 ····················· 387
　　　9.2.6　光电火控系统发展趋势 ·················· 388
　9.3　光电引信 ································· 388
　　　9.3.1　光电引信的分类及特点 ·················· 389

9.3.2　红外引信 ·· 390
　　9.3.3　激光引信 ·· 400
思考题 ·· 405

第10章　光电对抗 ·· 406
10.1　光电告警 ·· 406
　　10.1.1　激光告警 ·· 406
　　10.1.2　红外告警 ·· 411
　　10.1.3　紫外告警 ·· 414
　　10.1.4　光电复合告警 ·· 415
10.2　光电干扰 ·· 416
　　10.2.1　光电干扰的基本原理 ·· 416
　　10.2.2　光电干扰的分类 ··· 416
　　10.2.3　烟幕干扰 ·· 417
　　10.2.4　红外诱饵干扰 ·· 421
　　10.2.5　光电干扰机 ··· 425
　　10.2.6　激光致盲 ·· 433
　　10.2.7　光电摧毁 ·· 434
10.3　光电防御 ·· 435
　　10.3.1　光电隐身 ·· 435
　　10.3.2　光电伪装 ·· 439
　　10.3.3　激光防护 ·· 441
10.4　光电对抗的发展现状和趋势 ·· 448
思考题 ·· 450

第11章　光电导航 ·· 451
11.1　导航的基本概念 ·· 451
11.2　载体的空间位置和姿态的描述 ··· 451
　　11.2.1　常用坐标系 ··· 452
　　11.2.2　载体位置、姿态和方位的确定 ··· 454
11.3　光电惯性导航 ·· 456
　　11.3.1　惯性导航简介 ·· 456
　　11.3.2　惯性器件 ·· 459
　　11.3.3　惯性导航系统 ·· 467
11.4　天文导航 ·· 468
思考题 ·· 471

第12章　光电通信 ·· 472
12.1　激光通信概述 ·· 472
　　12.1.1　激光通信的特点 ··· 472

        12.1.2 激光通信原理 473
        12.1.3 激光通信分类 473
    12.2 光纤激光通信 475
        12.2.1 光纤的基本知识 475
        12.2.2 光纤通信系统 480
    12.3 星间激光通信 493
        12.3.1 卫星通信系统简介 493
        12.3.2 星间激光通信的提出及其优势 494
        12.3.3 星间激光通信的发展现状 494
        12.3.4 星间激光通信系统构成 496
        12.3.5 星间激光链路的种类 497
    12.4 水下激光通信 499
        12.4.1 概述 499
        12.4.2 海水信道 500
        12.4.3 水下激光通信的光源技术 504
        12.4.4 对潜蓝绿激光通信系统 505
    思考题 506
参考文献 508

上 篇
军用光电系统技术

十 篇

平川次郎衛門枝木

第1章 绪 论

军用光电系统作为信息装备的新秀,已成为与雷达电子、水声系统并驾齐驱、不可缺少的高技术装备。从20世纪的海湾风云至21世纪初的伊拉克战争,无不昭示光电装备在现代高科技战争中的地位。上天入地,下海登极,军用光电系统在现代军事上的应用无处不在。

1.1 军用光电系统的基本概念

军用光电系统泛指那些可接收来自目标反射或目标自身辐射的光信号,并通过光电变换、扫描控制、信号处理等环节获得信息,从而完成警戒、测量、跟踪、瞄准、制导、打击等战斗使命的高技术军用装备。军用光电系统是以光电子(Optoelectronics)技术为核心的系统装备。所谓光电子技术,通俗地说,是光波段(指波长在 0.01~1000μm 的电磁波)的电子技术,或者说是电子技术在光波段的延伸和拓展。它包括激光、红外、可见光、紫外、光纤、光显示器、光存储、集成光路、光电子集成等技术领域,涉及信息获取、传输、处理、显示、存储、互联等诸多环节。

光电子技术,较为经典的说法可以参考光子学词典中对光电子学(Optoelectronics)、光子学(Photonics)的解释。光电子学是用于描述那些对光子有光电响应的元件的学科,从属于响应光辐射能量,发射或改变光辐射或利用光辐射用于其内部运行的器件。

当前研究光子作为信息载体与物质的相互作用,越来越趋向"光子学"这个名词。光子学是指"产生并利用以量子单元为光子的光和其他形式的辐射能的技术,包括光学元器件和仪器对光进行发射、传输、放大和探测、通信和信息处理。"美国国防部对光子学给出的定义是:"光子学是指用光子代替电子进行计算和数据传输的概念,从属于光子代替电子进行计算和信息传输的器件和系统,它通常涉及用基于光波长的技术实现的元器件和应用来取代基于纯电子的元器件和应用。"

原总装备部光电子专业组对光电子技术给出了较为简洁、准确的定义:光电子技术是光子与束缚态电子相互作用所引起的一系列技术(包括其所需的支撑技术)的总称。

总之,可以更准确地对军用光电系统进行定义,即军用光电系统是对以光电子技术为核心、利用光频辐射所固有的信息载体和能量载体的双重属性,集成多种传感器,以计算机、自动控制、精密机械、光学工程、信息处理等高新技术为依托,通过控制光频辐射的产生、传输、处理和使用来实现一定战术功能的系统和装备的总称。

1.2 军用光电系统的基本组成

军用光电系统作为武器装备，其技术发轫于 20 世纪 50 年代，成长于 70 年代，发展于 90 年代，时至今日，已逐步成为一个完整的装备体系，覆盖了信息感知、信息显示、信息存储、信息处理、信息对抗等各个领域。

尽管军用光电系统种类繁多，且各种系统的工作机理和结构形式也各不相同，但它们的基本组成如图 1-1 所示，大致包括光学系统、探测器、电子系统、输出系统以及制冷系统等。在一些系统内，有些部分可能没有，而有的又会因某个特殊功能的需要而增加一些其他的部分。如主动式军用光电系统，还需要光源系统。

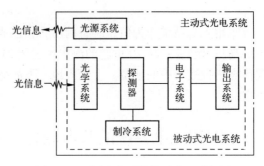

图 1-1 军用光电系统的基本组成框图

1. 光学系统

光学系统通常包括透镜、棱镜或面镜等各种形式的光学元件和调制盘、滤光片以及光机扫描系统等部件，其主要功能是瞄准目标；收集入射到系统中的光辐射，将其聚集或成像到探测器上；对入射光辐射进行调制，使连续的光辐射变换成具有一定规律或包含目标位置信息的交变光辐射；消除所探测光谱范围之外的杂散光，增强装备的抗干扰能力；扫描光学视场，使单元或非凝视多元探测器能按一定规律连续而完整地分解目标图像等。

2. 探测系统

探测系统包括光辐射探测器及其前置放大电路，其主要功能是将入射的光辐射转换成电信号。就其原理来说，光辐射探测器可分为光电探测器和热电探测器两大类。光电探测器是基于光辐射的光子与物质中电子直接作用而使物质电学特性发生变化的光电效应，如外光电效应、内光电效应和障层光电效应等。由于光子与电子间的直接作用，光电效应的灵敏度较高，反应时间较快。但由于光子的能量与光辐射的波长有关，且材料的电学特性变化存在阈值等原因，光电效应的光谱特性对光谱有选择性，且有红限波长存在。热电探测器的基础是热电效应，光辐射的能量为某些物质所吸收，产生温升而使其电学特性发生变化，如热敏电阻、热电偶和热电堆、热释电探测器等。由于这类探测器增加了升温过程，因此热电效应的反应速度较慢，灵敏度较低。但吸能升温过程的存在，使这类探测器的光谱特性对光谱无选择性。

3. 电子系统

军用光电系统的电子系统最具有多样性，归纳起来主要包括以下部分：为使探测器工作在所要求的合理的工作点上，就需要设计适当的偏置电路。例如光敏电阻的偏置电路根据工作要求不同可以有恒流偏置、恒压偏置及最大输出功率偏置电路，探测器不同，所要求的偏置电路亦不同。

为使探测器偏置电路获得的信号电平得到提高，首先应采用前置放大器进行放大。这种放大器根据工作要求，与偏置电路间可以是功率匹配，也可以是最佳信噪比匹配。军用光电系统中因信号通常很弱，一般采用后者。

经过前置放大后的信号，按照不同系统功能要求采用完全不同的信号处理电路。归纳起来可以包括各种类型的放大器、带宽限制电路、检波电路、整形电路、钳位电路、直流电平恢复电路、有用信息提取电路等。

为使各种电路正常工作，还必须要有专门的满足各自需要的电源。有些电源还可能有很特殊的要求，如微光夜视仪需要直流高压电源。

4. 输出系统

输出或控制单元是光电系统检测到的目标信号的最终表现或应用的形式。有些系统只需要显示屏、计算机或其他方式显示或记录目标信号，以供人眼判读。有些系统在获得目标信号后不仅要判读，还需把它作为控制信号，达到某种控制的目的。这样目标信号还要通过 A/D 转换、计算机处理、D/A 转换，以及其他的专用控制部件，完成系统要求的控制功能。

5. 制冷系统

系统中的制冷器主要用于对探测器的制冷，有时也用于使光学系统、低噪声前置放大器制冷，其目的都是使探测器及有关器件工作在低噪声状态下。特别是用于探测红外辐射的光电探测器，几乎都需要进行制冷才能进行正常工作，有的探测器需制冷到液氦的沸点温度 4.2K，有的需制冷到液氮的沸点温度 77.3K，还有的只需制冷到液氧的沸点温度 90.2K 或干冰的熔点温度 194.6K 等；有些用于对微弱可见光探测的器件，如光电倍增管，也可通过对它的光阴极进行制冷，以减少其热电子发射，达到减少噪声的作用。通常可采用制冷剂、半导体制冷器、斯特林循环制冷机等多种方式进行制冷。

6. 光源系统

对于像激光雷达、激光测距仪等主动式光电探测系统来讲，还需要光源系统。光源系统包括光源（一般是激光器）和发射光学系统等，光源主动向目标发射光辐射，以获取目标信息、传递信号或打击目标，发射光学系统用来准直光源光束，使光辐射能量集中地传播到远距离的目标上。

1.3 军用光电系统的分类

军用光电系统的种类很多，按其是否主动发射光辐射进行划分，可分为主动式光电系统和被动式光电系统；按其信号形式进行划分，可分为光电成像系统和光电非成像系统；按其工作机理进行划分，可分为光电探测系统、光电通信系统、激光武器系统等；按其工作波段进行划分，可分为可见光光电系统、紫外光电系统和红外光电系统；按其扫描方式进行划分，可分为光机扫描型和电子扫描以及 CCD 扫描光电系统；按其使用场所进行划分，可分为天基光电系统、陆基光电系统、星载光电系统、舰载光电系统、机载光电系统等；按其所担负的战斗使命进行分类，可分为夜视观瞄、光电火控、潜用观测、光电制导、激光武器、光纤通信等系统……，由于它们之间的相互穿插和交错，很难做到明确的分类。

军用光电系统按战场需求可分为：

（1）侦察监视系统。通过截获或发射电磁能量，根据电磁能量分布的不均匀性实现对空间景物成像，实现信息感知功能。侦察和监视均以清晰的图像为表现形式，监视功能侧重于实时性与持续性，如岸基红外监视系统；侦察则不一定要求是实时的，可以是在获取图像后先进行存储，事后判读，也不一定是持续的，可以是某一特定时间的，如机载侦察吊舱。

（2）警戒告警系统。指以对来袭目标的感知为目的并实时发出警告的装备系统。系统具有极强的实时性要求，不一定要以图像为表现手段。告警一般是"初级"的手段，对来袭目标只能示以大致的方位，如激光告警器、紫外告警器等。警戒则是"高级"的装备，一般具备多目标处理能力、目标航速处理能力和威胁程度的判断能力，以及目标运动参数的精确解算能力，用作武器系统的目标指示，如舰载红外警戒系统、天基红外预警系统等。

（3）跟踪火控系统（包括制导系统）。是指为完成对来袭目标实施精确打击的使命，而采用的对目标运动参数进行高精度测量的光电探测系统。系统能实时探测目标的三维运动参数（高低、方位、距离）并进行高精度火控解算，如机载光电火控系统、红外制导系统等。

（4）光电对抗系统。是指敌对双方为争夺制信息权在紫外、可见光、红外波段上的对抗，通过预警、侦察、欺骗、干扰、隐身、防护、压制、摧毁、反摧毁等多种有效手段，使敌方的光电装备和武器系统失灵；同时，保护己方光电装备能有效获取作战信息，并对其综合处理和利用，提高武器系统的打击威力。包括有源对抗系统、无源对抗系统和激光软、硬杀伤系统，即由各类（如氧、碘、氟化氢）大功率激光器组成的激光武器系统，如以色列的"鹦鹉螺"激光武器系统等。

（5）光电导航系统。指在已知各种天体（包括人造的、自然的）星历的条件下，通过探测其电磁辐射来实现对载体定位的设备和系统，如天文导航系统、射电导航系统等。

（6）光通信系统。指利用光频辐射作为信息载体的属性来实现信息传输的系统，分为无线光通信和光纤通信。

本书采用的分类方法与上述分类方法相似，但更侧重于军用光电系统的战场应用，即按军事行动的类别进行分类，具体包括光电侦察、光电打击、光电对抗、光电导航和光电通信。

1.4 军用光电系统的基本性能和特点

军用光电系统的基本性能包括：

（1）极限灵敏度。极限灵敏度决定作用距离。以最小的辐射通量入射到光学系统的入瞳中，能保证以规定的概率发现目标，保证跟踪目标的精度或目标像的复现精度，这个最小的辐射通量代表了系统的极限灵敏度。其另一表述方法是，使信噪比达到规定值时所需的信号辐射通量。对于在红外波段工作的光电系统，常用最小可分辨温差来表示。使信噪比等于1的辐射功率称为噪声等效功率。有时还用归一化的探测率来表示。光电系统的极限灵敏度决定了系统在规定工作条件下的作用距离。

(2) 视场。视场决定测量、跟踪和搜索范围。它是以光学系统入瞳中心为顶点的空间角，在此范围内系统可发现目标。在对称系统中，可用水平和垂直方向上的线角度表示空间视场角。瞬时视场是以入瞳中心为顶点的空间角，在此范围内系统可在规定的瞬间发现目标。扫描系统的瞬时视场是视场的一部分，利用扫描系统可减少背景的干扰，增加作用距离。

(3) 鉴别率和精度。鉴别率和精度决定测量效果。鉴别率常用系统可分辨的两个点光源对系统入瞳中心的最小张角来表征，有时也可以用每毫米的线对数来表示。而精度则常用误差的均方根值来表示。它们通常决定了测量效果。

军用光电系统具有以下战术特点：

(1) 抗电磁干扰能力强。光子是一种特殊的物质，其不导电、不带电、静止质量为0，光波的频率又高达 10^{14} Hz 左右，所以光电系统具有很强的抗电磁干扰的能力，可以在复杂的电子战环境中独立、正常地工作。

(2) 低空探测性能好。与雷达不同，光电探测系统不存在镜像效应及杂波干扰，所以光电系统具有极好的低空探测性能，是对付低空、超低空飞行目标的最有效探测系统。

(3) 精度高。光电探测系统工作在光频段，光波的波长很短，波束、脉宽和谱线宽度都可以压得很窄，因而用于探测时，其空域、时域或频域的分辨率很高，故光电探测系统的精度可以做得很高。例如，炮瞄雷达在测程为15~30km时的测距精度一般在±15m左右，而激光测距机在10~20km的测程下的测距精度仅为±5m；雷达的跟踪精度一般在0.9mrad左右，而电视或红外跟踪的跟踪精度一般为0.5mrad；激光制导炸弹从距离目标5~10km的空中投放时，其圆概率误差仅1m左右。实际上，光电系统的探测精度还可以做得更高，只是目前的武器系统没有这种要求而已。

(4) 效费比高。光电武器系统的效费比大大高于传统的武器系统，根据美军对激光制导炸弹在战场上使用情况的统计，越南战场上，激光制导炸弹的效费比较普通炸弹高出25倍，海湾战争则超过40倍。激光武器在达到"指哪儿打哪儿""百发百中"的武器最高境界的同时，所耗费的经费也很少；百万瓦级氟化氘激光武器每发射一次的费用约为1000~2000美元，"毒刺"短程防空导弹每发为2万美元，"爱国者"防空导弹每发则高达为30~50万美元。

(5) 信息含量多，目标识别能力强。光电探测系统可获取目标横跨5个数量级频率范围内的电磁波信号，信息含量多；光电成像系统可提供清晰、直观的图像，便于识别目标和探测复杂背景中目标；红外热成像系统、多光谱成像系统都具有分辨敌军伪装的本领。

(6) 体积小、重量轻、成本低。光纤通信系统中的光纤，以自然界最廉价、最丰富的资源 SiO_2 为原料，可一根比头发丝还要细的光纤所能传输的信息量却是一根电缆的几千倍；激光雷达中与微波雷达功能相同的一些部件，其体积或重量通常都小（或轻）于微波雷达，如激光雷达中的望远镜相当于微波雷达中的天线，望远镜的孔径一般为厘米级，而天线的口径则一般为几米至几十米。

（7）隐蔽性好。光电系统大多采用了被动工作方式，隐蔽性好，主动式光电系统的光源也大多是激光，激光方向性好，其光束非常窄（一般小于1mrad），只有在其发射的那一瞬间并在激光束传播的路径上，才能接收到激光，要截获它非常困难。

（8）作用距离较近，全天候工作能力较差。光波的波长与大气中的分子及气溶胶粒子的尺寸相当，光在大气中传输时，大气分子和气溶胶粒子的吸收和散射会导致较大的能量损耗，大气的湍流作用还会使光束抖动、扩展和偏移，因此工作在稠密大气层的光电系统受天候和环境的影响较大，恶劣天气（雨、雪、雾等）和战场烟尘、人造烟幕都会大大减小其作用距离。

军用光电系统以它独特的优势赢得了在现代战争中的地位，成为电子信息系统的重要支柱之一。总体上讲，军用光电系统的应用使我们看得更清，打得更准，生存能力更强，反应速度更快。

1.5　军用光电系统在现代战争中的作用和地位

军用光电系统的地位和作用是由信息化战争的特点所决定的。现代高科技局部战争的基本特点表现在：

（1）信息获取已成为战争双方争夺的制高点。谁控制了信息，谁就夺取了战争的主动权。信息获取手段已是陆、海、空、天、电五维一体，远、中、近、末端并存。纵观人类社会的战争史，也正是由于信息获取手段的变化，导致了作战理论、作战方法、作战样式的深刻变化。交战双方在信息获取、电磁压制方面的争夺，将贯穿战争的全过程。

（2）采用高精度杀伤性武器对目标从近、中、远程进行实时、快速精确打击。

以上二者的结合，可以使战争被动一方处于任人宰割的位置，而主动的一方则可以"无人凌空""零伤亡"，谈笑间使敌人"樯橹灰飞烟灭"。军用光电系统在高科技战争中的地位和作用正是由于这两大特点而应运而生的。

（1）军用光电系统是当今高科技战争中最重要的信息感知手段之一。超低空、反辐射攻击、目标隐身和电子对抗是雷达探测系统遇到的四大难题。而不同平台的军用光电系统，则可以弥补雷达探测系统的不足，其在打击效果评估、侦察监视及末端制导等领域的应用，是其他任何手段所无法取代的。

（2）军用光电系统是各类武器系统的倍增器。装备光电系统的平台可以形成全天时作战能力；装备光电系统的武器系统和平台的作战效能大大提高；光电探测系统不受电子干扰，使信息获取能力得到加强。

（3）光电火控和光电制导系统是近程防御和精确打击最有效的手段。海湾战争中占5%的高精度制导武器取得了占95%的常规弹药的战绩。光电火控系统比雷达火控系统的打击精度高出一倍以上，装备激光引信和光电制导的导弹命中精度更高。激光武器在近程末端反导领域具有无与伦比的优势。

(4) 光电导航系统是电子战争条件下，可靠性最好、精度最高的导航手段，可为综合电子信息系统提供精确的空间坐标，是最重要信息保障装备之一。

(5) 军用光通信系统是电子战环境下，实现高速、大容量、保密通信的唯一手段。舰-舰、舰-机的激光通信可以确保在强敌电子压制和雷达电子静默状态下的通信能力和战术重组能力，光纤通信已深入到平台单兵前沿，星-地、星-潜激光通信将构建新型的无线光频网络。

(6) 军用光电系统是新军事革命的标志性装备之一。光电系统的出现导致了一系列的军事变革。光电系统的应用，将白天向黑夜延伸，将信息探测向可视化延伸，将能量投递向信息控制延伸。新军事革命的变革带动了对军用光电系统的需求，军用光电系统的出现又促进了新军事革命的发展。

1.6 军用光电系统的发展趋势

军用光电系统装备以其固有的特点确立了它在现代战争中的地位，光电系统技术成为全球范围内竞相争夺的焦点。军用光电系统技术的基本特征是多学科的交叉性，它依赖于微电子、固体物理以及计算机等技术的发展而发展。

军用光电系统技术发展的总体思路是：在信息化战争条件下，以打赢高科技局部战争的作战需求为牵引，以强敌电磁压制和饱和攻击条件下的作战样式为背景，以红外和激光技术为基础，以系统集成为突破口，集中力量，研制出若干型对提高我军作战能力、克敌制胜具有重大影响的重点装备系统。其发展趋势可分为如下几个方面：

(1) 发展多波段光电探测系统，形成在强敌电磁压制条件下的海、陆、空、天、单兵一体的网络化战场信息感知能力。

(2) 发展由光电警戒、光电火控与武器系统组成的被动打击通道，以提高在电子干扰条件下对高精度饱和攻击的防御能力。

(3) 发展体系化的光电对抗系统，形成融侦察预警、战术决策、主被动对抗于一体，攻防兼备的光电对抗能力。对敌方光电探测系统和来袭的高精度光电制导（红外、电视、激光制导）武器，具有体系化的对抗能力。

(4) 发展激光通信技术。利用激光波长短、频率高、光束窄、相干性好的特点，建立星-地、星-舰、地-地、舰-舰、舰-机激光通信系统，进而在编队内实现舰-舰、舰-机无线光频组网，形成复杂电环境下的通信能力，提高舰艇编队乃至区域战场的战术重组能力。

(5) 发展天文导航技术。通过截获人工或自然天体的射电波辐射能量，实现全天候定位；通过探测自然天体的可见光辐射能量，实现高精度天文定位；利用新一代高精度小型化的光纤陀螺，组成高精度、自主、全天候的天文导航系统，形成在电子对抗条件下的综合导航能力，以提高信息保障能力和中远程精确打击能力。

(6) 加强光电系统基础技术研究。在重点突破红外、紫外探测器技术、固体高功率激光器、波长可调谐激光器、人眼安全激光器、软 X 射线和 γ 射线激光器技术的同时，加大光电系统基础技术（包括光波大气传输特性研究、目标特性研究、图像处理、人工智能、精密机械、光学特种工艺、精密装调等）的支持力度，提高光电系统开发的综合实力。

（7）加大光电系统技术的宣传普及的力度，培育国内、国外两个市场，按照发达国家的做法，鼓励出口，以市场养技术，推动光电系统技术和产业的快速健康发展。

21 世纪是光的世纪，光电系统技术的发展方兴未艾。我国军用光电系统技术与发达国家差距较大，有着广阔的发展空间。只要我们卧薪尝胆、锐意进取、发挥后发优势、奋起直追，实现军用光电系统技术的跨越式发展，是完全可以预期的。

思考题

1. 什么是军用光电系统？
2. 现役装备中有哪些典型军用光电系统？
3. 简述军用光电系统的基本组成和各部分主要功能。
4. 军用光电系统的基本性能有哪些？
5. 军用光电系统有哪些主要特点和战场应用？
6. 军用光电系统的未来将如何发展？

第2章 目标及背景的光辐射特性

从光学系统成像的角度来看,军用光电系统的探测器的边框是该光电系统的视场光阑,它决定整个光电系统的探测视场大小,探测器能够接收到的光辐射来源于系统的探测场景。在探测场景中,可能有被关注的对象,该对象称为目标,而目标之外的其他场景称为背景。因此,军用光电系统探测的就是该系统的探测场景内的光辐射信息,即目标和背景的光辐射。

军事目标不可避免地要以电磁辐射、机械振动、扰乱植被以及扬尘、排气等方式向外界散发能量,其电磁辐射能量分布于很宽的频带之中。其中,红外光波的比例最大,可见光波和微波的比例通常较小。在军事上,红外光反映的不只是"温暖",更重要的是情报信息。

飞机、坦克等军事目标均具有工作温度高、表面温差大的特征,温度越高,辐射的电磁波能量越多;而每种目标的反射率一般与背景不同,即使采取伪装手段,也很难使目标与背景温度完全相同。所以,军事目标自身的光辐射、军事目标与背景对自然光辐射反射特性的差异,就成为光电系统探测目标的依据,用仪器探测和比较来自目标和背景的红外光波并分析其特征,是远距离监视军事目标的常用方法。

2.1 辐射的基本理论

军用光电系统所探测的是目标辐射或反射的光辐射。军事目标通常包含各种类型,有的目标是以自身辐射为主,而有的目标则是以反射外界光辐射为主;而且从目标发出的可能以红外辐射为主,也可能以可见光为主。因此,准确度量目标辐射,全面掌握目标及背景的光辐射特性,对军用光电系统的论证、设计、试验以及应用,具有重要意义。

2.1.1 基本概念和名词

在红外辐射理论中经常用到如下的名词和概念。

1) 辐射能

辐射能是指物体发射红外辐射的总能量,符号为 Q_e,单位为焦耳(J)。对黑体辐射即为全光谱能量的总和,对灰体为在相同温度黑体辐射能量的基础上进行发射率修正的总能量,对选择性发射体为进行发射率的修正的有效红外辐射能量的总和,对激光则为对应某一波长的辐射能量。

2) 辐射能密度

辐射能密度是物体在单位体积中发射的红外辐射能,符号为 w_e,定义

$$w_e = \partial Q_e / \partial V \tag{2-1}$$

单位为焦耳/米³（J/m³）。

3）辐射能通量

辐射能通量是物体在单位/时间中发射或接收的红外辐射能，简称辐射通量，符号为 Φ_e，定义

$$\Phi_e = \partial Q_e / \partial t \tag{2-2}$$

单位为瓦（W）。

4）辐射通量密度/出射度/辐照度

辐射通量密度、出射度、辐照度是物体在单位面积发射或接收的红外辐射能通量，单位为瓦/米²（W/m²）。习惯上在描述物体发射时采用出射度，符号为 M_e，定义

$$M_e = \partial \Phi_e / \partial A \tag{2-3}$$

在描述物体接收时采用辐照度，符号为 E_e，定义

$$E_e = \partial \Phi_e / \partial A \tag{2-4}$$

辐射通量密度是一个从定义上描述这个概念的一般性名词。一般而言，物体的辐射出射度是温度和波长的函数。

5）辐射强度

辐射强度是红外辐射源在单位立体角发射的红外辐射通量，符号为 I_e，定义

$$I_e = \partial \Phi_e / \partial \Omega \tag{2-5}$$

单位为瓦/球面度（W/sr），表征红外辐射源发射红外辐射的本领。

6）辐射亮度

辐射亮度是在与红外辐射源表面法线夹角为 θ 时，红外辐射源单位立体角、单面积发射的红外辐射通量，符号为 L_e，定义

$$L_e = \partial I_e / \partial A \cos\theta \tag{2-6}$$

单位为瓦/球面度·米²（W·sr⁻¹·m⁻²），表征红外辐射源发射红外辐射集中的程度。物体的辐射亮度也是温度和波长的函数。

上述所有物理量加下标 λ 后，则成为描述光辐射某一个波长的物理量。例如，将辐射亮度相应地称为单色辐射亮度或光谱辐射亮度。以此类推。

光辐射入射到物体上，将发生吸收、反射、透射等现象。此外，该物体也要发射光辐射。对这些物理现象用下述概念和名词描述。一般来说，物体的吸收率、反射率、透射率、发射率等均为波长和温度的函数。不仅对不同物体，而且对不同状态的（如温度、表面粗糙度等）同一的物体，其吸收率、反射率、透射率、发射率可能都是不同的。

7）吸收本领/吸收率

吸收本领表示物体对入射到其上的红外辐射的吸收能力，用数字表示吸收本领就是吸收率。吸收率无量纲，为吸收量和入射量之比。因吸收率为波长和温度的函数，所以有光谱吸收率 $\alpha_{T\lambda}$ 和平均吸收率 α_T。

8) 反射本领/反射率

反射本领表示物体对入射到其上的红外辐射的反射能力,用数字表示反射本领就是反射率,反射率无量纲,为反射量和入射量之比。因反射率为波长和温度的函数,所以有光谱反射率 $\rho_{T\lambda}$ 和平均反射率 ρ_T。

9) 透射本领/透射率

透射本领表示物体对入射到其上的红外辐射透射能力,用数字表示透射本领就是透射率 τ。透射率无量纲,为透射量和入射量之比。因透射率为波长和温度的函数,所以有光谱透射率 $\tau_{T\lambda}$ 和平均透射率 τ_T。

10) 发射本领/发射率

发射本领表示物体的红外辐射的发射能力,用数字表示发射本领就是发射率 ε。发射率无量纲,为某一物体发射的红外辐射量与相同温度的黑体红外辐射发射量之比。因发射率为波长和温度的函数,所以有光谱发射率 $\varepsilon_{T\lambda}$ 和平均发射率 ε_T。对黑体,光谱发射率 $\varepsilon_{T\lambda}$ 等于1,故其平均发射率 ε_T 也等于1。

2.1.2 辐射体的分类

自然界中的物体通常以两种不同的形式发出辐射能量,即热辐射和发光。

热辐射也称为温度辐射,是指靠加热保持一定温度使内能不变而持续辐射的辐射形式。任何高于绝对零度的物体都具有发出热辐射的能力。热辐射发出的光谱辐射量是波长和温度的函数。温度低的物体发射红外光,随着温度的升高,辐射光谱波长逐渐变短。凡能发射连续光谱,且辐射是温度函数的物体称为热辐射体,如所有动植物、太阳、钨丝白炽灯等均为热辐射体。

发光与热辐射不同,所谓发光是指物体不是靠加热保持温度使辐射维持下去,而是靠外部能量激发出的辐射。发光光谱是非连续光谱,且不是温度的函数。靠外部能量激发发光的方式有电致发光(气体放电产生的辉光)、光致发光(荧光灯发射的荧光)、化学发光(磷在空气中缓慢氧化发光)、热发光(火焰中的钠或钠盐发射的黄光)。发光是非平衡辐射过程,发光光谱主要是线光谱或带光谱。

军事目标要求有好的隐蔽性,它们一般不是发光体,但都是热辐射体,因此下面仅介绍物体热辐射的基本规律和相关知识。

实际热辐射体的发射率 ε 是波长和温度的函数,它由发射体材料的性质和表面状况决定,其值在 0~1 之间。根据发射率与波长的关系,可将辐射体分成为三类,即

(1) 绝对黑体——$\varepsilon_{T\lambda}=1$,ε 不随波长变化。

(2) 灰体——$\varepsilon_{T\lambda}=$ 常数 <1,ε 不随波长变化。

(3) 选择性辐射体——$\varepsilon_{T\lambda}<1$,且随波长变化。

图 2-1 给出了三类辐射体的光谱发射率和光谱辐射出射度随波长变化的关系曲线。在同样温度下,黑体总的或任意光谱区间的发射率和辐射出射度,都比其他种类辐射体要大;灰体的反射率是黑体的一个不变的分数;选择辐射体在有限的光谱区间也可看成灰体。

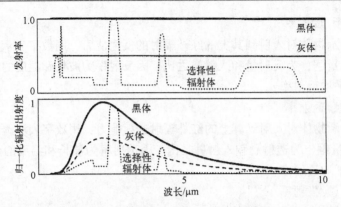

图 2-1 三类辐射体的光谱发射率和辐射出射度与波长的关系曲线
1—绝对黑体；2—灰体；3—选择性辐射体。

为简化计算，通常大多数选择性辐射体在一定光谱区间可以当作灰体，但绝对不能用黑体辐射定律进行计算，否则结果会出现很大的误差。

2.1.3 辐射定律

从 1860 年到 1900 年，经过 40 年的努力，人们建立起了完整的红外辐射理论，其核心是透射、反射和吸收定律，基尔霍夫定律，普朗克定律这三大定律。从实验中总结出的维恩定律、斯忒藩-玻尔兹曼定律实际上是普朗克定律的特殊形式，因此不是独立的定律。

1. 透射、反射、吸收定律

一般来说，当温度一定时，入射到一个物体表面的红外辐射将发生吸收、反射、透射三种物理现象，按能量守恒原则有光谱吸收率 $\alpha_{T\lambda}$、光谱反射率 $\rho_{T\lambda}$ 和光谱透射率 $\tau_{T\lambda}$ 之和为 1，即

$$\alpha_{T\lambda} + \rho_{T\lambda} + \tau_{T\lambda} = 1 \tag{2-7}$$

如果入射到物体的红外辐射全部被吸收，则 $\tau_{T\lambda} = 0$，$\alpha_{T\lambda} + \rho_{T\lambda} = 1$。如果将物体吸收率、反射率和透射率对入射红外辐射各种波长求平均值，则其吸收率 α_T、反射率 ρ_T 和透射率 τ_T 之和仍然为 1，即

$$\alpha_T + \rho_T + \tau_T = 1 \tag{2-8}$$

其中

$$\alpha_T = \frac{\int_{\lambda_1}^{\lambda_2} M_\alpha(\lambda, T) \, d\lambda}{\int_{\lambda_1}^{\lambda_2} M_i(\lambda, T) \, d\lambda} \tag{2-9}$$

$$\rho_T = \frac{\int_{\lambda_1}^{\lambda_2} M_\rho(\lambda, T) \, d\lambda}{\int_{\lambda_1}^{\lambda_2} M_i(\lambda, T) \, d\lambda} \tag{2-10}$$

$$\tau_T = \frac{\int_{\lambda_1}^{\lambda_2} M_\tau(\lambda, T) \mathrm{d}\lambda}{\int_{\lambda_1}^{\lambda_2} M_i(\lambda, T) \mathrm{d}\lambda} \tag{2-11}$$

式中：M_i 为入射红外辐射；M_α 为物体吸收的红外辐射；M_ρ 为物体反射的红外辐射；M_τ 为物体透射的红外辐射。在不同的温度，物体吸收红外辐射机制可能不一样，因此吸收率、反射率和透过率仍然是温度的函数。

2. 基尔霍夫定律

1860—1862 年，基尔霍夫在深入研究了物体热辐射的吸收与发射，引入发射本领和吸收本领的概念并定义了吸收率 α 和发射率 ε，建立了"绝对黑体"（简称黑体）模型的基础上，发表了具有严格定量形式的基尔霍夫定律。

基尔霍夫定律可表述为：物体发射本领和吸收本领的比值仅与辐射波长和温度有关，与物体的性质无关，该比值是对所有物体的普适函数。不同物体的辐射出射度 $M_{\lambda T}$（下标波长 λ 和温度 T 表示辐射出射度是波长和温度的函数）和吸收率 $\alpha_{\lambda T}$（下标的意义同前）是不同的，因此，可将基尔霍夫定律表示为

$$M_{\lambda T}/\alpha_{\lambda T} = M_{b\lambda T}/\alpha_{b\lambda T} = M_{b\lambda T} = f(\lambda, T) \tag{2-12}$$

式中：$M_{b\lambda T}$ 和 $\alpha_{b\lambda T}$ 分别为黑体的光谱出射度和光谱吸收率。对于黑体所有光谱的发射率等于光谱吸收率（等于 1），故上述普适函数就是黑体的辐射出射度 $M_{b\lambda T}$。如果获得黑体的辐射出射度的具体数学表达式，就构成了最基本红外辐射定律。

3. 普朗克定律

在 1895—1901 年期间，卢梅尔、普林舍姆和库尔鲍姆等人系统地测量了"黑体"辐射。在仔细研究了"黑体"辐射的实验数据后，普朗克（Planck）于 1900 年提出了量子论和黑体辐射理论。

普朗克应用微观粒子能量不连续的假说——量子概念，并借助于空腔和谐振子理论，导出了以波长 $\lambda(\mu m)$ 和温度 $T(K)$ 为变量、确定黑体辐射出射度 $M_{b\lambda T}(W \cdot m^{-2} \cdot \mu m^{-1})$ 的公式为

$$M_{b\lambda T} = \frac{c_1 \lambda^{-5}}{\exp\left(\dfrac{c_2}{kT}\right) - 1} \tag{2-13}$$

式中：$k = 1.3807 \times 10^{-23} \mathrm{J \cdot K^{-1}}$，为玻尔兹曼常量；$c_1 = 2\pi hc^2 = 3.7418 \times 10^{-16} \mathrm{W \cdot m^{-2}}$，为第一辐射常量；$c_2 = hc/k = 1.4388 \times 10^{-2} \mathrm{m \cdot K}$，为第二辐射常量。

普朗克定律就是基尔霍夫定律要求的普适函数，与透射、反射和吸收定律一起，构成了红外物理理论基础的三大定律。图 2-2 表示了不同温度的黑体光谱辐射出射度分布曲线，分析普朗克定律有如下特点：

（1）普朗克定律揭示了物体受热自发发射电磁辐射的基本规律，其波长范围从紫外光、可见光、红外光到毫米波。从广义上讲，物质分子、原子因热运动产生的辐射都可以称为热辐射。

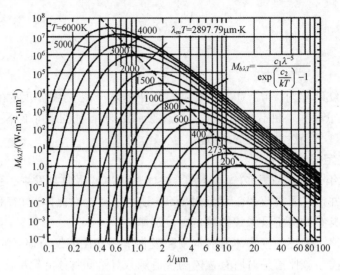

图 2-2　不同温度的黑体光谱辐射出射度分布曲线

（2）从普朗克定律看，只要物体的温度没有达到绝对零度，物体就有电磁辐射发射。热力学第三定律表明，绝对零度不可能达到。量子力学表明，即使达到绝对零度，原子仍有二分之一的零点振动能。由于地球上的一切物体都有温度，这意味着都在发射各种长波的红外辐射，在红外波段，地球本身就是很好的光源，与有无太阳光照不直接相关。地球的热量来自太阳能和地球自身的能量。

（3）从黑体 $M_{b\lambda T}$-λ 曲线族看，各条曲线互不相交，每条曲线下所围的面积代表该温度的全光谱辐射出射度。温度越高，所有波长的光谱辐射出射度越大，该温度的全光谱辐射出射度也越大。

（4）从黑体 $M_{b\lambda T}$-λ 曲线族看，随温度升高，除黑体辐射的峰值波长从长波向短波方向移动外，各个波长的光谱辐射出射度也随之增加。因此，就总的能量讲，在相同的波长处，高温黑体的长波红外辐射要比低温黑体的强。

（5）从黑体 $M_{b\lambda T}$-λ 曲线族看，随温度升高，除黑体辐射的峰值波长向短波方向移动外，辐射中包含的短波成分也随之增加。

（6）从黑体 $M_{b\lambda T}$-λ 曲线族看，辐射的出射度 $M_{b\lambda T}$ 随波长连续增加，到达一个极大值后又连续减小。在极大值短波一侧的光谱辐射出射度的变化率比长波一侧的大。

（7）黑体 $M_{b\lambda T}$-λ 曲线族的极大值的连线是一条直线，这条直线方程就是维恩位移定律。

此外，黑体辐射是非偏振的，辐射面是朗伯散射面，即辐射角分布服从余弦定律。目前，在实验上建立精确的黑体光谱辐射出射度的计量标准还很困难，所以在实际应用中，黑体光谱辐射出射度的定量数值是用普朗克公式进行数值计算获得的。

普朗克定律与黑体辐射实验的完全一致，奠定了量子力学的实验与理论基础。爱因斯坦重新推导了普朗克定律，提出受激辐射的概念，由此导致激光的发明。因此，普朗克定律在近代物理的发展中占有极其重要的地位。

4. 维恩定律

1893年，维恩（Wien）研究了黑体辐射的实验数据，提出了描述黑体辐射的峰值波长与温度关系的定律，即维恩定律，也称为维恩位移定律，即

$$\lambda_m T = 2897.79 (\mu m \cdot K) \tag{2-14}$$

如果将普朗克公式（2-13）对波长求导数并取零值，就可以得到维恩定律公式。图2-2中的虚直线就是不同温度的黑体 $M_{b\lambda T}$-λ 曲线族峰值点的连线。在红外技术中，用维恩定律计算出某一温度下的峰值波长，以确定量子型红外探测器工作的峰值波长。

5. 斯忒藩-玻尔兹曼定律

如果将普朗克公式（2-13）对波长在 $0 \sim \infty$ 积分，所确定的黑体全光谱辐射出射度 M_b 与温度 T 的关系，即为斯忒藩-玻尔兹曼（Stefan-Boltzmann）定律，即

$$M_b = \sigma T^4 \tag{2-15}$$

式中：$\sigma = 5.6703 \times 10^{-8} W \cdot m^{-2} \cdot K^{-4}$，称为斯忒藩-玻尔兹曼常量。斯忒藩-玻尔兹曼定律指出，黑体的全光谱辐射出射度与温度呈四次方的关系。因此，在红外隐身技术中，第一要素就是如何降低武器平台的温度，以最大限度减少向环境的红外辐射能。

将维恩定律式（2-14）代入普朗克定律式（2-13），就可导出斯忒藩-玻尔兹曼定律的一个特殊形式——黑体光谱辐射出射度峰值的表达式

$$M_{b\lambda_m} = BT^5 \tag{2-16}$$

式中：$B = 1.2867 \times 10^{-11} W \cdot m^{-2} \cdot \mu m^{-1} \cdot K^{-5}$ 为常量。该公式指出，降低武器平台的温度后，其红外辐射的峰值波长的辐射出射度将按温度5次方的关系向长波方向偏离。根据降低的温度数值，可以具体计算武器平台红外辐射的峰值是否移出红外探测器的探测范围，进而可评估红外隐身的效果。

2.1.4 目标与背景的辐射对比度

用辐射对比度 C 描述目标与背景辐射的差别，目标与背景之间的辐射对比度实际上就是目标对背景辐射的调制度，因此定义

$$C = \frac{M_T - M_B}{M_T + M_B} \tag{2-17}$$

M_T 为目标在红外波段 $\lambda_1 \sim \lambda_2$ 内的辐射出射度

$$M_T = \int_{\lambda_1}^{\lambda_2} M_\lambda (T_T) d\lambda \tag{2-18}$$

M_B 为背景在相同波段内的辐射出射度

$$M_B = \int_{\lambda_1}^{\lambda_2} M_\lambda (T_B) d\lambda \tag{2-19}$$

式中：T_T 和 T_B 分别为目标和背景的温度值。

由计算可以得出：在相同的目标和背景温度条件下，全光谱波段的辐射对比度比短波红外、中波红外、长波红外波段的对比度差，波长较长、带宽较宽的长波之外波段的对比度比波长较短、带宽较窄的红外波段的对比度差。短波红外与中波红外辐射对比度之比为1.822，短波红外与长波红外辐射对比度之比为4.003，中波红外与长波红外辐射对比度

之比为 2.197 倍。一般而言，如果能同时获得相同景物短波红外、中波红外和长波红外的图像，则短波红外图像有最好的对比度，中波红外的热图像有比长波红外好的对比度。图 2-3（a）、（b）、（c）三幅图给出同一目标短波红外、中波红外和长波红外的图像。这个结果的实质是：相同温度变化产生的黑体辐射出射度在不同波段是不同的，在短波红外的黑体辐射比中波红外、长波红外的大。这个实验结果也暗示了热成像的发展方向，即发展红外多光谱成像光谱仪，通过细分红外成像系统的工作波段，提高获取目标图像的对比度，进而增加获得的信息。

 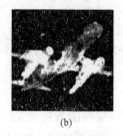 

(a) (b) (c)

图 2-3 飞机的红外图像
(a) 短波红外图像；(b) 中波红外图像；(c) 长波红外图像。

2.1.5 实际物体的红外辐射

普朗克定律及其导出公式正确地描述了黑体辐射的基本规律。由于实际物体的红外辐射与表面状态密切相关，因此在使用上述公式时，需要对表面发射率进行修正。一般来说，实际物体的表面发射率也是波长与温度的函数，定义其光谱辐射出射度 $M_{\lambda T}$ 与黑体辐射出射度 $M_{b\lambda T}$ 之比为其光谱发射率 $\varepsilon_{\lambda T}$，有

$$\varepsilon_{\lambda T}=M_{\lambda T}/M_{b\lambda T} \qquad (2-20)$$

因此，实际物体的光谱辐射出射度为

$$M_{p\lambda T}=\varepsilon_{\lambda T}\sigma T^{4} \qquad (2-21)$$

式中：$\varepsilon_{\lambda T}=\varepsilon(\lambda,T)$。定义相应的全光谱辐射发射率为

$$\varepsilon_{T}=M(T)/M_{b}(T) \qquad (2-22)$$

则实际物体的全光谱辐射出射度为

$$M_{PT}=\varepsilon_{T}\sigma T^{4} \qquad (2-23)$$

式中：$\varepsilon(T)$ 为 $\varepsilon(\lambda,T)$ 在全光谱区的积分平均值。测量出一个实际物体发射率与波长、温度的关系，再利用上述红外辐射的基本公式就能准确地计算出其红外辐射相关物理量。

2.2 目标及背景光辐射特性概述

目标是指所关注的特定对象。目标特性就是指目标区别于其他物体的固有属性，如几何形状、光谱颜色等，这里主要指目标的光学物理特征，即能被光电传感器所感知的属性。目标与背景的光辐射特性可以归纳为空间特性、光谱特性和时间特性。空间特性是指光辐射的空间分布；光谱特性是指光辐射随波长的分布；时间特性是指光辐射随时间变化的规律。

研究各种目标与背景的光辐射特性,并建立目标与背景光辐射特性的数据库和数学模型,可为军用光电系统的论证、研制、试验、仿真、训练和作战服务。

由于目标与背景光辐射特性的研究同军事应用密切相关,世界各国对目标与背景光辐射特性研究的详细计划、内容,尤其是研究成果严加保密(特别是军事目标研究方面)。除了军事目的外,背景特性研究还具有广泛的民事用途。因此,同军用目标光辐射研究相比,背景光辐射特性的研究情况在多种刊物和内部报告上看到的较多。

辐射源大体可分为三类:一类是自然辐射源,系统设计中有时称它们为背景辐射源,太阳、月亮、地球、海洋、云等辐射都属自然辐射源;另一类是目标辐射源,这里的目标是指所讨论的目标的核心辐射,例如对于对抗导弹,导弹的辐射就是目标辐射源;再一类是人造辐射源,如激光、黑体、钠灯等。本章从军用光电系统设计的角度出发,主要对前两类辐射源的光辐射特性进行介绍。

背景辐射的特征是最复杂的,而探测过程中背景信息的不详尽已成为最关键的制约因素,这个问题已引起人们更多的关注,尽管经过了很多努力,尤其在计算模型方面,但计算结果仍难以达到探测和识别所需要的准确度,这主要是客观条件所决定的。一方面由于背景复杂的几何结构难以模拟,另一方面是由于对某些物理过程(如植被层的热传输过程)的数学表达不够准确。

目标红外辐射特性的研究是武器光电系统研究所不可或缺的。在靶场建立目标红外辐射特性测试系统,主要用于测试典型军事目标与背景的红外辐射特性、辐射光谱特性、温度场分布特征等,为光电侦察装备、精确制导武器的侦察/反侦察能力、干扰/抗干扰能力、目标探测识别能力、隐身能力等性能评估提供依据。

2.3 典型背景的光辐射特性

背景光辐射可来自地物、海面、大气、气溶胶和星体的自身发射,也可来自这些环境的反射辐射或散射辐射。

地面、空气和海面的背景辐射典型特征如图2-4所示。在波长3μm以下,背景辐射是以反射或散射的太阳辐射为主,其光谱分布近似于6000K黑体的光谱分布,但实际辐射亮度与背景的反射和散射特性有关。在波长大于4.5μm时,背景辐射主要是地面和大气的近似300K的热辐射。在3~4.5μm,背景辐射最小。从37km高空气球上看到地球上的5μm以上的辐射亮度,可以看到大气效应对

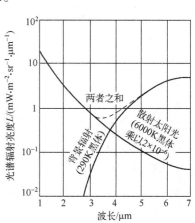

图2-4 理想化的背景辐射光谱

5μm以上的辐射亮度有强的影响,在大气窗8~14μm内,辐射亮度比大气吸收带6μm和15μm的辐射亮度大。这是因为地球温度比周围大气温度高。

根据背景所在地理位置高度或性质的不同,可将其分为深空背景、地球大气背景、天空背景、地物背景、海洋背景。下面分别介绍其光辐射特性。

2.3.1 深空背景

深空是指在地球大气极限以外很远的空间,包括太阳系以外的空间。深空背景的光辐射来源于深空自身及其中星体的自身辐射和星体对其他星体辐射的反射。

1. 深空背景的热辐射(不包括星体)

除了各类星体(恒星和行星)外,地球大气层外的空间背景是辐射温度约 3.5K 的深空冷背景。3.5K 所对应的峰值辐射波长 827.9μm 的光谱辐射亮度为

$$L_{\lambda_m}(T) = 4.104 \times 10^{-12} T^5 (\text{W} \cdot \text{sr}^{-1} \cdot \text{m}^{-2} \cdot \mu\text{m}^{-1}) \quad (2-24)$$

而其他波长的光谱辐射亮度为

$$L_\lambda(T) = L_{\lambda_m}(T) \times \frac{1}{(\lambda/\lambda_m)^5} \times \frac{142.32}{e^{\frac{4.9651}{(\lambda/\lambda_m)}}-1} \quad (2-25)$$

军用红外系统大多工作在 2~14μm 波段,3.5K 的深空冷背景光辐射很小,影响不大。

2. 星体的可见光辐射

天文上已定义零等星在地球大气层外产生的光照度 $E_v(0) = 2.089 \times 10^{-6} \text{lm/m}^2$。目视星等为 m 的星,在地球大气层外产生的光照度 $E_v(m)$ 为

$$E_v(m) = 2.089 \times 10^{-6} \times 10^{-\frac{m}{2.5}} (\text{lm} \cdot \text{m}^{-2}) \quad (2-26)$$

表 2-1 列出了最亮天体以及重要的几个发红光星体的目视星等和色温。

表 2-1 行星、部分亮星的目视星等和色温

名 称	目视星等 m_v	色温 T/K
1. 月球	-12.20	5900
行星		
1. 金星(最亮时)	-4.28	5900
2. 火星(最亮时)	-2.25	5900
3. 木星(最亮时)	-2.25	5900
4. 水星(最亮时)	-1.80	5900
5. 土星(最亮时)	-0.03	5900
恒星		
1. 天狼星	-1.60	11200
2. 老人星	-0.82	6200
3. 参宿七(双星座)	0.01	4700
4. 织女星	0.14	11200
5. 五车二	0.21	4700

3. 星体的红外辐射

对于星体红外辐射与论述星体可见光辐射一样,先计算一些亮星和红色星的红外辐射,最后给出有较大红外辐射的银河系红外辐射源的密度。

若已知星体的目视星等 m 和色温 T，该星体在地球大气外层产生的光谱辐射照度为

$$E_\lambda(m,T) = M_{b\lambda}(\lambda,T) \frac{E_v(m)}{M_v(T)} (\text{W} \cdot \text{m}^{-2} \cdot \mu\text{m}^{-1}) \tag{2-27}$$

$M_{b\lambda}(\lambda,T)$ 为黑体的光谱辐射出射度，其值为

$$M_{b\lambda}(\lambda,T) = \frac{1}{\lambda^5} \times \frac{3.7418 \times 10^8}{e^{14388/\lambda T} - 1} (\text{W} \cdot \text{m}^{-2} \cdot \mu\text{m}^{-1}) \tag{2-28}$$

$E_v(m)$ 为 m 等星在地球大气层外产生的光照度，其值为

$$\begin{cases} E_v(m) = 2.089 \times 10^{-10} \times 10^{-\frac{m}{2.5}} (\text{lm} \cdot \text{m}^{-2}) \\ M_v(T) = 6.82 \times 10^2 \times \int_0^\infty M_{b\lambda}(\lambda,T) V(\lambda) \text{d}\lambda (\text{lm} \cdot \text{m}^{-2}) \end{cases} \tag{2-29}$$

$V(\lambda)$ 为视见函数。

银河系外其他星体引起的深空漫射辐射亮度认为是各向同性，其光谱辐射亮度值由表 2-2 给出。

表 2-2 银河系外星体产生的深空漫射光谱辐射亮度

$\lambda/\mu\text{m}$	3	5	10	15	20	25	30
$L_{\lambda,T}/(\text{W} \cdot \text{sr}^{-1} \cdot \text{m}^{-2} \cdot \mu\text{m}^{-1})$	11.0×10^{-10}	7.2×10^{-10}	3.8×10^{-10}	2.6×10^{-10}	2.0×10^{-10}	1.7×10^{-10}	1.4×10^{-10}

分布在太阳系的尘埃微粒发出的热辐射，在红外 $5 \sim 30 \mu\text{m}$ 产生显著的深空背景辐射亮度。利用几种模型在三个波段内估算的黄道光光谱辐射亮度约为

$$3 \times 10^{-7} \text{W} \cdot \text{sr}^{-1} \cdot \text{m}^{-2} \cdot \mu\text{m}^{-1} (\lambda = 5 \sim 6 \mu\text{m})$$
$$6 \times 10^{-7} \text{W} \cdot \text{sr}^{-1} \cdot \text{m}^{-2} \cdot \mu\text{m}^{-1} (\lambda = 12 \sim 14 \mu\text{m})$$
$$2.5 \times 10^{-7} \text{W} \cdot \text{sr}^{-1} \cdot \text{m}^{-2} \cdot \mu\text{m}^{-1} (\lambda = 16 \sim 23 \mu\text{m})$$

月亮、金星、火星、木星、水星和土星的表面自身热辐射较强，比反射太阳光的光谱辐射度大几个数量级。

4. 太阳的光辐射特性

太阳是距地球最近的球形炽热恒星天体。美国航空航天局空间飞行器设计规范数据给出：太阳半径为 $6.3638 \times 10^5 \text{km}$。地球与太阳之间平均距离 $1\text{AU} = 1.49985 \times 10^8 \text{km}$。在地球与太阳距离为 1AU 时，太阳在地球大气层外产生的总辐照度（即太阳常数）为

$$E_0 = \int_0^\infty E_\lambda \text{d}\lambda = 1353 \text{W} \cdot \text{m}^{-2} \tag{2-30}$$

利用黑体辐射的玻尔兹曼定理，可以求得此时太阳等效的黑体辐射温度为 $T = 5762\text{K}$。

太阳辐射功率为 $3.805 \times 10^{26} \text{W}$，与此相应的太阳质量损失为 $4.670 \times 10^9 \text{kg/s}$。在一年 365 天中，地球大气系统从太阳所接收到的总能量为 $5.441 \times 10^{24} \text{J}$。

图 2-5 所示是在地球大气层外的太阳光谱辐照度和太阳天顶角为 $0°$（通过一个大气层）时在海平面上太阳光谱辐照度近似值，以及 5900K 的黑体光谱分布。太阳在地球上的辐照度与太阳在地平面上的高度角、观测者的海平面高度和天空中的云霾与尘埃含量有关。

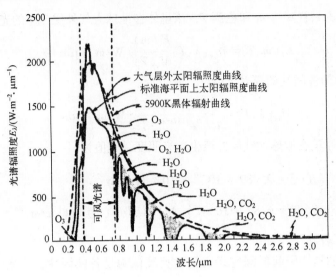

图 2-5 在平均地球-太阳距离下的太阳光谱照度

太阳天顶角为 0° 和天空较晴朗时，太阳在海平面上产生的可见光照度为

$$E_v = 1.24 \times 10^5 \text{lx} \tag{2-31}$$

表 2-3 列出在地平面上不同的太阳高度角下，太阳在地平面上产生的照度。

表 2-3 太阳在地面上的照度值

太阳高度角/(°)	地平面照度 E_v/lx	说明
-18	6.51×10^{-4}	天文微光下限
-12	8.31×10^{-3}	海上微光下限
-6	3.40	城市微光下限
-5	10.8	—
-0.8	45.3	日出或日落
0	732	—
5	4760	—
10	1.09×10^4	—
15	1.86×10^4	—
20	2.73×10^4	—
25	3.67×10^4	—
30	4.70×10^4	—
35	5.70×10^4	—
40	6.67×10^4	—
45	7.59×10^4	—
50	8.50×10^4	—
55	9.40×10^4	—

(续)

太阳高度角/(°)	地平面照度 E_v/lx	说　　明
60	1.02×10^5	—
65	1.08×10^5	—
70	1.13×10^5	—
75	1.17×10^5	—
80	1.20×10^5	—
85	1.22×10^5	—
90	1.24×10^5	—

表 2-4 给出太阳系行星的轨道参数和在行星距离下的太阳辐照度。

表 2-4　行星轨道参数和行星距离下的太阳辐照度 E（$E_0=1353\mathrm{W/m^2}$）

行　星	轨道半主轴		恒星年周期/天	轨道偏心率(e)	在半主轴距离下的太阳照度 E(W/m²)	最大与最小辐照度比 $[(1+E)/(1-E)]^2$
	(1AU)	($\times10^6$km)				
木星	0.387099	57.91	87.9686	0.205629	9029（$6.6735E_0$）	2.303
金星	0.723332	108.21	224.700	0.006787	2586（$1.9113E_0$）	1.028
地球	1.000	149.60	365.257	0.016721	1353（$1.0000E_0$）	1.069
火星	1.52369	227.94	686.980	0.093379	582.8（$0.4307E_0$）	1.454
水星	5.2028	778.3	4332.587	0.048122	49.99（$0.03695E_0$）	1.212
土星	9.540	1427	10759.20	0.052919	14.87（$0.01099E_0$）	1.236
天王星	19.18	2869	30685	0.049363	3.687（$0.002718E_0$）	1.218
海王星	30.07	4498	60188	0.004362	1.496（$0.001106E_0$）	1.018
冥王星	39.44	5900	90700	0.252330	0.870（$0.000643E_0$）	2.806

2.3.2　地球大气背景

这里的地球大气背景，是指从空间观测的地球大气系统（亦称地球）。低轨道空间飞行器热设计时，在光学遥感系统工作参数的选择及空间飞行器的姿态控制系统设计中，都需考虑地球（含大气）反射的太阳辐射百分比（反射率）和地球发射的热辐射。地球反射率指总的入射太阳辐射中，被地球反射到空间的百分比。它是由大气散射、地球表面和云反射的结果，这种反射辐射主要分布在波长为 $0.29\sim5\mu m$ 的范围内。被地球和大气吸收的入射太阳辐射以热辐射形式发出，其辐射主要分布在波长大于 $4\mu m$ 的红外区域。

1. 影响地球大气背景光辐射的因素

地球反射率和热辐射值随位置和时间变化。主要影响反射率和热辐射的因素是地球的地貌和气象条件，其次是周日和季节性变化的太阳高低角，以及入射太阳光的光谱。

地貌因素包括不同的地球表面，即指有不同反射特性和长波红外辐射特性的土壤、水、冰和叶类。影响地球反射率和热辐射的气象因素有大气的成分、密度及云的构造。云反射的入射太阳辐射可达75%，它与云的面积、厚度、高度、湿度和云底层的反射有关。云吸收一部分地球表面发出的热辐射，并以较低的云顶温度发出热辐射，因而也影响地球的长波热辐射。

1）地球反射率

表2-5摘录了地面和云的反射率数据。

表2-5 地球表面和云的反射率数据摘录

反射表面	光谱特性	反射率角分布	总反射率 ρ
土壤与岩石	增加到 $1\mu m$；$2\mu m$以上减小	后向和前向散射 砂有大的前向散射 肥泥的前向散射小	5%~45% 湿度减小反射率的5%~20% 光滑表面有较大的反射率 昼夜变化 小太阳角有大的反射率
植物	$0.5\mu m$以下小 $0.5\sim0.55\mu m$稍有增加 $0.68\mu m$叶绿素吸收 $0.7\mu m$急剧增大 $2\mu m$以上减小 与生长季节有关	后向散射 小的前向散射	5%~45% 昼夜变化 小太阳角有大的反射率 明显的年变化
水	$0.5\sim0.7\mu m$最大 同扰动和水波有关	大的后向和前向散射	5%~20% 昼夜变化 小太阳角的极大同扰动和水波有关
雪和冰	随波长增加稍微减小 随纯度、湿度和物理状态有大的变化	漫反射加上镜反射，随入射角增大镜反射增加	25%~80%可变 在大西洋为84% 美国罗斯海的冰为74% 白海的冰为30%~40%
云	从$0.2\sim0.8\mu m$附近为常数，在$0.8\mu m$以上随波长增加而减小，呈现出水蒸气吸收带	明显的前向散射和小的后向散射，最小值出现在散射角80°~120°，散射角143°时有雾虹	10%~80% 随云的类型、云的厚度和云底表面类型而变

表2-5中也给出了地球的光谱反射特性和反射的角分布，从表中可看出地球反射率具有下列一般规律：

（1）随太阳高低角减小，反射率增大。

（2）陆地通常比海洋的反射率高。

（3）反射率随纬度增加而增加。纬度增加时，太阳高低角减小，地球南北极的冰雪覆盖和云覆盖也增加。

（4）浓云覆盖有较高的反射率。

（5）由于云量、植物和冰雪覆盖的季节性变化，所以各地区的反射率有季节性变化。

2）热辐射

地球的热辐射主要受地球表面温度和云覆盖量影响；地球表面较温暖地区要比较冷地

区发射的热辐射量更多；云量增加会引起热辐射减少。无云时，空气温度和湿度是主要影响因素；空气温度增加，热辐射也增加，但湿度增加会引起热辐射减少。

太阳高低角也影响热辐射，因为它影响地面温度和低层大气温度，故地球的热辐射有昼夜和季节性变化。陆地的辐射昼夜变化特别明显。

地球上热辐射虽非各处相同，但它比地球各处反射率的变化小得多。地球热辐射图形通常与反射率图形相反，它有下列特点：

(1) 最大热辐射出现在晴朗的赤道地区，纬度增加，热辐射减少。
(2) 在每日不同时刻，陆地和海洋之间的热辐射有明显差异。
(3) 云覆盖使其热辐射减少。
(4) 季节性变化明显，即较暖和的地区发射更多的热辐射。
(5) 在海洋，热辐射的昼夜变化不大；而在沙漠地区，昼夜变化可达 20%。

2. 地区反射率和热辐射的测量值

由第一代气象卫星得到的地球-大气系统的年平均和季平均辐射数据见表 2-6。

表 2-6 由第一代气象卫星得到的地球-大气系统的辐射数据

辐射 \ 地球反射率 ρ	0.31	0.31	0.25	0.28	0.29	0.29	0.31	0.26	0.27	0.28	0.32	0.30	0.22	0.29	0.29
	全球平均*					北半球*					南半球*				
	Ⅰ	Ⅱ	Ⅲ	Ⅳ	全年平均	Ⅰ	Ⅱ	Ⅲ	Ⅳ	全年平均	Ⅰ	Ⅱ	Ⅲ	Ⅳ	全年平均
入射的太阳辐射** (W/m²)	356	349	342	349	349	237	391	453	239	349	481	300	223	404	349
吸收的太阳辐射 (W/m²)	244	244	258	251	244	167	272	335	216	251	321	209	174	286	244
反射的太阳辐射 (W/m²)	112	105	84	98	105	70	126	119	84	98	153	91	49	119	105
发射的红外辐射 (W/m²)	223	230	230	237	230	223	230	237	237	230	230	223	223	237	230
地球-大气系统的净辐射*** (W/m²)	21	14	28	14	14	−56	42	98	−20	14	91	−14	−49	49	14

* Ⅰ：12月、1月、2月，Ⅱ：3月、4月、5月，Ⅲ：6月、7月、8月，Ⅳ：9月、10月、11月。
** 地球-大气系统球外壳上的太阳常数。
*** 绝对误差约为±7。

从表 2-6 可以看出，按年平均，入射的太阳辐射约有 30% 被地球反射回空间，约 70% 被地球吸收。

1969 年美国航空航天局戈达德空间飞行中心，用机载光谱仪测出各种云、晴天时麦地和无云的海洋的相对反射率如图 2-6~图 2-8 所示。从图 2-6 可以看出又厚又高的云反射最强，雪状云反射最少，最大的反射值在 0.58μm 附近。

图 2-7 示出了两块类似麦地（空中两块麦地的测量间隔为 1 分钟）的反射光谱。图 2-8 示出晴天的海洋反射光谱，在 0.51μm 附近有最大值。

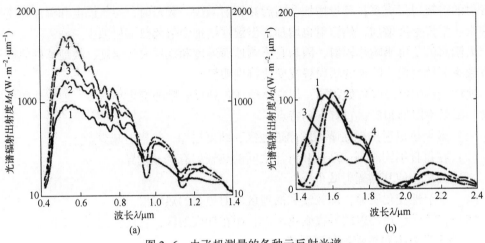

图 2-6 由飞机测量的各种云反射光谱

(a) 0.4~1.4μm 波段；(b) 1.4~2.4μm 波段。

1—阴天下雪，飞机高度 3962.4m；2—浓密层云，飞机高度 1828.8m；
3—低层云，飞机高度 609.6m；4—厚卷层云，飞机高度 11277.6m。

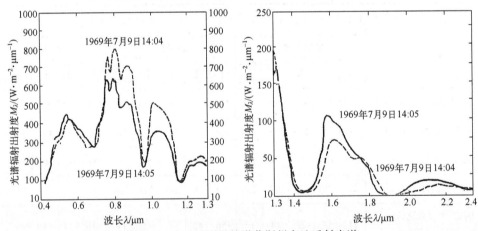

图 2-7 由飞机测量的堪萨斯州麦地反射光谱

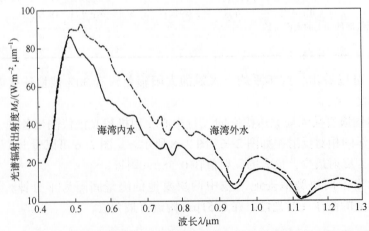

图 2-8 无云时，飞行高度 3048m 飞机测量的北卡罗来纳州海岸处的海洋反射光谱

地球-大气系统的热辐射光谱，因大气成分吸收而随波长明显地变化。大气吸收成分有水蒸气（H_2O）、臭氧（O_3）、二氧化碳（CO_2）和甲烷（CH_4）等。大气吸收成分随气候和季节变化。地球的热辐射光谱也直接受地球表面温度影响。图 2-9 所示为"雨云 4 号"气象卫星测得的沙漠、海洋和南极地区的热辐射光谱。

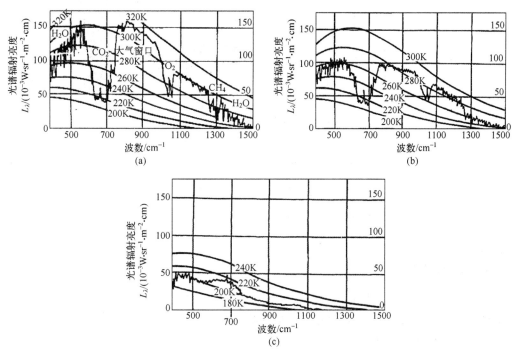

图 2-9　与不同辐射温度黑体相比较的地球热辐射光谱
（a）撒哈拉沙漠；（b）中纬度海洋；（c）南极。

3. 地球反射率和热辐射的平均值

1）地球反射率平均值

图 2-10 所示的是作为纬度函数的地球反射率平均值。在南、北纬度 20°以上，平均反射率随纬度增加而增大。这是由于纬度增加，平均云层覆盖增加，以及高纬度区由冰雪覆盖的表面有较高反射率。在南、北纬度 30°之间，有较低的反射率。

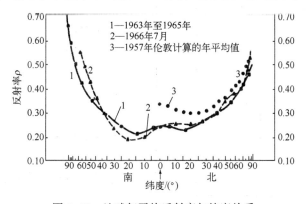

图 2-10　地球年平均反射率与纬度关系

2) 地球热辐射的平均值

图 2-11 所示的是作为纬度函数的地球热辐射平均值。比较图 2-10 和图 2-11 可以看出,地球热辐射与地球反射正好相反。低纬度区地球热辐射较大,两极地区地球热辐射最小。

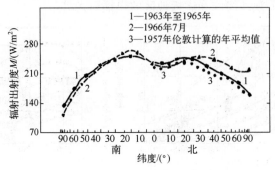

图 2-11 地球年平均热辐射与纬度关系

利用气象卫星获得的数据,可分析得出地球反射率和热辐射的年平均值为

热辐射:$237\pm7\text{W/m}^2$

反射率:0.30 ± 0.02

2.3.3 天空背景

天空的光辐射来自对太阳光(含星光)散射和大气的热辐射。云层对天空背景辐射有较大的影响,它在近红外区有强烈的前向散射。在昏暗的阴天,云层的前向散射会减小;浓云应看成良好的黑体。

1. 天空可见光辐射

晴天,地面上总照度的 1/5 来自天空(即来自大气散射的太阳光)。表 2-7 列出不同条件下的地面照度。表 2-8 给出不同条件下,靠近地平方向上的天空亮度。

表 2-7 不同条件下地面照度 E_v

天空状态	地面照度 $E_v(\text{lm/m}^2)$
直射太阳光	$1\sim1.3\times10^5$
全部散射太阳光	$1\sim2\times10^4$
阴天	10^3
阴暗的天	10^2
曙(暮)光	10
暗曙(暮)光	1
满月	10^{-1}
四分之一月亮	10^{-2}
晴天无月	10^{-3}
阴天无月	10^{-4}

表 2-8 不同条件下近地平的天空亮度 L_v

天空状态	天空亮度 $L_v(\text{cd/m}^2)$
晴天	10^4
阴天	10^3
阴暗天	10^2
阴天日落时	10
晴天日落后 15min	1
晴天日落后 30min	10^{-1}
很亮月光	10^{-2}
无月的晴朗夜空	10^{-3}
无月的阴天夜空	10^{-4}

注:在太阳光照射下的云或雾也有该亮度值

在夜晚地面上,产生辐照度(W/m²)的夜空辐射源有:

黄道光	15%
银河光	5%
气辉(大气发光)	10%
散射光辉	40%
星光(含直射和散射)	30%
银河外辐射	<1%

晴天,天空色温近似为20000～25000K。这是由于大气中粒子产生的散射光反比于波长四次方,因而蓝、紫光比红光散射厉害,天空呈蓝色。图2-12给出晴朗天空的相对光谱分布(实线)和25000K黑体(虚线)的相对光谱分布。

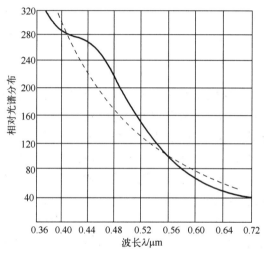

图2-12 晴朗天空的光谱分布

2. 天空红外辐射

白天,天空的红外辐射是散射的太阳光和大气热辐射的组合。在3μm以下,以散射太阳光为主;在5μm以上,以大气热辐射为主;在3～5μm,天空的红外辐射最小。图2-13示出白天大空的红外光辐射亮度。

夜间,因不存在散射的太阳光,天空的红外辐射为大气的热辐射。大气的热辐射主要与水蒸气、二氧化碳和臭氧等的温度与含量有关。为计算大气的红外光谱辐射亮度,必须知道大气的压力、温度、湿度和视线的仰角。

图2-14所表示的是晴朗夜空光谱辐射亮度随仰角的变化情况。在低仰角时,大气路程很长,光谱辐射亮度为低层大气温度(图中为8℃)的黑体辐射。在高仰角时,大气路径变短,在那些吸收率(即发射率)很小的波段上,红外辐射变小。但在6.3μm的水蒸气发射带和15μm的二氧化碳发射带上,吸收很厉害,甚至在一个短的路程上,发射率就基本上等于1,而9.6μm的发射是由臭氧引起的。

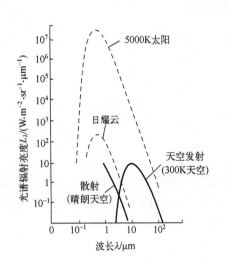

图 2-13 白天天空的红外光谱辐射亮度

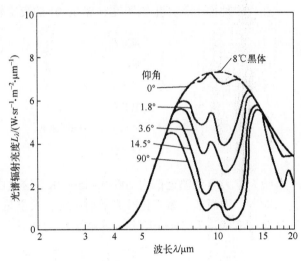

图 2-14 晴朗夜空的光谱辐射亮度

3. 云的辐射特性

对于侦察、跟踪空中目标的探测系统来说，对云的辐射特性的了解显得格外必要。在许多系统设计中往往只考虑辐射在大气中传输的影响，其实云的影响绝不可低估。云对探测系统的影响有两个方面：其一是云层或云边缘对太阳反射、散射以及云自身辐射，这些辐射光谱范围很宽，不论设备工作在哪一个波段，都会受到很大干扰，有时可能会严重地影响系统指标；其二是整个云层犹如一个很大的屏障，部分甚至全部遮断来自目标与探测系统之间的辐射，使探测系统侦察不到目标或丢失已跟踪目标。

云可以分为 10 个不同种类：高层的卷云、卷积云、卷层云，中层的高积云、高层云，低层的同温层积云、层云、雨层云，垂直方向上发展的积云状云和积雨云。具体的高度分布、厚度和微观结构见表 2-9。

表 2-9 云的高度、厚度分布和水的微观结构

名　称	高度/km	厚　度	微观结构（水的状态）	备　注
卷云	7~10	几百米到几千米	圆柱形晶体	高层云
卷积云	6~8	0.2~0.4km	圆柱形晶体、空心棱镜独立分散或两块、多块结合在一起存在	
卷层云	6~8	0.1km 到几千米	立方体晶体，偶尔有厚冰	
高积云	2~6	0.2~0.7km	极少量晶体，5~7μm 半径的液滴，半径分布扩展到 3~24μm	中层云
高层云	3~5	1~2km	冰晶体和水滴混合态，下层部分有雨滴、雪花片	
同温层积云	0.6~1.5	0.2~0.8km	5~7μm 半径液滴，半径分布在 1~60μm 范围内	低层云
层云	0.1~0.7	0.2~0.8km	半径为 2~5μm 液滴，半径分布在 1~29μm 范围内	
雨层云	0.1~1	0.1km 到几千米	结晶体混合物，云顶部有柱状晶体，下层为薄晶片，液滴半径约 7~8μm，半径分布在 2~72μm 范围内	

(续)

名　　称	高度/km	厚　　度	微观结构（水的状态）	备　注
积云状云	0.8~1.5	几百米到几千米	在云的中部和上部，液滴半径约11μm，底部半径小到6μm	垂直向上发展云
积雨云	0.4~1	0.1km到几千米，有时直到对流层顶	在云的下层是液滴，上层是冰晶如果温度高于-15℃，冰晶形状为片状；如果温度低于-15℃，冰晶形状为柱状	

应当指出的是，列在表2-9中的高度随纬度不同有些变化，尤其是南、北极高层云的高度会比表中高度高2~3km；每层云的上层高度变化更大，尤其是积雨云顶高度有时可达到对流层顶高度。波长低于4μm的云的辐射主要是云对入射太阳光的反射或散射，其光谱与6000K灰体相似，当然该灰体辐射受大气传输影响需要进行修正。波长大于4μm云的辐射主要是云的自身辐射。由于云的结构十分复杂，它的温度分布也十分不均匀，因此云的辐射很难用统一的数学模型去描述。云的辐射率与波长和组成云面的液滴半径有关，表2-10给出了厚云的辐射率。有时人的肉眼都很难发现薄云的存在，仪器测量显示它在8~13μm也有较高的辐射率。

表2-10　厚云随波长变化和不同液滴半径的辐射率值

波长/μm	液滴半径/μm	辐射率
4.6	6	0.722
7.0	6	0.809
8.5	6	0.847
10.0	1	0.983
10.0	2	0.939
10.0	6	0.897
10.0	12	0.803
11.0	6	0.960
11.9	6	0.960
13.5	6	0.440

2.3.4　海洋背景

海洋占地球表面面积的2/3以上，在人类经济和社会发展中占有重要的地位。广袤的海洋又是我国国防的天然屏障。在对海监测时，例如搜索和跟踪水面舰艇、船舶以及在海面上空低空飞行的飞机、巡航导弹时，海洋背景的光学辐射研究和数据是不可缺少的。

海洋背景的光学特征由海洋本身的热辐射和它对太阳和天空辐射的反射组成。确定海洋背景特性的因素有：

（1）海水的光学特性。水对3μm以上的辐射基本不透过。海水的透射率、反射率、发射率、折射率与吸收系数及波长有关。

（2）海面的几何形状和波浪分布。一般海面的反射率是平坦海面的20%。白天太阳照射的角度不同，反射率也不同，昼夜的海水波浪、风的等级引起的波浪对海水背景都有影响。

（3）海面温度分布。北极和赤道的水温相差近29～30℃，暖流及其运动对海水背景影响不可忽视。近来发现海水污染后的油膜处温度较未污染区稍低。

（4）海洋的浮游生物、藻类悬浮物和腐殖生物分解的黄色物对海水背景辐射也都有影响。沿海和公海、近海和远洋的海洋生物的种类和浓度显然不同，因此背景辐射也不同。近来由于人类造成的污染出现的大面积赤潮，使得海洋背景有较大的变化。

（5）海底物质的分布和海底地质情况。沙砾和岩石的影响较小。

（6）海面油膜的产生和分布。地下石油渗出、海洋石油开采和加工或倾泄废油及舰船事故都使比水轻的石油浮在海面形成油膜，明显地改变海洋背景辐射。

如图2-15所示的是海洋在白天时的光谱辐射亮度，在波长3μm以下，白天海洋的光辐射主要是对太阳和天空辐射的反射。在波长4μm以上，无论是白天和晚上，海洋的光辐射主要来自海洋的热辐射。

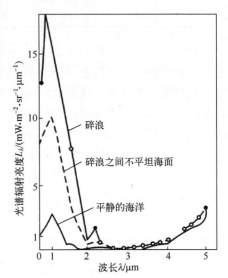

图2-15 海洋的光谱辐射亮度

正如图2-16和表2-11所示的海水光谱吸收曲线和数据，由于海水对于光波传输不透明，海面的热辐射主要是海面几毫米厚的海水温度辐射。

表2-11 海水的光谱吸收数据

波长/μm	吸收系数/m^{-1}	波长/μm	吸收系数/m^{-1}	波长/μm	吸收系数/m^{-1}	波长/μm	吸收系数/m^{-1}
0.32	0.580	0.52	0.019	0.85	3.12	1.60	800.0
0.34	0.380	0.54	0.024	0.90	6.55	1.70	730.0
0.36	0.280	0.56	0.030	0.95	28.80	1.80	1700.0
0.38	0.148	0.58	0.055	1.00	39.70	1.90	7300.0
0.40	0.072	0.60	0.125	1.05	17.70	2.00	8500.0
0.42	0.041	0.62	0.178	1.10	20.30	2.10	3900.0
0.44	0.023	0.65	0.210	1.20	123.30	2.20	2100.0
0.46	0.015	0.70	0.840	1.30	150.00	2.30	2400.0
0.45	0.015	0.75	2.720	1.40	1600.00	2.40	4200.0
0.50	0.016	0.80	2.400	1.50	1940.00	2.50	8500.0

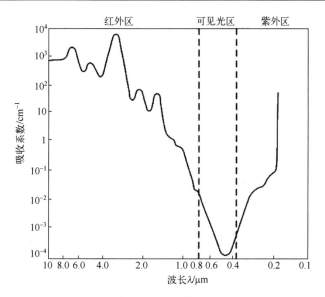

图 2-16 海水的光谱吸收曲线

图 2-17 给出平静水面（粗糙度 $\delta = 0$）在不同入射角下光谱反射率与波长的关系，图 2-18 所示是由此得到的水面反射率、发射率（在 2～5μm 内的平均值）与入射角的关系。

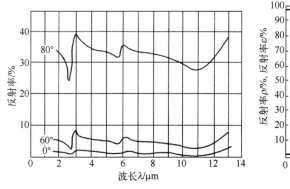

图 2-17 不同入射角下平静水面的光谱反射率

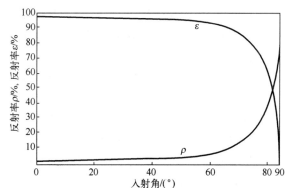

图 2-18 水面反射率、发射率与入射角的关系

海水的反射率和发射率，尤其是靠近水平方向，与海面粗糙度有关。图 2-19 示出不同粗糙度 σ 下的海面反射率 ρ 与入射角的关系。面发射率 $\varepsilon = 1 - \sigma$。美国加利福尼亚大学的考克斯（C·Cox）和芒克（W·Munk）发现海面粗糙度 σ 与海风风速 v 有如下关系：

$$\sigma^2 = 0.003 + 5.12 \times 10^{-3} v$$

式中：v 为海风速度（m/s）。如 $v = 2$m/s，$\sigma = 0.1$；而 $v = 17$m/s，$\sigma = 0.3$。

在用探测器测量海面背景的光辐射时（如图 2-20 所示），探测器接收到的海面背景光辐射中包括：海面的热辐射；海面反射的天空（含太阳和云层）辐射；海面至探测器间光学路径上的大气辐射。其表示式为

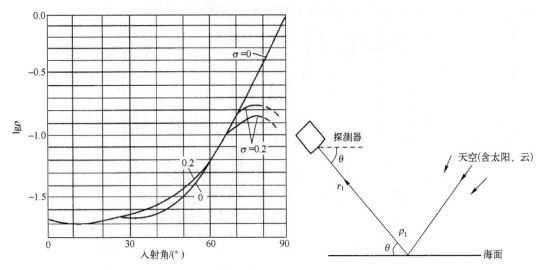

图 2-19 不同粗糙度下的海面反射率与入射角关系
（对 $\sigma=0.2$，在大入射角下的反射率位于曲线的上下分支之间）

图 2-20 海面辐射探测示意图

$$L_\lambda = \tau_\lambda \varepsilon_\lambda L_{\lambda b T_{(\text{sea})}} + \tau_\lambda \rho_\lambda L_{\lambda(\text{sky})} + L_{\lambda(\text{air})} \tag{2-32}$$

式中：τ_λ 为大气光谱透过率；ρ_λ 为海面光谱反射率；ε_λ 为海面光谱发射率。

由于存在海面的镜面反射现象，所以在波长 5μm 以下，当探测器指向太阳反射而形成海面亮带区，或者探测器俯仰角 θ 较小且按反射定律所对应低空方向存在云层时，海面背景光谱辐射亮度即因太阳和云层的强烈反射而增大。在红外 3~5μm 区海面亮带区的平均辐射温度达 44.2℃，而非亮带区海面平均辐射温度只有 27℃。但在长波 8~14μm 区，海背景的光谱辐射亮度基本上不受太阳和云层的影响。所以利用红外 8~14μm 成像系统，可以有效地抑制海背景杂波干扰，以探测和识别海面舰船。

理论和实验都证明，海天交界线附近的海天背景，在红外 3~5μm 区和 8~14μm 区有下列规律性，即当环境温度高于海水温度时，低空辐射亮度 L_{sky}、海天交界线辐射亮度 L_{s-s} 与和海面辐射亮度 L_{sea} 有如下关系：$L_{s-s}>L_{\text{sky}}>L_{\text{sea}}$。当环境气温低于海水温度时，出现反转现象，并有下列关系 $L_{\text{sea}}>L_{s-s}>L_{\text{sky}}$。

有关海天背景红外辐射模型研究见相关参考文献。

2.3.5 地物背景

由于地球表面的物质种类太多，地物光辐射不但与物质种类有关，而且同一地物的光辐射还与它的地理位置、季节、昼夜时间和气象条件等有关。目前，国内外的遥感科学技术主要集中测量研究地物在可见光和近红外波段的光谱反射特性，建立用于分类识别用的地物光谱数据库和数学模型。本书仅定性叙述几大类地物：植被、土壤与岩石、水和冰雪的可见光及近红外的光谱反射特性，以及对军事应用有重要意义的地物红外热辐射特性。

1. 典型地物的可见光和近红外光谱反射特性

1）植被的光谱反射特性

绿色植被的光谱反射率具有如图 2-21 所示的明显特征。在可见光波段，对于健康的绿色植被，在蓝色区域（中心波长在 0.45μm 的谱带）和红色区域（中心波长在 0.65μm 的谱带），其反射率都非常低。这两个低反射率区就是通常所说的叶绿素吸收带。在上述两个叶绿素吸收带之间，即在 0.54μm 附近形成一个反射峰，正好位于可见光的绿色波长区域，形成植被在人眼看是绿色的。

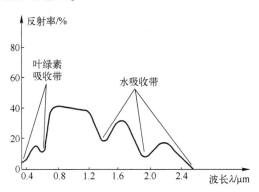

图 2-21 绿色植被的光谱反射率

当植被患病或成熟时，叶绿素含量减少，导致两个叶绿素吸收带的吸收减弱，反射率增高，尤其在上述可见光的红色吸收区，所以患病植物或成熟的庄稼呈黄色或红色。

从波长 0.7μm 附近开始，植被反射率迅速增加，形成近红外反射峰。与可见光波段相比，植被在近红外的光谱特征是反射率很高，透过率也很高，但吸收率很低。大多数植被在近红外波段的反射率为 45%～50%，透过率为 45%～50%，但吸收率小于 5%。

在波长大于 1.3μm 的近红外区域，植被的光谱反射率主要受 1.4μm 和 1.9μm 附近的水吸收带支配，植被的含水量控制着这个区域的反射率。在这两个吸收带之间的 1.6μm 处，存在一个反射峰。

2）土壤和岩石的光谱反射特性

中国科学院及有关研究单位，在可见光到近红外（0.4～2.5μm）区，对我国主要土壤的光谱反射率进行了详尽的测试。土壤的反射率与土壤的物理化学性质有密切的关系，它取决于土质、土壤水分的含量、土壤中腐殖质和氧化铁的含量，以及土壤中可溶盐的含量等。

一般而言，土壤的颗粒越小，就会使土壤的表面越趋平滑，反射率越高。随着土壤中水分含量的增加，反射率下降。土壤中腐殖质和氧化铁的增加，都会降低土壤的反射率。由于盐分本身的中性反射特性，所以它们一般并不改变土壤自身的光谱特征，但能相对提高反射率，尤其当盐分积存在土壤表面时。土壤在可见光和近红外区的反射率特点是反射率一般随着波长的增加而增加（除了几个水的吸收带之外）。

岩石在可见光至近红外（0.4～2.5μm）区的光谱反射特性是呈现中性（不随波长变化）或随波长增加而稍有增加。

水泥地面和柏油路面的光谱反射率曲线，大多具有与土壤和岩石相似的光谱特性，在红光区的 0.7μm 附近，个别反射率呈现较大的值。

3）道路、建筑物、油漆或涂料的光谱特性

不同的筑路材料、水泥地面和柏油路面的光谱反射率曲线对识别机场跑道、高速公路和越野车辆行驶的道路具有重要意义。

大多数筑路材料具有与土壤和岩石相似的光谱反射率曲线。在 0.7μm 的红光区，个别的反射率有较大的值。图 2-22～图 2-24 给出不同气象条件下的混凝土跑道、砾石路面和高级沥青路面及其上空背景的光谱特性。纵轴用光谱的视在温度，即等效的黑体辐射温度表示对应的反射特性，图下方表示测量精度。

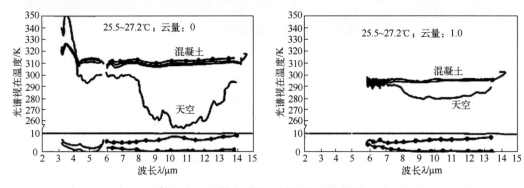

图 2-22 混凝土跑道及其上空的光谱特性

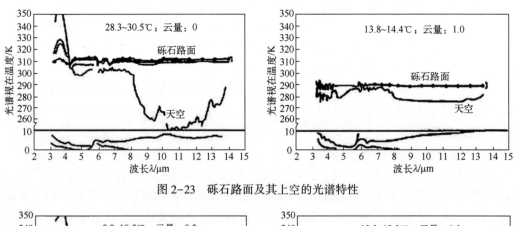

图 2-23 砾石路面及其上空的光谱特性

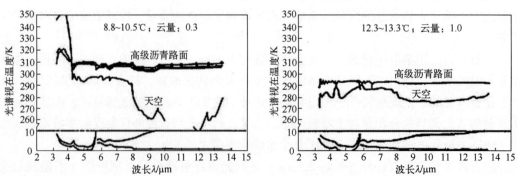

图 2-24 高级沥青路面及其上空的光谱特性

建筑物的普通建筑材料、外表的油漆或涂料的光谱特性是不同的,这往往是激光和红外成像识别的重要依据。图 2-25 和图 2-26 分别给出一些建筑材料和油漆/涂料的光谱特性。

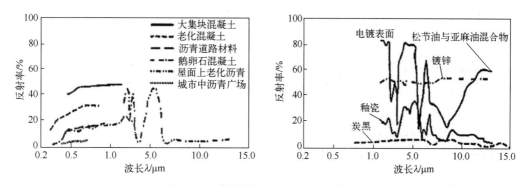

图 2-25　建筑材料及其上空的光谱特性

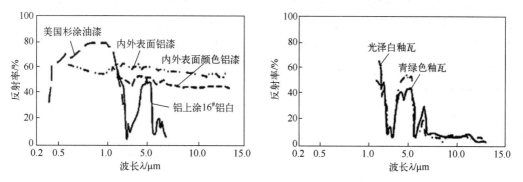

图 2-26　油漆涂料及其上空的光谱特性

4) 水的光谱反射特性

图 2-27 是清洁水、浑浊水和含藻类浮游生物的水在 0.4~1.1μm 波段的光谱反射率曲线。清洁海水和湖泊水的光学特性基本上与纯水相同,纯水除蓝绿波段有 10% 稍强的反射外,其他波段的反射率都很低,特别是在近红外波段。水中的悬浮泥沙能提高水在各波段的反射率,尤其红黄波段(0.6~0.7μm)的反射率随泥沙含量增加而有较大的提高,因而泥沙量大的水呈红黄色。由于藻类浮游生物含有叶绿素,所以它会降低水在蓝光波段的反射率,而绿色部分却有所增加,尤其在近红外的反射率。

5) 冰雪的光谱反射特性

冰和雪的光谱反射特性基本相同。图 2-28 所示是雪的光谱反射率曲线。从图中可以看出,在可见光波段,积雪的反射率很高,特别是新雪,几乎接近 100%,但在近红外波段,它的反射率明显下降,在 1.5μm 处差不多降到零。这样的反射特性在天然存在的地物中,几乎是独一无二的。

随着积雪的老化,雪的反射率普遍下降,但是降低程度随波长而异,一般在可见光波段下降不大,但在大于 0.8μm 的红外波段,反射率明显降低。

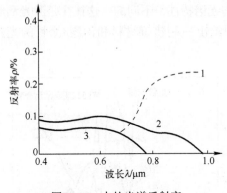

图 2-27 水的光谱反射率

1—含藻类浮游生物的水；2—浑浊水；3—清洁水。

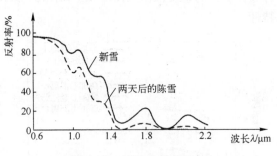

图 2-28 雪的光谱反射率

2. 地物的红外辐射特性

在白天和波长短于 $4\mu m$ 时，地物的红外辐射与太阳光和构成地物的物质反射率有关。超过 $4\mu m$，地物的红外辐射主要来源于自身的热辐射。地物的热辐射与其温度和发射率有关。表 2-12 给出室温下一些地物在垂直方向上的发射率。

表 2-12 室温下几种地物的法向发射率 ε

地　　物	温度 T/℃	发　射　率 ε
干燥的土壤	20	0.92
潮湿的土壤	20	0.95
沙	20	0.90
水	20	0.96
冰	-10	0.96
雪	-10	0.85
霜	-10	0.95
混凝土	20	0.92
红砖	20	0.93
白漆	100	0.92
黑漆	100	0.97
玻璃	20	0.94
植被	室温	>0.90

表 2-12 表明，大多数地物都有高的发射率（尤其在波长大于 $3\mu m$ 的红外波段）。

白天，地物温度与可见光吸收率、红外发射率以及与空气的热接触、热传导和热容量有关。假定太阳光对地物的最大辐照度是 $10^3 W/m^2$，地物对可见光的吸收率和红外发射率为 1，那么可以预计地物的最大温度为 90℃。在实际中，因为太阳并不都垂直照射地物，加之地物内的热传导以及同周围空气的热接触，地物的最高温度通常不高于 50℃。在夜间，地物的温度冷却速度同热容、热传导、周围空气的热接触、红外发射率、大气湿度和云层覆盖有关。在干燥和无云的地方,地物的热辐射(主要在 8~12μm)将向空间辐射,使地物迅速冷却下来。图 2-29 表示在波长 λ = 10μm 处几种地物光谱辐射亮度的昼夜变化。

图 2-30 所示为几种地物白天在 1~6μm 波段的光谱辐射亮度。由图中看到,在波长 3μm 以下,由于太阳散射占支配地位,所以光谱辐射亮度差别大,超过 4μm,不同地物的光谱辐射亮度差别小。在波长 3μm 以下,雪对太阳光有强的散射,因而给出最大的光谱辐射亮度。而草在 3μm 以下有最小的太阳光反射率,因而给出最小的光谱辐射亮度。

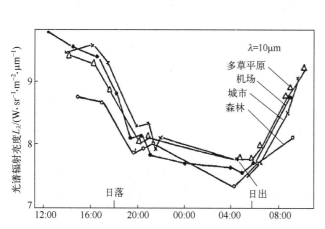

图 2-29　波长 10μm 处几种地物光谱辐射亮度的昼夜变化　　图 2-30　几种地物白天在 2~6μm 波段的光谱辐射亮度

对红外系统的设计者而言,通常测量相对辐射亮度比测量辐射亮度更重要。特别重要的是知道不同地物在昼夜间对比度相等的时间(对比度相等时间称过渡时间),此时红外系统不能辨别不同的地物。

图 2-31 表示落叶树与草的相对对比度随昼夜时间的变化。图 2-32 表示水坝上木桥与水相对对比度随昼夜时间的变化。

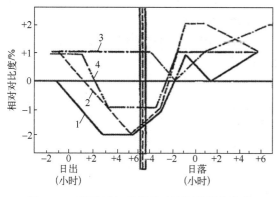
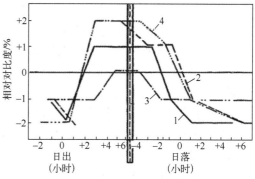

图 2-31　落叶树与草相对对比度的昼夜变化　　图 2-32　水坝上木桥与水相对对比度的昼夜变化
1—夏季；2—秋季；3—冬季；4—春季。　　　　　1—夏季；2—秋季；3—冬季；4—春季。

在图 2-31 和图 2-32 中，相对对比度为 0% 时，表示无对比度；相对对比度为 ±1% 时，表示小对比度；相对对比度为 ±2% 时，表示大对比度。0 小时表示日出（日落）瞬间，+2 小时表示日出（日落）后 2 个小时，-2 小时表示日出（日落）前 2 个小时。

2.4 典型目标的光辐射特性

目标与背景是相对的，同一物体对于不同的研究者和用户，可以是目标，也可以是背景。这里所说的目标是与军事研究和应用有关的物体，如卫星、导弹、飞机、军舰和坦克等。军事目标的光辐射特征是目标物质构成的基本属性，是战略和战术武器突防与反突防、识别与反识别的主要依据之一。

目前军事研究应用的光辐射波段是红外、可见光和紫外，而以红外辐射特性研究为主，本节还将对某些目标的可见光辐射特性给予适当介绍。

2.4.1 空间目标

空间目标指高度在 100km 以上的战略导弹、卫星、空间飞行器、空间站和中继站等各种人造目标，也包括与这些目标伴飞的物体（发动机和碎片），以及可能施放的干扰物（干扰条和诱饵等）。导弹和飞行器发射时有强大的光辐射，利用同步卫星上的红外和紫外双波段光学监测系统，可以探测、识别导弹发射。利用导弹弹头和假目标再入大气层时所产生可见光和红外辐射特性（强度和光谱）的不同，供反导弹武器系统探测和识别出真弹头。绕地球飞行的各种空间目标（包括在中段飞行的导弹弹头），在向阳区的太阳光照射下可以探测的光学特性有太阳光散射特性（主要是可见和紫外光）和表面温度 300~450K 的红外辐射。在无太阳光照射的阴影区，空间目标可探测的光学特性仅有表面温度约 200K 的红外辐射。

1. 空间目标可见光辐射

空间目标在太阳光的照射下，向各个方向反射太阳光的辐射。实际目标表面对太阳光反射既非理想的镜面反射，也非理想的漫反射，而是介于两者之间。严格描述空间目标可见光反射特性，必须引入双向反射函数 $f_T(\theta_I,\varphi_I,\theta_R,\varphi_R)$，量纲是 sr^{-1}。而

$$L_T(\theta_s,\phi_s,\theta_d,\phi_d)=f_T(\theta_s,\phi_s,\theta_d,\phi_d)E_0\cos\theta_s \tag{2-33}$$

式中：L_T 为目标反射辐亮度 $[\mathrm{W/(sr\cdot m^2)}]$；$E_0\cos\theta_s$ 为太阳对目标的辐照度（$\mathrm{W/m^2}$）；E_0 为大气层外的太阳常数，当 $\theta_s=0$ 时 $E_0=E_{\mathrm{sun}}=1353\mathrm{W/m^2}$。

图 2-33 所示为双向反射函数的几何关系，θ_s、ϕ_s、θ_d、ϕ_d 以及 L_T、f_T 的下标 s、d、T 分别代表太阳、检测器和目标，x-y 平面代表空间表面的面元，而 z 轴为面元的法线方向，ω_s 为立射锥角，ω_d 为接收锥角。

由于目标表面双向反射函数不仅与目标表面材料有关，而且与表面材料的粗糙度有关，因此空间目标

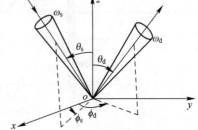

图 2-33 双向反射函数的几何关系

的可见光辐射（如等效星等），不仅与距离、太阳光入射方向及观测方向有关，而且与目标形尺寸、表面材料成分和表面粗糙度有关。

当空间目标表面不光亮（如在空间长时间飞行时受宇宙射线的作用），可以近似地假定目标对太阳光的反射是漫反射。圆柱外表面的辐照度为

$$E = \frac{E_{\text{sun}} \rho \tau L D}{\pi R_{T,d}^2} \sin\theta_1 \sin\theta_2 [(\pi-\phi)\cos\phi + \sin\phi] \quad (2-34)$$

式中：ρ 为表面材料对太阳光的半球反射率；τ 为目标至检测器之间大气透过率；L 为圆柱长度；D 为圆柱直径；θ_1、θ_2 分别为太阳光入射方向和检测器观测方向同圆柱轴线的夹角；ϕ 为太阳入射方向与检测器观测方向的相位角。

在太阳照射下，空间目标对远距离的可见光观测系统来说，可等效成某种星等的点目标。利用天文学上星等定义，m 等星在地面上产生的照度约为

$$E_m = 2.1 \times 10^{-6} / 2.512^m \, (\text{lm/m}^2)$$

将 $E = E_m$ 代入式（2-34），即可求出空间目标在太阳光照射下呈现的星等 m。

空间目标在高空飞行时，若飞行速度在 7~8km/s，则姿态运动周期为几秒钟。在一个周期中，对于有姿态控制的目标，可以认为，距离 $R_{T,d}$ 和相对于目标坐标系的太阳光入射方向与观测方向都基本上不变化，因而空间目标表观星等也基本上不变。对于无姿态控制的目标（如末级火箭和碎片等），由于飞行中翻滚运动，使得相对于目标坐标系而言，太阳光的入射高低角、方位角和观测方向的高低角、方位角都随目标的翻滚运动而变化，故对于无姿态控制的目标，在一个姿态变化周期中，表观星等在变化，表观星等变化周期就是目标姿态运动的周期。同时可以推想在一个周期内，目标表观星等变化的规律与目标形状有关。利用该原理，可以对空间目标进行有关分类识别研究。

2. 空间目标的红外辐射

空间目标所处的深空背景是等效 3.5K 的冷背景，目前的科学技术水平已能实现在空载平台上对空间目标进行红外探测、跟踪和制导。如果知道空间目标的形状尺寸、表面温度和表面材料的红外光谱发射率，就可以确定空间目标的红外辐射特性。

空间目标红外辐射研究，主要是研究目标在内外热流作用下的表面温度。由于空间目标是在稀薄大气空间中运行，外部加热只能以辐射方式进行，因此对空间目标的辐射加热计算就成为一项重要工作。

空间目标在大气层外飞行中，接收到的外来热流有太阳辐射、地球大气系统热辐射和地球大气系统的反照辐射。

为了使空间飞行器能在一定温度变化范围内正常工作，在第一颗人造地球卫星问世过程中，就开始对空间目标进行温度计算和试验工作。至今已有了较精确的温度计算方法，称为热网络法（又叫节点网络法）。热网络法的原理是，将飞行器分为若干一定尺寸的单元，每一个单元称为一个节点，每个单元具有均匀的温度、热流和有效辐射。单元之间的辐射、传导和对流以及换热过程可以归为节点之间由多种热阻连接起来的热流传递过程。美国研制的 TRASYS 热分析系统，它的热网络模型能计算 1000 个节点的瞬态和稳态温度，计算温度与实际温度之差在 2~5℃范围内。

实际上，空间飞行器的表面各部分温度均不相同，并且随时间而变化。对于实际空间飞行器，由于具有一定的热容量（即热惯性），所以在轨道飞行中，可以认为表面温度在日照区温度 T~阴影区温度 T' 之间变化。另外大多数空间飞行器也不能忽略内部热源，因此，表面温度，尤其阴影区温度 T' 要比计算值大。

2.4.2 空中目标

高度在 20~30km 以下的空中目标有各种类型的飞机（战斗机、直升机、轰炸机、预警机、加油机和运输机等）和战术导弹（巡航导弹、飞航导弹、空地导弹、空舰导弹、空空导弹和地空导弹等），以及飞机和导弹可能施放的光学诱饵。下面以火箭发动机、飞机以及红外干扰弹三种典型空中目标为例，详细介绍空中目标的红外光辐射特性。

1. 火箭发动机的光辐射特性

战术导弹，尤其是战略导弹的发动机工作时伴随很强的光辐射，辐射功率可大于 10^5~10^6 W（同发动机推力有关）。利用火箭发动机发出的光辐射，可以对导弹进行远距离探测。发动机的光辐射与发动机喷焰的结构（形状、尺寸、压力和温度）和化学组分有关。

1）化学组分

喷焰辐射的光谱分布同构成喷焰的分子种类有关。表 2-13 列出液体火箭推进剂的燃烧产物。

表 2-13 液体推进剂的燃烧产物

燃 料	氧 化 剂	主要产物	次要产物
N_2H_4	F_3Cl	HF, N_2, HCl	H_2, H, Cl
N_2H_4	F_2	HF, N_2,	H_2, F, H
N_2H_4	H_2O_2	H_2O, N_2, H_2	H, OH
N_2H_4	O_2	H_2O, N_2, H_2	H, OH
H_2	F_2	H_2, HF	H
H_2	O_2	H_2, H_2O	H, OH
$C_{10}H_{20}$	O_2	CO, H_2O, CO_2, H_2	H, OH, O, O_2
C_2H_5OH	O_2	H_2O, CO, CO_2, H_2	H, OH, O
$(CH_3)_2N_2H_2$	$HNO_3+NO_2+N_2O+HF$	H_2O, N_2, CO, CO_2, H_2	H, OH, O, NO, HF
$(CH_3)_2N_2H_2+H_2$	N_2O_4	H_2O, N_2, CO_2, H_2	H, OH, O, NO, O_2
B_5H_9	N_2O_4	H_2, N_2, HBO, B_2O_3	H, BO, H_2O, B_2O_2, OH, O, NO

火箭推进剂燃烧产物的含量与氧化剂/燃料比和发动机工作状态有关。表 2-14 列出液氧/$C_{10}H_{20}$ 推进剂对于不同的氧化剂/燃料比的燃烧产物含量（克分子浓度）。

表 2-14 液氧/$C_{10}H_{20}$燃烧产物含量与氧化剂/燃料比的关系

产 物	氧化剂/燃料比			
	3.0	2.6	2.2	1.8
H_2O	42.52	40.17	31.70	18.28
CO_2	30.92	22.96	14.94	10.70
CO	17.92	27.43	35.66	39.90
H_2	3.71	8.12	17.68	31.14
OH	2.08	0.33	—	—
H	0.84	0.41	0.03	—
O	0.38	0.01	—	—
O_2	1.64	0.03	—	—

由于火箭发动机工作于富油状态，所以喷焰含有可燃烧的燃料。在低高度飞行时，它同大气中的氧混合后产生补燃，补燃使喷焰温度升高约500K。随着高度增加，氧气减少，补燃会降低。除了分子成分外，在喷焰中还可能存在固态粒子。在固体火箭喷焰中存在大量的粒子，表2-15列出铝/聚氨脂固体推进剂的燃烧产物。

表 2-15 固体推进剂（聚氨脂+13%铝）燃烧产物

产 物	H_2O	CO_2	CO	H_2	HCl	Al_2O_3	N_2
质量/%	4.8	3.8	35.1	3.4	20.2	24.6	8.1

2）喷焰结构

图2-34表示液体火箭发动机低高度的喷焰结构，非扰动圆锥是各向同性的等温区，圆锥区外与周围大气混合，产生补燃。随着高度增加，喷焰膨胀，温度降低，如图2-35所示。

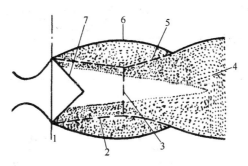

图 2-34 液体火箭发动机低高度的喷焰结构

1—喷口平面；2—拦截激波；3—马赫盘；4—后燃区；5—反射激波；6—喷口边界；7—非扰动圆锥。

3）喷焰红外辐射

火箭发动机喷焰的辐射由分子的辐射带和粒子的散射、辐射带组成。表2-16列出不同分子的主要红外辐射带中心。

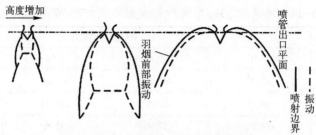

图 2-35 发动机喷焰形状随高度的变化

表 2-16 燃料产物的分子辐射带

分子	辐射带中心波长 $\lambda/\mu m$						
H_2O	1.14	1.38	1.88	2.66	2.74	3.17	6.27
CO_2	2.01	2.69	2.77	4.26	4.82	15.0	—
HF	1.29	2.52	2.64	2.77	3.44	—	—
HCl	1.20	1.76	3.47	—	—	—	—
CO	1.57	2.35	4.66	—	—	—	—
NO	2.67	5.30	—	—	—	—	—
OH	1.43	2.80	—	—	—	—	—
NO_2	4.50	6.17	15.4	—	—	—	—
N_2O	2.87	4.54	7.78	17.0	—	—	—

图 2-36 是液氧/$C_{10}H_{20}$喷焰的近场光谱（大气吸收可以忽略不计），它有碳氢燃料的燃烧产物 H_2O 和 CO_2 的强辐射带特征。

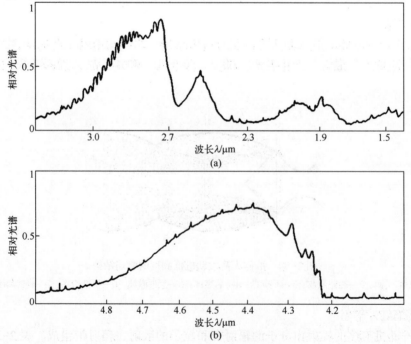

图 2-36 水蒸气和二氧化碳辐射带
（a）水蒸气区；（b）二氧化碳区。

图 2-37 给出含铝的固体推进剂燃烧的近场光谱,由图可以看出,除了气体分子辐射带外,还含有明显的固体粒子辐射。

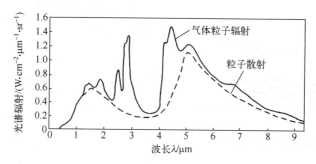

图 2-37　含铝的固体推进剂火箭喷焰光谱

图 2-38 和图 2-39 示出液体和固体火箭发动机喷焰发射光谱随高度的变化。

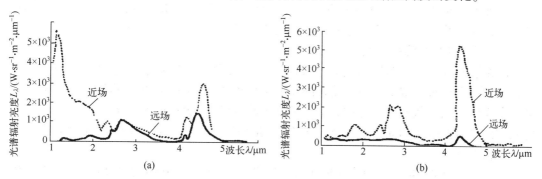

图 2-38　$C_{10}H_{20}/O_2$ 液体火箭喷焰的光谱辐射亮度

(a) 海平面;(b) 高度 29km,火箭推力 680N。

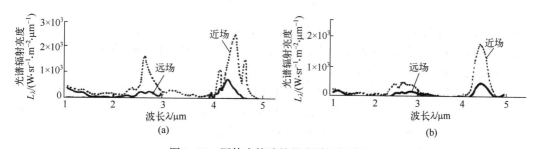

图 2-39　固体火箭喷焰的光谱辐射亮度

(a) 海平面;(b) 高度 29km,火箭推力 90.72kgf (1kgf=9.8N)。

2. 飞机的红外辐射

喷气飞机的红外辐射源于:被加热的金属尾喷管热辐射;发动机排出的高温尾喷焰辐射;飞机飞行时气动加热形成的蒙皮温度辐射;对环境辐射(太阳、地面、天空)的反射。图 2-40 为几个辐射部分示意图。当飞机速度为马赫数 1.2 时,各种辐射的光谱分布及相对辐射见图 2-41。

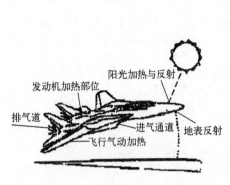 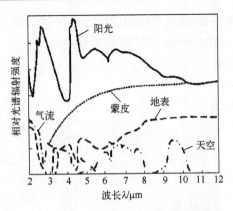

图 2-40 飞机辐射部分示意图　　　图 2-41 喷气飞机在 90°方位角、速度为马赫数 1.2 时各种辐射的光谱分布

飞机尾喷管实际上是被发动机排出气体加热的金属腔体，被加热后的热辐射与黑体辐射相似。在工程估算中，可把它考虑成一灰体，发射率为 0.9，温度等于排出气体的温度，面积等于排气喷嘴的面积。

尾喷焰辐射主要是燃料燃烧后生成的二氧化碳和水蒸气辐射。它们是选择性辐射体，辐射光谱分布呈带状特征，较强的发射带位于 2.7μm 和 4.3μm 附近的谱带上。在飞机发动机非加力状态下，尾喷焰辐射同尾喷管热辐射相比较小。但它是飞机侧向辐射和前向辐射的主要源泉之一。当飞机发动机处于加力状态下，尾喷焰辐射成为飞机的主要辐射源。

飞机在空中飞行时，当速度接近或大于声速时，气体加热产生的飞机蒙皮热辐射不能忽视，尤其在飞机的前向和侧向。飞机蒙皮温度为

$$T_s = T_0\left[1+k\left(\frac{\gamma-1}{2}\right)Ma^2\right] \tag{2-35}$$

式中：T_s 为飞机蒙皮温度（K）；T_0 为周围大气温度（K）；k 为恢复系数，其值取决于附面层中气流的流场，层流 $k=0.82$，紊流 $k=0.87$；γ 为空气的定压热容量和定容热容量之比，$\gamma=1.4$；Ma 为飞行马赫数。

对于层流和同温层飞行（高度 11km 以上），气动加热产生的飞机蒙皮温度为

$$T_s = 216.7(1+0.164Ma^2) \tag{2-36}$$

因太阳光是近似 6000K 的黑体辐射，所以飞机反射的太阳光光谱类似于大气衰减后的 6000K 的黑体辐射光谱。飞机反射太阳光的量值与下列因素有关：

(1) 太阳、飞机和探测器之间的夹角；
(2) 飞机反射表面形状；
(3) 反射表面性质，即与表面粗糙度有关的漫反射与镜反射；
(4) 表面反射率。

飞机反射太阳光辐射主要在近红外 1~3μm 和中红外 3~5μm。而飞机对地面和天空热辐射的反射主要在远红外 8~14μm 和中红外 3~5μm。

1) 飞机红外辐射强度方向图

飞机红外辐射强度随其方位角而变化的关系曲线称为辐射方向图，它是表征飞机红外

辐射特性的重要参数。由于目前红外跟踪与制导系统工作波段选择在 $3\sim5\mu m$ 和 $8\sim14\mu m$，所以测量研究飞机在 $3\sim5\mu m$ 和 $8\sim14\mu m$ 的红外辐射方位图具有重要意义。

在 $0°\sim180°$ 极坐标平面内，在不同方位上，由于可观测到的喷口和尾焰投影面积不同，因而红外辐射强度大小也不同，红外辐射强度一般随方位角的增大而减少。图 2-42 和图 2-43 分别为苏制米格-21 飞机发动机静态非加力和加力状态下在 $3\sim5\mu m$ 红外辐射强度方向图。

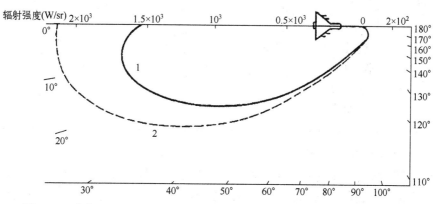

图 2-42 米格-21 发动机（非加力状态）静态红外 $3\sim5\mu m$ 辐射强度方向图
1—额定工作状态；2—最大工作状态。

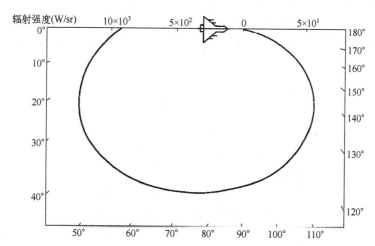

图 2-43 米格-21 发动机（加力状态）静态红外 $3\sim5\mu m$ 辐射强度方向图

表 2-17 为战斗机和轰炸机综合单位立体角 $0.7\sim12\mu m$ 红外辐射强度。

表 2-17 几种飞机在不同状态下的 $0.7\sim12\mu m$ 红外辐射强度

机 型	状 态	方 向	辐射强度/(W/sr)
B-29	巡航	头部	570
		两侧	1050
		尾向	1050

(续)

机型	状态	方向	辐射强度/(W/sr)
B-17	巡航	头部	610
		两侧	790
		尾向	680
F-80	加力（96%）	头部	77
		两侧	310
		尾向	1240
F-84	加力（96%）	头部	108
		两侧	155
		尾向	770

注：飞行时间半小时以上

2）飞机红外辐射光谱分布

研究飞机的红外辐射光谱分布，可为红外跟踪与制导系统的论证设计提供最佳工作波段，利用飞机红外辐射光谱特征还可以从干扰环境中（如红外干扰弹）识别飞机。

飞机红外辐射包含有尾喷管和蒙皮的近似为灰体的连续谱的热辐射，以及有选择性的带状谱的喷焰气体辐射。其红外辐射光谱随飞机发动机工作状态（加力与非加力）和目标的方位角而变化。在非加力状态下，飞机尾向的辐射光谱是峰值波长位于约 $4\mu m$ 的连续谱。但在实际应用中，由于大气中 CO_2 和 H_2O 分子吸收，在 $2.7\mu m$ 和 $4.3\mu m$ 附近形成凹陷，如图 2-44 所示。

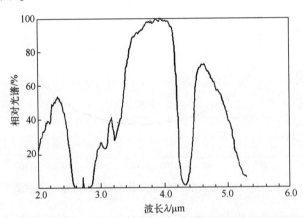

图 2-44 非加力状态下在飞机尾向观测到的红外辐射光谱

非加力状态下，飞机侧向和前向的红外辐射光谱，通常呈现有喷焰中 CO_2 和 H_2O 分子发射谱带特征，在图 2-45 所示的未经大气衰减的喷焰红外辐射光谱中，$4.3\mu m$ 带辐射强度比 $2.7\mu m$ 带大得多。在飞机发动机处于加力状态下，飞机在所有方位（前向、侧向与尾向）的红外辐射光谱均呈现 CO_2 和 H_2O 分子发射谱带形状。由于加力下喷焰气体温度高达 2000K，根据黑体辐射光谱随温度变化的特点，在加力状态下 $2.7\mu m$ 带辐射强度的增加比 4.3μm 带的增加大得多。图 2-46 表示了加力状态下飞机的红外辐射光谱分布。

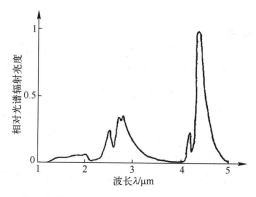

图 2-45 非加力状态下未经大气衰减的飞机喷焰红外辐射光谱

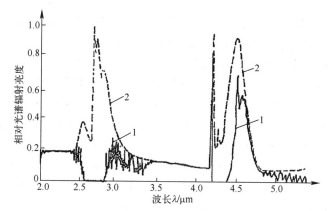

图 2-46 加力状态下飞机的红外辐射光谱
1—经大气衰减；2—未经大气衰减。

3) 飞机红外辐射温度分布

飞机红外辐射温度分布又称飞机红外图像。利用飞机红外图像可对飞机进行精确的跟踪、制导与识别。飞机红外辐射温度也是进行飞机红外隐身和抑制技术设计的基础。

对于高马赫数的飞机，飞机蒙皮的红外辐射温度可以高于周围背景的辐射温度；但当飞机速度不高时（马赫数小于 1），飞机红外辐射温度在白天可比地面背景辐射温度低，但它总比天空背景辐射温度高。

飞机尾焰辐射是气体辐射，尾焰红外辐射亮度是尾焰位置 (x,y,z)、光谱波段 $\Delta\lambda$ 和观测方向 (θ,φ) 的函数 $L=L(x,y,z,\theta,\phi,\Delta\lambda)$。

研究飞机尾焰的红外辐射温度分布对于第二代中红外（3～5μm）前向攻击的红外制导系统至关重要。因此在前向和侧向攻击飞机时，红外制导系统的跟踪点不在飞机机身上，而是落在机身外的尾焰上（取名为飞机尾焰的辐射中心）。为了研究确定飞机尾焰的红外辐射中心，应了解尾焰形状尺寸和辐射温度与发动机工作状态（加力和非加力）、发动机推力和飞机的飞行高度与速度的关系。实验得到米格-21 飞机静态尾焰红外辐射参数为：非加力下，尾焰长度约为 4m，直径约为 0.7m，红外 3~5μm 最高辐射温度为 150℃；而在加力下，尾焰长度约为 8m，直径约为 1m，红外 3~5μm 最高辐射温度为 500℃。

3. 红外干扰弹的光辐射特性

红外制导导弹，如红外空空导弹和红外地空导弹，对军用飞机等的生存能力构成了巨大的威胁。红外干扰弹就是作战飞机或舰船等为了保护自身安全而对红外制导导弹采取的一种干扰手段。其工作方法是，当飞机或舰船发现敌方发射红外制导导弹时，抛射出一枚点燃的发光弹（即红外干扰弹），由于红外干扰弹在红外波段（如近红外 1~3μm 和中红外 3~4μm）的辐射强度分别比飞机或舰船等大 3~5 倍以上，因而红外干扰弹把来袭的导弹引开，使其"脱靶"，达到保护飞机或舰船等的作用。

目前普遍使用的红外干扰弹，是以点辐射源的形式干扰红外制导导弹，评价其性能的主要参数是辐射强度、光谱分布和有效燃烧时间。

红外干扰弹辐射强度是根据被保护对象（如飞机）的辐射数据，由红外制导导弹的性能参数计算出的抑制比而确定。例如，在红外干扰弹的抑制比不小于 7 和飞机在红外 3~5μm 波段的最大辐射强度为 1000~1400W/sr 情况下，则飞机所配置的红外干扰弹在 3~5μm 波段的辐射强度应不小于 10000W/sr。

有效燃烧时间是红外干扰弹燃烧时辐射强度不小于设计值的时间。在燃烧时间内，要求被保护对象与红外干扰弹的分离距离远大于来袭的红外制导导弹的杀伤半径，故运动速度大的目标所使用的红外干扰弹的有效燃烧时间短。例如，机载红外干扰弹燃烧时间为几秒钟，而舰载红外干扰弹燃烧时间长达几十秒钟到 1min 左右。

红外干扰弹辐射光谱分布也是重要的性能参数。目前普遍装备的红外干扰弹，在不同波段（如红外 1~3μm、3~5μm、8~14μm，可见光 0.4~0.70μm 与紫外 0.2~0.4μm）均大于被保护目标的辐射强度。但红外干扰弹辐射的光谱分布却与目标辐射的光谱分布不同。其原因是目前一般红外干扰弹都是利用火药燃烧形成的火焰产生光辐射。经测量，火焰辐射温度在 1500~2000K，其光谱辐射的最大值波长位于 1.5~2.0μm。在红外 1~3μm、3~5μm 和 8~14μm 波段内，辐射强度比值为

$$\frac{I_{1\sim3\mu m}}{I_{3\sim5\mu m}} \approx 2\sim2.5, \quad \frac{I_{3\sim5\mu m}}{I_{8\sim14\mu m}} \approx 5\sim7 \tag{2-37}$$

飞机和舰船的红外辐射温度比上述红外干扰弹辐射温度低得多。如飞机在尾向的红外辐射光谱分布，与 700~800K 温度的黑体光谱分布相近，在红外 1~3μm 和 3~5μm 的辐射强度之比 $I_{1\sim3\mu m}/I_{3\sim5\mu m} \leq 0.4$。对于舰船排气部位（即烟囱）的红外辐射，光谱分布近似于 400~500K 温度的黑体光谱分布，红外 3~5μm 和 8~14μm 的辐射强度比为 $I_{3\sim5\mu m}/I_{8\sim14\mu m} \leq 0.5$。

由上述分析可以看出，一般红外干扰弹与典型军用目标（飞机、舰船等）的光辐射光谱分布有明显不同。目前研制发展的"双色"（中红外/远红外与中红外/紫外）跟踪的制导系统是利用红外干扰弹与目标在两个波段上的辐射强度比值的巨大差异来进行目标与红外干扰弹的识别，使现行的红外干扰弹失去干扰能力。

新一代的红外干扰弹，应在红外辐射光谱分布方面逼近飞机和舰船等的红外光谱分

布。例如采用固态碳氢化合物作为红外干扰弹材料，或者将喷油延迟燃烧，都可产生近似飞机和舰船等发动机辐射的近红外 $1\sim3\mu m$ 和中红外 $3\sim5\mu m$ 的光谱分布。

2.4.3 地面目标

地面目标包括坦克、装甲、车辆、火炮、电站、桥梁、机场、建筑物和发射场等。对于有带动力的地面目标，如坦克和车辆等，其发动机部位、发动机排气口和发动机排出热气所形成的烟尘相对于周围背景有较高的温度外，其他部位的温度与周围背景温度相比，在白天太阳光照射下因受到太阳光照射的向阳部位，其温度比周围背景高，而长时间未受到阳光照射的阴影部位，其温度比周围背景低。到了夜间，这些由金属制成的传导性好的地面目标的表面温度（除上述热区外）均低于周围背景温度。对于无内热源的地面目标，如桥梁、机场跑道和水库大坝等，它们温度既可以高于周围背景，也可以低于周围背景。总之，地面目标的温度不高，其自身辐射位于光波的红外波段。下面仅以坦克为例，详细介绍地面目标的红外辐射特性。

1. 坦克的热特性与坦克型号的关系

不同型号坦克，由于使用的发动机功率或效率不同，采用的热伪装与屏蔽措施不同，因而红外辐射特性也不同。如美国 M48 坦克，发动机排气装置位于坦克底部，而苏制 T-58 型坦克，发动机排气装置位于侧面，发动机性能较差，所以在相同运动速度下，T-58 型坦克表面的红外辐射温度较高，尤其在排气装置的一侧，辐射温度明显增大。因而，苏制 T-58 型坦克与美国 M48 坦克相比，在红外波段更容易探测和识别。

2. 坦克的热特性与方位关系

由于坦克形状复杂，各部分结构安装不同，所以从不同方位上观测，坦克表面的红外辐射温度也有所差别。表 2-18 给出 T-58 型坦克在水平方向不同方位角进行测量得到的坦克表面平均辐射亮度。

表 2-18 对 T-58 型坦克不同观测方位的平均辐射亮度 L_λ

观测方位	平均辐射亮度 $L_\lambda/(W\cdot sr^{-1}\cdot m^{-2})$	
	$8\sim14\mu m$	$3\sim5\mu m$
左侧面①	50.2	3.81
右侧面	45.5	2.90
尾　向	58.4	6.24
前　向	47.5	2.90

注：① 左侧面为发动机排气方向。尾向较大的红外辐射值是坦克运动形成的"热烟尘尾迹"所引起

3. 坦克红外辐射温度的昼夜变化

由于白天太阳对坦克的辐射加热和昼夜环境温度变化，静止状态或运动状态的坦克，其表面温度随时间变化而变化。在日出前 5 时至 6 时，坦克表面温度最低；日出后，在太阳光照射加热下，表面温度逐渐升高；大约在下午 14 时至 15 时，坦克表面温度最高，以后表面温度又慢慢下降，一直降到日出前的极小值。表 2-19 给出 T-58 型坦克白天和晚上的平均辐射亮度。

另外应注意到，对于静止不动的坦克，受太阳照射的坦克表面红外辐射温度，比不受太阳照射的坦克表面红外辐射温度高出 5~10℃（红外 3~5μm 比红外 8~14μm 升温更高，原因是红外 3~5μm 还包括一部分反射的太阳光能量）。

表 2-19　T-58 型坦克白天和晚上的平均辐射亮度 L_λ

测量时间	测量方位	平均辐射亮度 $L_\lambda/(\mathrm{W}\cdot\mathrm{sr}^{-1}\cdot\mathrm{m}^{-2})$		发动机转速 /(r/min)
		8~14μm	3~5μm	
10:00	左侧面	45.5	2.90	0
21:43	右侧面	38.6	2.29	0
10:42	前　向	47.5	2.90	600
21:25	前　向	39.0	2.33	600

4. 不同状态下的坦克红外特性

坦克处于不同工作状态时，其红外特性有明显差别。当坦克处于静止状态时，坦克表面的温度分布较均匀，各部分的温度差别不大，只是坦克受太阳照射部位温度较高，对于裙板等薄壳结构部件，温度增加可达 10℃ 左右。当坦克发动机处于工作状态时，尤其是发动机工作 1~2h 之后，坦克表面温度升高，形成坦克表面相对于周围背景是温度较高的面目标。如图 2-47 所示为 T-58 型坦克在红外 8~14μm 的热图像。

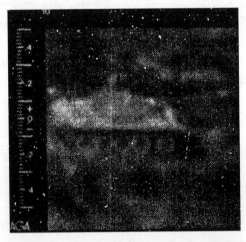

图 2-47　T-58 型坦克在红外 8~14μm 的热图像

当坦克高速行驶时，由于发动机高速运转，发动机排出的高温废气与坦克履带卷起的尘土混在一起，形成了大片的热烟尘，这些热烟尘虽可使从尾向观测的坦克红外图像变得不清楚，但它呈现较高的红外辐射温度，这可作为红外探测与识别坦克的依据之一。

5. 不同背景下的坦克红外特性

在实际红外图像应用中，不是利用坦克的红外辐射温度，而是利用坦克与周围背景红外辐射温度的对比度（或辐射温度之差）。

对于不同的地物背景，如土壤、沙漠和植被等，在太阳照射下，昼夜 24h 的红外辐射温度变化规律不同。水泥地相对于土壤和沙滩，其昼夜时间的温度变化范围较大，而植被

的昼夜时间的温度变化最小。因此，同一坦克，位于不同的背景中，其昼夜时间的红外辐射温度差也不同。对于给定的红外成像系统，其温度分辨率 ΔT 是确定的，所以在坦克与背景的红外辐射温度研究中，应特别注重研究坦克与背景红外辐射温度差 $|T_\text{t}-T_\text{g}|\leqslant\Delta T$ 的条件、状态和时间，T_t 是坦克红外辐射温度，T_g 是背景红外辐射温度。在 $|T_\text{t}-T_\text{g}|\leqslant\Delta T$ 的条件下，红外成像系统不能从背景中分离出坦克红外图像。

2.4.4 海面目标

海面目标主要是指各种海面舰艇，如航空母舰、巡洋舰、驱逐舰、护卫舰、猎潜舰、扫雷舰、运输舰、军用快艇和军用气垫船等。海面舰艇在发动机工作时，其烟囱和动力舱部位相对于海洋背景有较高的温度，尤其是烟囱部位相对于海洋背景有较强的红外辐射。

在白天，利用舰船的可见光电视图像可对水面上舰船进行监测、跟踪和制导，但因水面反射的太阳光干扰作用，尤其在水面风浪较大的情况下，舰船的可见光图像可被风浪水面反射的太阳光淹没。利用舰船烟囱相对于海洋背景有较高的辐射温度，可以在红外 3~5μm 区，采用非成像的红外系统对舰船进行跟踪和制导，但海面反射的太阳光亮带降低了作用距离。为克服海面反射的太阳光亮带对红外系统工作的影响，并使红外系统工作不受人为的红外干扰环境（如红外干扰弹）影响，通常采用红外 8~14μm 成像系统，实现对舰船远距离精确跟踪和制导。

1. 舰船在停泊状态下的红外特性

停泊在水面上的舰船，由于舰船的金属部件具有良好的导热性，所以舰船表面温度随海面气温而昼夜 24h 变化。在 8~14μm 的红外区，其辐射温度与海面气温相近。而海面温度在昼夜 24h 中变化不大，其原因是海水热容量非常大，因而海面温度随气温变化不大。所以，停泊在海面上的舰船，白天在太阳光加热下，表面温度比海水温度高，红外 8~14μm 图像对比度为正，到了夜晚，舰船表面温度比海水温度低，红外 8~14μm 图像对比度为负。

2. 舰船在工作状态下的红外特性

当舰船发动机工作时，尤其在工作数小时之后，由于发动机发热和传热，舰船表面温度比停泊时的表面温度略有增加，特别是烟囱和机舱部位，温度明显升高，而远离机舱和烟囱的部位，如船头和船尾，温度升高不明显。图 2-48 给出军舰在白天中午工作状态下的 8~14μm 波段红外辐射温度分布。舰船上方是低仰角天空，在红外 8~14μm 波段，随着仰角的增加，天空辐射温度降低。舰船相对于海面背景是温度较高的亮目标，烟囱和机舱部位温度更高。

图 2-49 所示是图 2-48 所示红外热图像经统计分析处理后得到的军舰沿水平方向单位长度的辐射能量分布。从图可知，舰船辐射能量集中在前、后两个烟囱部位，故舰船的红外抑制与伪装应集中在烟囱部位。

在天气骤然变冷的阴天，尤其是阴雨天，由于舰船温度迅速的降低，而海水温度变化较小，因而出现舰船温度在白天低于海水温度的反常现象，这时在红外 8~14μm，舰船相对海面背景为暗目标。

 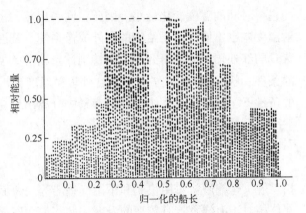

图 2-48 军舰在白天中午工作状态下相对海、天背景的 8~14μm 红外图像

图 2-49 军舰红外 8~14μm 辐射能量沿舰船水平方向单位长度的辐射能量分布

3. 舰船的红外辐射模型

由于舰船是形状复杂的大目标，其红外辐射温度分布（红外图像）不仅与舰船材料和涂层有关，还与环境参数，如地理纬度、季节、时间、太阳光辐射、天空和海面背景辐射、气温、风速等有关。因此，除了实际测量研究舰船红外辐射特性外，还应开展舰船红外辐射的理论建模工作。在舰船理论建模中，通常应做些简化，如把舰船表面的热传导视为一维的热传导，并把舰船分解成若干面元，这样对于第 i 面元，可以列出下列简化能量平衡方程

$$\alpha_i E\cos\theta_i + \varepsilon_i \sigma T_{ig}^4 - k(T_i - T_a) - \varepsilon_i \sigma T_i^4 = m_i c_i \frac{dT_i}{dt} \quad (2\text{-}38)$$

式（2-38）的左边，第一项为吸收的太阳辐射功率，E 为太阳辐射照度，α_i 为面元材料对太阳的吸收率，θ_i 为面元法线与太阳光入射方向夹角。第二项为吸收的海天背景辐射（主要是热辐射），T_{ig} 为海天背景辐射温度，ε_i 为面元材料室温下的发射率。第三项为空气对流散热，k 为散热系数，k 值与风速和舰船速度有关，T_i 为面元温度，T_a 为周围气温。第四项为面元的热辐射。而式（2-38）的右边，m_i 和 c_i 分别代表面元的质量和比热，dT_i/dt 为面元温度对时间的微商。在温度平衡时（$dT_i/dt=0$），式（2-38）写成

$$\alpha_i E\cos\theta_i + \varepsilon_i \sigma T_{ig}^4 - k(T_i - T_a) - \varepsilon_i \sigma T_i^4 = 0 \quad (2\text{-}39)$$

在白天太阳光照射下，式（2-39）中第二、三项与第一项相比通常可以忽略，因而

$$\alpha_i E\cos\theta_i = \varepsilon_i \sigma T_i^4 \quad (2\text{-}40)$$

在白天大部分时间（除日出、日落时），由于舰船甲板法线方向与太阳光入射方向夹角比船舷法线方向与太阳光入射方向夹角小，所以在白天太阳光照射下，舰船的甲板温度比船舷温度高。

在晚上，式（2-39）可简化为

$$\varepsilon_i \sigma T_{ig}^4 = \varepsilon_i \sigma T_i^4, \quad T_i \approx T_{ig}$$

由于甲板面向的天空背景辐射温度低于船舷面向的海天背景辐射温度，所以在夜间，舰船甲板温度低于船舷温度。

思考题

1. 什么是目标？什么是背景？二者有何关系？
2. 黑体、灰体和选择性辐射体各自的辐射特点是什么？
3. 从战场的分布来看，有哪些典型的战场背景？
4. 从现役装备来看，存在哪些典型的军事目标？
5. 背景的光辐射来源包括哪些？
6. 解释健康的植被呈现绿色，而患病或成熟的庄稼则呈红色或黄色。
7. 浑浊的水为何总是呈现黄红色？
8. 海水的光谱透过曲线有何特点？
9. 飞机的红外辐射有何特点？
10. 坦克的红外辐射特点是什么？
11. 从舰船的红外辐射特性来看，探测舰船应选什么红外波段？
12. 从红外辐射的角度分析，为什么空地导弹制导技术发展难度更大？

第3章 光辐射的大气传输

地球表面环绕着厚厚的大气层,它是人类赖以生存的重要条件。现代的各种军用光电系统,不论是在大气层内对层内或层外目标的探测,还是在外层大气对层内目标的探测,都是以大气作为辐射的传输媒介。而大气本身对辐射有吸收和散射等作用,将造成辐射能的衰减。因此,大气的传输特性直接影响军用光电系统的探测效果,特别是在夜视系统中,很多战术技术指标的制定都与一定的大气条件相对应。

大气影响有线性和非线性之分,其中大气分子和大气气溶胶的吸收与散射、大气湍流等属于线性效应,其特征是效应的大小与光辐射强度无关;而受激拉曼散射、热晕、大气激光击穿等属于非线性效应,非线性效应的大小与光辐射强度密切相关,只有在光辐射强度达到相当高的程度时,这一类非线性效应才较为明显。由于在常规军用光电系统应用中,光辐射强度还不足以产生显著的非线性效应,故本章只讨论其中的线性效应,而对于非线性效应,这里仅简单介绍大气热晕。本章将具体介绍大气的结构和组成,分析辐射能在大气中的光学现象,讨论大气传输对军用光电系统的影响。

3.1 大气的结构和组成

从光辐射的大气传输来看,大气是极不稳定的,其温度、压力、水汽含量都在不停地变化,大气是一种随机介质。

3.1.1 大气结构

大气是成层分布的。可以根据温度、成分、电离状态以及其他物理性质在垂直方向上的分布特征把大气划分成若干层次。由于温度垂直分布的特征最能反映大气状态,一般以此作为划分大气层次的标准。

常见的一种分法是把大气分为五层:对流层、平流层、中间层、热成层和逸散层。图3-1表达了这种划分方法,其中带箭头的横线系指赤道至极地范围内任何地点最低和最高月平均温度。实线是指45°N处的标准状态,大致与我国江淮流域(30°N~35°N)的平均状态相近,该地区近地面层至2km之间的温度梯度比标准大气的低,但在2~3km以上两者渐趋一致,各种高度上的温度相差大多在±2℃以内,气压和密度的差别大多在1%以下。

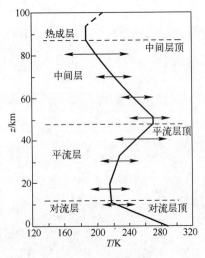

图3-1 大气层结构

1. 对流层

对流层是对人类活动影响最大的一层，天气过程也主要发生在这一层。其厚度是各层中最薄的，不及地球半径的2‰，却集中了约80%的大气质量和90%以上的水汽。这一层的温度变化较大，在自地面至2m高的范围内称为贴地层，昼夜温度变化可达10℃以上，贴地层以上至1~2km高度的边界层内常出现逆温。就整个对流层而言，温度是随高度的增加而递减，平均递减率为6.5℃/km。温度递减率变为零或为负之处称为对流层顶，其厚度变化于数百米至2km之间，其高度在温带（中纬度）平均为10~12km，热带平均为17~18km，而寒带则只有8~9km，并且夏季的厚度通常要大于冬季的厚度。

对流层内存在强烈垂直运动，上下空气之间的质量和热量的交换很频繁。地面的水汽和气溶胶粒子向上输送，当水汽凝聚而形成降水时又对气溶胶粒子起着"冲刷"作用，所以气溶胶粒子在对流层内的"平均滞留期"是很短的，大体介于数小时至数天之间。

2. 平流层

平流层位于大约10~55km范围内，集中了20%左右的大气质量。水汽和尘埃在这里相当少，空气透明度好，但臭氧含量最为丰富。在平流层的下部，温度随高度的变化很少，从30km左右的高度开始，温度随高度的增加而增加，到平流层顶可达-3~-17℃。这种温度结构抑制了垂直运动，空气十分稳定，运程的喷气式客机通常在此层内飞行。进入平流层的某些成分和气溶胶粒子可以长期逗留，因而气溶胶比较丰富是平流层的另一特点。

3. 中间层

位于平流层顶至85km的一层称为中间层，其间的温度随高度增加而迅速下降，80km以上则保持不变或逆增，至此层顶时温度已降至-83~-113℃。在中间层顶温度垂直梯度剧变。由于中间层的温度结构与对流层相似，故也称为高空对流层。微量水汽通过高空对流向上输送，并以流星微尘作为凝结核，在中间层顶附近形成薄云，这就是在高纬度地区夏季曙暮时刻所看到的"夜光云"。

4. 热成层

热成层又称为暖层，从中间层顶一直延伸到200~500km。这一层的空气非常稀薄，仅占大气总质量的十万分之一。温度是随高度增加的。热成层顶位于温度廓线逆转的高度上，这里的空气在强烈的太阳紫外辐射和宇宙射线的作用下形成电离状态，所以又称为电离层。

5. 逸散层

500~750km以上至星际空间的边界称为逸散层，是大气圈和星际空间的过渡地带。这里空气极其稀薄，很难定义这种环境下的温度。逸散层的上界，也即大气层的上界很难确定。过去以该层中出现的极光上限作为地球大气的边界，这大约是1200km。近代人造卫星的探测结果表明，如果以中性粒子的密度不少于1个/cm^3、电子浓度不小于10^2~10^3个/cm^3为判据，则大气的上界可以扩展到2000~3000km处。

3.1.2 大气的组成

大气是由多种元素和化合物混合而成，大致可分为干洁大气、水蒸气以及其他悬浮的固体和液体粒子。

1. 大气分子

大气是由多种元素和化合物混合而成的。其中氮（N_2）、氧（O_2）、氩（Ar）和二氧化碳（CO_2）四种气体几乎占据了全部干空气的容积。表3-1列出了各种大气成分的含量。

表3-1中所列的一部分气体的含量相对来说是不变的，另一部分则是经常变化的，如 O_3、H_2O 等。其中最明显的是水汽，其含量可从零变化到2%左右。

大气中还存在许多其他的浓度很小但与人类的关系极为密切的气体，这些气体统称为微量气体。表3-2列举了对流层地面附近各微量气体的典型浓度和变化范围。

上述成分除水汽外，在自然大气条件下都处于气态。下面就与辐射传输、环境监测关系十分密切的若干大气成分简要地进行讨论。

表3-1 海平面的大气组成

成分	分子式	分子量	含量(%)	含量(ppmV)[①]
氮	N_2	28.013	78.084	—
氧	O_2	31.998	20.948	—
氩	Ar	39.948	0.934	—
二氧化碳	CO_2	44.010	—	322
氖	Ne	20.183	—	18.18
氦	He	4.003	—	5.24
臭氧	O_3	47.998	—	0.04
氪	Kr	83.800	—	1.14
氙	Xe	131.300	—	0.087
氢	H_2	2.016	—	0.5
水汽	H_2O	18.015	—	—

表3-2 对流层地面附近各微量成分的含量

成分	分子式	分子量	典型浓度(ppbV)[②]	变化范围(ppbV)
一氧化二氮	N_2O	44.015	270	—
一氧化氮	NO	30.006	0.5	0~6
二氧化氮	NO_2	46.000	1	0.5~4
硫化氢	H_2S	34.076	0.05	$(2\sim20)\times10^3$
硝酸	HNO_3	63.012	—	$(0\sim1)\times10^4$
氨	NH_3	17.031	4	$0\sim10^4$
甲烷	CH_4	16.043	1500	600~1600
二氧化硫	SO_2	64.059	1	$0\sim2\times10^4$
一氧化碳	CO	28.000	10	30~900

1) 水汽

大气层中水汽的主要来源是水源的蒸发，因此地面中水汽的地理分布极不均匀。从最高的 3.5×10^4 ppmm[③]（沙特阿位伯的沙迦海滨）至 0.1ppmm（南极州的沃斯托克），相差五个数量级。

虽然局部地区的水源和水汇能引起水汽浓度很大变化，但一般来说地面的水汽是随高度的增加而减少，但到15km左右则不再减少。所以就湿度而言，对流层顶的高度大约是15km。表3-3提供了水汽平均值与极限值的高度分布，可见同高度上的变化也是相当大的。

---

① ppmV = 10^{-6}（体积百分含量）。
② ppbV = 10^{-9}（体积百分含量）。
③ ppmm = 10^{-6}（质量百分含量）。

表 3-3 对流层和低平流层的水汽分布（ppmm）

高度/km	最低值	年平均值（45°N）	最高值
地面	0.01	4686	35000
1	24.0	3700	31000
2	21.0	2843	28000
4	16.0	1268	22000
6	6.2	554	8900
8	6.1	216	4700
10	—	43.2	—
12	—	11.3	—
14	—	3.3	—
16	—	3.3	—

平流层以上水汽的含量相当少，其主要来源是从赤道的哈特莱环流上升的潮湿空气，浓度的变化范围估计在 1~20ppmm。

2) 二氧化碳

CO_2 来源包括自然因素与人类活动。前者包括火山喷发、林火与植物腐烂，而后者基本上来自燃烧。在整个对流层内，CO_2 浓度虽然有显著的季节与纬度变化，但按年平均来说大致是稳定的。由于 CO_2 在大气中是充分混合的，在 0~10km 高度内 CO_2 的本底含量约为 322ppmV（不包括人类活动的直接影响，个别工业地区可高达 500ppmV），在 11~20km 的低平流层还有 321ppmV，再向上延伸时 CO_2 的含量则急剧下降，在高平流层内只剩下 0.6ppmV。

由于人类活动日益活跃，对流层内 CO_2 浓度在不断地缓慢增加。1958 年以来的系统观测表明，到 1978 年为止的二十年间大气中 CO_2 可能比工业化以前增加了约 40ppmV，目前的年增长率约为 4%。

3) 臭氧

O_3 的主要来源是氧的光化学反应。其自然来源包括平流层输送、闪电和火山爆发等，人类活动所产生的烃和 NO_x 通过光化学反应也能产生 O_3。在近地面 O_3 的典型浓度为 40ppbV，其变化范围约为 0~100ppbV。在空气严重污染期间曾观测到高达 500ppbV。平流层 O_3 的浓度最大约为 8ppmV。然而，其浓度的时空变化是很大的。图 3-2 是根据大量观测结果建立的一个模式，其中横线表示数据的变化范围。应当指出，实际观测的数据之变化率可从 10%至大于 100%。

4) 微量气体

一氧化碳 CO 是一种有毒气体，对人类健康特别有害。它能自然形成，也可因人类的活动而产生。前者包括火山爆发、林火以及植物的腐烂，此外，有机物的光化学氧化过程也会生成 CO。人类活动对 CO 的浓度有重大影响，据估计全世界 CO 年排放量为 3.4×10^{11}kg，其中 2.74×10^{11}kg 来自人类活动，这中间一半以上来自燃烧矿物燃料。城市内 CO 的含量可由百万分之几（郊区）到几十（市中心），最大瞬时值出现在英国伦敦，浓度高达360ppm。

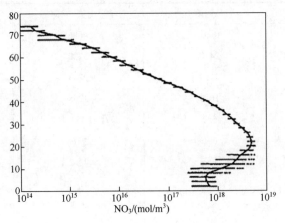

图3-2　中纬度臭氧高度分布模式

硫化物硫化物中SO_2、H_2S和硫酸盐气溶胶是对人类有毒害的，这些成分还会由于直接接触植物或形成酸雨而毁坏植物。SO_2大部分来源火山喷射物，H_2S大多数出于植物腐烂，人类燃烧矿物燃料也是硫化物含量增长的一个主要因素。据估计人为产生的SO_2约有一半来自火力发电。SO_2和H_2S的浓度一般如表3-2所示，在特殊情况下可达20ppm。

氮化物包括二氧化氮（NO_2）和氨（NH_3），前者的浓度达到百万分之一时就会毒害人类，而对植物而言，更低的浓度也可能造成危害。NO_2来源于生物活动和高温燃烧过程。大气中NO_2的浓度变化很大，取决于源的强度和位置，同时也与大气条件有关。例如美国洛杉矶在无烟雾的日子里，NO_2的浓度为0.05ppm，最高曾记录到4ppm左右。氧化氮在平流层中对臭氧的消耗可能起着一定作用，在10~30km之间NO_2的浓度约为10^8~10^{10} mol/cm^3。

N_2O的浓度在整个大气中不是常数。由于光化学作用，平流层内N_2O的浓度要比对流层少，在14~31km之间约为150~260ppmV。

氨的主要来源是动植物的自然腐烂，人为产生的氨不到大气中全部的1%。NH_3的浓度可在很大范围内变化，下限为数ppb，上限可达数ppm。

卤化物大气硫化物包括HF、Cl和氟氯甲烷等。前两种气体主要集中在电解、制碱等工业区，但含量很少。人们比较关心的是后者，其原因在于平流层中这些成分在高能紫外辐射作用下产生离解而消耗臭氧。由于氟氯甲烷在对流层中十分稳定，因此它的全球浓度不断增加。在1972—1975年的三年间增加了一倍。对流层中的浓度约为0.1ppb，平流层中卤化物的浓度约为10^{-1}ppb量级。

2. 气溶胶粒子

大气中的悬浮微粒对光辐射传输的影响也很大，特别是在某些波段或某些气象条件下，光辐射的大气传输衰减主要由这些悬浮微粒所造成。大气中的这些微粒，不仅化学成分不同，而且大小和形状也不相同。两种基本的微粒类型决定了大气主要的散射衰减，它们是气溶胶和空气中水分的凝结物。

所谓气溶胶,是指以大气气体为分散介质,分散相为固体和液体微粒的分散体系,这些微粒被称为气溶胶微粒,在重力场中的这些悬浮微粒具有稳定且相当小的沉降速度。大气中的气溶胶不仅形态各异,而且尺度分布甚广,有小至半径100ppm量级的分子团,也有大至10cm的冰雹。图3-3描绘了各种常见粒子的典型尺度范围。通常把半径小于$0.1\mu m$的粒子称为爱根核,$0.1\sim 1\mu m$的粒子称为大粒子,大于$1\mu m$的粒子称为巨粒子。液态粒子的尺度一般都很大,具有可见的形态,分别按其形态称为云滴、雾滴、雨滴、冰晶、雪花和冰雹等。

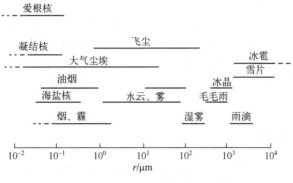

图3-3 气溶胶粒子的尺度范围

对流层中有一半的气溶胶来自植物和土壤,而海浪和林火的贡献也占了很大比例。表3-4给出了对流层中各种来源的气溶胶产生率、生存寿命以及稳态数量的估算值。据估计,1970年北半球人为粒子的年产量达4.8×10^{11}kg,到2000年人为粒子年产量将达到7.6×10^{11}kg。

表3-4 稳定状态下对流层气溶胶成分

来　　源	产生率/(t/d)	寿命/d	总稳定值/t	百　分　比
风沙	10^6	15	1.6×10^7	24.1
海浪	3×10^6	2	7.6×10^6	11.9
地球外部源（流星尘）	550	30	1.5×10^3	—
火山灰尘（间断的）	10^4	15	1.6×10^5	0.2
林火（间断的）	4×10^5	15	6.2×10^6	9.9
草木	3×10^6	5	1.7×10^7	25.8
硫化物循环	10^6	5	5.5×10^6	8.6
氮循环氨	7×10^5	5	3.9×10^6	6.0
$NO_2\to NO_3$	10^6	5	5.5×10^6	7.7
火山挥发物	10^3	15	1.6×10^4	—
燃烧和工业	3×10^5	5	1.7×10^6	2.6
耕作尘埃	10^3	5	5.5×10^3	—

(续)

来源	产生率/(t/d)	寿命/d	总稳定值/t	百分比
碳化氢蒸气	7×10^3	5	3.9×10^4	0.1
人类活动的硫酸盐	3×10^5	5	1.7×10^6	2.6
人类活动的硝酸盐	6×10^4	5	3.3×10^5	0.5
人类活动的氨	3×10^3	5	1.7×10^4	—
合计	11×10^7		6.7×10^7	100

平流层气溶胶主要是由对流层输送进来的硫酸盐粒子（SO_2和H_2S等），另一重要来源是火山喷发时喷射的含硫气体和粒子，每次火山爆发后都发现平流层气溶胶含量有所增加。20世纪80年代火山活动频繁，尤其是1982年3至4月墨西哥的厄尔奇昌火山的爆发，创造了最近70年以来的最高记录。据估计，到1982年10月全球平流层气溶胶含量已达1.2×10^{10}kg。

3.1.3 大气的气象条件

大气的气象条件是指大气的各种特性，诸如大气的温度、压强、湿度、密度等，以及它们随着时间、地点、高度的变化情况。一般说来大气的气象条件是很复杂的。尤其是地球表面附近的大气，更是经常变化的。这就给我们详细地研究大气特性带来很大的困难。为了对我们所使用的红外装置的性能做出评价，势必要对将要应用的红外装置所处的地区的气象条件做详细的调查研究。不同地区的气象条件资料可在当地的气象或大气物理研究所、气象台、气象站查到。当然，这些气象条件资料也都是经过专门的研究才能得到的。有了充分的气象资料之后，我们方可恰当地、较为准确地估算大气对红外辐射的衰减。然而，一个国家或某一地区的详细气象资料一般是高度保密的。因此，我们这里只能介绍大气的气象条件梗概，以及典型的气象条件数据。

图3-4表示了海拔100km内大气温度随高度变化的情况（该曲线为国际民用航空组织标准模型大气和空军研究与发展［美］模型大气）。为了便于叙述温度随着海拔高度的变化而改变的情况，一般将地球大气分成四个同心层。从海平面到10km高度之间的大气，称为对流层。在对流层中，随着高度的增加，温度逐渐减少，如图3-4所示。

通常把海拔10～25km之间的大气层称为同温层，或称为平流层。同温层内大气的温度基本上是保持不变的。海拔25～80km的大气层称为中层大气，也称为中间层。在25～50km内随着高度的增加温度逐渐上升，在50～60km的区域温度达到最高。这段内温度的升高是由于臭氧对太阳紫外线的选择吸收所致。尽管臭氧的大部

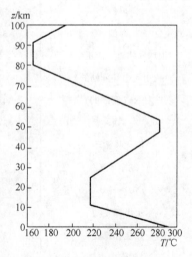

图3-4 温度随高度的变化

分位于30km以下，但是臭氧的形成和消失却主要在30km以上，关于这方面的知识，这里就不去探讨了。在中层大气中，60~80km内随着高度的增加温度又逐渐下降。海拔80~8000km称为热层。其中80~96km温度达到最低，以后温度又以每千米约4℃的速率上升。在100km以上，昼夜气温有很大的差异，这是由于电离层中白昼与夜间离子浓度有很大的变化，而最高温度出现在白昼。需要说明的是，在任何高度上，温度值只是一个代表值，不论用什么不同的方法或者取同一种方法，各次测量的结果是有很大差异的。即使是在同一时刻，由于地理位置不同，在同一高度处大气的温度也会有一些差异。在指定的地理位置，大气温度也会随时间变化，当然也只是围绕着平均值起伏的。

大气的压强也是随着海拔高度的不同而变化的。在同温层以下的大气，通常称为低层大气。由于通常的红外装置大都在低层大气中使用，所以，这是人们最关心的部分。在这样的区域测量温度所用的工具就是实验室中常用的温度计、电阻温度计以及温差电偶。因为空气密度较大，热量由空气到温度表的传导作用，足以使温度表可靠地指示出空气的温度。同时也由于该处空气密度较大，所以古典流体动力学的运动方程式可以应用。因为气压并不大，所以可应用理想气体状态方程式，即

$$p = kn(z)T(z) \tag{3-1}$$

式中：p为空气的压强；k为玻尔兹曼常数；$T(z)$为指定高度z处的绝对温度；$n(z)$为空气的分子数密度，即在高度z处每单位体积内的分子数目。式（3-1）说明了空气的压强、分子数密度以及绝对温度之间的关系。

在指定高度上的大气压强，恰好等于它上面的空气所施加的压强。因此，大气压强随着高度的增加而降低。

3.1.4 标准大气

大气的成分随地理位置、季节和温度等有很大变化，这些变化对大气的光学性质有明显影响。通常认为大气是分层结构，即在局部区域大气成分只按高度方向变化。描述大气特征的主要参数是气压、温度、温度递减率和密度等量的地面值及它们的高度廓线。这些参数是复杂多变的，不能用精确的形式表示，也不易完全测量得到。随着计算机模拟仿真技术的发展，又非常需要用这些参量来推算大气的性能、变化趋势等，这样就必须归纳出一些分析模式和定义标准大气。

标准大气用以描述理想的、中纬度的、在太阳黑子最多和最少活动范围内的大气年平均状态。世界气象组织（WMO）关于标准大气的定义是："……所谓标准大气就是能够粗略地反映周年中纬度状况的，得到国际上承认的假想大气温度、压力和密度的垂直分布。它的典型用途是做压力高度计校准，飞机性能计算，飞机和火箭设计，弹道制表和气象制图的基础，假定空气服从使温度、压力和密度与位势发生关系的理想气体定律和流体静力学方程。在一个时期内只能规定一个标准大气，这个标准大气除相隔多年做修正外，不允许经常变动。"

目前最权威的标准大气是1976年美国标准大气。该标准大气在"1962年美国标准大气"和"1966年美国标准大气增补（USSAS—1966）"的基础上，经过大量实验数据的收集和分析，对1962年标准大气进行了修正和补充，并把高度延伸到1000km。

在建立中国标准大气模型之前,经中国国家标准总局批准,采用30km以下的美国1976年的标准大气模型作为中国的标准大气模型(参见表3-5)。在该标准大气模型中的参数为在海平面,温度T_0为15℃,288.15K,气压p_0为1013.25Pa,空气密度ρ_0为1.225kg/m³。根据上述参数和一定的假定,可以用理想气体定律导出高度与气压、与空气密度的关系。

表3-5 1976年美国标准大气(30km以下)

高度/km	压力/hPa	温度/K	大气密度/(g/m³)	水汽密度/(g/m³)	臭氧密度/(g/m³)
0.0	$1.013×10^3$	288.2	$1.225×10^3$	5.9	$5.4×10^{-5}$
1.0	$8.988×10^2$	281.7	$1.112×10^3$	4.2	$5.4×10^{-5}$
2.0	$7.950×10^2$	275.2	$1.007×10^3$	2.9	$5.4×10^{-5}$
3.0	$7.012×10^2$	268.7	$9.095×10^2$	1.8	$5.0×10^{-5}$
4.0	$6.166×10^2$	262.2	$8.195×10^2$	1.1	$4.6×10^{-5}$
5.0	$5.405×10^2$	255.7	$7.368×10^2$	$6.4×10^{-1}$	$4.6×10^{-5}$
6.0	$4.722×10^2$	249.2	$6.603×10^2$	$3.8×10^{-1}$	$4.5×10^{-5}$
7.0	$4.111×10^2$	242.7	$5.906×10^2$	$2.1×10^{-1}$	$4.9×10^{-5}$
8.0	$3.565×10^2$	236.2	$5.262×10^2$	$1.2×10^{-1}$	$5.2×10^{-5}$
9.0	$3.080×10^2$	229.7	$4.674×10^2$	$4.6×10^{-2}$	$7.1×10^{-5}$
10.0	$2.650×10^2$	223.3	$4.137×10^2$	$1.8×10^{-2}$	$9.0×10^{-5}$
11.0	$2.270×10^2$	216.8	$3.650×10^2$	$8.2×10^{-3}$	$1.3×10^{-4}$
12.0	$1.940×10^2$	216.7	$3.121×10^2$	$3.7×10^{-3}$	$1.6×10^{-4}$
13.0	$1.658×10^2$	216.7	$2.667×10^2$	$1.8×10^{-3}$	$1.7×10^{-4}$
14.0	$1.417×10^2$	216.7	$2.279×10^2$	$8.4×10^{-4}$	$1.9×10^{-4}$
15.0	$1.211×10^2$	216.7	$1.948×10^2$	$6.1×10^{-4}$	$2.1×10^{-4}$
16.0	$1.035×10^2$	216.7	$1.665×10^2$	$4.1×10^{-4}$	$2.4×10^{-4}$
17.0	$8.850×10^1$	216.7	$1.424×10^2$	$3.4×10^{-4}$	$2.8×10^{-4}$
18.0	$7.565×10^1$	216.7	$1.217×10^2$	$2.9×10^{-4}$	$3.2×10^{-4}$
19.0	$6.467×10^1$	216.7	$1.040×10^2$	$2.5×10^{-4}$	$3.5×10^{-4}$
20.0	$5.529×10^1$	216.7	$8.893×10^1$	$2.2×10^{-4}$	$3.8×10^{-4}$
21.0	$4.729×10^1$	216.6	$7.575×10^1$	$1.9×10^{-4}$	$3.8×10^{-4}$
22.0	$4.047×10^1$	218.6	$6.454×10^1$	$1.6×10^{-4}$	$3.9×10^{-4}$
23.0	$3.467×10^1$	219.2	$5.502×10^1$	$1.4×10^{-4}$	$3.8×10^{-4}$
24.0	$2.972×10^1$	220.6	$4.696×10^1$	$1.3×10^{-4}$	$3.6×10^{-4}$
25.0	$2.549×10^1$	221.6	$4.010×10^1$	$1.1×10^{-4}$	$3.4×10^{-4}$
27.5	$1.743×10^1$	224.0	$2.713×10^1$	$7.7×10^{-5}$	$2.6×10^{-4}$
30.0	$1.197×10^1$	226.5	$1.842×10^1$	$5.4×10^{-5}$	$2.0×10^{-4}$

3.2 大气消光

大气对光辐射强度的衰减作用称为消光。大气消光作用主要是由于大气中各种气体成分及气溶胶粒子对光辐射的吸收与散射造成的。

在光辐射的传输过程中，光辐射与气体分子和气溶胶粒子相互作用。从经典电子理论的角度看，构成物质的原子或分子内的带电粒子被准弹性力保持在其平衡位置附近，并具有一定的固有振动频率。在入射辐射作用下，原子或分子发生极化并依入射光频率作强迫振动，此时可能产生两种形式的能量转换过程：

(1) 入射辐射转换为原子或分子的次波辐射能。在均匀介质中，这些次波叠加的结果使光只在折射方向上继续传播下去，在其他方向上因次波的干涉而相互抵消，所以没有消光现象；在非均匀介质中，由于不均匀质点破坏了次波的相干性，使其他方向出现散射光。在散射情况下，原波的辐射能不会变成其他形式的能量，而只是由于辐射能向各方向散射，使沿原方向传播的辐射能减少。

(2) 入射辐射能转换为原子碰撞的平动能，即热能。当共振子发生受迫振动时，即入射辐射频率等于共振子固有频率时，这种过程会吸收特别多的能量，入射辐射被吸收而变为原子或分子的热能，从而使原方向传播的辐射能减少。

大气消光具有以下基本特点：

① 在干洁大气中，大气消光决定于空气密度和辐射通过的大气层厚度。
② 大气中有气溶胶粒子及云雾粒子群时其消光作用增强。
③ 在地面基本观测不到波长 $\lambda<0.3\mu m$ 的短波太阳紫外辐射。
④ 地面观测到的太阳光谱辐射中有明显的气体吸收带结构。

3.2.1 大气吸收

光波在大气中传播时，大气分子在光波电场的作用下产生极化，并以入射光的频率作受迫振动。所以为了克服大气分子内部阻力要消耗能量，表现为大气分子的吸收。

1. 大气分子吸收

分子的固有吸收频率由分子内部的运动形态决定。极性分子的内部运动一般由分子内电子运动、组成分子的原子振动以及分子绕其质量中心的转动组成。相应的共振吸收频率分别与光波的紫外和可见光、近红外和中红外以及远红外区相对应。因此，分子的吸收特性强烈依赖于光波的频率。

大气中 N_2、O_2 分子虽然含量最多，但它们在可见光和红外区几乎不表现吸收，对远红外和微波段才呈现出很大的吸收。因此，在可见光和近红外区，一般不考虑其吸收作用。大气中除包含上述分子外，还包含 He、Ar、Xe、O_3、Ne 等，这些分子在可见光和近红外有可观的吸收谱线，但因它们在大气中的含量甚微，一般也不考虑其吸收作用。

H_2O 和 CO_2 分子（特别是 H_2O 分子）在近红外区有宽广的振动、转动及纯振动结构，因此是可见光和近红外区最重要的吸收分子，是晴天大气光学衰减的主要因素，它们的一些主要吸收谱线的中心波长如表 3-6 所示。

表3-6 可见光和近红外区主要吸收谱线（黑体字为强吸收峰）

吸收分子	主要吸收谱线中心波长/μm
H_2O	0.72 0.82 0.93 1.13 1.38 **1.46** **1.87** **2.66** 3.15 **6.26** 11.7 12.6 13.5 14.3
CO_2	1.4 1.6 2.05 **2.7** **4.3** 5.2 9.4 10.4 **14.7**
O_2	0.2~0.25 0.64 **0.76**
O_3	0.2~0.36 0.6 **4.7** 9.6 10.5 **14.1**
N_2O	4.7 7.8
CH_4	3.2 7.8
CO	4.8

大气分子的吸收还与海拔高度有关，因为越接近地面（几千米），水蒸气的浓度越大，水蒸气吸收的能量也越大。

由于大气对红外辐射的吸收，可以用很多各种不同强度的重叠的光谱线组成离散带来表征，重叠的程度取决于谱线的半宽度，而这些谱线在整个吸收带内的分布取决于吸收分子，因而才出现不同吸收带。一氧化碳在4.8μm处有一个吸收带。甲烷在3.2μm和7.8μm处各有一个吸收带。7.8μm处也完全可以观察到一氧化二氮的吸收带，然而一氧化二氮最强的吸收带是在4.7μm处。臭氧有三个吸收带，其中4.8μm处的吸收带很弱，所以有的文献上只写有另外两个吸收带。剩下的两种气体就是二氧化碳和水蒸气。它们是研究大气吸收的最重要的对象。二氧化碳2.7μm、4.3μm和15μm处有三个强吸收带。水蒸气比其他任何吸气体有更多的吸收带，其位置是0.94μm、1.14μm、1.38μm、1.87μm、2.7μm、3.2μm和6.3μm处。其中3.7μm处的吸收是重水（HDO）的吸收带。

在图3-5中的各吸收组分的吸收光谱，是由分辨率比较低的光谱仪器摄下来的，只给出了各吸收带的粗略轮廓。事实上，任何不处在绝对零度的分子中的原子永远是围绕着它们的平衡位置振动，而且在振动的同时，还伴随着转动，因而这些吸收带都是分子的转动-振动光谱带，是由大量的转动结构的光谱线组成的。如果使用高分辨率的仪器来记录水蒸气和二氧化碳吸收光谱，就会发现每个吸收带都由许许多多的细微结构组成。同时，可以看出，二氧化碳这样的线型分子光谱线的间隔和强度分布都是有一定规律的，而水蒸气（弯曲型分子）的光谱线的间隔和强度分布是非常无规律的，且许多谱线还是分不开的，如图3-6所示。

由上述的实验结果可以看出，大气的红外吸收的特点是：具有一批离散的吸收带，而每一吸收带内都是由大量的而且是有不同程度重叠的各种强度的光谱线组成。这些谱线重叠的程度与谱线的半宽度有直接关系，并且还与谱线的间隔有关系，当然与谱线的实际线型也是有关的。谱线的半宽度是与气压、温度等气象条件有关的。至于谱线的位置以及谱线的强度分布则与吸收分子的种类有关。

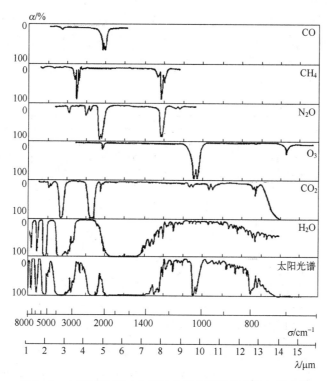

图 3-5 太阳辐射通过大气时大气中吸收组分的红外光谱

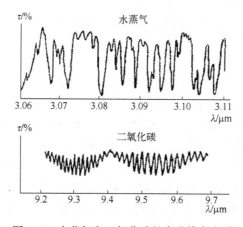

图 3-6 水蒸气和二氧化碳的高分辨率光谱

2. 大气窗口

大气对光辐射散射和吸收的影响，使一部分波段的光辐射在大气中的透过率很小或根本无法通过。把光辐射通过大气层较少被反射、吸收和散射而透过率高的波段称为大气窗口。

人们对大气透射比进行了很多的实地测量。图 3-7 就是一条实地测量的大气透射比曲线。从这条曲线上可以看到，从光谱可见区到 14μm 的红外区，有几个高透射比的区域，即为光辐射的大气窗口。它们被中间的高吸收比的区域分开。这就使我们看到，在红外技术中将红外辐射分为四个区域是很方便的。在近红外（0.75~3μm）、中红外（3~6μm）、远红外（6~15μm）区内，每一个区域都包含一个以上的大气窗口，而在极远红外区（15μm以上）没有很透明的大气窗口，在超过几米的传输路程上，大气就基本不透明了。

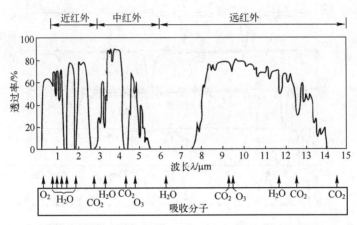

图3-7　海平面上1829m水平路径（17mm可降水分）的大气透射比

目前，在大气光学中使用的一些大气窗口可以概括如下：

（1）0.3~1.155μm，包括部分紫外光、全部可见光和部分近红外光，即紫外、可见光、近红外波段。这一波段是摄影成像的最佳波段，也是许多卫星遥感器扫描成像的常用波段。比如，Landsat卫星的1~4波段，SPOT卫星的HRV波段等。其中，0.3~0.4μm的透过率约为70%；0.4~0.7μm为可见光波段，透过率大于95%；0.7~1.1μm的透过率约为80%。

（2）1.4~1.9μm，近红外窗口，透过率为60%~95%，其中1.55~1.75μm透过率较高。该波段是白天日照条件好的时候扫描成像的常用波段。比如，TM的5、7b波段等用以探测植物含水量以及云、雪或用于地质制图等。近红外也称为短波红外（SWIR）。

（3）2.0~2.5μm，近红外窗口，透过率约为80%。

（4）3.5~5.0μm，中红外（MWIR）窗口，透过率为60%~70%。该波段物体的热辐射较强。这一区间除了地面物体反射太阳辐射外，地面物体自身也有长波辐射。比如，NOVV卫星的AVHRR遥感器用3.55~3.93μm探测海面温度，获得昼夜云图。

（5）8.0~14.0μm，热红外窗口，透过率约为80%。主要来自物体热辐射的能量，适于夜间成像，测量探测目标的地物温度。热红外也称为长波红外（LWIR）。

上述（1）~（5）中，透过率是指中纬度"晴朗"大气条件下零海拔高度处水平路径的平均透过率。

太阳辐射中的紫外线通过大气层时，波长小于0.3μm的紫外线几乎全被吸收；只有0.3~0.4μm波长的紫外线部分能穿过大气层到达地面，且能量很少，但能使溴化银底片感光。在0.22~0.28μm波段，大气层屏蔽了太阳紫外辐射，有利于探测地面目标的紫外辐射，称为日盲紫外波段。

大气窗口仅是干洁大气对光辐射的作用结果，不包括大气云层、烟尘、水汽作用。

3.2.2 大气散射

光辐射在大气中传播时,其能量会在大气分子、气溶胶粒子和空气湍流不均匀处发生散射,这类散射辐射的频率与入射辐射的相同,能量无损失(或不发生吸收过程)时,称为弹性散射。除此之外,大气中还可以产生非弹性散射,包括拉曼散射、共振与近共振拉曼散射。拉曼散射的频率与入射辐射不同,所产生的频率差称为拉曼频移。这些散射效应是辐射和大气相互作用的基本过程之一,对辐射的传播以及利用传输效应遥感大气性质具有重要意义。下面仅针对弹性散射进行讨论。

散射可以用电磁波理论和物质的电子理论分析,当粒子是各向同性时,散射光的强度是粒子尺度、粒子相对折射比和入射光波长的函数。由波盖耳定律可知经过路程 R 的散射透射比为

$$\tau = \exp(-\beta R) \tag{3-2}$$

式中:β 为散射系数。它描述该点散射总数。设散射辐射与入射辐射方向的夹角(散射角)为 θ,则单位立体角内的散射数称为角散射系数 $\beta(\theta)$,且满足

$$\beta = \int_0^{4\pi} \beta(\theta) \mathrm{d}\Omega \tag{3-3}$$

式中:$\mathrm{d}\Omega$ 为立体角元。

实验证明,散射系数 β 与散射粒子浓度 N 成正比,即 $\beta = \sigma(\lambda) N$,$\sigma(\lambda)$ 为单个粒子的散射系数,称为散射截面(cm^2/粒子数)。当大气中含有 m 种不同类型的粒子群时

$$\tau = \sum_{i=1}^{m} \sigma_i(\lambda) N_i \tag{3-4}$$

在辐射传输中还经常用到散射相函数 $F(\theta)$ 的概念,它描述 θ 方向上单位立体角内散射辐射的相对大小。

1. 瑞利散射

各种光散射中,最简单而又在某种程度上是最重要的例子就是 1871 年由瑞利发现的分子散射定律,因此分子散射又称瑞利散射。对光辐射传输而言,分子散射是最基本的一种光辐射与大气的相互作用。

当散射粒子半径 r 远小于辐射波长($r \ll \lambda$)时,散射服从瑞利散射规则,其角散射系数为

$$\beta(\theta, \lambda) = \frac{2\pi^2 (n^2-1)^2}{N\lambda^4}(1+\cos^2\theta) = \frac{\beta(\lambda)}{4\pi} F(\theta) \tag{3-5}$$

式中:n 为散射介质折射率;N 为散射粒子的数密度;θ 为入射光线方向和散射光线方向的夹角。瑞利散射的总散射系数 $\beta(\lambda)$ 为

$$\beta(\lambda) = \frac{8\pi^3}{3} \frac{(n^2-1)^2}{N\lambda^4} \tag{3-6}$$

相函数 $F(\theta)$ 为

$$F(\theta) = \frac{3}{4}(1+\cos^2\theta) \tag{3-7}$$

其分布示于图 3-8 中。

瑞利散射粒子主要为气体分子，其散射系数与 λ^4 成反比，即短波散射比长波散射强，故天空呈蓝色。对中远红外区域瑞利散射可以忽略。

2. 迈（Mie）散射

当散射粒子的尺度增大到一定程度时，瑞利散射公式将失效，因为这时入射光束将诱发极化结构中高阶模，需要更复杂的方法来处理。一般认为，当粒子尺度参数 $a = (2\pi r/\lambda) > 0.1 \sim 0.3$ 时（参见图 3-9），瑞利公式不再适用，应改用 Mie 在 1908 年所提出的散射理论来描述。Mie 散射理论在许多专著中有详细论述，此处仅就光辐射传输应用的需要引用其主要结果。

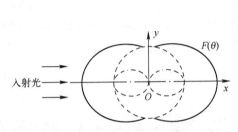

图 3-8 瑞利散射的相函数

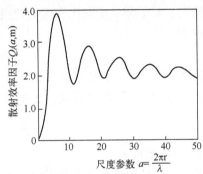

图 3-9 小水滴散射的散射效率因子曲线

Mie 散射是散射理论的一种近似，它主要用来描述球形气溶胶粒子的散射，而瑞利散射可以说是 Mie 散射的进一步特例。大气气溶胶是以群体形式存在的，具有一定的尺度分布，其形状也不完全是球体。液体粒子无疑是较好的球体，而固体粒子则不一定是球形，但粒子的随机取向使得它们的行为平均说来类似等效球形，因此可以用 Mie 散射理论近似处理大气中气溶胶粒子的散射问题。

图 3-10 给出了各个波长和微粒尺寸的气溶胶散射模型。图 3-11 给出了水滴的各个尺度参数值的散射强度轮廓，开始是瑞利散射，逐步过渡到 Mie 散射。散射也取决于入射光偏振和微粒的几何形状。这里仅针对消偏振光和近球形的各向同性微粒进行讨论。

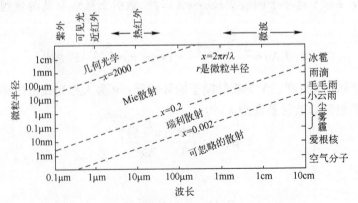

图 3-10 气溶胶散射模式与波长和粒子尺寸的关系

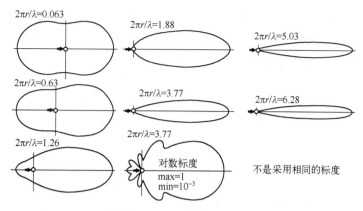

图 3-11　不同的 $2\pi r/\lambda$ 对消偏太阳光的散射强度剖面

Mie 散射在前向和后向不对称，沿着入射通量的方向有一个大的前向散射峰值，且相位函数的形状很大程度上取决于气溶胶的物理和化学特性，最终的消光系数具有一定的光谱波动，但不像瑞利散射那样强。根据微粒的尺寸和光辐射的波长，Mie 散射可能在波长达到 $10\mu m$ 或超过 $10\mu m$ 时有显著影响。对于更自然出现的低密度的气溶胶和人造气溶胶，由于其尺寸分布（平均直径小于 $1\mu m$），在可见光区域有显著的散射，但在红外波段散射效应却较小。

3. 无选择性散射

当散射粒子半径远大于辐射波长时，粒子对入射辐射的反射和折射占主要地位，在宏观上形成散射，称为几何光学散射。同时，由于这种散射与波长无关，故也称为无选择性散射。如大气中的水滴、雾、烟、尘埃等气溶胶对太阳辐射，常出现这种散射。常见到的云或雾都是由比较大的水滴组成的，它们之所以看起来是白色，是因为其对各种波长的可见光散射均是相同的。散射系数 β 等于单位体积内所含半径 r_i 的 N 个粒子的截面积总和，即

$$\beta = \pi \sum_{i=1}^{N} r_i^2 \tag{3-8}$$

4. 单次散射与多次散射

通常，研究散射有三种侧重：一是侧重于"角散射"，例如研究自然光；二是侧重于"总散射"，例如研究太阳辐射的衰减（从光束中消失的总能量）；三是对"角散射"和"总散射"都关心的成像过程。

从成像角度看，在大气消光因素中，吸收使辐射衰减，但不会造成图像细节的模糊，而散射除了使辐射衰减外，由于部分散射辐射会进入辐射接收器，还会造成图像细节的损失。如图 3-12 所示。

当散射粒子间距数倍于粒子半径时，可以认为每个粒子都是独立于其他粒子散射。在大多数大气条件下，这种独立散射条件基本成立。波盖耳定律就是在这种假设条件下建立的。

这种条件是假定粒子只暴露在入射辐射下，即为一次散射（图 3-12），而没考虑某些被一次散射的辐射从散射体上投射出去之前可能被再次或多次散射。多次散射对保留下来

的辐射总能量影响不大，但会改变粒子散射强度的合成分布形式。从点扩散情况看，相当于点扩展函数变宽。如果把大气传输环节看作一个线性系统，输出将下降，图像细节信息将损失。这种现象在一些气象条件较差的情况下会表现出来。

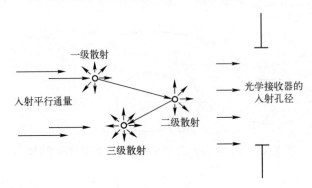

图 3-12　多次散射

即使只考虑一次散射，对于有一定接收口径的接收器，也有部分散射辐射进入系统，因此，实际接收到的辐射将比用总散射系统算出的多一些。

由于多次散射的计算模型和算法都很复杂，一般采用单次散射模型计算散射量。美国 LOWTRAN 程序是在第 7 版本才引入多次散射模型的。从实际计算的效果看，在某些情况下多次散射的影响是比较明显的。

3.2.3　实际大气中光辐射的衰减

大气中存在霾、雾、云、雨、雪等天气现象，都可能成为光辐射传输的主要障碍。这些气溶胶粒子对光辐射的衰减原则上都可以由前面讨论过的一些方法进行计算，但由于彼此之间在性质上有很大差别，有必要分别加以讨论。从图 3-13 可以看出在 $3cm \sim 0.3\mu m$ 波长范围内不同天气条件下的大气衰减特性，雾对可见光至红外波段影响衰减严重，雨的衰减基本上与降雨量成正比，空气中 H_2O、CO_2、O_2、O_3 在全波段多处存在显著的吸收峰。

1. 霾的衰减

霾是大气中常见的自然现象。如果已知其特征（浓度、尺度分布和复折射指数），它的衰减系数就可以用 Mie 散射理论进行计算。理论上霾的衰减可以按特定的气溶胶大小分布模式进行计算，但通常为了使用上的方便，一般以能见度近似地描述霾的衰减。Elterman 利用地面能见度的概念，定义霾的上限和下限分别为能见度 10.5km 和 1.2km，并假定在这个能见度范围内的粒子大小分布不变，从而得到地面水平光程霾的衰减与能见度的关系为

$$\beta_a(V,\lambda) = \frac{\beta_a(V_0,\lambda)[3.91/V - \beta_m(0.55)]}{[3.91/V_0 - \beta_m(0.55)]} \tag{3-9}$$

式中：V 为以 km 为单位的能见度；$\beta_m(0.55)$ 为波长 $0.55\mu m$ 的分子散射系数 (km^{-1})；β_a 的单位为 km^{-1}。由式 (3-9) 可知，对于某一波长 λ，如果已知能见度为 V_0 的 $\beta_a(V_0,\lambda)$

值，就可以求出各种不同能见度下的 $\beta_a(V,\lambda)$ 值。

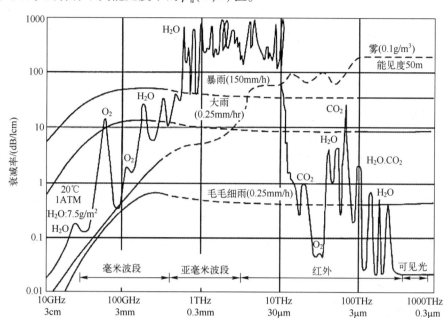

图 3-13　3cm～0.3μm 波长范围内大气衰减的特性曲线

鉴于实时测量霾特征的复杂性，实际应用中常以下述经验模式来估算霾的衰减系数：

$$\beta = \frac{3.912}{V_m}\left(\frac{0.55}{\lambda}\right)^a \tag{3-10}$$

式中：V_m 为大气能见度（km）；λ 为波长（μm）；a 为波长修正因子，视能见度不同取不同值，即

$a = 0.585 V_m^{1/3}$　　　　　当 $V_m \leqslant 6$km 时

$a = 1.3$　　　　　　　　　平均能见度情况

$a = 1.6$　　　　　　　　　能见度特别良好

式（3-10）对以散射为主要消光因素的辐射是适用的。

2. 雾的衰减

云和雾都是由大气中的水滴和（或）冰晶质点组成的一种气溶胶系统，就其物理本质而言，都是大气中的水汽凝结物，与晴空间有明显的边界。

雾滴半径通常在 1～10μm，在形成初期或消散过程中小雾滴的半径可能小于 1μm。在浓雾中能见度小于 50m 时，雾滴的半径可达 20～30μm；当能见度大于 100m，雾滴平均半径大多小于 8μm。雾滴浓度一般在 10^1～10^2 个/cm³，轻雾的数密度约为 50～100 个/cm³，而浓雾可达 500～600 个/cm³。海雾中的雾滴一般比陆地雾大而少。雾的液态含水量一般在 0.01～5g/m³。液态的雾粒子由于其表面张力和自身重力的作用，基本呈球形或椭球形。

雾对激光的衰减最为严重。在理论计算中，可采用经 Chu 和 Hogg 修正的 Deirmendjian

分布模型：

$$n(r) = Cx^{\alpha} \exp(-bx^{\gamma}) \tag{3-11}$$

式中：$x=r/r_m$，r_m 为具有最大密度的雾滴半径；$b=\alpha/\gamma$，α 和 γ 为模式参数；常数 C 由以下积分方程决定：

$$r_m \int_0^{\infty} n(x) \mathrm{d}x = (r_m/r) C b^{-(\alpha+1)/\gamma} \Gamma[(\alpha+1)/\gamma] \tag{3-12}$$

雾中衰减的一般性结论为：

（1）在雾中衰减的波长依赖关系与雾滴的大小分布密切相关。一般来说，波长越长，衰减越小。对于 $r_m > 5\mu m$ 的某些重雾，雾中的衰减趋于与波长无关。

（2）对于同样的含水量来说，r 越大，衰减越小。

（3）当 r_m 在 $0.3 \sim 2.0\mu m$ 时，$10.6\mu m$ 激光辐射的衰减与雾滴的大小分布关系不大，近似为 $0.5 \mathrm{dB}/(\mathrm{km \cdot g \cdot m^{-3}})$。这时，衰减系数可以近似地用雾的含水量来估计。

根据形成雾的地域和形成雾的机理，可把雾分为平流雾和辐射雾进行有关分析计算，其中平流雾的雾滴数密度与能见度的关系为

$$n(r) = 1.059 \times 10^7 V^{1.15} r^2 \exp(-0.8359 V^{0.43}) \, (\mathrm{m^{-3} \cdot \mu m^{-1}}) \tag{3-13}$$

辐射雾的雾滴数密度与能见度的关系为

$$n(r) = 3.104 \times 10^{10} V^{1.7} r^2 \exp(-4.122 V^{0.54} r) \, (\mathrm{m^{-3} \cdot \mu m^{-1}}) \tag{3-14}$$

式中：V 为能见度。

3. 云的衰减

云对激光光束的衰减随云型和地理位置的不同而有一定的差异，即使在同一云型下，云的厚度、不均匀性对衰减系数的影响也不相同。云的不均匀性可以使衰减系数相差一个数量级，地理位置的影响也很大，内地云的衰减比沿海云要大 60% 左右，云的厚度和相对于云底的高度不同，衰减系数也有一定的差别，但相对不很明显。

在典型的云型中，晴天积云衰减最小。即使在这种情况下，$10.6\mu m$ 波长的激光衰减也达到 50dB/km，如表3-7所示。

因为大部分时间都存在云，对毫米波，云也产生衰减。云中微水滴的直径通常小于 $100\mu m$。在计算云引起的衰减时，可利用瑞利近似或低频近似。衰减系数可以表示为

$$\beta = k_c J \tag{3-15}$$

式中：k_c 为比衰减系数，在给定的频率为常数时其单位为 $\mathrm{dB}/(\mathrm{km \cdot g \cdot m^{-3}})$；$J$ 表示水含量，单位为 $\mathrm{g/m^3}$。

表 3-7 激光在不同波长和云型中的衰减系数（单位：dB/km）

云型	波长				
	$0.488\mu m$	$0.694\mu m$	$1.064\mu m$	$4.0\mu m$	$10.6\mu m$
雨层云	550	559	568	632	585
高层云	464	469	481	559	361
层云1	434	434	444	490	447
浓积云	298	300	307	349	291

(续)

云型	波 长				
	0.488μm	0.694μm	1.064μm	4.0μm	10.6μm
层积云	195	198	203	256	107
层云2	288	292	300	387	184
积雨云	187	188	191	197	219
晴天积云	80	81	83	100	50

4. 雨的衰减

雨滴半径一般为 200~2000μm，雨最常用的参数是雨强（又称降雨量，$J(\text{mm/h})$）。对雨滴谱，一般认为 Marshall-Palmer 指数分布能比较好地描述雨滴的平均尺度分布：

$$\frac{dN(r)}{dr}=n(r)=a\exp(-bJ^{-0.21}r)(\text{m}^{-3}\text{mm}^{-1}) \tag{3-16}$$

式中：r 为雨滴粒子的半径（mm）；$n(r)$ 为粒子尺度谱分布；$n(r)dr$ 表示单位体积雨介质雨滴半径在 $r\sim r+dr$ 之间雨滴数目的多少。典型值 $a=16000\text{m}^{-3}\cdot\text{mm}^{-1}$，$b=8.2$。

雨滴相对于红外波长可认为是大粒子，$Q_e(x,n)\approx 2$，可得

$$\beta(\lambda)=0.365J^{0.63} \tag{3-17}$$

上式表明衰减与波长无关，只是降雨强度的函数。

5. 雪

激光在雪中的衰减与雨中类似，衰减系数与降雪强度有较好的对应关系，不同波长在雪中的衰减差别不大。对于同样的含水量来说，雪的衰减比雨大、比雾小。

根据 Mie 散射理论，当散射粒子的尺寸远大于入射辐射的波长时，其衰减系数与波长无关。雪片散射是符合这种情况的。但不少现场测量结果却表明红外激光波长上的衰减系数要大于可见波长的衰减系数，这个现象很可能是由衍射效应引起的。雪片散射图形中在前向有一个很窄的衍射瓣，其宽度随波长的增大而衰减。

Seagtaves 考虑了衍射效应后提出用能见度来表征降雪的衰减系数，按照 Koschmieder 关系导出了如下表达式：

$$\beta(\lambda)=[\exp(-0.88k')+1.0]\frac{1.96}{V} \tag{3-18}$$

式中：$k'=2\pi r_d \bar{r}/\lambda V$，$\bar{r}$ 为雪片的平均等效半径，r_d 为探测器的半径。

3.3 大气折射

众所周知，光在均匀介质中是以直线传播的。然而由于对流层（高度<17km）中大气折射率模型为

$$n=1+77.6(1+7.52\times10^{-3}\lambda^{-2})(p/T)\times10^{-6} \tag{3-19}$$

可知由于大气压 p（单位为 mbar）和温度 T（单位为 K）均是随高度变化的物理量，大气折射率也随离地高度而改变。所以地球大气中光辐射传输的光路是弯曲的。也正是由于地

球大气折射率随离地高度而变化,光在大气层中传输会因大气折射率梯度而造成星体位置变化、日月变形、天穹范围扩大等现象。

3.3.1 大气光路方程

如图 3-14 所示,将大气看成是球面分层的,并将大气分为许多很薄的同心球面层,在每个球面薄层内,可认为具有相同的大气密度,则进入大气的光线只有在球面薄层的界面上才发生折射。假定 n_1、n_2、n_3,…分别代表各层的空气折射率,θ 为入射角,e 为折射角,r 为各折射点距地心的距离,则在各同心球面的界面上有

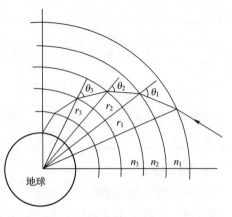

图 3-14 大气光路方程导出示意图

$$n_1\sin\theta_1 = n_2\sin e_2, n_2\sin\theta_2 = n_3\sin e_3, \cdots, n_{n-1}\sin\theta_{n-1} = n_n\sin e_n \quad (3-20)$$

另外,根据三角形的正弦定律,由图 3-14 可得

$$\frac{r_1}{\sin\theta_2} = \frac{r_2}{\sin e_2}, \frac{r_2}{\sin\theta_3} = \frac{r_3}{\sin e_3}, \cdots, \frac{r_{n-1}}{\sin\theta_n} = \frac{r_n}{\sin e_n} \quad (3-21)$$

将式(3-20)和式(3-21)联立消去 $\sin e$,则得

$$n_1 r_1 \sin\theta_1 = n_2 r_2 \sin\theta_2, \quad n_2 r_2 \sin\theta_2 = n_3 r_3 \sin\theta_3, \cdots, n_{n-1} r_{n-1} \sin\theta_{n-1} = n_n r_n \sin\theta_n$$

从而得到大气光路方程,或称射线轨迹方程

$$nr\sin\theta = 常数 \quad (3-22)$$

3.3.2 蒙气差

由于大气笼罩在地球表面,大气密度又自下而上减小,因而来自大气外的光线进入大气的天顶角 γ^* 与人们在地面看到此光线的天顶角 γ 并不一样,如图 3-15 所示。这种天顶角的差是因为大气折射所致,称为蒙气差,以 β 表示,则

$$\beta = \gamma^* - \gamma \quad (3-23)$$

γ 又称为视天顶角,是观测得到的。如果再知道 β,则星体的真实天顶角 γ^* 就可确定。

如图 3-16 所示,为求出蒙气差的具体表达式,设有两相邻薄大气层,它们的折射率分别为 n 和 $n+dn$,入射角分别为 θ 和 $\theta+d\theta$,则由大气光路方程(3-22)得

$$n\sin\theta = (n+dn)\sin(\theta+d\theta) \quad (3-24)$$

由于空气层很薄,可忽略各折射点距地心距离的变化,将上式展开,省略二阶小量有

$$d\theta = -\tan\theta dn/n \quad (3-25)$$

由于 $d\theta$ 是经一薄层的入射角的改变量,因此经过整层的入射角的改变量就是蒙气差,故

$$\beta = \int_\gamma^{\gamma^*} d\theta = -\int_1^{n_t} \frac{dn}{n}\tan\theta = \int_{n_t}^1 \frac{dn}{n}\tan\theta \quad (3-26)$$

式中:n_t 为地表面大气折射率;1 为大气上界的折射率。

由大气光路方程(3-22),我们得到

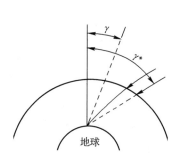 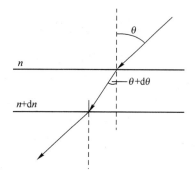

图 3-15 大气光线折射示意图　　图 3-16 大气薄层折射示意图

$$\tan\theta = \frac{C}{[(nr)^2 + C^2]^{1/2}} \tag{3-27}$$

式（3-26）可表示为

$$\beta = \int_{n_t}^{1} \frac{C}{n[(nr)^2 + C^2]^{1/2}} dn \tag{3-28}$$

若设地球半径为 r_0，离地面某一高度 h 处，将光路方程 $n_t r_0 \sin\gamma = n(r_0 + h)\sin\theta$ 代入式（3-26）得

$$\beta = \int_{n_t}^{1} \frac{n_0 r_0 \sin\gamma / n(r_0 + h)}{\sqrt{1 - \left[\frac{n_0 r_0 \sin\gamma}{n(r_0 + h)}\right]^2}} \frac{dn}{n} \tag{3-29}$$

3.3.3 光路曲率

光线在大气中传输时，由于大气的折射作用，光路要发生弯曲，其弯曲程度与大气状态有关。设光路曲率半径为 R，则由高等数学可知 $R = dS/d\alpha$。其中，dS 是图 3-17 中 A 到 B 曲线弧长增量，$d\alpha$ 是切线倾角的增量。A、B 是光路上的两点，它们相对于地心 O 的距离、折射率、天顶距、高度分别为 r、n、γ、h 和 $r + \Delta r$、$n + \Delta n$、$\gamma + \Delta\gamma$、$h + \Delta h$，ΔS 对地心张的角为 $\Delta\varphi$，利用折射定律和几何关系，可推导得到光路曲率半径为

$$R = \frac{dS}{d\alpha} = -\frac{n}{\frac{dn}{dr}\sin\gamma} \tag{3-30}$$

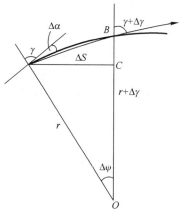

图 3-17 光路曲率导出示意图

光路曲率 $\mathscr{K}$ 可由 $1/R$ 计算得到。式（3-30）中代入具体的大气折射率关系，可得到四种气象条件下的折射情况：在均质大气中传输时，$\mathscr{K} = 0$；$\mathscr{K} = \mathscr{K}_{地}$（$\mathscr{K}_{地}$ 是地球曲率）时，光路弯曲程度与地表相同，这种情况的折射称临界折射；$\mathscr{K} < 0$ 时，光路向上弯曲，称为负折射；$\mathscr{K} > \mathscr{K}_{地}$ 称为超折射。

3.3.4 地平抬高和观测距离增大

设人眼位于 h 高度，HH 为真地平，如图 3-18 所示。如无大气，则视地平为人眼通过切点 C 的一根直线，绕 OB 轴旋转的一圆锥面，其倾角为 α。因有大气，原先看不到的 D 点，现在也能看到。D 处光线沿着弧线 BD 进入人眼，D 似乎位于 BE 方向上，其倾角为 φ。因而，由于大气折射，使得视地平抬高了，其抬高多少，以 $\Delta = \alpha - \varphi$ 来表示，Δ 称为地平抬高量。利用折射定律和几何关系可推导得到因大气折射引起的地平抬高为

$$\Delta = \alpha - \varphi = \sqrt{\frac{2h}{r_0}} \left[1 - \sqrt{1 - \frac{\Delta n r_0}{h n_t}} \right]$$

式中：n_t 为地面折射率；r_0 为地球半径；Δn 为人眼处相对地面的折射率增量。

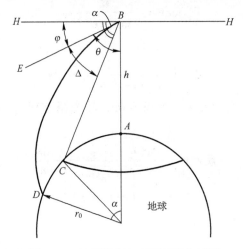

图 3-18 地平抬高与观测距增大示意

下面分析光在大气层传输的路程问题。设 $n = n_t - kh, k = \partial n / \partial h$，对图 3-18 中的 BD 上任一微小弦段，由式（3-40），光在大气中实际传输路径为

$$S = \int_{r_1}^{r_2} \frac{\mathrm{d}r}{\cos\theta} = \int_{r_1}^{r_2} \frac{nr\mathrm{d}r}{\left[(nr)^2 + C^2\right]^{1/2}} \tag{3-31}$$

由于 $\mathrm{d}h = \mathrm{d}r$，如图 3-17 中，可近似得出 S。在 B 和 D 两点引进大气光路方程

$$n_t r_0 \sin\theta_0 = n(r_0 + h)\sin\theta$$

其中，$\theta_0 = \pi/2$，从而有

$$\mathrm{d}S = \frac{\mathrm{d}h}{\sqrt{1-\left(\frac{n_t}{n}\frac{r_0}{r_0+h}\right)^2}} = \frac{\mathrm{d}h}{\sqrt{1-\left(1-\frac{h}{r_0}-\frac{kh}{n_t}-\frac{kh^2}{n_t r_0}\right)^{-2}}} \approx \frac{\mathrm{d}h}{\sqrt{2h\left(\frac{1}{r_0}-\frac{k}{n_t}\right)}}$$

那么由于大气折射，大气实际距离近似公式为

$$S = \int \mathrm{d}s = \int_0^h \frac{\mathrm{d}h}{\sqrt{2h\left(\frac{1}{r_0}-\frac{k}{n_t}\right)}} \approx \sqrt{2 r_0 h}\left(1 + \frac{k r_0}{2 n_t}\right) \tag{3-32}$$

3.4 大气湍流

大气中分子和微粒的空间分布是不均匀的，形成大小不等的而且没有明显界线的气团，每个气团的大小也时刻在变化，这种气团称为"湍涡"。湍涡快速变化的随机运动称为湍流。

3.4.1 湍流的数学描述

在气体或液体的某一容积内，惯性力与此容积边界上所受的黏滞力之比超过某一临界值时，液体或气体的有规则的层流运动就会失去其稳定性而过渡到不规则的湍流运动，这一比值就是表示流体运动状态特征的雷诺数 Re：

$$Re = \rho \Delta v l / \eta \tag{3-33}$$

式中：ρ 为流体密度（kg/m^3）；l 为某一特征线度（m）；Δv 为在 l 量级距离上运动速度的变化量（m/s）；η 为流体黏滞系数（$kg/(m \cdot s)$）。雷诺数 Re 是一个无量纲的数。

当 Re 小于临界值 Re_{cr}（由实验测定）时，流体处于稳定的层流运动，而大于 Re_{cr} 时为湍流运动。由于气体的黏滞系数 η 较小，所以气体的运动多半为湍流运动。

3.4.2 大气湍流气团

大气湍流气团的线尺度 l 有一个上限 L_0 和下限 l_0，即 $l_0 < l < L_0$，L_0 和 l_0 分别称为湍流气团的外尺度和内尺度（见图 3-19）。在近地面附近，l_0 通常是毫米量级，L_0 则是观察点（如激光传输光路）离开地面高度。

所谓激光的大气湍流效应，实际上是指激光辐射在折射率起伏场中传输时的效应。湍流理论表明，大气速度、温度、折射率的统计特性服从 "2/3 次方定律"：

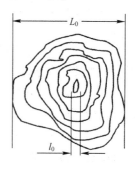

图 3-19 大气湍流气团

$$D_i(r) = \overline{(i_1 - i_2)^2} = C_i^2 r^{2/3} \tag{3-34}$$

式中：i 分别代表速度(v)、温度(T)和折射率(n)；r 为考察点之间的距离；C_i 为相应场的结构常数，单位是 $m^{-1/3}$。

大气湍流折射率的统计特性直接影响激光束的传输特性，通常用折射率结构常数 C_i 的数值大小表征湍流强度，即

$$\text{弱湍流} \quad C_i = 8 \times 10^{-9} m^{-1/3}$$
$$\text{中等湍流} \quad C_i = 4 \times 10^{-8} m^{-1/3}$$
$$\text{强湍流} \quad C_i = 5 \times 10^{-7} m^{-1/3}$$

3.4.3 大气湍流效应

1. 强度起伏

光束强度在时间和空间上随机起伏，光强忽大忽小，即所谓光束强度起伏。强度起伏通常成为大气闪烁，是湍流效应中最基本的也是最重要的一个效应。大气闪烁的幅度特性

由接收平面上某点光强 I 的对数强度方差 σ_l^2 来表征，即
$$\sigma_l^2 = \overline{[\ln(I/I_0)]^2} = 4\overline{[\ln(A/A_0)]^2} = 4\overline{X^2} \tag{3-35}$$
式中：X^2 可通过理论计算求得；σ_l^2 则可由实际测量得到。在弱湍流且湍流强度均匀的条件下有

$$\sigma_l^2 = 4\overline{X^2} = \begin{cases} 1.23 C_n^2 (2\pi\lambda)^{6/7} L^{11/6} (l_0 \ll \sqrt{\lambda L} \ll L_0) \\ 12.8 C_n^2 (2\pi\lambda)^{6/7} L^{11/6} (\sqrt{\lambda L} \gg L_0) \end{cases} \text{对于平面波} \\ \begin{cases} 0.496 C_n^2 (2\pi\lambda)^{6/7} L^{11/6} (l_0 \ll \sqrt{\lambda L} \ll L_0) \\ 1.28 C_n^2 (2\pi\lambda)^{6/7} L^{11/6} (\sqrt{\lambda L} \gg L_0) \end{cases} \text{对于球面波} \tag{3-36}$$

可见，波长越短，闪烁越强；波长越长，闪烁越小。然而，理论和实验都表明，当湍流强度增强到一定程度或传输距离增大到一定限度时，闪烁方差就不再按上述规律继续增大，却略有减小而呈现饱和，故称之为闪烁的饱和效应。

2. 光束的扩展和漂移

有限光束在湍流大气中传输时，以扩展与漂移的影响最为重要。用靶标测距或跟踪目标时，由于光斑漂移可能使光斑脱离靶子。光束扩展也可能造成类似的效果，因为扩展了的光束其平均强度将减弱，有可能降到检测阈值之下。扩展和漂移均同光束的平均强度有关。

光束扩展是指接收到的光斑半径或面积的变化。而当谈及湍流大气中传输光束扩展时，必须要区分短期和长期光束扩展。一般说来，当光束通过尺度大于光束尺寸的湍涡传播时，光束将产生偏折，而通过半径较小的湍涡时，将产生光束扩展，较小的湍涡对光束的偏折作用较小。

光束漂移是对那些大于光束束径的大气湍涡所造成光束传输方向随机偏折湍流效应的一种描述。具体地说，在接收平面上，光束中心的投射点（即光斑位置）以某个统计平均位置为中心，发生快速的随机性跳动（其频率可由几赫兹到数十赫兹），此现象称为光束漂移。由于大气湍流的干扰，当一光束在大气中传过一段距离后，在垂直其传输方向的平面内光束其中心位置将作随机变化，这种光束的漂移效应可用光束位移的统计方差表示。若将光束视为一体，经过若干分钟后会发现，其平均方向明显变化，这种慢漂移亦称为光束弯曲。弯曲表现为光束统计位置的慢变化，漂移则是光束围绕其平均位置的快速跳动。

如忽略湿度影响，在光频段大气折射率 n 可近似表示为
$$n-1 = 79 \times 10^{-6} p/T \text{ 或 } N = (n-1) \times 10^6 = 79p/T \tag{3-37}$$
式中：p 为大气压强；T 为大气温度（K）。根据折射定律，在水平传输情况下不难证明，光束曲率为

$$c = \frac{dN}{dh} = -\frac{79}{T} \times \frac{dp}{dh} + \frac{79p}{T^2} \times \frac{dT}{dh} \tag{3-38}$$

式中：c 为正，光束向下弯曲；当 $|dT/dh| < 35℃/km$ 时，c 为负，光束向上弯曲。实验发现，一般情况下白天光束向上弯曲，晚上光束向下弯曲。

对于光束漂移，理论分析表明，其漂移角与光束在发射望远镜出口处的束宽 W_0 关系密切；漂移角的均方值 $\sigma_a^2 = 1.75 C_n^2 L W_0^{-1/3}$。由此可见，光束越细，漂移就越大。采用宽的光束可减小光束漂移。当 $C_n^2 > 6.5 \times 10^{-7} \mathrm{m}^{-1/3}/\mathrm{h}$，$c$ 值约为 $40 \mu \mathrm{rad}$，不再按 $\sigma_a^2 = 1.75 C_n^2 L W_0^{-1/3}$ 变化，表明漂移也有饱和效应。

应当指出，目前尚没有得到一个能描述光束在全部湍流区域内的漂移规律的理论模型。光束漂移是一种低频率的抖动，抖动频率主要在 0.1～10Hz 的范围内，一般不超过 20Hz，峰值在 5Hz 以下，它与光束传输方向垂直的横向风速相关。

3. 相位起伏

具有等相位波前的光束通过大气时，折射率的起伏可以导致如下三类相位起伏：

（1）波阵面本身无畸变，但因到达接收平面上的时间是随机的，接收信号的相位即随着起伏。这种沿传播方向的相位起伏称为时间相位起伏。

（2）波阵面出现畸变，于是在任何时刻由于波阵面中各条光线的传输时间差将导致接收平面上所对应的相位差随机起伏。这种在光束截面上各点相位差的随机起伏称为空间相位起伏。

（3）如果波阵面相对于接收平面随机地倾斜一个角度，即对于某一时刻相位将在接收平面内线性地随机起伏。这种波阵面随机倾斜现象称为到达角起伏。

应当指出，上述三种现象实际上是相互联系的，不过在某些特定的应用方面起重要作用的可能是其中之一。例如光学外差接收机受严重影响的是空间相位起伏，而跟踪、瞄准技术中到达角起伏将是限制其精度的重要因素。至于成像系统的性能，则受总的相位起伏的影响。当前的自适应光学技术能够在一定程度上克服大气湍流效应带来的影响。

3.5 大气热晕

当强激光通过大气时，大气中的分子及气溶胶粒子由于吸收激光辐射能量而导致自身加热。这样，大气就存在局部的温度升高，介质以声速膨胀，密度减小，如此就导致了相应的局部折射率的减小。对于初始强度为高斯分布的激光光束，此时光轴上的介质受热处于极大值，因而局部折射率处于一个极小值。按折射定律，光束中心附近的光线将向着气体稠密的区域折射。这时，空气类似于一个负透镜的作用，当激光束连续通过时，光束将发散。这种大气和激光束的非线性作用所造成的激光束的扩展、畸变等现象，称之为热晕。热晕效应又和光波的能量分布形式以及时间变化特性密切相关。

受重力影响，热晕典型的结果是一个新月形光斑，如图 3-20 所示。

热晕效应主要受以下几个因素的影响：

（1）激光光束的特征参量，如激光波长、光强和相位分布、时间类型；

（2）介质对激光能量吸收的动力学过程，决定了被吸收的能量加热大气所需的时间；

（3）大气的热交换机制，用来平衡大气吸收的激光能量，包括热传导、自然对流、强迫对流、声波等；

（4）传输场景参量，包括传输距离、大气吸收和消光系数以及温度、气压、湿度、风速等大气参量。

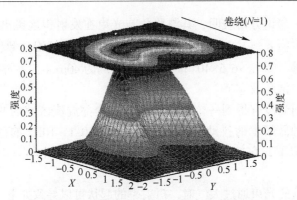

图 3-20　畸变参数 $N_D=1$ 的典型辐射度图案

热晕效应会引起大气湍流状态的改变，二者的相互作用十分复杂，都会对光辐射传输产生相应的影响，消除该影响的一个有效方法就是采用自适应光学系统。

3.6　大气传输对军用光电系统的影响

当光辐射通过大气从辐射源向接收器传输时，可观察到三种主要现象：①到达传感器的辐射强度降低了。②外界辐射经散射进入视场，降低了目标对比度。③图像的重现精度由于紊流和微粒杂质的前向小角度散射而降低。另外，对于背景限系统，路径辐射和散射进入视场，会影响噪声水平。这种影响的特性和大小取决于传感器类型（眼睛、成像系统）、传感器特性（光谱响应、灵敏度、空间分辨率）、大气成分以及环境条件，如图 3-21 所示。

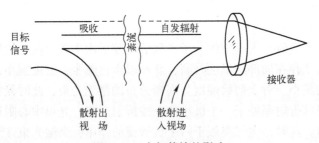

图 3-21　大气传输的影响

衰减就是辐射沿着视线传输时总的减少量，包括吸收和散射。散射会改变辐射传输的方向，被散射到视场外的辐射量则形成衰减。根据 Beer-Lambert 定律，可得光谱透过率为

$$\tau_{\mathrm{atm}}(\lambda) = \mathrm{e}^{-\beta(\lambda)R} \tag{3-39}$$

式中：R 为路径长度；$\beta(\lambda)$ 为光谱衰减系数。由于散射和吸收是独立的，因此有

$$\beta(\lambda) = k_{\mathrm{m}}(\lambda) + \sigma_{\mathrm{m}}(\lambda) + k_{\mathrm{a}}(\lambda) + \sigma_{\mathrm{a}}(\lambda) \tag{3-40}$$

式中：k 表示吸收；σ 表示散射；下标 m 和 a 区分来自分子或气溶胶的影响。

衰减取决于所有的大气成分，包括悬浮微粒、废气、雾、雨和雪等，大的湿度会使微粒聚集而降低透过率，尤其是海面上的盐雾。

图 3-22 给出了大气的光谱透过率,且不同种类的分子也单独给出了透过率。可以看到,不同的线组对应于不同的分子量子能隙,在每个线组中有多个由于分子间振动的不同而造成的细微的窄线。

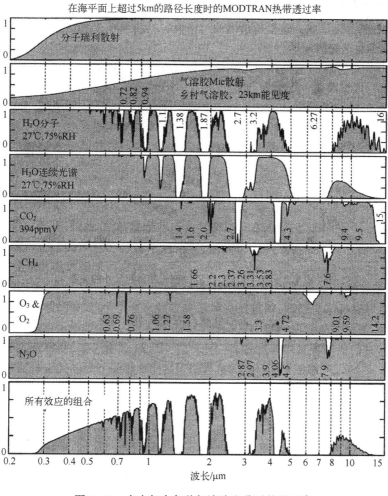

图 3-22 在大气中各种气溶胶和分子的透过率

起因于密度梯度、温度和湿度梯度以及大气压差的折射率的变化所引起的扰动,微粒杂质的小角度散射,尤其是其多重散射使景象辐射的光子沿各个方向散射,会模糊目标图像的细节、影响图像质量。

思考题

1. 简述大气结构。
2. 影响大气光辐射传输的成分主要有哪些?
3. 大气的光学效应有哪些?
4. 大气散射的种类和特点是什么?

5. 说明瑞利散射和迈散射的主要区别。
6. 什么是大气窗口，主要有哪些大气窗口？
7. 什么是大气蒙气差？实际中应如何校正？
8. 透明度与能见距离的关系如何？
9. 大气湍流有何特点？
10. 大气传输对军用光电探测的影响有哪些？

第 4 章 光辐射的光学变换

在目标光辐射信息的探测过程中,来自远处军事目标的光辐射信息,经大气传输后,不仅信号变弱而且信噪比会降低,如果直接进行光电转换,将会导致目标信号提取和后续的目标探测与识别困难,因而在进入探测器前,必须对光辐射进行汇聚。而在主动光电系统中,照射目标的光辐射要想传播得远且光能密度大,必须进行光束准直。此外,由于单元探测器的瞬时视场小,要想探测和监视大空域,常采用光束扫描的方法来加以解决。总之,在光电系统中,光束的汇聚、准直和扫描都需依赖光学系统来实现。

光学系统是军用光电系统中必不可少的组成部分,光电系统依靠其对光辐射信息进行光学变换,即光辐射信息的汇聚、发射及扫描。本章主要介绍军用光电系统中的汇聚光学系统、准直与扩束光学系统、扫描光学系统以及辅助光学系统。

4.1 光学系统概述

光学系统是指根据需要改变光线传播方向以满足使用要求的光学零件的组合,常用的光学零件有透镜、棱镜、反射镜等。通过光学零件的不同结构组合,可以满足不同的实际使用要求。

在红外系统中,光学系统的作用是接收目标或景物的红外辐射能并把它传送给探测器。

在聚光系统中,军用领域较多采用反射式物镜,这类物镜不受材料限制,可以用普通光学玻璃,在表面上镀以高反射膜层。对于中口径、短焦距的系统,也可以采用透射式结构,更紧凑。聚光系统的相对孔径较大,以收集更多的辐射能和获得更强的聚光力。

在探测系统中,采用调制盘将目标辐射能编码成目标的方位信息。

在成像系统中,为了对大范围景物成像,往往以探测器所对应的小的瞬时视场,用光学机械扫描的方法来覆盖大的视场。

此外,为了减小探测器的面积以减小噪声,在探测器前面常常加有场镜、光锥或浸没透镜等辅助光学元件。

4.1.1 表述光学系统接收光辐射能的参量

表述光学系统接收光辐射能有两个主要的方法:一是用光学系统的 F 数,一是用光学系统的数值孔径。

光学系统的 F 数为光学系统的焦距和孔径光阑或入射光瞳直径的比值,记为

$$F = f'/D \tag{4-1}$$

F 数的倒数,即为光学系统的相对孔径。

光学系统的数值孔径（NA）由下式定义

$$(NA) = n'\sin u' \tag{4-2}$$

式中：n' 为最后一个光学表面与后焦点间介质的折射率；u' 为汇聚在焦点（探测器放位置）的光锥的半角（即像方孔径角）。数值孔径（NA）与 F 数的关系是

$$(NA) = 1/(2F) \tag{4-3}$$

若光学系统在空气中使用，则 $n' = 1$。数值孔径最大可能值是 1，而相应的 F 数是 1/2，其物理意义是，在后焦点形成的光锥具有 180° 的角度。

图 4-1 给出了简单的薄透镜、凹面反射镜和组合透镜的部分光学参量。

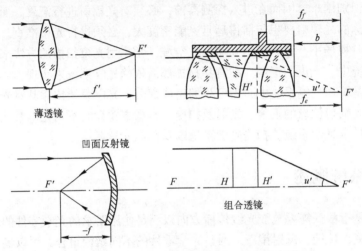

图 4-1 典型光学系统的部分光学参量示意图

在红外光学系统中，还有两个基本关系，即 F 数或数值孔径与探测器尺寸及瞬时视场之间的关系。

假使把红外光学系统等价成一个薄透镜，如图 4-2 所示，设物在无穷远，探测器为视场光阑，放在光学系统焦面上，探测器尺寸为 d，物方的半视场角为 W，入瞳直径为 D，焦距为 f'，则有

$$\tan W = d/2f' \tag{4-4}$$

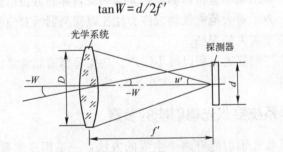

图 4-2 F 数与探测器尺寸即瞬时视场间的关系

一般红外光学系统的瞬时视场 $2W$ 是很小的，只有零点几毫弧度或几毫弧度，故有

$$W = \frac{d}{2f'} = \frac{d/D}{2f'/D} = \frac{d}{2FD} \tag{4-5}$$

前面提到的，F 数不超过 1/2，实际上 F 数取 1/2 的系统是很少的，因为像质太差。实际使用中对 F 数的限制为

$$F > 1/n \tag{4-6}$$

当在空气中使用时，采用 $F \geq 1$ 即可。如用数值孔径表示其聚光性能，将式（4-5）代入式（4-3），得

$$NA = \frac{DW}{d} \tag{4-7}$$

式（4-5）和式（4-6）是红外光学系统中常用的两个基本关系式。

将（4-5）式代入（4-6）式，得

$$\frac{d}{2WD} \geq \frac{1}{n} \quad 或 \quad d \geq \frac{2WD}{n} \tag{4-8}$$

在空气中使用时，应满足

$$d \geq 2WD \tag{4-9}$$

在设计红外光学系统时应当注意到这一限制。

4.1.2 影响光学系统像质的因素

我们知道，点光源经过光学系统成像，为亮的弥散圆斑，通常称为弥散圆。影响弥散圆的大小有两个因素：一是像差，它取决于光学表面的形状和光学材料的色散；二是衍射，它是辐射能波动本性的结果，即使在无像差时，衍射仍会使一点源成像为一弥散圆（这种光学系统称为衍射限制）。光学系统的像差可由光学设计者来控制；而衍射是物理限制，它无法控制，表示了光学系统性能的极限。

1. 像差

一切实际的光学系统，为具有尽可能大的成像空间和光束孔径，就使景物所成的像造成一系列的误差，这种实际像的位置和形状与近轴像之间的偏差，即像差。对于单色光辐射，有球差、彗差、像散、场曲和畸变。对于包含各种光波长的辐射，还有因色散而引起的位置色差和放大率色差。光学设计的目的是要选择一组光学系统结构参数（曲率半径、面间距、折射率、非球面系数等），使像差保持在某一可允许的范围之内。各种像差的基本概念和产生原因在基础光学课程中已经学过，这里不再重述。

由于初级像差与初级像差系数成正比，而像差系数通过近轴光线追迹与系统结构参数发生关系。这样，通过像差系数的分析，就能由像差的要求大致决定系统结构参数的初值，然后进行光线的追迹，求出像差的大小，再对结构进行修改，使实际像差达到允许值以内。

对于 F 数较大而瞬时视场很小的红外系统来说，用初级像差代替实际像差的误差是不大的。而初级像差与系统结构参数的关系是比较明显的，这就是讨论初级像差的原因。

2. 衍射

任一实际的光学系统，总有一定的孔径，即使不加任何光阑，平行光通过它们也有衍射现象。这样，对于实际的光学系统，即使像差已完全校正或消除，也得不到真正的点像，而是在点像周围呈现衍射图样。

点源经过光学系统所成的衍射像的辐照度分布如图4-3所示，辐照度最大的范围呈一亮斑，称为艾里（Aily）圆，在此光斑内分布的能量占通过光学系统总光通量的84%，其余的16%光能分布在周围的各级亮环中。

艾里圆的角直径 δ 被认为与第一个暗环的角直径相同，其大小为

$$\delta = 2.44 \frac{\lambda}{D} \quad (4-10)$$

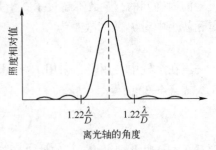

图4-3 衍射像中的辐射能分布

可见，波长越长，F 数越大，衍射越厉害。例如对 $\lambda = 4\mu m$ 的红外辐射，若 $F = 2$，则 d 约为 $20\mu m$，就比最小探测器尺寸（约 $50\mu m$）要小，问题还不大；如果 $\lambda = 15\mu m$，若 $F = 2$，则 $d = 73\mu m$，就比最小探测器的尺寸要大了。要使衍射斑不溢出探测器，必须把探测器做得比艾里圆大，或者减小 F 数。但增大探测器面积，将使噪声增大；减小 F 数，将使像差增大。因此，如果信号足够强，有时往往就让衍射斑溢出一些。

两个物体的像，由两个衍射图样组成。如果两物体彼此靠得很近，像就会重叠起来，而且不能区分出是分开的实体了。瑞利（L. Rayligh）提出，如果一个像的艾里圆中心与另一个像的第一暗环重合，则认为这两个像是分开的，即可分辨的。因此，刚好能分辨开两个点源的最小分辨角是

$$\alpha = 1.22 \frac{\lambda}{D} \quad (4-11)$$

式中：α 为两个点源对光学系统前主点的张角（mrad）；D 为光学系统孔径光阑直径（cm）；λ 为入射辐射波长（μm）。

最小分辨距离为

$$\Delta = f'\alpha = 1.22\lambda F \quad (4-12)$$

相当于半个艾里圆的大小。可见，光学系统的 F 数越大、波长越长，分辨率越差。

上面讨论的结果是对受衍射限制的没有像差的理想光学系统而言的，对非理想的系统，由于像差，分辨率还要低一些。

4.2 汇聚光学系统

为了使光电系统能获取尽可能多的目标光辐射信息，必须使用接收光学系统，将远处目标（大多数情况下为漫反射目标）所辐射或反射的光信号聚焦在光电探测器上，从几何光学的角度来看，光电系统中的接收光学系统就是物镜系统，其功能就是将目标反射或辐射的准平行光聚焦到焦点上（光电探测器之所在）。军用光电系统中使用的物镜通常有折射式、反射式、折反射式及变焦距式物镜等。

4.2.1 折射式物镜

折射式物镜结构简单，装校方便，在各种光电系统中被广泛地采用。它可以由单片构

成(单透镜),也可以由多片组成(复合透镜)。

1. 单薄透镜

单透镜是一片汇聚透镜,它是折射式物镜中最简单的一种,通常在一些对像质要求不高的光电系统(如某些红外系统)中采用这种结构简单又便宜的单透镜物镜系统。

单透镜物镜系统的成像质量较差,尤其是球差和色差较大。在透镜焦距和孔径已经确定的情况下,可以通过将组成透镜的两个面的曲率半径 r_1、r_2 分别设计成为式(4-13)所示的值来获得最小的球差。

$$\begin{cases} r_1 = \dfrac{2(n-1)(n+2)}{(2n+1)n}f' \\ r_2 = \dfrac{2(n-1)(n+2)}{2n^2-n-4}f' \end{cases} \tag{4-13}$$

2. 复合透镜

当单透镜采用最佳形状,其像质仍不能满足系统的像质要求时,可以采用由双片或多片单透镜组成的复合透镜(透镜组)。

1)双胶合物镜

如图4-4所示,双胶合物镜是由一正一负的两个透镜用胶粘合而成的,胶合面具有相同的曲面半径。由于正透镜产生负色差和负球差,负透镜产生正色差和正球差,所以双胶合物镜可以校正色差和球差。

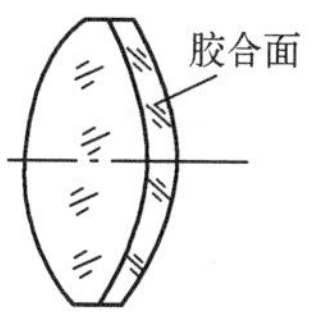

图 4-4 双胶合透镜

设计双胶合物镜,校正像差的顺序通常是先色差后球差。根据消色差要求,确定两块单透镜的光焦度 φ_1 和 φ_2 后,其三个折射面中将有一个面的曲率半径是自由变数,通常把胶合面的曲率 c_2 作为变数。当 c_2 改变时,为保持 φ_1 和 φ_2 不变,另两个面的曲率 c_1 和 c_3 必须相应改变,这就是双胶合透镜的整体弯曲。用此方法即利用 c_2 的改变校正双胶合物镜的球差。如果适当选择二透镜的材料,能够在校正球差的同时校正彗差。

双胶合物镜结构简单,装调方便,光能量损失小,又可校正色差和球差,所以得到广泛的应用。但双胶合透镜轴外像差较大,视场一般不超过 8°~10°;最大口径不能超过 100mm,以免由于透镜重量过大而脱胶。

2)双分离物镜

双胶合物镜只有在透镜材料选择得恰当时,才能在满足焦距和消色差要求的同时,校正球差和彗差。但由于目前能透红外光的光学材料还不太多,要选择得恰当很不容易,因此可采用双分离物镜,如图4-5所示。双分离物镜由于正负两块透镜之间有一定的间隙,所以 r_2 和 r_3 可以不等。另外,二透镜的间距可以调整,这就给设计增加了自由变数,可以对任意选定的两种透镜材料在满足总的焦距要求的同时做到系统消色差、球差和彗差。

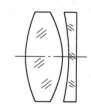

图 4-5 双分离物镜

双胶合物镜的剩余球差限制了其相对孔径的增大,而双分离物镜可以利用空气间隙的距离来校正剩余球差,所以它可以具有较大的相对孔径。另外,双胶合物镜由于胶合工艺上的问题,口径不能做得太大,而双分离物镜则不存在这个问题,它可以做成大口径的。但双分离物镜比双胶合物镜多了两个与空气接触的表面,因而反射损失加大了。此外,装校也比较困难,特别是两透镜的共轴性不易保证。

3) 三片及多片透镜组

双片透镜的视场和相对孔径都不大,若要达到较大的视场(如二三十度)和相对孔径(1/2左右),必须选用三片以上的组合透镜。图4-6为三片组合透镜,视场为15°~20°,F数为5~7。图4-7为六片组合透镜,视场角达30°,F数可达1.4~2.5,像质优良。在像面扫描中,往往要采用这种大视场、大相对孔径的折射式物镜。为减少反射损失,每面均应镀上增透膜。这种多片组合透镜,由于反射、吸收和散射损失均有,所以总透射比是不高的。在红外系统中,由于透红外光学材料不多,要消色差并不容易,若波段较宽,剩余色差较大,因此不如反射式物镜用得多。

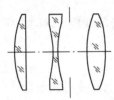
图4-6 三片组合透镜

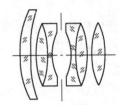
图4-7 六片组合透镜

3. 变焦距物镜

变焦距物镜是从不同使用场合的实际需要中逐渐发展起来的。目前变焦距镜头被广泛用于电视、电影摄影、遥感摄影(如人造卫星摄影)和显微摄影等科技领域以及宇宙空间探索事业、导弹实验、追迹观测火箭记录等方面。

光学系统的横向放大率β的表示式为

$$\beta = f'/x \tag{4-14}$$

从上式可知,当系统焦距f'固定时,要想在像面上得到不同倍率的像,就必须改变被摄物体到镜头前焦点的距离x。这种方法对上述各种应用领域是难以实现的,因此必须用改变焦距f'的办法来实现变倍的目的。当看全景或搜索目标时使用低放大率(短焦距)以便得到较大的视场,在看某细节或仔细地研究目标时,则使用高放大率(长焦距)小视场。变焦距物镜又叫变倍物镜,它可以分为两类,一类是间断变倍系统,另一类是连续变倍系统。这里只简单介绍连续变焦原理。

连续变倍镜头是一种焦距可连续变化,而像面位置保持稳定和在变焦距过程中像质保持良好的镜头。一般情况下,在变焦距过程中光学系统的相对孔径是不变的。镜头变焦距范围的两个极限焦距,即长焦距和焦距之比值称为变倍比。

为满足使用要求,变焦距镜头在性能方面应该是:高变倍比、大相对孔径、大视场、对不同距离能进行调焦;在结构方面要体积小、重量轻;在像质方面要尽量达到定焦距物镜的质量。

一个变焦距物镜的焦距是由组成该物镜的各个透镜组的焦距以及透镜组之间的间隔所决定的。透镜组的焦距一般是不能改变的,故目前都是用改变透镜组之间的间隔来改变整个物镜的焦距。在移动透镜组改变焦距时,总是要伴随着像面的移动的。因此,为了使像面保持稳定,就需要对像面的移动给予补偿。图 4-8 是一种典型的变焦距物镜示意图。透镜组 1 称为前固定组,透镜组 2 称为变倍组,透镜组 3 称为补偿组,透镜组 4 称为后固定组。变倍组 2 可沿光轴做线性的往复运动,当透镜组 2 从左向右移动至 2^* 时,物镜的焦距由短变长,物体通过透镜组 1 和 2 所形成的像由 A_2' 移至 $A_2'^*$。为了使物镜的像面固定不动,应该在移动透镜组 2 的同时,按非线性规律移动补偿组 3,使像点 $A_2'^*$ 通过透镜组 3^* 时仍成像在 A_3' 处。A_3' 通过透镜组 $3'$ 仍成像在 A_4' 处。这样就能保证变焦距物镜的像面是稳定的。透镜组 2 和 3 的移动是相关联的,它们靠精密凸轮机构来控制。

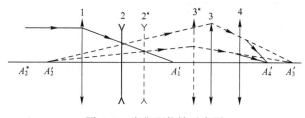

图 4-8 变焦距物镜示意图

4.2.2 反射式物镜

与折射式物镜相比,反射式物镜具有不产生色差、光能量损失少、材料加工简单、可以在紫外到红外很大波长范围内工作、可以制成大口径等优点,所以军用红外光电系统常使用反射式物镜,特别是双反射镜系统更是被广泛应用。

反射式物镜分单反射镜和双反射镜。单反射镜有球面反射镜和非球面反射镜,非球面反射镜包括抛物面反射镜、椭球面反射镜和双曲面反射镜。球面反射镜和透镜一样,存在球差,但可以利用二次旋转曲面来克服这一缺点。例如,从无限远轴上物点发出的平行于光轴的光束,可以利用抛物面反射镜把光束很好地汇聚在其焦点上;当要使从一点发出的光束汇聚到另一点时,可利用椭球面反射镜;若要使汇聚于一点的光束再汇聚到另外一点,则可使用双曲面反射镜。椭球面反射镜和双曲面反射镜的彗差较大,像质不好,很少单独使用。这里仅介绍双反射物镜。

在双反射镜系统中,入射光线首先遇到的反射镜称为主镜,第二个反射镜称为次镜。比较常用的双反射镜系统有牛顿系统、卡塞格伦系统和格里高利系统。下面介绍常用的三种双反射镜系统及其特点。

1. 牛顿系统

牛顿系统是由抛物面镜主镜和平面镜次镜组成,如图 4-9 所示。主镜对入射光线起汇聚作用,次镜位于主镜的焦点附近,且与光轴成 45°角。次镜的作用是使光线偏转方向,将焦点引到入射光束的外部,以便观察或接收。

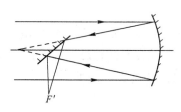

图 4-9 牛顿系统

由于牛顿系统的主镜是抛物面镜,所以对于无限远的轴上物点来说，是没有像差的，其像质只受衍射限制，但对轴外物点像差较大。牛顿系统常用于像质要求较高的小视场光电系统中。

此外，牛顿系统的镜筒很长，因而重量大，这是光电装置所不希望的。

2. 卡塞格伦系统

卡塞格伦系统（又称卡氏系统）的主镜是抛物面反射镜，其次镜是凸双曲面反射镜，如图4-10所示。双曲面的一个焦点与抛物面的焦点重合，则双曲面的另一个焦点便是卡塞格伦物镜系统的焦点。系统对无限远轴上物点是没有像差的。卡氏系统的次镜位于主镜焦点之内，次镜的横向放大率 $\beta>0$，整个系统的焦距 f' 是正的（系统后主面在后焦点之左），因而卡塞格伦系统所成的像是倒像。

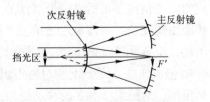

图4-10　卡塞格伦系统

卡氏系统的优点是镜筒短，焦距长，而且焦点在主镜后面，便于在焦面上放置光电器件。为了消除不同的像差，卡氏系统已发展有多种结构。例如，主镜用椭球面镜，次镜用球面镜，系统可消球差；主镜和次镜都用双曲面镜时，系统可同时消球差和彗差等。

3. 格里高利系统

格里高利系统（又称格氏系统）是由抛物面主镜和椭球面次镜组成，如图4-11所示。椭球面的一个焦点与抛物面的焦点重合，则椭球面的另一个焦点便是整个系统的焦点了，也即系统对无限远轴上物点是没有像差的。次镜位于主镜焦点之外，次镜的横向放大率 $\beta<0$，整个系统的焦距 f' 是负的（系统后主面在后焦点之右），因而整个系统所成的像是正像。

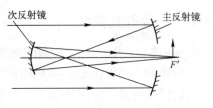

图4-11　格里高利系统

格氏系统根据消像差的要求也可采用其他的配合，例如，若主镜和次镜都采用椭球面，则系统可同时消球差和彗差等。

双反射镜系统的次镜把中间一部分光挡掉，并且随着视场和相对孔径变大，像质迅速恶化，这是它的最大缺点。

4. 遮拦比和有效 F 数

在双反射镜系统中，由于次镜的存在，都要发生挡光现象。描述挡光程度的量是双反射镜系统的一个重要参数，为此引入遮拦比 α，它的定义为

$$\alpha=D_2/D_1 \tag{4-15}$$

式中：D_1、D_2 分别为主镜和次镜的直径。

当发生遮挡时，系统 F 数为系统的焦距 f 与有效的通光孔径 D_e 之比，可以称为有效 F 数，用 F_e 表示，即

$$F_e=f'/D_e \tag{4-16}$$

显然，有效的通光面积为

$$\frac{1}{4}\pi D_e^2 = \frac{1}{4}\pi D_1^2 - \frac{1}{4}\pi D_2^2$$

由此可得

$$D_e = D_1 \sqrt{1-\left(\frac{D_2}{D_1}\right)^2} = D_1\sqrt{1-\alpha^2} \tag{4-17}$$

因此有效 F 数为

$$F_e = \frac{f'}{D_e} = \frac{f'}{D_1} \cdot \frac{1}{\sqrt{1-\alpha^2}} \tag{4-18}$$

当系统没有遮挡时，$D_2=0$，则上式变为 F 数的一般定义了。

4.2.3 折反射系统

折反射系统是用球面反射镜同适当的校正透镜组合起来，以获得良好像质的物镜系统。加入校正透镜虽然能校正球面反射镜和某些像差，但却带来色差，因此校正透镜本身应当消色差，或做得很薄，以使色差尽可能地小。下面介绍几种常见的折反射系统。

1. 施密特系统

施密特系统是由球面反射镜和一块非球面校正透镜（称为施密特校正板）构成，如图 4-12 所示。校正板放在反射镜的曲率中心处，它的边框起孔径光阑作用，因此施密特系统没有彗差、像散和畸变，仅仅产生球差和场曲。校正板就是用来校正球面反射镜的球差的。

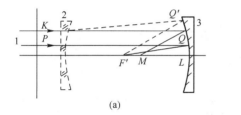 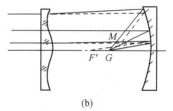

图 4-12 施密特系统
1—平面波；2—校正板；3—球面反射镜。

施密特校正板的工作原理可由图 4-12 来说明。如图 4-12（a）所示，施密特校正板是由折射率为 n 的透光材料制成，它的一面为平面，另一面为非球面，边缘厚度较大，是为了产生与反射镜相反的球差。平行光入射，未加校正板时，近轴光线 PL 交于焦点 F' 处，由于球面反射镜有球差，故边缘光线 KQ 不交于 F' 点而交于 M 点，这时边缘光线的光程 KQ+QM 小于近轴光线的光程 PL+LF'。在反射镜曲率中心处的校正板具有光楔的作用，可使边缘光线 KQ 发生偏折成为 KQ'，经反射后通过近轴焦点 F'。也就是说，由于校正板的边缘比中心厚，边缘光线通过校正板后光程有一个增量，如果这个增量恰好等于由反射镜引起的光程差，那么，根据费马原理，光线到达焦点 F' 时各光程相等，球差便得到了校正。

但是，由于光线通过这种校正板时，边缘会引起强烈的折射，因而产生很大的色差；同时这种校正板中心应为无限薄，不易加工。为了克服这种缺点，施密特又作了改进。改进后的施密特校正板如图 4-12（b）所示，一面仍是平的，另一面的边缘部分微凹，起负透镜作用，中间部分微凸，起正透镜作用，当平行光入射时，边缘光线经负透镜折射后向上翘，使交点 M 移至 G，近轴光线经正透镜后向下弯，使交点 F' 也移至 G，而经过转折点的光线不偏折，刚好反射到 G，转折点大约在边缘高度的 $\sqrt{3}/2$ 处。这样，通过校正板的光线由球面镜反射后，不再是聚焦到近轴焦点上，而是汇聚于最小弥散斑处。此时通过校正板的光线经反射后光程都相等，故能消球差，并且各光线都处于最小偏折状态，因而色差也趋于最小。

施密特系统的像面的球面，其曲率半径 R 为球面反射镜半径 r 的一半，即 $R=r/2$。因此，这种系统的像面若做成半径为 $r/2$ 为球面，则整个视场内的像都是清晰的。

使用消色差校正板并且完全校正球差的施密特系统，对无限远轴上点来说没有像差，只受衍射限制，相当于抛物面镜一样。但是，施密特系统并不能成完善像，因为轴外光束投射到校正板上的角度和轴上光束的不同，这样就产生一个过校正的轴外像差，其大小可用下式来估算。

$$\delta\theta = \frac{W^2}{16nF^3}(\text{rad}) \tag{4-19}$$

施密特系统的性能可用下面几种方法加以改进。
（1）使轴上点球差欠校正，以减少轴外像差的过校正。
（2）使主镜轻微地非球面化，以减少校正板的贡献，从而也减少校正板造成的对轴外像差的过校正。
（3）稍微修正校正板的曲率，使轴外像差的过校正减少。
（4）采用多个校正板，进一步改进轴外像差。
（5）采用消色差校正板，使色差减少。

施密特系统的视场可达 25°，F 数可减小到 2 或 1，可以得到小于 1mrad 的像点，但其镜筒较长，是焦距的两倍；校正板加工仍较困难；像面是弯曲的；校正板带来色差，而且随着视场增加，像散亦很快增加。这些缺点限制了它的广泛应用。

2. 曼金折反射镜

曼金折反射镜是由一个球面反射镜和一个与它相贴的弯月形折射透镜组成，实际上也可以由弯月形透镜的第二球面镀反射膜产生内反射构成，如图 4-13 所示。对球面反射镜来说，这时光阑就是它本身，各种像差都有。

弯月形透镜的作用是要减少球面反射镜的球差。透镜第二个面的曲率半径必须做得与球面反射镜一致，不能随意改变，但第一面的曲率半径可以改变。如果保持透镜的光焦度不变，合理地调整曲率半径，可以使彗差减小，总的球差也是减小，但像散不变。当反射镜的相对孔径较大时，曼金折反射镜只能校正一个带的球差，仍有剩余球差存在。它的孤矢彗差约为类似的球面镜的一半。由于负透镜会造成色差，所以它的色差较严重。为此常常把其中的透镜做成消色差复合透镜。曼金折反射镜的优点是造价低、加工和安装均较容易。

若把双反射镜系统中的次镜改成曼金折反射镜，则主镜和次镜都可以做成球面镜。要是把曼金次镜做成消色差复合透镜当然更好，这种双反射镜系统如图 4-14 所示。

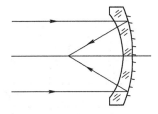 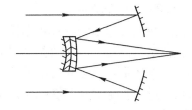

图 4-13　曼金折反射镜　　　图 4-14　具有消色差曼金次镜的双反射镜

3. 包沃斯-马克苏托夫系统

图 4-15 是基本的包沃斯-马克苏托夫系统,可以把它看成是曼金折反射镜中的球面反射镜和负透镜二者被分开而得到的。这种系统由于多了反射镜与弯月透镜第二面的间距 d_2 及透镜第二面的曲率半径 r_2 这两个变量,因此可以消去更多的像差,使像质得到改善。

如图 4-15 可见,三个面的曲率中心都取在同一点 O,并且孔径光阑就置于此处,这样整个系统与单球面反射镜一样没有彗差、像散和畸变。校正透镜的作用与施密特校正板一样,主要用来校正球面反射镜的球差,但引进一些色差。由厚透镜消色差条件可知,校正透镜的厚度 d_1、折射率 n 以及曲率半径 r_1、r_2 应满足如下关系

$$r_1 - r_2 = \frac{n^2-1}{n^2} d_1 \tag{4-20}$$

因为 $d_1>0$,上式右边大于零;而 $r_1<0$,要使 $(r_1-r_2)>0$,必须使 $r_2<0$,r_2 与 r_1 同号,因此校正透镜是弯月形负透镜。系统像面是球面,其半径等于系统焦距。

包沃斯-马克苏托夫系统的校正透镜也可以放在孔径光阑前面,如图 4-15 中虚线所示的位置,其曲率中心必须仍在反射镜球心上,这种系统可称为心前系统,它的光学特性与上述的心后系统是完全一样的。心前系统常用在红外导弹制导系统中,这种校正透镜兼作整流罩。

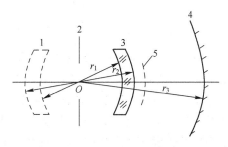

图 4-15　包沃斯-马克苏托夫系统
1—校正透镜(前);2—孔径光阑;3—校正透镜(后);4—球面反射镜;5—焦面。

包沃斯-马克苏托夫系统虽然是一种优良的物镜,但尚有剩余的球差和色差,带球差和色差角直径可分别用下面两个公式估算(用在 n 为 1.5~1.6 之间,F 数在 1~2 之间):

$$\delta\theta_s = \frac{10^{-4}}{\left(\dfrac{d}{f'}+0.06\right)F^5}(\text{rad}) \tag{4-21}$$

$$\delta\theta_{ch} = \frac{d_1 f' \Delta n}{2n^2 r_1 r_2 F}(\text{rad}) \tag{4-22}$$

式中:Δn 为所用波段折射率差。

为了校正剩余球差,可在包沃斯-马克苏托夫系统的共同球心处放一块施密特校正板,如图 4-16 所示。由于包沃斯-马克苏托夫系统的剩余球差不大,施密特校正板的非

球面度可很小，因而加工也容易些。

为了减小色差，有时把包沃斯-马克苏托夫系统的校正透镜做成消色差复合透镜，不过这样要破坏同心原理，使系统的彗差，像散和畸变有所增加。

包沃斯-马克苏托夫系统的焦点在球面反射镜和校正透镜之间，接收器必然造成中心部分挡光，并且使用起来很不方便，为此发展成包沃斯-马克苏托夫-卡塞格伦系统。这种系统把校正透镜的中心部分镀上铝、银等反射膜作次镜用，就可将焦点移到主反射镜之外。图4-17为两种简单的包沃斯-马克苏托夫-卡塞格伦系统，图4-17（a）用校正透镜的凸面作反射次镜；图4-17（b）用凹面作反射次镜，因此是曼金次镜。这种系统的镜筒较短。

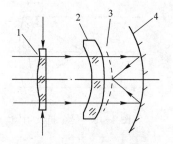

图4-16　包沃斯-施密特系统
1—施密特校正板；2—同心校正透镜；
3—焦面；4—球面反射镜。

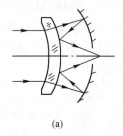 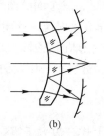

(a) (b)

图4-17　包沃斯-马克苏托夫-卡塞格伦系统

为了把包沃斯-马克苏托夫-卡塞格伦系统应用在导弹头上，校正透镜必须为心前型，以承受导弹的高速运动，这时校正透镜兼作整流罩用，这样卡氏次镜就必须与校正镜分离。为了缩短镜筒长度，常又把焦点移到主反射镜里面。图4-18为导弹用或机载红外雷达用的包沃斯-马克苏托夫-卡塞格伦系统的基本形式。图4-18（a）采用曼金主镜和正的小校正透镜来改善像质。图4-18（b）不用曼金主镜，依靠负的小校正透镜来改善像质。图4-18（c）用曼金次镜和整流罩一起来减小系统球差，这样对整流罩的要求就降低了。正的小校正透镜主要用来校正系统彗差。

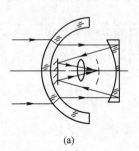 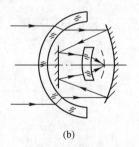 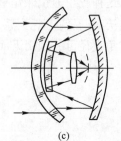

(a) (b) (c)

图4-18　三种用于导弹的组合系统

应当指出，图4-18那样的系统是不同心的。但是整流罩的两个曲面在主反射镜上同心。主镜为孔径光阑，也是入瞳。这样就能保证从视场内各个方向沿整流罩法线入射的光束的主光线都能通过入瞳中心，以适应导弹跟踪目标时主镜转动的需要。由于光阑不在主镜球心，因此系统存在像散、彗差和畸变。正因为这种系统中包沃斯-马克苏托夫基本结构存在各种像差，才需要依靠次镜和附加的小校正透镜来校正系统的各种像差，使整个系统的结构显得复杂，但是这种系统的所有曲面均为球面，加工是容易的，这是一大优点。

4.3 发射光学系统

主动式光电系统的光源一般均为激光器，所以这类光电系统中的发射光学系统也就是激光发射系统，对于普通的光电探测系统而言，所使用激光光源的激光能量不是太大，不会引起传输介质的非线性效应，激光发射光学系统的作用就是对激光器所发出的激光束进行准直，将截面较小而发散角较大的发射光束变成截面较大而发散角较小的光束，从而保证一定的探测精度，一般使用准直光学系统；对于激光高能武器系统而言，为了克服大气因强激光入射而产生的各种非线性效应，使激光能量能正常传输到目标上，必须使用自适应光学系统。

4.3.1 准直光学系统

虽然激光具有良好的方向性，但总还有一定的发散角，例如 He-Ne 激光的发散角有几个毫弧度，GaAs 半导体激光的发散角竟达到几度甚至几十度，对这样的光束如不加处理就直接出射，那么随着距离的增加，光束截面与距离平方成比例而扩展，使光斑上的光能急剧下降，光强损失极大，甚至无法正常工作，所以，必须要使用发射光学系统，使系统所发射激光的能量更加集中、传播距离更远、远场光斑更小、测量更加准确。光电系统中的准直光学系统可以采用折射型或反射型两种形式，其准直机理一样。下面分析折射型准直光学系统的工作原理。

1. 单透镜系统

在一些作用距离较近、准直倍率要求不高的光电系统中，可以采用单透镜系统来对激光器所发出的高斯光束进行准直。根据高斯光束在透镜中的传输特性，长焦距透镜可以使入射光束的发散角减小。设透镜的焦距为 F，入射激光波长为 λ，光束的束腰为 ω_0，焦参数（准直距离）为 $f=\omega_0^2\pi/\lambda$、发散角为 $\theta=\lambda/\pi\omega_0$、入射光束束腰和透镜之间的距离为 l，则出射光束的发散角为

$$\theta' = \frac{2\lambda}{\pi}\sqrt{\frac{1}{\omega_0^2}\left(1-\frac{l}{F}\right)+\frac{1}{F^2}\left(\frac{\pi\omega_0}{\lambda}\right)} \tag{4-23}$$

如果透镜的焦距 F 一定，当 $l=F$（即入射高斯光束的束腰处在透镜的后焦面上）时，θ' 达到极小，此时的准直倍率为

$$\frac{\theta'}{\theta} = \frac{\pi\omega_0^2}{F\lambda} = \frac{f}{F} \tag{4-24}$$

显然，F 越大，即透镜焦距越长，θ' 越小，准直效果越好。

2. 双透镜系统

双透镜激光准直光学系统一般由一个倒置的望远系统组成，如图 4-19 所示，它由焦距分别为 F_1、F_2 的两个透镜 L_1、L_2 所组成，两透镜间距离 $D=F_1+F_2$，设入射激光波长为 λ，光束的束腰为 ω_0，焦参数（准直距离）为 f，发散角为 θ。

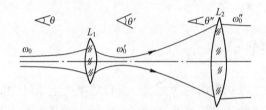

图 4-19 激光束的扩束与准直

如果短焦距透镜 L_1 的焦距 F_1 满足条件为 $F_1 \ll l$（入射光束束腰和透镜 L_1 之间的距离），高斯光束将被透镜 L_1 聚焦于前焦面上，得到一束束腰为 ω_0' 的高斯光束

$$\omega_0' = \frac{F_1 \omega_0}{\sqrt{(l-F_1)^2 + f^2}} \approx \frac{F_1 \omega_0}{\sqrt{l^2 + f^2}} \tag{4-25}$$

将束腰 ω_0' 刚好调节到第二个透镜的后焦点上，则出射光束的束腰 ω_0'' 将达到最大值 $\omega_0'' = \lambda F_2 / \pi \omega_0'$，此时系统对高斯光束的准直倍率为

$$M = \frac{\theta''}{\theta} = \frac{\omega_0''}{\omega_0} = \frac{F_2}{F_1} \sqrt{1 + \frac{l^2}{f^2}} \tag{4-26}$$

如果 $l=0$，通过同样的推导，可以得出该系统的准直倍率为

$$M = \frac{F_2}{F_1} \sqrt{1 + \frac{F_1^2}{f^2}} \tag{4-27}$$

双透镜系统也可以由一个正透镜与一个副透镜组成，如图 4-20 所示是折射型准直光学系统的三种形式。

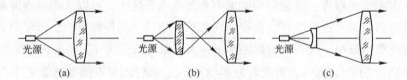

图 4-20 折射型准直光学系统

为了减小发射光学系统的长度，有些光电系统采用了反射型准直光学系统。反射型准直光学系统一般由主镜和副镜组成，如图 4-21 所示，其对激光束的准直机理与折射型双透镜准直光学系统完全一致，无论透射式或反射式的望远系统，都可以起到减小光束发散角的作用。

由于激光器所发出的激光束为高斯光束，所以，其经光学系统传输后仍为高斯光束，这意味着无论采用什么样的光学系统，即使从理论上来讲也无法使激光光束准直为平行光束（即发散角为0），而且由于激光的单色性很好，所以在设计激光准直光学系统时，不必考虑消色差问题。

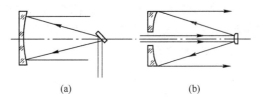

图 4-21 反射型准直光学系统
(a) 牛顿型；(b) 卡塞格伦型。

此外，为了使所发射的激光束准确地投射到目标上，主动式光电系统中必然还存在着瞄准光学系统，且瞄准光学系统的光轴必须平行于发射光学系统的光轴或与其共轴。军用光电系统中的瞄准光学系统一般都采用普通的望远镜光学系统，其与发射光学系统的共轴性通过光机部件的结构设计来得到保证。

4.3.2 强激光发射光学系统

当强激光通过大气传输时，除与普通光波一样产生大气折射、吸收、散射和湍流等线性光学效应之外，还会产生热晕、受激拉曼散射和大气击穿等非线性光学效应。大气湍流所引起的折射率随空间位置和时间的随机变化，以及热晕所造成的局部空气被加热膨胀、密度减小以致局部折射率减小等现象都会导致光束相位产生畸变，从而影响激光能量的正常传输。如图 4-22 所示是入射激光光强分布在热晕的影响下发生畸变，其中图 4-22 (a) 是热晕原理示意图，图 4-22 (b) 为热晕光斑示意图。

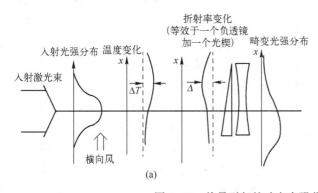
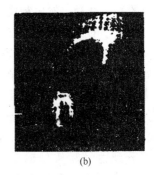

图 4-22 热晕引起的畸变光强分布

为使高能激光武器系统所发出的高能激光聚焦到目标上，必须在强激光发射光学系统中加入自适应光学系统。如图 4-23 所示是强激光发射光学系统示意图，它由前级扩束光学系统、主扩束光学系统和精密调焦系统等三部分组成。主扩束光学系统具有多种功能，兼作系统的目标探测望远镜和自适应光学系统的发射望远镜以及信标光的接收光学系统等。前级扩束光学系统由一级或多级普通的激光准直光学系统组成，除起到准直、扩束高能激光器所输出的激光光束作用之外，还使前级扩束光学系统与激光器、主扩束光学系统、自适应光学系统之间实现光束参数匹配，并使自适应光学系统所探测的目标处返回来的光经变形镜校正后的波前与主激光经前级扩束光学系统变换后的波前之间实现像质匹配。精密调焦系统具有粗调焦和精调焦两项功能，粗调焦是指由辅助激光提供测距信息和自适应光学系统波前传感器提供聚焦信息，控制主扩束光学系统的次镜调焦，调焦精度与自适应光学系统相匹配；精调焦主要是指在校正其他误差的同时采用自适应光学变形镜的调焦。

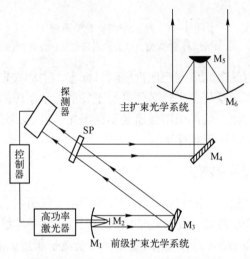

图 4-23　强激光发射光学系统

自适应光学是一种适时控制光波波前以补偿相位畸变的技术，它通过将低功率激光光束（称为信称光束）射向目标，并探测大气对其反（散）射的光束，这样就可测出因大气导致的光学畸变，然后利用设置在激光光路中的变形镜校正大气畸变。强激光发射光学系统中所使用的自适应光学系统一般基于相位共轭或孔径标记原理。

1. 基于相位共轭原理的波前校正式自适应光学系统

如图 4-24 所示是基于相位共轭原理的波前校正式自适应光学系统工作原理示意图。激光源发出的激光束到达分束镜时，大部分成为主光束，再通过波前校正器射向目标（实线表示）；小部分反射到参考镜，然后反射回来再次透过分束镜，传到波前传感器，成为外差接收的本机振荡光束。主光束通过大气时波前发生畸变，只有很小部分到达目标从目标反射的激光，最初是以目标为中心的球面波，但在反向折回时，又受到大气湍流的扰动，波前再次发生畸变，反射回来的激光束通过波前校正器后，部分被分束器折转 90°与本机振荡汇合共同进入波前传感器，波前传感器根据返回光束与本机振荡光束的干涉作用，测出返回光束的相对波前畸变误差，误差经过进一步处理后产生控制信号，用于控制波前校正器动作，使射出的激光束与回来的激光束的波前形状相同，但传播的方向相反，即波前是相位共轭的。根据光线可逆原理，经过校正后的激光光束到达目标时会变成球面波，而且球心在目标上，因此使所发射激光束聚焦在目标上。

2. 基于孔径标记原理的波前校正式自适应光学系统

如图4-25所示是基于孔径标记原理的波前校正式自适应光学系统工作原理示意图。在该系统中，所发射的激光束的波前（或孔径）被细分成许多子波前（或子孔径），并赋予每个子波前以不同的调制频率振动（即孔径标记），这些光束通过大气后，均只有一小部分到达目标，从目标返回的光束被光电探测器接收。在波前处理器中，一方面记录各子波前返回信号的大小；另一方面按"登山"法产生波前校正动作，即让各子波前产生的相位移动朝着使接收到的该子波前信号增大的方向进行，"登山"式校正动作需要连续循环进行下去，以使探测到的各子波前信号始终保持最大，此时，发射光束便聚焦在目标上。

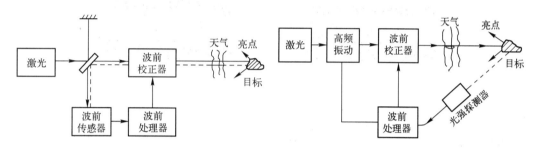

图4-24 基于相位共轭原理的波前校正式自适应光学系统工作原理示意图

图4-25 基于孔径标记原理的波前校正式自适应光学系统工作原理示意图

3. 波前传感器

自适应光学系统中的波前传感器与一般光学测量中的波前检测原理基本相通，分为直接法和间接法两种。直接法是实时测量孔径上被测波前与理想波前之差，通常是测量各点波前斜率，再经波前复原算法求得波前误差。如图4-26所示是波前探测中使用最广的哈特曼-夏克波前传感器，入射激光经过一个二维透镜列阵，每一个列阵单元对应一个子孔径，在透镜列阵焦平面放置阵列探测器（CCD相机或光电二极管阵列），实时测量每个子孔径内光斑的位置重心，就可以得到每个子孔径内的波前斜率。

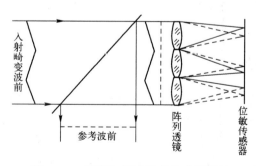

图4-26 哈特曼-夏克波前传感器原理

波前处理器是一种带有负反馈的多通道控制系统，具有高速实时处理能力，完成波前斜率计算、波前复原和控制计算。

4. 波前校准器

波前校正器根据波前处理器得到的控制信号驱动执行元件，以校正波前畸变。波前位相的校正可通过改变折射率或光路长度两种途径实现，在自适应光学系统中得到广泛应用的是利用反射表面变形或位移来改变光路长度的波前校正器，它具有较大的校正动态范围、较高的时间-空间带宽积和高达数千的自由度以及校正性能与波长无关、在很宽的谱段均具有高反射率等优点。常用波前校正器主要有压电陶瓷材料或机械驱动的变形镜，分为分块表面结构和连续表面结构两类，分别如图 4-27、图 4-28 所示。

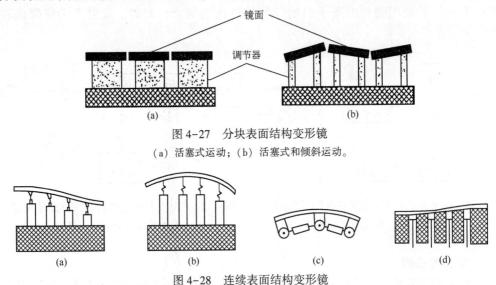

图 4-27 分块表面结构变形镜
（a）活塞式运动；（b）活塞式和倾斜运动。

图 4-28 连续表面结构变形镜
（a）分立活塞式校正器；（b）分立强迫校正器；（c）弯曲变形校正器；（d）整体式变形镜。

目前使用最多的是压电陶瓷驱动的连续表面变形镜，这是在很薄的镜后表面安装许多压电驱动器，利用压电陶瓷的逆压电效应，施加电压后推动镜面而产生形变，从而对经其反射的光束施加所需要的相位校正。压电驱动器的分辨率可达 10nm 量级，响应速度小于 1ms，由其所构成的变形镜的谐振频率可达几千赫，变形量数微米，因此，变形镜有很快的响应速度和足够高的精度。此外，在自适应光学系统中还使用快速倾斜反射镜作波前校正元件，以实现倾斜误差的补偿。

4.4 扫描光学系统

在红外热成像系统中，为了减小背景杂光的干扰等因素，红外探测器所对应的瞬时视场往往很小，一般只有零点几毫弧度或几毫弧度，为了覆盖住被探测的整个空间范围（有的探测系统要求探测整个半球空间）必须扩大视场。通常有两种扩大视场的方法。一种是，在光学系统的焦平面上采用列阵探测器，称为凝视系统，凝视系统对每个探测器而言是一个小视场，不会引入太大的背景干扰，但这一系统要求物镜光学系统的视场大、像差小，这种大视场光学系统的制作并非易事。另一种是，用光机扫描扩大视场，它是由机械运动部件带动光学系统运动，使单元或非凝视多元探测器能按一定规律连续而完整地分解目标图像从而达到扩大视场的目的。

根据光机扫描系统相对视场所作的扫描运动形式,可分为一维扫描系统和二维扫描系统,单元探测器必须采用二维扫描系统,如图4-29所示。而一维扫描系统则是采用线阵探测器来扩大另一维的视场,如图4-30所示。根据光机扫描器与光学系统之间的相对位置,光机扫描系统可以分为物方扫描和像方扫描两种基本扫描方式。下面分别介绍几种光机扫描器件及其扫描方式。

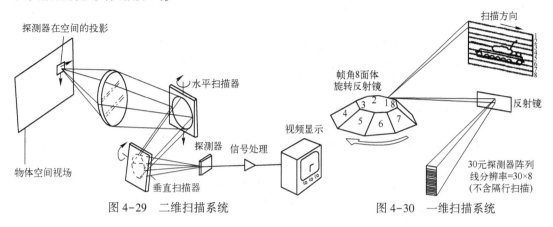

图 4-29 二维扫描系统　　　　图 4-30 一维扫描系统

4.4.1 两种基本光机扫描方式

1. 物镜前扫描

扫描器位于聚光光学系统之前,或置于无焦望远系统压缩的平行光路中。扫描器在平行光路中工作,故又称平行光束扫描。图4-31为物方扫描的实例。扫描器在聚光光学系统前面,旋转反射镜鼓完成水平方向快扫,摆动反射镜完成垂直方向慢扫。这种扫描方式,一般需要有比聚光光学系统的口径还要大的扫描镜,且口径随聚光光学系统的增大而增大。由于扫描器比较大,扫描速度的提高受到限制。

2. 物镜后扫描

扫描器位于聚光光学系统和探测器之间的光路中,对像方光束进行扫描。扫描器在汇聚光路中工作,故又称汇聚光束扫描。图4-32为像方扫描的实例。摆动平面反射镜和旋转折射棱镜置于汇聚光路中,扫描器可以做得比较小,易于实现高速扫描。扫描方式需要使用后截距长的聚光光学系统。但这种扫描将导致像面的扫描散焦而且由于在像方扫,对聚光光学系统有较高的要求。扫描视场不宜太大,像差修正比较困难。

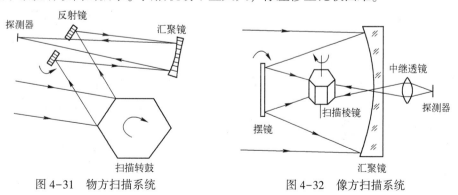

图 4-31 物方扫描系统　　　　图 4-32 像方扫描系统

从上述分析可见,两种扫描方式各有利弊,其优缺点如表 4-1 所示。

表 4-1 物镜前、后扫描方式比较

	物镜前扫描	物镜后扫描
优缺点	产生平直的扫描场,大多数扫描器不产生附加像差,扫描器光学质量对系统聚焦性能影响较小,像差校正容易扫描器尺寸大,不易实现高速扫描	产生弯曲场,扫描器存在不可避免的散焦,扫描器光学质量对系统聚焦性能影响较大,像差校正困难,聚光系统设计复杂,扫描器尺寸较小,容易实现高速扫描
应用	民用热像仪中居多,配以无焦望远系统,压缩平行光路,减小尺寸,也可用于军事上	军用热像仪,如前视红外系统等

4.4.2 光机扫描器件

用于军用光电系统中的扫描器大部分产生直线扫描光栅。常用的光机扫描器有摆动平面反射镜、旋转反射镜鼓、旋转折射棱镜、旋转折射光楔等。对扫描器的基本要求是:扫描器转角与光束转角呈线性关系;扫描器扫描时对聚光系统像差的影响尽量小;扫描效率高;扫描器尺寸尽可能小,结构紧凑。下面介绍几种常用的扫描器。

1. 摆动平面反射镜

摆动平面反射镜在一定范围内周期性地摆动完成扫描。根据反射镜的光学原理,摆动反射镜使光线产生的偏转角二倍于反射镜摆角,即当反射镜摆动 α 角时,反射光线偏转 2α 角。这种扫描器既可用作平行光束扫描器,又可用作汇聚光束扫描器(图 4-33)。

摆动平面镜是周期性往复运动的。因为机构有一定惯性,所以速度不宜太高,而且在高速摆动的情况下,视场边缘变得不稳定,并且要求较高的电机传动功率,总的来说摆动平面镜不适合高速扫描。

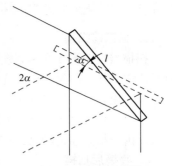

图 4-33 摆动反射镜

2. 旋转反射镜鼓

镜鼓的转动是连续的,比较平稳,因此在高速扫描的情况下,常采用旋转反射镜鼓,如图 4-34 和图 4-35 所示。

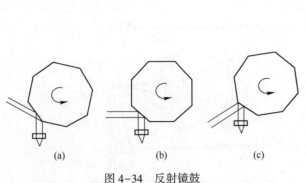

图 4-34 反射镜鼓

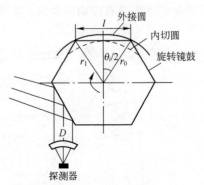

图 4-35 反射镜鼓几何示意图

旋转反射镜鼓与摆动平面反射镜的工作状态基本相同，转角关系和像差情况也类似。但旋转反射镜鼓的反射面是绕镜鼓中心线旋转的，所以镜面位置相对于光线会产生位移。图 4-36 表示了任意反射镜面中心点随镜面转角 γ 而变化的情况。设镜面从位置①到位置②的旋转角为 γ，则镜面的位移量为

$$\delta = r_1(1-\cos\gamma) = r_0\cos(\theta_i/2)(1-\cos\gamma) \quad (4-28)$$

此外，镜鼓的转速受镜鼓材料强度的限制，不能过大，按材料力学计算得到镜鼓的最大转速为

$$M_{\max} = \frac{1}{2\pi r_0}\sqrt{\frac{8T}{\rho(3+\mu)}} \quad (4-29)$$

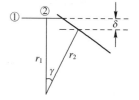

图 4-36 镜面变化情况

式中：r_0 为镜鼓半径；ρ 为材料密度；μ 为材料的泊松比；T 为镜鼓材料的抗拉强度。以上计算是单纯从材料强度观点出发的。实际上，在镜面破坏以前，由于高速转动引起的镜面变形足以影响系统的正常工作，所以，最大允许转速要比式（4-29）计算得出的值低得多。$M_{\max}$ 与 r_0 的关系对系统的设计至关重要。旋转反射镜鼓主要用于平行光束扫描。

3. 旋转折射棱镜

具有 $2(n+1)$ 个侧面，$n=1,2,3,\cdots$ 的折射棱镜，绕通过其质心的轴线旋转，构成旋转折射棱镜扫描器，如图 4-37 所示。

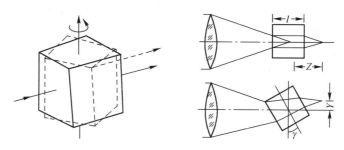

图 4-37 旋转折射棱镜

旋转折射棱镜只用作汇聚光束扫描器。图 4-37 表示折射棱镜在汇聚光束中的应用情况。入射光束经物镜系统，再经折射棱镜汇聚成像。当它旋转时，焦点不仅沿纵向移动了 Z，又沿横向移动了 Y。

用在汇聚光束中的旋转折射棱镜扫描器，除使焦点移动外，还会产生各种像差。对物镜系统消像差要求较高，增加了设计难度。但是，它的运动平稳而连续，尺寸小，机械噪声小，有利于提高扫描速度。

4. 旋转折射光楔

折射光楔是指两折射平面夹角很小的折射棱镜。旋转折射光楔扫描一般用在平行光束中，因为在汇聚光束中会产生严重的像差。图 4-38 表示入射光线在折射光楔主截面内折射偏转的情况。对于顶角 A 很小，置于空气隙中的折射光楔来说，当入射角 i_1 很小时，光线的偏向角 δ 可表示为

$$\delta = n(i_1' + i_2) - A = (n-1)A \quad (4-30)$$

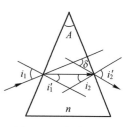

图 4-38 折射光楔

当光楔旋转时，出射光线随时间变化，产生相应的扫描图形。如图4-39（a）所示，光线逆 x 轴方向入射，光楔绕 x 轴转动，角速度为 ω。此时折射光线在量 yz 平面上有一个投影。定义为偏向角矢量 δ。矢量 δ 的方向为从 x 轴指向折射光线方向，其大小为 $\delta=(n-1)A$。

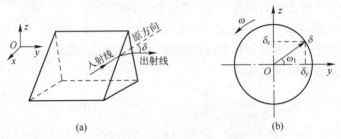

图4-39　旋转折射光楔示意图

由图4-39（b）可以看出，当光楔以角速度以角速度 ω 绕 x 轴旋转，δ 也以角速度 ω 绕 x 轴旋转，其轨迹形成一个圆。如设初位相为 φ，则偏向矢量 δ 的标量运动方程为

$$\begin{cases}\delta_y=(n-1)A\cos(\omega t+\varphi)\\ \delta_z=(n-1)A\sin(\omega t+\varphi)\end{cases} \quad (4\text{-}31)$$

从偏向角运动方程，可求出任一时刻 t 出射光线的方向。

旋转折射光楔是一种非常灵活的光学扫描器。利用一对旋转光楔，改变其旋转方向和转速可以得到许多不同的扫描图形。如果采用材料和形状完全相同的两个光楔，它们分别以角速度 ω_1 和 ω_2 绕同一个 x 轴旋转，初相位分别为零和 φ，那么光线通过两个光楔后的总偏向角矢量等于这两个光楔上的偏向角矢量 δ_1 和 δ_2 之和。在小角度入射光的条件下，其总偏向角的标量运动方程为

$$\begin{cases}\delta_y=(n-1)A[\cos\omega_1 t+\cos(\omega_2 t+\varphi)]\\ \delta_z=(n-1)A[\sin\omega_1 t+\sin(\omega_2 t+\varphi)]\end{cases} \quad (4\text{-}32)$$

图4-40表示两个相同光楔组成的扫描器，探测器通过物镜和光楔对物面进行扫描。假设 $\varphi=0$，由偏角运动方程可以得出：

当 $\omega_2=\omega_1$ 时，即两个光楔旋转方向相同，角速度相等时，产生圆形扫描；

当 $\omega_2=-\omega_1$ 时，即两光楔以相同转速按相反方向旋转时，产生直线扫描；

当 $\omega_2=3\omega_1$ 时，产生两个套合的心脏线形扫描；

当 $\omega_2=-3\omega_1$ 时，产生玫瑰形扫描；

⋮

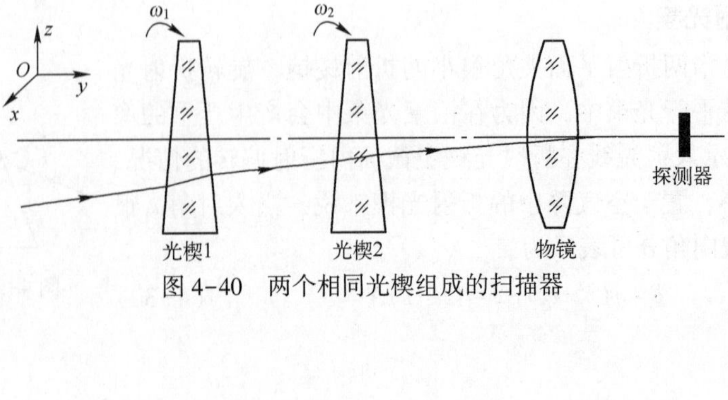

图4-40　两个相同光楔组成的扫描器

上述各种扫描图形如图4-41所示。随着两旋转光楔旋转方向和转速的变化，会产生许多复杂的扫描图形，如螺旋线形、椭圆形、正弦光栅形、摆线形等。

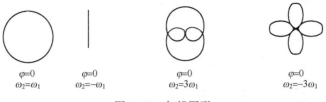

图4-41 扫描图形

5. 其他扫描器

除上述几种常用的光学扫描器外，还有多边形内镜鼓等其他类型的扫描器，如图4-42所示。

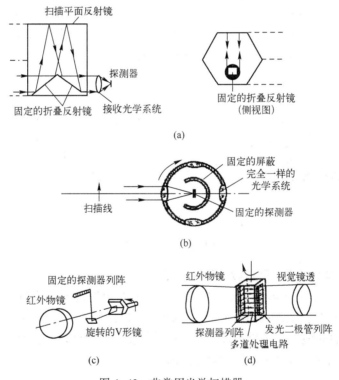

图4-42 非常用光学扫描器

图4-42（a）为旋转多边形内镜鼓扫描器。它使入射的平行光束改变方向，指向多边形的顶边，再把光束向下反射，回到另一块折叠反射镜，接着使光束返回到原来的方向，并从另一边射出。两块折叠镜中的一块刚好等于入瞳的大小，而另一块镜面必须足够大，以便能容纳扫描视场。内镜鼓反射镜的扫描显示也存在二倍角的关系，即反射镜固定不动，镜面绕轴旋转 α 角，入射光线转过 2α 角，从而实现对物方扫描。

图4-42（b）为旋转球扫描器。它是一种能提供恒定扫描速率和较高扫描效率的扫

描装置。四个透镜绕一个固定探测器旋转，探测器周围放一个屏蔽罩，以保证探测器一次只能通过一套光学系统对物方进行扫描。如果每一光学系统的光轴都在图示的纸平面内，则每一透镜只能依次扫描同一条线。为了提供俯仰视场，整个系统还要在垂直方向上进行摆动。

图 4-42（c）是 V 形镜扫描器，通过旋转 V 形反射镜对目标实现扫描。

图 4-42（d）为摆动焦平面扫描器，通过摆动探测器列阵实现扫描。

4.4.3 几种常用的光机扫描方案

将各种扫描器作不同的组合，可以构成实用的一维或二维光机扫描系统。热像仪中多数是二维扫描，常用的光机扫描方案有如下几种。

1. 旋转反射镜鼓作行扫描，摆镜作帧扫描

图 4-43 是这种扫描方案的实例。图 4-43（a）的旋转反射镜鼓和摆动平面镜都处于物镜系统外侧的平行光路中，其结构尺寸由光束的有效宽度 D_0 和总视场 2ω 决定，因而结构尺寸一般较大，不适合高速扫描。图 4-43（b）中摆镜置于汇聚光路中，仍作帧扫描用，视场增大时，像质会变差，不适宜大视场扫描。

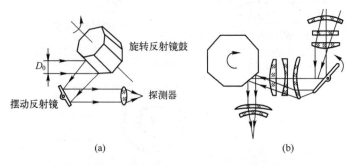

图 4-43 反射镜鼓与平面镜组合的扫描系统

2. 折射棱镜作帧扫描，反射镜鼓作行扫描

如图 4-44 所示，四方棱镜置于前置望远系统的中间光路中作帧扫描，旋转反射镜鼓作行扫描，可以获得较稳定的高转速。由于折射棱镜比摆镜的扫描效率高，因此总扫描效率较前一种方案要高些。反射镜鼓置于压缩的平行光路中作行扫描，像差校正较困难，但设计得好，可作大视场及多元探测器串并扫描用。

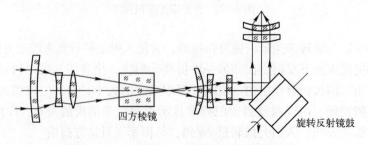

图 4-44 反射镜鼓与折射棱镜组合的扫描系统

3. 两个折射棱镜扫描

如图 4-45 所示，帧扫描棱镜在前，行扫描棱镜在后，都是八面棱柱，这可使垂直视场和水平视场的像质一样。这种系统的优点是扫描效率高，扫描速度快，但像差修正难度大。AGA680 和 AGA750 热像仪中均采用这种扫描方案。

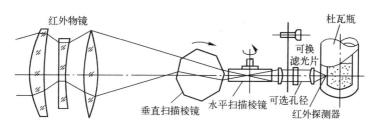

图 4-45 双折射棱镜扫描系统

4. 两个摆动平面镜扫描

单元探测器光机扫描热像仪就是采用这种扫描方案，帧扫描和行扫描都采用摆动平面反射镜。由于摆镜稳定性差，不适合高速扫描。

4.5 辅助光学系统

一个简单的红外系统，探测器就放在物镜的焦平面上。若物镜焦距为 f'，半视场角为 W，探测器光敏面直径为 d，则它们满足 $d=2f'\tan W$。对于这种系统，半视场角 W 通常是很小的，因为探测器尺寸 d 一般只有十分之几毫米到几毫米。如果进一步扩大视场角，就必须加大探测器的尺寸，探测器的噪声也就变大，从而信噪比降低，这是需要避免的。有什么办法缩小探测器尺寸呢？通常在物镜后面放置场镜、光锥和浸没透镜等二次聚光元件，将光束汇聚后再传送到探测器。这些光学元件放置在物镜之后，与探测器联系，因此称为辅助光学系统或者探测器光学系统。

此外，有些红外光学系统需要安装高速运动的载体上，需要透红外光学元件进行保护和隔离，如整流罩和窗口。

4.5.1 场镜

1. 场镜的作用

在有些红外系统中，需要在光学系统焦平面上安放调制盘，这样探测器就必须放在焦平面后面几个毫米的地方。由于光束增大，探测器面积增大，噪声也增加。如果在焦平面后安放一块正透镜，也就是场镜，将边缘光束汇聚后再送到探测器上，就可用较小的探测器接收通过视场光阑的全部辐射能，如图 4-46 所示。

场镜的另一个作用是使汇聚到探测器的辐照度均匀化。由于场镜是把入瞳（或出瞳）而不是目标成像在探测器上，使焦平面上每一点发出的光线都充满探测器，这样在探测器上辐照度就很均匀了。这种均匀性是极为重要的，因为探测器光敏面上各点的响应率往往不一致，若探测器上的辐照度不均匀，则可能产生虚假信号。

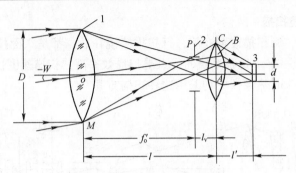

图 4-46 场镜的作用及其参数计算
1—物镜；2—视场光阑；3—探测器。

此外，场镜还有其他一些作用。例如在像面附近加一平像场镜，能使原是曲面的像面变成平面，从而可使用较易制作的平面探测器；当两个光学系统组合时，在前组的像平面上安放场镜，可以减小后组的通光口径。

2. 场镜参数的计算

场镜的各种参数如焦距、口径尺寸等可由理想光学公式计算确定。在设计场镜时，透镜的位置和口径的选择，应使在探测器上成像后的物镜口径与探测器的尺寸一样。显然，场镜的最佳位置是在焦平面上，此时其口径最小。在实际使用中考虑到调制盘的作用，或者场镜中微小缺陷对系统特性的影响，通常场镜的位置选择在物镜焦平面后一定距离的地方。我们首先考虑这种较一般的情况。

如图 4-46 所示，设光学系统的物镜可等价为一个薄透镜，这时物镜的孔径光阑和入瞳与出瞳、主面重合。设物镜的孔径为 D，焦距为 f'，$F=f'/D$；视场光阑位于物镜焦面上，口径为 D_v；系统的半视场角为 W；场镜的口径为 D_1，焦距为 f'_1，$F_1=f'_1/D_1$；场镜到视场光阑和探测器的距离分别为 l_v 和 l'，离物镜的距离为 l；探测器的直径为 d；物在无限远。

（1）场镜的焦距 f'_1。根据透镜的物像关系式有

$$\frac{1}{l'}-\frac{1}{l}=\frac{1}{f'_1} \quad \text{或} \quad f'_1=\frac{ll'}{l-l'} \tag{4-33}$$

式中：$-l=f'+l_v$ 为场镜的物距。

根据横向放大率关系式有

$$\frac{d}{D}=-\frac{l'}{l} \tag{4-34}$$

联立式（4-33）和式（4-34），得

$$f'_1=-\frac{ld}{D+d}=\frac{(f'+l_v)d}{D+d} \tag{4-35}$$

（2）场镜的口径 D_1。由图 4-46 可直接看出，视场光阑口径为

$$D_v=2f'\tan W \tag{4-36}$$

由图 4-46，显然有

$$D_1=2AC=2(AB+BC)$$

由于
$$AB=(-l)\tan W=(f'+l_v)\tan W$$
而 BC 可以根据 △OMP 和 △PCB 相似求出
$$\frac{D}{2f'}=\frac{BC}{l_v}$$
所以 $BC=Dl_v/2f'$
因此可得
$$D_1=2(f'+l_v)\tan W+\frac{D}{f'}l_v \tag{4-37}$$
在设计时，也可采用忽略第二项的方法近似计算场镜口径，即
$$D_1=2(f'+l_v)\tan W+\frac{D_v}{f'}l_v \tag{4-38}$$

由于 $D_v>D$，所以由式 (4-38) 计算的场镜口径稍小，结果使视场边缘的一部分光线被限制掉，造成渐晕现象。为保证视场中心的光线能通过场镜到达探测器，在设计场镜时其口径至少应大于式 (4-38) 的计算值。

当场镜位于物镜焦平面上时，$l=0$，$-l=f'$，于是场镜的直径为
$$D_1=D_v=2f'\tan W\approx 2Wf' \quad (W 很小) \tag{4-39}$$
场镜的焦距为
$$f_1'=f'd/(D+d) \quad (已知 d 求 f_1') \tag{4-40}$$
或探测器的尺寸为
$$d=f_1'D/(f'-f_1') \quad (已知 f_1' 求 d) \tag{4-41}$$

3. 探测器尺寸的缩小倍数及极限值

系统使用场镜后，探测器尺寸能缩小到什么程度，探测器尺寸的极限值可由 (4-41) 式得
$$\frac{D_1}{d}=\frac{D_1}{Df_1'}(f'-f_1')$$
一般有 $f'\gg f_1'$，因此
$$\frac{D_1}{d}\approx\frac{f'/D}{f_1'/D_1}=\frac{F}{F_1} \tag{4-42}$$
即场镜使探测器缩小的倍数是物镜 F 数 (F) 与场镜 F 数 (F_1) 之比。

变换式 (4-41) 可得
$$d=\frac{(f_1'/D_1)D_1D}{f'-(f_1'/D_1)D_1}=\frac{DD_1F_1}{f'-D_1F_1} \tag{4-43}$$
将式 (4-39) 代入，并考虑到半视场角 W 不大时，有
$$d=\frac{2WDF_1}{1-2WF_1}\approx 2WDF_1 \tag{4-44}$$

由于场镜是成像元件，为了确保有较好的成像质量，通常场镜的 F 数应大于 1。对于 F_1 的不同极限，探测器尺寸的极限值分别为

当 $F_1=0.5$ 时，$d=WD$（理论极限）

当 $F_1=1.0$ 时，$d=2WD$（实际极限）

由上可知，当系统视场角不大时，无论探测器尺寸 d 是否取极限值，它的大小仅决定于系统的视场角 $2W$ 和主系统的口径 D，而与主系统的焦距 f' 无关。

当 $F_1=1$，$F=1(D=f')$ 时，由式（4-44）可得

$$d=2Wf'$$

即探测器的实际极限值就等于探测器直接放在物镜焦面上的尺寸。所以当物镜和场镜的 F 数都取实际极限值时，使用场镜已不能进一步缩小探测器的尺寸。可见，场镜比较适用于物镜 F 数较大的系统（一般 $F>2$ 的系统）。

4. 加场镜后系统的光学增益倍数 m

通常把探测器位于光学系统焦面上时，接收到的辐射通量与探测器位于入瞳中心时接收到的辐射通量的比值定义为光学增益 G，即有

$$G=\tau\frac{A}{A_d} \tag{4-45}$$

式中：τ 为光学系统透射比；A 为光学系统入瞳面积；A_d 为探测器光敏面的面积。若未加入场镜时系统的光学增益为 G_0，加场镜后的光学增益为 G_1，则光学增益倍数为

$$m=G_1/G_0$$

而

$$G_1=\tau_1\frac{A}{A_d}=\tau_1\frac{\pi(D/2)^2}{\pi(d/2)^2}=\tau_1\left(\frac{D}{d}\right)^2$$

$$G_0=\tau_0\frac{A}{A_1}=\tau_0\frac{\pi(D/2)^2}{\pi(D_1/2)^2}=\tau_0\left(\frac{D}{D_1}\right)^2$$

所以

$$m=\frac{\tau_1(D/d)^2}{\tau_0(D/D_1)^2}=\frac{\tau_1}{\tau_0}\left(\frac{D_1}{d}\right)^2\approx\left(\frac{F}{F_1}\right)^2 \tag{4-46}$$

由上式可见，从光学增益角度来看，场镜亦比较适用于物镜 F 数较大的系统。此外，因场镜的吸收损失和反射损失，使得 $\tau_1<\tau_0$，故加入场镜后的实际增益系数并没有 $(F/F_1)^2$ 那样大。

5. 加场镜后系统的有效焦距和有效 F 数

由上面的讨论可以知道，如果系统加入场镜，探测器尺寸就可以缩小，而保持系统的视场角不变。这就是说，加入场镜（或下面将要介绍的光锥、浸没透镜等聚光元件）必然要改变原光学系统的焦距和 F 数。我们把探测器的实际尺寸 d 和系统视场角 $2W$ 之比定义为光学系统的有效焦距 f'_e，即

$$f'_e=d/2W \tag{4-47}$$

可见，加了场镜等聚光元件的系统等效于一个未加聚光元件的焦距为 f'_e 的物镜。

由式（4-36）有

$$f'=\frac{D_v}{2\tan W}\approx\frac{D_v}{2W}$$

由于使用场镜后探测器尺寸 d 小于视场光阑口径 D_v，而视场角 $2W$ 不变，所以 $f'_e<f'$，即等效物镜的有效焦距比原物镜焦距短。

相应地，加场镜等聚光元件后系统的有效焦距 f'_e 和物镜的口径 D 之比为系统的有效 F 数 F_e，即

$$F_e = f'_e / D \tag{4-48}$$

把式（4-47）、式（4-39）和式（4-42）代入上式得

$$F_e \approx F \tag{4-49}$$

也就是说，加场镜后光学系统的有效 F 数 F_e 近似等于场镜的 F 数 F_1。因为 $F_e < F$，所以使用聚光元件后系统的相对孔径增大了，因而提高了系统的聚光本领，使探测器光敏面上的辐照度增大，也就是光学增益加大。

4.5.2 光锥

光锥通常是一种空腔圆锥或具有合适折射率材料的实心圆锥。光锥内壁具有高反射比，其大端放在物镜焦面附近，收集物镜所汇聚的光辐射，然后依靠内壁的连续反射把光引导到小端，通常在小端放置探测器，因此，光锥也是一种聚光元件，可以缩小探测器的尺寸。但光锥不是成像元件。

根据不同的使用要求，光锥可被制成空心的或实心的，其形状又可分为圆锥形、二次曲面形或角锥形。

1. 光锥内光线的传播

为使讨论结果具有一般性，下面研究光线进入实心光锥后的行为。如图 4-47 所示，光轴与光锥轴线重合，光锥顶角为 2α。光线 AB 进入光锥前与光轴夹角为 u，在光锥大端界面折射后与光轴夹角变为 u'，并在光锥内壁 C 点发生第一次反射。不难看出，光线 BC 在 C 点的入射角为

$$i_1 = (90° - u') - \alpha$$

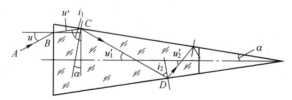

图 4-47　实心光锥

反射后的光线 CD 与光轴的夹角为

$$u'_1 = 90° - (i_1 - \alpha) = u' + 2\alpha$$

同理，对于 D 点，入射角为

$$i_2 = (90° - u'_1) - \alpha = 90° - u' - 3\alpha$$

第二次反射后的光线与光轴夹角为

$$u'_2 = 90° - (i_2 - \alpha) = u' + 4\alpha$$

依此类推，可得出光线入射角及其与光轴的夹角的一般表达式为

$$i_k = 90° - [u' - (2k-1)\alpha] \tag{4-50}$$

$$u'_k = u' + 2k\alpha \tag{4-51}$$

式中：$k=1,2,3,\cdots$，为反射次数。

显然，上面二式也适用于空心光锥的情况。只是在空心光锥时，光线在大端面无折射，$u'=u$，故只需将式（4-50）和式（4-51）右边的 u' 用 u 代替即可。由上述结果可以知道光线在光锥内部的传播情况，光线每经光锥壁反射一次，它与光轴的夹角就要增加一个锥顶角 2α，入射角相应要减小 2α。如此反射下去，入射角将越来越小。当 i_k 达到零或负值时，光线就不能再向小端继续传播了，而将沿相反方向折回大端。为避免这种情况的发生，对一定形式的光锥而言，这就是要对光线的第一次入射角 i_1 的大小（或相应 u' 的大小）有所限制。显然 i_1 越小（或 u' 越大），光线越不容易到达小端。要使光线到达小端，i_1 必须大于某一临界值 i_{1c}。临界入射角 i_{1c} 的大小与光锥的顶角 2α 和光锥的长度 L 有关，对实心光锥而言，也与材料的折射率 n 有关。当 i_1 达到临界值 i_{1c} 时，相应地入射光线 AB 与光轴的夹角 u 就达到临界值 u_c。由式（2-50）和折射定律可得

$$u_c = \arcsin[n\sin(90°-i_{1c}-\alpha)] \tag{4-52}$$

对于空心光锥，$u'=u$，由式（2-50）可得

$$u_c = 90°-i_{1c}-\alpha \tag{4-53}$$

由此可见，光锥顶角、长度以及实心光锥的材料折射率直接决定了入射光线的临界角 u_c，进而也限制了光学系统视场角 2ω 的大小。当 $u>u_c$ 时，入射光线就无法经光锥到达小端也就不能被探测器接收到。

2. 空心光锥

下面讨论简单的空心圆锥形光锥的设计，也就是如何确定光锥两端的半径 r_1、r_2，光锥的长度 l，以及锥顶角 2α。

1）光锥展开图

为了确定光锥的参数，先研究光线在光锥内被连续反射的光路，可利用镜面反射成像原理，将光线在光锥中的路径展开，形成光锥展开图。如图 4-48 所示，考虑自光学系统出射的某条光线由 A 点进入光锥大端首先射到光锥内壁面 S_1 上的 a 点，从 a 点反射后到达 S_2 面的 b 点，由 b 点反射后到达 S_1 面的 C 点，由 C 点反射后从光锥小端 GG' 射出，这条光线记以 AB。根据平面镜成像原理，S_2 被 S_1 反射的像为 S_2'，b 点的像就是对 S_1 面来说在 S_2 面上的对称点 b'。如此不断作每个反射点的镜像，最后得到直线 AB'。以光锥顶点 E 为圆心，EG 为半径作一个圆，此圆就是光锥展开时（相当于连续翻滚光锥）小端所形成的多边形的外接圆。直线 AB' 与圆的交点为 a'。显然，直线 AB' 的 aa' 与光线在光锥内实际所走的路程完全一样，直线 AB' 与折线 AB 完全等价。由图可见，AB' 在第四小段穿进以 EG 为半径的圆内，这表示光线 AB 在光锥内反射三次后穿出小端 GG'，正因为这第四小段是 GG' 的第三次反射像。

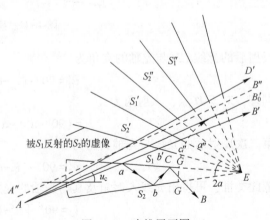

图 4-48 光锥展开图

再考察另一条光线 AD（折线未画出），作图后的等效光线为 AD′，由于 AD′ 与半径为 EG 的圆没有任何交点，这说明光线 AD 不能到达小端而被反射回大端去了。

能够从小端射出的临界光线是刚好与圆周相切的直线 AB_0' 所代表的光线 AB_0（未画出）。切线 AB_0' 与大端面法线的夹角就是临界入射角 u_c。

通过作图可见，光线 AB_0' 刚好能够穿出小端，但与 AB_0 平行的光线 $A''B''$ 却不能穿出小端。这说明，光线究竟能否到达小端，不但与在大端面的入射角有关，而且与入射点的位置有关。当光线在大端面上的入射角小、入射点低时，光线在光锥内的反射次数少，容易从小端射出。

2）确定光锥的参数

由于光锥的大端放在物镜焦面附近，因此可以用上面计算场镜尺寸的办法来计算大端的半径 r_1；由于光锥的小端贴近探测器，小端半径 r_2 应该与探测器的半径差不多。

下面确定光锥的半顶角 α 和光锥的长度 L。如图 4-49 所示，设由视场边缘发出的通过物镜入瞳边缘（图中用一单透镜代表物镜）并经物镜折射后的光线，到达焦平面边缘的 B 点。如果光锥大端在焦平面作为视场光阑，小端安放探测器，那么可用作图法确定光锥的 α 和 l。具体做法是：

（1）在光轴上距焦平面适当距离 t 处取一点 O，以 O 为圆心作与边缘光线 AB 相切

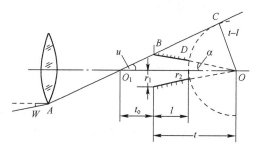

图 4-49 作图法确定光锥参数

的圆，切点为 C。这个参考圆实质上就是上面已提及的光锥展开时小端所形成的多边形的外接圆。

（2）连接 B、O 两点，则 BO 与光轴的夹角 $\angle BOO_1$ 就是光锥的半顶角 α，交点 D 就是光锥的小端边缘，$BD\cos\alpha$ 就是光锥长度 l。D 点到光轴的距离就是小端半径 r_2，也是探测器的半径 $d/2$。B 点到光轴的距离就是大端半径 r_1。

光锥的长度 l 与光锥大端半径 r_1，及小端半径 r_2 之间的关系式可由图 4-49 求出。若设边缘光线 AB 与光轴夹角为 u，AB 与光轴的交点 O_1 到物镜焦面的距离为 t_0，则

$$r_1 = t_0 \tan u$$

$$\frac{r_1}{r_2} = \frac{t}{t-l}$$

$$t - l = (t + t_0)\sin u$$

联立上面三式，可求出光锥长度为

$$l = \left(1 - \frac{r_2}{r_1}\right)\left[\frac{r_1 \cos u}{\frac{r_2}{r_1} - \sin u}\right] \tag{4-54}$$

或

$$\frac{r_2}{r_1} = \frac{1+\dfrac{l}{r_1}\tan u}{1+\dfrac{l}{r_1}\sec u} \tag{4-55}$$

式中：r_2/r_1 为光锥的缩小比。

利用式（4-54），就可根据光锥的缩小比和一端尺寸要求来确定光锥的长度；或根据光锥的长度及一端尺寸的限制，利用式（4-55）可确定光锥的缩小比。

3）探测器尺寸的理论极限

由上面的讨论可进一步导出使用光锥后探测器光敏面尺寸的理论极限值。由式（4-54）可知，光锥的缩小比必须大于 $\sin u$，否则光锥的长度 l 要变为无穷大。所以 $1/\sin u$ 就是加光锥后探测器尺寸所能缩小的最大倍数。

当探测器取极限尺寸时，有

$$\frac{r_2}{r_1} = \sin u$$

而光锥大端半径为

$$r_1 = f'\tan W$$

所以

$$r_2 = r_1 \sin u = f'\tan W \sin u \tag{4-56}$$

将正弦条件 $\sin u = D/2f'$ 代入上式得

$$r_2 = \frac{1}{2}D\tan W$$

当系统视场角很小时，$\tan W \approx W$，探测器尺寸 d 就应为

$$d = 2r_2 \approx DW \tag{4-57}$$

这就是系统使用光锥后探测器光敏面尺寸的理论极限。这个极限值只决定于物镜的口径 D 和半视场角 W，而与系统的焦距无关。这与系统加场镜后的结果一致。

光学系统加空心光锥后，有效 F 数与加场镜时一样，应为 $F_e \geq 0.5$，实际使用时应为 $F_e \geq 1$。

3. 实心光锥

实心光锥用折射率为 n 的材料制成，如图 4-51 所示。由于增加了光线在两个端面的折射，所以实心光锥的设计就要比空心光锥复杂一些。实心光锥和空心光锥一样，也可以用光锥的展开图进行光线追迹，只是由于端面的折射作用，展开图中光线在光锥内路径的等效光线在进出两端面部分应是折线，对应于光锥内部的仍是直线。

对实心光锥，由式（4-52），若令 $u_c = nu'_c$，当入射角不大时有

$$u_c \approx n(90° - i_{1c} - \alpha) = nu'_c \tag{4-58}$$

而对空心光锥，由式（4-53）有

$$u_c = 90° - i_{1c} - \alpha = u'_c \tag{4-59}$$

即对于同样形式的光锥，实心光锥入射角的临界角要比空心光锥大 n 倍，这相当于对视场的限制放宽了 n 倍。因而在系统的视场角一定的情况下，使用实心光锥可进一步缩小探测器尺寸。这是实心光锥的一个优点。

有了 u'_c（也就有了 $u_c = nu'_c$），就可同空心光锥一样进行作图设计。实心光锥要吸收辐射能，因此设计时要尽量减少光线在光锥中的路径长度和反射次数。

实心光锥的侧表面往往要镀反射层。若不镀反射层，要使光线在实心光锥中能够传播全靠由光密介质到光疏介质的全反射，而要发生全反射，必须使反射角大于临界角。但是，随着光线在光锥内壁多次反射，入射角越来越小。入射光线有可能还未到达小端就因为不能全反射而逸出光锥。

制作实心光锥要注意材料的选择，除要能透过工作波段的光辐射外，还有和探测器材料的选配问题。探测器材料的折射率必须与光锥材料的折射相同或更高，否则由式（4-51）可知，光线经几次反射到达小端时，与光轴夹角往往较大，就有可能在小端发生全反射而不能到达探测器。此外，实心光锥与探测器必须实现"光胶"（中间没有空气层），否则光线由折射率较高的光锥射到空气层也将发生全反射。

上面讲的是圆锥形光锥。为了和正方形或长方形探测器配合使用，也可将光锥做成角锥形的四棱锥，它由四个面组成，端面为正方形或长方形。角锥形光锥和圆锥形光锥都属于直线光锥（母线为直线的光锥）。因此，角锥形光锥和圆锥形光锥具有同样的聚光效果，也可利用镜面展开图进行光线追迹计算。

4. 二次曲面光锥

直线光锥的一个很大缺点是光线在光锥中的反射次数较多，反射损失较大，如果是实心光锥的话，吸收损失也较大。为此发展了用各种二次曲面（球面、椭球面、抛物面、双曲面）构成的光锥，即二次曲面光锥。下面以椭球面光锥为例来说明这种光锥的工作原理。

图 4-50 表示一个椭球面光锥。图 4-50（a）中，P_1P_2 为物镜的出瞳，A_1A_2 为光锥大端，B_1B_2 为光锥小端。光锥的母线 A_1B_1 恰是以 P_2、B_2 为焦点的椭圆的一部分，而母线 A_2B_2 则是以 P_1、B_1 为焦点的椭圆的一部分。参见图 4-50（b）。由图可见，二次曲面光锥能将 P_1、P_2 出射的光线经 A_2B_2 面和 A_1B_1 面一次反射后分别汇聚于小端的 B_1 和 B_2 点。显然，这种曲面光锥的聚光性能要比直线光锥好得多，特别是在入射光线的入射角较大时更为显著。但其缺点是加工较困难。

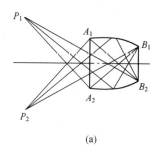
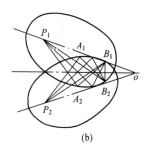

图 4-50 椭球面光锥

将光锥与场镜配合使用，可以提高系统的聚光效果。如图 4-51（a）所示，将场镜放在空心光锥的大端，或将实心光锥的大端磨成与场镜曲率一样的凸球面，相当于一个凸平场镜，见图 4-51（b），这样可使入射光线的临界入射角 u_c 增大。

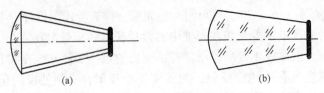

图 4-51 光锥与场镜的组合

曲面光锥的大端也可以加场镜，这样往往能使二次曲面光锥的长度大为缩短。

4.5.3 浸没透镜

浸没透镜和场镜、光锥一样，也是一种二次聚光元件。浸没透镜是由一个单折射球面与平面构成的球冠体，探测器光敏面用胶合剂粘接在透镜的平面上，使像面浸没在折射率较高的介质中，如图 4-52 所示。

使用浸没透镜可以缩小探测器的光敏面面积，从而提高探测器的信噪比。

1. 浸没透镜的横向放大率

由于浸没透镜是由单折射球面和平面构成，故可将其成像看成是单个球面折射成像。如图 4-53 所示，设浸没透镜前的介质折射率为 n，浸没透镜的折射率 n'，透镜球面半径为 r，球心为 C，顶点为 O，透镜厚度为 d。考虑由轴上点发出的经物镜折射后入射到浸没透镜上的光线 AP，若没有浸没透镜时应成像在 B 处，而加入浸没透镜后，球面折射将成像在 B' 处。若物距 $OB=l$，像距 $OB'=l'$，则根据单个折射球面的物像关系式有

$$\frac{n'}{l'} - \frac{n}{l} = \frac{n'-n}{r} \tag{4-60}$$

而单个折射球面的横向放大率为

$$\beta = \frac{y'}{y} = \frac{nl'}{n'l} \tag{4-61}$$

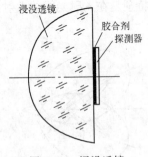

图 4-52 浸没透镜

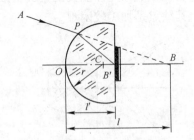

图 4-53 浸没透镜成像

为了成像在探测器上，$l'=d$，在此条件下联立式（4-60）和式（4-61），即可得到浸没透镜的横向放大率和其结构参数的关系式

$$\beta = 1 - \frac{n'-n}{n'} \cdot \frac{d}{r} \tag{4-62}$$

或

$$d = \frac{n'}{n'-n}(1-\beta)r \tag{4-63}$$

2. 无像差的浸没透镜（齐明透镜）

已知单个折射球面是有像差的，在设计浸没透镜时必须考虑到这一点，否则，虽然探测器的尺寸缩小了，但却增大了光学系统的像差。加入浸没透镜应该不给物镜系统带来额外的像差。根据初级像差理论，单个折射球面在三个共轭点没有球差，其位置为：

（1）物点和像点都位于折射球面的顶点；

（2）物点和像点都位于折射球面的球心；

（3）物距和像距分别为

$$l = \frac{n'+n}{n}r$$

$$l' = \frac{n'+n}{n'}r = d$$

上述第一种情况是没有实用意义的，有实用意义的为第二、三种情况。满足（2）、（3）条件的两对共轭点，不但能以任意宽的光束成完善像，而且还能使垂轴小平面内的物体成完善像，故称这两对共轭点为齐明点或不晕点。按齐明条件（2）、（3）设计的透镜称为齐明透镜。

齐明透镜无球差，而且对垂轴小物也能成完善像，其放大率是一个常数，仅决定于材料的折射率。齐明透镜的厚度 d 和半径 r 仅影响其结构尺寸和材料的耗用，从成像理论看，它的半径是可以任意选定的。实际上在设计时透镜的直径要选得比没有透镜时探测器尺寸大，以使视场边缘的光线都能通过。边缘光线在浸没透镜上的入射角很大，反射损失也大，而浸没透镜的半径越小，入射角就越大。因此，为了减少反射损失，浸没透镜的半径往往比探测器的尺寸大很多，究竟采用多大为好，要通盘考虑合理的入射角、透镜的可用面积以及透镜材料的耗用等。

如果探测器不是放在离球面顶点距离不满足齐明条件（2）、（3），即该浸没透镜为非齐明透镜。这种浸没透镜本身存在像差，在设计时可以利用这种像差来补偿主系统的像差，因此只能与某一光学系统配用。非齐明透镜的放大率 β 在 $1/n$ 和 $1/n^2$ 之间，厚度 d 一般也介于 r 和 $(1+1/n)r$ 之间。

1) 半球型浸没透镜

满足齐明条件（2）的浸没透镜称为半球型浸没透镜。这时 $\beta=1/n'$，浸没透镜将其物成像在半球的平面上，也即探测器的光敏面上，如图 4-54 所示。由于浸没透镜没有像差，故可以供校正好像差的物镜系统直接使用。

如图 4-54 所示，若将带有探测器的半球型浸没透镜装入系统，其曲率中心与光线的焦点重合，探测器正好位于物镜的焦平面处，此时由无穷远轴上点发出的光线经物镜后是

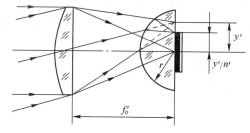

图 4-54 半球型浸没透镜

垂直投射在球面上的，故光线的汇聚角与未装浸没透镜时相同，而像的高度则因球面折射由 y' 变为了 y'/n'。将条件 $d=r$ 代入式（4-62）得

$$\beta = n/n' \tag{4-64}$$

若浸没透镜前的介质为空气，$n=1$，则

$$\beta = 1/n'$$

由此可见，使用半球型浸没透镜可使像的高度（或探测器尺寸）缩小至不用浸没透镜时的 $1/n'$，面积可缩小至原来的 $1/n'^2$。例如用锗（$n'=4$）制作的浸没透镜，可使探测器尺寸缩小至不用该透镜时的 1/4，面积缩小至原来的 1/16。

2) 标准超半球型浸没透镜

如果浸没透镜的厚度 $d>r$，探测器放在比浸没透镜的球心更远的地方，则这种透镜称为超半球浸没透镜。满足上述齐明条件（3）的浸没透镜称为标准超半球型浸没透镜，如图 4-55 所示。把此时的物距 l 和像距 l' 的表示式分别代入式（4-62）和式（4-63）得

$$\beta = n^2/n'^2 \tag{4-65}$$

$$d = \left(1+\frac{n}{n'}\right)r \tag{4-66}$$

若 $n=1$，则

$$\beta = 1/n'^2 \tag{4-67}$$

$$d = \left(1+\frac{1}{n'}\right)r \tag{4-68}$$

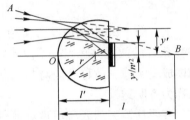

图 4-55　标准超半球型浸没透镜

由此可见，使用标准超半球浸没透镜后可以使探测器尺寸缩小到未用该透镜时的 $1/n'^2$，面积缩小到原来的 $1/n'^4$。例如使用锗（$n'=4$）制作的标准超半球型浸没透镜，能使探测器尺寸缩小到未用该透镜时的 1/16。使用标准超半球浸没透镜时，探测器应放在离球面顶点距离为 $(1+1/n')r$ 的地方，要求物镜系统本身像差校正得比较好，因为此时浸没透镜没有像差。如果浸没透镜的放大率 β 在 $1/n'$ 和 $1/n'^2$ 之间，厚度 d 在 r 和 $(1+1/n')r$ 之间，那就是非标准超半球浸没透镜——非齐明透镜，此时浸没透镜有像差，这些像差应当与物镜的像差一起进行统调平衡，使总的像差最小。

3. 浸没透镜的使用限制

从缩小探测器尺寸的角度考虑，浸没透镜的材料应选择折射率高的好，但由于透镜与探测器之间需要用一层中间介质（胶合剂）粘接，而这种胶合剂的折射率要比透镜的低。这样，当光线由透镜（光密介质）射向胶合剂（光疏介质）时，如果入射角超过临界角，就会发生全反射现象，此时入射光线便无法被探测器所接收。由此可见，浸没透镜的使用是有一定限制的。

若浸没透镜的折射率为 n'，中间介质的折射率为 n_0，且 $n'>n_0$，则发生全反射的临界入射角为

$$I_c = \arcsin\frac{n_0}{n'} \tag{4-69}$$

例如用锗（$n'=4$）制成的浸没透镜，胶合材料用硒胶（$n_0=2.45$），则发生全反射的

临界入射角为

$$I_c = \arcsin\frac{2.45}{4.0} = 37.8°$$

它限制了系统的孔径和视场,使探测器只能接收到进入锥顶角为 75.6° 锥体内的光束。当然,这一临界角的限制可以当作一个背景光阑加以利用。

由全反射临界入射角所引起的对孔径角或系统 F 数的限制,对于半球型和标准超半球型浸没透镜是各不相同的,下面分别予以讨论。

1) 半球型浸没透镜

如图 4-56 所示,设物镜系统为一个口径为 D,焦距为 f' 的单薄透镜(入瞳和主面重合),无限远轴上点的入射光线的像方孔径角为 u,则有

$$\tan u = \frac{D}{2f'} = \frac{1}{2F} \tag{4-70}$$

式中:F 为物镜系统的 F 数。在发生全反射的临界情况下,$u = I_c$。利用式(4-69)和三角公式得

$$\tan^2 I_c = \frac{1}{\cos^2 I_c} - 1 = \frac{1}{1-\sin^2 I_c} - 1 = \frac{n_0^2}{n'^2 - n_0^2}$$

所以

$$\tan I_c = \left(\frac{n_0^2}{n'^2 - n_0^2}\right)^{\frac{1}{2}} \tag{4-71}$$

为了避免发生全反射,要求 $\tan u < \tan I_c$,因此物镜 F 数应满足下式

$$F > \frac{1}{2n_0}(n'^2 - n_0^2)^{\frac{1}{2}} \tag{4-72}$$

若将 $n'=4.0$,$n=2.45$ 代入上式,得

$$F > 0.65$$

2) 标准超半球型浸没透镜

图 4-57 表示一个使用标准超半球型浸没透镜的系统。无限远轴上点入射光线的像方孔径角为 u,经球面折射后其共轭角为 u'。根据正弦条件应有

$$n\sin u = \beta n'\sin u'$$

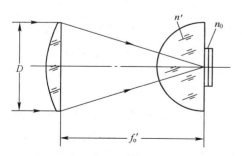

图 4-56 采用半球型浸没透镜的系统

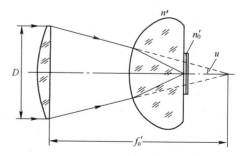

图 4-57 采用标准超半球型浸没透镜的系统

对于使用在空气中的标准超半球型浸没透镜,$n=1$,$\beta=1/n'^2$,所以

$$\sin u = \frac{1}{n'} \sin u'$$

在发生全反射的临界情况下，$u' = I_c$，并由式（4-69）可得

$$\sin u_c = \frac{1}{n'} \sin I_c = \frac{n_0}{n'^2}$$

式中：u_c 为与 I_c 相应的物镜像方孔径角。

而

$$\tan u_c = \left(\frac{1}{1-\sin^2 u_c} - 1\right)^{\frac{1}{2}} = \left(\frac{n_0^2}{n'^4 - n_0^2}\right)^{\frac{1}{2}}$$

又

$$\tan u = \frac{1}{2F}$$

为了避免发生全反射，要求 $\tan u < \tan u_c$，故物镜 F 数应满足下式

$$F > \frac{1}{2n_0}(n'^4 - n_0^2)^{\frac{1}{2}} \tag{4-73}$$

若将 $n' = 4.0$，$n = 2.45$ 代入上式，得

$$F > 3.2$$

可见，标准超半球型浸没透镜适用于相对孔径较小的系统。

浸没透镜的半径从成像理论看可以任意选定，但在实际设计时，浸没透镜的半径必须比不加透镜时物镜所成的像高要大。如果浸没透镜的半径过小，由于边缘光线入射角太大而造成反射损失也很大。为了减少反射损失，浸没透镜的半径往往比探测器的半径大很多，究竟采用多大半径为好，要通盘考虑合适的入射角、透镜的可用面积以及透镜材料的耗用等因素。

此外，由于浸没透镜的折射率很高，一般都应当镀抗反射膜。

4.5.4 整流罩与窗口

整流罩与窗口都属于在红外系统中应用的透光元件，下面分别加以介绍。

1. 整流罩

整流罩又称头罩，位于红外仪器的最前部，是仪器光学系统的一部分。

1）整流罩的作用

整流罩可以起三种作用：一是保护红外光学系统仪器免受大气、灰尘、水分等的影响；二是校正光学系统的像差；三是提供良好的空气动力学特性。在气流中高速飞行的红外装置常处于极为恶劣的工作环境下，所以特别需要用整流罩。

2）整流罩对材料的要求

整流罩安装在飞机、导弹、飞船等高速飞行的光学系统的前部。由于空气动力加热，整流罩的温度很高，因此要求整流罩的熔点、软化温度要高，并且材料的热稳定性要好，要能经受得住热冲击。在探测器响应波段内，整流罩必须有很高的透过率，自辐射也应很小，以免产生假信号。有些材料在室温下有很好的透过率，但在高温时，由于自由载流子吸收增加，透过特性显著恶化，例如锗就不能做整流罩。整流罩的硬度要大，这样一方面

便于加工、研磨和抛光,另一方面不致被飞扬的尘土和砂石所擦伤。整流罩的化学稳定性要好,要能够防止大气中的盐溶液或腐蚀性气体的腐蚀,并且不易潮解。应当特别注意的是,整流罩的尺寸往往很大,直径为几十毫米到几百毫米,并且折射率要均匀分布,以免发生散射。因此,整流罩常常用单晶或折射率在晶粒间隔没有突变的均匀的多晶制成。

3) 整流罩的结构

如前所述,整流罩既是红外光学系统的保护装置,又是系统校正像差的元件。整流罩的结构多采用同心球面,其厚度是内外表面曲率半径之差,具体数值可由仪器强度要求来决定。在不影响强度的条件下,整流罩的厚度通常都选得很薄,这样可减小热应力和温差的影响,同时也不至于显著改变入射光的行进方向和引起严重的吸收。整流罩的曲率半径要根据平衡主镜球差来确定。对于小视场、大孔径的物镜系统,球差和彗差是主要像差,若把光阑(即主镜的框)放在整流罩的球心上,则整流罩本身不产生彗差和像散。在整流罩内外半径中有一个确定之后,根据厚度的要求,另一个曲率半径也随之而定。

整流罩的口径 D 根据主镜转动最大角度 a(即方位扫描角)和主镜口径 D_0,以及整流罩曲率半径 r_1 决定。由图 4-58 可得

$$D = 2AB = 2(AC+BC) \tag{4-74}$$

而

$$AC = D_0/(2\cos a)$$

$$BC = OC\sin a = (OK-KC)\sin a$$

其中 $OK = \sqrt{r_1^2 - (D_0/2)^2}$ $KC = \dfrac{D_0}{2}\tan a$

将以上各式代入式(4-74),得

$$\begin{aligned}D &= 2\left(\dfrac{D_0}{2\cos a} + \sqrt{r_1^2-(D_0/2)^2}\sin a - \dfrac{D_0}{2}\tan a\sin a\right)\\ &= D_0\cos a + \sqrt{4r_1^2 - D_0^2}\sin a\end{aligned} \tag{4-75}$$

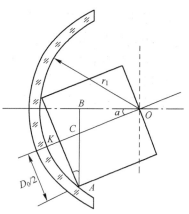

图 4-58 整流罩示意图

实际设计中,整流罩口径应比按式(4-75)计算值大些,即应加上一个安装时必要的裕量 D'。因此整流罩的实际口径应该为

$$D = D_0\cos a + \sqrt{4r_1^2 - D_0^2}\sin a + D' \tag{4-76}$$

球面形整流罩加工容易,这是它的优点,缺点是空气动力特性不好,飞行阻力大,速度过高,会因过热或机械力的作用而损坏,以声速飞行时,会在罩子的前方形成稠密的冲击波,导致折射率变化而改变光线的行进方向,产生定位误差。为此出现圆锥形和棱锥形的整流罩,它们的空气动力特性比球面形罩好,但加工不如球面形罩容易,且会引起附加的像差。

2. 窗口

许多红外仪器,其精密的光学系统和灵敏的探测元件,都要和环境温度、大气等隔绝起来。常用的办法是将其密封于容器中,有些探测器为提高灵敏度,还要密封于真空中。这样就要求在密封容器中安装透红外窗口。

窗口形状一般都是 1~2mm 厚的平行平板。窗口没有屈光作用,但存在像差,在光路

设计中应把它考虑在内。

对探测器窗口材料的要求是：在探测器的响应波段内窗口必须有很高的透过率，而自身辐射却很小。对于制冷探测器，窗口必须要能很好地与玻璃或系统其他的外壳材料相封接，温度膨胀系数要匹配，并且其透过率不应随温度显著变化。窗口材料还应具备良好的化学稳定性。因为窗口要暴露在空气中，所以它应该不怕潮，在较长时间的使用中不发霉、不发毛，否则由于散射等影响将使透过率降低。另外，窗口材料应当易于加工和切割成各种形状。

选择折射率较低的材料作窗口，可以减少反射损失。若必须选用折射率较高的材料，则所选的窗口材料要易于镀增透膜。当窗口材料较薄时，材料则应有足够的机械强度。常用的窗口材料有锗、硅、石英、硫化锌等。

思考题

1. 影响光学系统成像质量的因素有哪些？
2. 有哪些双反射物镜？各自有何特点？
3. 准直光学系统有哪些？
4. 光学扫描器件有哪些？各自的应用特点是什么？
5. 辅助光学系统有哪些？
6. 整流罩和窗口的作用分别是什么？

第 5 章　光辐射的调制与光电转换

军事目标的探测不仅需要知道视场中目标的有无，而且还需要知道目标的具体位置信息。如光电制导系统就需要准确知道目标在探测视场中的相对位置，而光电系统探测的是目标的光辐射信息，怎样将目标的位置信息加载在光辐射信息之上，则必须先进行调制，最后经过解调获得目标的相关信息。此外，要想从经调制的光辐射信息中直接解调和处理来获得所需信息，不仅技术相当复杂而且目前还不够成熟，最有效的办法是将被调制的光辐射信息转换成电信号，借助现有已成熟的电信号检测和处理技术，最终获得军事目标的相关信息。本章主要介绍光辐射的调制和光电转换。

5.1　光辐射的调制

所谓调制，是指为了传送信息（如电话、图像等）而对周期性或断续变化的载波或信号的某种特征（振幅、频率或相位）所作的变更。完成这一过程的装置称为调制器。其中被加载的光波称为载波，起控制作用的低频信息称为调制信号。

5.1.1　概述

光电系统对军用目标的探测通常要通过较远的距离，对于静态目标来说，系统所能接收到的是相当微弱的和恒定的光辐射，经探测器进行光电转换，再经直流放大形成系统的探测信号。由于直流放大器的零点漂移等影响，这种处理方法对远距离探测很不理想。为此希望在探测器上接收交变的目标光辐射，转换为交流信号，并进行交流放大。这样的处理方式，精度高且比较方便。为此，可在系统中加入切割光辐射的部件，通常称为斩波器。

在光电系统中为正确探测目标和消除背景干扰，要求斩波器不仅能将恒定光辐射切割为交变光辐射，还要能提供目标位置的信息和抑制强背景光辐射的能力，且有这些功能的斩波器称为调制盘。

调制盘的功能有：
（1）将恒定的辐射通量变成交变的辐射通量；
（2）提供运动目标的方位信息；
（3）进行空间滤波——抑制背景，突出目标。

按照扫描方式不同，调制盘通常可分为三类：旋转式、圆锥扫描式和圆周平移式。

（1）旋转式调制盘是调制盘本身以一定角速度转动，在对应系统中，当目标位置一定时，像点在调制盘空间上的位置也固定不动。而当目标位置变化时，对应像点位置也发生变化，这样经调制盘调制后的信号包含了目标的方位信息。

（2）圆锥扫描式调制盘工作时调制盘不动，而由光学系统的扫描机构运动，当目标在空间某确定位置时，对应像点在调制盘上以一定频率作圆周运动。而当目标在不同位置上时，对应轨迹为中心在不同位置上的圆，即扫描圆。利用扫描圆在不同位置上切割特定的调制盘图案，获得包含目标方位的信息。

（3）圆周平移式调制盘工作时，调制盘不转动，而是使调制盘中心绕光学系统中心作圆周平移。平移一周，目标像点在调制盘上扫出一个圆，该圆偏离调制盘中心的大小和方向，与目标偏离光轴的大小和方向相对应。

与表征光波特性的振幅、频率和相角相对应，调制盘按调制方式来分类可分为调幅式、调频式、调相式和脉冲编码式四种。

调幅式用调制信号的幅度变化，调频式用调制信号的频率变化，调相式用调制信号的相位变化来表示目标的方位，而脉冲编码式是利用调制盘的图案，输出一组脉冲的频率和相位的变化来反映目标方位。

调制盘是光辐射调制器的重要器具之一，它是在能透过规定光谱段辐射的基板上覆盖上一层涂层，然后用光刻的方法把涂层做成透光和不透光辐射的栅格，并由这些栅格组成调制盘的花纹图案。

调制盘在军用光电系统中有着十分重要的地位。其中最重要的作用是提供待测目标的方位信息；其他诸如在光辐射测量、空间滤波、航空相机中 V/H 栅格传感器，以及通信发射机的外调制器等方面也有重要的用途。

5.1.2 典型调制波形

将入射的光辐射转变为随时间作周期变化的交变光辐射是调制盘的基本功能之一。所产生交变量的波形不仅与光辐射射束形状和分布有关，还与调制盘（这里主要是斩波器）开口大小和形状有关。

1. 正弦波调制

在辐射测量中，为与后继电路很好地配合，提高信号的利用和信噪比，有时希望经调制后入射光辐射功率成为单一频率的正弦波，其表达式为

$$P(t) = P_0 + P_1 \sin(\omega t + \varphi) \quad (5-1)$$

式中：$P(t)$ 为随时间变化的被调制入射辐射功率；P_0 为被调制辐射功率的直流分量；P_1 为被调制辐射功率随时间变化部分的振幅，且 $P_1 < P_0$，以保证功率始终为正；ω 为角频率；φ 为初相角。

实现正弦波的方法有很多种，下面简单介绍如下。如图 5-1 所示，光束均匀并通过心形孔径，旋转斩波器采用半圆形。孔径与斩波器中心均在 O 点，孔径边缘用极坐标表示的方程为

$$r = (a\cos\theta + b)^{\frac{1}{2}} \quad (b \geq a) \quad (5-2)$$

当斩波器以角速度 ω 旋转时，通过该装置的光辐射功率将正比于组合透光面积 $A(t)$，而 $A(t)$ 为

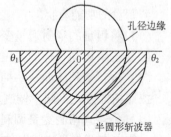

图 5-1 一种实现正弦调制的方法

$$A(t)=\int_{\theta_1}^{\theta_2}\frac{1}{2}r^2\mathrm{d}\theta=\frac{1}{2}\int_{\omega t}^{\omega t+\pi}(a\cos\theta+b)\mathrm{d}\theta=\frac{1}{2}b\pi-a\sin(\omega t) \quad (5\text{-}3)$$

可见实现了正弦波的调制。

图 5-2 所示是旋转叶片与双三角形光阑构成的正弦斩波器,三角形底边长为 b,高为 h。当叶片与光阑平行时,$\alpha=0$,通光面积 $A=0$,由此作为起始点计算,当叶片以转速 ω 旋转时,$\alpha=\omega t$,按三角关系有

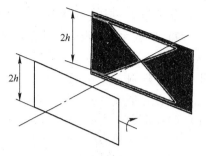

$$A(t)=hb-hb\cos^2\alpha=\frac{1}{2}hb(1-\cos(2\omega t)) \quad (5\text{-}4)$$

可见实现了正弦波调制。

图 5-2 旋转叶片正弦斩波器

2. 方波调制

产生正弦调制的原理设计比较容易,实际实施却相当困难。在工作中常从方波调制产生的信号中,用电子学的方法得到正弦波的信号分量。

1) 方波调制的生产

仍用半圆形斩波器来讨论方波的形成。如图 5-3(a)所示。假设目标像点比斩波器的开口小得多,使探测器输出波形前、后沿均十分陡,则当像点进入斩波器开口期间,对应输出一个近似矩形的脉冲,如图 5-3(b)所示。

该方波可表示为

$$P(t)=\begin{cases}P_0 & 2K\pi\leq\omega t\leq(2K+1)\pi\\ 0 & (2K+1)\pi\leq\omega t\leq 2(K+1)\pi\end{cases} \quad (5\text{-}5)$$

式中:K 为任意整数。可见只要像点远小于斩波器开口尺寸的情况下,都能产生近似的矩形波或方波。

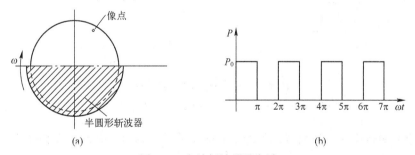

图 5-3 方波斩波器及方波

将 $P(t)$ 展开成傅里叶级数

$$P(t)=P_0\left\{\frac{1}{2}+\sum_{n=0}^{\infty}\frac{2\sin[(2n+1)\omega t]}{(2n+1)\pi}\right\}$$

$$=\frac{P_0}{2}+\frac{2P_0}{\pi}\sin(\omega t)+\frac{2P_0}{\pi}\frac{\sin(3\omega t)}{3}+\frac{2P_0}{\pi}\frac{\sin(5\omega t)}{5}+\cdots \quad (5\text{-}6)$$

式中:第二项为基频分量,其均方根值为

$$P_{\mathrm{rms}}=\frac{1}{\sqrt{2}}\times\frac{2P_0}{\pi}=0.45P_0 \quad (5\text{-}7)$$

P_0 为方波峰峰值，也可用 $P_{\text{P-P}}$ 表示。由式中可知方波的一次谐波（基波）的均方根值为方波峰峰值的 0.45 倍，称其为方波调制的转换因子。

如采用电子滤波器滤去一次以上的谐波，只留下基波，则可得到正弦波的信号。

2）像点大小对调制波形的影响

如图 5-4 所示的方齿形斩波器，假定目标像点被图中扇形光阑所限制，该扇形的曲率中心与斩波器中心重合，扇形孔对中心的张角为 θ_a，斩波器的齿和开口等宽，一对齿口对中心的张角为 θ_t。斩波器以角速度 ω 按顺时针旋转。

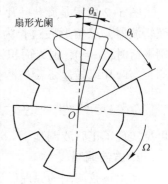

图 5-4 像点大小对调制波形的影响

如图 5-5 所示，当 $\theta_t/2 \gg \theta_a$ 时，输出为近似方波；当 $\theta_t/2 > \theta_a$ 时，输出为等腰梯形波；当 $\theta_t/2 = \theta_a$ 时，输出为等腰三角形波；当 $\theta_t/2 < \theta_a$ 时，输出又返回等腰梯形波；当 $\theta_t/2 \ll \theta_a$，只有直流分量而无波形产生。通常只讨论到等腰三角波形为止。各种波形都可按傅里叶级数进行展开，如用 C_{rms} 表示基波的均方根转换因子，并引入相对几何因子 χ

$$\chi = \theta_a / \theta_t \tag{5-8}$$

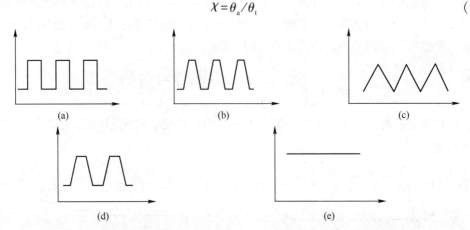

图 5-5 各种条件下的调制波形

(a) $\theta_t/2 \gg \theta_a$；(b) $\theta_t/2 > \theta_a$；(c) $\theta_t/2 = \theta_a$；(d) $\theta_t/2 < \theta_a$；(e) $\theta_t/2 \ll \theta_a$。

那么均方根转换因子与相对几何因子间的关系可计算出，并列于表 5-1 中。

表 5-1 典型 χ 值所对应的均方根转换因子

χ	0（方波）	0.05	0.08	0.10	0.15	0.20	0.25	0.30	0.40	0.50（三角波）
C_{rms}	0.450	0.448	0.445	0.444	0.443	0.421	0.405	0.386	0.341	0.286

在讨论探测器接收到光辐射功率时，常假设辐射呈方波调制，并用均方根转换因子 $C_{\text{rms}} = 0.450$ 进行计算。如考虑相对误差小于 1%，由表中可知 $\chi \leq 0.08$ 即可。

3. 等效正弦调制

由于正弦调制不易实现，考虑建立一种调制装置，使它对像点光辐射调制产生周期性变化，其基波的振幅等于一个相同像点的正弦调制的振幅，再由电子系统滤去谐波，这种调制与正弦调制等效,称为等效正弦调制。

实际系统中常采用扇形齿和开口的斩波器对圆形开孔光辐射进行调制。此时欲获得等效正弦调制的条件为:

(1) 斩波器直径较之其齿或开口尺寸大很多;
(2) 斩波器上齿和开口尺寸相等;
(3) 要求辐射圆孔直径（$2R$）与斩波器开口宽度（$2r$）成一定比例,即 $R/r=0.87$;
(4) 电子系统的中心频率选为 $f=\omega/2\pi$,并有适当的带宽,式中 ω 是斩波器的转速;
(5) 斩波器与圆形像点在同一平面上。

5.1.3 调制波的形式与特性

1. 调制波

设某交流波的瞬时值 $a(t)$ 由下式表示

$$a(t)=a_0\sin(\omega t+\varphi)=a_0\sin\Phi \tag{5-9}$$

式中:幅值 a_0、角频率 ω 和初相位 φ 可以是常量或缓慢变化的量;Φ 为时间为 t 时信号的相角。

当 a_0、ω 和 φ 均为常数时,该交流波只是一定频率的简谐波,或称载波,并无其他更多的信息存在。如果载波中 a_0、ω 和 φ 因带有某种信息而发生变化时,就把该交流波称为调制波。可见载波中某个或几个参量随时间按照外界某物理量的规律发生变化的过程在这里称为调制。

按照所调制参量不同,调制可分为调幅和调角两种形式,而调角又可分为调频与调相。

把调制所要传送的信息称为调制信号,它与载波信号相比是慢变化的时间函数。从它们的频谱来看,载波频谱通常在高频区,而调制波频率相对处于较低的频谱区域中。此外,载波的正弦波谱在谱函数频率轴上只对应一个点。而只要载波的一个参量随时间变化而成为调制波时,则变成若干个不同频率的正弦信号的组合,在频域中则对应有一个频谱存在,其谱结构与调制信号及类型有关。

按载波的类型不同,调制方式可分为连续调制和脉冲调制两类。

2. 连续波调制

用连续波（如正弦或余弦波）作载波的调制称为连续波调制,包括调幅、调频和调相三种方式。

1) 调幅（AM）

设调制信号如图 5-6 所示,其中 $g(t)$ 为调制信号,载波为余弦波,频率为 f_c。因此调制波可表示为

$$e_{AM}(t)=[a_c+kg(t)]\cos(2\pi f_c t)=A(t)\cos(2\pi f_c t) \tag{5-10}$$

式中:k 为比例系数;a_c 为载波幅度;$A(t)$ 为 t 时刻的调制波幅值。

常将比值 $M=k/a_c$ 称为调制系数,它表征调制深度,用百分数表示。这样调制波又可表示为

$$e_{AM}(t)=[1+Mg(t)]a_c\cos(2\pi f_c t) \tag{5-11}$$

通常假定 $g(t)$ 的极大值 $|g_{max}(t)| \leq 1$，M 必须满足 $0<M<1$ 的条件。否则，便出现过调制现象，即附加调相现象，这是不希望的。

在正常调幅情况下，载波信号的幅值随调制信号的变化而变化，$A(t)=a_c+kg(t)$，即载波信号的包络按被传信号的规律变化，在提取有用信号时，采用包络解调法就可解出。

图 5-6（b）为调幅波的频谱。可见在调幅过程中并不产生新的频谱，而只把调制信号的频谱从原点附近移到载波谱线附近。

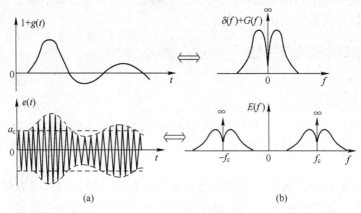

图 5-6 调幅波及其频谱

在调幅波中，载波不能传送有用信号；只有边频才能传送。当 100% 调制的条件下，调制波总功率中只有 1/3 被用来传送有用信号，能量利用率较低，这是调幅的主要缺点之一。

信噪比增益是调制特性之一，在大信噪比输入调幅的情况下，调幅系统的输出噪声平均功率等于输入噪声平均功率，则输出功率信噪比将比输入功率信噪比高一倍，所以调幅系统具有电压信噪比 3dB 的增益。在小信噪比输入情况下，当输入信噪比在某一临界值以下时，有用信号将消失在噪声中，检测效能急剧变坏，这种现象称为门限效应。该效应限制了系统对微弱信号的探测能力。

2）调角

载波信号的相角按调制信号规律变化的调制称为调角。调角波表示为

$$e_a(t)=a_0\cos[2\pi f_c t+\varphi(t)]=a_c\cos\Phi(t) \tag{5-12}$$

调角有两种情况，一为调相（PM），二为调频（FM）。

调相时，载波相位在变化

$$\varphi(t)=k_P g(t) \tag{5-13}$$

式中：k_P 为比例常数；$g(t)$ 为调制信号。

因而调相波表示为

$$e_{PM}(t)=a_c\cos[2\pi f_c t+k_P g(t)] \tag{5-14}$$

对应相角的瞬时值为

$$\phi(t)=2\pi f_c t+k_P g(t) \tag{5-15}$$

由于角频率 ω 是相角对时间的变化率，所以调相波的瞬时频率为

$$f_i = \frac{1}{2\pi} \times \frac{\mathrm{d}\phi(t)}{\mathrm{d}t} = f_c + \frac{k_P}{2\pi} \times \frac{\mathrm{d}g(t)}{\mathrm{d}t} \tag{5-16}$$

可见调相时，调制波信号的相位在变化，而它的频率也在变化。

调频时，载波瞬时频率在变化，其形式为

$$f_i = f_c + \frac{k_F}{2\pi} g(t) \tag{5-17}$$

式中：k_F 为比例常数。

又因

$$f_i = \frac{1}{2\pi} \frac{\mathrm{d}\phi(t)}{\mathrm{d}t} \tag{5-18}$$

所以有

$$\phi(t) = \int_0^t 2\pi f_i \mathrm{d}t = \int_0^t 2\pi \left[f_c + \frac{k_F}{2\pi} g(t) \right] k \\ = 2\pi f_c t + k_F \int_0^t g(t) \mathrm{d}t \tag{5-19}$$

将上式代入调角波式（5-12）得调频波为

$$e_{AM}(t) = a_c \cos\left[2\pi f_c t + k_F \int_0^t g(t) \mathrm{d}t \right] \tag{5-20}$$

此时载波的相位为

$$\phi(t) = k_F \int_0^t g(t) \mathrm{d}t \tag{5-21}$$

同样调频时不仅载波的频率变化，其相位也变化。

可见两种调角方式时，频率和相位都发生变化，频率与相位的变化有着密切的关系。调频与调相虽然调制方式不同，实质上却有共同之处。下面只就调频波进行分析。

调频波的基本特征是载波信号幅度保持不变，信号频率随调制信号的大小而变化，也就是说所传送的信息反映在高频载波的频率变化上。不论什么形式的调制信号，都可视为各种不同频率正弦波的叠加。为讨论方便，仅用单频的正弦型信号 $g(t) = a_m \cos(2\pi F t)$ 作为调制信号，讨论调制波及其频谱，并分析调频系统的特性。

单频正弦调制波的情况如图 5-7 所示。单频正弦调制波可表示为

$$e_{FM}(t) = a_c \cos\left[2\pi f_c t + k_F a_m \int_0^t \cos(2\pi F t) \mathrm{d}t \right] \\ = a_c \cos\left[2\pi f_c t + \frac{k_F a_m}{2\pi F} \sin(2\pi F t) \right] \\ = a_c \cos\left[2\pi f_c t + M \sin(2\pi F t) \right] \tag{5-22}$$

$$M = \frac{k_F a_m}{2\pi} \cdot \frac{1}{F} = \frac{\Delta f}{F} \tag{5-23}$$

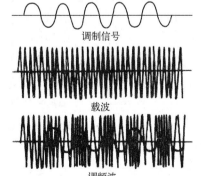

图 5-7 单频正弦调制波

式中：M 为调制度系数；Δf 为最大频率偏移，$\Delta f = f_{i\max} - f_c$；$f_{i\max}$ 为调频波中瞬时频率的最大值；F 为调制信号的频率。

显然，调制度系数是最大频率偏移与调制信号频率之比，也称为频偏峰值比或频偏比。

图 5-8 所示为单频调频的频谱，它是由载频 f_c 和无数对边频 $f_c \pm kF$ 组成，其中 k 为含零的任意正整数，这些边频对称地分布在载波的两侧，两相邻边频的间隔等于调制信号频率 F，所有同阶数的上、下边频振幅大小相等，只有偶数阶的上、下边频与载波同相，而奇数阶边频中，上边频与载波同相，而下边频与载波反相。载波 $J_0(M)$ 和各阶边频分量的振幅 $J_k(M)$ 与调制度系数 M 有关。

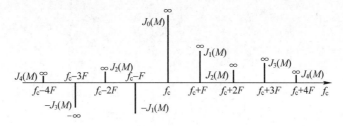

图 5-8 单频调频的频谱

调频波的边频有无限多个，对应带宽也应无限宽，但实际上调频波的能量绝大部分集中在载频附近的一些边频中，分布情况与 M 有关，如图 5-9 所示。当 M 较小时，谱线强度大者集中在载频附近；当 M 较大时，边频分量中幅度较大者数目增加。下面对调制系统进行进一步的讨论。

（1）频带宽度的选择。调频波频谱中包含着无限多条谱线，但有意义的只是其中的一部分，由此也决定了它们的带宽。

从能量角度考虑，在 $M \gg 5$ 的条件下，当 $k > M$ 时，决定频谱强度的各频谱幅度很快趋于零。因此 $k > M$ 的谱线均可忽略不计。并以 $k = M$ 的条件来决定宽度，可得调制波带宽为

$$\Delta F \approx 2MF = 2\Delta f \quad (5-24)$$

可见调频波带宽近似等于两倍最大偏频值。

当 $M \ll 1$ 时，通过讨论可知窄带调频的带宽与调幅带宽相同，即

$$\Delta F = 2F \quad (5-25)$$

常把调频波带宽综合近似为如下统一公式

$$\Delta F \approx 2(\Delta f + F) \quad (5-26)$$

或

$$\Delta F \approx 2(M+1)F \quad (5-27)$$

从信噪比角度来考虑带宽，假设通过系统的是白噪声，则输出信噪比为

$$C_{o(\text{FM})} = \dfrac{2\sum\limits_{k=1}^{n}[J_k(M)]^2}{nN} \quad (5-28)$$

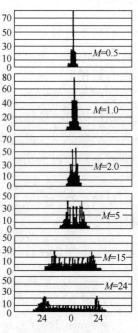

图 5-9 不同 M 值时的频谱图

其中 $n=1,2,3,\cdots$，给定一个 M 值，可取不同 n 来计算 $C_{o(FM)}$ 值，选取 $C_{o(FM)}$ 最大者，对应 n 即为最佳阶数，记为 n_{opt}，这时由 $k=n_{opt}$ 决定的带宽 $\Delta F=2n_{opt}F$ 为最佳带宽。图 5-10 给出了调制度系数 M 随边频最佳阶数 n_{opt} 变化的曲线。图 5-11 给出了最佳信噪比 $2\sum_{k=1}^{n_{opt}}[J_k(M)]^2/(n_{opt}N)$ 随 M 变化的曲线。由图中可知最优调制度系数 $M=1.8$，在图 5-9 中可对应确定 $n_{opt}=1$。所以对于单频正弦调制波，当 $M=1.8$，$\Delta F=2F$ 时，系统有最大的输出信噪比。

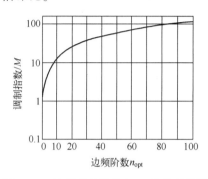 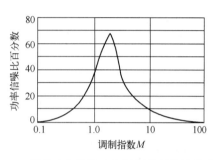

图 5-10　边频最佳阶数与 M 的关系曲线　　图 5-11　最佳功率信噪比与调制度系数的关系曲线

(2) 调制效率（能量利用率）。设调制与未调制波的有效噪声功率谱密度相等，未调制波的有效信噪比为 1，在取最佳带宽和最佳调制指数（$M=1.8$）时，正弦调制波的最大有效功率信噪比是 0.676，有效电压信噪比为 0.822，可见最佳的能量利用效率可以达到 0.676。这与调幅波的能量利用率为 1/3 相比要大得多。

(3) 调频系统的抗干扰性能。经计算分析可知，系统的输入信噪比为

$$C_{i(FM)}=\frac{a_c^2}{2P_{ni}}=\frac{a_c^2}{2\dfrac{N_0}{2}\Delta F}=\frac{a_c^2}{N_0\Delta F} \tag{5-29}$$

式中：$N_0/2$ 为高斯白噪声的功率谱密度；ΔF 为调频波的带宽。最终输出信噪比为

$$C_{o(FM)}=\frac{P_{s0}}{P_{N0}}=\frac{3(\Delta f)^2 a_c^2}{2N_0 F^3} \tag{5-30}$$

利用 $M=\Delta f/F$ 和 $\Delta F=2(\Delta f+F)=2(M+1)F$ 的关系，则有

$$C_{o(FM)}=\frac{3(\Delta f)^2 \Delta f}{2F^3}C_{i(FM)}=3M^2(1+M)C_{i(FM)} \tag{5-31}$$

由式 (5-31) 可知宽带调频系统的信噪比增益 $3M^2(1+M)$ 是很高的。如 $M=5$，则信噪比增益为 450，这说明宽带调频系统的抗干扰能力很强。

为了比较调频系统与调幅系统的性能，下面与调制度系数 $M=1$ 的调幅系统性能相比较，可知输出信噪比之间的关系为

$$C_{o(FM)}=3M^2 C_{o(AM)} \tag{5-32}$$

传输带宽间的关系为

$$(\Delta F)_{(FM)}=2(M+1)F=(M+1)(2F)=(M+1)(\Delta F)_{(AM)}$$

这说明在输入噪声功率谱密度相同及载波幅值相同时，宽带调频系统的信噪比是调幅系统的 $3M^2$ 倍，而传输带宽是 $(M+1)$ 倍。例如当 $M=5$ 时，调频系统的信噪比比调幅系统高 75 倍，而带宽是 6 倍。可见调频系统比调幅系统有很强的抗干扰能力，但是应特别注意所谓门限的影响。若输入信噪比低于对应的门限，则不能进行探测，这是调频系统的缺点之一。而门限点的高低与 M 有关，M 越大，门限越高，对微信号的检测能力越差。所以宽带调频系统适用于要求输出信噪比高而系统输入噪声又相当低的场合。当输入噪声较高时，不宜采用宽带调频，而采用窄带调频（如 $M=1$），这时虽增益不大，但仍比调幅抗干扰性能好。

3. 脉冲调制

用脉冲串作载波的调制称为脉冲调制。也就是用低频调制信号去调制脉冲串，使它的某些参量随低频调制信号的变化而变化。脉冲调制的类型如图 5-12 所示。主要有脉冲调幅、脉冲调宽、脉冲调位（脉冲调相或脉冲时间调制）等形式。脉冲调幅（PAM）就是将周期性重复的脉冲幅度按调制信号规律来变化的过程。如此形成的调制脉冲串称为脉冲调制波。

脉冲串载波的表示式为

$$h_p(t) = \text{rect}\left(\frac{t}{T_p}\right) * \text{combr}(t)$$

$$= \text{rect}\left(\frac{t}{T_p}\right) * \sum_{k=-\infty}^{\infty} \delta(t-kT)$$

$$= \sum_{k=-\infty}^{\infty} \text{rect}\left(\frac{t-kT}{T_p}\right) \quad (5-33)$$

式中：T_p 为幅度为 1 的脉冲宽度；$*$ 为卷积运算符。当低频调制信号为 $g(t)$ 时，脉冲调制波为

$$e_{\text{PAM}}(t) = g(t)h_p(t) = g(t)\sum_{k=-\infty}^{\infty} \text{rect}\left(\frac{t-kT}{T_p}\right) \quad (5-34)$$

对应频谱为

$$e_{\text{PAM}}(f) = G(f) * H_p(f)$$

$$= \frac{T_p}{T}\sum_{k=-\infty}^{\infty} \text{sinc}\left(\frac{kT_p}{T}\right)G\left(f-\frac{k}{T}\right) \quad (5-35)$$

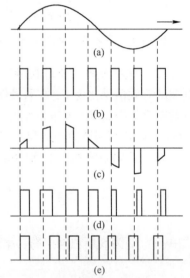

图 5-12 各种脉冲调制形式
(a) 调制信号；(b) 脉冲串载波；
(c) 脉冲调幅；(d) 脉冲调宽；
(e) 脉冲调位。

将式（5-35）与式（5-10）的连续波调幅频谱相比较可知，连续波调幅频谱由载频及其上、下边频组成，而脉冲调幅频谱除载波及其上、下边频外，还有载波的各次谐波以及这些谐波的上、下边频。由于脉冲调幅波的频谱包含有调制频率的分量，因此解调时只需将脉冲调幅波通过一个通带为 $(0, F)$ 的低通滤波器，并可将原信息还原。为消除解调信号的非线性失真，所选脉冲重复频率必须大于调制频率的二倍，即 $f_p = 1/T > 2F$。

脉冲调幅波及其频谱如图 5-13 所示，有关参量及其关系在图中明确可见。

脉冲调制波的解调对信号和噪声的作用是相同的，所以这种检测系统的信噪比增益为

零分贝。由于传输带宽为 F，只有连续波调幅带宽（$2F$）的一半，所以输入信噪比是连续调幅系统的两倍，而这两种系统的输出信噪比却相同。

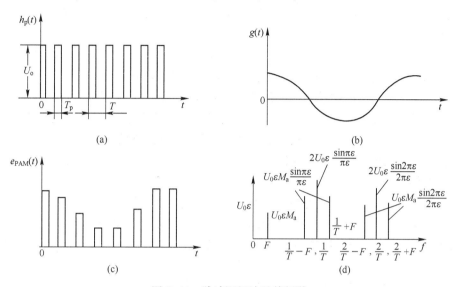

图 5-13 脉冲调幅波及其频谱

（a）未调脉冲载波；（b）低频余弦调制信号；（c）脉冲调幅波；（d）脉冲调幅波低频部分的频谱。

脉冲调宽（PWM）是指脉冲串载波的幅度与频率均无变化，只有脉冲宽度 T_p' 按调制信号规律改变，表达式为

$$T_p' = T_p + \Delta T_p g(t) = T_p\left[1 + \frac{\Delta T_p}{T_p} \cdot g(t)\right] = T_p[1 + M \cdot g(t)] \tag{5-36}$$

式中：$M = \Delta T_p / T_p$ 为调制度系数；ΔT_p 为脉冲宽度的最大增量；T_p 为未调载波的脉冲宽度；$g(t)$ 为调制信号。

脉冲调宽波形如图 5-14 所示。其频谱与脉冲调幅频谱大致相似，只是组合频率更加复杂。频谱中包含有直流分量、调制频率分量、载波及其高次谐波分量。解调时可通过低频滤波器，直接分离出低频调制信号。

脉冲调位（PPM）是用脉冲串载波的脉冲位置参量来传输信息。脉冲调位波形如图 5-15 所示。以 A 为基准脉冲，脉冲 B 与 A 相隔时间 T_0，如按某一规律改变 T 的大小，则脉冲 B 对 A 来讲是位置被调制的脉冲。T 随调制信号变化，表达式为

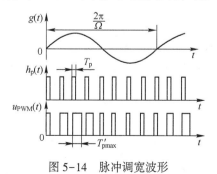

图 5-14 脉冲调宽波形　　　　图 5-15 脉冲调位波形

$$T = T_0[1 + M_T g(t)] \tag{5-37}$$

式中：T_0 为脉冲 B 未调制时，B 与 A 的时间间隔；M_T 为位置调制度系数，$M_T = \Delta T / T_0$；ΔT 为脉冲位置的最大变化量；$g(t)$ 为低频调制信号。一般把 A 称为参考脉冲，B 称为可移脉冲。

在脉冲调位的频谱中，有直流分量、调制频率分量、无穷多个未调载波的谐波以及以各谐波频率为中心的无穷多个组合频率，且各组合频率是不相等的。在未调脉冲相同和调制信号相同的条件下，调位脉冲频谱的调制频率分量幅值比调幅或调宽的调制频率分量幅值小得多，而且存在频率失真。因此脉冲调位解调不能用低通滤波器来完成，而要把调位脉冲转变为调宽或调幅脉冲后，再通过低通滤波器分离出调制信号。

在脉冲调宽和调位时，可采用限幅器来消除噪声干扰，而脉冲调幅则不行，因此其抗干扰能力要差些。

综合以上分析可知，无论是在大信噪比还是小信噪比的情况下，调频系统的信噪比都高于调幅系统。在大信噪比输入时，采用宽带调频的信噪比增益更高。调频系统的能量利用率也高于调幅系统，说明调频系统的抗干扰能力或称检测弱信号的能力优于调幅系统。但调幅波的信号处理系统要比调频系统简单、可靠。

脉冲调宽和调位的抗干扰能力优于脉冲调幅，但脉冲调位的解调方法要复杂得多。脉冲调幅与连续波调幅相比，信噪比增益低于后者。在设计调制系统时，应按使用要求和各种调制信号的特点来选择系统调制信号的形式。

5.1.4 调制盘的工作原理及类型

调制盘的图案多样，且对像点的扫描方式也各不相同，因而其提供目标方位信息的方法也各异。下面介绍几种典型调制盘的工作原理、目标方位信息的调制方法和特性。

1. 目标偏移量的表示

在跟踪和瞄准系统中，利用调制获得的误差信号反映了待测目标的偏移量（或位置）的信息。因此首先要明确偏移量的表示方法。图 5-16 所示为光学瞄准系统中物、像间的关系。当目标距系统的距离远大于物镜焦距时，目标像将成在物镜的焦平面上。图中带 "'" 的量为物方参量，不带 "'" 者为像方参量。物平面上一点 M' 对应着像平面上一个相应的确定的点 M。如用极坐标可分别表示为 $M'(\rho', \theta')$ 和 $M(\rho, \theta)$，其参量间的关系为

$$\begin{cases} \rho = f \cdot \tan\Delta q \\ \theta = \theta' \end{cases} \tag{5-38}$$

式中：f 为物镜的焦距；Δq 为失调角；θ 为方位角。

从像面上看，目标离轴的偏离量可用 ρ 和 θ 来表示。也可以用 Δq 和 θ 来表示。这反映了目标偏离光轴量的大小和方位。

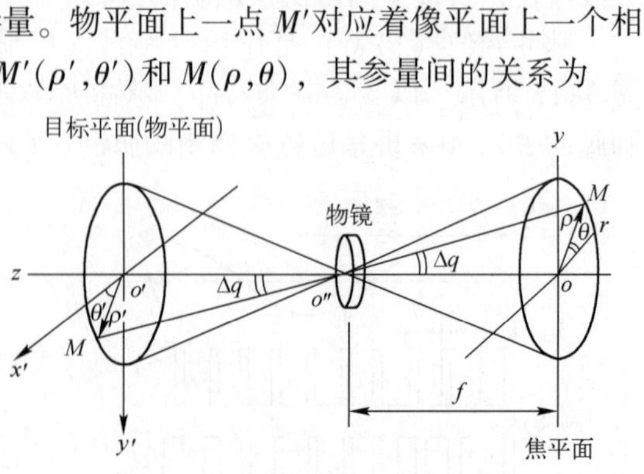

2. 调幅式调制盘

1) 初升太阳式调制盘

为说明调制盘如何将目标像点的位置转化成可用信息，以及如何进行空间滤波，首先

图 5-16 瞄准系统中的物像关系

讨论其基本工作原理。

初升太阳式调制盘如图 5-17 所示。上半圆为目标调制区，由透与不透辐射的扇形条相间组成，下半圆制成半透明区。对目标进行调制时，应将调制盘放在物镜焦面（像面）上，并使调制盘中心 o 与光轴重合。

当目标像点落在调制盘上，由于像点有一定大小，如图 5-18 所示，加之调制盘又是扇形结构，所以像点位于调制盘不同径向位置上时，所占透明区的面积 S 大小不同，透过的通量 Φ 也不同，其规律是离轴心越远占透明区的面积越大，透过通量越大，反之亦然。用关系式表示为

$$\Phi = f(\rho, S) \tag{5-39}$$

式中：$S = g(\rho)$，则 $\Phi = f[\rho, g(\rho)]$，而 $\rho = f \cdot \tan\Delta q$，所以有

$$\Phi = h(\Delta q) \tag{5-40}$$

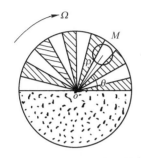 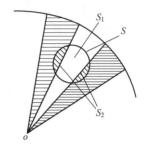

图 5-17 初升太阳式调制盘　　图 5-18 像点与调制盘相对位置图

由该式可知透过通量 Φ 的大小表征了目标失调角 Δq 的大小。当调制盘按顺时针旋转时，所产生调制信号的幅度 a_0 将对应透过通量，也就反映了失调角的大小，或者说目标偏离量的大小。如图 5-19 所示，在位置 A，像点充满四个扇形，像点透过调制盘的辐射功率较少，探测器接收到的辐射功率也少，产生的脉冲信号幅度较低；像点移动到位置 B，充满两个扇形，探测器接收到的辐射功率增加，脉冲信号幅度增加；像点移动到位置 C，只充满一个扇形，探测器接收到的脉冲信号幅度达到极大值。由此看来，在这种调制盘中，当像点由中心向外作径向移动时，出现幅度调制。那么，根据调制盘输出辐射功率脉冲的大小，就可以确定像点的径向位置。

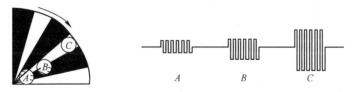

图 5-19 调制盘输出与像点位置的关系

下面看调制信号与像点在调制盘上的方位角之间的关系。为讨论问题方便，假设像点大小比调制盘透明和不透明扇形宽度小得多，因而当像点处于调制盘上的不同方位时，产生的调制信号为等幅的矩形脉冲。

如图 5-20 所示，令调制盘中上、下两半圆的分界线 ox 为起始坐标轴，当目标像点偏

离 ox 不同方位角时，经调制盘后所得到的矩形脉冲的初相角不同。这样，再根据目标像点在调制盘上的方位角和目标在空间的方位角之间的关系，就可以用脉冲的初相角来反映目标的空间方位。

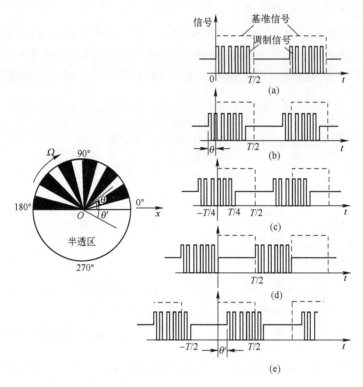

图 5-20 用脉冲包络的初位相来反映目标的方位角

在图 5-20 中，当像点在 0° 位置时，调制盘转动（顺时针），脉冲序列为右图中 (a)；当像点在 θ 位置，波形为 (b)；当像点在 90° 和 180° 位置，波形分别为 (c) 和 (d)；当像点在 θ' 位置，波形为 (e)。通常将调制信号的相位角同基准信号相比较，可把基准信号的相位取为 ox 轴。由于调制盘旋转一周，对应调制脉冲信号包络变化一个周期，就可以根据图 5-20 所示的脉冲序列相对基准信号出现的先后来确定目标的空间方位，即调制脉冲信号与基准信号的相角差，亦即为目标在空间的方位角。

由此可见，调制信号的幅值的大小可反映目标偏离光轴的角度——失调角 Δq 的大小，调制信号的初始相位与目标偏离系统的方位有关，与一定的基准信号相配合，即可确定目标的方位角 θ 的大小。

由于采用调制盘的光电系统要保证一定的视场，就不可避免地引入背景辐射干扰，如地物、云层的辐射和太阳光反射等。所采用的调制盘应能尽可能多地抑制这些背景干扰，以提高探测的信噪比。

上述背景的特点通常具有较目标大得多的辐射面积，因此在上述调制盘上所成的像会覆盖若干个扇形条，如图 5-21 所示的像点 B。如果像点总能量为 F_0，则此时透过的能量接近 $F_0/2$，在下半圆内透过率仍然为 $F_0/2$，这样大面积的辐射不会形成有用信号的输出，从而抑制了大面积背景的干扰,这就是调制盘的空间滤波原理。

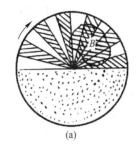 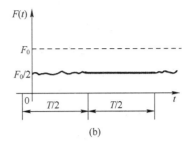

图 5-21 大面积背景像及其调制波形
(a) 调制盘与大面积背景像;(b) 像点 B 的调制波形。

2) 棋盘格式调幅调制盘

在初升太阳式调制盘的调制过程中,当背景的辐射面积较小,且像点又成像于调制盘边缘时,仍会产生调制信号,如图 5-22 右半部所示。为提高抗干扰能力,可将边缘部分再行径向分格,以减小透辐射与不透辐射区的面积,边缘形成了棋盘格,如图 5-22 中左上半部分所示。为进一步消除背景干扰,采用了等面积的径向分格原则。实用的棋盘格式调幅调制盘如图 5-23 所示,该调制盘在某空空导弹的导引头中得到应用。与初升太阳式调制盘比较除采用了棋盘格外,为使制作工艺简便,半透区采用由宽度和间距相等的不透辐射同心半圆线组成,且要求线宽度比目标像点的线度窄得多。

图 5-22 调制盘边缘径向分格　　图 5-23 棋盘格式调幅调制盘

通常把失调角 Δq 与系统获得有用调制信号 u 之间的关系曲线称为调制曲线。它是调制盘的重要特性。一般的调制曲线如图 5-24 所示。假设目标点在旋转调制盘的中心时,像点所占透过面积同不透过面积几乎相等,有用信号接近于零,系统输出电压取决于噪声值。当像点偏离光轴,但失调角 Δq 较小时,调制深度很小,有用信号

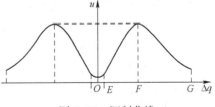

图 5-24 调制曲线

小于噪声,系统输出仍主要取决于噪声,对应调制曲线上较平缓的 OE 区。当 Δq 继续增加,调制深度也随之增加,有用信号也迅速增加,形成调制曲线上线性上升的 EF 区。Δq 再增加,当像点进入棋盘格后,若目标像点直径大于环带间隔,该间隔随 Δq 增加而变窄,因此调制深度也随之下降,有用信号也下降,调制曲线出现下降区 FG,全调制曲线

对称于光轴。曲线的峰值位置由像点直径与调制盘角度分格和径向分格的宽度有关。此外在像点跨越径向环带的分界处时，信号会有显著下降，因此实际在调制曲线的下降段还会有许多很窄的凹陷区。可见调制盘的径向分格，一方面是从消除背景干扰着想，另一方面也是为影响调制曲线的形状，以确定像点离轴范围给出标记。

从上面的分析可以看出，调制曲线的获得是由于调制盘本身的图案与目标像点相互作用的结果。因此，决定调制曲线形状的因素有以下几个方面：

（1）调制盘本身图案的影响。对于同样大小的光点，当调制盘本身图案形式不同时，调制曲线的形状即盲区的大小、线性上升段的宽度以及下降段的宽度、斜率等都会发生变化。

（2）像点大小及其变化规律的影响。任何一个光学系统，在整个视场内像点大小和形状都是变化的，它按一定的像差规律变化。因此，当调制盘图案不变，而像差规律不同时，调制曲线的形状也不同。

（3）距离的影响。对于一定的目标，当目标与系统之间的距离变化时，就使得像点的大小和能量都发生变化。距离减小时，像点面积增大，调制深度减小，有用信号值减小，调制曲线下降得快。但另一方面，距离减小，系统所接收的辐射能增加（即像点能量增加），又导致有用信号值增加。像点面积和像点能量的影响是相互矛盾的。通常，在距离较远时，能量变化因素影响较强，像点面积影响较弱，因而随着距离减小，有用信号值的增加是主要的，调制曲线斜率增大。当距离很近时，像点面积变大而起的作用占主导地位，使调制深度减小，有用信号减小，调制曲线斜率降低。

对于红外跟踪系统，在整个工作过程中，目标与系统之间的距离都在变化，调制曲线特性也随着变化，因此，这样的红外系统实际上是变参数系统。

3）光点扫描式调制盘

该调制盘是圆锥扫描式调制盘的一种，当其工作时，调制盘本身不动，由光学系统的专用机构（偏轴次镜或光楔）旋转做圆锥扫描，使目标像点在调制盘上做圆周运动，得到一光点扫描圆（以下简称为扫描圆），被调制盘所斩割，输出调制信号。

形成扫描圆的方式如图 5-25 所示。在折反式光学系统中，使次反射镜相对光轴倾斜 φ 角，并绕光轴以一定角频率旋转，在调制盘上形成光点扫描圆，如图 5-25（a）所示。图 5-25（b）是在透射式光学系统中，加入一个绕光轴旋转的光楔，也可在调制盘上得到一个扫描圆。改变次反射镜倾角或光楔倾角（或位置）可改变扫描圆的大小。

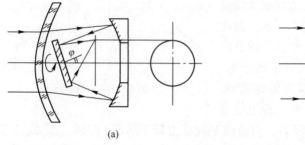
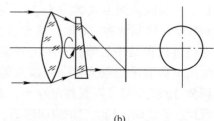

图 5-25 光点扫描圆的形成
(a) 次镜偏轴旋转；(b) 光楔旋转。

第 5 章 光辐射的调制与光电转换

光点扫描式调制盘是一种常用的调幅式调制盘,其图案如图 5-25 (a) 所示。最外圈为三角形图案,里面为扇形分带棋盘格式图案。各带内扇形格子数由内向外增加,且各带中黑白面积应尽量相等,内部图案是根据空间滤波要求设计的。外圈三角形用以产生调制曲线的上升段,其数目按所选频率确定。调制盘固定在系统物镜的焦平面上,且其中心与光轴重合。工作时调制盘不转,而由目标像点相对于调制盘做圆运动。像点运动轨迹称为光点扫描圆。

当目标位于光学系统光轴上时,扫描圆是一个与调制盘同心的圆;当目标偏离光轴时,扫描圆就不再与调制盘同心。因此,可用扫描圆中心在调制盘上的位置来标示目标的方位。目标偏离光轴的偏离量的大小和偏离方位决定了扫描圆中心偏离调制盘中心的大小和方位。

当目标位于光轴上时,扫描圆与调制盘同心,光点扫过外圈三角形中部,见图 5-26 (a) 中的扫描圆 A。在整个扫描圆上由于像点所扫过的三角形宽度处处相等,所以由调制盘输出的是等幅光脉冲。经探测器转换为电信号,并经过滤波后得到的仍是等幅波,如图 5-26 (b) 中 A 所示。此时包络信号为零,没有交流部分,即无有用信号输出,其载波频率为 $f_\omega = nf_\Omega$,其中 n 为外圈三角形的个数(或者说 n 为外圈分格对数),f_Ω 为扫描圆的旋转频率。

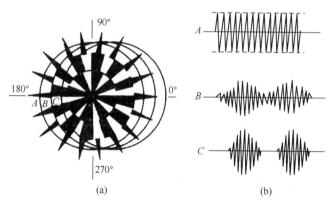

图 5-26 光点扫描调幅调制盘
(a) 调制盘图案;(b) 输出调制波形。

目标偏离光轴一个角度 Δq 以后,扫描圆中心相应地偏离调制盘中心,像点也就偏离了三角形中部,例如图 5-26 中扫描圆偏到 B,由于调制深度、载波波形和载波频率三种因素的综合影响,使之在 180°方向上载波幅值增加,在 0°方向上载波幅值减小,像点扫描一周,在三角形不同部位上载波信号的幅值不等,即产生了调幅波,其包络的频率为扫描圆转动的频率。当扫描圆在三角形区域内移动时,包络的幅值随偏离量的增大而增大,所以三角形区即对应了调制曲线的上升段。

当目标的偏离量再继续增大,扫描圆到了图 5-26 (a) 中的 C 位置,此时 180°方向上已扫到三角形根部以内的区域,0°方向上已扫出了调制盘,像点扫过调制盘的时间内产生光脉冲输出,扫出调制盘的时间内则无光脉冲输出。扫描圆偏离三角形根部以后,随着偏离量的增大,调制光脉冲的数目减少。包络信号的幅值较三角形区的包络信号幅值有所下降。随着目标偏离量 Δq 的继续增大，包络信号的幅值下降得更厉害。所以，三角形以内的区域对应了调制曲线的下降段。

当目标偏离的方位角为 θ 时，扫描圆中心偏离调制盘中心的方位角亦为 θ，这时载波的包络信号亦具有初始相角 θ。将此调幅信号载波的包络检出，与基准信号相比较，所得的相位差即反映了目标在空间的方位角 θ。

从上述内容可以看出，光点扫描式调制方式以其包络值反映目标的偏离量，用包络的初相角反映目标的方位角。

这类调制盘的调制曲线如图 5-27 所示。r 为上升区的宽度，$(a-r)$ 为下降区的宽度，上升区宽度较窄，它是由三角形高度和光学系统焦距确定的，其下降区斜率较大。

这种圆锥扫描调制与旋转调制盘相比较，其优点一是调制曲线无盲区，斜率大，线性区窄，使系统的灵敏度高，因此多用于跟踪精度要求较高的系统；二是实际工作的有效视场大，它比由调制盘图案决定的视场扩大了近一倍。因为扫描圆偏离到只能扫到一两个三角形时，理论上认为系统仍可以探测到目标，此时该扫描圆中心所决定的一个圆为实际的有效视场，如图 5-28 所示。就是说，要求视场一定的情况下，采用这类调制盘时，其尺寸可做得比采用初升太阳式调制盘小得多。

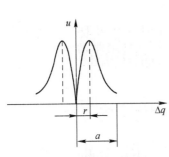

图 5-27　调制曲线

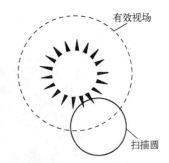

图 5-28　光点扫描式调制盘有效视场

这类调制盘的缺点是：①其空间滤波特性较之初升太阳式调制盘为差。因为在外圈三角形区，透明和不透明栅格面积相差很大，在三角形内部有些地方透明和不透明分格连在一起，造成分格不均匀，这就使大面积像点在一个旋转周期内的透射比不均匀，因而空间滤波性能大为下降。②当目标偏离光轴时，载波频率变化较大，信号频谱变宽，给电子线路设计带来了麻烦。

3. 调频式调制盘

实现调频式调制盘有旋转调频式调制盘、圆周扫描调频调制盘、圆周平移扫描调频调制盘等多种类型，本书仅以旋转调频式调制盘为例来说明调频式调制盘的工作原理。

旋转调频式调制盘是以基频信号进行频率调制为基础的。对基频信号进行频率调制同样可以获得目标的方位及偏差信号，并起到空间滤波的作用。

图 5-29（a）为一种旋转调频调制盘。整个调制盘划分为三层环带，各层环带中黑白相间的扇形分格从内向外为 8、16、32。每层环带扇形角度分格大小也是不均匀的，系沿圆周基线 OO' 起按正弦规律变化。

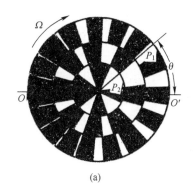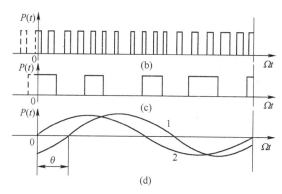

图 5-29 旋转调频调制盘及其波形
1—信号电压；2—基准电压。

目标像点与盘心距离增大时，经调制后输出辐射脉冲的平均宽度就变窄。如目标像点位于图 5-29（a）中外层 P_1 处，方位角为 θ，则经调制后辐射脉冲波形如图 5-29（b）所示，图中矩形脉冲频率在调制盘的一个旋转周期内呈正弦规律变化，用公式表示为

$$P(t)=P_0\cos[\omega t+m\sin(\Omega t+\theta)] \tag{5-41}$$

式中：P 为目标像点辐射功率；ω 为像点所处环带内黑白扇形分格完全均匀时，所对应的载波角频率；Ω 为调制盘的旋转角频率；m 为与像点所处环带扇形角度分格大小的变化范围相应的调制系数，$m=\Delta\omega/n$。

由于各环带内黑白扇形分格数目不等，因而 ω 不相同；同时不同环带内的最大频偏 $\Delta\omega$ 不同，所以不同环带内的调制系数，n 也不相同，即 ω 与 m 都是像点偏离量 ρ 的函数。对任一环带，式（5-41）又可写成下列一般表达式

$$P(t)=P_0\cos[\omega(\rho)t+m(\rho)\sin(\Omega t+\theta)] \tag{5-42}$$

式中：$\omega(\rho)$、$m(\rho)$ 分别为与偏离量 ρ 相对应的角频率、调制系数。

由式（5-42）可见，对于这种调制盘，可用 $\omega(\rho)$ 和 $m(\rho)$ 表示目标偏离量，用 θ 表示目标方位。

这种调制辐射功率经探测器转换成脉冲电压，再经放大、鉴频后可变换成正弦电压，其波形如图 5-29（d）所示。此正弦电压与基准电压信号的相位差，即为目标方位角。正弦电压信号的幅值由 $\omega(\rho)$、$m(\rho)$ 决定，这样，就可用 $\omega(\rho)$ 和 $m(\rho)$ 配合起来反映目标偏离量的大小，并可用初相角 θ 表示目标的方位。

图 5-29 所示的调制盘只有三个环带，如欲使信号能较精确地反映目标偏离的情况或使信号能满足特定的调制曲线的要求，则环带数可以增加，环带中的角度分格也可按不同的要求来安排。

这种调频调制盘的特点（与调幅式比较）是：①调制效率高，应用式（5-42）进行分析计算表明，在考虑最佳信噪比情况下，这种调制盘的调制效率最高可达 0.822，这较之调幅式系统高得多；②抗干扰能力强，这是由于调频信号的处理线路能较好地抑制噪声；③由于各环带角度分格不均匀，使得这种调制盘的空间滤波能力不够理想。此外，和其他调频调制盘一样，这种调制盘使系统的电子处理线路较复杂。

图 5-30 所示的是另一种旋转调频调制盘。整个调制盘沿着半径方向分成四个环带，

每一环带又分成若干个黑白扇形格子，同一环带内的黑白格子所对应的扇形角度相等，每一环带内的扇形黑白格子的数目随径向距离而变化。由内向外每增加一个环带，扇形黑白格子数目增加一倍。

目标位置一定，则像点处于调制盘上某固定位置。调制盘旋转，当像点在 A 时，产生的脉冲数目为像点处于 B 时的脉冲数目的一半，因而像点由某环带移到相邻的外边一个环带时，调制频率便升高一倍。因此可根据调制频率的变化决定目标的径向位置。但这种调制盘却不能反映目标的方位角，原因是同一环带内扇形分格间距相等，处于同一环带内不同方位角的像点，调制频率都相同。

4. 调相式调制盘

如图 5-31 所示是一种原理性的调相式调制盘。其中以 R 为半径的圆是一条分界线，将调制盘按径向分成两区，两区中的目标调制区与半透区的相位相反。

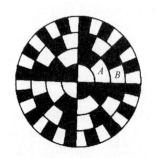

图 5-30 简单的旋转式调频调制盘

图 5-31 调相式调制盘图

当像点位于小于 R 的一辐射条上时，则得到图 5-32（a）所示的波形。当像点位于大于 R 的同一辐射条上时，则得到图 5-32（c）所示的波形，形状与图 5-32（a）相同，但相位相差 180°。若像点正好处于分界线上，将得到图 5-32（b）所示的波形，幅度减小一半。这种调制盘只能给出目标在"界外""压线"和"界内"的偏离量信息。在分区内的具体偏离量信息和方位角信息则不能给出。因此，调相体制很少单独使用。

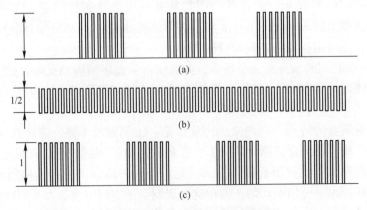

图 5-32 调相式调制盘的信号波形

5. 脉冲调宽式调制盘

图 5-33 所示为一种脉冲调宽调制盘，其白色为透射区，黑色为不透区。当目标像落在靠近中心的 O 点附近时，调制盘将产生如图 5-34（a）所示的波形。当目标靠近调制盘边缘时，将产生图 5-34（b）所示的波形。可见目标像点偏离中心时，信号脉冲周期 T 不变，而脉冲宽度 τ 逐渐变大，使脉冲占空比 τ/T 增大，则占空比的变化包含了目标偏离光轴的信息，这种调制盘只能提供目标偏离量的信息，而不能反映目标的方位。因此脉冲调宽方式常与其他调制形式结合起来使用。

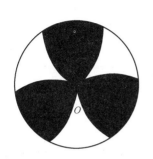

图 5-33 脉冲宽度调制盘

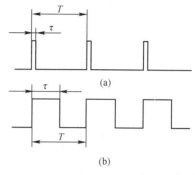

图 5-34 脉冲宽度调制波形

6. 脉冲编码式调制盘

从调制波的形式看，这种调制盘属于脉冲调制。对目标像点进行调制时，所产生的脉冲幅度不变，而脉冲宽度、相位及脉冲重复频率都随像点的位置而变化。该调制盘的调制信号利用脉冲宽度、相位及频率的变化分别反映目标像点在方位方向、俯仰方向的偏离量的大小，因而得名脉冲编码式调制盘。

1）调制盘的图案

图 5-35 所示调制盘为一种脉冲编码式调制盘。这种调制盘由于其旋转中心与调制盘像面中心不同心，调制盘是偏离光轴旋转的，而组成调制盘图案的辐条组的中心是在光轴上，故称为偏轴旋转辐条式调制盘。这种调制盘的中心 O 为旋转中心。在调制盘半径 r_1 和 r_2 之间，有 N 组相同的辐条式黑白相间的条纹，图中只画出了三组，实际上该调制盘为 5 组（即 $N=5$）。每个辐条组内都由 n 对黑白相间的辐条组成（图中 $n=6$）。图中白色辐条为全透射辐条，画有斜线的辐条为不透射辐条，辐条的宽度均为 a；每组辐条中心线的延长线都通过调制盘的中心 O，且各辐条互相平行；调制盘置于光学系统焦平面上，圆 W 为光学系统视场边缘与焦平面相交所得的截面。辐条组尺寸（见图中 $GEHF$）与圆 W 相当，一般取 $GH=EF$，并使 GH、EF

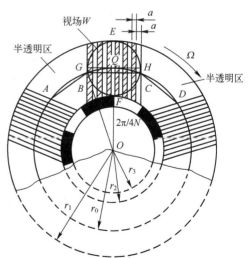

图 5-35 脉冲编码式调制盘

等于图的直径。视场截面圆 W 的中心 Q 即为光轴位置。当调制盘旋转时,视场中心 Q 在调制盘平面上的轨迹是一个以 h 为半径的圆,称为节圆。各辐条组之间部分是透射比为 50% 的半透射区,在节圆上辐条组的宽度与半透射区的宽度相等,即图中的 $AB = BC = CD = \cdots$。

r_2 与 r_3 之间的图案是用来产生基准信号的。r_2 与 r_3 之间整个圆周被分成 $2N$ 等分,相间地镀上完全不透射膜。图案中心线 OB 与辐条组中心线 OQ 之间的夹角为 $2\pi/4N$。这样,便可以保证目标处于光轴上时,目标像点调制信号的包络与基准信号之间的相位差为 90°,从而使输出方位直流信号为零。基准信号可用光电等方法产生。

2) 基本工作原理

在图 5-36 中,GQH 表示像点的方位方向,EQF 表示俯仰方向。设计时,取辐条宽度 a 大于像点的弥散圆的直径,因此当调制盘转动时,所得载波的辐度不变。但像点位置在方位方向和俯仰方向发生变化时,就会使调制信号(即载波的包络)的相位、宽度以及载波频率发生变化。这种调制盘可以采用两种方式提取目标方位信息:一是方位调相、俯仰调宽;二是方位调相、俯仰调频。

(1) 方位调相、俯仰调宽式。在这种方法中,目标的方位由载波脉冲的包络信号的相位和宽度来决定。以下称载波脉冲的包络信号为视频信号,该视频信号是周期变化的矩形脉冲,故视频信号也称为视频脉冲。

先看这种调制盘是怎样产生基准信号的。参看图 5-36,调制盘半径 OE 通过 Q 点,在 OE 上 r_2 与 r_3 (图 5-35) 之间在 Z 点调制盘两侧,一侧放置照明光源,另一侧放置光电元件,用以在调制盘旋转过程中产生基准信号。

当目标位于光轴上时,像点位于 Q 点,调制盘转动时,所得到的脉冲波形如图 5-37(a)所示。它与下面的基准信号波形(d)的相位差为 90°,经过相敏检波之后,没有直流输出。当目标偏离光轴时,如像点位于 G 点,则信号波形如图 5-37(b)所示,此时

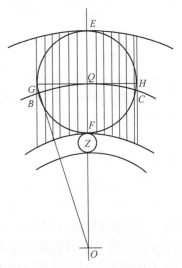

图 5-36 基准信号的产生

脉冲与基准信号同相。同理,如像点在片点时,脉冲波形如图 5-37(c),脉冲波形与基准信号反相。当二者同相或反相时,经相敏检波之后,都输出最大值,但极性相反。调制输出特性如图 5-37(e)所示。U_- 为方位直流误差信号。

由上面的分析可知,当目标像点出现在 GH 线上任一点时,输出视频脉冲信号波形与基准信号之间相位差在 0°~180°范围变化(GQ 间为 0°~90°,QH 间为 90°~180°)。这样,用视频脉冲信号与基准信号的相位差就可以反映目标在方位方向偏离光轴的大小和方向。在方位方向上输出为余弦特性,在整个视场内近似线性。

其次,在俯仰方向,由视频脉冲宽度变化可得到俯仰误差信号。现在考察图 5-35 中的 E、Q、F 三点。如像点位于 E 点,当调制盘旋转时,扫描轨迹是以半径为 r_1 的圆;同理,像点位于 Q 点和 F 点时,扫描轨迹分别是以 r_0 和 r_2 为半径的圆。以 r_1、r_0 和 r_2 为半径

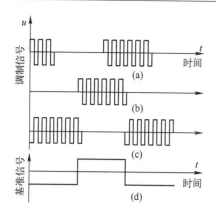
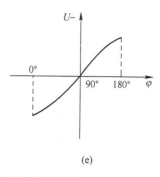

图 5-37 像点在不同方位位置的调制信号波形
（a）在 Q 点；（b）在 G 点；（c）在 H 点；（d）基准信号；（e）方位方向输出特性。

的圆斩割辐条组宽度所得的弧长对应的圆心角分别为 θ_1、θ_0 和 θ_2，参看图 5-38。显然，由于辐条组的宽度相同，这些圆心角是不相等的（$\theta_1 < \theta_0 < \theta_2$）。调制盘转动的角速度一定，即像点扫描的角速度一定，像点位于 E、Q、F 时扫过辐条所用的时间 τ_1、τ_0、τ_2 不同（$\tau_1 < \tau_0 < \tau_2$），即为 E、Q、F 三点视频脉冲的宽度，由此可得 E、Q、F 三点视频脉冲信号波形，如图 5-39 所示。由图可见，目标俯仰的变化，对应着调制输出的视频脉冲宽度 τ 的变化。

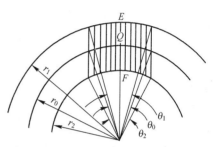

图 5-38 辐条组及不同半径对应的圆心角

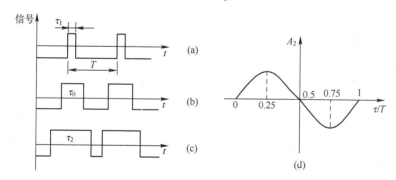

图 5-39 像点在不同俯仰位置的调制信号波形
（a）在 E 点；（b）在 Q 点；（c）在 F 点；（d）俯仰方向输出特性。

（2）方位调相、俯仰调频式。方位方向的分析与前面相同。

在俯仰方向，像点在 E、Q、F 各点处（见图 5-38）时，辐条组的辐条数不变，但由于视频脉冲的宽度是变化的，因此载波频率是变化的。设每个辐条组内都有 n 对黑白辐条，因此，像点无论在任何俯仰位置扫过辐条组，都产生 n 个载波脉冲。若视频脉冲宽度为 τ，则载波频率为 $f = n/\tau$。若令 E、Q、F 三点的载波频率分别为 f_1、f_0、f_2，由于 $\tau_1 < \tau_0 < \tau_2$，所以 $f_1 > f_0 > f_2$。即俯仰角的变化也对应着载波频率的变化。图 5-40 表示此调制波频率随像点在不同俯仰位置时的变化情况。

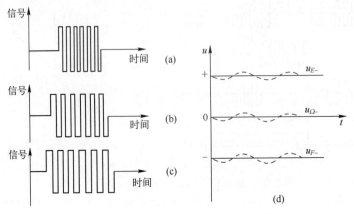

图 5-40 像点在不同俯仰位置的载波频率变化

根据上述分析可知，像点位于不同俯仰位置时，载波频率发生变化，通过鉴频器可得到不同的直流误差信号。当像点位于像面正中的 Q 点时（俯仰偏差为零）。调制信号中的 f_{max} 和 f_{min} 为某一定值，调节鉴频器的零点，使其直流误差信号为零。当像点在 E、F 点时，由于输入信号频率的变化，鉴频器有直流误差信号输出，但极性相反，如图 5-40（d）所示。这样，即可作为控制信号提供跟踪系统使用。

在这两种工作方式中，脉冲鉴频制对调制波波形要求不十分严格，所以对近距目标仍能工作，而且工作的信噪比也可低些。它的俯仰两个方向频率变化是线性的。因而输出特性可对称。脉冲鉴频制适用于目标信号较强的情况，要求工作信噪比高。由于俯仰两个方向斜率不对称较严重，所以这种调制盘辐条多，条纹也较细密，这样可使输出特性对称些。

3）偏轴旋转辐条式调制盘的优缺点

从以上对这种调制盘的图案形式、扫描方式及基本工作原理的叙述，可以初步归纳出它的优缺点如下。

（1）由于调制盘的中心与光轴不重合，因此，理论上没有盲区，与前述的旋转中心在光轴上的初升太阳式调制盘相比，跟踪精度较高，可用于精跟踪和测角系统。

（2）方位和俯仰误差特性曲线在整个视场内单调上升，线性段宽。

（3）空间滤波性能好。由于辐条宽度窄，分格均匀，因此对大面积背景的滤除效果好；此外，前述的圆锥扫描式调制盘，由于次镜的偏轴旋转，或使调制盘在目标空间的景物做平移扫描，或者说瞬时视场在空间做圆锥扫描运动，这样一来，背景对系统的干扰作用加大。而脉冲编码调制盘由于光学系统不动，瞬时视场不对景物扫描，因此背景的干扰作用可大大减少。

（4）当像点在俯仰方向的变化范围较大（即视场较大）时，载波频率的变化范围也较大，因此系统的带宽较宽，则探测器的噪声影响较大。

（5）对调制盘图案的精度、图案中心与旋转中心的同心度、带动调制盘电机转速的稳定性等要求都较高，给制作和调校工作带来一定的困难。

5.2 光辐射的光电转换

光电及热电探测器是光电系统中实现光电转换的核心部件。通过探测器将携带待测目标信息的光辐射转换为电信号，供电子系统进一步处理、检测、控制和输出。光辐射探测器的种类很多，但目前应用最多的是光电探测器和热电探测器两大类。考虑军用光电系统中的光辐射探测器的应用，此处只介绍光电探测器和热电探测器两类光辐射探测器。

5.2.1 光辐射探测器的工作原理

光电器件的物理效应是进行光电探测的基础，下面主要从光子效应和光热效应两个方面来介绍进行光电和热电探测的物理基础。

1. 光电探测器的工作原理

光电探测器的光电转换过程视为光辐射所含光子与物质内部电子的直接作用，物质内部电子在光子作用下，产生激发而使物质的电学特性发生变化，称为光子效应。在光子和电子相互作用的过程中，光子能量的大小直接影响内部电子状态的改变程度，因此应用光子效应制成的光电探测器对光波频率具有选择性，响应速度一般比较快。光子效应包括光电子发射效应、光电导效应、光伏效应以及电子空穴复合发光效应，其对应的典型探测器有光电子发射探测器、光电导探测器和光伏探测器。

1) 光电子发射探测器

这类探测器的工作原理是基于物质的光电子发射效应，即金属或半导体受到光照时，电子从材料表面逸出，也称外光电效应，它是真空光电器件光电阴极的物理基础。

某些物质在光子作用下，可以从物质内部逸出电子的现象称为外光电效应。逸出电子的动能可由下式表示

$$\frac{1}{2}mV^2 = h\upsilon - P_0 \tag{5-43}$$

式中：m 为电子质量；V 为电子逸出后的速度；h 为普朗克常数；υ 为入射光子的频率；P_0 为该物质的逸出功。

由式（5-43）可知产生光电子的动能与光强无关，而与入射光子的频率有关。当光子频率减小时，光子的动能随之减小，当其动能为零时，对应光子频率为

$$\upsilon_0 = P_0/h \tag{5-44}$$

对应光子的波长为

$$\lambda_0 = ch/P_0 \tag{5-45}$$

式中：c 为真空中的光速。凡是产生外光电效应的最大波长，常称为红限波长。

利用外光电效应材料制成的器件主要有各种光电管、光电倍增管、变像管、像增强器和摄像管等。

光电管实际上相当于光电倍增管的一个部分，这里仅对光电倍增管的工作原理进行介绍。

光电倍增管是封装在真空泡壳中的光阴极、阳极和若干中间二次（发射）极所组成

的。它的结构和偏置电路如图 5-41 所示。分压器提供光电倍增管从阴极依次向各二次极直到阳极逐渐增高的电压。当光辐射从入射窗照射在光阴极上时,产生外光电效应,逸出相应的光电子。光电子被管内电场加速,并依次轰击各二次极分别产生二次电子发射系数 δ(二次极出射电子和入射电子之比)大于 1 的二次电子

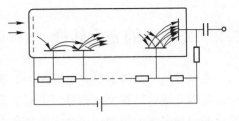

图 5-41 光电倍增管工作原理示意图

发射,使光电流在管内增强或倍增。最后从阳极输出倍增后的光电流。在光电倍增管中,为使工作稳定,δ 的取值都不太大,约为 3~6,且常设有多个二次极,如 5~16 个二次极,这样管内电子增益可大 $10^3 \sim 10^7$。

光电倍增管是一种微光探测技术中运用较普遍的具有极高灵敏度和超快时间响应的光电探测器件。它可以探测到紫外、可见和近红外区的微弱辐射能量甚至是单个光子,并且具有极低的噪声、大面积光敏面、成本相对较低等特点。

2) 光电导探测器

利用半导体光电导效应制成的器件称作光电导器件(也称光导探测器)。这种器件的电导能够随着入射辐射变化,从而感知入射光信号的变化。

光照变化引起半导体材料电导变化的现象称为光电导效应。当光照射到半导体材料时,材料吸收光子的能量,使非传导态电子变为传导态电子,引起载流子浓度增大,因而导致材料电导率增大。具体而言,可分为本征光电导效应与非本征(杂质)光电导效应两种。

本征半导体价带中的电子吸收光子能量跃入导带产生本征吸收,导带中产生光生自由电子,价带中产生光生自由空穴,从而使半导体的电导率发生变化。这种在光的作用下由本征吸收引起的半导体电导率的变化现象称为本征光电导效应。非本征光电导效应是指入射光激发非本征半导体中杂质能级上的束缚态电子(N 型)或空穴(P 型)而产生光生载流子,从而使半导体的电导率发生变化。

最典型的光电导探测器是光敏电阻,其工作原理如图 5-42 所示。在光敏电阻两极间加上一定电压 V,当光照射在光敏电阻上时,其内部被束缚的电子吸收光子能量成为自由电子,并留下空穴。光激发的电子-空穴对在外电场的作用下同时参与导电,从而改变了光敏电阻的导电性能。随着发光强度的增加,其导电性能变好,即光敏电阻的电导率增加,流过其内的电流(光电流)增加,其本身的电阻值减小。随着发光强度的减小,其导电性能变坏,即光敏电阻的电导率减小,流过其内的电流(光电流)减小,其本身的电阻值增加。根据热平衡状态下半导体电导率公式,可推算出在光辐射作用下产生的光电流为

$$I_\mathrm{p} = \frac{qNV}{L^2}(\tau_\mathrm{n}\mu_\mathrm{n} + \tau_\mathrm{p}\mu_\mathrm{p}) \tag{5-46}$$

式中:qN 为电子形成的内部电流;V 为光敏电阻两端的电压;L 为光电导体的长度;μ_n、μ_p 为光辐射下每单位时间内产生 N 个电子-空穴对的各自寿命;τ_n、τ_p 分别为电子和空穴的迁移率。可以看出,光敏电阻的光电流与入射的光子数、量子效率和光电导体的长度以

及加在两端的电压大小等因素有关。其电流大小与长度的二次方成反比,因此在设计光敏电阻时,通常设法将光电导体的长度减小,使光电流增大。

光敏电阻封装在带有窗口的金属或塑料外壳内,光电导体贴在硬质玻璃、云母、高频瓷或其他绝缘材料基板上,两端接有电极引线,如图 5-43 所示。通常电极和光敏面刻成一定形状,有梳状结构、蛇形结构、刻线式结构。光敏面做成蛇形,电极做成梳状,这样既可以保证有较大的受光表面,也可以减小电极之间距离,从而既可减小极间电子渡越时间,也有利于提高灵敏度。

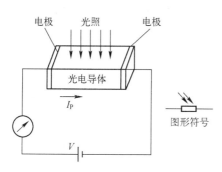

图 5-42 光敏电阻的工作原理示意图

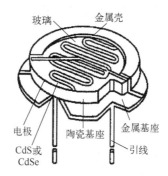

图 5-43 光敏电阻结构示意图

用于红外光辐射探测的光导材料有 PbS、PbSe、InSb、HgCdTe 及其混合多晶等。PbS 光敏电阻是工作于大气第一个红外透过窗口的主要光敏电阻,室温工作的响应波长范围为 $1.0 \sim 3.5 \mu m$,峰值响应波长为 $2.4 \mu m$ 左右;锑化铟 InSb 光敏电阻主要用于探测大气第二个红外透过窗口,其响应波长为 $3 \sim 5 \mu m$;碲镉汞器件的光谱响应在 $8 \sim 14 \mu m$,其峰值波长为 $10.6 \mu m$,用于探测大气第三个红外透过窗口。

3)光伏探测器

当 P 型半导体和 N 型半导体直接接触时,P 区中的多数载流子-空穴向空穴密度低的 N 区扩散,同时 N 区中的多数载流子-电子向 P 区扩散。这一扩散运动在 P 区界面附近积累了负电荷,而在 N 区界面附近积累了正电荷,正、负电荷在两界面间形成内电场。在该电场逐步形成和增加的同时,在它的作用下产生载流子的漂移运动。随着扩散运动的进行和界面间内电场的增高,促使漂移运动加强。这一伴生的对立运动在一定温度条件和一定时间后达到动态平衡。PN 结的形成如图 5-44 所示。从宏观看形成了稳定的内电场,这就是 PN 结,它能阻止载流子通过,所以又称为障层或阻挡层。

当有外界光辐射照射在结区及其附近时,只要入射光子的能量 ($\varepsilon = h\nu$) 大于半导体的禁带宽度 E_g,就可能产生本征激发,激发产生电子-空穴对。P 区中的光生空穴和 N 区中的光生电子,因受 PN 结的阻挡作用而不能通过结区。结区中产生的电子-空穴对在内电场作用下,电子驱向 N 区,空穴驱向 P 区。而结区附近 P 区中的光生电子和 N 区中的空穴如能扩散到结区,并在内电场作用下通过结区,这样就在 P 区中积累了过量的空穴,在 N 区中积累了过量的电子。从而形成一个附加的电场,方向与内

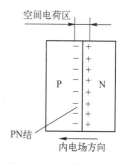

图 5-44 PN 结的形成

电场相反，如图 5-45（a）所示。该附加电场对外电路来说将产生由 P 到 N 方向的电动势。当连接外电路时，将有光生电流通过，这就是光伏效应。

当 PN 结端部受光照时，光子入射的深度有限，不会得到好的效果。实际使用的光伏效应器件，都制成薄 P 型或薄 N 型，如图 5-45（b）所示。入射光垂直 PN 结面入射，以提高光伏效应的效率。

光伏效应器件工作的等效电路如图 5-46 所示。它与晶体二极管的作用类似。只是在光照下产生恒定的电动势，并在外电路中产生电流。因此其等效电路可由一电流源 I_Φ 与二极管并联构成。U 是外电路对器件形成的电压，I 为外电路中形成的电流，以箭头方向为正。

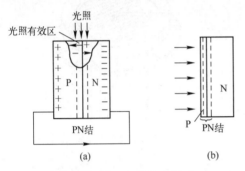

图 5-45 障层光电效应原理

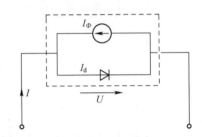

图 5-46 光伏效应器件的等效电路

光伏效应器件的伏安特性曲线如图 4-47 所示。图中取 U、I 的正方向与坐标轴一致。当光伏效应器件无光照时，光生电流源的电流值 $I_\Phi=0$，于是等效电路只起一个二极管的作用，伏安特性与一般二极管的相同。见图中 $\Phi=0$ 的曲线，该曲线通过坐标原点，当 U 为正并增加时，电流 I_d 迅速上升；当 U 为负并随其绝对值增加时，反向电流很快达到饱和值 $I_d=I_s$，不再随电压变化而变化，直到击穿时电流再发生突变为止。

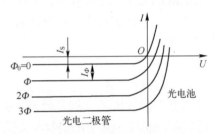

图 5-47 光伏效应器件的伏安特性曲线

当有光照时，若入射光敏器件的通量为 Φ，对应电流源产生光电流为 I_Φ，使外电路电流变为 $I=I_d-I_\Phi$，对应的伏安特性曲线下移一个间距 I_Φ。当射入光敏器件的通量增加时，则对应伏安特性曲线等距或按对应间距下降，从而形成按入射光通量变化的曲线簇。

利用半导体 PN 结光伏效应制成的器件称为光伏器件，也称结型光电器件。这类器件品种很多，其中包括各种光电池、各种半导体、光敏二极管、光敏晶体管、光敏场效应晶体管、光晶闸管以及一些特殊结构的结型器件等。这类器件品种虽然很多，但它们的原理都是相同的，所以在性质上也有许多相近的地方，这里仅对典型光伏效应器件进行介绍。

（1）光电池。分析图 5-47 第四象限中曲线的情况可知，外加电压为正，而外电路中的电流却与外加电压方向相反为负。即外电路中电流与等效电路中规定的电流相反，而与光电流方向一致。这一现象意味着该器件在光照下能发出功率，以对抗外加电压而产生电流。该状态下的器件被称为光电池。曲线族与电流轴之间的交点，即 $U=0$，表示器件外电路短路的情况，短路电流的大小与光电流大小相等、方向相反。

（2）光电二极管。利用 PN 结光伏效应的另一种重要光电器件是光电二极管。在图 5-47 所示的光伏效应伏安特性曲线中，光电二极管是工作在第三象限的器件。外电路中的电压和电流均为负值，与图 5-46 等效电路中所示的方向相反，且工作在反向偏置的条件下。它的工作原理与晶体三极管类似，如图 5-48 所示，PN 结反向偏置，P 型区相当于基极区，N 型区相当于集电极区，由光照下产生的光生载流子引起 N 区电流的变化，由于反向偏置，PN 结应具有较高的反向耐压性质。目前常使用的光电二极管是用锗或硅制成的。其中由于硅材料的暗电流小、温度系数小且工艺易于控制，所以使用最多的是硅光电二极管。

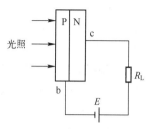

图 5-48　光电二极管回路

（3）雪崩光敏二极管。它的工作原理是在 PN 结上施加高反向偏压，使其接近击穿电压。这时由光子产生的电子-空穴对在高反压形成的强电场作用下，做定向运动并加速，使其动能迅速增加，并与晶体分子碰撞，激发出新的电子和空穴。如此多次重复这一过程，形成类似雪崩的状态，使光生载流子得到倍增，光电流增大。可见，这是一种内部电流增益的器件。一般锗或硅雪崩光电二极管的电流增益可达 $10^2 \sim 10^3$ 倍，因此这种器件的灵敏度相当高。此外，因反向偏压高，它还具有响应速度快的特点，因而目前十分重视这类器件的发展。

（4）光三极管。目前最常用的光电三极管为 NPN 型，其结构如图 5-49 所示。入射光束落在相当于晶体三极管的基极（b）和集电极（c）之间的结上。它的接线方法与晶体三极管不同，只接两个极而空出一个极，因此可供接线的方法有三种。实际采用的方法如图 5-50 所示，空出 b 极，电源 E_0 的负极接 e，正极经负载电阻接至 c，这时集电结（c-b）处于反向偏置，而反射结（e-b）处于正向偏置。

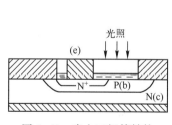　　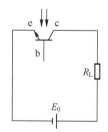

图 5-49　光电三极管结构　　图 5-50　光电三极管的实际接线法

当无光入射时 $E=0$，光电三极管中相当于基极开路，$I_b=0$。电极电流 $I_c=I_{c0}$，即只有很小的暗电流。

当光照在集电结的基极区时产生电子-空穴对，由于集电结反向偏置，而使内电场增加。这样当电子扩散到结区时，很容易漂移到集电极中去。在基极留下的空穴，促使基极对发射极的电位升高，更有利于发射极中的电子大量经过基极而流向集电极，从而形成光电流。这一原理与晶体三极管的工作方式一致。随着光照增加，光电流也随之增加。这里集电极实际上起到了两个作用：①它将光信号转换成电信号，起到一个光电二极管的作用；②它又起到一般晶体三极管中集电结的作用，使光电流得以放大。所以光电三极管比光电二极管的灵敏度高得多。

4) 光电组合探测器件

组合型的光电器件是把许多检测器和发光器件按一定方式排列组合在一块芯片上，具有专门功能的光电器件阵列。它们可以是由大面积光电池刻蚀的，也可以是由光敏二极管集成的，是一种专用的信号变换装置。这些功能虽然也能用分立元件组装或图像传感器来实现，但是光电组合器件的性价比、并行信号处理的能力以及光敏点密集量大，装置结构简单、紧凑、调节方便、精确度高等优点，使它们获得了广泛的应用。这里仅对有军用价值的组合探测器进行简单介绍，主要包括象限式探测器、位敏传感器和色敏传感器。

(1) 象限式探测器。象限式光电器件可用来确定光点在二维平面上的位置坐标，多用于光电准直、光电定位、光电跟踪或频谱分析、图像识别等方面。其中较为常用的是四象限光电器件。四象限探测器的实物照片如图 5-51 所示，它由 4 个光电探测器构成，是在一片 PN 结光敏二极管（或光电池）的光敏面上经光刻的方法制成 4 个面积相等的 P 区（前极为 P 型硅），形成四象限直角坐标形状、特性参数相近的 PN 结光电池（或光敏二极管）。这样构成的光电池（或光敏二极管）组合件具有二维位置的检测功能。

图 5-51 四象限探测器实物照片

四象限探测器的检测方法有很多种。图 5-52 给出的是和差检测电路。当器件坐标轴线与测量系统基准线间的安装角度为 0°（器件坐标轴线与测量系统基准线平行）时，可采用该和差检测电路。首先，用加法器先计算相邻象限输出光电信号之和；其次，再计算和信号之差；最后，通过除法器获得偏差值。

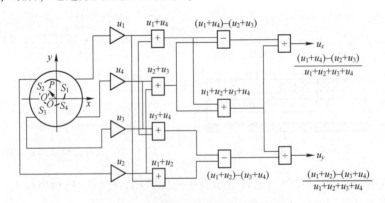

图 5-52 四象限探测器的和差检测电路

和差电路的特点是测量灵敏度较高，非线性影响较小，对目标光斑的不均匀性适应性较强，适用于高精度的定位测量。但信号处理电路复杂，需要进行多次和差运算，各环节性能的差异也会引起测量误差。

（2）位敏传感器

普通光敏二极管的输出电量取决于光敏面上入射光通量的平均值，而位敏传感器的灵敏度是与光敏层上受光斑点相对光敏面中心的偏移位置有关。利用这一特点可以通过衡量传感器的输出信号，连续地计算出投射光斑的几何位置，这是多象限位置传感器向连续位置检测的新发展。

位敏传感器（position sensitive detector，PSD）是一种对入射到光敏面上的光点位置敏感的光电器件。这种器件比象限探测器件在光点位置测量方面具有更多的优点。如对光斑的形状无严格的要求，即它的输出信号与光斑是否聚集无关；光敏面也无须分割，消除了象限探测器件盲区的影响；它可以连续测量光斑在光电位置敏感器件上的位置，且位置分辨力高，仅一维的 PSD 的位置分辨力就可高达 $0.2\mu m$。

PSD 的工作原理如图 5-53 所示，当光束入射到 PSD 光敏层上与中心点的距离为 x_A 时，在入射位置上产生与入射辐射成正比的信号电荷，此电荷形成的光电流通过电阻 P 型层分别由电极 1 与 2 输出。

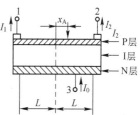

图 5-53 PSD 结构示意图

设 P 型层的电阻是均匀的，两电极间的距离为 $2L$，流过两电极的电流分别为 I_1 和 I_2，则流过 N 型层上电极的电流 I_0 为 I_1 与 I_2 之和。光点偏离中心的偏移量为

$$x_A = \frac{I_2 - I_1}{I_2 + I_1} L \tag{5-47}$$

（3）光电色敏传感器。色敏传感器由 PN 结距表面深度不同的两个光敏二极管组成，其工作原理是不同深度的 PN 结对不同的波长具有不同的灵敏度，浅结对紫外光敏感，深结对红外光敏感，借此可构成能测定波长的半导体色敏传感器，并实现颜色识别。这一特性可用于双波段制导。

总之，光电探测器是基于光子与物质电子的直接作用，因此转换速度较快，灵敏度较高。但红限的存在以及材料的吸收等原因，使光电探测器均存在着对光谱的强烈选择性。此外，由于热噪声的存在，对长波小能量光子进行探测的探测器必须进行低温制冷。

2. 热电探测原理

热电探测器的工作原理不同于光电探测器。在光辐射作用下，首先使探测器材料升温，随着温度的变化引起材料电学特性变化，从而完成光到电的转换。由于存在升温过程，热电探测器的转换速度较慢，灵敏度较低，且灵敏度与速度存在依赖关系，实现两者同时高比较困难。此外，也正由于存在升温过程，只要热电探测器的接收面能全部吸收光子而进行热电转换，那么它将是对光谱无选择性的探测器，这是这类探测器的最大特点。同时这类探测器不论工作在哪个波段，只要接收光子的表面性能良好，无须对热探测器进行制冷，这是它的最大优点。

利用热电效应引起电学特性变化的种类不同，构成了多种热电探测器，如热敏电阻、热电偶、热电堆和热释电探测器等。下面简要介绍常用热电探测器的探测原理。

1）辐射热电偶

测量辐射能的热电偶称为辐射热电偶。如图 5-54 所示，辐射热电偶的热端接收入射辐射，因此在热端装有一块涂黑的金箔，当入射辐通量 Φ_e 被金箔吸收后，金箔的温度升高，形成热端，产生温差电动势，在回路中将有电流流过。图 5-54 中，用检流计 G 检测出电流为 I。显然，图中结 J_1 为热端，J_2 为冷端。由于入射辐射引起的温升 ΔT 很小，因此对热电偶材料要求很高，结构也非常严格和复杂，成本昂贵。

采用半导体材料构成的辐射热电偶不但成本低，而且具有更高的温差电位差。半导体辐射热电偶的温差电位差可高达 $500\mu V/℃$。图 5-55 所示为半导体辐射热电偶的结构示意图。图中，用涂黑的金箔将 N 型半导体材料和 P 型半导体材料连在一起构成热结，N 型半导体及 P 型半导体的另一端（冷端）将产生温差电动势，P 型半导体的冷端带正电，N 型半导体的冷端带负电。两端的开路电压 U_{oc} 与入射辐射使金箔产生的温升 ΔT 的关系为

$$U_{oc} = M\Delta T \tag{5-48}$$

式中：M 为比例系数，称塞贝克常数，也称温差电动势率，单位为 $V/℃$；ΔT 为温度增量。

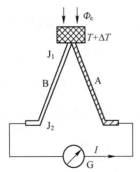
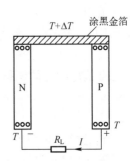

图 5-54　辐射热电偶的原理示意图　　图 5-55　半导体辐射热电偶的结构示意图

2）热电堆

热电堆探测器的外形和结构如图 5-56 所示。其吸收膜为一种热容量小、温度容易上升的薄膜。在紧靠近衬板中央的下部为一空洞结构，这种设计确保了冷端和测温热端的温度差。热电偶由多晶硅与铝构成，两者串联，如图 5-56（b）所示。当各个热电偶测温热端升温时，热电偶之间就会产生热电动势，输出端就可以获得它们的电压之和。此热电堆具有灵敏度高、响应速度快和灵敏度的温度系数小等特点。

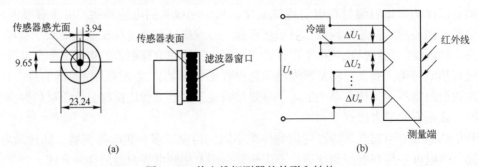

图 5-56　热电堆探测器的外形和结构
(a) 外形结构；(b) 热电堆心结构。

3) 热敏电阻

热敏电阻又称测辐射热计，是由电阻温度系数大的导体材料制成的电阻元件，所以也称它为热敏电阻。测辐射热计有金属和半导体两种。它们的共同点是光谱响应基本上与入射辐射的波长无关。它们的主要区别是，金属的测辐射热计，电阻温度系数多为正，绝对值比半导体小，它的电阻与温度的关系基本上是线性的，耐高温能力较强，多用于温度的模拟测量。而半导体的测辐射热计，电阻温度系数多为负，绝对值比金属的大十多倍，它的电阻与温度关系为非线性，耐高温能力较差，多用于辐射探测，如防盗报警、防火系统、热辐射体搜索和跟踪等。

测辐射热计的物理过程是吸收辐射产生温升，从而引起材料电阻的变化。其机理很复杂，但对于由半导体材料制成的测辐射热计可定性地解释为，吸收辐射后，材料中电子的动能和晶格的振动能都有增加。因此，其中部分电子能够从价带跃迁到导带成为自由电子，从而使电阻减小，电阻温度系数为负。另外各种波长的辐射都能被材料吸收，对温升都有贡献，所以它的光谱响应特性基本上与波长无关。对于由金属材料构成的测辐射热计，因其内部有大量的自由电子，在能带结构上无禁带，吸收辐射产生温升后，自由电子浓度的增加是微不足道的。相反，晶格振动的加剧，却妨碍了电子的自由运动，从而电阻温度系数为正，而且其绝对值比半导体的小。

图 5-57 是测辐射热计结构的示意图，它的灵敏面是一层由金属或半导体热敏材料制成的薄片，厚约 0.01mm，粘在一个绝缘的衬底上，衬底又粘在一金属散热器上。使用热特性不同的衬底，可使探测器的时间常数由大约 1ms 变到 50ms。因为热敏材料本身不是很好的吸收体，为了提高吸收系数，灵敏面表面都要进行黑化。早期的测辐射热计是单个元件的，接在惠斯登电桥的一个臂上。现在的测辐射热计多为两个相同规格的元件装在一个管壳里，一个作为接收元件，另一个作为补偿元件，接到电桥的两个臂上，可使温度的缓慢变化不影响电桥平衡。

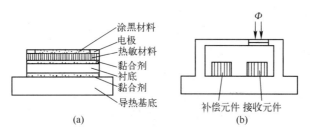

图 5-57 测辐射热计的结构示意图

4) 热释电探测器

热释电器件的基本结构是一个以热电晶体为电介质的平板电容器。因热电晶体具有自发极化性质，自发极化矢量能够随着温度变化，所以入射辐射可引起电容器电容的变化，从而可利用这一特性来探测变化的辐射。

热电晶体是压电晶体中的一种，具有非中心对称的晶体结构。自然状态下，在某个方向上正负电荷中心不重合，从而晶体表面存在着一定量的极化电荷，称为自发极化。晶体温度变化时，可引起晶体的正负电荷中心发生位移，因此表面上的极化电荷即随之变化，如图 5-58 所示。

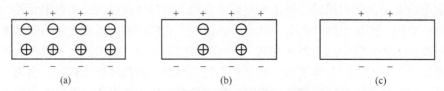

图 5-58 热电晶体的热电效应示意图
(a) 恒温下；(b) 温度变化时；(c) 温度变化时的等效表现。

温度恒定时，因晶体表面吸附有来自周围空气中的异性电荷，而观察不到它的自发极化现象（见图 5-58 (a)）。而当温度变化时，晶体表面的极化电荷则随之变化，它周围的吸附电荷因跟不上它的变化，而失去电的平衡（见图 5-58 (b)）。这时即显现出晶体的自发极化现象（见图 5-58 (c)），这一过程的平均作用时间 $\tau = \varepsilon/\sigma$，$\varepsilon$ 为晶体的介电系数，σ 为晶体的电导率。所以，所探测的辐射必须是变化的，而且只有辐射的调制频率 $f > 1/\tau$ 时才有输出。

5.2.2 探测器的主要特性参量

为了在光电系统的分析和设计中正确认识、选择、使用探测器，首先必须了解评定探测器性能优劣的主要特性参量。

描述探测器性能的参量很多，其中最重要、最基本的是对光辐射的探测能力、响应的波长范围和响应速度的描述参量。探测能力又包含两个方面，一是入射到探测器上的单位辐射功率能产生多大的信号；二是探测器能够探测的最小入射功率有多少。下面分别介绍。

1. 响应度

表示单位入射光辐射功率所能产生信号大小能力的性能参量是响应度，也称为灵敏度，探测器输出为电压时，其电压响应度 R_V 为

$$R_V = V_S/P_S \text{ (V/W)} \tag{5-49}$$

探测器输出为电流时，其电流响应度 R_i 为

$$R_i = i_S/P_S \text{ (A/W)} \tag{5-50}$$

由于探测器的响应度与入射辐射的光谱、调制频率、偏置电路、辐射通量甚至温度都有着密切的关系，因此需规定探测器的工作条件。这里只讨论入射辐射光谱对响应度的影响。

由于光电探测器对光谱的强烈选择性，入射辐射的光谱分布将直接影响其响应度。当探测器与入射辐射的光谱分布比较一致时，即匹配系数较大时，响应度就高；而当二者光谱分离或无重合处时，匹配系数为 0，此时无论入射辐射多大，探测器都不会有信号输出，其响应度亦为 0。因此，在确定探测器响应度特性时，一定要采用统一的光源或辐射源。如采用 500K 或 800K 的黑体辐射源，并应在特性数据中标明。

用于可见光区域的探测器，为与照明工程单位相一致，其响应度一般用积分灵敏度 S_0 表示

$$S_{0V} = V_S/\Phi_S \text{ (V/lm)} \tag{5-51}$$

$$S_{0i} = I_S/\Phi_S \text{ (A/lm)} \tag{5-52}$$

式中：Φ_S 为入射光的光通量。

同样，采用不同的光源将会产生不同灵敏度的结果；为此在定义积分灵敏度时，通常规定必须采用色温为 2856K 的光源作为入射光辐射源。为了比较的一致性，有时还规定入射照度的大小和其他工作条件。

对于单色入射辐射来说，对应的单色响应度记为 $R(\lambda)$，表达式为

$$R_V(\lambda) = V_S/P_{S\lambda} \text{ (V/W)} \tag{5-53}$$

$$R_i(\lambda) = i_S/P_{S\lambda} \text{ (A/W)} \tag{5-54}$$

式中：$P_{S\lambda}$ 是指波长为 λ 处单位波长间隔内的入射辐射功率。

2. 噪声等效功率

探测器的探测能力除取决于响应度之外，还取决于探测器本身的噪声水平。响应度越高，噪声越低的探测器的探测能力越强；而响应度虽高但噪声大的探测器的探测能力将变差。任何探测器都有一个自身噪声决定的可探测功率阈值，当入射辐射低于该阈值时，信号将被淹没在噪声之中，这个功率阈值常称为最小可探测功率，或噪声等效功率。其定义为：投射到探测器响应平面上的辐射功率所产生的电压（电流）信号正好等于探测器本身的均方根噪声电压（电流）时的辐射功率值。

$$\text{NEP} = \frac{P_S}{V_S/V_N} = \frac{V_N}{R_V} \text{ (W)} \tag{5-55}$$

$$\text{NEP} = \frac{P_S}{i_S/i_N} = \frac{i_N}{R_i} \text{ (W)} \tag{5-56}$$

在光电系统中有时还用到噪声等效辐照度、噪声等效照度、噪声等效亮度等类似的参量。

3. 探测率和比探测率

NEP 值越小，表明探测器的探测能力越强，这与人们的普遍观念不一致。为此定义 NEP 的倒数作为表征探测能力的参量，称为探测率，用 D 来表示

$$D = 1/\text{NEP} = \frac{V_S/V_N}{P_S} = \frac{R_V}{V_N} \text{ (W}^{-1}\text{)} \tag{5-57}$$

影响 NEP 或 D 的因素很多，其中探测器的面积和检测电路的频带宽度的影响成函数关系，即 NEP 与探测器面积 A 的平方根成正比，与带宽 Δf 的平方根也成正比。为使在同等的条件下对探测器间的性能进行比较，提出了 D 对 A 和 Δf 归一化后的参量 D^*，称为比探测率或归一化探测率，用下式表示

$$D^* = D(A \cdot \Delta f)^{1/2} = (A \cdot \Delta f)^{1/2}/\text{NEP} \tag{5-58}$$

或

$$D^* = \frac{R}{V_N}(A \cdot \Delta f)^{1/2} = (A \cdot \Delta f)^{1/2}\frac{V_S/V_N}{P_S} \text{ (cm} \cdot \text{Hz}^{1/2} \cdot \text{W}^{-1}\text{)} \tag{5-59}$$

这样，D^* 就可描述某一类探测器而不是某一特定面积的探测器性能，它能作为相同类型但面积不同的探测器之间比较的标准。

许多探测器的 D^* 是探测器视场的函数，为消除这种依赖关系，可引入另一个性能指

标 D^{**}（D 双星），并定义为

$$D^{**} = (\Omega_a/\pi)^{1/2} D^* \tag{5-60}$$

式中：Ω_a 为探测器冷屏下的视场角。

上式中 D^{**} 是折算到 π 球面度权重立体角时的 D^* 值，其单位为（$cm \cdot Hz^{1/2} \cdot sr^{1/2} \cdot W^{-1}$）。当探测器视场是圆形对称时有

$$D^{**} = D^* \sin\theta/2 \tag{5-61}$$

式中：θ 为探测器的孔径角。

当入射为单色辐射时，对应的单色探测率为 $D(\lambda)$，对应的单色比探测率为 $D^*(\lambda)$。

上面讨论的响应度 R、噪声等效功率 NEP、探测率 D 和比探测率 D^* 等参量，实际上都与入射光辐射源光谱特性、调制频率、电路带宽等多种工作条件有关，因此在标定这些参量时，应在其后用括号指示检测的主要条件。如 $D^*(T,f,\Delta f)$ 表示 D^* 是在入射光辐射源是绝对温度为 T 的黑体、调制频率为 f，而电路带宽为 Δf 条件下获得的。对单色比探测率也应标为 $D^*(\lambda,f,\Delta f)$。

4. 光谱特性

如前所述探测器的单色响应度 $R(\lambda)$ 和单色比探测率 $D^*(\lambda)$ 等单色辐射对应的参量，它们都随单色入射辐射的波长改变而变化，这种随波长变化的函数关系称为探测器的光谱特性，或称光谱响应曲线。该曲线的最大值分别称为峰值响应度 $R(\lambda_p)$ 和峰值比探测率 $D^*(\lambda_p)$，相应位置的波长 λ_p 称为峰值波长。对于具有光谱选择性的光电探测器，其光谱响应曲线下降到峰值 $R(\lambda_p)$ 的 50%（或 10%，或 1%）时，相应的波长 λ 称为探测器响应的截止波长，或长波限，或红限。对于 $D^*(\lambda)$ 光谱特性的情况同上所述。

当以 $R(\lambda)$ 或 $D^*(\lambda)$ 的绝对值做纵坐标时，该曲线称为探测器的绝对光谱特性，但在实践中有时很难测得。因此也常用相对光谱特性 $r(\lambda)$ 来表示，这时定义 $R(\lambda_p)=1$（或 100），$r(\lambda)$ 为

$$r(\lambda) = R(\lambda)/R(\lambda_p) \tag{5-62}$$

5. 频率响应和时间常数

响应度随调制频率的变化称为探测器的频率响应，以 $R(f)$ 表示。光子激发产生载流子和载流子复合存在着一个动态平衡的过程，限制着光电探测器对调制辐射的响应速度。对于热电探测器，因探测器响应元有一定热容量，其升温及温度平衡过程也限制了热电探测器的响应速度。因随入射光辐射调制光而上升和下降的过程一般是按指数规律变化，故单位辐射功率产生的信号电压的频率响应如同一个低通滤波器的频率特性，即

$$R(f) = \frac{R(0)}{(1+4\pi^2 f^2 \tau^2)^{1/2}} \tag{5-63}$$

式中：$R(0)$ 为频率为 0 或低频时的响应度；τ 为响应时间或探测器的时间常数。对于光电探测器而言，载流子寿命与时间常数 τ 在数值上一致，有时也把它称为弛豫时间。

典型的频率响应如图 5-59 所示。当 $f<1/2\pi\tau$ 的低调制频率时，响应度几乎与频率无关。当 $f=1/2\pi\tau$ 时，$R(f)=R(0)/\sqrt{2}$，通过这一关系可确定时间常数 τ，当响应度随频率增加而下降到最大值的 0.707 时，对应频率为 f_0，则有 $\tau=1/2\pi f$。当 $f>1/2\pi\tau$ 时，响应度随

频率近似成反比变化。

响应时间也可以用脉冲响应法进行测量,当一个方形脉冲辐射入射到探测器时,输出电信号要滞后并按指数规律上升或衰减。为此,规定探测器脉冲时间常数 τ 是信号电压(或电流)上升到 $(1-1/e)=0.63$ 倍于它的渐近值时所需的时间或下降到渐近值的 $1/e=0.37$ 时的时间。该方法与频率法计算的结果相同。

在白噪声情况下,单位频带中的噪声电压与频率无关,所以 $D^*(f)$ 与 $R(f)$ 具有相同的形式。但对于受 $1/f$ 噪声限制的探测器,因噪声电压随频率 f 以 $(1/f)^{1/2}$ 变化,所以 $D^*(f)$ 以下式表示

$$D^*(f) = \frac{kf^{1/2}}{(1+4\pi^2 f^2 \tau^2)^{1/2}} \tag{5-64}$$

式中:k 为比例常数。

这时的频率响应如图 5-60 所示。曲线有极值存在。只要将 $D^*(f)$ 对 f 求极值就可得知,对于受 $1/f$ 噪声限制的探测器,$D^*(f)$ 达到最大值时,所对应的频率 f_p 刚好等于 $1/2\pi\tau$。

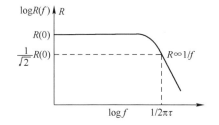

图 5-59 典型探测器的频率响应和时间常数　　图 5-60 受 $1/f$ 噪声限制的探测器频率响应

6. 探测器的性能极限

探测器的性能极限是指探测器内部噪声等于 0 或远小于背景噪声的条件下,且探测器吸收光谱灵敏范围内的全部光子时,可以认为这时是理想探测器的情况,D^* 此时受到背景光子的噪声限制,或称背景限。对光电探测器常用 Blip 下标表示。

在一定波长上,背景限制的光电导型探测器的 D^* 理论最大值为

$$D^*_{\text{Blip}}(\lambda) = \frac{\lambda}{2hc}\left(\frac{\eta}{Q_b}\right)^{1/2} = 2.52 \times 10^{18} \lambda \left(\frac{\eta}{Q_b}\right)^{1/2} \tag{5-65}$$

式中:h 为普朗克常数;c 为真空中光速;η 为量子效率;Q_b 为入射到探测器上的半球背景光子辐射出射度 $(\text{pho}\cdot\text{cm}^{-2}\cdot\text{s}^{-1}\cdot\mu\text{m}^{-1})$。

由于光伏效应探测器不存在复合噪声,对应比探测率将增加 $\sqrt{2}$ 倍,于是有

$$D^*_{\text{Blip}}(\lambda) = \frac{\lambda}{\sqrt{2}hc}\left(\frac{\eta}{Q_b}\right)^{1/2} = 3.56 \times 10^{18} \lambda \left(\frac{\eta}{Q_b}\right)^{1/2} \tag{5-66}$$

光子探测器中已有不少接近背景限的探测器。在 300K 时,受温度噪声限制的热探测器的比探测率极限值 D^* 为

$$D^* = 1.81 \times 10^{10} (\text{cm}\cdot\text{Hz}^{1/2}\cdot\text{W}^{-1}) \tag{5-67}$$

目前,热敏电阻受电流噪声和电阻热噪声的限制,其比探测率比上述极限约小两个数量级。而热释电探测器可视为电容性器件,不受热噪声限制,电流噪声也较小,因此它的

D^* 与极限值相差不到一个数量级。

5.2.3 主要光辐射探测器的特性参数

表 5-2 给出了主要光电发射体的典型特性参量；图 5-61 给出了表 5-2 中多数光电发射体的典型光谱特性，并给出了不同量子效率的界限，供分析和设计光电系统时参考。

表 5-2 光电发射体的典型特性参量

国际通用编号	光电发射材料	工作方式（T 透射，R 反射）	峰值响应波长 $\lambda_{max}/\mu m$	典型光响应度 /($\mu A/lm$)	λ_{max} 处响应度 /(mA/W)	λ_{max} 处量子效率 /%	25℃下暗电流 /($\mu A/mm^2$)
S_1	Ag-O-Cs	TR	0.80	30	2.8	0.43	900
S_3	Ag-O-Rb	R	0.42	6.5	1.8	0.53	—
S_4	Cs-Sb	R	0.40	40	40	12.4	0.2
S_{11}	Cs-Sb	T	0.44	70	56	15.7	3
S_{20}	Na-K-Cs-Sb	T	0.42	150	64	18.8	0.3
	Na-K-Cs-Sb	R	0.53	300	89	20.8	—
S_{24}	K-Na-Sb	T	0.38	45	67	21.8	0.0003
S_{25}	Na-K-Cs-Sb	T	0.42	200	43	12.7	1
	Ga-As	R	0.83	300	68	10	0.1
	Ga-As-P	R	0.40	160	45	14	0.01
	Ga-In-As	R	0.40	100	57	17.6	—

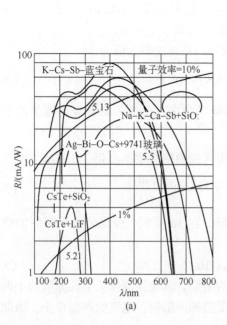

(a)

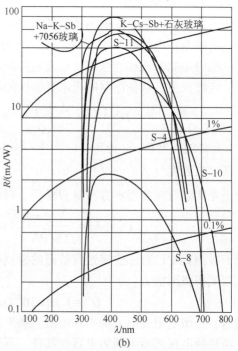

(b)

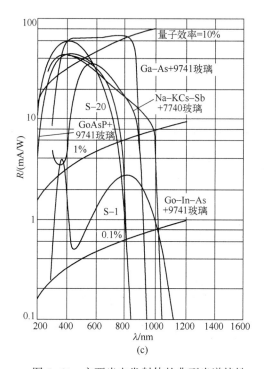

图 5-61 主要光电发射体的典型光谱特性

（a）紫外-可见光电发射体；（b）可见光电发射体；（c）近红外-可见光电发射体。

表 5-3 给出了一些国内生产的探测器性能。

表 5-3 一些常用国内探测器的性能

探测器	模式	响应波段 $\Delta\lambda/\mu m$	峰值比探测率 $D^*_{\lambda_p}$ $(cm \cdot Hz^{1/2} \cdot W^{-1})$	响应时间 τ/s	面积 A/mm^2	阻值 r/Ω	工作温度 T/K
LATGS	热释电	1～38（kBr 窗口）	3～10×10^8	<10^{-3}	ϕ1mm	≥10^{11}	300
LiTaO$_3$	热释电	2～25（Ge 窗口）	4～5×10^8	<10^{-3}	1.8×1.8	≥10^{12}	300
锰-镍-钴氧化物	热敏（浸没）	2～25（Ge 窗口）	2～5×10^8	2～3×10^{-3}	有效 ϕ4mm 以上	200～250k	300
PbS	光导	1～3	5～7×10^{10}	1～10×10^{-4}	0.1～10	100～500k	300
PbS	光导	1～3.7	1×10^{11}	1～3×10^{-4}	有效 ϕ1mm 以上	100～500k	196
InAs	光伏	1～3.8	1～2×10^9	<10^{-6}	1～2	20～50	300
InSb	光导（浸没）	2～7	2×10^9	<10^{-7}	有效 ϕ4mm	50～100	300
InSb	光伏	3～5	0.5×1.6×10^{11}	<10^{-8}	0.3～30	1～10k	77
HgCdTe	光伏	7～14	0.1～1×10^{10}	<5×10^{-9}	0.01～0.2	30～100	77
HgCdTe	光导	8～14	0.5～1×10^8	<10^{-6}	0.1～0.2	50～100	193
HgCdTe	光导（浸没）	2～5	0.5～1×10^{10}	<10^{-6}	有效 ϕ4mm	300～10^3	300

(续)

探测器	模式	响应波段 $\Delta\lambda/\mu m$	峰值比探测率 $D^*_{\lambda_p}$ /(cm·Hz$^{1/2}$·W^{-1})	响应时间 τ/s	面积 A/mm^2	阻值 r/Ω	工作温度 T/K
HgCdTe	光导	2~5	2~5×10^9	<10^{-6}	0.5	300~10^3	253
PbSnTe	光伏	8~14	0.1~1×10^{10}	<10^{-8}	0.3~1	20~50	77
Ge:Hg	光导	6~14	2~4×10^{10}	<10^{-7}	0.1~10	10^2~10^{3}k	38

图 5-62 给出了表 5-3 中所列探测器的光谱特性。

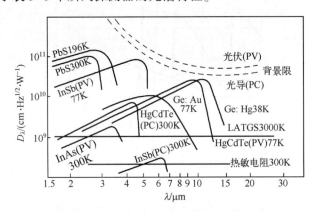

图 5-62 一些国产探测器的光谱特性

表 5-4 所列的是国外一些探测器性能。图 5-63 给出了表 5-4 中探测器的光谱特性。

表 5-4 国外某些探测器性能

	探测器材料	工作模式	响应波段 $\Delta\lambda/\mu m$	峰值波长 $\lambda_p/\mu m$	峰值比探测率 $D^*_{\lambda_p}$/(cm·Hz$^{1/2}$·W^{-1})	上升时间 τ/s	工作温度 T/K
热电	钽酸锂（LiTaO$_3$）	热释电	0.2~500	—	3×10^8	0.01s	300
	高莱管	气动	0.4~1000	—	10^{10}	0.02s	300
	铌酸锶钡（SBN）	热释电	2~20	—	10^8~5×10^2	5×10^4	300
	硫酸三甘肽（TGS）	热释电	0.1~300	—	10^9	10^4	300
	热敏电阻	热敏	0.1~300	—	2.5×10^3	1.5×10^3	300
半导体	硫化铅（PbS）	光导	1~3.5	2.4	8×10^{10}	200	300
	硫化铅（PbS）	光导	1~4	2.6	2×10^{11}	1×10^3	195
	硫化铅（PbS）	光导	1~4.5	3	2×10^{11}	1×10^3	77
	硒化铅（PbSe）	光导	1~5	4	2×10^9	<3	300
	硒化铅（PbSe）	光导	1~6	4.5	2×10^{10}	30	195
	硒化铅（PbSe）	光导	1~7	5	1.5×10^{10}	50	77
	锑化铟（InSb）	光伏	1~6	5	1~3×10^{11}	0.02~0.2	77
	碲锡铅（PbSnTe）	光伏	1~14	10	2×10^{10}	1	77
	碲镉汞（HgCdTe）	光伏	1~24	4~21	3×10^{10}	0.05~0.5	77

(续)

	探测器材料	工作模式	响应波段 $\Delta\lambda/\mu m$	峰值波长 $\lambda_p/\mu m$	峰值比探测率 $D^*_{\lambda_p}$ /(cm·Hz$^{1/2}$·W^{-1})	上升时间 τ/s	工作温度 T/K
锗	本征锗（Ge）	光导	0.5~1.6	1.5	10^{12}	0.02	243
	锗掺金（Ge:Au）	光导	1~10	5	10^{10}	0.01~0.1	77
	锗掺汞（Ge:Hg）	光导	1~14.5	10	$1~2\times10^{10}$	0.01~0.1	5
	锗掺铜（Ge:Cu）	光导	1~31	12；21	2×10^{10}	0.01~0.1	5
	锗掺镉（Ge:Cd）	光导	1~24	19	$2~3\times10^{10}$	0.01~0.1	5
	锗掺锌（Ge:Zn）	光导	1~41	39	$1~2\times10^{10}$	0.01~0.1	5
	锗掺镓（Ge:Ga）	光导	1~150	100	2×10^{10}	<1	4
硅	本征硅（Si）	光伏	0.5~1.05	0.84	$1~5\times10^{12}$	<1	300
	硅掺锌（Si:Zn）	光导	1~3.3	2.5	10^{11}	<1	212

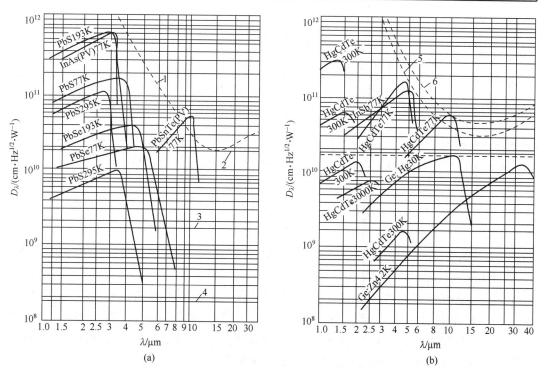

图 5-63 一些国外探测器的光谱特性（2π 球面度，295K）

1，5—理想光导型；2—理想热敏型；3—热释电型；4—热敏电阻型；6—理想光伏型。

5.2.4 光电探测器的性能比较及应用选择

1. 光电探测器的性能比较

（1）典型探测器内阻值比较。军用光电系统中，需进行低噪声前置放大器设计，必须了解探测器内阻值，以便根据最佳源电阻匹配原则选择低噪声管，得到最大的输出信噪比。探测器按内阻高低一般可分为三类，即低阻探测器（内阻低于100Ω）、中阻探测器

（内阻在 $100\Omega \sim 1M\Omega$）、高阻探测器（内阻高于 $1M\Omega$）。表 5-5 列出典型光电探测器的内阻和响应时间。

表 5-5 典型光电探测器内阻和响应时间

	名　称	内阻/Ω	响应时间/s
低阻	热电偶	$1\sim10$	$10^{-2}\sim1$
	蒸发型热电偶	$50\sim200$	$10^{-3}\sim10^{-2}$
	金属测辐射热计	$1\sim10$	$10^{-2}\sim10^{-1}$
	PIN 型锗二极管	约 50	约 10^{-7}
	HgCdTe（PV 77K）	$2.5\sim50$	约 10^{-8}
	HgCdTe（PC 77K）	$20\sim50$	$10^{-8}\sim10^{-7}$
中阻	锗测辐射热计（2.1K）	10^4	4×10^{-4}
	碳测辐射热计（2.1K）	$10^5\sim10^6$	10^{-2}
	PbS（PC 常温）	$10^5\sim10^7$	$5\times10^{-5}\sim5\times10^{-4}$
	PbSe（PC 常温）	$10^6\sim10^7$	约 2×10^{-6}
	InSb（PV 77K）	$10^3\sim10^5$	$<10^{-6}$
高阻	Ge：Au（PC 77K）	$10^5\sim10^7$	$<10^{-6}$
	热释电探测器	约 10^8	$3\times10^{-9}\sim4\times10^{-5}$

注：此表数值仅供参考。表列内阻是指暗直流电阻或动态电阻

（2）光谱响应范围比较。光电探测器的光谱响应范围主要由制作器件的材料决定，可综合归纳其基本要点：

① 热电探测器的光谱响应范围最宽，从可见光到远红外波段（$0.4\sim1000\mu m$）都有平坦的光谱响应，它们的光谱响应范围主要取决于器件的窗口材料，常用的光学窗口材料有：一般光学玻璃（$0.3\sim0.8\mu m$）、石英玻璃（$0.26\sim3.5\mu m$）、锗（$1.7\sim23\mu m$）、KRS-5（碘化铊-溴化铊）（$0.5\sim50\mu m$）。

② 光子探测器是对波长响应有选择性的探测器，它们的响应范围由材料自身特性决定。光谱响应范围在可见光及近红外波段最重要的材料有硒（$350\sim700nm$，λ_p 为 570nm）、硅（$400\sim1100nm$，λ_p 为 850nm），光谱响应范围在红外波段的材料很多，但它们的共同特点是一般要在低温下工作（多数在液氮温度 77K 下工作）。

（3）响应频率的比较。各种探测器响应频率特性都是由探测器的工作机制所决定的，各类探测器的响应时间见表 5-5，一般规律是热电探测器（除热释电探测器外）响应频率最低，一般只能达几千赫，其中热电偶响应频率在 100Hz 范围内；PC 探测器响应频率次之，一般在几兆赫范围内；PV 探测器响应频率比 PC 探测器高，可达到几百兆赫，其中 PIN 管响应频率最高，可达 GHz 级。

（4）光电特性直线性比较。光电特性直线性是指当加在光电探测器的偏置电压、负载电阻等参量不变时，探测器输出电压（电流）值与入射在探测器上的光照度的线性关系。这对于光度测量和辐射度测量来说是一个非常重要的性能指标。一般来讲，

光电导探测器的光电特性直线性最差,光伏探测器较好,光电倍增管的光电特性直线性最好。

(5) 入射光功率范围的比较。入射光功率范围是指探测器所能探测到的最低光功率和最高光功率,一般探测器的入射光功率范围在 $0.1\mu W$ 到几百毫瓦量级。作为特殊情况,在探测极微弱的可见光信号时多采用光电倍增管,其入射光功率范围在 $10^{-9} \sim 10^{-3}W$ 内,APD 在 $10^{-7} \sim 10^{-5}W$ 范围内;探测高能量激光功率时多采用光子牵引探测器和热电偶。

(6) 外加偏置电压的比较。除热电偶、光电池、光子牵引探测器以外,大部分光电探测器都需要外加偏置电压才能形成光电流(电压)。一般偏置电压都在几伏到几十伏范围,可以由整个光电系统的供电电路统一供电,比较方便。但是光电倍增管的外加直流电压在 $600 \sim 3000V$ 范围,APD 外加直流偏置电压在 $100 \sim 200V$,供电电路必须另外单独提供,给使用这类探测器带来不便。

(7) 探测率 D^* 大小的比较。探测率 D^* 包含了探测器噪声特性,因此它是衡量一个探测器性能的综合指标。各类探测器的 D^* 值已在前面详细介绍,从总体上看,热电探测器的 D^* 值最低,PC 探测器的 D^* 值次之,PV 探测器的 D^* 值最高。由于光电倍增管具有很高的内增益,在紫外和可见光波段探测微弱光信号方面仍是其他固体探测器所不能替代的。

(8) 工作环境及稳定性比较。探测可见光波段的硅光电探测器、CdS、CdSe 光敏电阻以及热电偶对工作环境没有特殊要求,而且体积小,稳定性比较好,使用方便。光谱响应在红外波段的光电探测器一般都在低温下工作,需要制冷装置,使用这类器件时必须考虑到这一点。在光电系统中如果对所探测的红外波段信号的灵敏度的要求不是很高时,一般可采用常温工作的热探测器。光电倍增管属于真空类器件,对杂散光、电磁干扰都十分敏感,同时,器件尺寸大,需要防震、防潮,对工作环境的要求比较苛刻。

(9) 价格比较。硅、CdS、CdSe 和制作热敏电阻的金属氧化物类的材料均是比较成熟的材料,应用范围宽,制作工艺简单,因此价格便宜;应用于红外波段的各类光子探测器,材料制备困难,同时需要加红外透镜,价格贵一些;光电倍增管制作工艺复杂,价格最贵。目前面市的许多探测器都配置有前置放大器,做成一体化,这给用户使用带来方便,但价格要贵一些。

表 5-6 给出了几种典型光电检测器件特性参数的定性比较。由表中可以看出:在动态特性(即频率响应与时间响应)方面,以光电倍增管和光敏二极管(尤其是 PIN 管与雪崩管)为最好;在光电特性(即线性)方面,以光电倍增管、光敏二极管和光电池为最好;在灵敏度方面,以光电倍增管、雪崩光敏二极管、光敏电阻和光敏晶体管为最好。值得指出的是,灵敏度高不一定就是输出电流大,而输出电流大的器件有大面积光电池、光敏电阻、雪崩光敏二极管和光敏晶体管;外加偏置电压最低的是光敏二极管、光敏晶体管,光电池不需偏置;在暗电流方面,光电倍增管和光敏二极管最小,光电池不加偏置时无暗电流,偏置后暗电流也比光电倍增管和光敏二极管大;长期工作的稳定性方面,以光敏二极管、光电池为最好,其次是光电倍增管与光敏晶体管;在光谱响应方面,以光电倍增管和 CdSe 光敏电阻为最宽,但光电倍增管响应偏紫外方向,而光敏电阻响应偏红外方向。

表 5-6　典型光电检测器件特性参数的定性比较

特性\器件	光谱和光电特性			电特性				时间特性	噪声特性	环境特性				价格
	光谱响应	灵敏度	线性度	伏安特性	外加电压	暗电流	输出电流	τ	D^*	面积	体积	温度稳定性	长期工作稳定性	
光电倍增管	从紫外到红外	很高	很好	饱和型	很高	小	小	很小	很高	大	很大	高	好	很高
光敏电阻	可见光至红外接近视见函数	高	很差	电阻型	高	很大	大	很大	低	可大可小	小	低	一般	低
光电池	可见光至红外	低	一般	光伏型	不需外电源	很大	很大	大	低	可大可小	小	低	一般	低
光敏二极管	可见光至红外	一般	好	光伏型饱和型	低	小	小	小	高	小	很小	高	最好	最低

2. 光电探测器的应用选择

光电探测器的应用选择，实际上是应用时的一些注意事项或要点。在很多要求不太严格的应用中，可采用任何一种光电探测器件。不过在某些情况下，选用某种器件会合适些。例如，当需要比较大的光敏面积时，可先选用真空光电管，因其光谱响应范围比较宽，故真空光电管在分光光度计中应用。当被测辐射等级很低（信号微弱）、响应速率较高时，采用光电倍增管最合适。因为其放大倍数可达 10^7 以上，这样高的增益可使其信号超过输出和放大线路内的噪声分量，使得对探测器的限制只剩下光阴极电流中的统计变化。因此其在天文、光谱学、激光测距和闪烁计数等方面得到广泛应用。

目前，固体光电探测器件用途非常广。CdS 光敏电阻因成本低而在光亮度控制（如照相自动曝光或路灯日光控制等）中采用；光电池是固体光电器件中具有最大光敏面积的器件，它除做探测器件外，还可做太阳能变换器；硅光电二极管体积小、响应快、可靠性高，而且在可见光与近红外波段内有较高的量子效率，因而在各种工业控制中获得应用。硅雪崩管由于增益高、响应快、噪声小，因而在激光测距与光纤通信中普遍采用。

光电检测器件不仅要和前端的光学系统而且要和后续的电子系统在特性和工作参数上相匹配，使每个相互连接的器件都处于最佳的工作状态。和光路的匹配是在对辐射源和光路进行光谱分析和能量计算的基础上，通过合理选择光路和器件的光学参数来实现的。而和电路的匹配则应根据选定的检测器件的参数，通过正确选择和设计电路来完成。光电检测电路的设计就是要根据光电检测器来选择输入电路形式，并估算电路工作状态和参数，从而在保证信号不失真的情况下获得最大的光电转换和传输效率。现将光电检测器件的应用选择要点归纳如下。

（1）光电检测器件必须和辐射信号源及光学系统在光谱特性上匹配。图 5-64 给出了典型光源和探测器的光谱特性曲线。由图分析可知，如测量波长是紫外波段，则选 PMT 或专门的紫外光电半导体器件；如果信号是可见光，则可选 PMT、光敏电阻与 Si 的光电器件；如是红外信号，选光敏电阻，近红外选 Si 的光电器件或 PMT。

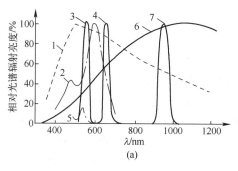 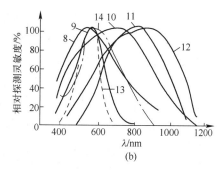

图 5-64 典型辐射源和探测器的光谱特性对照

(a) 典型光源相对光谱辐射亮度曲线；(b) 探测器相对探测灵敏度曲线。

1—太阳光；2—荧光灯；3—GaP 型 LED；4—GaAsP 型 LED；5—双波段 LED；6—钨丝灯（2854K）；7—GaAs 型 LED；8—检测器 Si 光敏二极管；9—照相用 Si 光敏二极管；10—平面型 Si 光电池；11—光敏晶体管；12—台面型光敏二极管；13—视见函数；14—CdS 光敏电阻。

（2）光电检测器件的光电转换特性必须和入射辐射能量相匹配。其中首先要注意的是器件的感光面要和照射光匹配好。因光源必须照到器件的有效位置，如发生变化，则光电灵敏度将发生变化。如太阳电池具有大的感光面，一般用于杂散光或者没有达到聚焦状态的光束的接收。又如光敏电阻是一个可变电阻，有光照的部分电阻就降低，必须设计光线照在两电极间的全部电阻体上，以便有效地利用全部感光面。光电二、三极管的感光面只是结附近的一个极小的面积，故一般把透镜作为光的入射窗，要把透镜的焦点与感光的灵敏点对准。光电池的光电流比其他器件因照射光的晃动要小些。一般要使入射通量的变化中心处于检测器件光电特性的线性范围内，以确保获得良好的线性检测。对微弱的光信号，器件必须有合适的灵敏度，以确保一定的信噪比与输出足够强的电信号。

（3）光电检测器件必须和光信号的调制形式、信号频率及波形相匹配，以保证得到没有频率失真的输出波形和良好的时间响应。这种情况主要是选择响应时间短或上限频率高的器件，但在电路上也要注意匹配好动态参数。

（4）光电检测器件必须和输入电路在电特性上良好地匹配，以保证有足够大的转换系数、线性范围、信噪比及快速的动态响应等。

（5）为使器件具有长期工作的可靠性，必须注意选好器件的规格和使用的环境条件。一般要求在长时间的连续使用中，能保证在低于最大限额状态下正常工作。当工作条件超过最大限额时，器件的特性即急剧劣化，特别是超过电流容限值后，其损坏往往是永久性的。使用的环境温度和电流容限一样，当超过温度的容限值后，一般将引起缓慢的特性劣化。总之，要使器件在额定条件下使用，才能保证稳定可靠地工作。

5.2.5 红外探测器的制冷器

为降低光电探测器的噪声电平，特别是用于探测中、远红外辐射的探测器，其电子的受激能很小就可产生激发而改变电学特性，有时在常温下因热激发的作用就已产生了很大的噪声电平，使之失去了作为光电探测器的功能。因此，这时的制冷是必不可少的。有时还必须实施深制冷，探测器才能正常工作。

为保证制冷探测器与外界尽可能少地热交换，通常采用杜瓦瓶结构。典型的杜瓦瓶原理如图 5-65 所示。杜瓦瓶夹层空间被抽成真空，以隔绝与外界的对流交换热量；并在不通光的壁上镀以高的光辐射反射层，以隔绝探测器与外界的辐射交换热量。探测器装在夹层中制冷剂室的端部，这样的探测器只与制冷剂之间进行热传导而制冷，也断绝了与外界的传导交换热量。图中杜瓦瓶下端（有时为侧窗）为透红外光辐射的窗口，目标的辐射由此透射到探测器。为尽可能减小背景噪声，中间加有冷光屏，使探测器的有效接收角与光学系统的孔径角基本一致。探测器的引线由真空中通过管壁引到外部。杜瓦瓶大小、材料、式样等种类繁多，但其基本原理相同。

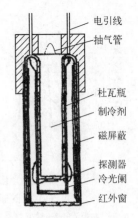

图 5-65 杜瓦瓶结构简图

获得低温的方法大致有物理和化学两种。在红外探测器制冷中常用物理方法。由于使用场合和要求制冷温度的不同，可利用不同的原理制成合适的制冷器。

1. 液体制冷器

相变制冷原理：物质相变是指其聚集状态的变化，物质发生相变时，需要吸收或放出量，这种热量称为相变潜热。利用制冷工作物质相变吸热效应，如固态工作物质溶解吸热或升华吸热、液体汽化吸热等而达到制冷。

最简单的方法是将液态制冷剂直接注入上述杜瓦瓶中，探测器的热负载不断消耗制冷剂使其汽化而排出。这种方法只适合在实验室中，且液态制冷剂易于获得的情况下使用。常用的制冷剂的汽化温度如表 5-7 所示。其中用得最多的是液氮和液氦。

表 5-7 常用制冷剂及其汽化温度

制冷温度/K	制 冷 剂	汽化温度/K
195	干冰 液氧	194.6 90.2
77	液氩 液氮	87.2 77.3
35 以下	液氖 液氢 液氦	27.1 20.4 4.2

在杜瓦瓶的冷液室中直接注入液氮制冷剂，构成液氮制冷器。探测器在杜瓦瓶真空层内，并用冷屏蔽来限制探测器接收来自周围的背景辐射。由于液氮的沸点是 77K，故可保持探测器要求的制冷温度。杜瓦瓶制冷器的优点是结构简单，制冷的温度稳定且其冷量充足。

2. 焦耳-汤姆逊制冷器

按照焦耳-汤姆逊效应（简称焦-汤效应），高压气体通过小孔节流膨胀，将是一个吸热效应，使节流后的气体温度下降，在低温气体排出过程中去冷却高压气体，使高压气体温度在越来越低的温度下节流，这一过程的连续进行将使部分节流后气体液化，获得低温。

图 5-66 是焦-汤效应制冷的流程图，制冷工作物质为高压氮气。高压氮气由入口进入热交换器，通过节流小孔节流膨胀并降温；降温的氮气通过回路返回热交换器，与高温高压氮气换热，使节流前的高压氮气温度降低，然后经排气口排出。于是，在更低的温度下进行节流膨胀，温度进一步下降。此过程继续下去，使高压氮气在越来越低的温度下节流膨胀，膨胀后的温度越来越低，最终可使一部分氮气在制冷腔中液化，获得近于 77K 的低温。

焦-汤制冷器是目前较为成熟的制冷器之一（图 5-67），具有制冷部件体积小、质量轻、无运动部件、机械噪声小、使用方便等特点，但气源可得性差，高压气瓶较重，对工作气体的纯度要求苛刻，一般杂质含量不得高于 0.01%，否则造成节流孔堵塞而停止工作。

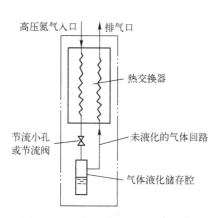

图 5-66 焦-汤效应制冷的流程图

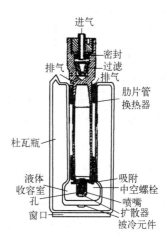

图 5-67 焦-汤制冷器的结构图

焦-汤制冷器包括开式和闭合循环式两种。开式指制冷工质在节流膨胀后排掉，不再回收利用，一般用在要求制冷时间短的装置中。闭式循环制冷器是指制冷高压气体由压缩机连续地供给，节流膨胀后回收，由压缩机再压缩成高压气体，再用于节流膨胀制冷，制冷工质循环使用，多用在要求长期连续运转的系统中。

为了获得更低的制冷温度，可用两个焦-汤制冷器耦合在一起，构成双级焦-汤制冷器。它用两种工质：一种用于获得预冷级温度；另一种用于获得最终温度。如氮-氖双级焦-汤制冷器，用氮为预冷级获得 77K 的低温，用氖获得 30K 的最终低温。一般采用闭环制冷系统，需要两个压缩机同时供应两种制冷工质，故制冷器成本高、体积大、质量大，适用于地面站的红外系统中。

3. 斯特林制冷器

斯特林循环制冷器利用气体等熵膨胀原理而工作（图 5-68），由压缩腔、冷却器、再生器和制冷膨胀腔等部分组成。在压缩腔里，有个压缩活塞；在制冷膨胀腔里有个膨胀活塞。为了使结构紧凑，减少界限尺寸，把再生器装在膨胀活塞里，再生器填料是在低温下有较大热容量的不锈钢网或铅粒等。再生器把压缩腔和制冷膨胀腔连通起来，制冷工质（氮气或氢气）可自由流通，构成一个闭式循环系统。图中同时给出由两个等温、两个等容过程组成的制冷循环过程图。制冷循环过程分四步：a→b 是等温压缩过程，压缩热由冷却器带走；b→c 是等容降温过程，压缩气体通过再生器而降温；c→d 是等温膨胀制冷过程，压缩气体在恒定的温度下膨胀吸收热量；d→a 是等容升温过程，低温低压气体由膨胀活塞推过再生器而复温，从而完成一个制冷循环。

在实际工作过程中，两个活塞是通过各自的连杆装在同一个曲轴上，两连杆间有固定的相位角差，按正弦规律连续运动。曲轴转速很高，一般在 1500r/min 以上，所以近似于连续的压缩和制冷膨胀，制冷效率较高。

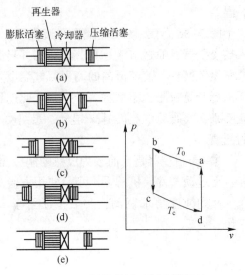

图 5-68　斯特林循环制冷器原理

斯特林循环制冷器（Stirling Cycle Rotary Coolers）是一种用途广、寿命长的制冷器，具有结构紧凑、体积小、质量轻、制冷温度范围宽（77~10K）、启动时向短、效率高、寿命长、操作简单、可长期连续工作等优点，但由于冷头处有高速运动的活塞，对加工工艺的要求高，否则可能产生较大的机械振动，引起器件噪声的增大，故价格较昂贵。

为此，人们研制了分置式斯特林循环制冷器：在这种制冷器中，把压缩部分与膨胀部分分开，其间用一根气体管道相连，以往复马达取代原来的曲柄连杆机构旋转马达驱动（图 5-69）。分置式斯特林制冷器既保持了整体斯特林制冷器高效率的长处，又使振动、磨损和工质污染、泄漏大大减少，寿命及可靠性大为提高。还允许把更大更重的压缩机安装在更合适的位置上，与光学系统的配合更加方便。

图 5-70 给出法国 SOFRADIR 公司 288×4 焦平面探测器可配置的两种集成式、一种分置式斯特林制冷组件以及一种 J-T 制冷组件，其可根据需要及成本因素，选择不同的配置方案。

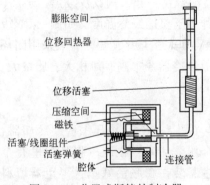

图 5-69　分置式斯特林制冷器

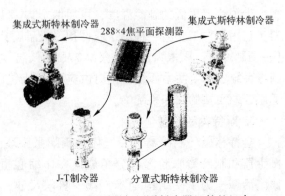

图 5-70　探测器与不同制冷器组件的组合

第 5 章 光辐射的调制与光电转换

4. 半导体制冷器

珀尔贴效应：如果把任何两种物体联结成电偶对，构成闭合回路，当有直流电通过时，在一个接头电子与空穴产生分离运动，吸收能量而变冷，另一接头处产生复合，放出能量而变热。

一般物体的珀尔贴效应不明显，如果用两块 N 型和 P 型半导体做电偶对时，就会产生非常明显的珀尔贴效应，冷端可用于探测器制冷，故又称温差电制冷器或半导体制冷器。半导体制冷器的制冷能力取决于半导体材料和回路中电流。目前，较好的半导体材料为碲化铋及其固熔体合金，一级半导体制冷器可获得大约 60℃ 的温差。为达到更低制冷温度，可将多级热电偶对串接起来，即把一个热电偶对的热结与下一个热电偶对的冷结形成良好的热接触。图 5-71 为半导体三级制冷器，可达 190K 的低温。据报道，六级和八级的制冷器分别可获得 170K 和 145K，离通常要求的 77K 还相差甚远，级数再多，效果也不明显。所以只能用于要求制冷温度不太低的探测器制冷或非制冷焦平面探测器的恒温。

半导体制冷器的优点是结构简单、寿命长、可靠性高、体积小、质量轻、无机械振动和冲击噪声，维护方便，只消耗电能。

5. 辐射制冷器

辐射传热：如果两物体温度不同，高温物体就要辐射能量，温度降低；而低温物体则吸收辐射能，温度升高。由于宇宙空间处于高真空、深低温状态，处于这种特殊环境中，物体可以和周围的深冷（约 3K）空间进行辐射热交换，从而使热物体不断降温，达到制冷的目的。

辐射制冷器由冷片、辐射器、帽檐、多层绝热层和外屏蔽等部分组成。为了获得不同的制冷温度，可由一个、两个或三个以上大小不同的辐射器串联构成单级、双级或三级制冷器，图 5-72 为欧洲 ESA 卫星上的辐射制冷器，它能把红外探测器制冷到 95K。

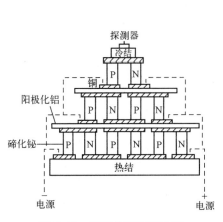

图 5-71 半导体三级制冷器

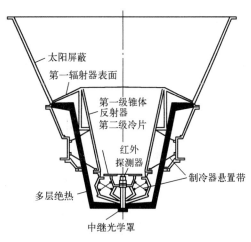

图 5-72 欧洲 ESA 卫星的辐射制冷器

辐射制冷器的优点是使用寿命长，不需外加制冷功率，没有运动部件，因此不会产生振动、冲击噪声，可靠性高。缺点是要求卫星的运行轨道和姿态得到控制，保证辐射制冷器始终对准超低温的宇宙空间，不允许太阳光或地球等的红外辐射直射到制冷器中的辐射器上。

制冷器对保证红外探测器获得最佳工作性能至关重要，这就要求根据红外系统的工作条件和要求，合理选择适当的制冷器。表征制冷器性能的主要指标是制冷温度、制冷时间、功耗、可分解性、界限尺寸、使用寿命和可维修性等。

思考题

1. 军用光电系统中为什么要对光辐射进行调制？
2. 如何实现正弦型调制？
3. 简述调制盘的主要分类及各种调制盘的工作原理。
4. 棋盘格式调制盘的空间滤波原理是什么？
5. 棋盘格式调制盘和光点扫描式调制盘的调制特性有何区别？
6. 脉冲编码式调制盘有何特点？
7. 光电探测器与热电探测器在原理和特性上有什么不同，它们各有哪些类型？
8. 标志探测器性能的主要参量有哪些？说明它们物理意义。
9. 给出比探测率的定义，在估算探测距离时如何使用？
10. 基于探测器的性能应如何进行探测器应用选择？

第6章 光电信号的检测与处理

目标和背景的光辐射经大气传输、光学汇聚、光电转换后成为电信号，这里考虑到信息的来源，称其为光电信号。光电信号既包含所需的目标信息，同时也含有多种随机噪声，而真正需要的仅仅是目标信息。但是，从探测器直接输出的光电信号，其强弱、形式等不一定会满足实际的需求，必须采取各种处理技术，以便更好获得探测目标信息并进行应用。本章对光电信号主要检测方法和光电信号主要处理技术分两节进行介绍。

6.1 光电信号检测

在各类光电系统中，被探测的景物信息通常是某一确定的辐射量，光电系统对目标辐射进行检测时，对获取的景物辐射总是先行调制或对景物进行扫描，然后再提取有用信息。来自目标的光辐射在进入光电系统之前，通常需要经过一定距离的大气传输，而大气对其所产生的吸收和散射衰减过程都具有随机性，因此光电系统接收到的光辐射同样也具有随机性。此外，在光电系统转换及处理等过程中，还将会不断引入各种噪声，致使光电信号的检测过程必然会受到来自系统内部各种噪声以及背景噪声的影响，而这些噪声也都是具有统计特性的。可以看出，光电信息检测就是用信号和噪声的统计特性来尽可能地抑制噪声而提取有用信息。

6.1.1 噪声和信号分析

在所研究的系统中，任何虚假的和不需要的信号统称为噪声。噪声的存在不仅会干扰有用信号，而且会影响系统信号的探测极限。因此，探讨探测极限和抑制噪声、提高探测本领将是信号检测过程中两项重要的内容。

1. 噪声的主要类型

对于一个系统来说，噪声通常可分为外部和内部噪声。来自外部的干扰噪声就其产生原因又可分为人为造成和自然造成两类。人为造成的干扰噪声通常来自电器电子设备，如高频炉、无线电发射、电火花和气体放电等，它们都会产生不同频率的电磁干扰。自然形成的噪声主要来自大气和宇宙间的干扰，如雷电、太阳、星球的辐射等。可以通过采用适当的屏蔽、滤波等方法来减少或消除这些干扰所引起的噪声。

系统内部的噪声也可分为人为造成和固有噪声两类。人为产生的噪声主要是指50Hz干扰、寄生反馈造成的自激等干扰，这些干扰噪声可通过合理地设计和调整，将其消除或降到允许的范围内。而内部固有噪声是由于系统各元器件中带电微粒不规则运动的起伏所造成，它们主要是热噪声、散粒噪声、产生-复合噪声、$1/f$噪声和温度噪声等。这些噪声对实际元器件来说是固有的，不能消除，只能通过电路来控制它们对检测结果的影响。

光电系统中常见的固有噪声类型如下。

1) 电阻热噪声

当某电阻处于环境温度高于绝对零度的条件下，由于内部自由电子杂乱无章的热运动，形成起伏变化的噪声电流。其大小与极性均在随机变化（如图 6-1 所示），长时间的平均值为零，该噪声常用噪声电流的均方值 I_{nT}^2 或均方根值 I_{nT} 表示

$$I_{nT}^2 = \frac{4kT\Delta f}{R} \tag{6-1}$$

也可用对应电阻两端产生的噪声电压均方值 E_{nT}^2 或均方根值 E_{nT} 表示

$$E_{nT}^2 = 4kTR\Delta f \tag{6-2}$$

式中：R 为电阻值；k 为玻尔兹曼常数；T 为电阻所处的绝对温度；Δf 为测量系统的频带宽度。

可见该噪声的大小与测量系统的频率无关，通常认为在频率 $f < 10^{11}$ Hz 的频带内，噪声功率谱密度分布平坦，所以电阻热噪声是一种白噪声。

i_{nT} 随时间无规则变化，它总是围绕在横轴上下，其平均值趋于零。图 6-2 给出了具有热噪声的电阻的两种等效电路：一种是等效电流源 I_n 与理想无噪声电阻 R 的并联；另一种等效为电压源 E_n 与理想无噪声电阻 R 的串联。

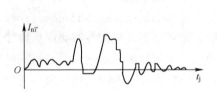

图 6-1 电阻热噪声电流的瞬时变化

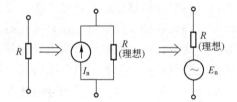

图 6-2 电阻热噪声的等效电路

2) 散粒噪声

散粒噪声又称散弹噪声，当元器件中有直流电流通过时，实际上该直流电流的大小只表征了流过电流的平均值，而微观的随机起伏叠加在直流电平上，如图 6-3 所示。这种随机起伏就形成了散粒噪声，通常由电子发射的随机起伏所引起。如光电倍增管的光阴极和二次极的电子发射；光伏器件、晶体管中穿过 PN 结的载流子涨落等。

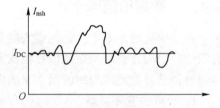

图 6-3 散粒噪声的瞬时变化

散粒噪声的电流均方值 I_{nsh}^2 表示为

$$I_{nsh}^2 = 2qI_{DC}\Delta f \tag{6-3}$$

式中：q 为电子电荷；I_{DC} 为流过电流的直流量。可见该噪声与频率无关，也是一种白噪声。

3) $1/f$ 噪声

$1/f$ 噪声又称闪烁噪声，通常由于元器件中存在局部缺陷或微量杂质所引起。该噪声常用以下经验公式表示

$$I_n^2 = \frac{K_1 I^\alpha \Delta f}{f^\beta} \tag{6-4}$$

式中：K_1 为与元器件有关的参数；α 为与流过电流 I 有关的常数，通常取 $\alpha=2$；β 为与元器件材料性质有关的系数，在 0.8~1.3 之间，常取 $\beta=1$。代入有关系数则有

$$I_n^2 = \frac{K_1 I^2 \Delta f}{f} \tag{6-5}$$

可见噪声电流均方值与电路频率 f 成反比，故称为 $1/f$ 噪声，其噪声功率谱主要集中在低频段，有时又称为低频噪声。它是有"色"噪声而不是白噪声。

4）产生-复合噪声

产生-复合噪声简称 g-r 噪声。光电导探测器因光（或热）激发产生载流子和载流子复合这两个随机过程引起电流的随机起伏，从而形成产生-复合噪声。该噪声电流的均方值可表示为

$$I_n^2 = \frac{4qI(\tau/\tau_e)\Delta f}{1+4\pi^2 f^2 \tau^2} \tag{6-6}$$

式中：I 为流过光电导器件的平均电流；τ 为载流子的平均寿命；τ_e 为载流子在光电导器件两电极间的平均漂移时间。

由式（6-6）可知该噪声与频率 f 有关，属非白噪声，但在相对低频的条件下，即 $4\pi^2 f^2 \tau^2 \ll 1$ 时，上式可简化为

$$I_n^2 = 4qI(\tau/\tau_e)\Delta f \tag{6-7}$$

这时该噪声可近似为白噪声。有时把 $\tau/\tau_e = G$ 称为光电导器件的内增益，上式又可写为 $I_n^2 = 4qIG\Delta f$。

5）温度噪声

这是热敏器件因温度起伏引起的噪声，用温度起伏的均方值表示

$$\Delta T_n^2 = \frac{4KT^2 \Delta f}{G_Q(1+\omega^2 \tau^2)} \tag{6-8}$$

式中：T 为热敏器件的绝对温度；G_Q 为器件的热导。该噪声直接影响热敏探测器的探测极限。

6）背景辐射的光子噪声

探测器所接收到的目标和背景辐射都具有起伏特性，这种入射辐射通量的起伏引起探测器产生的噪声，统称为背景辐射的光子噪声，或称背景限噪声。

对于某个确定的探测器来说，除前面所述的各种固定噪声外，还必然存在着光子噪声。固定噪声还可通过设计、制造工艺的控制及处理等方法来加以抑制。而背景辐射所引起的光子噪声只与接收到的平均光子数有关。当器件噪声以光子噪声为主时，形成了背景噪声限的探测器（Blip）。

2. 噪声的特性

以上讨论的各种噪声都具有随机性，在一般情况下可以把它们当作平稳随机过程来处理，其特征是它的统计特性与观察时间 t 无关。或者是随机过程的数学期望和方差值不依赖于观察时间 t，且相关函数仅依赖于时间差 τ。

如果一个平稳随机过程的任一样本函数 $x(t)$ 的时间平均值等于它任一时刻 t 的统计平均值，则该平稳随机过程称为各态历经的平稳随机过程，其数学表达式为

$$\langle x(t) \rangle = \lim_{T \to \infty} \frac{1}{T} \int_0^T x(t) \mathrm{d}t \tag{6-9}$$

就是说可以用测量其时间平均值的方法去确定其统计平均值。在光电系统中的噪声一般都可当作各态历经的平稳随机过程看待。在噪声值测量时可用均方根来表示其统计平均值。

噪声电压的瞬时值可取 E_1、E_2、…、E_i 等不同值，对应出现的概率为 $P(E_1)$、$P(E_2)$、…、$P(E_i)$ 等，其规律符合高斯分布。因此其算术平均值可按下式计算

$$\overline{E} = (E_1 + E_2 + \cdots + E_n)/n \tag{6-10}$$

其均方值为

$$\sigma^2 = \frac{(E_1 - \overline{E})^2 + (E_2 - \overline{E})^2 + \cdots + (E_n - \overline{E})^2}{n} \tag{6-11}$$

其概率分布函数（概率密度）为

$$P(E) = \frac{1}{\sqrt{2\pi}\sigma} \exp\left[\frac{-(E - \overline{E})^2}{2\sigma^2}\right] \tag{6-12}$$

式中：σ 在这里又称为标准偏差。

3. 信号分析

从统计检测的角度分析，光电系统信号的主要特点如下：

（1）光电系统的信号是按选定的调制或扫描方式确定的。在规定的工作条件下，信号的幅值、相位、频率均为已知。虽然大气对信号幅值存在着随机干扰，但常将大气衰减当作已知量来处理，因此信号幅值也认为是确定的。

（2）光电系统的检测通常是属于信号有或无的检测，但是景物是否会在视场中出现，也是无法预先知道的。如设 H_0 为信号不存在的假设，H_1 为信号存在的假设，也就是说有关消息的先验概率 $P(H_1)$、$P(H_0)$ 无法预知。

在信号检测时，总要在一定门限情况下对接收到的信号进行判断。由于检测是从统计观点出发的，所以会发生以下四种情况：

① 正确报警——实际有信号而报信号存在。
② 虚警——实际无信号而报信号存在。
③ 漏警——实际有信号而报无信号存在。
④ 正确不报警——实际无信号而报信号不存在。

以上各类情况分别发生时，通常用各类加权因子去表示系统所承受风险的大小。

在光电系统中检测发生的各类错报，其后果是无法估计的，因此表示各类风险的加权因子也无法确定，风险无法估计。

（3）光电系统信号可能包含着各种不同的频率成分，且各种频率分量具有各自的幅角和相位。但通常在进行信号检测分析、计算时都只取基频成分，若还需计算其他频率成分，则可类比进行。因此红外系统信号 $S(t)$ 可简单地表示成幅值为 a、角频率为 ω_0 的余弦信号。

$$S(t) = a\cos\omega_0 t \tag{6-13}$$

6.1.2 信号与噪声的分离

由上节的分析可知，军用光电系统中的信号频率是固定的某个频率，而系统内的噪声则可能覆盖所有的频率，因此，为更好获得信号而抑制噪声，通常利用窄带滤波，将信号频率之外的大多数噪声滤除，降低噪声的幅值，实现信号和噪声在幅值上的分离，进而得到高信噪比的光电信号，便于后续的信号检测和信号处理。

1. 噪声通过窄带滤波器的情况

任何噪声都可表示为

$$x(t) = \sum_{m=1}^{\infty} (x_{mc}\cos\omega_m t + x_{ms}\sin\omega_m t) \tag{6-14}$$

即无穷多个频率分量之和，认为直流分量为零。

由于噪声是随机型高斯分布，所以 x_{mc} 和 x_{ms} 表示的各谐波分量也都是随机高斯型。

光电系统中常利用窄带滤波器尽可能滤去噪声突出信号，如图6-4所示。其传递函数为线性，幅值只在中心频率 ω_0 附近的一个小区间 $\Delta\omega$ 内为有限值 K_ω，其余区域均为零。

噪声通过该窄带滤波器后，其输出为

$$\begin{aligned} y_n(t) &= K_\omega x(t) \\ &= K_\omega \sum_{m=1}^{\infty} [x_{mc}(t)\cos\omega_m t + x_{ms}(t)\sin\omega_m t] \end{aligned} \tag{6-15}$$

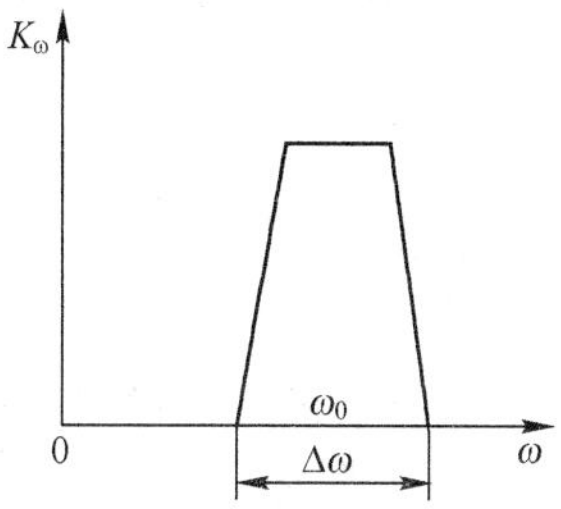

它可表示为

$$y_n(t) = y_c(t)\cos\omega_0 t + y_s(t)\sin\omega_0 t \tag{6-16}$$

式中

$$y_c(t) = K_\omega \sum_{m=1}^{\infty} [x_{mc}(t)\cos(\omega_m - \omega_0)t + x_{ms}(t)\sin(\omega_m - \omega_0)t]$$

$$y_s(t) = K_\omega \sum_{m=1}^{\infty} [x_{ms}(t)\cos(\omega_m - \omega_0)t - x_{mc}(t)\sin(\omega_m - \omega_0)t]$$

图6-4 窄带滤波器的传递特性

只取 $|\omega_m - \omega_0| \leq 0.5\Delta\omega$ 频率范围内的值，由于 $y_c(t)$ 和 $y_s(t)$ 只是缓慢变化的随机量，因此 $y_n(t)$ 相当于以 ω_0 为载波的调制波。

式（6-15）还可以表示为

$$y_n(t) = Y_n(t)\cos[\omega_0(t) - \varphi_n(t)] \tag{6-17}$$

式中

$$Y_n(t) = [y_c^2(t) + y_s^2(t)]^{\frac{1}{2}} \tag{6-18}$$

$$\varphi_n(t) = \arctan[y_s(t)/y_c(t)] \tag{6-19}$$

显然有

$$y_c = Y_n(t)\cos\varphi_n(t) \tag{6-20}$$

$$y_s = Y_n(t)\sin\varphi_n(t) \tag{6-21}$$

由于输出噪声 $y_n(t)$ 为高斯分布，其分量 $y_c(t)$ 和 $y_s(t)$ 也是高斯分布，且两者是相互

统计独立的。两者的联合概率密度为

$$P(y_c, y_s) = \frac{1}{2\pi\sigma^2}\exp\left(-\frac{y_c^2 + y_s^2}{2\sigma^2}\right) \tag{6-22}$$

对应

$$P(Y_n, \varphi_n) = |J|P(y_c = Y_n\cos\varphi_n, y_s = Y_n\sin\varphi_n) \tag{6-23}$$

式中：J 为雅可比行列式

$$J = \begin{vmatrix} \dfrac{\partial Y_n\cos\varphi_n}{\partial Y_n} & \dfrac{\partial Y_n\sin\varphi_n}{\partial Y_n} \\ \dfrac{\partial Y_n\cos\varphi_n}{\partial \varphi_n} & \dfrac{\partial Y_n\sin\varphi_n}{\partial \varphi_n} \end{vmatrix} \tag{6-24}$$

所以

$$\begin{cases} P(Y_n, \varphi_n) = \dfrac{Y_n}{2\pi\sigma^2}\exp\left[-\dfrac{Y_n^2}{2\sigma^2}\right] & Y_n \geq 0, 2\pi \geq \varphi_n \geq 0 \\ P(Y_n, \varphi_n) = 0 & \text{其他} \end{cases} \tag{6-25}$$

下面分别求出 Y_n 与 φ_n 的概率密度函数。

Y_n 是噪声的包络（幅度），$P(Y_n)$ 应是 $P(Y_n, \varphi_n)$ 在 $0 \sim 2\pi$ 范围内对 φ_n 的积分，即

$$\begin{aligned} P(Y_n) &= \int_0^{2\pi} P(Y_n, \varphi_n)\mathrm{d}\varphi_n \\ &= \frac{Y_n}{\sigma^2}\exp\left(-\frac{Y_n^2}{2\sigma^2}\right) \quad (Y_n \geq 0) \end{aligned} \tag{6-26}$$

这是瑞利分布。若令 $Y_n/\sigma = v$，即以均方根噪声实行归一化，则上式变为

$$\begin{aligned} P(v) &= |J|P(Y_n = \sigma v) \\ &= v\exp\left(-\frac{v^2}{2}\right) \end{aligned} \tag{6-27}$$

该式为噪声通过窄带滤波器后的噪声幅度概率密度表达式。

φ_n 是噪声的相位，$P(\varphi_n)$ 应是 $P(Y_n, \varphi_n)$ 在 $0 \sim \infty$ 范围内对 Y_n 的积分值。

$$\begin{aligned} P(\varphi_n) &= \int_0^{\infty} P(Y_n, \varphi_n)\mathrm{d}Y_n \\ &= \int_0^{\infty} \frac{Y_n}{2\pi\sigma^2}\exp\left(-\frac{Y_n^2}{2\sigma^2}\right)\mathrm{d}Y_n \\ &= \frac{1}{2\pi} \end{aligned} \tag{6-28}$$

该式表明 $P(\varphi_n)$ 为均匀分布。

2. 信号加噪声通过窄带滤波器的情况

在噪声干扰下检测信号，应讨论信号加噪声的特性，这时的总输出为

$$\begin{aligned} y(t) &= s(t) + y_n(t) \\ &= a\cos\omega_0 t + y_c(t)\cos\omega_0 t + y_s(t)\sin\omega_0 t \\ &= y_c'(t)\cos\omega_0 t + y_s(t)\sin\omega_0 t \end{aligned} \tag{6-29}$$

式中：$y'_c(t)$ 是确定量 a 和随机量 $y_c(t)$ 之和，应仍为高斯分布，只是 $y'_c(t)$ 分布的平均值大于 $y_c(t)$，但不影响方差。对于噪声的任一取样值而言，可用图 6-5 表示这一组合。由图可知

$$\rho(t) = [y'^2_c(t) + y^2_s(t)]^{\frac{1}{2}} \quad (6\text{-}30)$$

$$\theta(t) = \arctan[y_s(t)/y'_c(t)] \quad (6\text{-}31)$$

而
$$y'_c(t) = \rho(t)\cos\theta(t) \quad (6\text{-}32)$$

$$y_s(t) = \rho(t)\sin\theta(t) \quad (6\text{-}33)$$

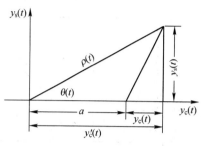

图 6-5 信号加噪声任一取样组合

其概率密度分别为

$$P(y'_c) = \frac{1}{\sqrt{2\pi}\sigma}\exp\left[-\frac{(y'_c - a)^2}{2\sigma^2}\right] \quad (6\text{-}34)$$

$$P(y_s) = \frac{1}{\sqrt{2\pi}\sigma}\exp\left[-\frac{y^2_s}{2\sigma^2}\right] \quad (6\text{-}35)$$

两者相互统计独立，其联合概率密度为

$$P(y'_c, y_s) = \frac{1}{2\pi\sigma^2}\exp\left[-\frac{(y'_c - a)^2 + y^2_s}{2\sigma^2}\right] \quad (6\text{-}36)$$

通过参量变换可得 $P(t)$ 和 $\theta(t)$ 的联合概率密度为

$$P(\rho, \theta) = |J|P(y'_c, y_s) = \rho P(y'_c, y_s) \quad (6\text{-}37)$$

所以

$$P(\rho, \theta) = \rho \frac{1}{2\pi\sigma^2}\exp\left[\frac{-(y'_c - a)^2 + y^2_s}{2\sigma^2}\right]$$

$$= \rho \frac{1}{2\pi\sigma^2}\exp\left[-\frac{\rho^2 + a^2 - 2\rho a\cos\theta}{2\sigma^2}\right] \quad (\rho \geq 0, 2\pi \geq \theta > 0) \quad (6\text{-}38)$$

信号加噪声的幅值的概率密度 $P(\rho)$ 为

$$P(\rho) = \int_0^{2\pi} P(\rho, \theta)\mathrm{d}\theta = \int_0^{2\pi} \frac{\rho}{2\pi\sigma^2}\exp\left[-\frac{\rho^2 + a^2 - 2\rho a\cos\theta}{2\sigma^2}\right]\mathrm{d}\theta$$

$$= \frac{\rho}{2\pi\sigma^2}\exp\left[-\frac{\rho^2 + a^2}{2\sigma^2}\right]\int_0^{2\pi}\exp\left[\frac{\rho a\cos\theta}{2\sigma^2}\right]\mathrm{d}\theta$$

$$= \frac{\rho}{\sigma^2}\exp\left[-\frac{\rho^2 + a^2}{2\sigma^2}\right]I_0\left(\frac{\rho a}{\sigma^2}\right) \quad (6\text{-}39)$$

式中：$I_0(x)$ 是以 x 为变量的零阶第一类变形贝塞尔函数的值。其简略的关系曲线如图 6-6 所示。

式（6-39）的概率分布称为广义瑞利分布或莱斯分布。若将 ρ、a 对 σ 归一化，令 $R = \rho/\sigma$，$A = a/\sigma$ 则有

$$P(R) = |J|P(\rho = \sigma R) \quad (6\text{-}40)$$

而这里 $|J| = \delta$，所以有

$$P(R) = R \cdot \exp\left[-\frac{R^2 + A^2}{2}\right]I_0(RA) \quad (R \geq 0) \quad (6\text{-}41)$$

式中：A 是信噪比，当 A 值不同时，该式所对应的曲线有不同的形状，如图 6-7 所示。由图可见，当 $A \to 0$ 时，即无信号时，分布退化为瑞利分布；当 $A>6$ 时，分布趋向高斯分布。

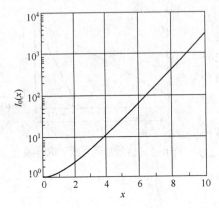

图 6-6 零阶第一类变形贝塞尔函数值

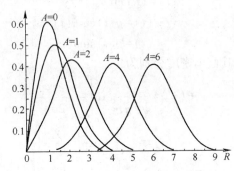

图 6-7 广义瑞利函数（莱斯函数）

用 $P(\rho,\theta)$ 在 $0\sim\infty$ 范围内对 ρ 积分，则可求出信号加噪声的相位概率密度 $P(\theta)$

$$P(\theta) = \int_0^\infty P(\rho,\theta)\mathrm{d}\rho = \int_0^\infty \frac{\rho}{2\pi\sigma^2}\exp\left[-\frac{\rho^2+a^2-2\rho a\cos\theta}{2\sigma^2}\right]\mathrm{d}\rho$$

$$= \frac{1}{2\pi}\mathrm{e}^{-\frac{a^2}{2\sigma^2}} + \frac{a\cos\theta}{2\sigma\sqrt{2\pi}}\mathrm{e}^{-\frac{a^2\sin^2\theta}{2\sigma^2}}\left[1+\mathrm{erf}\left(\frac{a\cos\theta}{\sqrt{2}\sigma}\right)\right] \quad (6\text{-}42)$$

式中：$\mathrm{erf}(x)=\frac{2}{\sqrt{\pi}}\int_0^{-x}\mathrm{e}^{-x^2}\mathrm{d}x$ 为误差函数，而 $\int_0^\infty \mathrm{erf}(x)\mathrm{d}x=1$，令 $s^2=\frac{1}{2}\frac{a^2}{\sigma^2}=\frac{1}{2}A^2$，则上式可写为

$$P(\theta) = \frac{1}{2\pi}\mathrm{e}^{-s^2} + \frac{1}{2}\cdot\frac{s\cos\theta}{\sqrt{2\pi}}\mathrm{e}^{s^2\sin^2\theta}[1+\mathrm{erf}(s\cos\theta)] \quad (6\text{-}43)$$

式（6-43）所对应的曲线如图 6-8 所示。当 $s=0$，即无信号时，$P(\theta)=1/2\pi$ 为一均匀分布；当 $s>0$ 时，$P(\theta)$ 值在信号相位（$\theta=0$）时呈最大值，因此利用窄带滤波器，提供了适当检测信号的途径。

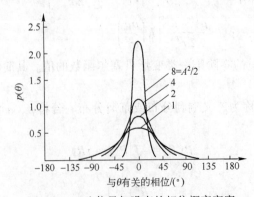

图 6-8 正弦信号加噪声的相位概率密度

6.1.3 信号的检测与方法

1. 信号的检测

信号检测的基本内容就是如何从噪声干扰中更多提取有用信息。由于信息随机性的客观存在，合适的方法是采用统计学的方法。在有限观测时间内，从混合波形中判断信号，可能会出现两种错误，即虚警和漏警。虚警出现的频率称为虚警概率，用 P_{fa} 表示；而漏警出现的频率称为漏警概率。而通常把有信号存在而能正确地判断其存在的频率称为探测概率，用 P_{d} 表示。上述两类错误均出现在噪声与信号之间，因此，对随机噪声峰值幅度概率分布的研究是克服这两种错误的关键。而前面对信号加噪声通过窄带滤波器的研究结论，恰为这里的讨论提供了基础。光电系统所检测的信号常是若干个脉冲串，如图 6-9 所示。

T_1 为任意一个脉冲的宽度，T_2 为脉冲串的周期。下面讨论单次脉冲检测的情况。其检测方框图如图 6-10 所示。输入量为信号加噪声 $[s(t)+n(t)]$ 或纯噪声 $n(t)$。通常对输入信号和噪声为定值而使输出信噪比为最大的准则称为最大信噪比准则，匹配滤波器就是使输出功率信噪比在选定检测时刻达到最大的线性系统。当对输入信号进行单脉冲匹配滤波时，输入值变成了 $R(t)$。然后将 $R(t)$ 和某一固定的设计门限值 V_0 相比较。当输入值 $R(t)$ 的瞬时值超过门限电平 V_0 时，比较器即有输出。单脉冲匹配滤波器如同窄带滤波器一样。

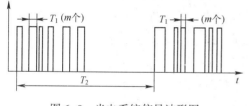

图 6-9 光电系统信号波形图

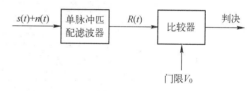

图 6-10 单次检测方框图

图 6-11 中取 $A=0$（纯噪声）和 $A>0$ 两条概率密度曲线，并取门限 V_0，在这样安排下，对于 $A=0$ 曲线而言，大于 V_0 的部分所对应面积（45°阴影线部分）就是虚警概率，用公式可表示为

$$P_{\text{fa}} = \int_{V_0}^{\infty} P(R) \, dR = \exp\left(-\frac{V_0^2}{2}\right) \quad (6\text{-}44)$$

对 $A>0$ 曲线而言，大于 V_0 的部分所对应的面积为探测概率 P_{d}，即为单次检测信号超过门限的概率，其一般式可表示为

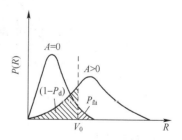

图 6-11 信号检测示意图

$$\begin{aligned} P_{\text{d}} &= \int_{V_0}^{\infty} P(R) \, dR = \int_{V_0}^{\infty} R \exp\left(-\frac{R^2+A^2}{2}\right) I_0(RA) \, dR \\ &= \exp\left(-\frac{V_0^2+A^2}{2}\right) \sum_{n=0}^{\infty} \left(\frac{V_0}{A}\right)^n I_n(V_0 A) \end{aligned} \quad (6\text{-}45)$$

式中：$I_n(V_0 A)$ 为 n 阶第一类变形贝塞尔函数。

由于光电系统信号的特点，对统计检测而言，先验概率$P(H_1)$、$P(H_0)$是未知的，在检测判决时，对各种判定所可能付出多大风险也无法估计。所以在系统设计时，常根据具体工作状况确定一个允许的虚警概率（或虚警时间）和探测概率的要求值。即可根据上述公式进行计算，定出系统应取的门限V_0及信噪比A（SNR），进而估算系统的作用距离。探测概率、信噪比与门限值之间的关系有可供查找的工程计算图表，如图6-12所示。由图和公式可知，如要求P_d高而P_{fa}较低时，则应取较大的门限值V_0，对应图中信噪比也要求大，这时系统的作用距离就要变小。为了对光信息的检测更为有效，并尽可能增加系统的作用距离，可根据信号和噪声的不同特性来制定提高有用信息量的检测方法，如积累检测、相关检测等。

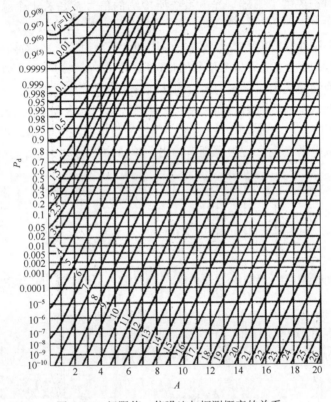

图6-12 门限值、信噪比与探测概率的关系

2. 积累检测

积累检测系统属于最佳检测系统，它在保证虚警概率不大于某一给定值的情况下，使探测概率为最大或者使所需要的信噪比为最小。它是利用信号的多个脉冲被积累后进行检测。目标光辐射经调制后形成一串幅度相等的脉冲（m个）。如图6-13所示。在理想情况下，m个脉冲的全部频率分量可同相相加，则积累后的功率为$m^2 P_s$；若噪声功率为P_n，噪声的积累按均方根值叠加为mP_n，若单次检测的功率信噪比为P_s/P_n，则累积后的功率信噪比$(P_s/P_n)_m$为

$$(P_s/P_n)_m = (m^2 P_s)/(mP_n) = m(P_s/P_n) \tag{6-46}$$

第6章 光电信号的检测与处理

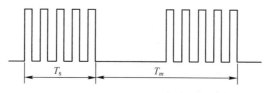

图 6-13 调制后的等幅脉冲波形

可见信噪比提高了 m 倍。但由于种种原因上述理想效果很难实现,但肯定有改善作用。

二次门限积累器检测系统就是这类检测系统之一,其结构如图 6-14 所示。它是在单次检测基础上增加积累器 I 和比较器 II 组成。输入信号每有一个脉冲的幅值超过第一门限 V_0 时,比较器 I 就有一次输出。积累器有幅度积累和计数积累两种形式。积累器的工作时间 Δt 由系统要求限定。积累器 I 将比较器 I 的积累值 j 送到比较器 II 与第二门限 k 进行比较。k 可以是某一选定的电压值,也可是选定的个数值,由积累器的形式决定。在 Δt 时间内积累值 j 超过门限 k 时,则判定有输出;反之判定为无信号。可见该系统的检测性能是由 V_0 和 k 共同决定的。

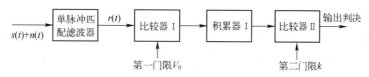

图 6-14 二次门限积累器检测系统

光电系统可能产生的信号脉冲个数 m 为积累器 I 的最大可能积累数。积累器 I 的工作时间 Δt 可按输入一串脉冲的总延续时间 $T_s = T_m/2$ 取固定值;也可按实际输入脉冲的个数和脉宽为变化的量,连续脉冲的个数越多,脉宽越宽,则积累器工作时间 Δt 越长。可认为各单个"信号加噪声"脉冲间是互不相关的,可用单个脉冲独立地进行概率密度计算。因此,积累后的虚警概率 P_{FA} 和探测概率 P_D 都服从二项式分布规律,表达式为

$$P_{FA} = \sum_{j=k}^{m} C_m^j P_{fa}^j (1 - P_{fa})^{m-j} \tag{6-47}$$

$$P_D = \sum_{j=k}^{m} C_m^j P_d^j (1 - P_d)^{m-j} \tag{6-48}$$

式中:C_m^j 是从 m 中取 j 的组合。

计算 P_D 时,最大可能积累数 m 就是在探测时间内可能出现的信号脉冲个数。在计算 P_{FA} 时,最大可能积累数 m 则应是系统中积累器 I 的工作时间 Δt 内的噪声脉冲个数 n'。n' 由 Δt 和系统频带宽度 Δf 而定

$$n' = \Delta t \cdot \Delta f \tag{6-49}$$

一般计算 P_{FA} 时,m 也可取可能出现的信号脉冲个数。

例如,系统要求探测概率大于 0.9,虚警概率小于 10^{-6},按单次检测计算则有 $V_0 = 5.3$,$A = 6.5$;若取 $V_0 \approx 3$,$A \approx 3$ 时,则单次检测结果为 $P_{fa} = 3 \times 10^{-3}$,$P_d = 0.57$,以后面的数据用于二次门限积累检测时,若取 $m = 7$,$k = 3$,则有

$$P_{FA} = \sum_{j=3}^{7} C_7^j (3 \times 10^{-3})^j (1 - 3 \times 10^{-3})^{7-j} \approx 10^{-6} \qquad (6-50)$$

$$P_D = \sum_{j=3}^{7} C_7^j (0.57)^j (1 - 0.57)^{7-j} \approx 0.9 \qquad (6-51)$$

由结果可知，积累检测可提高检测性能，当系统同时要求 $P_{fa} < 10^{-6}$，$P_d > 0.9$ 时，与单次检测相比，第一门限 V_0 可由 5.3 下降为 3，信噪比 A 也可由 6.5 下降为 3，这种下降将使探测目标的距离大为增加。

能否利用积累检测的作用采用三次或三次以上门限积累器来提高检测性能，经分析研究可知，为提高检测性能，适当选取二次门限积累器的参数即可达到目的。只有在二次门限积累器的参数受到限制时，才选用三次门限积累器。由于信号不一定能出现许多组脉冲串，因此三次以上甚至三次门限系统不一定都能实现。

由于一般产生的调制信号有一定空度比，为在时域上进行叠加，须采用延迟线或延迟电路，如对图 6-14 的信号进行积累计数，这时的信噪比改善系数为

$$k_{SNR} = \sqrt{\frac{mT_s}{T_m}} = \sqrt{ma} \qquad (6-52)$$

式中：$a = T_s / T_m$ 为调制信号的空度比。当 $a = 1$ 时，$k_{SNR} = \sqrt{m}$；如果 a 很小，则 k_{SNR} 可能小于 1，这时系统的信噪比反而降低了，这就要使积累计数器在有信号脉冲时工作，没有信号只有噪声时不工作。通过控制门的宽度来提高空度比，这就是所谓"逻辑门积分计数器"，设置一个具有如下逻辑关系的门，门的宽度 τ_g 为

$$\tau_g = n\tau_0 + \sum_{j=1}^{n-1} \tau_j (\tau_j \leqslant \tau_0) \qquad (6-53)$$

式中：τ_j 为信号脉冲串中第 j 个脉冲与第 ($j+1$) 个脉冲的间隔；τ_0 为单次触发时逻辑门的宽度。

3. 相关检测

当军事目标相距很远时，由于大气的衰减，光电系统获得的信号非常微弱，甚至比噪声小几个数量级，或者说信噪比远远小于 1，这时信号淹没在噪声中，前面所述检测方法无法实现信号检测，需要采用相关检测。相关检测就是利用信号与噪声相关特性上的差异，来检测淹没在随机噪声中的微弱周期信号的一种重要方法。首先介绍自相关函数和互相关函数。

利用数学期望和方差来描述随机函数的基本特性还不够。随机过程的分布函数能全面描述其统计特性，但使用时比较困难，因而引入随机过程的基本数字特征，它们能反映随机过程的重要特征，又便于进行运算和实际测量。数学期望、方差、自相关函数和互相关函数都是随机过程的重要数字特征。

随机过程的自相关函数 $R_{xx}(t_1, t_2)$ 定义为

$$\begin{aligned} R_{xx}(t_1, t_2) &= E[x(t_1) x(t_2)] \\ &= \int_{-\infty}^{\infty} \int_{-\infty}^{\infty} x_1 x_2 P_x(x_1, x_2, t_1, t_2) \, dx_1 dx_2 \end{aligned} \qquad (6-54)$$

式中：$x(t_1)$ 和 $x(t_2)$ 是随机过程 $x(t)$ 在任意两个时刻 t_1 和 t_2 时的状态；$P_x(x_1, x_2; t_1, t_2)$ 是

相应的二维概率密度,称为二阶原点混合矩。$R_{xx}(t_1,t_2)$有时记为$R_x(t_1,t_2)$。

如果随机过程在t_1和t_2之间间隔较大时,$x(t_1)$和$x(t_2)$是统计独立的随机变量,这时
$$E[x(t_1),x(t_2)] = E[x(t_1)]E[x(t_2)] \tag{6-55}$$

若$x(t)$在任意时刻的数学期望为0,则在$|t_2-t_1|\to\infty$时,$R_x(t_1,t_2)$趋近于零。

互相关函数是描述两个随机过程之间关联性的数字特征,两随机过程$x(t)$和$y(t)$的互相关函数的定义为
$$R_{xy}(t_1,t_2) = E[x(t_1)y(t_2)]$$
$$= \int_{-\infty}^{\infty}\int_{-\infty}^{\infty} xy P_{xy}(x,y,t_1,t_2) \mathrm{d}x\mathrm{d}y \tag{6-56}$$

令$\tau = t_2 - t_1$,则有
$$R_{xy}(t_1,t_2) = E[x(t)y(t+\tau)] \tag{6-57}$$

若两随机过程在统计上相互独立,则
$$E[x(t_1),y(t_2)] = E[x(t_1)]E[y(t_2)] \tag{6-58}$$

当随机过程中一个或两者的数学期望为零,则$R_x(t_1,t_2)=0$,但互相关函数为零时,两者并不一定是统计独立的。

1) 自相关检测

设信号$S(t)$和噪声$N(t)$的混合波形为$f(t)=S(t)+N(t)$,把$f(t)$送到如图6-15所示的自相关器中做自相关函数运算。相关器有两条通路,一路将$f(t)$直接送乘法器,另一路经延时τ后送$f(t-\tau)$到乘

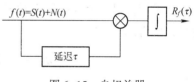

图6-15 自相关器

法器,两路信号乘积后送给积分器积分,这里积分的作用就是对时间求平均。这就可得到相关函数上的一个点的数据,改变τ,重复进行计算就得到自相关函数曲线。混合波形$f(t)$的自相关函数$R_f(\tau)$为
$$R_f(\tau) = \lim_{T\to\infty}\frac{1}{2T}\int_{-T}^{T}[S(t)+N(t)][S(t-\tau)+N(t-\tau)]\mathrm{d}t$$
$$= R_{SS}(\tau) + R_{NN}(\tau) + R_{SN}(\tau) + R_{NS}(\tau) \tag{6-59}$$

公式右边四项中前两项分别为信号和噪声的自相关函数,后两项为信号与噪声的互相关函数。现分别讨论这四项的计算结果。

设信号为余弦函数$S(t)=A_s\cos(\omega t+\varphi_s)$,其自相关函数为
$$R_s(\tau) = \lim_{T\to\infty}\frac{1}{2T}\int_{-T}^{T} A_s\cos(\omega t+\varphi_s) \times A_s\cos[(\omega t+\varphi_\tau)+\varphi_s]\mathrm{d}t$$
$$= A_s^2\cos\varphi_\tau \tag{6-60}$$

式中:φ是不同延时τ对应的相位角。自相关函数仍是余弦函数,只是变量为τ,且失去了初相位。若信号由多个周期性分量组成(基波和各次谐波),那么信号的自相关函数也应包含同样的周期性分量。可见周期性信号的自相关函数仍有周期性。

通过计算可知噪声的自相关函数有如图6-16所示的规律,当τ较小时,自相关函数值较大,随τ的增加自相关性迅速下降,并趋于零。

由于信号与噪声互相独立,互相关项为

$$R_{SN}(\tau) = R_{NS}(\tau) = E[S(t)N(t+\tau)]$$
$$= E[s(t)]E[N(t)] \tag{6-61}$$

只要其中一项为零,通常噪声的 $E[N(t)] = 0$,所以互相关项 $R_{SN}(\tau) = R_{NS}(\tau) = 0$。

所以对平稳随机过程,自相关器输出函数 $R_f(\tau)$ 的关系如图6-17所示,随着延时 τ 的增加,可以看出输出信噪比越来越高。

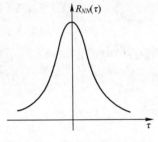

图6-16 噪声的自相关函数

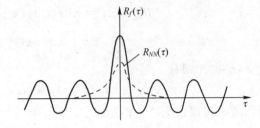

图6-17 自相关器输出的自相关函数

2) 互相关检测

如果把信号和噪声的混合波形 $f(t)$ 送入互相关器中,与参考信号 $S(t-\tau)$ 进行互相关运算,就得到

$$\begin{aligned} R_{fs}(\tau) &= \lim_{T \to \infty} \frac{1}{2T} \int_{-T}^{T} f(t) S(t-\tau) \mathrm{d}t \\ &= \lim_{T \to \infty} \frac{1}{2T} \int_{-T}^{T} [S(t) + N(t)] S(t-\tau) \mathrm{d}t \\ &= R_s(\tau) + R_{NS}(\tau) \end{aligned} \tag{6-62}$$

式中:$R_s(\tau)$ 为信号与参考信号的互相关函数;$R_{NS}(\tau)$ 为噪声与参考信号的互相关函数。由于噪声与参考信号不相关,所以 $R_{NS}(\tau) = 0$。可见互相关检测比自相关检测更为有效,因为它不存在噪声的互相关项。但困难的是必须事先知道信号的形式 $S(t)$ 才能构成参与运算的参考信号 $S(t-\tau)$。

互相关器由多个乘法器、积分器和延时电路组成,其工作原理如图6-18所示。信噪混合波 $f(t)$ 同时输给多个乘法器,而参考信号经延时电路输出的延时信号 $S(t-\tau)$ 也送入乘法器,与 $f(t)$ 相乘,然后由积分器输出。各积分器输出对应于某 τ 值下的相关函数,各点值组合成相关函数曲线。

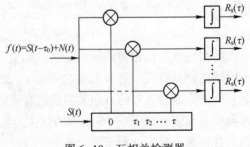

图6-18 互相关检测器

如果信号为 $S(t-\tau_0)$，如图 6-19 所示。图 6-19（a）中 A 为振幅，τ_d 为宽度，T_0 为重复周期，τ_0 为初始时间。有 m 个输入脉冲，相关器输出的相关函数 $R_s(\tau)$ 为

$$R_s(\tau) = \int_0^{mT_0} S(t-\tau_0)S(t-\tau)dt \quad (6-63)$$

当 $\tau=\tau_0$ 时，$R_s(\tau)$ 有最大值。图 6-19（b）中为相关器各点的输出值。可见互相关检测能有效提高信噪比，但要符合理论运算需要花费无限长的时间。在有限时间内会有误差，时间越短误差越大。

在弱光信号的检测过程中，大量使用相关方法。如光外差接收就是一种互相关检测；此外光强度的相关检测、光电转换后的电信号进行相关检测等也有应用；跟踪技术中的相关跟踪也是相关检测理论的应用。

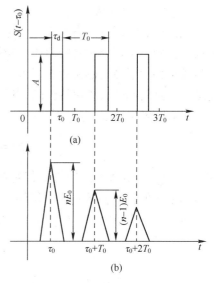

图 6-19 信号与相关函数的波形
（a）矩形脉冲；（b）矩形脉冲自相关函数。

6.2 光电信号处理

光电信号处理就是对信号进行某种加工或变换。在光电系统中，为了便于分析，常将信号处理的内容分成两个方面。一是利用电路技术使探测器输出的低电压信号变成输出单元或应用单元等终端系统所需的某种形式的信号。这些电路处理技术如低噪声前置放大、主放、自动增益控制、确定系统工作的带宽、检波、低通滤波、钳位、整形、多路传输、坐标变换等。二是为了提高系统的分辨力和灵敏度而对传输的信息所采取的一系列措施。例如由遥感仪所接收到的目标信号往往淹没在噪声之中，为分离出有用的信息，达到实际应用所要求的分辨力和灵敏度，除采用上述电路处理技术之外，常常还需采取一些其他的信息处理技术，这包括：滤波（光谱、空间）、调制与解调、采样、变换、量化、累积计数、假彩色合成等。其方法可直接对模拟信号进行处理，有时也将其变成数字信号后再进行处理。本节将重点介绍在光电系统中有特殊要求的信号处理技术。

6.2.1 信号放大

从检测电路输出的光电信号，不仅信噪比低，而且信号强度弱，若直接对其进行解调处理，很难获得所需正确信息，因此首先需对光电信号进行低噪声放大。由于该电路位于处理电路的最前端，因此又称为低噪声前置放大。

要想实现低噪声放大，放大电路所引入的噪声必须要小。设计时，为使分析和计算电路网络的噪声问题得到简化，通常引入噪声等效参量。

1. 噪声等效参量

主要的噪声等效参量有等效噪声带宽、等效噪声电阻和等效噪声温度等。这里特别指出，为了计算方便而引入的等效参量并非真实存在的物理量。

1) 等效噪声带宽

在讨论放大器或网络时提到的电路带宽，是指电压（或电流）输出的频率特性下降到最大值的某个百分比时所对应的频带宽度。例如，低频放大器的三分贝带宽是指输出电信号频率特性下降到最大值（低频）信号的 0.707 倍时，对应从零频到该频率间的频带宽度。这是实际电路频率特性的一种表示方法。

等效噪声带宽 Δf 定义为

$$\Delta f = \frac{1}{A_P} \int_0^\infty A_P(f) D(f) \mathrm{d}f \tag{6-64}$$

式中：$A_P(f)$ 为放大器或网络的相对功率增益，是频率 f 的函数；A_P 为放大器或网络功率增益的最大值；$D(f)$ 等效于网络输入端的归一化噪声功率谱。

对于白噪声的情况，$D(f)=1$，则有

$$\Delta f = \frac{1}{A_P} \int_0^\infty A_P(f) \mathrm{d}f \tag{6-65}$$

当网络的频率响应为如图 6-20 所示的带通型时，A_P 为中心频率上所对应的功率增益，当网络为低通或高通型时，A_P 就是低频或高频处的增益。将上式改写为

$$A_P \Delta f = \int_0^\infty A_P(f) \mathrm{d}f \tag{6-66}$$

等式右边功率增益函数的积分是函数 $A_P(f)$ 曲线下所包含的面积，而左边 $A_P \Delta f$ 是以 A_P 为高、Δf 为宽的一块面积，并与 $A_P(f)$ 曲线下的面积相等。Δf 是等效矩形面积的宽度，表征网络通过噪声的能力。或者说它是网络通过噪声能力的一种度量。通过计算可知，对于低通滤波器来说，当 3dB 频率 $f_h = (2\pi CR)^{-1}$ 时，噪声等效带宽 $\Delta f = \pi f_h / 2$。

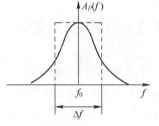

图 6-20 带通型网络中噪声等效带宽的物理意义

2) 等效噪声电阻

各种噪声可能不属于同一起因与类型，为了计算和分析的方便，可以用一个电阻的热噪声来等效，这个电阻就称为等效噪声电阻。

分析典型的放大器，噪声通常由三部分组成，如图 6-21 所示，即输入电阻 R_i 的热噪声、放大器噪声和负载电阻 R_L 的热噪声。用电阻 R'_{eq} 的热噪声来等效放大器的噪声，负载电阻 R_L 的热噪声为

$$E_{nLo}^2 = 4kTR_L \Delta f \tag{6-67}$$

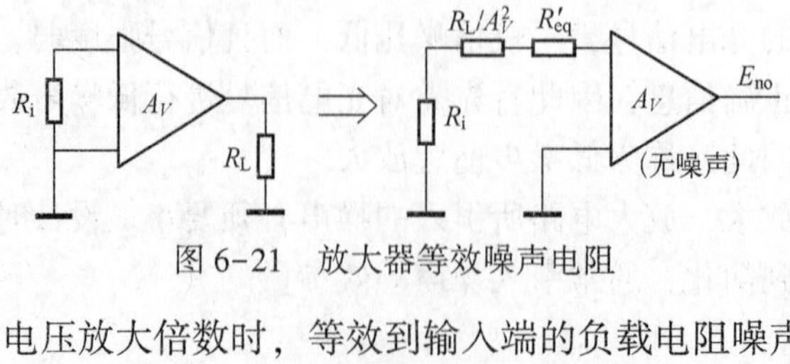

图 6-21 放大器等效噪声电阻

当 A_V 为放大器的电压放大倍数时，等效到输入端的负载电阻噪声为

$$E_{nLi}^2 = 4kT \frac{R_L}{A_V^2} \Delta f \tag{6-68}$$

对应等效电阻为 R_L/A_V^2，所以总等效电阻 R_{eq} 为

$$R_{eq} = R_i + R'_{eq} + R_L/A_V^2 \tag{6-69}$$

等效输入总噪声为

$$\begin{aligned}E_{ni}^2 &= 4kTR_{eq}\Delta f\\ &= 4kT(R_i + R'_{eq} + R_L/A_V^2)\Delta f\end{aligned} \tag{6-70}$$

对应总输出噪声为

$$E_{no}^2 = 4kT(R_i + R'_{eq} + R_L/A_V^2)\Delta f A_V^2 \tag{6-71}$$

3) 等效噪声温度

这种噪声等效是将各噪声等效为放大器输入端源电阻因等效升温而附加的热噪声，如图 6-22 所示，源电阻 R_s 在室温 T_0 时的热噪声 E_{nT}^2 为

$$E_{nT}^2 = 4kT_0 R_s \cdot \Delta f \tag{6-72}$$

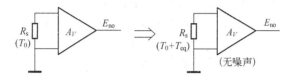

图 6-22 放大器等效噪声温度

假定放大器的噪声与源电阻 R_s 上因附加升温 T_{eq} 而产生的热噪声相等，把 T_{eq} 称为等效噪声温度，这时等效在输入端的总噪声为

$$\begin{aligned}E_{ni}^2 &= 4kT_0 R_s \Delta f + 4kT_{eq} R_s \Delta f\\ &= 4k(T_0 + T_{eq}) R_s \Delta f\end{aligned} \tag{6-73}$$

对应输出端的总噪声 E_{no}^2 为

$$E_{no}^2 = 4k(T_0 + T_{eq}) R_s \Delta f A_V^2 \tag{6-74}$$

与等效噪声电阻的关系对照，则有

$$4kT_0 R_{eq} \Delta f = 4kT_{eq} R_s \Delta f \tag{6-75}$$

所以有

$$T_0 R_{eq} = T_{eq} R_s \tag{6-76}$$

或

$$R_{eq}/R_s = T_{eq}/T_0 \tag{6-77}$$

即等效噪声电阻与源电阻之比等于等效噪声温度与工作温度（参考温度）之比。

2. 放大器的噪声

在光电系统中，首先对电信号进行处理的是前置放大器，它是信号处理中最关键的部分。

1) 噪声系数（F）

为了正确评价网络（包括前放）的噪声特性，常采用噪声系数来估计。如图 6-23 所示为一线性四端网络，其噪声系数 F 定义为

图 6-23 线性四端网络

$$F = \frac{P_i/N_i}{P_o/N_o} \quad (6-78)$$

式中：P_i 为输入网络的信号功率；P_o 为网络输出的信号功率；N_i 为输入网络的噪声功率，由 R_s 的热噪声构成；N_o 为网络输出的总噪声，包括 R_s 的热噪声和网络内部噪声。

对于理想无噪声的网络应有 $P_i/N_i = P_o/N_o$，即 $F=1$。而当网络存在噪声时，$P_i/N_i > P_o/N_o$，即 $F>1$。所以 F 总是为等于或大于 1 的数。

噪声系数 F_{dB} 常用分贝表示

$$F_{dB} = 10\lg F = 10\lg[(P_i/N_i)/(P_o/N_o)] \quad (6-79)$$

引入网络功率增益 A_P，则有 $A_P = P_o/P_i$，N_i 经网络后输出为 $N_{io} = A_P N_i$，所以有

$$F = \frac{P_i N_o}{P_o N_i} = \frac{N_o}{A_P N_i} = \frac{N_o}{N_{io}} \quad (6-80)$$

噪声系数又可定义为有噪声网络与无噪声网络输出噪声功率之比。

如设网络内部产生的噪声功率在输出端为 N_n，则有 $N_o = N_{io} + N_n$，所以有

$$F = \frac{N_o}{N_{io}} = \frac{N_{io} + N_n}{N_{io}} = 1 + \frac{N_n}{N_{io}} \quad (6-81)$$

用噪声等效温度 T_{eq} 来等效时，网络内部引起的等效输入噪声功率为

$$4kT_{eq}R_s\Delta f = 4kT_0 T_{eq} R_s \Delta f / T_0 = N_i(T_{eq}/T_0) \quad (6-82)$$

对应经网络后输出功率为

$$N_n = (T_{eq}/T_0) N_i A_P$$

于是有

$$F = 1 + T_{eq}/T_0 \quad (6-83)$$
$$T_{eq} = (F-1)T_0 \quad (6-84)$$

2) 晶体三极管的噪声系数

充当前置放大工作的主要器件是晶体三极管和场效应管，目前大量使用的集成放大器，也是依上述两类器件的原理组合而成的，故对它们的噪声系数进行分析将有益于前放的选用。

晶体三极管的噪声等效电路如图 6-24 所示，其中恒压等效噪声源 E_n^2 包括了基区电阻 r'_{bb} 的热噪声和分配噪声；恒流等效噪声源 I_n^2 包括了发射结的散粒噪声和部分分配噪声。此外还有 $1/f$ 噪声未列入等效电路中。

在所考虑的频带范围内，如果噪声频谱是均匀的，那么用输入端等效噪声参量所表示的晶体管噪声系数为

$$F = 1 + \frac{E_n^2 + I_n^2(R_s + r'_{bb})^2}{E_{ns}^2} \quad (6-85)$$

式中：$E_{ns}^2 = 4KT_0 R_s \cdot \Delta f$ 是 R_s 的热噪声均方值。若忽略体电阻 r'_{bb}，则有

$$F = 1 + \frac{E_n^2 + I_n^2 R_s^2}{E_{ns}^2} \quad (6-86)$$

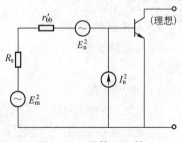

图 6-24 晶体三极管噪声等效电路

通过求 $dF/dR_s = 0$，可求出 F 最小的条件为

$$R_{sopt} \approx E_n/I_n \tag{6-87}$$

这就是说三极管的噪声系数最小的条件是选择输入信号源电阻 R_s 等于三极管等效输入噪声电压与噪声电流均方根之比。

如图 6-25 所示，也可用等效噪声电阻来等效三极管的噪声。图中为纯电阻 R_{eq} 和由该电阻产生的热噪声电压均方值 E_{neq}^2 的串联，这时晶体管的噪声系数为

$$F = 1 + \frac{E_{neq}^2}{E_{ns}^2} = 1 + \frac{R_{eq}}{R_s} \tag{6-88}$$

如控制放大器噪声等于源电阻噪声时，$R_s = R_{eq}$，则 $F = 2$，用分贝值表示为 $F_{dB} = 3dB$。

通过对晶体三极管特性的进一步分析，可以得到对电路设计有指导意义的三个结论。

(1) 晶体三极管的噪声系数与工作频率 f 间的关系如图 6-26 所示。从零频到 f_1 之间噪声中起主要作用的是 $1/f$ 噪声；在 f_1 到 f_2 之间主要噪声是 r_{bb}' 的热噪声和发射结的散弹噪声，其频谱均匀，基本上是白噪声，这时噪声系数最小；频率超过 f_2 时，分配噪声迅速增大，噪声系数增大。从噪声系数尽可能小的要求出发，电路工作频率应选在 f_1 到 f_2 之间。若需高频工作时，则应选 f_2 高的器件；反之若需低频工作时，应选 f_1 低的器件。

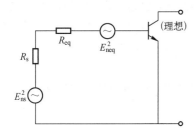

图 6-25 晶体三极管的等效噪声电阻

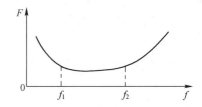

图 6-26 晶体三极管噪声系数的频率特性

(2) 噪声系数与源电阻 R_s 的关系已讨论过，可用图 6-27 的曲线表示，曲线有极小值存在 $R_s = R_{sopt}$，一般约为几千欧姆。注意符合噪声匹配的最佳电阻，并不是最佳功率匹配的条件。

(3) 噪声系数与三极管工作点电流 I_{CQ} 的关系如图 6-28 所示，曲线存在最小值，对应最佳工作电流 $I_{CQ} = I_{Copt}$，其值约为 1mA，设计时为减小三极管的噪声系数，集电极工作点电流应取在 I_{CQ} 附近。

此外，通过大量实验说明，使用中晶体三极管的接法与噪声系数基本无关。

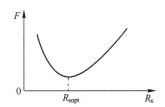

图 6-27 晶体三极管噪声系数与源电阻的关系

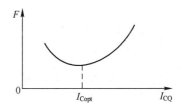

图 6-28 晶体三极管噪声系数与其工作点电流的关系

3）场效应管的噪声系数

场效应管的主要噪声是类似电阻噪声的"沟道热噪声"。此外还有随工作频率升高，由于栅极电容耦合作用，将沟道热噪声馈至栅极而形成的栅极感应噪声，以及 $1/f$ 噪声和栅流产生的散粒噪声等。

等效于输入端的沟道热噪声的电压均方值 E_n^2 可表示为

$$E_n^2 = 4kTR_n\Delta f \tag{6-89}$$

式中：R_n 为场效应管的等效噪声电阻，$R_n=(0.2\sim0.8)/g_m$，g_m 为场效应管的跨导。

等效于输入端的栅流产生的散粒噪声的电流均方值 I_n^2 可表示为

$$I_n^2 = 2gI_g\Delta f \tag{6-90}$$

式中：I_g 为场效应管的栅极电流。

I_g 通常很小，因此 I_n 与 E_n 相比甚小，可以忽略。显然为使场效应管的噪声系数小些，应选其跨导 g_m 尽可能大的管子。与晶体三极管相类似，其噪声系数可表示为

$$F \approx 1 + E_n^2/E_{ns}^2 = 1 + R_n/R_s \tag{6-91}$$

场效应管噪声系数与工作频率的关系与三极管相似。$f<f_1$ 时，主要是 $1/f$ 噪声；$f<f_2$ 时，主要是栅极感应噪声；$f_1<f<f_2$ 时，主要是具有白噪声性质的沟道热噪声。

场效应管的噪声系数与源电阻 R_s 的关系如图 6-29 中实线所示，它与图中虚线所示的晶体三极管特性不同，随 R_s 增加，F 单调下降。可见当输入为高内阻信号源时应选场效应管，而输入低内阻信号源时，选用晶体三极管更为适应。场效应管的噪声系数随温度升高而增加。

MOS 型场效应管和结型场效应管的噪声特性基本相同，但 MOS 型属表面器件，其 $1/f$ 噪声要大一些。

4）多级放大器的噪声系数

由晶体三极管或场效应管组成的多级放大器中，每一单级放大器可视为一个有源四端网络，而把级间器件视为一个无源四端网络，于是多级放大器可看成是多个有源和无源的四端网络的组合。现以两个串联的有源四端网络分析噪声系数表达式，然后推广到多级系统中去。图 6-30 所示为两有源四端网络的串联，有关参量列于图中。

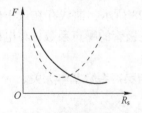

图 6-29 场效应管噪声系数与源电阻的关系

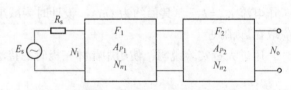

图 6-30 两有源四端网络的串联

按照定义，该系统的总噪声系数为

$$F = N_o/(N_iA_P) \; ; \; A_P = A_{P_1} \cdot A_{P_2}$$

于是有

$$N_o = N_iA_{P_1} \cdot A_{P_2} + N_{n_1} \cdot A_{P_2} + N_{n_2}$$

$$N_{n_1} = (F_1-1)A_{P_1} \cdot N_i \; ; \; N_{n_2} = (F_2-1)A_{P_2} \cdot N_i$$

所以
$$N_o = N_i[A_{P_1} \cdot A_{P_2} + (F_1-1)A_{P_1} \cdot A_{P_2} + (F_2-1)A_{P_2}]$$
$$F = \frac{N_o}{N_i A_{P_1} \cdot A_{P_2}} = 1 + (F_1-1) + \frac{F_2-1}{A_{P_1}} = F_1 + \frac{F_2-1}{A_{P_1}} \qquad (6-92)$$

采用同样方法可获 n 级串联四端网络的噪声系数为
$$F = F_1 + \frac{F_2-1}{A_{P_1}} + \frac{F_3-1}{A_{P_1} \cdot A_{P_2}} + \cdots + \frac{F_n-1}{A_{P_1} \cdot A_{P_2} \cdots A_{P_{n-1}}} \qquad (6-93)$$

可见各级噪声系数对总噪声系数的影响不同，越靠前影响越大。故为减小总噪声应把重点放在第一级和其后的 1～2 级上，尽可能减小它们的噪声系数，同时提高它们的功率增益。

3. 前置放大器

在光电检测系统中，信号处理电路的关键在于前置放大器的设计。本节着重讨论设计的一般原则。

光电器件偏置电路输出信号较强时，前置放大器及后续放大器的设计主要是从增益、带宽、阻抗匹配和稳定性上着手的，在此基础上考核噪声的影响。如果供给前置放大器的信号很小，那么设计适用于弱信号的低噪声前置放大器将十分重要，应以尽力抑制噪声作为考虑问题的出发点。

通常在选定了探测器和相应的偏置电路以后，就可知所获信号和噪声的大小。用恒压信号源或恒流信号源来等效探测器和偏置电路的输出信号。同时用源电阻的热噪声来等效探测器和偏置电路的总噪声，用最小噪声系数原则设计前置放大器。

1）前置放大器设计的大致步骤

在光电检测系统中，由于工作所选的光电或热电探测器不同，要求不同，设计者的考虑方法不同，使前置放大器的电路形式差别很大。这里就一般原则介绍如下。

（1）测试或计算光电探测器及偏置电路的源电阻 R_s。

（2）从噪声匹配原则出发，选择前置放大器第一级的管型，选择原则如图 6-31 所示。当源电阻小于 100Ω 时，可采用变压器耦合；源电阻在 10Ω 到 1MΩ 之间可采用晶体三极管；源电阻在 1kΩ 到 1MΩ 之间可采用运算放大器（OPAMP）；源电阻在 1kΩ 到 1GΩ 之间可采用结型场效应管（JFET）；源电阻超过 1MΩ 以上可采用 MOS 场效应管（MOSFET）。

（3）在管型选定后，第一、二级应采用噪声尽可能低的器件，按照最佳源电阻的原则来确定管子的工作点，并进行工作频率、带宽等参量的计算及选择。

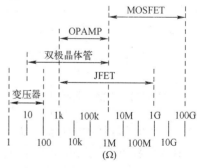

图 6-31 选用第一级放大器件的准则

2）放大器设计中频率及带宽的确定

在光电检测系统的电路参量选择中，从减小噪声影响的原则出发，正确选择工作频率及带宽十分重要。这里介绍一些选择原则。

（1）根据所采用的光电探测器的噪声谱和选定放大器的典型噪声谱，确定工作（调制）频率。典型探测器的噪声谱如图 6-32 所示，在低频时主要是 $1/f$ 噪声，并随频率增高而影响减小，进入了以散粒噪声等白噪声形式为主的区域，曲线平直，显然频率应选在这一区域中。综合考虑工作频率应选择在两者共同的噪声较低的频率区中。

应当注意，实际选择工作频率还要考虑探测器的频率特性，应选在灵敏度开始下降的频率之前，即频率不应选择得过高。

（2）光电检测系统中按照白噪声的特点，工作频率选定后，应尽可能减小电路的频带宽度。这是减小噪声影响的重要措施，可采用选频放大、锁相放大等技术。

（3）当信号频率在一定范围内变化，不能选用固定频率的窄带滤波方式工作时，除确定必要的窄带外，可采用设计选通积分器的方法来抑制噪声。原理是在选通时间内，把信号取出并经积分器积分，而积分作用对噪声来说是取平均值，对信号来说是叠加增强，从而达到抑制噪声提高信噪比的目的。

（4）在某些系统如脉冲系统中，为保持信号的波形，必须采用频带宽度较宽的处理电路。电路系统的频率特性由滤波器带宽决定，如果要保持矩形脉冲波形，则要求无限宽的带宽。即使在白噪声的情况下，带宽增宽，噪声功率也要按正比增加，从而使信噪比下降。在实际系统中，从提高信噪比考虑，很少要求精确保持波形，而按实际需要适当牺牲高频成分，保持必要的脉冲特性。图 6-33 说明了所需保持波形和电路 3dB 带宽 Δf 之间的关系。参量 τ 是相对脉冲持续时间。$\Delta f \cdot \tau < 0.5$ 时，信号峰值幅度减小；$\Delta f \cdot \tau = 0.5$ 时，信号峰值幅度保持，这时信噪比最大；$\Delta f \cdot \tau = 1$ 时，有一点矩形波的轮廓；较正确复现波形则需 $\Delta f \cdot \tau = 4$。

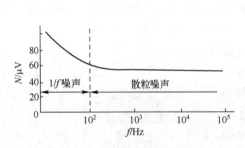

图 6-32 典型探测器的噪声谱

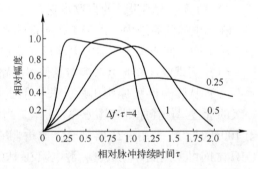

图 6-33 带宽对矩形脉冲波形和幅值的影响

3）放大器设计中的其他考虑

在光电检测系统的电路设计中，一些其他考虑归纳如下：

（1）按最小噪声系数原则设计前置放大器时，为减少后面各放大级噪声对总噪声的影响，其电压放大倍数 A_{V1} 不应小于 10 倍，从而使 $F \approx F_1$。当然过高的前置放大器放大倍数不仅没有必要，而且不易实现。

（2）采用多级级联放大器时，总放大倍数 A_V 可分配到各级中，$A_V = A_{V1} \cdot A_{V2} \cdots A_{Vn}$。

（3）级间加入不同形式的负反馈电路，可以起到提高电路的稳定性、调整输入阻抗、调整放大倍数和改变带宽等作用。

（4）大部分光电检测系统要求有好的线性度和宽的动态范围，在电路设计中应给予考虑。

（5）完成电路设计前应验证设计是否满足噪声系数、电压放大倍数、频带宽度、稳定性、阻抗匹配、线性度、动态范围等要求。如不满足则应反复修正。

4. 选频放大器

利用各种带通滤波器原理可设计成各种窄带滤波器，并把它们作为放大器的一个选频环节，则构成多种类型的选频放大器。

如将选频放大器所选频率与光电信号的调制频率取得一致，就可使信号得到放大，并使所选频率间隔外的噪声得以消除，从而显著地提高信噪比。

现以"双 TRC 反馈网络"构成的选频放大器为例，说明它们的一般原理。

双 TRC 网络及其频率特性如图 6-34 所示。纵坐标为双 T 网络输出的幅值，横坐标是频率。这种网络的选频特性表现为对 ω_0 滤波最强，输出最小。该特性是在下述电路参量条件下获得的，即

$$C_1 = C_2 = \frac{1}{2}C_3 \tag{6-94}$$

$$R_1 = R_2 = 2R_3 \tag{6-95}$$

选频为

$$f_0 = \frac{\omega_0}{2\pi} = \frac{1}{2\pi R_1 C} \tag{6-96}$$

将该网络连接到放大器的反馈电路中，如图 6-35 所示，就构成了性能良好的选频放大器。放大器可采用不同器件组成，图中为运算放大器。通过微调 R_3 可使所选频率更加准确。

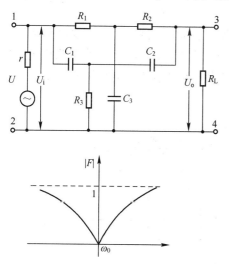

图 6-34 双 T 网络及其频率特性

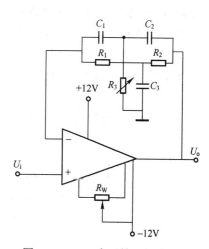

图 6-35 双 T 负反馈选频放大器

由于双 T 网络有良好的频率特性，因此其应用相当广泛。缺点是频率调节比较困难，适用于 1MHz 以下的低频区域内对某一频率的选频。

5. 锁相放大器

锁相放大器又称锁定放大器，是检测微弱信号的重要手段之一。它是利用信号和噪声相关特性的差异和同步积累的原理构成，起到一个通带极窄的滤波器的作用。

锁相放大器的原理框图如图 6-36 所示，主要由本地振荡器、移相器、鉴相器和低通滤波器组成。

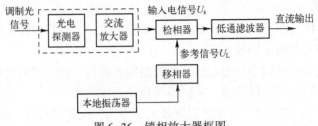

图 6-36 锁相放大器框图

调制光信号经光电探测器的光电转换后形成电信号，把再经交流放大后的信号 U_s 输入鉴相器。本地振荡器输出振荡电信号，其频率可调，通过移相器可平移相位，此信号作为参考信号 U_L 也输入到鉴相器中。鉴相器是一个相位比较器，把两信号相位进行比较，当两者相位完全相同时，信号经低通滤波器后，输出信号的直流分量达到最大。

实际的鉴相电路有多种类型，图 6-37 所示为最简单的形式。该鉴相器相当于一个开关，以参考信号 U_L 作为开关的控制信号，当为方波信号时，高电平接通开关，低电平断开开关。

若输入信号为简单的正弦信号 $U_s = E_s\sin(\omega_s t + \varphi_s)$，且参考信号与之同频同相，在 $0 < \omega_s t < \pi$ 时，U_L 为高电平接通开关，鉴相器输出信号 U_o 为

图 6-37 简单的鉴相器原理

$$U_o = E_s\sin(\omega_s t + \varphi_s) \tag{6-97}$$

当 $\pi < \omega_s t < 2\pi$ 时，U_L 为低电平断开开关，鉴相器输出信号 $U_o = 0$，这时的鉴相器相当于半波整流。如图 6-38 所示，（a）为 U_L 与 U_s 同相位情况，经低通滤波输出最大的直流分量；（b）为 U_L 与 U_s 相位差 90°时，低通滤波器输出 $U_d = 0$。鉴相器实质上是一个乘法器，即输出信号等于两输入信号之积。

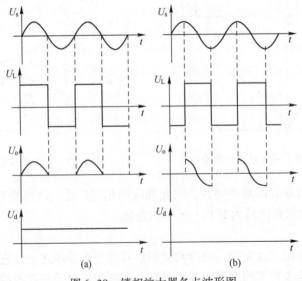

图 6-38 锁相放大器各点波形图

图6-39所示为两种简单的低通滤波器，由 RC 组成滤波环节，U_o 信号经低通滤波后输出为直流 U_d 信号。低通滤波器从频率特性上看有滤波作用；从时间特性上看，它是一个模拟积分器。因此，当 U_L 与 U_s 两信号有任意初相位差外时，积分器输出电压为

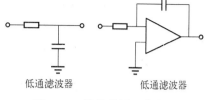

图6-39 简单的低通滤波器

$$U_d = \frac{E_s}{2\pi}\int_0^{2\pi}\sin(\omega_s t + \varphi_s)\mathrm{d}(\omega_s t) = \frac{E_s}{2\pi}\cos\varphi_s \tag{6-98}$$

可见直流分量电压的大小随相位差 φ_s 变化。

在实际检测中，当被测信号的频率和相位预先不能确切知道时，锁相放大器可人为地改变本地振荡（手控或专门电路控制），使 U_L 的频率和相位连续可调，直到输出电流最大，两信号相位差为零，称为相位锁定状态。这时输出电压的幅度正比于输入信号的振幅。

锁相放大器之所以能把淹没于噪声中的微弱信号检测出来，是因为利用了模拟电路实现同步积累的探测方法。由于 U_L 和 U_s 同频同相，达到同步积累状态，经积分器得到信号输出为最大值。而噪声的随机性不可能与 U_L 严格同步，此外高频部分完全被滤波器滤除。滤波器时间常数愈大，交变成分滤去愈多，积分器输出信噪比愈高。

对于普通的一级 RC 滤波器的频率特性 k 为

$$k = \frac{1}{\sqrt{1+\omega^2 R^2 C^2}} = \frac{1}{\sqrt{1+(2\pi f)^2 R^2 C^2}} \tag{6-99}$$

对应的等效噪声带宽为

$$\Delta f = \int_0^\infty k^2 \mathrm{d}f = \int_0^\infty \frac{1}{1+(2\pi f)^2 R^2 C^2}\mathrm{d}f = \frac{1}{4RC}$$

若采用两级 RC 滤波器，$\Delta f = 1/8RC$。

如采用锁相放大器的时间常数 $\tau = RC = 20\mathrm{s}$，则两级 RC 滤波的等效噪声带宽 $\Delta f = 0.006\mathrm{Hz}$。可见锁相放大器的带宽极窄，一般都低于 $0.01\mathrm{Hz}$，其通过噪声的能力极小，且带宽与信号频率的高低无关。

由锁相放大器的特性可知，要求信号应该是频谱宽度极窄的单频信号，且被测量的变化也应该是很缓慢的，否则检出的信息将因丢失高频分量而畸变。

6.2.2 信号滤波

总的来讲，滤波的目的是提高系统的信噪比。在光电系统中通常采用多种滤波方式来保留有用信息，并抑制噪声。如光谱滤波、空间滤波和时间滤波等。现主要讨论时间滤波器。在光电系统中，下述三种情况常采用电子滤波的方法：

（1）要求放大器只让信号通过而与之混在一起的噪声不能通过，这需要对信号和噪声性质进行分析，并设计具有一定传输性质的放大器，这种放大器称为匹配滤波器。

（2）调制波经过检波后要滤去高频分量，而让代表信号的包络通过，这将由低通滤波器来完成。

(3) 根据要求只让代表信号波形的基波或某次谐波通过,这将由带通滤波器来完成。

上述滤波的实现可以采用模拟滤波器,也可采用数字滤波器。模拟滤波器是适当选用电感、电容、电阻,晶体管或运算放大器等组成满足规定传输特性的电路,在连续应用过程中达到要求滤波的目的。而数字滤波器则是将输入数列按既定要求转换成输出数列,通常利用数字相加、乘某个常数和延时等,从而达到滤波的目的。

1. 匹配滤波器

匹配滤波器是针对信号为确知信号的情况下,在线性范围内以最大信噪比为准则的滤波器。下面以白噪声条件下的匹配滤波器为例简要给以说明。

图 6-40 所示为一线性系统,其传递函数为 $H(\omega)$,输入信号为 $S_1(t)$,其频谱为

$$S_1(\omega) = \int_{-\infty}^{\infty} S_1(t) e^{-j\omega t} dt$$

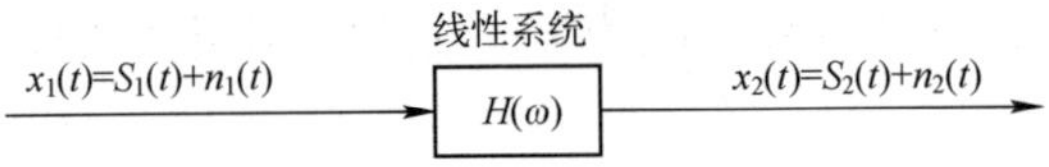

线性系统

$x_1(t)=S_1(t)+n_1(t)$ → $H(\omega)$ → $x_2(t)=S_2(t)+n_2(t)$

图 6-40 线性滤波器

输入噪声为 $n_1(t)$,白噪声时频谱均匀,设其功率谱密度为 $N_0/2$,则该输出信号应为

$$S_2(t) = \frac{1}{2\pi} \int_{-\infty}^{\infty} H(\omega) S_1(\omega) e^{j\omega t} d\omega \tag{6-100}$$

显然该值随时间而变化,设 $t=t_0$ 时,$|S_2(t_0)|$ 为

$$|S_2(t_0)| = \frac{1}{2\pi} \int_{-\infty}^{\infty} H(\omega) S_1(\omega) e^{j\omega t} d\omega \tag{6-101}$$

而线性系统输出噪声功率与时间无关,其平均值 σ^2 应为

$$\sigma^2 = \frac{N}{2} \cdot \frac{1}{2\pi} \int_{-\infty}^{\infty} |H(\omega)|^2 d\omega$$

当 $t=t_0$ 时,输出瞬时功率信噪比为

$$a^2 = \frac{\left|\frac{1}{2\pi} \int_{-\infty}^{\infty} H(\omega) S_1(\omega) e^{j\omega t} d\omega \right|^2}{\frac{N_0}{2} \frac{1}{2\pi} \int_{-\infty}^{\infty} |H(\omega)|^2 d\omega} \tag{6-102}$$

使输出功率信噪比在 t_0 时达最大值的线性系统称为匹配滤波器。

通过对频域的讨论,可得到最佳传递函数的表达式

$$H(\omega) = K[S_1(\omega) e^{j\omega t_0}]^* = KS^*(\omega) e^{-j\omega t_0} \tag{6-103}$$

可见匹配滤波器的传递函数为输入信号频谱的复共轭,即匹配滤波器的传递函数必须按信号的波形来设计。

与频域相对应也可在时域对匹配滤波器的脉冲影响 $h(t)$ 进行分析讨论,可得表达式

$$h(t) = K \int_{-\infty}^{\infty} \delta(t_1 - t_0 + t) S_1(t_1) dt_1$$

$$= KS_1(t_0 - t) \tag{6-104}$$

匹配滤波器的脉冲响应函数应是输入信号 $S_1(t)$ 的镜像函数 $S_1(-t)$,并在时间上位移

t_0,在幅度上乘因子 K。

匹配滤波器的传递函数和脉冲响应中均有一比例常数 K,一般为任意常数,与问题实质无关,可取 $K=1$。

综上所述,匹配滤波器的特性为:

(1) 匹配滤波器的最大瞬时功率信噪比为 $2E/N_0$;它只与输入信号的功率 E 和白噪声频谱密度 $N_0/2$ 有关,而与信号波形无关。

(2) 在 $t=t_0$ 时刻,对信号来说,匹配滤波器输出信号的各频率分量具有同一相位,因而它们的振幅将代数相加,使输出信号幅度达到最大值;对噪声来说,因其相位是随机的,所以不论什么时刻,各种频率成分在输出端形成同相叠加的可能性极小。所以在 $t=t_0$ 时刻输出信噪比达最大值;在 $t<t_0$ 的其他时刻输出信噪比都要较此为小。观察时刻 t_0 通常是在接近信号持续时间的最终时刻。

(3) 由脉冲响应式可知,当输入混合波形为 $x_1(t)$ 时,匹配滤波器的输出混合波形为

$$x_2(t) = \int_{-\infty}^{\infty} S_1(t_0 - \tau) x_1(t - \tau) \mathrm{d}\tau \tag{6-105}$$

该式与互相关函数类似。因此,可以说匹配滤波器和互相关器是等效的。所设计的处理电路符合上述特性的滤波器就是匹配滤波器。

2. 低通滤波器

线性系统的正弦稳态响应是线性系统的基本特征,它是激励频率的函数,称为频率响应。

任何线性系统的频率响应都能直接由系统函数求得,假设一已知信号源波形为

$$x(t) = A\cos(\omega t + \phi) = R_e \{ A \mathrm{e}^{\mathrm{i}\phi} \mathrm{e}^{\mathrm{j}\omega t} \} \tag{6-106}$$

式中:$A\mathrm{e}^{\mathrm{i}\phi}$ 是 $\mathrm{e}^{\mathrm{j}\omega t}$ 激励的复数幅值。系统函数 $H(s)=H(\mathrm{j}\omega)$,其模为 $|H(\mathrm{j}\omega)|$,相角为 θ,那么系统输出函数或响应 $y(t)$ 为

$$\begin{aligned} y(t) &= R_e \{ [|H(\mathrm{j}\omega)|A] \mathrm{e}^{\mathrm{i}(\phi+\theta)} \mathrm{e}^{\mathrm{j}\omega t} \} \\ &= |H(\mathrm{j}\omega)|A\cos[\omega t+(\theta+\phi)] \end{aligned} \tag{6-107}$$

可见线性系统正弦响应有三个主要特性:

(1) 响应频率与信号频率相同。

(2) 响应幅值等于信号幅值乘以系统函数 $H(\mathrm{j}\omega)$ 的模。

(3) 响应的相角等于信号相角加上系统函数的相角。

系统函数 $H(\mathrm{j}\omega)$ 的模与相角随频率的函数关系称为频率响应。因此,知道 $|H(\mathrm{j}\omega)|$ 和 θ 如何随频率变化,就能够确定系统对任何激励的稳态响应。

如图 6-41 所示的四端网络所具有的系统函数为

$$\begin{aligned} \frac{U_2}{U_1} &= H(\mathrm{j}\omega) = \frac{1}{1+\mathrm{j}\omega RC} \\ &= \frac{1-\mathrm{j}\omega RC}{1+(\omega RC)^2} \end{aligned} \tag{6-108}$$

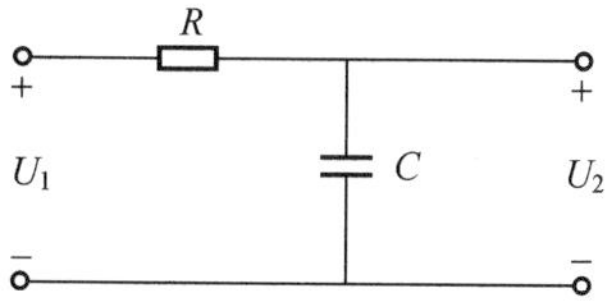

图 6-41 低通滤波器

于是

$$\text{Re}\{H(j\omega)\} = \frac{1}{1+(\omega RC)^2} \qquad (6\text{-}109)$$

$$\text{Im}\{H(j\omega)\} = (-\omega RC)/[1+(\omega RC)^2] \qquad (6\text{-}110)$$

$H(j\omega)$ 的模与相角由下式分别给出

$$|H(j\omega)| = [H(j\omega) \times H^*(j\omega)]^{\frac{1}{2}}$$

$$= \frac{1}{[1+(\omega RC)^2]^{\frac{1}{2}}} \qquad (6\text{-}111)$$

$$\theta = \arctan\left(\frac{\text{Im}\{H(j\omega)\}}{\text{Re}\{H(j\omega)\}}\right) = -\arctan(\omega RC) \qquad (6\text{-}112)$$

假定在特定频率 ω_0 时的输入为

$$U_1(t) = A\sin\left(\omega_0 + \frac{\pi}{4}\right) \qquad (6\text{-}113)$$

则输出稳态响应 $U_2(t)$ 为

$$U_2(t) = \frac{A}{\sqrt{1+(\omega_0 RC)^2}} \sin\left(\omega_0 t + \frac{\pi}{4} - \arctan(\omega RC)\right) \qquad (6\text{-}114)$$

由上述关系可知,在低频时,即 $\omega_0 RC \ll 1$,则有 $U_2 \approx U_1$,两者相等。随着频率增加,U_2 的模降低,相位相对于 U_1 移动。这个形式的网络使低频通过,而使高频衰减,因此被称为低通滤波器。

低通滤波器模的频率响应曲线如图 6-42 所示。随着频率增加,响应值下降,当下降到最大值的 0.707 时,用分贝表示的衰减为最大值 $20[\lg(0.707^{-1})] = 3\text{dB}$,对应频率 ω_0 或 f_0 称为 3dB 频率,对应的低频带宽称为 3dB 带宽。

在实际电路中实现低通滤波必须采用适当的 RC、RL 或 CL 等网络,并通过调整网络电器元件如 R、C 或 L 的参数,以满足低通滤波器 3dB 带宽的要求。

3. 带通滤波器

滤波器是有选择地通过一定范围频率的网络。前面讨论的低通滤波器,它是单边随信号频率的增加而衰减,可用简单的 RC 器件来完成,它们都是无源器件,又称为无源滤波器。而带通滤波器是允许两个限定频率之内的频率不衰减地通过,而衰减两个限定频率以外的频率。如图 6-43 所示的带通滤波器由于把运算放大器这个有源器件也包括在内,所以称为有源带通滤波器。

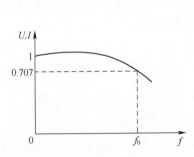

图 6-42 低通滤波器的频率响应

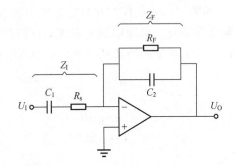

图 6-43 有源带通滤波器

有源带通滤波器是输入阻抗与反馈阻抗都是 RC 网络的运算放大电路，假设运算放大器对所有频率都是理想的，其传递函数可以用输入阻抗 $Z_I(s)$ 及反馈阻抗 $Z_F(s)$ 表示为

$$\frac{U_O}{U_I} = \frac{-Z_F(s)}{Z_I(s)} \tag{6-115}$$

其中

$$s = j\omega; Z_F = \frac{R_F}{1+sC_2R_F}; Z_I = \frac{1+sC_1R_s}{sC_1}$$

所以

$$\frac{U_O}{U_I} = -\frac{sC_1R_F}{(1+sC_1R_s)(1+sC_2R_F)} \tag{6-116}$$

这样，假定 $R_FC_2 \ll R_sC_1$ 时，可得到如图 6-44 所示的幅值图，在 $1/R_sC_1$ 和 $1/R_FC_2$ 之间的平顶区域称为通带。如果其中 $R_F > R_s$，这个滤波器在通带内的增益大于 1，因此可利用该滤波器电路作为选频放大器。

调整该网络的电阻和电容值，构成不同的 R_FC_2 和 R_sC_1，就形成了所希望的任何通带特性，这一灵活性使得运算放大器和运算放大器构成的有源滤波器应用日渐广泛。

同样通过对变压器的频率响应和 L-R-C 谐振电路频率响应的讨论，可知这些电路的传递函数在一定条件下都具有带通特性，都可以设计成相应的带通滤波器。

4. 数字滤波器

随着廉价的高速数字计算机的普及，数字信号处理的方法被广泛应用。这里介绍一个最简单的数字滤波器，以期对数字滤波有所了解。

图 6-45 所示为一数字信号处理器，将数列 $\{x_n\}$，即 x_0、x_1、x_2 作为输入，它可以是对模拟波形采样所得的一个数组。相应输出序列 $\{y_n\}$ 代表着对应的"输出波形"。

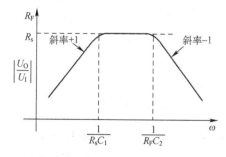

图 6-44　带通滤波器的频率响应

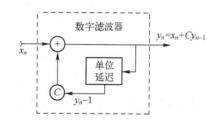

图 6-45　单边数字滤波器

在处理器中，在第 n 个时间间隔中的输出 y_n 是上一时间间隔中输出 y_{n-1} 经单位延迟后乘以常数 C，以及同时间隔输入 x_n 之和，其代数方程为

$$y_n = x_n + Cy_{n-1} \tag{6-117}$$

利用计算机程序很容易完成这一运算。不断重复上述计算，就实现了数字滤波的作用。

该滤波器对单脉冲的响应，单位时间表示为

$$x_n = 0 \quad (n \neq 0)$$
$$x_n = 1 \quad (n = 0)$$

按上述计算关系运算，输出量为

$$y_0=1,\ y_1=C,\ y_2=C^2\cdots y_n=C^n$$

当取 $C=1/2$ 时，该输入输出情况如图 6-46（a）所示。其规律与单边模拟滤波器对脉冲的指数衰减响应从外观上看是类似的。如将通式改写为

$$y_n=C^n=e^{n\ln C} \tag{6-118}$$

则类似性更明显，由于 $C<1$，$\ln C$ 为负数，属指数衰减，相应时间常数为 $|\ln C|$。

该滤波器的阶跃响应也可通过该滤波器的代数方程得到。当阶跃输入表示为

$$x_n=0\quad(n<0)$$
$$x_n=1\quad(n\geqslant 0)$$

则阶跃响应通式为

$$y_n=\frac{1-C^{n+1}}{1-C} \tag{6-119}$$

当取 $C=1/2$ 时，该输入输出情况如图 6-46（b）所示。这组幅值变化符合指数上升的规律，其时间常数同上。

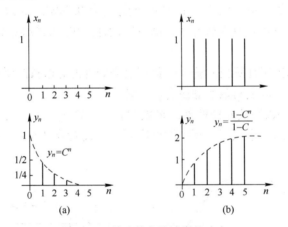

图 6-46 单边数字滤波器的响应

（a）当 $C=1/2$ 时的单位脉冲响应；（b）当 $C=1/2$ 时的阶跃响应。

由此可见该数字滤波器的作用类似于一个确定时间常数的单边模拟滤波器。

6.2.3 直流的隔除与恢复

在光电系统中，信号中的直流成分不是所关注的信号，因此通常需要在对信号处理之前采用隔直流的方法或交流耦合的办法将其去除。这样做不仅可以使信号处理变得简单，而且可以达到抑制背景和 $1/f$ 噪声的目的。但是，这样做也会带来副作用，即使信号的低频成分受到直流下降的损害，并产生负峰，使信号受到干扰和变形，解决这一问题的方法是使用直流模拟恢复技术。在探测器系统中设置一标准的参考源，当探测器探测到这个参考源时，由耦合电容输出的探测器信号通过电阻对地连接，于是使电容器充电，一直到由参考源引起探测器信号到达直流特征值为止。这时只有电容器参考电压周围的信号变化才能通过，从而达到直流恢复的目的。如图 6-47 所示为恢复与未恢复的信号比较。

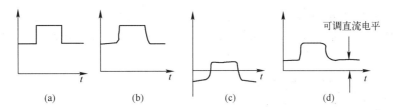

图 6-47 直流恢复前后信号波形的比较

(a) 输入辐射；(b) 交流耦合前的探测器响应；
(c) 交流耦合后无直流恢复的探测器响应；(d) 交流耦合后有直流恢复的探测器响应。

图 6-48 所示为温度绝对值测量方框图。它利用参考黑体作为标准参考源，探测器扫过参考黑体产生一直流信号，用这个信号作为钳位信号将温度信号通道的信号钳位在所控制的电平（如零电平）上。然后再将与所需恢复的直流电平形成温补信号叠加在经过钳位的温度信号上，实现直流恢复，完成温度的补偿，从而对温度绝对值进行测量。

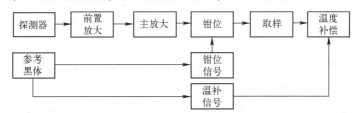

图 6-48 温度绝对值测量方框图

6.2.4 自动增益控制

自动增益控制电路是光电系统中常用的电路。其主要作用是当输入信号在很宽的动态范围变化时，使输出维持在一定的范围以内，保证放大器不堵塞或饱和，以便对系统信号进行探测或解调等处理。

例如某光电跟踪系统对宇宙飞船进行定位跟踪，由于距离的远近不同其输入信号可从 1μV 到 10mV 变化，其动态范围达 80dB。显然，在接收弱信号时，要求放大器有较大的增益。而在接收强信号时，要求放大器不致于堵塞或饱和。特别是按调幅信号工作的接收装置，其信号的幅值包络代表着目标位置的信息，若信号经放大而产生失真，接收装置将不能正常工作。因此要求放大器能自动改变增益，使输出维持一定电平。这就要自动增益控制（AGC）电路来实施。

增益控制分人工和自动两大类，人工控制多为缓变信号。自动增益控制电路又可分为闭环和开环两种。

下面介绍闭环 AGC 控制原理及其特性。图 6-49 所示为闭环自动增益控制电路的方框图。它由检波器、滤波器、直流放大器和受控增益放大器组成，各环节的传输函数分别为 K_1、K_2 和 K_3，A_u 为受控增益放大器的电压增益。输入信号 U_i 经受控增益放大器放大后输出为 U_o，取 U_o 经检波器、低通滤波器变为直流信号，去控制受控放大器的增益，这是一种简单的 AGC 电路，若加入门限电压 U_{sh} 后，如图中虚线框，构成延迟式 AGC 电路，增加直流放大器是为了提高 AGC 的控制能力。

AGC 系统的重要特性之一的振幅特性如图 6-50 所示。它描述了 U_o 和 U_i 的函数关系。

图中曲线 2 是未加 AGC 晶体管的工作特性,它有一线性工作区存在;这时放大器增益与 U_i 无关。曲线 1 为增加简单 AGC 时的结果。增益 A_u 随输入电压 U_i 的增大而减小。

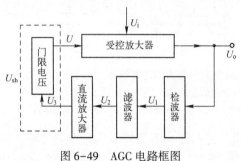

图 6-49　AGC 电路框图

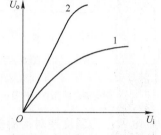

图 6-50　简单 AGC 振幅特性

简单 AGC 的优点是电路简单,缺点是可控范围较窄,而且只要有 U_i 输入,就会产生 AGC 电压,当输入信号很小时,也使增益减小,这对弱信号探测极为不利。为此产生了延迟式 AGC。

图 6-51 所示是带有延迟电路的延迟式 AGC 框图。D_z 为稳压二极管,提供门限电压,它接在晶体管 T 的发射极和地之间,由电源电压 E_c 通过电阻 R 提供工作电流。T 的发射极到地的电压为 U_{sh},调节直流放大器,使其输出端为零电位。

当输入信号电平 U_i 很小时,产生的直流电压 U_{DC} 也较小,使 $U_{DC} < U_{sh}$,T 的发射结处于反向偏置,T 截止,集电极无 AGC 电流输出,AGC 不起作用。当 U_i 增大到某规定值时,$U_{DC} = U_{sh}$,T 处于临界情况。当 U_i 继续增大,$U_{DC} > U_{sh}$ 时,T 的发射结正向偏置,产生 AGC 控制。

延迟式 AGU 特性曲线如图 6-52 中曲线 1 所示,当 $U_i < U_{imin}$ 时,电路不产生控制信号,放大器增益不受控而按原电路特性工作。这时曲线 1 与曲线 2 重合。当 $U_i > U_{imin}$ 时,电路产生控制使增益减小,而使输出电压 U_o 变化平坦。

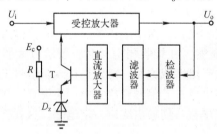

图 6-51　延迟式 AGC 框图

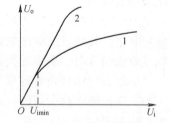

图 6-52　延迟式 AGC 振幅特性曲线

AGC 电路的另一个重要特性是控制特性。它表征放大器的增益 A_u 与控制电压 U_{AGC} 之间的关系如图 6-53 所示。当控制电压 U_{AGC} 增大时,增益 A_u 随之减小。图中曲线 1 和 2 分别表示环路增益为 A_{L1} 和 A_{L2} 的控制特性,显然 1 比 2 的控制特性好。有时为提高控制特性的性能,在滤波器后需增加直流放大器。

AGC 的控制方式很多,可通过改变晶体管的发射极电流

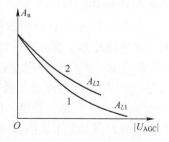

图 6-53　AGC 电路的控制特性

I_e,或集电极与发射极之间的结电压 U_{ce} 来实现;也可改变受控级与其他级之间的耦合程度来实现;还可通过差分放大器的增益控制来实现。

6.2.5 多路传输和延时

当使用多元探测器时,通常要把多个信号转换为单个信号通道,这种传输方法就称为多路传输。可以采用多种方法来实现这一过程。一种方法是将多路信号经多个前置放大器放大后,将信号送给一个电子开关,电子开关按一定顺序对每个单元取样,并周期地重复这个过程,这样将多路通道输入的信号按时间顺序输出给单通道,形成串联信号。这种电子开关要实现高速和低噪声是比较困难的。另一种方法是采用电-光多路传输,即将发光二极管列阵与电视摄像机联合使用,通过两次成像完成多路传输,以获得单通道的电视信号,这种方法也比较困难,而且耦合效率将不会很高。目前仍较为常用的方法是利用电荷耦合器件(CCD)实现多路传输。CCD 在这里是起移位寄存器或延迟线的作用,其工作原理如图 6-54 所示。并联探测器扫描装置对景物或图像同时进行多路取样,并同时将对应元的辐射信号转换成电信号,这些电信号并列注入到 CCD 移位寄存器各个单元。各个 CCD 单元中的电荷量将正比于对应探测器的取样信号,然后由快速的驱动时钟脉冲将 CCD 各单元的电荷依次移出,经过输出耦合电路便可形成一组串行的与取样信号对应的视频信号,周期性地重复以上过程,从而完成了由多路采集、多路传送到单路传送的转换。

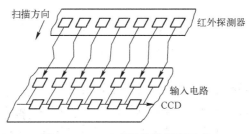

图 6-54 CCD 多路传输原理示意

随着计算机技术及集成芯片的发展,采用数字存储的方式实现多路传输到单路输出的转换方式已为人们所采用。特别是伴有从非标准到标准电视制扫描体制转换的场合更为方便。帧存储的存在也便于增加数字图像处理的环节。

当利用串联型探测器对空间进行扫描时,由于每个探测器单元在不同瞬间都要扫过同一视场空间,因此探测器输出的信号具有相同的函数形式,只是在时间上依次相差一个时间间隔Δt。N 个探测器各自输出的信号分别为 $S_1(t), S_2(t-\Delta t), \cdots, S_N[t-(N-1)\Delta t]$;经由 N 个输出端输出,为把它们相应空间同一点上的信号累积起来,以取得多元串联带来提高信噪比的好处,因此需将它们进行不同的延时,使同一目标点的信号能在多路同一时刻输出,从而完成累积处理。可见第 N 路需延时的时间 t_n 为

$$t_n = (N-n)\Delta t \tag{6-120}$$

实现延时也有多种途径,如图 6-55 为利用 CCD 完成延时积分的原理示意图,要求 CCD 转移一位信号的时间和串联探测器扫描移过一个探测元的时间相等,这样就可在

CCD 的输出端得到对空间各描述点经延时积分后的信号,即与空间一一对应序列的扫描信号。如设串联探测器行扫频率为 f_H,水平视场为 A,探测器及其间隔的角宽度分别为 α 和 θ,则探测单元间的延时 Δt 为

$$\Delta t = (\alpha+\theta)/A \cdot f_H \tag{6-121}$$

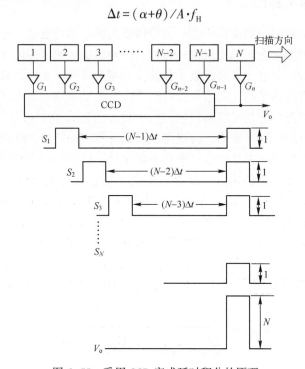

图 6-55 采用 CCD 完成延时积分的原理

也可采用多路延时电路或通过微机进行数字延时。

采用 CCD 器件作多路传输或延时的转换原理,可直接应用到焦平面列阵型的探测器中,使这些转换在探测单元中完成,从而减少通过杜瓦瓶的引线,减小制冷器的热负荷。其目前仍是二代热像仪中探测器设计的首选方法。

6.2.6 相位检测

在光电系统中所获得的调制信号不仅包含信号的大小,还包含信号的相位,它们分别代表待测信息的不同内容,通过解调把它们从信号中分离出来,以达到一定的探测目的。

信号中将相位信息解调出来,通常采用相位检波的方式来实现。例如在跟踪系统的调制盘产生的载波信号中,将目标位置方位角的信息寓于调制相位中,而将偏离光轴的误差角信息寓于调制信号的幅值中,通过相位解波可将目标的方位角解出;又如在检测某目标的温度时,所获得的调制信号的大小将表征目标辐射与常温"黑体"辐射的差值,而调制信号的相位则反映了差值的正负,后者也要通过相位检波来实现。再如确定某物面位置是否位移光电探针系统中,在所获得的调制信号中,幅值的大小表征物面位置偏离标准位置距离的大小,而相位的变化则反映物面偏离标准位置的方向。此外在光电计量系统的细分电路中也常依靠对相位的检测来确定变化量的方向。

1. 相敏检波器

只反映方向的相位检测器如图 6-56 所示，又称其为相敏检波器。它是由模拟乘法器和低通滤波器组成。图中待测信号为 $u_i(t)=u_o(t)\cos\omega t$，本机振荡或称参考信号为 $u_L(t)=u_L\cos(\omega t+\varphi)$，于是乘法器的输出信号为

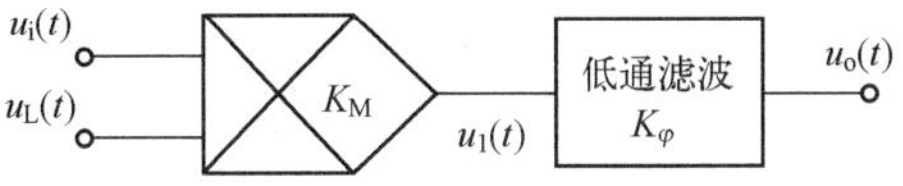

$$u(t)=K_M u_o(t)\cos\omega t \cdot u_L\cos(\omega t+\varphi)$$
$$=\frac{1}{2}K_M u_o(t)u_L[\cos\varphi+\cos(2\omega t+\varphi)] \tag{6-122}$$

图 6-56 相敏检波框图

经低通滤波器滤去 2ω 的分量，输出为

$$u(t)=\frac{1}{2}K_M K_\varphi u_o(t)u_L\cos\varphi \tag{6-123}$$

式中：K_φ 为低通滤波器的传输系数。

由上式可知，为检出信号幅度大，希望 $\varphi=0$ 或 $\varphi=180°$。实际运用这类检波器也是利用参考信号去判定待测信号是否与其同相或反相，从而解调出含有特定物理意义的相位量，以确定如前所述测温中哪一个辐射量大的问题，以及探针中物面位移方向的问题等。

利用该相敏检波器的输出与待测信号和本机信号相位有关这一特点，可在探测中抑制干扰或噪声。因为一切与本机载波频率不同，或频率虽同而相位相差 90° 的非信号，全将被低通滤波器滤除。因此这类相敏检波器也常用于对微弱信号探测的光电系统中。

2. 相位检测器

相位检波的电路形式很多，图 6-57 所示为一种检测两输入信号相位差在 ±180° 范围内的线性相位检波器的框图。

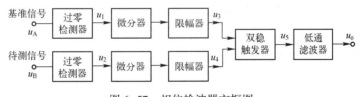

图 6-57 相位检波器方框图

对应图中各环节波形分析如图 6-58 所示，基准信号和待测信号分别加到不同的过零检测器上，将其变换为方波。图 6-58（a）为两信号同相位的情况，将基准信号由同相端输入运算放大器，待测信号由反相端输入，所以 u_1 与 u_2 相位相反。分别经微分器和限幅器后，各取上升沿产生的尖脉冲 u_3 和 u_4，再将它们送至双稳态触发器上，产生脉冲 u_5，后经低通滤波器取其直流分量，由于 u_5 的正、负极性持续期相等，则直流分量 $u_o=0$。图 6-58（b）是 u_B 滞后 u_A 90° 的情况，这时 u_5 负极性持续时间为 $3T/4$，而正极性持续时间为 $T/4$，所以直流分量 $u_o<0$；而图 6-58（c）是 u_B 超前 u_A 90° 情况，同理 $u_o>0$。由于正、负极性持续时间正比于两输入信号的相位差，可见直流分量 u_o 的大小正比于相位差，是一种线性相位检波器。当相位差 φ 超过 ±180° 时，所反映的只是小于 ±180° 的 $\varphi-n(180°)$。所以该相位检波器只适于 ±180° 的工作范围。

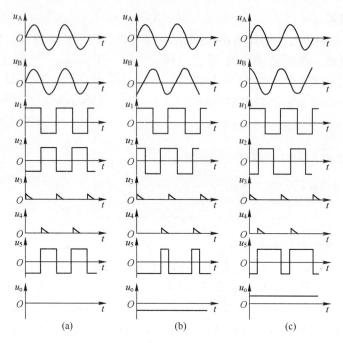

图 6-58 相位检波器各环节的波形

6.2.7 频率检测

在光电检测系统中，有时待测信息包含在调频波中，即以频率的高低来表征待测信号量，需采用鉴频器来解调此待测信号。

鉴频器的种类很多，这里介绍时间平均值鉴频器。电路中不采用谐振回路，因此不存在元件老化而产生的调谐漂移，可长期连续工作。该鉴频器的原理框图如图 6-59 所示。它由四部分组成，工作波形如图 6-60 所示。

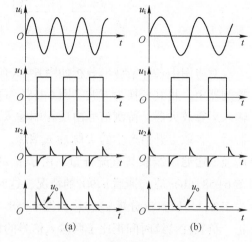

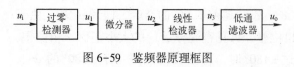

图 6-59 鉴频器原理框图

图 6-60 鉴频器各环节工作波形

输入调频波经过零检测器后变换为方波,方波的频率随调频波频率变化。当方波经微分器后,每一方波变换成一正负尖脉冲对。经线性检波器可取出正向尖脉冲或负向尖脉冲,尖脉冲数正比于调频波的频率。然后将尖脉冲送入低通滤波器,输出的是尖脉冲的平均值。调频波的瞬时频率越高,单位时间内尖脉冲数越多,尖脉冲的平均值就越大,所以输出电压 u_o 将正比于调频波的频率。图 6-60 中给出了两个不同频率调频波的有关波形,以便比较。

图 6-61 为实现鉴频功能的电路原理图。A_1 接成过零检测器,A_2 接成微分器,电路中 C_1 和 R_5 是微分元件,R_4 用以降低高频噪声,C_2 的作用是提高电路的稳定性。R_6 和 C_3 分别为减小偏流漂移和降低噪声的元件。A_3 接成线性检波电路,通过单向尖脉冲。在反馈电阻 R_8 两端并联电容 C_4,使 A_3 的增益随频率升高而减小,从而使低通滤波器和线性检波器合二为一。输出端电压 u_o,反映了输入此脉冲经放大后的平均值。

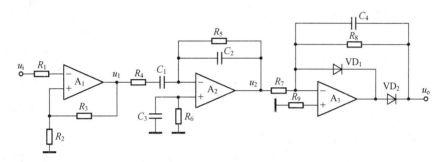

图 6-61 鉴频器电路原理

6.2.8 脉宽鉴别

在光电检测技术中,有时需要在不同宽度的脉冲中,选出脉宽在某个特定值 T 附近的控制脉冲,即 $T=T_P\pm\Delta T_P$。T_P 为特定的持续期,ΔT_P 为允许偏差。实现该功能的脉宽鉴别器如图 6-62 所示。相应的工作波形如图 6-63 所示。u_i 中包括两个不同宽度的波形,$T_{x1}<T$,T_{x2} 在 T 规定的范围 $T_P\pm\Delta T_P$ 中,$T_{x3}>T$。

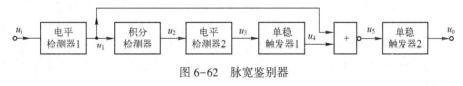

图 6-62 脉宽鉴别器

电平检测器的参考电压 u_{R1} 约等于 u_i 的平均值。叠加有噪声干扰的输入信号 u_i 经电平检测器 1 后,转换为幅度相同、宽度不同的脉冲 u_1。脉冲 u_1 分为两路输出,一路送至或非门,另一路送至积分检测器。

积分检测器的作用是将脉冲 u_1 的正极性部分转变为锯齿波 u_2。锯齿波的持续期等于 u_1 正极性部分的持续期,其高度随持续期的增长而增高。然后将锯齿波送到电平检测器之中。

电平检测器 2 的参考电平为 u_{R2},它等于脉冲宽度到达下限位值 $T_P-\Delta T_P$ 时,形成锯齿波的临界高度。当锯齿波高度达到 u_{R2} 时，电平检测器 2 的输出 u_3 改变状态，由高电平变为低电平，而当锯齿波结束时，u_3 复原而返回高电平。只有当 $T_x > T_P - \Delta T_P$ 时，电平检测器 2 才有负脉冲输出，而负脉冲的宽度不等。用 T_3 表示为

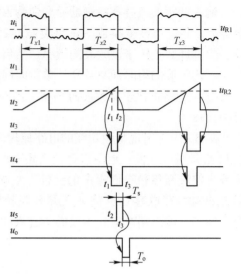

$$T_3 = t_2 - t_1 = T_x - (T_P - \Delta T_P) \quad (6\text{-}124)$$

将负脉冲电压 u_3 送到单稳态触发器 1 处，T_{x1} 已排除在外。单稳态触发器 1 在负脉冲下降沿的触发下，产生一个宽度为 $2\Delta T_P$ 的负脉冲 u_4，并送到或非门输入端。

电压信号 u_1 和 u_4 在或非门进行逻辑运算，只有当 u_1 和 u_4 均为低电平时，输出 u_5 才为高电平。当 $T_P - \Delta T_P < T_x < T_P + \Delta T_P$，即 T_{x2} 的条件下，

图 6-63　脉宽鉴别器工作波形

当 u_3 在 t_2 由高电平变为低电平时，u_4 仍保持为负。于是 u_5 为高电平，u_5 的正脉冲宽度为

$$T_5 = t_3 - t_2 = 2\Delta T_P - [T_x - (T_P - \Delta T_P)] = T_P + \Delta T_P - T_x \quad (6\text{-}125)$$

随 T_x 增大，T_5 减小。当 $T_x = T_P + \Delta T_P$ 时，$T_5 = 0$。T_x 再增大，相当于 T_{x3} 的情况，u_4 返回高电平时，u_1 仍维持高电平，无 u_5 正脉冲输出。

当 u_5 输出正脉冲时，将其送到单稳态触发器 2，变换为持续期和高度划一的脉冲 u_0，以此作为所需信号的输出。

6.2.9　坐标变换

一般的导引装置，由探测器输出的以极坐标形式反映目标方位的电信号经电子线路放大后直接送至陀螺系统进动线圈以产生进动力矩，驱动其位标器的光轴跟踪目标；另一类导引装置的陀螺系统需要两个相互垂直的电磁力矩以产生进动，这就需要将探测器输出的电信号在输至陀螺系统前就进行坐标变换。此外，无论哪一类导引装置，其执行机构都需要两个相互垂直的控制信号，因此也须将探测器输出的电信号进行坐标变换。

红外系统中的坐标变换器主要由两个相敏检波器构成的。关于相敏检波器的工作原理在上节中已经讲过，本节仅在此基础上介绍坐标变换器的工作原理。

用两个相敏检波器，分别加入两个相位相差 90° 的基准信号，且输入同一个极坐标误差信号，就构成了一个坐标变换器。

图 6-64 为由两个桥式相敏检波器构成的坐标变换器。加在 R_1、R_2 两端的误差信号 u，分别加在两桥路的一个对角线上，作为每一桥路的输入电压。相位相差 90° 两个基准电压（频率与误差信号的频率相同）u_{jx}、u_{jy} 作为每一桥路的第二输入，加在桥路的另一对角线上。每一桥路的输出信号，都由该桥路的基准线圈的连接点与电阻 R_3、R_4 的连接点之间给出，如图中的 u_{ox} 和 u_{oy}。根据相敏检波的原理可知，每一桥路输出电压的大小正比于输入信号 u 的幅值乘以误差信号与基准信号的间相位差的余弦（或正弦）。由于两基准信号间相位差为 90°，因此两桥路输出电压在相位上也同样彼此相差 90°，即输出电压 u_{ox} 与 u_{oy}

相位差90°。当输入含有目标方位信息($\Delta q, \theta$)的误差信号电压为

$$u = K\Delta q \sin(\Omega t - \theta) \tag{6-126}$$

时，输出电压为

$$u_{ox} = K\Delta q \sin\theta, \quad u_{oy} = K\Delta q \cos\theta \tag{6-127}$$

u_{ox}、u_{oy}分别为方位方向和俯仰方向的直流误差信号。

图6-65为由两个三极管桥式相敏检波器所构成的坐标变换器，其进行坐标变换的原理与图6-64所示情况类似。

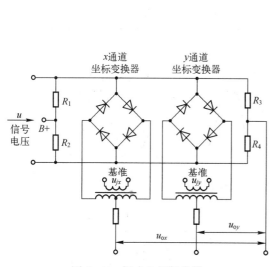

图6-64 桥式坐标变换器

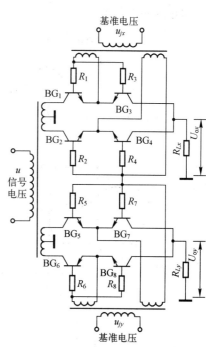

图6-65 采用晶体三极管的坐标变换器

6.2.10 信号抽样

所谓"抽样"或"函数抽样"是通过抽样函数来实现的。设以S为变量的连续函数$f(S)$，定义梳状函数$\mathrm{comb}(s/S)$为抽样函数，式中S为抽样周期。对于连续函数的抽样，一般可记为

$$f_s(S) = f(S)\mathrm{comb}(s/S) = f(S)\sum_{n=-\infty}^{+\infty}\delta(s-nS) \tag{6-128}$$

式中：$\delta(s)$为克罗内克函数或称δ函数。当$s=0$时，$\delta=1$；当$s\neq 0$时，$\delta=0$。

如果以$F_s(k)$表示抽样后函数$f_s(S)$的频谱，则从

$$\mathscr{F}\mathrm{comb}(s/S) = K\sum_{n=-\infty}^{+\infty}\delta(k-nK) = K\mathrm{comb}(k/K) \tag{6-129}$$

式中：$\mathscr{F}$为傅里叶变换算符；k为频谱函数的变量频率；K为对应抽样周期的频率间，$K=2\pi/S$。由此可得

$$F_s(k) = \frac{1}{2\pi}F(k) * [K\mathrm{comb}(k/K)] = \frac{K}{2\pi}\sum_{n=-\infty}^{+\infty}F(k-nK) \quad (6\text{-}130)$$

图 6-66（a）和（b）分别给出了函数域与频率域中抽样前后的变化。特别是可以看出在函数域中以 S 为周期抽样后，原频谱将以其常数倍（$K/2\pi$）按周期 $K=2\pi/S$ 在频域中重复排列，这就是说函数经抽样以后，除保留有原频谱成分之外，还引入了假频干扰成分。设原函数的频带宽为 K_b 或 $\pm K_b/2$，只要 $K<K_b$，就会导致抽样后的函数真、假频谱出现重叠，这就是由于抽样过疏 K 值太小，或因函数带宽过大 K_b 太大所造成的所谓混淆效应，如图 6-67 所示。

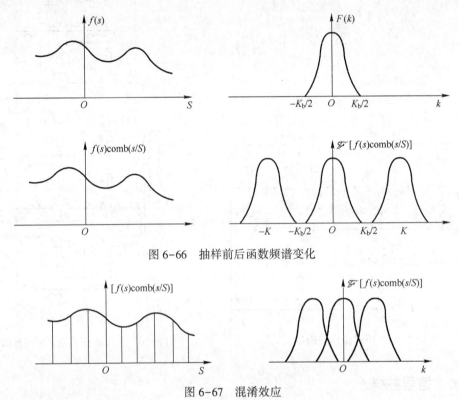

图 6-66　抽样前后函数频谱变化

图 6-67　混淆效应

只要在抽样过程中保证

$$K = 2\pi/S \geqslant K_b \quad (6\text{-}131)$$

则不会有混淆效应发生，这就是奈奎斯特条件。与此对应，在被抽样函数频谱带宽已定的情况下，应使抽样周期

$$S \leqslant S_N = 2\pi/K_b \quad (6\text{-}132)$$

在抽样周期已确定的情况下，则应当使被抽样函数的频谱带宽 $K_b<S_N$。临界的抽样周期 S_N 与频率 K_N 分别称为奈奎斯特周期和奈奎斯特频率。

按照香农抽样理论可知：对于一个有限带宽的信号，只要抽样频率高于奈奎斯特频率，则抽样信号将与原信号等效，也就是说它们所包含的信息量完全相同。如果进行"抽样"的逆过程，可以由"抽样信号"完全复现出原始的连续信号来。

在光电系统中，扫描成像、脉宽调制、多路传输等都是典型的抽样过程。例如光栅，扫描式红外热成像系统正是由于这种抽样过程，才能实现二维的空间频率信息转为一维的时间频率信息，以供只能进行一维信号处理的电子线路进行处理。如将处理后的一维信号作取样过程的逆变换，用显示器件又可将一维信号还原为二维形式的空间信息。如果热成像系统用线列多元并行扫描景物 $O(x,y)$，转换的信息通过多路传输等处理后，由显示器变为可见光图像，其强度分布为 $I(x,y)$，如图6-68所示。如将像平面的空间坐标归一化到物平面上，探测器的脉冲响应函数为 $r_d(x,y)$，显示器的响应函数为 $r_m(x,y)$。空间两方向上扫描情况不同，扫描在 x 方向上是单方向直线扫描，$r_d(x,y)$ 在扫描方向上不变，所以在扫描方向上，通过探测器扫描后的物像关系是：像函数 $I'(x)$ 是物函数 $O(x)$ 与探测器的脉冲响应函数 $r_d(x)$ 的卷积，记为

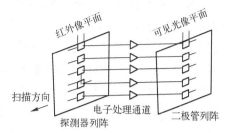

图6-68　多元并扫物像关系

$$I'(x)=O(x)*r_d(x) \tag{6-133}$$

在 y 方向上脉冲响应是不连续的，呈周期性变化。对同一 x 坐标的相邻 y 方向的信号，要隔一行扫描时间后才输出一次，因此 y 方向是一周期性抽样过程，若行距为 r，则抽样梳状函数为 $\text{comb}(y/r)$，所以 $I'(x,y)$ 通过 y 方向扫描后的像函数为

$$I''(x,y)=I'(x,y)\text{comb}(y/r)=[O(x,y)*r_d(x,y)]\text{comb}(y/r) \tag{6-134}$$

再用显示器的响应函数 $r_m(x,y)$ 与 $I''(x,y)$ 卷积，即可获得景物的像函数 $I(x,y)$。

$$I(x,y)=\{[O(x,y)*r_d(x,y)]\text{comb}(y/r)\}*r_m(x,y) \tag{6-135}$$

通过傅里叶变换后可得到像函数的频谱函数

$$I(f_x,f_y)=\{[O(x,y)*R_d(x,y)]*\text{comb}(rf_y\cdot\delta(f_x))\}\cdot R_m(f_x,f_y) \tag{6-136}$$

其中包含了水平和垂直扫描所得到的两种信息，抽样过程如能将两种信息的频谱分布错开，将不会产生混淆现象。

用相同的方法可以分析一维时间信号及抽样过程。应用离散的时间信号处理和分析方法的优点是：对连续信号进行抽样、量化后，可存入数字计算机，便于实现计算机处理；便于利用大规模集成电路，精度高、可靠性好；此外也利于在多维技术中推广应用。

6.2.11　彩色合成

人眼对彩色图像的识别等级远远大于对单色或黑白图像中灰度差异的识别等级。有时为使合成后的图像更易被人眼识别，而采用伪彩色或假彩色的形式。下面讨论如何把黑白图像变成彩色图像。

国际照明委员会（CIE）定义任意色彩由三基色红（R）、绿（G）、蓝（B）进行相加混合而成，定义三基色波长：R 为 $0.6452\mu m$，G 为 $0.6263\mu m$，B 为 $0.444\mu m$。若 C 代表任意颜色，T 为三基色单位量，则 C 与 R、G、B 的关系将遵循下列方程

$$\begin{cases} T(C)=rT(R)+gT(G)+bT(B) \\ r+g+b=1 \end{cases} \tag{6-137}$$

式中：r、g 和 b 是三基色的配色系数。

由上式关系可知，只要知道两种颜色的配色系数就可以求出第三种配色系数，并得到所要求的任意一种 C 色光。

黑白图像的假彩色合成就是利用这种彩色合成的原理，通过电路进行假彩色编码，以获得不同要求色所需的 r、g、b 值。为使黑白图像彩色化后更易被人眼所感知，常用亮度分层法进行假彩色合成，也就是将黑白图像信号分成若干等分，每等分反映该图像的一个灰度级别或范围。若使不同灰度等级赋以不同的颜色，并以对应配色系数的三种颜色的电信号控制红、绿、蓝三色电子枪，在显示屏上就将黑白图像转换为彩色图像。该过程大致以黑白图像的存储器开始，由读出放大器输出图像灰度对应的信号，经钳位、消隐，以消除同步信号对图像信号的影响，在与灰标信号合成后送入分层电路。分层电路主要由电压比较器和逻辑电路组成。信号分层后进入彩色编码电路即可得到所设定的多种色彩。从原理上讲，通过计算机，目前每种颜色可分为 256 级。三元色则可产生 256^3 种色彩。实际工作中应按需选定，并按工作速度的要求平衡各关系，然后设计适当的电路系统来实现。

思考题

1. 军用光电系统的内部噪声有哪些？有何特点？
2. 噪声、信号加噪声通过窄带滤波器后振幅、相位的概率密度分布有何特点？
3. 概述光电信号的检测基本方法及特点。
4. 自相关检测和互相关检测的特点如何？二者有何区别和联系？
5. 噪声系数及其各种表达式是什么？
6. 前置放大器的设计基本原则是什么？
7. 当已知信号源电阻的大小时，应如何确定第一级放大器器件？
8. 带宽的选择对传输信号波形有何影响？
9. 简述锁相放大器的工作原理。
10. 简述各类滤波器的功能。
11. 直流隔除与恢复信号处理有何作用？
12. AGC 电路的主要作用是什么？简述延迟式 AGC 电路的工作原理和特性。
13. 简述相位检波器的工作原理及用途。
14. 什么是抽样？抽样频率如何选择？

第7章 光电系统的控制与执行

由军用光电系统的组成可知，输出或控制是光电系统检测到目标信号后的最终表现或应用的形式。有些系统在获得目标信号后，不仅要判读，还需把它作为控制信号，达到某种控制的目的。军用光电系统中涉及的控制与执行技术主要有光电搜索和光电跟踪，具体应用在光电侦察、预警、制导等各类光电武器装备中。

7.1 光电搜索

搜索系统是以一定的规律对待搜索的空域进行扫描，并对目标实现探测的系统。当系统在搜索空域内发现目标后，给出一定形式的信号，标示出发现目标并使搜索系统停止扫描。

搜索系统经常与跟踪系统组合构成搜索跟踪系统。这就要求系统在搜索过程中发现目标后，能很快地从搜索状态转换为跟踪状态，该转换过程称为截获。

搜索系统的扫描运动与前述方位探测系统中的扫描系统完全相同。它们都是按照预定的规律，通过执行机构驱动系统的瞬时视场对空间进行扫描，以探测目标。但两者功能有所不同，对方位扫描探测系统而言，要求精测目标的方位，因此瞬时视场较小以保证精度；对搜索系统而言，一般不要求测定目标的方位，或只要求粗略地测定目标的方位，因此瞬时视场较大，测量精度较低。

7.1.1 搜索系统的工作原理

光电搜索跟踪装置的组成框图如图7-1所示。图中虚线框内为搜索系统，而点画线框内为跟踪系统。搜索系统由搜索信号产生器、状态转换机构、放大器、测角机构和执行机构等组成。而跟踪系统则是由方位探测器、信号处理器、状态转换机构、放大器和执行机构组成。其中方位探测器和信号处理器构成方位探测系统，它们可以是调制盘、十字叉或扫描系统。

状态转换机构最初处于搜索状态，由搜索信号产生器发出搜索指令，经放大器放大后送给执行机构，带动方位探测系统进行扫描。测角机构输出与执行机构转角 ϕ 成比例的信号，并同该信号与搜索指令相比较，比较的差值经放大后又去控制执行机构运动。这样执行机构的运动规律将跟随搜索指令的变化而变化。实质上搜索系统与跟踪系统一样都是伺服系统，区别仅在于它们的输入信号不同，前者是预先给定的搜索指令，而后者是目标的方位误差信息。如果搜索系统是一个理想的伺服系统，执行机构的运动规律就完全复现搜索指令的变化规律。

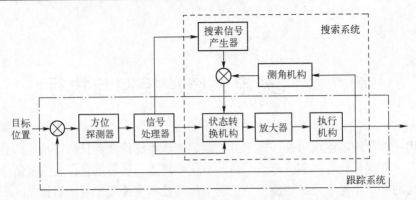

图 7-1　光电搜索跟踪装置框图

当搜索指令分为方位和俯仰两路信号输入系统时，则执行机构也应分为方位和俯仰两个机构，分别控制方位探测系统两个方向上的运动。这时搜索系统应由两个回路组成，如图 7-2 所示。两回路的组成结构相同，但参数有所不同。当搜索指令为极坐标信号时，可只用一个三自由度跟踪陀螺作为执行机构，其组成如图 7-3 所示。当系统工作在搜索状态时，相当于将图中位标器和变换放大两环节间的联线断开，而由搜索信号产生器发生搜索指令，以控制位标器的运动。

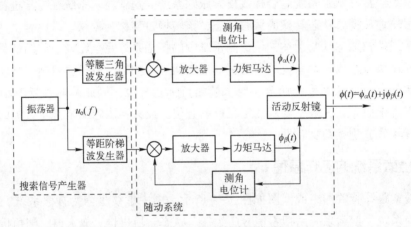

图 7-2　两回路搜索系统框图

执行机构可以驱动整个位标器对空间搜索，也可以驱动方位探测系统头部中的某个扫描部件（如反射镜）对空间进行搜索。

搜索过程中，如果位标器接收到目标的辐射而发现目标后，将有信号送给状态转换机构，使系统转入跟踪状态，同时让搜索信号产生器停止发出搜索指令。测得目标信号经放大后，使执行机构驱动位标器或扫描部件跟踪目标。

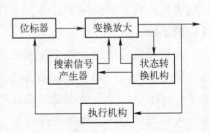

图 7-3　极坐标信号搜索系统框图

7.1.2 对光电搜索系统的主要要求

1. 搜索视场

搜索视场是指在搜索一帧的时间内,光学系统瞬时视场所能覆盖的全部空间范围,通常可用方位和俯仰两个方向上对应空间范围的角度和弧度来表示,如图 7-4 所示的 $A×B$。A 和 B 分别为方位和俯仰方向上的搜索视场。通常搜索视场由仪器总体要求来确定。

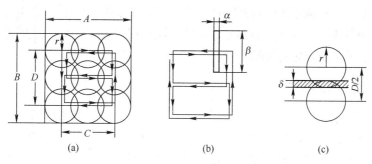

图 7-4 搜索视场、光轴扫描范围和瞬时视场

如果仔细分析,搜索视场将等于光轴的扫描范围与光学系统瞬时视场之和。上图中 C 和 D 分别是光轴在水平和俯仰两个方向上的扫描范围,相应光轴的扫描范围为 $C×D$。

瞬时视场是在光学系统静止时,单元探测器所对应的空间范围。如果位标器为调制盘系统或十字叉系统,则瞬时视场为圆形,令其为 $2r$,如图 7-4(a)所示。此时搜索视场 A、B 分别为

$$\begin{cases} A = C+2r \\ B = D+2r \end{cases} \tag{7-1}$$

若位标器为扫描系统,其瞬时视场为长方形 $α×β$,如图 7-4(b)所示。这时则有

$$\begin{cases} A = C+α \\ B = D+β \end{cases} \tag{7-2}$$

扫描列数和行数分别为 M 和 N 时,对于长方形瞬时视场还有

$$A×B = Mα×Nβ \tag{7-3}$$

2. 重叠系数

为防止搜索视场内出现漏扫的空域,确保有效地探测目标,通常要求相邻两行瞬时视场间要有适当的搭接或重叠。

重叠系数 k 是指搜索时,相邻两行瞬时视场间的重叠部分 $δ$ 与瞬时视场 $2r$ 之比,即

$$k = δ/2r \text{ 或 } k = δ/β \tag{7-4}$$

对于调制盘系统来说,目标从瞬时视场边缘扫过比从中心扫过的驻留时间要短,就可能造成对处于边缘的目标发现概率下降,为此要求这类系统的重叠系数应取大些,以确保一定的发现概率。对长条形瞬时视场,边缘与中心的驻留时间相等,发现目标的概率相同,因此可取较小的重叠系数。由此可知,重叠系数的选择与扫描过程中瞬时视场内各处发现目标概率的均匀程度有关。

3. 搜索角速度

在搜索过程中，光轴在方位方向上每秒钟转过的角度称为搜索角速度。通常依据目标相对系统的速度、作用距离和对目标的探测方向等因素，通过论证确定搜索帧周期，再依据扫描图形、光轴扫描范围等确定搜索的角速度。

在忽略行与行扫描转换时间时，搜索角速度 ω_s 可近似用下式表示

$$\omega_s = CN/T_f \tag{7-5}$$

式中：C 为光轴水平扫描的范围；T_f 为帧周期；N 为扫描图形的行数。

在光轴扫描范围一定时，搜索角速度越高，帧周期就越短，发现目标越快；但角速度太高时，又会造成截获目标的困难。

7.1.3 搜索信号的产生

1. 搜索信号的形式

搜索信号由搜索信号产生器产生，搜索信号的形式取决于光轴扫描图形的形式。按确定的搜索视场、光学系统的瞬时视场和重叠系数，就可确定光轴的扫描行数。最关键的是在整个搜索视场中不出现漏扫的区域。

如果瞬时视场较大，完成一定搜索视场的扫描，只要较少的扫描行数即可，如图 7-5（a）所示。如瞬时视场较小，则要增加扫描行数，如图 7-5（b）所示。若不增加行数就会出现漏扫的空域，如图 7-5（c）所示。

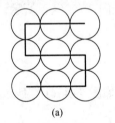 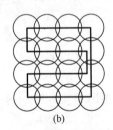 

(a)　　　　　　　　　(b)　　　　　　　　　(c)

图 7-5　扫描行数的确定

扫描行数确定后，就可进而确定扫描图形。例如扫三行的图形可以有双 8 字形和 8 字形，如图 7-6（a）、（b）所示；扫四行的图形常用凹字形，如图 7-6（c）所示等。双 8 字和 8 字行扫描效果不同，双 8 字形为每帧扫两场，每行都重复两次，搜索视场边缘和中心的扫描机会相等。8 字形图案每帧一场，中心行扫描两次，适用于要求中间扫描特别仔细的情况下。在搜索视场大小相同、帧周期相同的条件下，双 8 字形比 8 字形的搜索角速度大，如在设计上能使系统有较好的截获性能时，采用双 8 字对搜索更为有利。

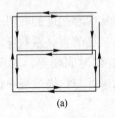 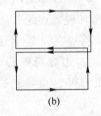 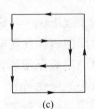

(a)　　　　　　　　　(b)　　　　　　　　　(c)

图 7-6　扫描图形

搜索信号的形式应根据光轴扫描图形的要求确定。光轴在行方向扫描为均角速度运动，而在行与行间的转换为跳跃式运动。因此在搜索过程中要引入一定关系的斜坡信号电压 $u=ct$ 和阶跃信号电压，以完成行扫描和行间阶跃。通过控制输入电压的幅值和变化周期，以及选择一定的回路参数，就可以限制光轴运动的范围。通常按方位和俯仰两个通道控制搜索。因此方位搜索应加斜坡电压，即等腰三角波；而俯仰搜索施加阶跃电压，即等距阶梯波。并使两者的时序满足设计要求。下面介绍几种搜索信号的形式。

1) 连续 N 行扫描图形

该搜索信号形式如图 7-7 所示。

它使得光轴在每一行上正扫、回扫各一次，即每行扫两次。方位信号 u_α 变化 N 个周期、俯仰信号 u_β，变化一个周期为一帧，即

$$f_\beta = \frac{1}{N} f_\alpha \tag{7-6}$$

式中：f_α 与 f_β 分别为方位和俯仰信号的频率。

2) 8 字扫描图形

该搜索信号形式如图 7-8 所示。正扫、回扫共四行构成一帧，其方位和俯仰信号频率间的关系为

$$f_\beta = \frac{1}{2} f_\alpha \tag{7-7}$$

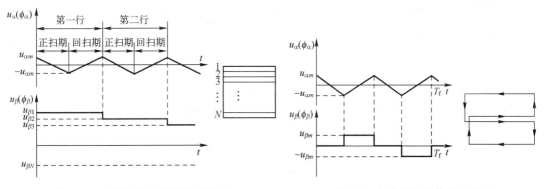

图 7-7　N 形扫描的搜索信号形式　　　　图 7-8　8 字形扫描信号的形式

3) 凹字扫描图形

该搜索信号形式如图 7-9 所示。正扫、回扫共四行为一帧，其频率关系为

$$f_\beta = \frac{1}{2} f_\alpha \tag{7-8}$$

由以上讨论可知，适当选择方位信号频率和俯仰信号频率的对应关系，以及两信号的波形形式，便可得到所要求的、不同形式的扫描图形。

2. 搜索信号发生器的类型

搜索信号发生器通常有电子式和机械式两种类型。

1) 电子式搜索信号发生器的工作原理

该信号电路框图如图 7-10 所示。它是由振荡器、等腰三角波发生器和等距阶梯波发

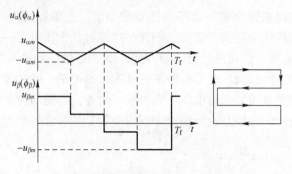

图 7-9 凹字形扫描信号的形式

生器组成。方位与俯仰信号的波形如图 7-11 所示。振荡器产生触发脉冲信号 $u_o(t)$，用它去分别触发等腰三角波发生器和等距阶梯波发生器，产生方位信号 $u_\alpha(t)$ 和俯仰信号 $u_\beta(t)$。

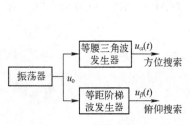

图 7-10 电子式搜索信号电路框图

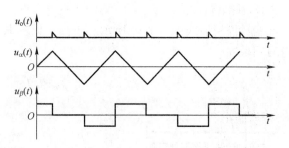

图 7-11 方位和俯仰信号波形图

如随动系统理想，则可合成如图 7-12 所示的光轴扫描图形。可见触发脉冲的周期对应光轴扫描一行所用的时间，将构成双 8 字扫描图形。而方位和俯仰信号频率间有如下关系

$$f_\beta = \frac{2}{3} f_\alpha$$

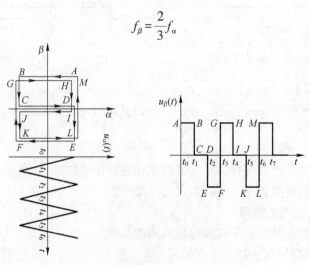

图 7-12 搜索信号与合成的扫描图形

2) 机电式搜索信号发生器

这种机电式信号源可以产生直角坐标式和极坐标式的搜索信号。

(1) 产生直角坐标的机电信号源。该机电信号源用于两通道的搜索系统中。它主要由电机、模板和两个线性变压器组成。其模板形状如图 7-13 所示。模板上有两条曲线形的槽轨，模板由电机带动恒速旋转。两个线性变压器曲柄端点的滑头在槽轨内滑动，它们的曲柄与中心连线间夹角为 θ_α 和 θ_β，且随电机旋转而作周期性变化。

经分析可得到 θ_α 和 θ_β 随模板旋转一周内的变化规律如图 7-14 所示。方位 θ_α 呈等腰三角波，而俯仰 θ_β 呈阶梯波，每次阶跃角度相同。

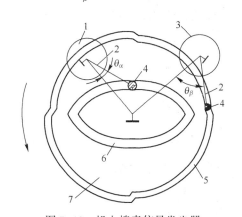
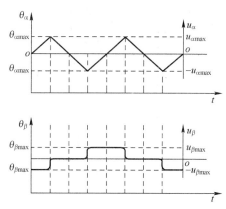

图 7-13 机电搜索信号发生器

1—方位线性变压器；2—曲柄；3—俯仰线性变压器；
4—滑头；5—俯仰槽轨；6—方位槽轨；7—模板。

图 7-14 $\theta_\alpha(u_\alpha)$ 和 $\theta_\beta(u_\beta)$ 波形图

两线性变压器输出电压与转子输入角 θ_α 和 θ_β 成正比，于是有

$$u_\alpha = k_\alpha \theta_\alpha \tag{7-9}$$
$$u_\beta = k_\beta \theta_\beta \tag{7-10}$$

式中：u_α 为方位线性变压器输出电压；u_β 为俯仰线性变压器输出电压；k_α 为方位变压器的比例系数；k_β 为俯仰变压器的比例系数。

u_α 和 u_β 就是搜索信号，把它们分别输入两方向的随动系统中，于是光轴将按图 7-8 所示的 8 字形进行扫描。

(2) 产生极坐标信号的机电搜索信号发生器。该信号发生器将产生极坐标形式的电压或电流信号，例如具有一定初相角的正弦信号，去控制光轴按要求的规律扫描。

当搜索系统的执行机构为内框架式三自由度跟踪陀螺时，位标器光轴的运动是由进动线圈中通入具有一定初相位的电流所产生的磁场推动。而光轴运动的方向就是进动电流初相角的方向。为此若把具有不同初相角的电流按一定的次序通入进动线圈，光轴就按预定的规律在空间扫描。

搜索信号发生器原理如图 7-15 所示。在永磁铁的四周互成 90°放置四个径向绕制的线圈称为搜索线圈。当永磁铁以恒角速度旋转时，由于每个线圈内的磁道 ϕ 发生变化而产生感应电动势 e。它们的变化波形如图 7-15 (b) 和 (c) 中所示。将感应电势 e_1、e_2、e_3 和 e_4 分别经倒相器和推挽功率放大器后，在进动线圈中得到的进动电流为

$$\begin{cases} i_1 = i_0\sin(\Omega t - 180°) \\ i_2 = i_0\sin(\Omega t - 270°) \\ i_3 = i_0\sin(\Omega t - 0°) \\ i_4 = i_0\sin(\Omega t - 90°) \end{cases} \tag{7-11}$$

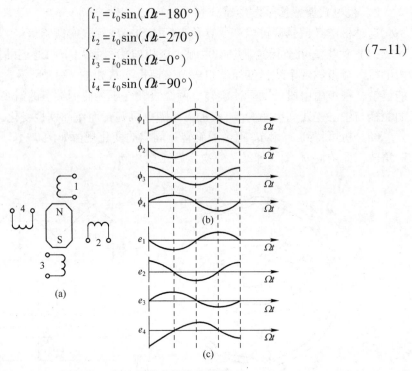

图 7-15 极坐标搜索信号发生器

它们的波形如图 7-16 所示。当永磁铁旋转方向如图 7-17 所示时，陀螺角动量 H 垂直纸面向里，并令 oy 轴为计算角度 Ω_t 的起始轴。此时若在进动线圈中分别通入上述 $i_1 \sim i_4$ 的电流，在此电流作用下陀螺转子或光轴的运动方向如表 7-1 所示。若控制 i_1、i_2、i_3 和 i_4 依次分别通入进动线圈，并控制电流通入的时序，则陀螺转子便可按一定图形在空间扫描。

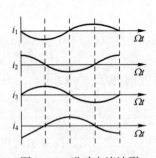 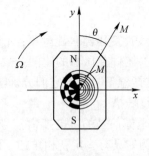

图 7-16 进动电流波形　　图 7-17 永磁铁的位置及转动方向

表 7-1 陀螺转子运动方向

进动线圈中的电流	陀螺转子运动的方向
$i = i_0\sin\Omega t$	垂直向上
$i = i_0\sin(\Omega t - 90°)$	水平向右
$i = i_0\sin(\Omega t - 180°)$	垂直向下
$i = i_0\sin(\Omega t - 270°)$	水平向左

该装置中，通过转鼓的转动，使电刷和接线片相互接通与断开来满足上述要求，工作原理如图 7-18 所示，四个电刷分别与相应的搜索线圈相连，四电刷相互绝缘，分别通过在转鼓上的接线片与输出电刷相通，转鼓上接线片的安装顺序保证信号 e_1、e_2、e_3 和 e_4 依次接入电路。电机带动转鼓按与帧时间相关的转速旋转，按接线片的长度来控制接通的时间，以控制转子轴运动的范围。如果按照 e_1、e_2、e_3、e_4、e_3、e_2、e_1 和 e_4 的次序接入，可得到如图 7-19 所示的 8 字形扫描图形。

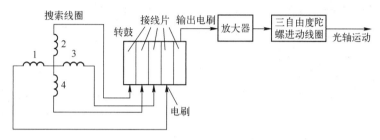

图 7-18 机电搜索信号发生器原理

上述电子式和模板式的搜索信号发生器，适用于两通道的系统中，而线圈、电刷、转鼓的方法只适用于以三自由度陀螺作执行机构的系统中。

7.1.4 行扫描搜索系统及其他

由空中对地面搜索，常采用行扫描系统产生搜索信号，供侦察或预警。

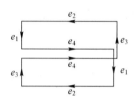

图 7-19 线圈接通顺序和扫描图形

1. 基本工作原理

行扫描系统的瞬时视场在行的方向连续扫描，在垂直行的方向是行与行的拼接，行扫角决定了总视场的宽度，行与行拼接通常由运载工具的移动来实现，如图 7-20 所示。

行扫描搜索系统的扫描机构由光学系统中的反射镜转鼓来完成，如图 7-21 所示。两维扫描分别由旋转反射镜转鼓和运载工具的移动配合完成。

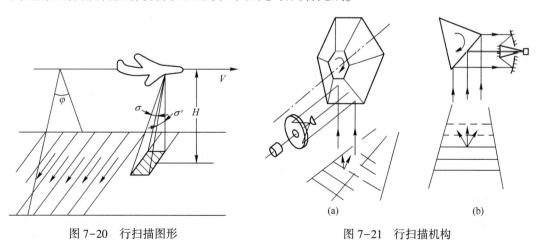

图 7-20 行扫描图形　　图 7-21 行扫描机构

在单元探测器时，如转鼓为 m 反射面，则每转一圈完成 m 行扫描；在 n 元并联探测器时，则转鼓每转一圈完成 $m\times n$ 行的扫描。探测器将光学系统收集到的、对应地面瞬时视场内的辐射能转换为电信号，经电子线路处理，输送到预警系统或侦察系统显示。

2. 系统的扫描参量

通常希望总搜索视场尽可能大一些，即搜索的空间区域更大；另外为提高系统的分辨率，希望瞬时视场更小些。还应特别注意的是在扫描地带中不能发生漏扫。必须结合运载工具的运动规律和高度等因素，进行系统工作参量的设计。

利用图 7-21（a）所示的关系，设系统采用 n 元并行线列探测器，转鼓由 m 面反射镜组成，然后讨论系统有关的参量。

1）转鼓旋转频率的上限

设探测器的时间常数为 τ，为使探测器单元对应瞬时视场 σ 内，景物通量能正确形成信号，通常要求驻留时间 τ_d 应满足 $\tau_d > k_\tau \tau$ 的要求，式中 k_τ 为常数。当反射镜的旋转频率为 $P(\mathrm{Hz})$，则每个探测器在每秒时间中扫过探测元数 q 可由下式给出

$$q = 2\pi P/\sigma \tag{7-12}$$

而驻留时间可表示为

$$\tau_d = \frac{1}{q} = \frac{\sigma}{2\pi P} \tag{7-13}$$

由此可得到转鼓旋转频率的上限

$$P = \frac{\sigma}{2\pi \tau_d} \leqslant \frac{\sigma}{2\pi k_\tau \tau} \tag{7-14}$$

2）转鼓旋转频率的下限

该下限由运载工具的速高比 v/H 决定，其中，H 与 v 分别是运载工具的飞行高度和速度。在每行扫描中，对应于瞬时视场 σ 的瞬时地宽为 σH，那么每秒系统所扫过的地宽为 $\sigma H m n P$。为使扫描过程中对地面景物不发生漏扫，则要求

$$\sigma H m n P \geqslant v \tag{7-15}$$

于是有

$$P \geqslant \frac{v}{\sigma H m n} = \frac{v/H}{\sigma m n} \tag{7-16}$$

可见由速高比确定了转鼓旋转频率的下限。

实际工作中行间应考虑一定的重叠，重叠系数 g 可定义为

$$g = 1 - \frac{v/H}{mnP\sigma} \tag{7-17}$$

刚好无重叠时，$g=0$，对应速高比为 v/H，可得到极限情况

$$P = \frac{v/H}{mn\sigma} \tag{7-18}$$

在系统设计中，按任务的要求首先确定 v、H、τ 和 k，通常 $k \geqslant 2$。以后的设计中，设计者可控的变量为 n、m、σ，而 σ 还要受下限的限制，但也不是一成不变，总之这些参量必须按实际情况综合考虑。

3. 系统的分辨力

实际情况与理想有很大的不同,从图 7-22 中看到,在系统角分辨力是常数的情况下,地面上的线分辨力并非常数。当扫描器垂线与扫描器观察轴线间的夹角 θ 越大,对应分辨线段越宽,而且这种改变是各向异性的。

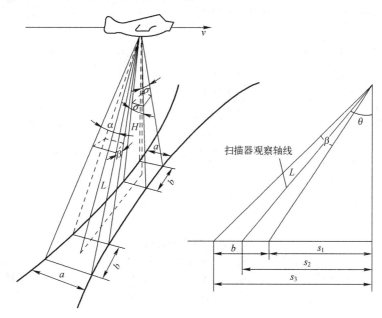

图 7-22 扫描线不垂直地面的情况

设地面为平面;θ 为扫描器光轴对垂直方向的偏离;L 为扫描器到观察单元的距离;a 为瞬时视场沿飞行方向上在地面上所对应的长度,α 为其所对应张角;b 为瞬时视场沿垂直于飞行方向上在地面所对应的长度;β 为其对应的张角,于是有

$$a = \alpha L = \alpha H \sec\theta \tag{7-19}$$

$$b = s_2 - s_1 = H\tan(\theta+\beta/2) - H\tan(\theta-\beta/2) = H\beta \sec^2\theta \tag{7-20}$$

结果表明,随 θ 增大,尽管 α 与 β 均未变,但 a、b 都增大,且增大规律不同。

结构比较简单是上述行扫描系统的主要优点;其缺点是扫描参量与 v/H 有关,扫描的线分辨力与偏角 θ 有关等。

4. 其他扫描方式的搜索系统

1) 圆锥-旋转扫描系统

该系统中装置的瞬时视场相对于扫描轴线或系统轴线的固定方向旋转。在探测地面时,该轴线则为地面垂线。通常瞬时视场 α 偏离旋转轴,在地面的扫描轨迹为圆,如图 7-23 所示。每一瞬间投影在探测器上的地面面积不变。

2) 螺旋线扫描系统

螺旋线扫描系统的原理如图 7-24 所示。图中(a)

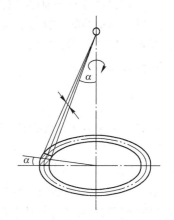

图 7-23 圆锥-旋转扫描系统原理

为光学系统，上面椭圆反射镜安置在旋转圆盘上，并由微型电机及传动机构带动扫描。入射光束经反射镜向下，进入卡塞格伦式聚焦系统。在聚焦系统的热平面上安置光电探测器。为选择入射辐射光谱，在光路中加入适当的滤光片。

机械扫描机构如图7-24（b）所示。转动经蜗轮、蜗杆的传动，使反射镜作俯仰运动，与方位旋转一起，决定了瞬时视场在地面扫描成图7-24（c）所示的螺旋线轨迹。

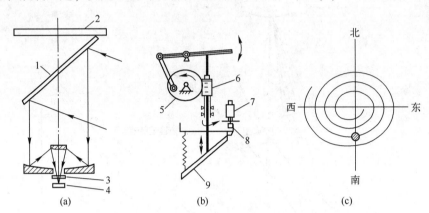

图 7-24 螺旋扫描系统
（a）光学系统；（b）扫描机构；（c）扫描轨迹。
1—椭圆反射镜；2—旋转圆盘；3—滤光片；4—探测器；5—蜗轮；6—蜗杆；
7—电机；8—摩擦轮；9—椭圆镜。

方位的确定是靠直接从转动部分上取出电脉冲来指示。在转盘的圆周上分出十个方位，因此，每出现十个脉冲就表示转了一周，以判明目标的位置。

7.1.5 搜索系统的作用距离方程

按前所述，搜索系统的任务是在规定的视场范围内观察空间或地面，以发现目标并识别它，若搜索系统的视场为 ω，总搜索视场为 Ω，以 ω 按一定规律时总的搜索范围进行扫描，当 ω 扫过目标时，系统即有一脉冲信号输出，对该信号分析处理后，就可判定目标的方位。设目标为一维静态目标，即在帧周期内目标无明显的位移。这样系统输出的信号将是一周期性的窄脉冲信号，信号的持续时间是点目标在系统视场内的驻留时间 τ_d，它由扫描帧周期 T_f 和 Ω、ω 决定。若探测器为 n 元并联，并考虑到搜索速率 $S_r = \Omega/T_f$，则驻留时间可表示为

$$\tau_d = \omega n / S_r \tag{7-21}$$

或

$$\omega = S_r \tau_d / n \tag{7-22}$$

将这一关系代入作用距离普适方程就可得到搜索系统的作用距离方程

$$R = \frac{\pi D_0 (NA) D^* I \tau_a \tau_0}{2(S_r \tau_d \Delta f/n)^{1/2} (V_S/V_N)} \tag{7-23}$$

式（7-23）中，除 Δf 和 (V_S/V_N) 的确定方法外，其他参量均与成像系统确定方法相同。在这里要说明的几个问题是：

（1）大气透过率 τ_a 的影响。大气透过率是距离 R 的函数，即

$$\tau_a = I/I_0 = e^{-\alpha R} \tag{7-24}$$

式中：I 为目标在探测器处的表观强度；I_0 为目标的实际强度；α 为大气的消光系数。

实际上不可能用一个平均大气透过率 τ_a 来表示不同距离上的大气透过率。因此实现估算作用距离时还应考虑 τ_a 随 R 变化的关系。也就是说 R 需在多次逼近的计算中获得。

（2）由于搜索系统是一个脉冲系统，如前所述，要获得一个近似的处理后的矩形脉冲，其频带宽度将趋于无穷大。为减小噪声的影响，实际系统带宽是有限的。因此当脉冲信号通过系统时，信号的频率成分要受到损失。该损失的度量通常用系统输出矩形脉冲信号的峰值幅度（V_P）与同样幅度通过系统的正弦信号的幅值（V_S）之比（V_P/V_S）来度量。并将 V_S、V_P、Δf、τ_d 用脉冲能见系数 v 表示，即

$$v = (V_P/V_S)\frac{1}{\tau_d \Delta f} \tag{7-25}$$

并令 $V_S/V_N = 1$，则搜索系数的理想作用距离方程为

$$R_0 = \left[\frac{\pi}{2}D_0(NA)D^*I\tau_a\tau_0\right]^{1/2}\left[\frac{vn}{S_r}\right]^{1/4} \tag{7-26}$$

v 值可由系统信号处理部分的传递函数计算，大致为 $0.25 \sim 0.75$。

（3）V_S/V_N 的取值。上述是理想情况，实际选定阈值信噪比 $SNR = V_S/V_N$ 时，应从系统所要求的发现概率（P_d）和允许的虚警时间（t）出发来确定。按照有关公式和曲线，在给定 P_d 和 t 的条件下，可得知 SNR_{DT} 之值。

7.2 光电跟踪

光电跟踪系统的作用是对运动目标进行有效的跟踪。随着目标的运动，就产生了目标相对于系统测量基准之间的偏离量，通过系统的测量部件测出这一偏离信息，形成误差信号并输入跟踪机构，跟踪机构按误差信号驱动系统测量部件，向目标方向运动，即减小偏离量，保持测量基准对准目标，以实现对目标的实时跟踪。

光电跟踪系统可以对点源目标或扩展源目标进行跟踪，在与不同的测量机构相结合后，能广泛地应用于火控系统、制导系统和预警系统中。对于扫描跟踪系统，当视场中出现多个目标时，可采用预测、外推等多种方法建立多个目标的航迹，以实现多目标的选择跟踪。

7.2.1 目标方位信息的探测

在许多光电系统中，都需要通过对目标光辐射的探测，获得目标的方位信息。方位探测系统的形式很多，下面介绍各种方位探测系统的基本原理。

1. 用调制盘的方法探测系统

1）调制盘方位探测系统的组成

采用调制盘作为位置编码器的方位探测系统，其组成原理如图 7-25 所示。来自目标的光辐射经光学系统聚焦在调制盘平面上，调制盘由电机带动相对于像点扫描，于是由调制盘出射的光辐射通量变化中包含了目标的位置信息。经光电探测器将其转换为电信号，

该信号经放大器放大后送给方位信号处理电路，电路处理后取出目标的方位信息，并由系统输出反映目标方位的误差信号。

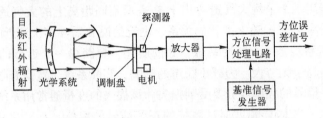

图 7-25 调制盘方位探测系统组成示意图

调制盘方位探测系统各部分的结构形式与所采用的调制盘的形式有关，调制盘一经确定之后，光学系统、方位信号处理电路则应采用与其相适应的形式。

光学系统常采用折反式或折射式。例如，采用圆锥扫描调幅或调频式调制盘时，由于光学系统中有运动部件，因而常采用折反系统，采用次反射镜偏轴旋转的工作方式；若采用调制盘运动的系统，且要求的像质较高时，可采用折射系统。有时在一个系统中同时用上述两种系统完成两种视场中探测的功能。如为捕获目标而采用折射式大视场光学系统，为精确跟踪则可采用折反式小视场光学系统。

方位信号处理电路的具体形式也随调制方式不同而异。如调幅调制盘系统的方位信号处理电路的基本形式如图 7-26 所示。而调频调制盘的方位处理电路框图如图 7-27 所示。

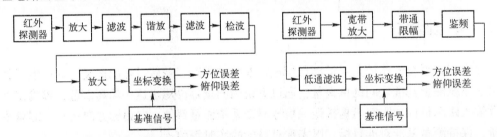

图 7-26 调幅系统信号处理电路框图　　图 7-27 调频系统信号处理电路框图

2) 目标位置信号的形式

方位探测系统最终要求是能给出反映目标方位信息的误差信号。调幅型调制盘对目标光辐射进行幅度调制，所得到调幅通量经探测器转换，并由电路进一步放大后，再由检测器取出包络信号，其信号表示为

$$u(t) = U_m \sin(\Omega t - \theta) = k_d \cdot \Delta q \sin(\Omega t - \theta) \tag{7-27}$$

式中：u_m 为包络幅值；Δq 为目标失调角；θ 为包络的相位，目标在空间的方位角；Ω 为包络信号的角频率；k_d 为比例系数。

包络信号的幅值及相位反映了目标在空间的位置。式（7-27）为目标误差信号的基本表达式。对调频系统来说，瞬时频率相对于中心频率的变化量之频偏反映了自标的失调角 Δq，而频率变化的相位角反映了目标的方位角。调频信号经鉴频器处理，并由低通滤波器输出的信号电压形式上与式（7-27）一致。两种调制系统都是用式（7-27）中 Δq 和 θ 表示目标的空间位置。

为了从 Δq 和 θ 这两个极坐标参量中解出目标的空间位置，首先需将 θ 的值与基准信号相比较，因此一定要有基准信号发生器；其次是空间位置常用直角坐标表示，因此还需要进行坐标变换。

3) 基准信号的产生

通常基准信号可用光电法、磁电法和电路法产生。

光电法产生基准信号的原理如图 7-28 所示。其由四个在空间互成 90° 的光敏电阻 GR_2、GR_3、GR_4 和 GR_5，四个与光敏电阻相对应的小灯泡和置于两者之间的略大于 180° 的斩光器组成。斩光器按图中（a）所示，与次反射镜同轴转动，若在调制盘旋转的系统中，则与调制盘同轴转动。斩光器旋转时，四个光敏电阻依次受到周期性光照，其电阻值变化的波形如图 7-29 所示，这就是基准信号波形。经各自的偏置电路及处理之后，就可得到与图中类似的基准信号电压。

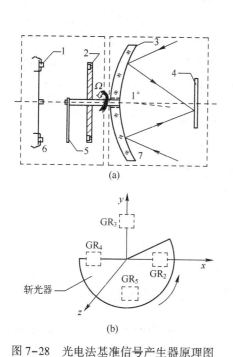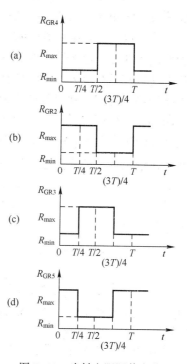

图 7-28　光电法基准信号产生器原理图
1—光敏电阻；2—灯泡；3—次反射镜；
4—调制盘；5—斩光器；6—基准信号；7—调制器。

图 7-29　光敏电阻阻值变化

磁电法则是在固定的线圈中通入周期性变化的磁通，线圈产生的周期性感应电势就是基准信号电压。如用一块永磁铁与调制盘同轴旋转，在其周围互成 90° 放置四个基准线圈，相对两个联成一组，在这两对线圈中产生的感应电势，就是基准信号电压。

电路法是利用晶体管开关特性制成标准波形发生器，在调制盘或扫描机构基准位置处，利用光电或磁电传感器产生触发脉冲，作为标准波形发生器的时间基准，产生的标准波形就是基准电压信号。

电路法常用于扫描系统，而光电法和磁电法常用于调制盘系统中。

4）方位信息的提取

在调幅和调频调制盘系统中,方位信息是由极坐标直接转换为直角坐标中提取的;而在脉冲编码式调制盘系统中,则是从调制盘的误差信号中直接得到直角坐标的信号。

设空间目标为 M',其失调角为 Δq,方位角为 θ,在对应的像平面 xoy 上,如图 7-30 所示,目标像 M 点到 o 的距离为 ρ,方位角为 θ,oM 在方位方向和俯仰方向上的分量分别为 oa 和 ob。当 Δq 很小时,偏离量 ρ 正比于 Δq,令其比例系数为 k_d,则有

$$\rho = k_d \cdot \Delta q \tag{7-28}$$
$$oa = \rho\sin\theta = k_d \cdot \Delta q\sin\theta \tag{7-29}$$
$$ob = \rho\cos\theta = k_d \cdot \Delta q\cos\theta \tag{7-30}$$

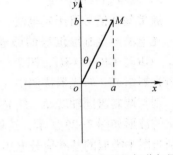

图 7-30　目标像点的坐标分解图

由此完成了极坐标向直角坐标的变换。这两个基准信号分别表示方位方向和俯仰方向的误差信号,经相位比较后获得实际结果。欲进行两信号间的相位比较,要通过相位检波器(鉴相器、相位比较器)来完成。

相位检波器的种类很多,如脉冲鉴相器、数字鉴相器、二极管鉴相器等。这里介绍一种正弦鉴相器,说明它们的一般工作原理。

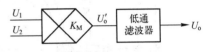

图 7-31　正弦鉴相器方框图

如图 7-31 所示,这种鉴相器由乘法器和低频滤波器组成。设输入两频率相同但相位不同的两信号为

$$U_1 = U_{m1}\sin(\omega t + \varphi_1) \tag{7-31}$$
$$U_2 = U_{m2}\cos(\omega t + \varphi_2) \tag{7-32}$$

按乘法器关系有

$$U_o = K_M U_{m1}\sin(\omega t + \varphi_1) \cdot U_{m2}\cos(\omega t + \varphi_2)$$
$$= \frac{1}{2}K_M U_{m1}U_{m2}\sin[2\omega t + \varphi_1 + \varphi_2] + \frac{1}{2}K_M U_{m1}U_{m2}\sin[\varphi_1 - \varphi_2]$$

等式右边第一项是高频成分,通过低通滤波器时将滤除,则鉴相器输出为

$$U_o = \frac{1}{2}K_M U_{m1}U_{m2}\sin[\varphi_1 - \varphi_2] = U_d\sin\varphi \tag{7-33}$$

式中

$$U_d = \frac{1}{2}K_M U_{m1}U_{m2}$$
$$\varphi = \varphi_1 - \varphi_2$$

输出电压 U_o 随两输入信号的相位差作正弦变化。当 φ 为定值时,U_o 则为相应的直流电压。若把 U_2 作为基准电压,使它的幅值 U_{m2} 和相位 φ_2 不变,U_1 视为误差信号,则此时输出电压 U_o 只与 U_{m1} 和 φ 有关。光电跟踪系统中的坐标变换就是按此原理制成。

用两个相同的相位检波器,分别加入两个相位相差 90°的基准信号,输入同一个极坐标的误差信号,就构成了一个坐标变换器。当输入误差信号为 $U_o = k_d \cdot \Delta q\sin(\omega t - \theta)$ 时,两鉴相器的输出为

$$U_{oy} \propto k_d \Delta q \cos\theta$$
$$U_{ox} \propto k_d \Delta q \sin\theta \quad (7\text{-}34)$$

显然 U_{oy} 和 U_{ox} 分别为俯仰方向和方位方向的直流误差信号。具体实施的方法有很多种，这里不再详述。

2. 十字叉方位探测系统

这是一种将探测器排成十字叉形而不同于调制盘的方位探测系统。

1）十字叉系统的组成

该系统由光学系统、探测器和信号处理电路三部分组成。光学系统可以是反射式、折射式或折反式，其工作方式为圆锥扫描式，在像平面上产生像点的扫描圆。在像平面上放置十字叉探测器列阵，像点扫描圆落在探测器上。反射式光点扫描光学系统如图 7-32 所示。探测器的连接方式如图 7-33 所示。

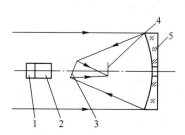

图 7-32 光点扫描光学系统
1—基准信号产生器；2—驱动电机；3—次镜；4—探测器；5—主镜。

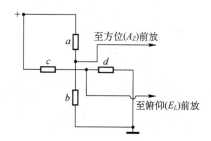

图 7-33 十字叉探测器连线图

按图 7-33 方式连接的十字叉探测器，上下两探测器 a、b 为方位误差信号敏感器，而左右两探测器 c、d 为俯仰误差信号敏感器。当像点在探测器列阵上作圆形扫描时，每扫过某个探测器时，就使光导（其他类型也可以）探测器的阻值发生变化，引起各通道输出端相对正、地间中值电位发生变化而产生正、负极性的脉冲信号。当目标位于光轴上时，扫描圆中心与十字叉探测器列阵中心重合，各通道信号脉冲间隔相同。如图 7-34（a）所示。当目标不在光轴上时，如扫描圆中心偏到 O_1 点，如图 7-34（b）所示。这时像点扫过方位通道元件 a、b 所产生的信号脉冲不等间隔出现，如图 7-34（b）所示。随着目标偏离光轴的大小和方向不同，信号脉冲出现的时间先后及脉冲间隔都不相同，显然十字叉探测系统的位置信号为脉冲位置调制信号，简称脉位调制信号。

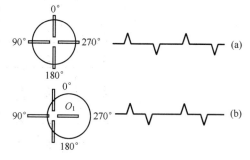

图 7-34 扫描圆与对应输出脉冲

2）基准信号形成

在电机驱动次反射镜旋转的同时，带动基准信号发生器转动，基准信号发生器采用两个变压器，分别产生相位相差 90°的两个基准电压，可表示为

$$U_{AZ} = U_0 \sin(2\pi F t) \quad (7\text{-}35)$$

$$U_{EL}=U_0\cos(2\pi Ft) \tag{7-36}$$

式中：U_{AZ} 为方位基准电压信号；U_{EL} 为俯仰基准电压信号；F 为基准信号频率，与光点扫描频率严格同步。

3）方位信息的提取

十字叉探测器信号处理电路方框图如图 7-35 所示。处理电路各点波形如图 7-36 所示。工作时两通道产生的脉位调制信号分别输入到各自的前放中进行放大，然后引入对数放大器，再将对数脉冲信号分别经过各自的开关电路后，进入采样保持缓冲电路，同时对来自基准信号发生器的正、余弦基准信号电压进行采样、保持，以产生瞬时的直流误差电压 U_{AZ} 和 U_{EL}。此瞬时直流误差电压大小由脉位调制信号相对于正弦、余弦基准瞬时值的位置来决定，也就是由目标偏离光轴的失调角的大小来决定。

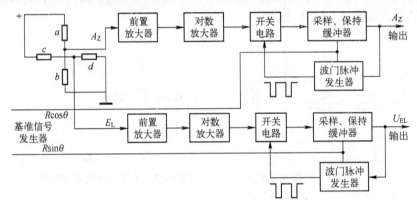

图 7-35 十字叉系统信号处理电路框图

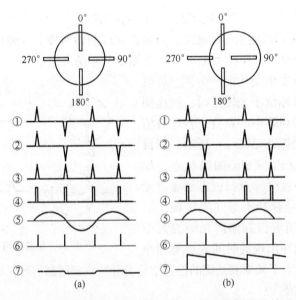

图 7-36 目标位于十字叉系统不同位置时方位（A_Z）通道探测器及处理电路各点波形图

1—探测器输出波形；2—前置放大器输出波形；3—对数放大器输出波形；4—开关电路输出波形；
5—方位基准信号；6—采样输出波形；7—缓冲器输出波形。

下面以方位通道为例，说明其工作原理。如图7-35所示，当目标位于光轴上时，方位通道的脉冲信号等间隔出现，两脉冲之间间隔为基准信号周期的一半，该信号脉冲对基准信号进行采样，由缓冲器输出的直流误差信号为零。当目标偏离光轴，如扫描圆偏向右边，信号脉冲不等间隔出现，缓冲器输出为正的直流电压。同理，当扫描圆往左偏时，缓冲器输出为负的直流电压。可见，缓冲器输出直流电压的正负，反映了目标偏离光轴方位的方向，而直流电压的大小反映了目标偏离方位角的大小。

俯仰通道提取目标偏离光轴信息的方法与此相同。

与调制盘相比，十字叉系统的优点是：没有调制盘和二次聚焦系统，结构简单，能量利用率高；误差特性曲线在全视场内为线性，且线性度较高；理论上讲没有盲区，测角精度可达秒级。主要缺点是：无调制盘的空间滤波作用；系统电子频带较宽，探测器噪声大；探测器制造比单元探测器制造困难。

4）L形系统的特点

L形方位探测系统是将探测器排列成L形，如图7-37（a）所示。它的目标信号、基准信号和方位误差信号的形成和提取原理与十字叉系统类似，区别是光点转动一周一个方向通道内只产生一个脉位调制脉冲，故对基准信号一个周期内只采样一次。

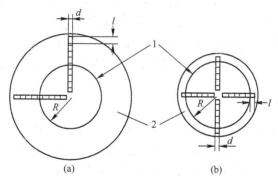

图7-37　L形和十字叉形列阵探测器
1—扫描圆；2—基片。

由于十字叉系统一周采样两次，如当基准波形不对称时，波形的局部误差、相位差、取样脉冲宽度等都会造成误差，从而降低了测量精度。而L形系统每周采样一次，克服了上述误差，因此比十字叉系统的测角精度高。

在要求光学视场相同时，L形探测器一个臂长应等于视场直径（$2R$），而十字叉系统中一个臂长只需视场直径的一半（R），如图7-37所示。如要求视场大，而又要采用多元相减技术，必然使L形探测器基片尺寸大，探测器的均匀性及其他特性难以保证。为此有些光电测角仪做成两种视场，大视场要求捕获力高，精度可相对低些，则采用十字叉形；小视场精度要求高，则采用L形探测器。

3. 扫描方位探测系统

扫描方位探测系统简称扫描系统，它无须对目标辐射能进行调制，而是系统本身对景物空间进行扫描，当扫描到目标所在的位置时，系统给出一个脉冲，该脉冲对基准信号采样，就可测得目标的方位误差信号。它与前述两种系统相比，在瞬时视场很小的情况下，可以扫描观察到较大的空间范围，提高了系统的灵敏度和抗背景干扰的能力。

1) 扫描系统的构成

扫描系统主要是由光学系统、探测器、信号处理电路、扫描驱动机构和扫描信号产生器等组成。扫描驱动机构是使光学系统在某一定空间范围内，按一定规律进行扫描，其运动规律比较复杂。扫描图形可以是各种形式，如图 7-38 所示，可以是一线、三线或四线扫描。

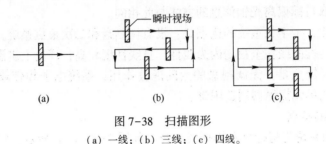

图 7-38 扫描图形
(a) 一线；(b) 三线；(c) 四线。

探测器置于光学系统焦平面上，它可以是单元或多元列阵式探测器，多元又可以是线阵或面阵。扫描系统可以分为串联扫描、并联扫描和串并联扫描三种形式。通常认为与单元相比多元探测器的元数为 N 时，其信噪比增大 $N^{1/2}$ 倍。对串联扫描来说，帧频一样时，扫描速度与单元探测器相同，但对各探测器间的均匀性要求不高。在同样条件下并联探测器的扫描速度为原来的 $1/N$，但要求各探测器间均匀性好。为兼顾这两个方面，又常用串并联的形式。

2) 目标信号的形成

扫描系统多采用光机扫描，实际上其效果相当于由探测器尺寸所决定的瞬时视场按一定规律扫描整个景物空间。若在观察范围内，空间某一位置有一个点目标存在，则瞬时视场扫过这一点时，将产生一个视频脉冲。若是单元扫描系统，则该脉冲经放大后，就可提取目标位置信息；若是多元并扫系统，则需经过多路信号处理，把空间某一位置的目标信号转换成按时序输出的视频脉冲，再从该时序视频信号中提取脉冲相应的位置信息。

下面以一个六元并联扫描系统说明目标信号形成原理。图 7-39 (a) 所示为六元并联探测器的排列方式，(b) 为多路信号处理电路及位置误差检测电路。扫描过程中目标在探测器上的驻留时间为 τ_d，它由扫描速度和方位方向瞬时视场 α 决定。

每一个探测器都与一个信道放大器相联，并分别接入相应的信号门。信号门的开关受电子开关的控制，在依次接通 1~6 号门的过程中，在俯仰方向上完成 6 倍探测器俯仰瞬时视场 β 的电扫描 (6β)。电子开关从 1~6 号信号门依次接通一遍所用的时间称为一个采样周期 T_c，$T_c<\tau_d$。在 τ_d 时间内每个信号门都接通 τ_d/T_c 次。如空间有一目标使第二个探测器获得光信号，则该探测器就输出一个宽度为 τ_d 的脉冲，并送给信号门，信号门开启一次就对信号脉冲采样一次，在 τ_d 时间内对信号脉冲将采样 τ_d/T_c 次。信号门 2 对应输出 τ_d/T_c 个采样脉冲，其宽度取决于信号门的开启时间，其幅度取决于信号脉冲的幅度。为提高检测性能，可将 τ_d/T_c 个采样脉冲积累起来再输出。这样 6 路脉冲积累器输出 6 个积累脉冲所占的时间为采样周期 T_c。如相邻通道都有目标时，两通道

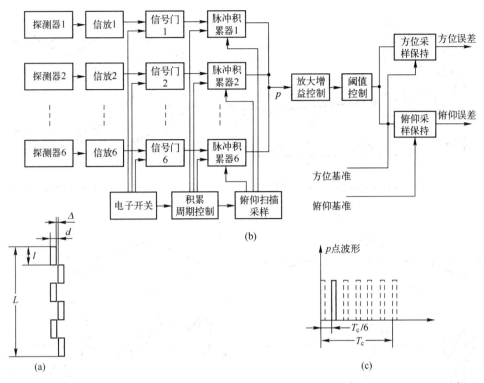

图 7-39 多元信号处理及位置误差检测电路

输出的积累脉冲应相距 $T_c/6$。图 (b) 中 p 点的波形如图 (c) 所示。第二个探测器处有目标,则积累器 2 就输出一个窄脉冲,如图 (c) 中实线脉冲所示。可见多元并联系统最后输出的目标信号为视频脉冲。图中积累周期控制器控制各积累器的积累时间。俯仰扫描采样器的作用是使各脉冲积累器的积累脉冲按照 1~6 的顺序输出,从而在 p 点得到时序脉冲信号。

3) 基准信号的形成

基准信号分为方位基准和俯仰基准,它们分别加入方位和俯仰采样保持电路。

方位基准信号为三角波,周期为 T_x;俯仰基准信号为阶梯波,其周期为 T_y;对于单元探测器,T_y 内的阶梯数由俯仰观察视场内所包含俯仰瞬时视场数决定,即由扫描行数决定;对于并联多元探测器,扫描为一线时,T_y 的阶梯数等于探测器数目。

基准信号的周期 T_x 和 T_y 值,以及基准信号的形式与探测器的数目 n、排列情况和扫描图形有关。若扫描视场为 $A \times B$,单元探测器的瞬时视场为 $\alpha \times \beta$,如图 7-40 所示,$A \times B$ 内共包含 $M \times N$ 个瞬时视场,列数 $M = A/\alpha$,行数 $N = B/\beta$,对应系统的方位、俯仰基准信号波形如图 7-41 所示。若扫一行所用的时间为 T_1,帧周期为 T_f,则基准信号的周期为 $T_x = 2T_1$,$T_y = T_f$。对于 n 元并联系统为一线扫描时,即 $n = N$,则基准信号波形如图 7-42 所示。方位基准信号同单元的情况,而俯仰基准的周期 $T_y = T_c$;T_c 为电子开关的采样周期;若扫描为三线,即 $3n = N$,则基准信号波形如图 7-42 所示,方位基准信号同前,俯仰基准信号波形发生变化,周期为 $T_y = T_c$。

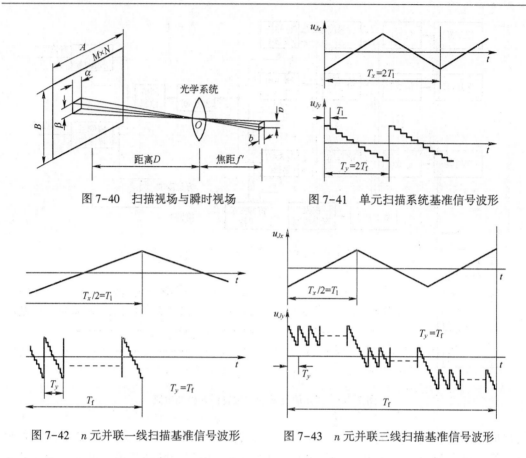

图 7-40 扫描视场与瞬时视场　　　　图 7-41 单元扫描系统基准信号波形

图 7-42 n 元并联一线扫描基准信号波形　　图 7-43 n 元并联三线扫描基准信号波形

4）方位信息的提取

无论是单元扫描还是多元扫描系统，所得到的目标信号都是一个视频脉冲，该脉冲出现在视频信号中的先后与目标所在的空间位置有关，实质上目标信号就是脉冲位置编码信号。该视频脉冲经放大、增益控制后，进入阈值检波器，阈值检测器保证具有一定信噪比的输入脉冲才能触发一个目标的视频脉冲。将目标脉冲引入位置误差检测电路，该电路为两个采样保持电路，方位和俯仰基准信号分别加给对应的采样保持电路，目标脉冲信号分别对两个通道的基准信号采样，采样保持电路输出的幅值就是误差值，误差值的大小反映了目标脉冲与基准信号之间的相对位置，也就是目标的空间方位。

下面以单元扫描为例，说明误差信号产生的原理。按前述基准信号是以电压随时间变化的形式给出的，当扫描速度一定时，扫描时间就与一定的视场角相对应，T_1 对应水平视场 A，T_f 对应了俯仰视场 B，因此基准信号电压瞬时值对应了目标离开光轴的角度值。把方位与俯仰基准信号 u_{Jx}、u_{Jy} 与扫描视场的相对位置关系示于图 7-44 中，若瞬时视场扫描到 i 列 j 行，接收到目标信号，产生的目标脉冲 u_{Jx} 和 u_{Jy} 分别进行采样保持，得到该点对应的误差电位 u_{xi} 和 u_{yj}。对于多元扫描探测系统来说，原理相同，只要把多元扫描基准信号替换单元的即可。

为克服多元并联探测器间的串音，并使探测器间不留空隙，各探测器不排在一条线上，相邻单元之间在方位方向错开一个距离 d，如图 7-39（a）所示。这时在同一方位上

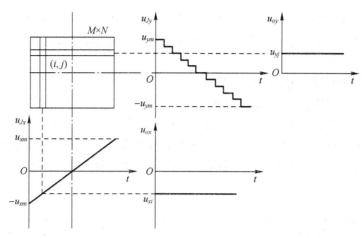

图 7-44 方位、俯仰误差电压产生原理示意图

不同俯仰处的目标被探测器接收后,双号探测器产生的脉冲相对单元将延迟一个 Δt 时间(对应 d)。为此需对两相邻探测器的脉冲信号延迟进行补偿,补偿后的目标脉冲再对基准信号进行采样,就可清除这一由探测器排列带来的测角误差。

这类扫描系统的精度通常由单个探测器的瞬时视场,即光学系统的焦距与探测器线度决定。按目前水平瞬时视场约为 $0.5\sim1\mathrm{mrad}$。对应测角精度约为 $2'\sim3.4'$。

4. 三种方位探测系统的性能比较

上面讲述了调制盘、十字叉和扫描方位探测等三个系统,它们的主要性能列于表 7-2 中,以利比较。

表 7-2 三种方位探测系统性能比较

	调制盘系统	十字叉系统	扫描方位探测系统
测量精度	受光点大小及角度分格影响,较高	受脉冲测定精度影响,高(秒级)	受探测器尺寸影响,不高
灵敏度	受背景限制,调幅能量利用率 <50%	能量利用率可达 100%	信噪比提高 $\sqrt{N}$,能量利用率 100%
线性	有较好的和不好的	好	好
带宽	较窄	宽	宽

7.2.2 光电跟踪系统的组成及跟踪原理

光电跟踪系统是利用接收选定运动目标的光辐射,经处理产生信号控制系统跟随目标。如果系统能自动导引寻找目标,则称其为制导系统或自动寻的器。而某些反坦克导弹采用的是光电跟踪,有线制导,其中的"线"可以是高强度的导线或光纤,这类系统可称为半自动制导系统。

光电跟踪系统也可分为被动系统和主动系统。被动光电跟踪系统是以探测目标自身的光辐射来获得信息,如飞机的尾喷口、坦克的发动机护板和排气口、舰船的烟囱等;而主动系统则与靠无线电回波的雷达跟踪类似,要以光辐射主要是激光照射待跟踪目标,在目标上产生光斑，系统以探测光斑反射的光辐射来获得信息。任何类型的跟踪系统都必须从获得的信息中解出目标的方位信息，并以此驱动跟踪机构跟踪目标，或控制系统校正航道使其飞向目标。

1. 光电跟踪系统的组成及其工作原理

光电跟踪系统的基本组成如图 7-45 所示。它是由方位探测系统和跟踪机构两大部分构成。方位探测系统由光学系统、调制盘（或扫描元件）、探测器和信号处理电路四部分组成。有时把除信号处理电路外的方位探测系统和跟踪机构组成的测量头统称为位标器。根据方位探测系统的类型不同，跟踪系统又可分为调制盘跟踪系统、十字叉跟踪系统和扫描跟踪系统等。

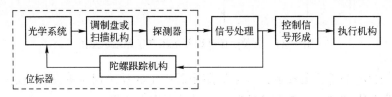

图 7-45 光电跟踪系统组成方框图

对运动目标的系统跟踪工作原理简述如下，参见图 7-46。目标与位标器的连线称为视线，视线、光轴与基准线之间的夹角分别为 q_M 和 q_t，如当目标位于光轴上时，$q_t = q_M$，方位探测系统无误差信号输出。由于目标的运动，使目标偏离光轴，即 $q_t \neq q_M$，系统便输出与失调角（$\Delta q = q_M - q_t$）相对应的方位误差信号。该误差信号送入跟踪机构，使驱动位标器向减小失调角 Δq 的方向运动，当 $q_t = q_M$ 时，则位标器停止运动。此时若由于目标的运动再次出现失调角 Δq 时，则位标器的运动又重复上述过程。如此不断进行，系统便自动跟踪了目标。

现以空空导弹中常用的比例导引法的基本原理，说明导引（自动跟踪）的方法。在图 7-47 所示的条件下，导弹在目标飞行路线的右后侧发射，而以两倍于目标的速度飞行。图中实线是当目标 3 作匀速直线飞行时的飞行路线 4，导弹 1 的飞行路线 2 和不同时刻的目标视线。在这种特定的条件下，导弹的飞行路线也是一条直线，而目标视线是不转动的。这样导弹采取了对目标截击的正确航线。导弹的飞行路线与目标的飞行路线相交于预定的截击点 5 处。

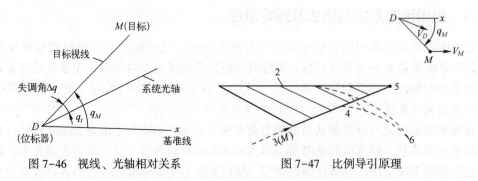

图 7-46 视线、光轴相对关系　　图 7-47 比例导引原理

如果目标按图中虚线所示的飞行路线向右转作机动飞行以躲避导弹,目标视线将顺时针转动。此时按比例导引法导引导弹,则导弹速度矢量以一个目标视场转动角速度成正比的角速度转动,使导弹向右转弯,一直转到飞行路线与目标视线一致时停止转动。如果目标继续转动,则导弹不断改变方向来修正航迹,截击转动后的目标直至点6处。

由此可知,比例导引法是导弹在攻击目标的飞行过程中,导弹速度矢量的转动角速度与目标视线的转动角速度成正比。比例系数是一个有限的常数,通称为导引常数 K 或导航比。这意味着导弹转弯速率为目标视线转弯速率的 K 倍,即 $\omega_M = K\omega_T$。

2. 对跟踪系统的基本要求

对于跟踪系统,主要的基本要求有四个方面。

1) 跟踪范围

在跟踪过程中,位标器光轴相对跟踪系统纵轴的最大偏转角度叫跟踪范围。由系统的使用要求提出,具体系统则由本身结构限制。一般可达±30°,有些可达±60°左右。

2) 跟踪角速度及角加速度

跟踪机构所能输出的最大角速度及角加速度定义为系统的跟踪角速度及角加速度。它表征了系统的跟踪能力。该参量由系统的使用条件决定,如攻击目标的距离和飞行速度等。通常系统跟踪角速度从每秒几度到几十度不等,而角加速度在 $10°/s^2$ 以下。

3) 跟踪精度

在系统稳定跟踪目标时,系统光轴与目标视线之间的角度误差定义为系统的跟踪精度。

系统的跟踪误差是由失调角、随机误差和加工装配误差等组成。系统稳定跟踪一定运动角速度的目标,必然有相应的位置误差,该误差还与系统参数有关;随机误差是由外部背景噪声和内部干扰噪声所造成,零部件加工及装校中产生的误差构成加工装配误差。

跟踪系统使用的环境状态不同,所要求的跟踪精度亦不同。如用于高精度跟踪并进行精确测角的跟踪系统,要求其跟踪精度在10″以下;而一般用途的光电搜索跟踪装置,跟踪精度可在几分之内;而导引头的跟踪精度在几十分之内即可。

4) 对系统误差特性的要求

自动跟踪系统是一个闭环负反馈控制系统。为使整个系统稳定、动态性能好和稳态误差小,又满足前述跟踪角速度及精度要求,则对方位探测系统的输出误差特性曲线有如下要求:

(1) 盲区:盲区是系统不能进行控制的区域,它的大小直接影响跟踪误差。要求精确跟踪的系统,其误差特性曲线应无盲区。而对要求不高的制导系统,则可以允许有适当大小的盲区。

(2) 线性区:系统跟踪工作状态都是工作在误差特性曲线的线性上升区。为使跟踪中不易丢失目标,希望线性工作区有一定宽度,即对应一定的视场,线性段的斜率表明倍数的大小。为使系统稳态误差小,即测量精度高、系统灵敏,则要求线性段的斜率大些,但斜率过大又会降低系统的稳定性。此外斜率越大,可能达到的跟踪角速度也越大。要求跟踪范围内放大倍数一定,则希望曲线上升区的线性度要好。

(3) 捕获区:为便于捕获目标,要求捕获区有一定的宽度,以防丢失目标。瞬时视场较大时，该段可呈下降形式，瞬时视场小时，系统特性曲线在全视场内都应是单调上升。

对系统的这些要求有时是相互矛盾的。例如在一定跟踪角速度要求时，线性区越宽，对应斜率要下降，而使系统动作的灵敏性下降，同时线性区宽还造成跟踪误差大，跟踪精度变低；若线性区宽度一定，斜率越大，最大跟踪角速度越大，但斜率过大会影响系统的稳定性。设计时应根据要求综合考虑。

系统的探测能力对各参量有着重要的影响。系统的探测能力是指系统跟踪目标所需要的最低入射辐射能。在探测到同样目标辐射功率时，探测能力强的系统将使其主要性能得以提高。

7.2.3 调制盘跟踪装置

这类跟踪装置的测量元件采用调制盘的方位探测系统，由跟踪机构驱动位标器跟踪目标。下面介绍两种跟踪装置的原理。

1. 电机跟踪

这种跟踪装置用电动机或力矩电机作跟踪机构。如图 7-48 所示是一种电机跟踪装置位标器的结构原理图。光学系统、调制盘、探测器、次镜旋转电机一起组成镜筒组合件。组合件又装于由内框和外框组成的万向支架上，而内框和外框由俯仰驱动电机和方位驱动电机驱动，而绕水平轴与垂直轴转动，这样位标器的光轴就可以向空间任意方向运动。于是，只要将目标方位误差信号输入对应的驱动电机，就可使位标器光轴跟踪目标。

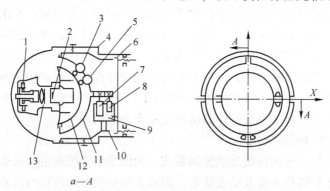

图 7-48 电机跟踪式位标器结构原理

1—次镜旋转电机；2—探测器；3—线性变压器；4—壳体；5—俯仰驱动电机；6—底座；
7—方位驱动电机；8—线性变压器；9—传动箱；10—本体；11—外框；12—内框；13—镜筒组件。

电机式跟踪机构的优点是工作可靠，输出功率可按要求设计，齿轮传动的固定误差也较小，工艺要求也较低；其缺点是体积较大，有惯性不能作高频跟踪。

2. 陀螺跟踪

采用三自由度陀螺作跟踪机构，光学系统装在陀螺转子上，光轴与转子轴重合。转子高速旋转，通过转子的进动运动跟踪目标。转子可绕自身轴转动，又可与内框架一起绕水平轴转一个角度，还可以与外框架一起绕垂直轴转一个角度，这样转子就有三个自由度，可在空间任意方向上运动。

陀螺跟踪机构利用转子的定轴性而无需稳定机构，利用进动运动使跟踪动态性能好，因此无惯性。但它工艺要求高，有漂移误差，且输出功率小。

1) 陀螺的定轴性和进动性

绕自身轴高速旋转的对称刚体称为陀螺。能够绕三个互相垂直的轴自由旋转的陀螺称为三自由度陀螺，如图7-49所示。内、外环支架组成万向支架，可保证转子轴在空间指向任意方向。

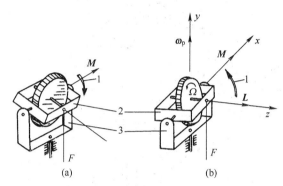

图 7-49 三自由度陀螺及进动
1—转子轴旋转方向；2—内环；3—外环。

当陀螺高速旋转时，如不受外力矩作用，无论安装它的轴座如何转动，转子轴在惯性空间的方向将永远保持不变，这就是陀螺的定轴性。如果陀螺转子以角速度 Ω 高速旋转，当绕内环轴作用以外力矩 M，这时转子轴并不绕内环轴转动，而是绕外轴转动，如图7-24（b）所示。该现象称为陀螺的进动性。进动规律为：陀螺上作用有外力矩时，陀螺转子发生进动，使转子动量矩 L 沿最短途径向外力矩 M 的方向靠拢。按图中转子受到绕 z 轴的外力矩 M 作用时，转子将绕 y 轴发生进动，进动角速度 ω_p 沿 y 轴方向，其大小为

$$\omega_p = M/L \ (\text{rad} \cdot \text{s}^{-1}) \tag{7-37}$$

式中：M 为外力矩的大小（N·m）；L 为陀螺的自转动量矩（kg·m^{-2}·s^{-1}），而 $L = J\Omega$（kg·m^{-2}·s^{-1}），其中 J 为陀螺转子的转动惯量（kg·m^2），Ω 为陀螺转子的自转角速度（rad·s^{-1}）。

当 M、L、ω_p 互相垂直时，下式成立：

$$M = \omega_p \times L \tag{7-38}$$

多数情况下，M 与 L 近似垂直，可用式（7-10）近似。

2) 陀螺系统的跟踪原理

陀螺的结构有两种形式，即外框架式和内框架式。外框架式的转子位于内外框架的里边，一般陀螺都是这种形式。通过内外框架轴上各装一个力矩电机控制陀螺转子的进动。这种陀螺结构尺寸和重量都较大。内框架式的内外框架在转子里边，常用于空空弹和小型地空弹中。

陀螺跟踪的原理关键是进动力矩的产生，以及进动力矩的大小和方向。下面以外框式三自由度陀螺系统为例说明。

如图7-50所示，陀螺的光学系统和调制盘等组件和转子在一起旋转，转子通过轴安装

在内环上。两个电磁力矩发生器可控制陀螺绕内外环轴进动,其信号由坐标变换器提供。

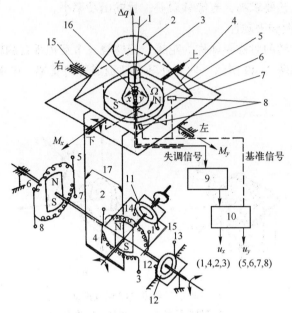

图 7-50 外框式三自由度陀螺跟踪系统
1—目标视线;2—太阳保护罩;3—光学头;4—支撑杆;5—转子;6—内环;7—外环;
8—基准脉冲线圈;9—接收放大电路;10—坐标变换器;11—方位分解器;12—水平分解器;
13—M_x力矩产生器;14—M_y力矩产生器;15—构架;16—光敏元件;17—连杆

力矩产生器的转子由垂直于力矩产生器轴的永磁铁构成,磁路由环绕磁铁的固定环构成。该环上有绕组,通以控制直流电流后,永磁铁受电磁力矩作用,即产生力矩。两力矩产生器的轴线相互垂直,且其可动部分与陀螺内外环运动是同步的。

当目标偏离光轴时,电子线路输出误差信号,此信号的幅值与失调角 Δq 成正比,其相位与目标的方位角 θ 有关。电子线路输出的电信号经坐标变换器变换后,分解成水平和垂直两个误差信号 u_x 和 u_y,它们分别与 Δq 的水平和垂直分量成正比。将两个信号分别输入相应的力矩产生器时,产生相应的力矩,通过连杆机构加到内、外环轴上,使光轴或陀螺转子轴向着与目标视线重合的方向进动。

3) 内框架式陀螺跟踪原理

(1) 内框架式陀螺机构。内框架式陀螺机构如图 7-51 所示。它是由陀螺转子、万向支架和陀螺电机定子等部分组成。

陀螺转子装在内环的轴杆上,由转子和镜筒组件组成。镜筒组件包括大永磁磁铁、球面反射镜、次反射镜、支撑透镜、伞形光阑、调制盘和阻尼盘等,它们都牢固地紧压在转子上。陀螺转子中的大永磁磁铁是一个重要的元件,它在导引装置中的作用有:①与陀螺电机定子中的旋转磁场线圈中的旋转磁场相互作用带动整个转子旋转;②与进动线圈中进动电流磁场相互作用带动整个光学系统轴跟踪目标;③起发电机中的磁钢作用,当大永磁磁铁旋转或偏转时,将在基准电压线圈中产生感应电势;④在有的导引装置陀螺系统中,将大永磁磁铁的一面做成球面反射镜,则两者合一。

伞形光阑前面的阻尼盘是一个陀螺动平衡的自动调节装置。阻尼盘中的汞铊合金在受惯性离心力作用时，能自动补偿而使陀螺动平衡。同时它还是一个章动阻尼器，可使陀螺进动时比较平稳。

万向支架如图 7-52 所示，陀螺转子套在万向支架内环下的两个滚珠轴承上，内环又通过两个滚珠轴承与外环相连，并可相对外环自由旋转。同样，外环又通过两个滚珠轴承与底座相连，底座是与弹体固接的球形壳体柱。

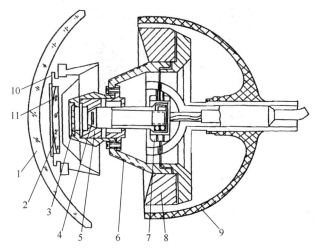
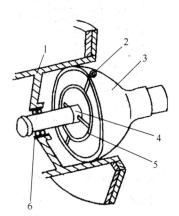

图 7-51　内框架式陀螺机构
1—整流罩；2—次反射镜；3—校正透镜；
4—调制盘；5—探测器；6—镜筒组；7—万向支架；
8—永磁铁（主反）；9—碗形座；10—伞形光阑；11—阻尼盘。

图 7-52　万向支架示意图
1—镜筒组件；2—轴承；3—支柱；
4—内环；5—外环；6—轴承。

转子外面有一个固定的衬筒，衬筒轴与导弹轴一致。在衬筒上装着许多线圈，即为陀螺电机定子，如图 7-53 所示，各定子线圈分别为旋转磁场线圈、进动线圈、调制线圈、电锁线圈和基准电压线圈。

进动线圈也有四个，呈圆筒形装在衬筒外面，线圈轴与导弹纵轴重合。输入误差信号使其产生磁场，与大永磁磁铁的磁场作用，产生进动力矩，使陀螺进动带动光学轴跟踪目标。

调制线圈四个互成 90°，配置在舵面相应的位置上，用来控制旋转线圈的工作。

电锁线圈共二个，其轴线与导弹纵轴重合，分别配置在进动线圈的周围。其作用是当光学系统未发现目标之前，保持陀螺转子轴与弹轴一致。当载机带弹飞行时，应保持弹轴与机轴一致。但载机做机动飞行时，因陀螺转子的定向性，则使转子轴与弹轴偏离。与此偏离的同时，大永磁铁磁力线在弹轴方向产生分量，在电锁线圈中感应电动势，经放大后送到进动线圈中，使陀螺转子进动，再使转子轴靠向弹轴，这种动态平衡相当于"锁住"了陀螺。

基准电压线圈由四个组成，互成 90°放置。当磁铁旋转时，其磁力线被基准电压线圈切割而产生两个相位差为 90°的感应电势，其频率与陀螺旋转频率一致。该电压供坐标变换电路使用。

（2）进动力矩的产生。首先讨论导引装置捕获目标后进动线圈中的误差信号电流和目标位置的关系。如图 7-54 所示,目标 A' 在调制盘上的像点为 A,oA 与 oy 轴的夹角为 θ,目标视线与光学系统轴的夹角为 Δq,以 oy 为起始轴,陀螺转子的旋转角速度为 Ω,则误差信号经放大后的误差信号电流为

$$i_\omega = i_0 \sin(\Omega t - \theta) \tag{7-39}$$

式中：i_0 为误差电流幅值,$i_0 = K \cdot \Delta q$。

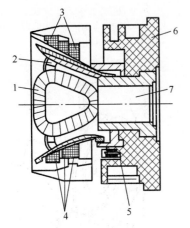

图 7-53 陀螺电机定子线圈的配置
1—旋转磁场线圈；2—基准电压线圈；3—电锁线圈；
4—进动线圈；5—调制线圈；
6—干燥剂盒；7—制冷探测器空位。

图 7-54 误差信号电流与目标位置的关系

误差信号电流 i_ω 进入进动线圈产生交变磁场,与大永磁铁磁场相互作用,产生进动力矩,引起陀螺进动。为了讨论方便,先假定进动线圈通以直流电流,线圈磁场对不转动的永磁铁的作用力为 F,力矩为 M,其相互关系如图 7-55 所示。从左向右迎着位标器方向看,电流以顺时针方向通过进动线圈,线圈磁场 B 方向如图 7-55 (a) 所示。永磁铁上受大小相等、方向相反的电磁力 F 的作用,形成力矩 M。

如果在进动线圈中通入与永磁铁旋转同频同相的电流,永磁铁所受的力和力矩也随时间周期性地变化。在一个周期内,进动电机 i_ω 和永磁铁受力的波形如图 7-56 所示。

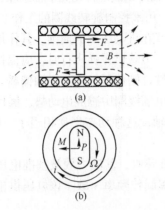

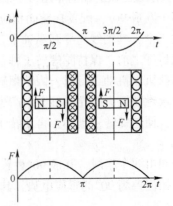

图 7-55 永磁铁受力示意图　　图 7-56 进动电流与永磁铁旋转同频同相的作用力图

当以式（7-39）的误差电流通入进动线圈时，永磁铁受力矩的变化如图 7-57 所示。上半部为正弦进动电流的变化情况，下半部为该进动电流变化一周时，磁场作用于永磁铁上的磁力矩 M 的变化图。M 的方向随大磁铁的转动而转动。位置 1~9 为电流正半周时磁力矩 M 的变化情况；而位置 9~1 为电流负半周时 M 的变化。

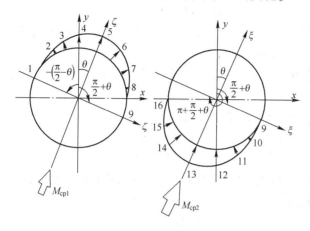

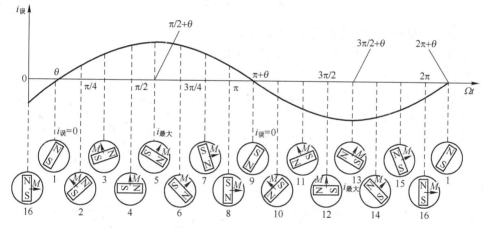

图 7-57 永磁铁的作用力矩

电流正半周时，如以 oy 轴为起始轴，则 M 的相位从 $-(\pi/2-\theta)$ 到 $(\pi/2+\theta)$。当 $\Omega t=\theta$ 时，$i_\omega=0$，对应 $M=0$，其方向与 oy 夹角为 $-(\pi/2-\theta)$；当 $\Omega t=\pi/2+\theta$ 时，$i_\omega=i_0$ 达到最大值，M 也达到最大值 M_0。最大力矩沿 o 方向，即永磁铁磁轴方向。当电流为负半周时，M 的相位 $(\pi/2+\theta)$ 逐渐变为 $\pi+(\pi/2+\theta)$。由图 7-57 可知力矩的分布是对称于 o 轴的，故在该轴上的投影是叠加的，但在该轴上的投影是抵消的，故合成力矩的方向也沿该轴。

M 是时间的变量，所以陀螺进动力矩实际上是合成的平均力矩 M_{cp}。由于 M 的幅值与相应 i_ω 的幅值成正比，而在相位上滞后 $90°$，于是有

$$M_t = K_i i_0 \sin\left[\Omega t + \left(\frac{\pi}{2}-\theta\right)\right] = M_0 \cos(\Omega t - \theta) \tag{7-40}$$

而 M_t 在轴上的投影为

$$M_t' = M_t \cos(\Omega t - \theta) = M_0 \cos^2(\Omega t - \theta) \tag{7-41}$$

可见，永磁铁旋转正半周的平均力矩为

$$M_{cp1} = \frac{1}{\pi} \int_{-(\frac{\pi}{2}-\theta)}^{\frac{\pi}{2}+\theta} M'_t \, \mathrm{d}(\Omega t) = M_0/2 \qquad (7\text{-}42)$$

同理，电流在负半周期时产生相同的平均力矩为

$$M_{cp2} = M_0/2 \qquad (7\text{-}43)$$

可知在电流变化一周时，总平均力矩 $M_{0p} = M_0/2$。作用方向在与 oy 轴夹角为 θ 的 o 轴上，也就是说该轴就在目标偏离光轴的方向上。

陀螺转子在平均力矩 M_{cp} 的作用下进动，即转子动量矩 L 沿最短的途径向 M_{cp} 方向靠拢。

由进动特性，可求出陀螺进动的角速度为

$$\omega_p = q_{\text{光}} = \frac{M_{cp}}{L} = \frac{M_0}{2L} = \frac{K_2 i_0}{L} \qquad (7\text{-}44)$$

式中：K_2 为比例系数，它与转子结构、线圈匝数以及永久磁铁的磁感应强度等有关。

已知 $i_0 = K_1 \cdot \Delta q$，于是有

$$\omega_p = \frac{K_1 K_2 \Delta q}{L} = K \Delta q \qquad (7\text{-}45)$$

可见，进动角速度也与目标失调角 Δq 成正比。

(3) 进动力矩作用下陀螺的运动。图 7-58 给出了陀螺各坐标系之间的关系。其中 $oXYZ$ 为与弹体固连的固定坐标系；$oxyz$ 为动坐标系，与陀螺转子轴固连；两坐标系 o 点与陀螺支架的中心重合。

最初两坐标系重合，陀螺进动后绕 oY（或 oy）轴转动出现一个方位角 α，然后又绕 ox 轴转动一个俯仰角 β，经推导的陀螺的运动方程为

$$\begin{cases} J_\alpha \ddot{\beta} + L\dot{\alpha} = M_x \\ J_\alpha \ddot{\alpha} + L\dot{\beta} = M_y \end{cases} \qquad (7\text{-}46)$$

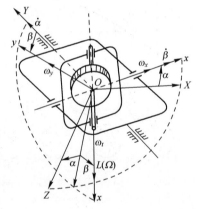

图 7-58 陀螺各坐标系之间的关系

式中：J_α 为陀螺转子赤道转动惯量；α 为陀螺自转轴绕外环轴的转角；β 为陀螺自转轴绕内环轴的转角；M_x 为外力矩在 ox 轴上的投影；M_y 为外力矩在 oy 轴上的投影；L 为陀螺自转动量矩，$L = J\Omega$，J 为转子绕自转轴的转动惯量，Ω 为自转角速度。

经解微分方程并经处理后可得

$$\begin{cases} \alpha = \dfrac{M_y J_\alpha}{L^2} + \dfrac{M_x}{L} t - \dfrac{M_x J_\alpha}{L^2} \sin(nt) - \dfrac{M_y J_\alpha}{L^2} \cos(nt) \\ \beta = \dfrac{M_x J_\alpha}{L^2} - \dfrac{M_y}{L} t - \dfrac{M_x J_\alpha}{L^2} \cos(nt) + \dfrac{M_y J_\alpha}{L^2} \sin(nt) \end{cases} \qquad (7\text{-}47)$$

式中：n 为比例值，$n^2 = L^2/J_\alpha^2$。

上式中右边第一项为常量，表示外力刚加上时陀螺转子的偏离；第二项为进动项，当

存在进动力矩 M_x、M_y 时内外环所产生的进动,绕 oX 和 oY 的进动角速度为 M_y/L 和 M_x/L;第三、四项表示陀螺在进动力矩作用下出现的章动。

4) 点源跟踪系统示例

空空导弹是具有被动式自动寻的制导系统的导弹,常用的红外制导导弹,利用目标辐射的红外辐射能量作为制导信息,通过导引装置形成反映目标偏离导弹头光轴的跟踪误差信号。利用该信号供给导弹控制系统,并按一定的导引规律控制导弹对目标跟踪,直到命中为止。

(1) 空空导弹主要构成。空空导弹由飞机发射,红外自动寻的系统导引其攻击空中目标。其外观结构如图 7-59 所示。

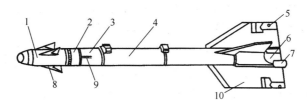

图 7-59 空空导弹外观结构示意图
1—导引控制舱;2—引信舱;3—战斗部;4—发动机;5—陀螺稳定器;
6—尾喷器;7—曳光管;8—舵面;9—引信保险执行机构;10—弹翼。

制导系统由导引装置和控制系统组成。导引装置全部置于弹上的导引控制舱中。导引装置一般由位标器和相应的电子线路组成。它所产生的误差信号一方面给陀螺跟踪机构,以驱动光学系统跟踪目标;另一方面经功率放大后提供给控制系统,形成操纵舵机转动的控制信号。

战斗部由引信引爆,空空弹中常用非接触引信,当导弹到达目标附近时,利用红外辐射能的作用接通电路,使战斗部在最恰当的时机起爆。

发动机是推动导弹飞行的动力装置,空空导弹一般采用一级固体燃料火箭发动机。

(2) 空空红外导弹的位标器。位标器的光学系统如图 7-60 所示。其中主要零件的作用和要求简述如下:

整流罩为同心半球形透镜,作为弹头的外壳,它是一块负透镜,起校正主反射镜球差和密封导引头的作用。要求在导引头工作波段内高度透明,耐高温和机械强度高,常用氟化镁多晶制成。

球面反射镜是光学系统的主反射镜,起聚焦作用,其焦距 $f' = 41.18\mathrm{mm}$,直径 $D_0 = 47.2\mathrm{mm}$,用 K_9 玻璃制成,并镀铝以增加有效通量。

平面反射镜是光学系统中的次镜,也用 K_9 玻璃制成,并镀铝,用以折叠光路。

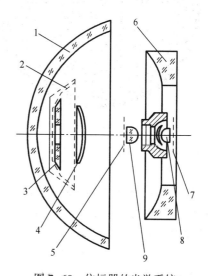

图 7-60 位标器的光学系统
1—整流罩;2—伞形光阑;3—平面反射镜;
4—支撑透镜;5—调制盘;6—球面反射镜;
7—探测器光敏面;8—浸没透镜;9—场镜。

支撑透镜用以将伞形光阑、平面反射镜等零件与镜筒连接。该透镜还起消除剩余像差的作用。

伞形光阑是限制目标以外杂散光直射探测器的辅助光阑。伞形光阑上有消光槽并黑化处理以更好地消除杂散光。

场镜为二次聚光元件，使通过调制盘的辐射能均匀地落在光敏面上，并可减小探测器的面积，这里用的是氟化镁单晶制成的平凸场镜。

滤光镜的作用是通过系统工作所需的辐射波段而消除其他波段。采用氟化镁单晶基片，并镀以相应的干涉膜。

调制盘以石英玻璃为基底，采用旋转调幅式调制盘的图案。其图案如图 7-61 所示。在图案上略有不同，造成调制特性有些区别。该调制盘可分为三个区域：内环脉冲区，又可细分为双脉冲、四脉冲和六脉冲区三部分，该内环区为线性工作段；中间六个环的六脉冲区是捕获段；边沿为十八个脉冲的引信信号调制区，当导弹接近目标，像点将逸出调制盘时，给引信发出启动信号。同心圆线条分为中间的细线区和外面的粗线区。内环区采用双脉冲、四脉冲和六脉冲区以改善调制特性。因脉冲数减少将使检波后输出电压的幅值下降，从而改善了调制特性线性段的线性度，如图 7-61 中虚线所示。

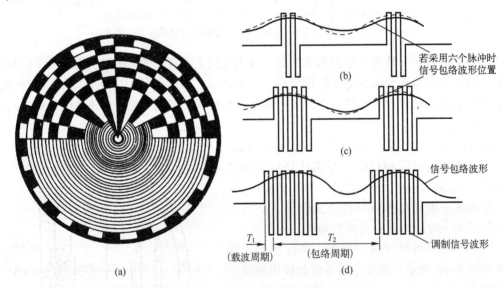

图 7-61 调制盘图案及调制波形

探测器采用经制冷的硫化铅器件，制冷方式为气体节流制冷，结构如图 7-62 所示。制冷气体是压力大于 2×10^6Pa 的纯度为 99.99% 的氮气。为增大探测面的照度，探测器前加有浸没透镜。硫化铅与滤光片配合，使工作波段为 2.7~3.8μm。该导引装置作用距离可达 14~16km；正常工作时与太阳夹角限制减小到 7°~10°左右。

制冷用压缩气瓶安装在发射架上，工作时高压气体由输气管进入干燥筒再度过滤，净化后进入杜瓦瓶及液化器中绝热膨胀，冷却杜瓦瓶前端的探测器，导弹离开载机后，输气阀关闭，并使导弹和载机间输气管断开。

为了使探测器工作在恒定的低温下，还采用了装在杜瓦瓶内的热敏电阻 R_t（参看

图 7-62（b））作为控制元件来控制电磁阀门，组成了一个温度控制电路。电路由晶体管 BG_8 和 RC 组成，如图 7-62（c）所示。当探测器温度高于光敏元件规定温度时，置于杜瓦瓶内的热敏电阻 R_t 有较小的阻值，电磁阀门处于开放状态，制冷气体经过电磁阀门进入杜瓦瓶制冷，光敏元件和热敏电阻同时被冷却。此时 R_t 阻值升高，BG_8 控制极电压增高，当达到一定数值时，BG_8 导通，有电流流过电磁阀门的绕组，可使电磁阀门关闭，停止制冷，R_t 阻值又下降。但此时尚不能使 BG_8 复原，必须由脉冲发生器 BG_9 来完成，它连续发出脉冲加在 BG_8 的阴极。当 BG_8 的控制电压低于某一数值时，才能使 BG_8 复原，电磁阀门打开再度制冷。由以上过程进行自动调节，从而可维持光敏元件在一定温度。

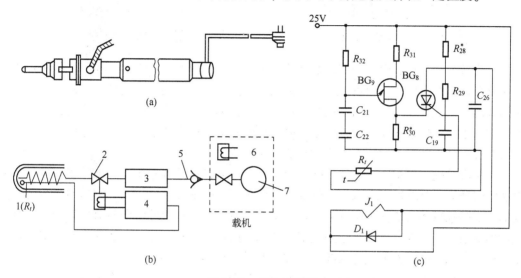

图 7-62 制冷探测器
（a）外部结构；（b）工作原理示意；（c）温度控制电路。
1—热敏电阻；2—电磁阀门；3—干燥筒；4—温度控制电路；5—输气阀；6—电磁阀门；7—压缩气瓶。

7.2.4 成像跟踪系统的工作原理

对于一个扩展源目标，也就是目标成像后占有多个单探测器的面积，这时应用成像装置进行检测。通过成像装置的摄像器，摄取景物空间的图像，并测量出景物在视场中的位置。当景物中的目标相对于摄像头作某种运动时，摄像系统若能对作相对运动的目标进行跟踪，则这种具有跟踪能力的成像装置称为成像跟踪系统。

1. 成像跟踪系统的一般原理

成像跟踪系统的一般组成如图 7-63 所示。其跟踪原理与前面所述的跟踪原理类似。对成像跟踪系统而言，首要工作是测出面目标在视场中的位置。如图 7-64 所示，其中观察视场为 $A \times B$，视场中心为 O。测量目标图像位置的方法通常有测量目标图像的边缘、测量目标图像的矩心以及测量目标图像的相关度等三种。它们可分别构成边缘跟踪器、矩心跟踪器和相关跟踪器。从摄像头输出的目标视频信号，经处理后检出与目标位置相应的误差信号，并以此控制伺服机构使摄像头跟随目标。其中最关键的问题是当观察目标作相对运动时，如何将目标视频信号处理成误差信号的设计问题。

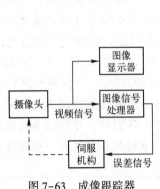

图 7-63 成像跟踪器

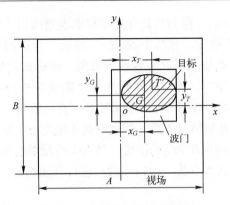

图 7-64 成像跟踪系统的视场

对边缘跟踪及矩心跟踪，都需要设计一个波门。波门的尺寸略大于目标图像，并使波门紧紧套住目标图像。波门随目标图像视频信号而产生，在波门内为有用信号并检出，而排除波门以外的其他信号；当在视场中有多个面目标时，可同时设置几个波门，分别检出各个波门中的信号。从视场中检出波门内信号的方法属选通技术。利用选通技术可对目标进行有选择的跟踪，由此也可以非常有效地排除背景的干扰。

相关跟踪是用测量两幅图像之间的相关度去计算目标的位置变化。用预存的目标图像去和实时摄取的目标图像求取相关值的方法称为图像匹配技术；用先后相邻的两帧实时摄取的图像间求取相关值的方法称为动目标跟踪技术。在相关跟踪的误差信号处理中，对相关度的取值有一定要求，相关跟踪系统对与选定的跟踪目标图像不相似的其他一切景物都不敏感，所以它有极好的选通跟踪能力和抗背景干扰的能力。

由于成像跟踪系统利用了目标图像的形状和图像亮度分布状况等作为跟踪信息，信息量较之只利用目标辐射强度的非成像跟踪系统来说要丰富得多、优越得多，可对各种目标和背景进行鉴别和选择跟踪，其精度也较高。

对于成像跟踪系统而言，其性能的基本要求应同时考虑成像和跟踪两个方面，成像系统性能如温度分辨力、空间分辨力、扫描速率或速高比等，而跟踪性能如跟踪角速度、跟踪角加速度及跟踪精度等。

2. 波门跟踪的基本原理

波门跟踪系统的组成原理如图 7-65 所示。当有目标信号出现时，处理电路将输出相应的触发信号到波门形成电路，从而产生波门。设视场中心为 O，目标中心位置为 $T(x_T, y_T)$，波门中心为 $G(x_G, y_G)$。由处理电路输出的误差信号与目标偏离视场中心的值 (x_T, y_T) 相对应。伺服机构受误差信号控制，使摄像头的视场中心跟踪目标中心。若波门位置与目标位置相重合，即 $(x_T, y_T) = (x_G, y_G)$；若目标在运动，则目标与波门位置间形成偏移，其偏移关系设为 $(\Delta x_{TG}, \Delta y_{TG}) =$

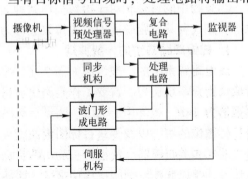

图 7-65 波门跟踪原理结构图

$(x_T, y_T) - (x_G, y_G)$。伺服机构控制波门形成电路，使波门中心亦向目标中心方向移动，以使$(\Delta x_{TG}, \Delta y_{TG})$趋向于零。波门产生应与扫描机构同步，所以它还要受同步机构控制。波门大小可固定，也可随目标大小而自动变化，分别称为固定波门和自适应波门。而自适应波门更适于排除波门以外的其他景物信号和背景干扰。

下面分别简单介绍利用波门的边缘跟踪和矩心跟踪这两种方法。

1) 边缘跟踪系统

这是一种简便的波门跟踪方法，边缘跟踪就是根据目标图像，与背景图像亮度上的差异，抽取目标图像边缘的信息，并以此控制波门的产生，并同时产生目标位置的误差信号。

如图7-66所示就是一种产生边沿信号的方法。图（a）中最上边是一条视频信号曲线$u(t)$，在目标图像边缘部分，对应信号幅值有着明显的变化。如采用微分电路将可检出信号的上升沿和下降沿，如图中$u'(t)$曲线所示。将微分后的信号分别送到正向峰值检测器和负向峰值检测器，它们分别检出$u'(t)$的正向峰值和负向峰值。再将正向、负向峰值电压分别经各自对应的低通滤波器，从而形成正负阈值电子U^+和U^-。最后将U^+和U^-分别和微分后的目标视频信号$u'(t)$在比较器中进行比较，当$u'(t)$超过U^+时，输出L^+等于1，否则输出为0；同样当$u'(t)$小于U^-时，输出L^-为1，否则为0；如图（a）中下面的两条曲线。显然，阈值电平U^+、U^-随信号电压$u'(t)$的变化而定，因此可消除幅值较低的干扰噪声。上图中（b）所示为边沿信号产生器的原理框图。上述所指视频信号线是自左向右的扫描线，因此所得到的逻辑信号L^+和L^-对应目标的左右边缘；同理从暂存的整帧视频信号中对某一列像素进行采样，将能得到对应于目标的上、下边缘。

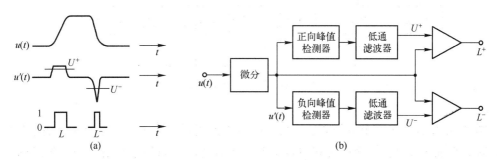

图7-66 边缘信号的产生

逻辑信号L^+和L^-送给波门形成电路，用以触发产生波门，L^+和L^-还同时送给误差信号产生电路，以此产生误差信号。若只采用上升边缘的逻辑信号L^+，将构成所谓单边缘跟踪系统；若同时采用上、下边缘逻辑信号L^+和L^-，则可构成所谓双边缘跟踪系统。单边缘跟踪系统只跟踪目标的某个边缘，因而结构简单，但精度较低；双边缘跟踪系统可跟踪目标两个边缘间的中点，因而精度较高。

目标位置逻辑信号L^+和L^-送给误差信号产生电路，产生误差信号以确定目标所在的方位。按前面所述，对于扫描系统，目标位置将由目标位器信号对基准信号采样而得到，而这里所用的基准信号为：方位基准信号取三角波；俯仰基准信号取阶梯波。用逻辑信号

L^+ 和 L^- 对基准信号采样、保持，其输出值就是相当于目标位置的信号值。当目标作相对运动时，采样保持电路的输出值就是误差信号。

2) 矩心跟踪系统

为说明矩心的定义，设目标图像面积为 A，位于坐标点 (x,y) 处的像素微面积为 $dA = dxdy$，在该像素内的光能量密度为 $\delta(x,y)$，那么在该像素微面内的光能应为 $\delta(x,y)dxdy = \delta(x,y)dA$，在目标图像区以内的总能量为

$$M = \int_A \delta(x,y)dA \tag{7-48}$$

于是相对于 x、y 轴的能量矩分别为

$$M_x = \int_A y\delta(x,y)dA, \quad M_y = \int_A x\delta(x,y)dA \tag{7-49}$$

因此矩心的坐标为

$$x = \frac{M_x}{M} = \frac{\int_A y\delta(x,y)dA}{\int_A \delta(x,y)dA}, \quad y = \frac{M_y}{M} = \frac{\int_A x\delta(x,y)dA}{\int_A \delta(x,y)dA} \tag{7-50}$$

矩心跟踪系统误差信号可以用模拟方法，也可以用数字计算方法获得。一种求取误差信号的模拟方法如图 7-67 所示。

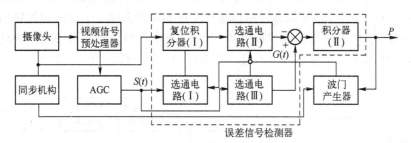

图 7-67 矩心跟踪结构图

图 7-67 中仅表示一个方位通道，另一通道与此相同。用图中输出的误差信号量值 P 来反映矩心值的大小。扫描系统扫过视场时，将景物的空间信息转换为信号的时间信息量。若视频信号为 $S(t)$，则误差信号值 P 应能反映与矩心相应的信号值。

由于矩心跟踪是利用目标的全部信息求矩心，对边缘对比度没有要求，所以与边缘跟踪相比，矩心跟踪的精度高，抗干扰能力强，因而应用也要广泛得多。

3) 图像相关跟踪的基本概念

设成像系统在观察区域 R 范围内摄取景物的实时图像，其灰度分布为 $r(u,v)$；对同一景物在这之前已预摄它的图像，其观察区域为 S，预摄并存储的图像灰度分布为 $s(u,v)$，图像像素的灰度值可以用 K 个灰度级表示。通常实时摄取景物图像的观察区域 R 应大于预存图像区域 S。由于两幅图像是对同一景物在两个不同时期摄取的图像，所以它们在图像灰度和图像位置等方面既有关系，又存在差别。可用相关函数 $C(x,y)$ 去描写两图像之间的相关程度

第7章 光电系统的控制与执行

$$C(x,y) = \iint s(u,v)r(u+x,v+y)\mathrm{d}u\mathrm{d}v \tag{7-51}$$

式中：(x,y) 为基准图像 $s(u,v)$ 与实时图像 $r(u,v)$ 之间的相对位移量。图中基准图像区域 S 的尺寸为 $M \times M$，实时图像区域 R 的尺寸为 $L \times L$，取正方形是为了讨论方便。图中实时图像区域中的阴影线部分为两图像的相关区。两图像可供移位配准的范围为 $(L-M+1)$。

若用离散量表示，相关函数 $C(x,y)$ 为

$$C(x,y) = \sum\sum s(u,v)r(u+x,v+y) \tag{7-52}$$

相关矩阵 $C(x,y)$ 空间分布的图形呈山峰状，且有一个峰值。而峰值位置是两幅图像完全重合的位置。因此在计算出两幅图像的相关度矩阵后，即可根据主峰值找出两幅图像的配准点。

在有些情况下，相关度矩阵除具有一个主峰外，还会有若干个次主峰值，这些次峰很可能造成虚假的配准点，这点应特别注意。

有时还可能出现与相关函数的最大值相应的点不一定是配准点的情况，这是预存图像与实时图像不是同一摄像装置摄取的，或摄取时的工作条件不相同，以及实时视场 R 大于预存图像视场 S 等原因所造成。可通过使相关函数 $C(x,y)$ 取归一化值来改进，即取相关函数

$$C(x,y) = \frac{\iint s(u,v)r(u+x,v+y)\mathrm{d}u\mathrm{d}v}{\left\{\iint [s(u,v)]^2\mathrm{d}u\mathrm{d}v \iint [r(u,v)]^2\mathrm{d}u\mathrm{d}v\right\}^{1/2}} \tag{7-53}$$

离散值为

$$C(x,y) = \frac{\sum\sum s(u,v)r(u+x,v+y)}{\left\{\sum\sum [s(u,v)]^2 \sum\sum [r(u,v)]^2\right\}^{1/2}} \tag{7-54}$$

若两幅图像 $s(u,v)$、$r(u,v)$ 失配，则该点与配准点之间的失配距离可以从该点的相关函数值在相关度矩阵中的位置计算出来。失配距离值决定了相关跟踪输出的误差信号的大小。误差信号驱动伺服机构使实时摄像机的轴向预存图像中心靠拢以实现配准。若两图像是对不同景物拍摄的，则两幅图像的相关度为零。因此可根据预存基准图像用图像相关法去从景物视场中识别出预定的目标，这就是所谓图像识别，常用于对预定目标的搜索。这里对图像匹配来说，所求的相关函数是两幅图像的互相关函数。

图像相关法也用于对动目标的跟踪。如在某一瞬时对景物摄取的图像为第 k 帧 $r_k(u,v)$，若视场中的目标是运动的，则在第 $(k+1)$ 帧图像 $r_{k+1}(u,v)$ 中目标的图像位置必然与第 k 帧图像中的位置有所不同。通过求取 $r_k(u,v)$、$r_{k+1}(u,v)$ 之间的相关值，就可进而求出目标的瞬时位移量，以此作为误差信号去控制伺服机构以跟踪目标。利用实时图像的帧相关法做成的跟踪机构称为成像的动目标跟踪系统。这时所求的相关函数是图像本身的自相关函数值。

思考题

1. 简述调制盘方位探测系统的工作原理。
2. 解释十字叉方位探测系统的工作原理。
3. 扫描探测系统的基本原理是什么？与其他方位探测系统相比具有什么优点？
4. 什么是光电跟踪系统，对其基本要求是什么？
5. 光电跟踪系统的主要组成部分有哪些？各部分的主要作用是什么？
6. 简述成像跟踪的基本方法及原理。

下 篇
军用光电系统应用

第8章 光电侦察

现代战争的战场环境复杂多变，及时、准确地掌握敌方的战场部署、重要军事战略目标及兵力调动等信息，是掌握战争主动权的首要条件，情报信息因此成为作战能力的基础和倍增器，而光电侦察则是获取这些情报信息的有效军事行动之一。

光电侦察是利用光电装备接收目标自身辐射或反射的光辐射，经变换、处理，以发现和识别目标的侦察方式。按装备的工作原理，可分为红外侦察、微光侦察、激光侦察、电视侦察等；按装备的工作方式，分为主动侦察和被动侦察。

从本质上说，光电侦察和光电告警都是利用光电技术手段获取敌方军事情报的军事行动，但二者所探测的目标状态截然不同。通常，光电侦察的对象对侦察方没有攻击的威胁，且距离有近有远，其任务是发现、识别目标并对目标进行定位；而光电告警主要针对远距离来袭目标实施探测、识别并预先进行警告，其任务则是发现目标并对目标进行定向。因此，在本书中，将光电告警纳入光电对抗之中介绍，而在光电侦察中仅介绍微光夜视、红外成像、激光测距、激光雷达探测、卫星遥感五项光电装备技术及应用。

8.1 微光夜视

微光夜视技术致力于探索夜间和其他低光照度时目标图像信息的获取、转换、增强、记录和显示，研究其在人类实际生活中的应用。它的成就集中表现为使人眼视觉在时域、空域和频域的有效扩展。就时域而言，它克服"夜盲"障碍，使人们在夜晚行动自如。就空域而言，它使人眼在低光照空间（如地下室、山洞、隧道）仍能实现正常视觉。就频域而言，它把视觉频段向长波区延伸，使人眼视觉在近红外区仍然有效。

在军事上，微光夜视技术已实用于夜间侦察、瞄准、车辆驾驶、光电火控和其他战场作业，并可与红外、激光、雷达等技术结合，组成完整的光电侦察、测量和告警系统。微光夜视器材已成为部队武器装备中重要的组成部分。本书将微光夜视系统分为微光夜视仪（属直接观察型）和微光电视（属间接观察型）两大类进行介绍。

8.1.1 夜天辐射基础

即使在"漆黑的夜晚"，天空仍然充满了光线，这就是所谓"夜天辐射"。只是由于其光照度太弱（低于人眼视觉阈值），不足以引起人眼的视觉感知。将这种微弱光辐射增强至正常视觉所要求的程度，是微光夜视技术工作的核心任务。

夜天辐射来自太阳、地球、月球、星球、云层、大气等自然辐射源。

1. 自然辐射源

1)太阳

太阳是直径约 1.392×10^6 km 的炽热球体,它每时每刻都向宇宙空间辐射巨大的能量。实测表明,太阳辐射与色温为 5900K 的黑体辐射极为相似。

由于大气的吸收和散射,太阳辐射中照射到地球表面的光辐射,绝大多数集中在 $0.3\sim 3\mu m$ 光谱区,其中尤以 $0.38\sim 0.76\mu m$ 的可见光区域为突出。显然,人眼视觉的光谱范围是人类长期适应自然界的结果。由此亦可看到太阳辐射对人类生活的突出重要性,它不仅是白昼的光源,而且极大程度地影响着夜天辐射。

太阳辐射恰好在地球大气层外所产生的积分辐照度年平均值叫"太阳常数 E_0",其值为

$$E_0 = 1.35\times 10^3 \text{W/m}^2$$

太阳在地球表面产生的照度取决于其在地平线上的高度角、地域海拔高度、空中尘埃及云雾等因素,情况见表 8-1。通常认为,当天空晴朗且太阳在天顶时,对地面形成的照度为 $E=1.24\times 10^5$ lx。太阳光谱分布如图 8-1 所示。

表 8-1 太阳对地球表面的照度

太阳中心的实际高度角/(°)	地球表面照度 (10^3 lx)		
	无云太阳下	无云阴影处	密云阴天
-5(日出或日落)	10^{-2}	—	—
0	0.7	—	—
5	4	3	2
10	9	4	3
20	23	7	6
30	39	9	9
50	76	14	15
60	102	—	—
90	124	—	—

2)月球

来自月球的辐射包括两部分,即反射的太阳辐射(俗称月光)和自身的辐射。前者是夜间地面光照的主要来源,其光谱分布与阳光十分相近,峰值约在 $0.5\mu m$。月球自身的辐射则与 400K 的绝对黑体相似,其峰值波长为 $7.24\mu m$。图 8-2 表示了二者的光谱分布。

月球对地面形成的照度受下列因素影响:

(1) 距角 ϕ_e。ϕ_e 是月球中心相对于地心的角距离,它表征月相。新月时 $\phi_e=0$,上弦月时 $\phi_e=90°$,满月时 $\phi_e=180°$,下弦月时 $\phi_e=270°$。ϕ_e 影响从月球反射到地球的光量。"新月"时,月球恰在地球与太阳之间,它以黑暗的半球对着地面;"满月"时,地球处在月球与太阳之间,由地面可见到完整的圆月,满月前后两三天月光将减少一半以上。

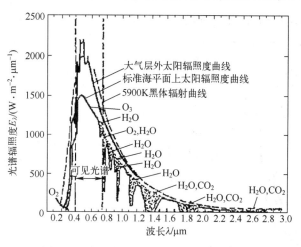

图 8-1 在平均地-日距离上太阳光谱分布

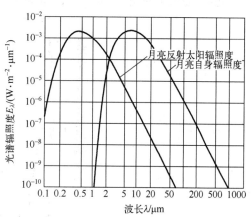

图 8-2 月球自身辐射及反射辐射的光谱分布

(2) 地-月距离 d 的变化。不同 d 值对应的地面照度变化量约为 26%。

(3) 太阳照射的月球表面各部位反射率差异。此项引起的照度变化量约 20%，即前半个月（上弦月）比后半个月（下弦月）亮 20%左右。

(4) 月球中心的高度角和大气层的影响。月球在地平线上的高度角对地面照度的影响很大，其相对变化量达二三个数量级。由于云层的遮蔽，月光亮度在几分钟内就会有明显变化。

上述有关影响的程度见表 8-2。

表 8-2 月光所形成的地面照度

月球中心的实际高度角/(°)	不同距角 ϕ_e 下地平面照度 E/lx			
	$\phi_e=180°$（满月）	$\phi_e=120°$	$\phi_e=90°$（上弦或下弦）	$\phi_e=60°$
-0.8°（月出或月落）	9.74×10^{-4}	2.73×10^{-4}	1.17×10^{-4}	3.12×10^{-5}
0°	1.57×10^{-3}	4.40×10^{-4}	1.88×10^{-4}	5.02×10^{-5}
10°	2.34×10^{-2}	6.55×10^{-3}	2.81×10^{-3}	7.49×10^{-4}
20°	5.87×10^{-2}	1.64×10^{-2}	7.04×10^{-3}	1.88×10^{-3}
30°	0.101	2.83×10^{-2}	1.21×10^{-2}	3.23×10^{-3}
40°	0.143	4.00×10^{-2}	1.72×10^{-2}	4.58×10^{-3}
50°	0.183	5.12×10^{-2}	2.20×10^{-2}	5.86×10^{-3}
60°	0.219	6.13×10^{-2}	2.63×10^{-2}	—
70°	0.243	6.80×10^{-2}	2.92×10^{-2}	—
80°	0.258	7.22×10^{-2}	$3.10/10^{-2}$	—
90°	0.267	7.48×10^{-2}	—	—

3) 地球

来自地球的辐射包括两部分：一是它反射的阳光，峰值约在 0.5μm 波长附近；二是其自身的辐射，峰值波长约为 10μm。夜间，前者基本观测不到，后者占主导地位。

图 8-3 表示了地面一些物体的光谱辐射亮度和 35℃ 黑体的辐射。

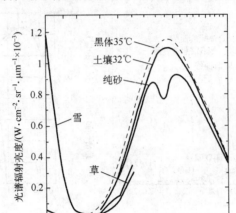

图 8-3 典型地物的光谱辐射亮度

地球自身的辐射有很大部分在 8~14μm 的远红外段,这正好又是大气的第三个窗口,是热像系统的工作波段。

地表的辐射取决于温度和辐射发射率。表 8-3 列出了一些地表覆盖物的辐射发射率 ε 平均值。地表温度随自然条件变化,约在 -40~40℃。

表 8-3 一些常用材料及地表覆盖物的辐射发射率

材 料	温度/℃	ε	材 料	温度/℃	ε
毛面铝	26	0.55	黄土	20	0.85
氧化的铁面	125~525	0.78~0.82	雪	-10	0.85
磨光的钢板	940~1100	0.55~0.61	皮肤·人体	32	0.98
铁锈	500~1200	0.85~0.95	水	0~100	0.95~0.96
无光泽黄铜板	50~350	0.22	毛面红砖	20	0.93
非常纯的水银	0~100	0.09~0.12	无光黑漆	40~95	0.96~0.98
混凝土	20	0.92	白色瓷漆	23	0.90
干的土壤	20	0.90	光滑玻璃	22	0.94
麦地	20	0.93	牧草	20	0.98
平滑的冰	20	0.92	—	—	—

地球上水面广阔,水面辐射取决于温度和表面状态。平静水面类似镜面,反射良好,自身辐射很小;有波浪时,水面(如海面)就成为良好的辐射体。

4)星球

星球辐射对地面照度也有贡献。相比之下,这种贡献所占份额不大。例如,在晴朗的夜晚,星球在地面产生的照度约为 2.2×10^{-4} lx,相当于无月夜空实际光量的 1/4 左右。而且,这种辐射还随时间和星球在天空的位置不断变化。

通常所说的"星等"是以在地球大气层外所接收到的星光辐射照度来衡量的。"星等"数越小,则此照度越大,星体也就越亮。零等星的照度被定义为 $E_0 = 2.65 \times 10^{-6}$ lx,相邻星等的照度比值为

$$r_E = \sqrt[5]{100} = 2.512$$

一等星的照度恰好是六等星照度的 100 倍。比零等星还亮的星,其星等是负数,并且星等数字不一定是整数。例如,天狼星、金星、太阳的星等依次是 -1.42、-4.3、-26.73。

若两颗星的星等各为 m、n,且 $n>m$,则二者照度之比是

$$\begin{aligned} E_m/E_n &= (2.512)^{n-m} \\ \lg E_m - \lg E_n &= 0.4(n-m) \end{aligned} \tag{8-1}$$

已知 $E_0 = 2.65 \times 10^{-6}$ lx,据此可推算各星等对应的照度值。

5) 大气辉光

大气辉光产生在地球上空 70~100km 高度的大气层中,是夜天辐射的重要组成部分,约占无月夜天光的 40%。

阳光中的紫外辐射在高层大气中激发原子,并与分子发生低概率碰撞,这是产生大气辉光的主要原因,表现为原子钠、原子氢、分子氧、氢氧根离子等成分的发射。其中波长为 0.75~2.5μm 的红外辐射则主要来自氢氧根的气辉,它比其他已知的气辉发射约强 1000 倍。

大气辉光的强度受纬度、地磁场和太阳扰动的影响。

图 8-4 表示了大气辉光与满月月光的光谱分布。可以看出,大气辉光在近红外区域上升很快,以致在 1.5~1.7μm 波段范围超过满月月光。

2. 夜天辐射的特点

夜天辐射是上述各自然辐射源辐射的总和,其光谱分布如图 8-5 所示,并具有下列特点:

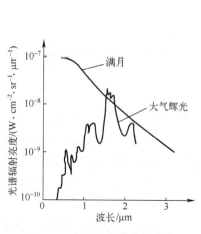

图 8-4 大气辉光的光谱分布

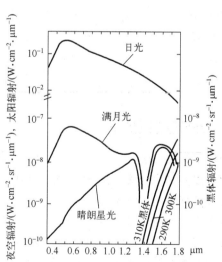

图 8-5 夜天辐射的光谱分布

(1) 夜天辐射除可见光之外,还包含丰富的近红外辐射。而且,无月星空的近红外辐射急剧增加,甚至远远超过可见光辐射。因此,微光夜视技术必须充分考虑这个事实,有效地利用波长延伸至 $1.3\mu m$ 的近红外区域辐射。

(2) 夜天辐射的光谱分布在有月和无月时差异很大。有月时与太阳辐射的光谱相似(此时月光是夜天光的主体——满月月光的强度约比星光高 100 倍,故夜天辐射的光谱分布取决于月光,即与阳光相近);无月时各种辐射的比例是:

    星光及其散射光   30%
    大气辉光   40%
    黄道光   15%
    银河光   5%
    后三项的散射光   10%

3. 夜天辐射产生的景物亮度

由夜天光辐照所产生的地面景物亮度可以依据夜天光对景物的照度和景物反射率计算。若景物为漫反射体,则其光出射度为

$$\begin{cases} M = \rho E = \pi L \\ L = \rho E / \pi \end{cases} \tag{8-2}$$

式中:E 为景物照度;L 为景物亮度;ρ 为景物反射率。

ρ 可由有关手册查到其数值。而不同情况下的地面景物照度见表 8-4。

表 8-4 不同自然条件下的地面景物照度

天气条件	景物照度/lx	天气条件	景物照度/lx
无月浓云	2×10^{-4}	满月晴朗	2×10^{-1}
无月中等云	5×10^{-4}	微明	1
无月晴朗(星光)	1×10^{-3}	黎明	10
1/4 月晴朗	1×10^{-2}	黄昏	1×10^{2}
半月晴朗	1×10^{-1}	阴天	1×10^{3}
满月浓云	$2 \sim 8 \times 10^{-2}$	晴天	1×10^{4}
满月薄云	$7 \sim 15 \times 10^{-2}$	—	

8.1.2 微光夜视仪概述

夜视技术始于 20 世纪 30 年代,1934 年第一只主动式红外变像管问世。它利用处于高真空中的银氧铯光阴极(S-1),将红外图像转换为电子像,再通过荧光屏,使电子像转换为人眼能察觉的光学图像。这一光子—电子相互转换的原理就是现代夜视仪的理论基础。但在使用红外变像管实现观察时,必须有一个红外辐射源去照射目标。这种主动式红外夜视仪具有易暴露自己、隐蔽性差、体积大、笨重等缺点。

20 世纪 60 年代出现了被动微光夜视技术,该夜视装备的核心部件是像增强器,它能将低光照图像信息转换、增强到人眼可正常观察的可见光图像,大大改善了人眼在微光条

件下的视觉性能。同时，这类系统可以在极低照度（10^{-5}lx）下完全"被动"式工作，因而在各领域尤其在军事上已得到迅速发展和广泛应用。

1. 系统组成与原理

微光成像系统分为直视系统和间视系统，直视系统又称为微光夜视仪。微光夜视仪是20世纪60年代开始发展起来的光电成像仪器。已相继研制成功三代产品。第一代是用级联式像增强器作为图像增强器件的系统；第二代是用带微通道板的像增强器作为图像增强器件的产品，发展也较为成熟；第三代直视微光夜视产品采用由Ⅲ-Ⅴ族元素Ga、As制作的半导体光阴极的带MCP的像增强器作为图像增强器件，现已研制成功并部分成为产品。

无论用哪一种像增强器作为图像增强器件，其构成的成像系统的基本原理都是相同的，图8-6示出了系统的原理。系统主要是由微光光学系统（包括物镜2、目镜5、人眼6）、微光像增强器3和高压电源4几个部分组成。其工作过程是，由夜天空的自然微光照射目标，经目标反射的辐射进入光学系统的物镜，物镜把目标成像在位于其焦平面的像增强器的光阴极面上进行光电转换，像增强器对目标像电子成像和亮度增强，并在荧光屏上显示目标的增强图像。

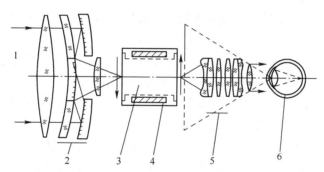

图8-6 直视微光成像系统原理图

1—目标辐射；2—物镜；3—像增强器；4—高压电源；5—目镜；6—人眼。

微光成像系统与主动红外成像系统相比最主要的优点是不用人工照明，而是靠夜天自然光照明景物，以被动方式工作，自身隐蔽性好。从目前发展看，工艺成熟，造价较低，构造简单，体积小，重量轻，耗电省且像质也较好。但由于系统工作时只靠夜天光照明而受自然照度和大气透明度影响大，并且景物之间反差小，图像平淡而层次不够分明。特别是在浓云和地面烟雾情况下，景物照度和对比度明显下降而影响观察效果。

三代产品相比较：一代产品体积大，防强光能力差；二代产品信噪比低，探测距离也有限；三代产品成本较高。权衡利弊，直视微光夜视仪还是当前一种主要的夜视装备。第三代产品也已装备部队且用于海湾战争。

2. 对各部件的技术要求

1）物镜

（1）为使像面有足够的照度，物镜应具有尽可能大的相对孔径。这是因为，对远方目标成像时，像面中心照度E_0与相对孔径平方成正比。

$$E_0 = \frac{\pi}{4} L\tau_0 \left(\frac{D}{f_0'}\right)^2 \tag{8-3}$$

式中：L 为目标亮度；τ_0 为物镜的透过率；D、f_0' 分别是物镜入瞳口径和焦距。

（2）为了像增强器阴极面上目标图像照度均匀，轴外物点的光线应尽量多地参与成像，则要求物镜的渐晕系数尽可能大。这是因为轴外像点照度 E_ω 随视场角增大而迅速下降，即

$$E_\omega = kE_0 (\cos\omega')^4 \tag{8-4}$$

式中：E_0 同上；ω' 为与视场角 ω 对应的像方视角；k 为面渐晕系数（斜光束通光面积与轴向光束通光面积之比）。

（3）由于一般像增强器极限空间分辨力不高，为 30~40lp/mm，故要求物镜具有很好的低通滤波性能。例如希望其在 12.5lp/mm、25lp/mm 频率上分别具有 $\text{MTF} \geq 0.75$、$\text{MTF} \geq 0.55$ 的对比传递特性。

2）像增强器

（1）为了把光阴极面接收到的微弱光照度增强至荧光屏上适于观察的图像亮度，首先要求像增强器具有足够高的亮度增益 G_L。亮度增益 G_L 的定义是：像增强器荧光屏在法线方向输出的亮度 $L(\text{cd}\cdot\text{m}^{-2})$ 与其光电阴极接收到的输入光照度 $E(\text{lx})$ 之比，即

$$G_L = L/E (\text{cd}\cdot\text{lm}^{-1}) \tag{8-5}$$

G_L 是有量纲的。有时，为了计算和测试的方便，也采用"光增益"的概念，其定义式为

$$G = M/E \tag{8-6}$$

式中：G 为光增益；M 为像增强器输出的光出射度（$\text{lm}\cdot\text{m}^{-2}$）；$E$ 的含义同上。显然，G 是无量纲的，可理解为"倍数"。

通常荧光屏具有朗伯（Lambert）发光体的特征，其发光亮度与方向无关，即在各方向的亮度相同。由朗伯余弦定律可导出其光出射度 M 与亮度 L 的关系为

$$M = \pi/L \tag{8-7}$$

于是得到光增益 G 与亮度增益 G_L 的关系为

$$G = \pi G_L \tag{8-8}$$

就是说，像增强器光增益在数值上是其亮度增益的 π 倍。

因像增强器输出的光子是经过目镜而进入人眼，若目镜倍率为 β，焦距为 f'；人眼暗适应的瞳孔直径 $D = 7.6$，其暗适应时量子效率为 η（观察标准光源图像时，$\eta = 0.01$；对 0.507μm 单色光，达最大值 0.09），则要求像管最小光增益为

$$G_m = \frac{1}{\eta}\left(\frac{2f'}{D}\right)^2 \approx 4.33 \times 10^3 \frac{1}{\eta\beta^2} \tag{8-9}$$

（2）作为弱光照度条件下工作的一种光探测器，像增强器响应度应尽量高。

通常以单位入射光功率所产生的光电流表示像增强器光阴极的响应度 $R(\text{A}\cdot\text{W}^{-1})$，即

$$R = \frac{\int_0^\infty R_\lambda \phi_\lambda \text{d}\lambda}{\int_0^\infty \phi_\lambda \text{d}\lambda} \tag{8-10}$$

式中：R_λ 为光阴极的单色辐射灵敏度（$A \cdot W^{-1}$）；ϕ_λ 为入射至光阴极的单色辐射光通量（$W \cdot \mu m^{-1}$）。$R(A \cdot W^{-1})$ 也称为光阴极的辐射灵敏度。

（3）良好的光谱匹配是像增强器能有效工作的必要条件。这种匹配包括：光阴极光谱响应与自然微光辐射光谱的匹配、荧光屏辐射光谱与人眼光谱响应的匹配、级联式像增强器中前一级荧屏与后一级光阴极的光谱匹配等。

（4）由于光阴极的自发热发射等因素，像增强器总会产生噪声。噪声在荧光屏上产生与之相应的背景亮度，这就限制了像增强器可探测的最小光照度值。当入射光的照度低于此值时，目标信号就被淹没在噪声之中。这个最小光照度叫等效背景照度（EBI）。显然，等效背景照度应尽量小些。它通常为 10^{-7}lx 数量级。可以认为，它是探测器噪声等效功率（NEP）概念在像增强器中的体现。

（5）频率传递性能应尽量好。作为一种低通滤波器，像增强器对空间频率的传递特性可用 MTF 曲线来描述。由目标到人眼看到的图像，其间要经过物镜、像增强器、目镜等单元，各单元 MTF_i 之乘积便是夜视仪系统的总 MTF。显然，系统总的 MTF 比系统中最低的单元 MTF_i 还小，即

$$MTF < \min\{MTF_i\} \tag{8-11}$$

作为夜视仪的主要单元之一，像增强器应具有较高的调制传递函数值。频率传递性能自然也包含了对光阴极中央区域空间分辨力的要求。

（6）其他要求。光阴极的有效面积、放大倍率、极限分辨力、时间响应、图像畸变等要求将在后面阐述。

3）电源

夜视仪的电源不仅要维持供电，还应具有自动调控荧光屏图像亮度的功能。当目标照度提高时，电路自动降低荧光屏上所加的电压，使像增强器亮度增益变小，从而维持荧光屏输出图像亮度不致太高；反之亦然。这种自动控制荧光屏图像亮度的电源电路常被简称为 ABC 电路，其反应时间通常约为 0.1s。

4）目镜

和一般目视成像系统一样，微光夜视仪的目镜是为了把荧光屏上的目标图像进一步放大，以适应较长时间的连续观察。微光夜视仪工作在微弱光照条件下，故特别要求其目镜出瞳直径与人眼夜间瞳孔直径（5~7.6mm）一致。显然，这个数值比一般目视系统的目镜出瞳大。

对目镜的其他技术要求（如放大率、视场角、出瞳距离、工作距离等）与一般目视成像仪器是一样的。

3. 微光夜视仪的分类

微光夜视仪通常按所用像增强器的类型对其分类，有第一代、第二代、第三代微光夜视仪之称。它们分别采用级联式像增强器、带微通道板的像增强器、带负电子亲和势光阴极的像增强器。

8.1.3 第一代微光夜视仪

1955 年 A. H. Somlner 发明高灵敏度的 NaKCsSb 多碱光电阴极（S-20）后，微光夜视

技术得到了迅速的发展，且在可见光直到近红外有很好的光谱响应。这一新的光电发射体使低照度下的图像增强成为可能。但单级像增强器的亮度增益一般在 50~100 之间。在直视型的微光夜视仪中，需要像增强器具有几万倍的亮度增益，这种高亮度增益可通过多级级联方式来实现。20 世纪 60 年代中期，以纤维光学面板作为输入、输出窗口的三级级联耦合的像增强器问世。这被称为第一代像增强器（一代管），并制成了第一代微光夜视仪，即星光镜（AN/PVS-2）。其于 1965—1967 年装备部队，曾被美军用于越南战场。20 世纪 70 年代初完成了标准化工作。

1. 系统组成及工作原理

第一代微光夜视仪由强光力物镜（折射式或折反式）、三级级联式像增强器、目镜和高压供电装置组成，如图 8-7 所示。其中，物镜和目镜构成开普勒望远镜系统，物镜可以是折射式或折反射式，目镜可以根据需要的图像放大率进行合理的选择。高压供电部分常使用含有自动亮度控制（ABC）电路或自动防闪光电路的倍压整流系统，以提供高达 36kV 左右的直流电压；有的还包含自动补偿畸变的电路、电池电压下降自动补偿电路。制作时选用超小型元件，呈环形安装在像增强器周围，用硅橡胶灌封成一体。

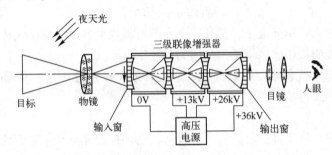

图 8-7　第一代微光夜视仪构成及工作原理

由目标表面反射的微弱的夜天光，通过物镜成像在像增强器的光电阴极面上，激发出的光电子经过像增强器内部的电子光学系统加速、聚焦、成像，以极大速度轰击在荧光屏上，激发荧光屏发出可见光，再经过三级的增强后，将一个微弱的目标图像增强为人眼能够感受到的可见图像。

第一代微光夜视仪在低照度下应用具有增益高、成像清晰、不用照明源等优点。由于采用三级级联增强器和 3 万多伏高压电源，因而具有体积较大、质量较重、像的畸变较大、防强光能力差等缺点。

2. 像增强器

级联式像增强器是在单级像增强器的基础上发展起来的。因为单级像增强器的亮度增益通常只有 50~100，一般难以满足军用微光夜视仪的使用要求。以典型星光照度（10^{-3} lx）的夜视为例，为把目标图像增强至适于目视观察的程度，要求像增强器具有几万倍的光增益。单级像增强器是无能为力的。于是，人们采用多级级联的方法。

1）早期级联结构

在同一真空管壳内级联配置三个单级像增强器，各级之间用玻璃或云母薄片隔开，薄片两边分别制成前一级荧光屏和后一级光阴极，这就是早期级联式像增强器的结构形式。

在这种结构中，级间薄片的厚度为 $5\sim10\mu m$。

2）光纤面板耦合结构

由于 20 世纪 50 年代末研制出真空密封性能好的光学纤维面板，继而出现了入射、出射窗口均用光纤面板的单级像增强器。将这种单级器件首尾相接耦合，就构成现在常用的所谓光纤面板耦合三级级联式像增强器，也称为第一代像增强器。图 8-8 表示了这种结构。

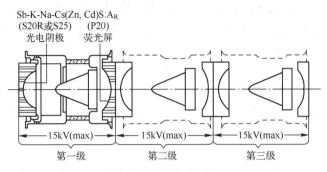

图 8-8 光纤面板耦合的三级级联像增强器

在这种结构中，光纤面板可以把球面像转换为平面像而完成级间耦合。同时，三级级联结构还能把物镜所成的目标倒像正立过来，并实现 10^4 量级的亮度增益，其最高空间分辨力为 $30\sim35 lp/mm$。

根据需要，光纤面板端面可制成平面或凹球面。其平-凹球面型面板可用于准球对称电子光学系统的场合。按传像性质，光纤面板可分为普通光纤面板、变放大率的锥形光纤面板、起转像作用的扭像光纤面板（扭像器）等。

级联式像增强器输入、输出窗系由光纤面板制成，以光纤面板之间的光学接触直接耦合传像，这就提高了传递图像的导光效率；提供了采用准球对称电子光学系统的可能性，有利于像质改善。若采用锥形光纤面板，则可改变传像的倍率（实现放大或缩小）；采用扭像面板可以实现转像。

3）多碱光电阴极

多碱光电阴极的化学组分可表示为 $(Na_2KSb)Cs$，其主体化合物是 (Na_2KSb)（钠与钾的比例是 2:1），并含有少量铯，由此构成多晶薄膜。在制成透射式光电阴极时，其厚度约 $0.1\mu m$，表面吸附有单原子铯层。铯的引入使晶格常数由 Na_2KSb 的 $(7.727\pm0.003)Å$ 变成了 $(Na_2KSb)Cs$ 的 $(7.745\pm0.004)Å$。这有利于降低电子亲和势（由光电发射的长波阈所推算的电子亲和势值约 0.55eV）。在具有正电子亲和势的光电阴极中，多碱光电阴极是光电灵敏度最高的一种（最高已达 $700\mu A \cdot lm^{-1}$）。

$(Na_2KSb)Cs$ 光阴极已有多种类型。按"S"系列来表示有 S-20、S-20R、S-20VR、S-25 等型号。改进的多碱光电阴极厚度略有增加，故有效地利用了光吸收特性。由于其光吸收系数随波长增大而变小，据此可以借助厚度的调整来改善其光谱响应特性。例如，在有效逸出深度允许的范围内增加光电阴极厚度，可以提高其对长波段的光谱响应，把光电阴极的长波阈延伸至 $0.9\mu m$ 以上，且积分灵敏度显著提高，电子亲和势降至 0.3eV。

当然，由于阴极的厚度超过短波长光波的吸收深度，使其短波段响应有降低。

这类阴极在常温下热发射电流很小（约 10^{-16} A·cm^{-2}），电阻率较低，故可允许较大的光电发射电流密度。

4) 电子透镜

光电阴极把目标图像变为电子图像。构成电子图像的电子在刚离开阴极时形成低速电子流。由于静电场或电磁复合场的洛伦兹力作用，电子流被强烈加速和聚焦，以很大的能量撞击荧光屏，形成可见光图像。这里的静电场或电磁复合场被称为电子光学系统。由于它同时又使电子图像聚焦，故也叫电子透镜。电子透镜通常分为三种，即双平面近贴型、电磁复合聚焦型、准球对称型。

（1）双平面近贴型。它以光电阴极为物面，荧光屏为像面，其间距小且均为平面。外加电位差形成轴向均匀电场，场强矢量指向阴极。

（2）电磁复合聚焦型。它采用均匀的轴向电磁场，电场的场强矢量、磁场的磁感应强度矢量均垂直于光电阴极；其物面、像面都是平面且彼此平行。在有效的聚焦区域内，电场、磁场是均匀的。

（3）准球对称型。理想的球对称型静电电子透镜系由球面光电阴极和球形阳极构成，且二者为凹向相同的同心球面，故形成中心对称型电场。但因球形阳极是封闭的，电子束不能通过它而到达像面，故实际采用开孔的阳极，以保证聚焦电子得以通过，于是形成了实用的准球对称型电子透镜（亦称准中心对称型）。

5) 荧光屏

通常用于像增强器荧光屏的典型材料有两种：一是以硫化锌为基质掺银激活的 ZnS：Ag；二是以硫化锌镉为基质掺银激活的 ZnS·CdS：Ag。荧光屏的底层是以这类晶态磷光体微细颗粒（直径为 1~5μm）沉积而得的薄层，其厚度稍大于颗粒直径，为 5~8μm。颗粒越细则图像分辨率越高，而发光效率就越低。通常选取颗粒直径与荧屏底层厚度相近，以获得发光效率与图像分辨力的最佳统一。经分选后的晶态磷光体颗粒俗称荧光粉，荧光粉层的厚度应能充分吸收入射电子的能量，同时要确保所激发的光子能有效地射出——二者常有矛盾。

荧光屏表层附有一层铝膜，其厚度约 0.1μm，覆盖在荧光粉层之上。它的作用有三：

（1）防止光能反馈进入光电阴极。

（2）把光反射到输出方向。

（3）保证荧光屏形成等电位面。

通常认为，黄绿光荧光屏（ZnS·CdS：Ag）（如美国牌号 P-20 材料）适于目视，因为它的光谱分布与人眼视觉特性匹配好，且具有中短余辉和较高的发光效率（≥15cd·W^{-1}）；而蓝光荧光屏（ZnS：Ag）（如美制 P-11 荧光材料）适于摄影用，因为它的发光光谱与照相底片感光光谱相匹配，发光效率约为 3cd·W^{-1}，并具有短余辉（约 50μs）。

应该说明，这里发光效率定义为：每瓦入射电子功率所产生的发光强度。

3. 强闪光防护

战场上会出现强闪光，例如炸弹爆炸、炮口闪光等。强闪光被夜视仪的物镜聚焦，会产生很强的光阴极发射。这种短暂的高强度光电子发射会使光电阴极发生疲劳性损伤，甚至被永久性破坏。另外,光电子束流功率密度大到一定程度时,荧光屏出现过热现象,容易烧毁荧光物质。有资料称,800m 距离处的穿甲弹爆炸,约在夜视仪荧光屏上产生 500W·mm^{-2} 的功率密度,屏温可达 500~1000℃,造成荧屏灼伤。而一般荧屏能承受的最大电子束流功率密度为 10~200W·mm^{-2},远比爆炸闪光所产生的荧屏电子束流功率密度小。上节所提及的自动亮度控制(ABC)电路不能解决上述强闪光的防护问题,这是因为:ABC 电路只能在较小的亮度动态范围(此范围与正常的微光照度范围相当)起调节作用,不能适应强闪光的照度条件;再者,ABC 电路响应太慢(反应时间约 0.1s),不能适应爆炸强闪光(持续时间约 0.7ms)条件下防护的需要。

1)荧光屏的防护

实践中可用两种方法实施对荧光屏的强闪光防护,即动态散焦法和电阻降压法。图 8-9 是前者的示意。图中光阴极与阴极内筒之间绝缘,再按图示方法串以保护电阻 R=100MΩ。当光电流不为零时,光电阴极与内筒导通,电流在 R 上产生电压降,且阴极电位高于内筒电位。若入射到阴极面的光照度<0.1lx,则像增强器产生的光电流<0.1μA,R 两端的电位差只有几伏,对整个电子光学系统的影响可以不计。当入射光照度达 10lx 时,光电流达 1μA,R 上的压降约 100V,这个附加的电位差会使电子光学系统散焦。在有爆炸强闪光时,光电流达到 5~10μA,R 上的压降可达千伏量级,造成光电阴极附近电场明显变化,破坏电子透镜的成像效果,电子束流的广泛弥散使其在到达荧屏时功率面密度降低,从而保护了荧屏。闪光越强,则电子束流散焦越甚,故称为动态散焦。

电阻降压法如图 8-10 所示。几百兆欧的电阻 R 串于荧屏与高压电源的正极之间。显然,光电流增大时,R 上的电压降加大,供给像增强器的工作电压随之变小,对光电流的增大趋势产生抑制。选择恰当的 R 值,使得在强闪光条件下,R 产生足够大的电压降,于是对电流实施强有力的抑制,确保抵达荧屏的电子束流功率密度不超过允许限度。

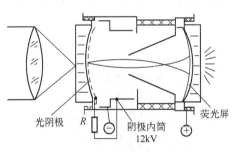

图 8-9 动态散焦法

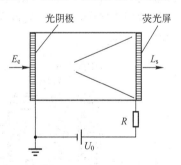

图 8-10 电阻降压法

2)光电阴极的防护

以上电阻降压方法实际上也对光电阴极起强闪光防护作用。这是因为,若强闪光造成强大的光电流,则在上百兆欧的电阻 R 上产生几千伏的电压降。如果这个电压降造成光阴极发射的电子不能被有效地加速,则它们就会滞留在阴极区附近而形成一个负电荷阻挡层,阻碍光电阴极继续发射电子,从而保证阴极不会产生疲劳发射和过量发射。

4. 性能特点

第一代微光夜视仪已经实用于装甲车辆、轻重武器的微光观察、瞄准和远距离夜视。

一般说，其光电阴极灵敏度约 300μA·lm^{-1}；在 850nm 波长处辐射灵敏度为 20mA·W^{-1}；亮度增益为 $(2\sim3)\times10^4$cd·lm^{-1}；鉴别率约为 35lp·mm^{-1}；作用距离 1.5~3km；尤其在 1km 以内的夜间观测中取得了良好效果。目前考虑对其像增强器畸变的校正，即在阳极与荧屏之间插入一个低电位甚至负电位的电极，使电子更强地趋于轴向偏折，达到校正畸变目的。增益高、成像清晰是第一代微光夜视仪的优点。

这代夜视仪的缺点是有明显的余辉，在光照较强时，有图像模糊现象，重量较大，体积显得较笨，分辨率不太高。它们虽在部队形成了一定数量的装备，但大有被第二代、三代产品取代的趋势。

8.1.4 第二代微光夜视仪

20 世纪 70 年代初研制成功能实现电子倍增的二维元件——微通道板（MCP），使像增强技术发展到以微通道板像增强器为基本标志的第二代微光夜视仪。

第二代微光夜视仪与第一代的根本区别在于，它采用的是带微通道板的像增强器。由于像增强器更迭，电源也相应变化。但系统的物镜、目镜与第一代微光夜视仪没有差别。因此，下面将重点讨论其微通道板像增强器。

1. 微通道板像增强器

作为第二代像增强器，微通道板像增强器与第一代像增强器的显著差异是，它是以微通道板的二次电子倍增效应作为图像增强的主要手段；而在第一代像增强器中，图像增强主要是靠高强度的静电场来提高光电子的动能。目前，一般微通道板的电子增益为 $10^3\sim10^4$ 量级，一只微通道板像增强器的图像增强效果即可达到三级级联像增强器同样的水平，这就大大减小了仪器的体积和质量。

由于微通道板是平行平面形状，故它与荧光屏之间只好取近贴结构，但它与光电阴极之间，可取静电聚焦倒像结构或近贴结构。前者被称为倒像管，后者叫近贴管。图 8-11 表示了这两种结构。

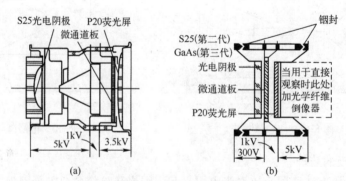

图 8-11 第二代与第三代像增强器
(a) 第二代倒像管；(b) 第二代或第三代近贴管。

微通道板以通道入口端对着光电阴极，且位于电子光学系统的像面上；出口端对着荧光屏。两端面电极上施加工作电压形成电场。高速光电子进入通道后与内壁碰撞，激发出二次电子。因内壁具有很好的二次电子倍增特性，故能形成加强的二次电子束流。这些二次电子又会在通道内电场的加速下再次撞击通道内壁,产生更多的二次电子……如此重复,直至从通道出口端射出。

设想取每次碰撞的二次倍增系数为 $\delta=2$,总碰撞次数累计为 10,则通道的电子数增益为

$$G_e = 2^{10} \approx 10^3 \qquad (8-12)$$

可见通道电子流增强效能之高。因各通道彼此独立,故一定面积的微通道板可将二维分布的电子束流各自对应放大,即实现电子图像增强。

2. 微通道板

微通道板能对二维空间分布的电子束流实现电子数倍增。它增益高、噪声低、频带宽、功耗小、寿命长、分辨率高且具有自饱和效应。

微通道板一般由含铅、秘等氧化物的硅酸盐玻璃制成,是厚度为零点几毫米到毫米量级(取决于其微通道直径和长径比)的介质薄板。其内密布着数以百万计的平行微小通道,通孔直径为 $6\sim45\mu m$(按空间分辨率要求确定);孔间距应尽量小(例如,当孔径为 $10\sim12\mu m$ 时,孔中心距约 $12\sim15\mu m$),以减小非通孔端面,因为只有通孔内壁才有显著的电子倍增功效。一般应使横断面上通孔面积占总截面的 55%~80%。通道长度与通孔直径之比(即长径比)典型值为 40~50。微通道板两端面镀有镍层,以作输入和输出电极,板外缘带有加固环。为防止离子反馈轰击光电阴极,有时在微通道板输入端面镀三氧化二铝薄膜,通常膜厚约 3nm,它允许动能大于 120eV 的电子穿透,而阻止离子通过。这样,光电阴极就不会遭受离子轰击而得到了保护。图 8-12 表示了微通道板的剖面。

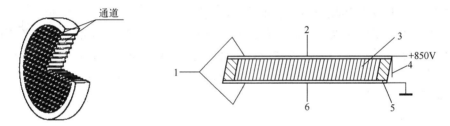

图 8-12 微通道板的剖面示意图
1—镍电极;2—输出电子;3—微通道面阵;4—通道斜角;5—加固环;6—输入电子。

注意,通常微通道板的通道并不与端面垂直,而是形成 7°~15° 的倾角。这有两个好处:其一,使尽可能多的电子成为掠射电子,以求取得最好的二次电子发射效果;其二,防止正离子反馈穿过微通道轰击光电阴极。

1) 二次电子发射

大家知道,当高速电子入射到固体表层时,不断与固体内的电子碰撞,使电子受激而逸出固体表面,这一过程叫二次电子发射。其出射电子数与入射电子数之比叫二次电子发射系数,或叫电子倍增系数。

微通道板就是借助二次电子发射实现电子倍增,从而达到图像增强的目的。为使微通道内壁具有良好的二次电子发射特性,通常进行烧氢处理——高温下被氢还原的铅原子分散在铅玻璃表层,通道内壁的这一表层具有半导电性能和较高的二次电子发射系数。图 8-13 表示了一个通道内电子倍增的过程。

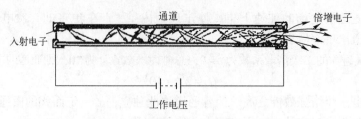

图 8-13 微通道中电子倍增示意图

2) 电流增益

微通道板的电流增益被定义为输出电流密度与其输入电流密度之比。在连续稳定工作条件下，它等于出射电子数与其入射电子数之比。

(1) 实验发现，微通道板的电流增益 G_n 与通道长径比 α 的关系如图 8-14 所示。图中表达了在不同工作电压下的 G_n-α 曲线簇。

可见，在每一工作电压下，曲线都有一个极大值，对应着最佳的长径比 α_m。

若把图中各曲线的极值点标出，可发现这些点近似位于同一条斜线上。这说明，通道长径比的最佳值 α_m 与工作电压 V 成正比。

(2) 实际测量表明，微通道板的最佳长径比 α_m 与最佳工作电压 V_m 关系为 $V_m = 22\alpha_m$。

(3) 为提高增益，微通道板输入端应具有尽量大的开口面积比。因为只有进入开口内的电子才能获得增益，故有时把通孔面积与总截面积之比叫微通道板的探测效率。为增大这一数值，有时采用喇叭形通道，可使此值达 80%。

实际确定微通道板参数时，是先依据空间分辨率要求选取通道直径；再按工作电压确定通道的最佳长径比 α_m；进而选定微通道板的厚度。这样可以获得最佳增益和较高的增益均匀性。这是因为，G_n-α 曲线在极值点附近斜率最小（见图 8-14），长径比 α 对增益 G_n 影响很弱。

3) 自饱和效应

微通道板的自饱和效应表现为：在输入电流密度增大到一定程度后，其输出电流不再随输入电流增加而增加。这一效应成为第二代像增强器的突出优点，使之具有防强光的特性。不论外界强光有多强，从微通道板输出的光电流都会受饱和效应的限制而不会太高，这就有效地保护了荧光屏不致灼伤损坏。由图 8-14 可知：

(1) 无论哪一工作电压，微通道板的电流增益都有一个极大值（峰值）存在。在达到峰值之前，增益随长径比的加大而上升，表明长径比的增加助长了电子倍增过程；在达到峰值之后，长径比的继续增加却会削弱电子倍增过程。

(2) 峰值增益随工作电压升高而增大，表明在一定范围内采用高工作电压有助于提高增益。

(3) 在峰值附近，增益曲线较平缓，表明此范围内长径比的变化对通道增益影响很小，这提示我们应尽量选取这样组合的工作电压和长径比。因为实际微通道板各通道的直径总是存在一定差异，这种差异必然造成实际增益的不同而影响图像亮度的均匀性。按工作电压选择峰值增益对应的长径比，可把这种影响减至最小程度。

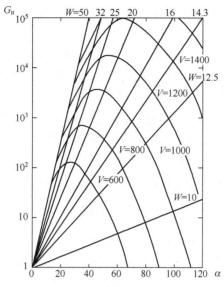

图 8-14 通道长径比与电流密度的关系

上述峰值的存在表明了微通道板的自饱和效应。产生这一现象的主要原因是：通道内壁上维持二次电子发射的传导电流与反向的二次电子所形成的附加电流在输出端附近处于抗衡状态，抗衡的结果是输出电流密度不再增大。这个最大的输出电流密度叫饱和电流密度。它在数值上等于微通道板在工作电压下所形成的传导电流密度，约为 $10^{-7}\text{A}\cdot\text{cm}^{-2}$，相当于 $6.25\times10^{5}\text{e}\cdot\mu\text{s}^{-1}\cdot\text{cm}^{-2}$。

自饱和现象不会破坏微通道板的性能，经历了饱和效应过程之后，性能又可自行恢复如初，且恢复时间小于人眼的时间常数，故对观察无妨碍。而且当视场中出现局部强光（如车灯、爆炸、信号弹等）时，强光部位对应的增益因饱和效应而受抑制，避免了个别强光点对人眼的刺激，有益于视场亮度的均匀，更重要的是保护荧光屏免遭强闪光的破坏。若微通道板某一通道出现饱和现象，则这种效应不会扩散至邻近通道，即不会造成互相之间串扰影响。

4) 背景噪声

在没有输入信号时，微通道板也会因其工作电压所生场强的作用，使通道内壁产生一定的场致发射。场致发射的电子也会激发二次电子而得到相应的倍增，在输出端造成背景电流，形成背景噪声。

设想在输入端提供一种密度可调的输入电流，连续调节其电流密度，使它在输出端产生与背景电流相同的输出，这时的输入电流密度被称为背景噪声的等效电子输入。它随微通道板工作电压的升高而线性变大，且与通道内壁材料及其表面状态密切相关。实验表明，在典型工作条件下，背景噪声的等效电子输入为 $10^{-18}\sim10^{-17}\text{A}\cdot\text{cm}^{-2}$ 量值水平，这比通常光电阴极的暗发射电流密度低约两个量级。故在讨论像增强器的整个背景噪声时，可不计微通道板的背景噪声。

5) 有输入信号时的噪声

从使用性能讲，要求微通道板输出电子流密度与输入电子流密度之间有预期的增益关系。但实际情况并非如此——增益总是偏离预期数值，这是微通道板噪声的表现。噪声源于：

（1）探测效率 η 总小于1，因而损失了一部分入射电子，其比例是 $1-\eta$。

（2）入射方向与通道轴线方向平行的电子直接贯穿通道而得不到倍增。

（3）通道内二次电子倍增过程的随机起伏造成量子噪声。这里的随机起伏受许多因素制约，例如：入射电子及二次电子碰撞通道内壁的概率，受激电子向表面迁移的概率，迁移中被散射的概率及其能克服表面势垒而逸出的概率等。

6）噪声因子

噪声因子 F 是微通道板输入信噪比的平方比输出信噪比的平方，即

$$F=[(S/N)_i]^2/[(S/N)_o]^2 \tag{8-13}$$

式中：S/N 为信噪比；下标 i、o 各表输入、输出。

据此可导出 Polya（玻尔雅）分布律所描述的噪声因子公式为

$$F=\frac{1}{\eta P_0}\left[1+\left(\frac{1+b\delta}{\delta}\right)\left(1+\frac{\delta P}{\delta P-1}\right)\right] \tag{8-14}$$

式中：η 是微通道板的探测效率；P_0 是入射电子获得倍增的概率；δ 是各级二次电子发射系数的平均值；P 是各级二次电子能再次获得倍增的概率平均值；b 是制约分布形式的参数。

由式（8-14）可知，为了减小噪声因子，使微通道板的性能得到改善，可以通过提高其探测效率 η、二次电子发射系数 δ 及入射电子能碰撞通道内壁的概率来实现。前已述及的喇叭口形通道结构有利于降低噪声因子；在通道内壁蒸镀氧化镁膜层以提高二次电子发射系数，则更是降低噪声因子的有效措施。

3. 性能特点与实例

第二代微光夜视仪发展很快，正在逐步取代第一代微光夜视仪。目前实用的微通道板像增强器，一只管子的增益即与三级级联式第一代像增强器水平相当，但体积和重量却大大减小，长度减小到只有 1/5～1/3。从光学性能来说，第二代微光夜视仪成像畸变小，空间分辨力高，图像可视性好。尤其是它们具有自动防强光性能和观察距离远等特点，使之表现出良好的实用优势。现在它们已大量用于武器瞄准镜和各种观察仪，是装备量最大的微光夜视器材。例如美国的 9885 型第二代远距微光观察仪，装在三脚架上做远距观察和监视，它采用优质物镜和 ϕ25mm 可变增益二代倒像管，双目观察，还配有 35mm 平反镜式摄像机和 16mm 中继透镜，可进行远距夜间拍摄。其主要性能见表 8-5。

由二代薄片管组装的第二代微光夜视仪由于其工作电压受极间击穿强度的限制，得到的亮度增益比采用二代倒像管的要低，成像质量也差些，且观察距离较小，工艺更难，价格偏高，一般适于制造夜视眼镜和袖珍式夜视仪。美、英、法、德、荷等国都已装备部队。美国 AN/PVS-SA 微光夜视眼镜在美国陆军中装备较多，且可装在飞行员头盔上。它由一节 2.7V 汞电池供电，也可通过转接器由 AA 电池供电，两节 AA 电池可工作 30h，其主要性能见表 8-6。

表 8-5 美国的 9885 型微光夜视仪主要性能

倍 率		9.4 倍	光 阴 极	S-20VR	
视场		5.6°	电源电压	2.7VDC	
分辨力	对比度 100%	3.6lp/mrad（10^{-3}lx 时） 5.1lp/mrad（10^{-1}lx 时）	电池寿命	30h	
			工作温度	$-54 \sim +54$℃	
			存放温度	$-57 \sim +65$℃	
	对比度 30%	2.6lp/mrad（10^{-3}lx 时） 4.6lp/mrad（10^{-1}lx 时）	相对湿度	98%	
			观察距离	$E = 10^{-1}$lx	
物镜焦距		255mm	对人	1441m	1075m
相对孔径		1∶1.23	对吉普车	2457m	1719m
像增强器		φ25mm 二代倒像管	对坦克	5871m	4100m
像增强器分辨力		28lp/mm	—	—	

表 8-6 美国 AN/PVS-SA 微光夜视眼镜主要性能

倍 率	1 倍	电池寿命	$15 \sim 30$h	
视场	40°	工作温度	$-45 \sim +45$℃	
分辨力	0.76lp/mm（10^{-3}lx 时）	储存温度	$-57 \sim +65$℃	
物镜焦距	26.6mm	相对湿度	95%	
相对孔径	1∶1.4	抗浸水能力	1m（最大）	
调焦范围	25cm $\sim \infty$	重量	0.86kg	
目镜瞳孔间距	$58 \sim 72$mm	观察距离	发现	识别
像增强器	φ18mm 二代薄片管	对人	200m	136m
电源	BA1567/U 或 AA 电池	对坦克	565m	395m

8.1.5 第三代微光夜视仪

与第一、第二代微光夜视仪相比，第三代微光夜视仪的突出标志是以第三代像增强器为核心部件。这种像增强器采用某种具有负电子亲和势的光电阴极，取代前已阐述的多碱光电阴极，使像增强器的性能及至第二代微光夜视仪的性能发生了更新换代的变化。为充分发挥第三代像增强器的性能优势，与之配套的光学系统也表现了若干新的构思，比如采用非球面面形、引入便于制造和更换的光学塑料透镜组件、应用光学全息透镜等。下面主要阐述第三代像增强器。

1. 关于光电子发射

在频率为 v 的光辐照作用下，处于真空或其他介质中的物质吸收光子能量 hv，其电子动能增加。在向表面运动的电子中有一部分能量较大，除在途中因与晶格或其他电子碰撞而损失部分能量外，还有足够能量克服物质表面的逸出功 W_e，离开表面进入真空或其他介质中。这就是光电子发射效应，所发射的光电子其最大动能随入射光频率提高而线性增加，且与材料表面逸出功密切相关，即有爱因斯坦定律：

$$\frac{1}{2}mv_m^2 = h\upsilon - W_e \tag{8-15}$$

式中：m 为电子质量；υ_m 为光电子离开发射体表面的最大速度；W_e 为材料表面的逸出功。

半导体材料表面的光电逸出功由两部分组成：一是电子从发射中心激发到导带所需的最低能量；二是电子从导带底逸出所需的最低能量（即电子亲和势 E_A）。因此，不论哪种发射中心，其光电子的初动能都与电子亲和势 E_A 紧密相关，因而光电发射与 E_A 紧密相关。

若半导体表面吸附有其他元素的分子、原子或离子，则可形成束缚能级（称为表面态）。若吸附层有一定厚度，就在表层形成施主或受主能级，从而出现异质结。这些情况都会引起半导体的能带在表面区域发生变化，于是也相应地影响电子逸出情况。

有一类半导体在经特殊的表面处理后，异质结区能带发生弯曲，有可能使其导带底的能级 E_c 高于真空能级 E_o。在这种材料内，激发至导带的电子如果在其到达激活表面前未被复合，就可能从材料表面逸出。这对光电发射十分有利。这种构思开创了研制负电子亲和势（NEA）光电阴极的新天地。

为了方便，常把能带弯曲所得到的由导带底到真空能级之间的能量差值叫有效电子亲和势 E_{Aef}，以区别于电子亲和势 E_A。即

$$E_{Aef} = E_o - E_c \tag{8-16}$$

下面将会看到，半导体光电逸出功因表面能带弯曲而出现的变化，并非是因表面电子亲和势 E_A 有何改变，而是体内导带底部与真空能级之间的能量差值发生了变化，即 E_{Aef} 改变。正是这种改变，有效地影响了半导体的光电逸出功，即改变了其光电子发射状况，故 E_{Aef} 被称为有效电子亲和势。

2. NEA 光电阴极

1963 年 Simon 提出负电子亲和势光电阴极理论，而后 Vanlaar 和 J. J. Scheer 报道其利用砷化镓单晶半导体材料的高掺杂结合表面吸附铯层以降低表面势垒的研究；接着，Evans 等对 GaAs 表面实施 Cs 和 O_2 的交替激活，得到了负电子亲和势光电阴极。

现已制成的负电子亲和势半导体材料有两类，其一是元素周期表中Ⅲ、Ⅴ族元素的化合物单晶半导体；其二是硅单晶半导体。二者都是通过吸附铯氧的表面层来形成负电子亲和势。最具代表性的负电子亲和势光电阴极是 $GaAs:Cs_2O/AlGaAs$ 阴极。

3. 第三代像增强器

以负电子亲和势光电阴极为核心部件，同时利用微通道板的二次电子倍增效应，构成第三代像增强器的基本特征。由于砷化镓光电阴极结构的限制，入射端玻璃窗必须是平板形式，故第三代像增强器目前还只能取双近贴结构，其总构成如图 8-11（b）所示，它包括负电子亲和势光电阴极、微通道板、P20 荧光屏、铟封电极和电源。

量子效率高、光谱响应宽是这种像增强器的特殊优点。实测表明，透射式砷化镓光电阴极比锑钾钠铯光电阴极灵敏度高三倍多，且使用寿命明显延长。量子效率也高得多。图 8-15 表示了这些情况。由图看出，它的光谱响应波段宽，而且向长波区明显延伸，这就更能有效地应用夜天辐射特性。

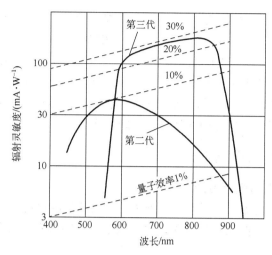

图 8-15　第二代 S25 与第三代 GaAs 光电阴极的光谱响应

值得指出，负电子亲和势光电阴极的受激电子向表面迁移的过程与一般光电阴极不同。一般正电子亲和势光电阴极中只有过热电子迁移至表面才能形成光电发射，而过热电子的寿命只有 $10^{-14} \sim 10^{-12}$ s，在此时间内受激电子以 $10^7 \sim 10^8$ cm/s 的平均速度做随机迁移运动，并产生晶格散射，所能行进的有效距离只有 10~20nm。而负电子亲和势光电阴极中全部受激电子都可参与光电发射，哪怕是处于导带底部的电子，只要在没被复合之前扩散到表面，就可能逸出。由于受激电子的寿命长达 10^{-8} s 量级，在寿命时限内其扩散至表面的有效逸出深度可达 $1\mu m$，故它的量子效率显著提高。况且，它形成光电发射的电子大多处于导带底部，由爱因斯坦的光电发射定律可知，它的光电子出射初动能分布比较集中；另外，由于其逸出深度较大，故光电子出射角散布也较小，且大都集中在平面光电阴极的法线方向近旁；加之它暗电流小，这都有利于降低电子光学系统的像差。同时，也有效地提高了像增强器的分辨力和系统的视距（观察距离可比第二代仪器提高 1.5 倍以上）。

除上述 $GaAs:Cs_2O$ 这种二元Ⅲ、Ⅴ族元素负电子亲和势光电阴极外，还有多元（如三元、四元）Ⅲ、Ⅴ族光电阴极（如铟稼砷、铟砷磷等），它们对红外光敏感，其长波阈值可延伸至 1.58~1.65μm，这就能更充分地利用夜天光的辐射能提高仪器的作用距离；还可与 1.06μm 波长工作的激光器配合，制成主动-被动合一的夜视仪器，使系统向多功能方向发展。

第三代像增强器内也有微通道板，因而也具有自动防强光损害能力。

4. 应用

第三代微光夜视仪由于其性能优势而引起广泛关注。但它工艺复杂，造价昂贵，即使在发达国家，也只有少数几个型号研制成功，20 世纪 80 年代开始装备部队，如美国 AN/AVS-6 型微光夜视眼镜。它采用双筒望远镜结构、三代薄片管、标准 SPS-4 型飞行员头盔和电池组供电，其微光物镜由一片球面玻璃透镜和五片非球面塑料透镜组成，目镜包括一片玻璃透镜和四片具有单一非球面的塑料透镜。其主要性能如下：

倍率：	1倍	瞳孔距：	52~72
视场：	40°	电源：	2.9V 电池
调焦量：	270mm~∞	质量：	0.463kg

虽然从军事应用性能来说，第三代有逐步取代第二代微光夜视仪的趋势，但这种趋势的发展还在很大程度上取决于性能/价格比的实况。况且，第二代微光夜视仪也在不断改进，基本性能接近第三代水平的像增强器业已研制成功。

8.1.6 微光夜视仪的静态性能

1. 像增强器的主要特性及性能水平

除了已阐述过的亮度增益、等效背景照度、响应度等特性之外，像增强器的放大倍率、分辨力、极限分辨特性和光阴极的有效直径也是直接影响微光夜视仪整体性能的重要参数。

像增强器的光谱特性主要取决于光阴极材料、输入窗口材料，除了实测的光谱特性曲线（阴极灵敏度与波长关系曲线）之外，还可用光阴极与标准 A 光源（2856K）的匹配系数来描述。

光阴极的有效直径决定了像增强器的有效探测面积，是一个重要特性参量，它常和荧光屏的有效直径同时标出。

像增强器的放大倍率是荧光屏中心附近线段与光阴极上相应线段长度之比。

像增强器的分辨力一般是指在分辨力图案板被适当照明且黑白条纹对比度为1时，人眼由仪器所观察到的折算至光阴极面上的最高分辨力。

像增强器的极限分辨力是表征像增强器的综合极限参量。当图案对比度为 c_0 的标准测试靶在光阴极面形成不同照度时所测得的最高分辨力曲线，就是该对比度条件下的极限分辨力曲线，如图 8-16 所示。

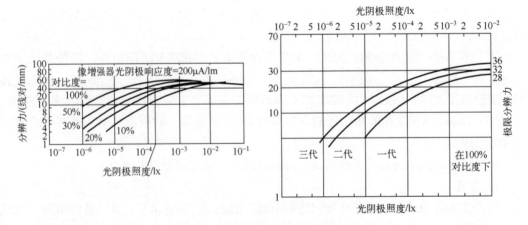

图 8-16 像增强器典型极限分辨力曲线

当前国内外生产的各代像增强器总体性能水平见表 8-7~表 8-9。

第8章 光电侦察

表 8-7 国外部分二代像增强器性能

管 型	有效直径光阴极/屏/mm	灵敏度(min)/(mA/W)	辐射灵敏度(min)/(mA/W) 800nm	辐射灵敏度(min)/(mA/W) 850nm	分辨力/(lp/mm)	MTF/% 2.5 lp/mm	MTF/% 7.5 lp/mm	MTF/% 15 lp/mm	信噪比/min	亮度增益	EBI/lx	畸变(max)/%	电源电压/V	
二代倒像放大 XX1380	20/30	225	15	11	45（中心）45（r=8）	95	80	50	—	3000~25000	2×10⁷	3	2.6	—
二代倒像放大 XX1383	20/30	225	20	15	44（中心）40（r=8）	92	75	45	2.8	6000~8000	2×10⁷	3（r=10）	2.2~3.4	荷兰飞利浦
二代倒像放大 6700-1	20/30	225	15	10	44（中心）40（r≠0）	90	60	—	—	10000	2×10⁷	3	—	瓦洛
二代倒像 MX-9644/UV	25/25	240	15	10	25（中心）	90	60	25	2.8	10000	2×10⁷	5	2.65	瓦洛
二代倒像 XX1500	18/18	225	20	15	32（中心）	80	60	25(16)	2.7	10000	2×10⁷	4	2.6	英马拉德
二代近贴 XX1410	18/18	240	20	12	25	86	58	20	—	7500~15000	4×10⁷	—	2.7	英马拉德
二代近贴 XX1390	18/18	220	12	4	25	—	—	—	—	7500	5×10⁷	—	—	英马拉德

表 8-8 国外第三代像增强器性能

参 数	美国 陆军夜视实验室	法国 应用物理研究所	德国 德律风根公司
光阴极灵敏度/（μA/lm）	一般 800~1000 最高 2000	1000 1500	1000~1400 1500
鉴别力/（lp/mm）	一般 26~36 最高 48	>35	36~38
暗电流/（A/cm²）	—	<10⁻⁵	1×10⁻⁷lx
噪声因子	1.8~2.0 1.35	—	16~19（信噪比）
寿命/h	2000~7500	—	—
外延工艺	MOCVD	MOCVD	MOCVD
外延导结构	GaAs（衬底）① /GaAlAs/GaAs/②③ GaAlAs/GaAs/④⑤ 选择性腐蚀①、⑤	Ga 同左	GaAs（衬底）① / GaAs / GaAlAs / ②③ 选择性腐蚀及抛光掉①层
视距	—	同条件下，视距是同类Ⅱ代仪的1.5~3倍	—

表 8-9 国产像增强器性能

型号	管型	有效直径 光阴极/屏 /mm	光灵敏度 /(μA/W)(min)	辐射灵敏度/(mA/W)(min) 800nm	辐射灵敏度/(mA/W)(min) 850nm	等效背景照度 /lx	亮度增益 /(cd·m^{-2}·lm)	中心分辨力 /(lp/mm)(光阴极)	信噪比(min)	MTF/% 2.5	7.5	12.5	16	20	26	50	畸变/%(max)	输入电压DC/V(额定)	输入电流/mA(max)
1XZ18/7A	一代单级	18/7	225	15	10	2×10^{-7}	5700	70(屏)	—	—	—	75	—	—	50	10	r=7 7.5	2.6	—
1XZ40/13A	一代单级	40/13	200	13	8	4×10^{-7}	4500	90(屏)	—	—	—	80	35	—	55	20	r=16 7.5	2.6	—
3XZ18/18F	一代单级(三级)	18/18	225	15	10	2×10^{-7}	12700	34	—	—	15	—	—	20	—	—	r=7 4	2.6	40
3XZ25/25A	一代单级(三级)	25/25	275	20	10	2×10^{-7}	16000	30	—	—	60	—	20	—	—	—	r=10 8	6.75	25
3XZ25/25	一代单级(三级)	25/25	200	10	6	5×10^{-7}	12000	20	—	—	—	—	—	—	—	—	r=10 10	6	—
1XZ18/18W-1	二代倒像	18/18	225	20	15	2×10^{-7}	10000	32	2.7	85	60	—	25	—	—	—	全直径 4	2.6	25
1XZ18/18W-2	二代近贴	18/18	200	15	10	5×10^{-7}	6000	25	3.5	—	—	—	—	—	—	—	—	2.6	—
1XZ25/25W-1	二代倒像	25/25	225	20	15	2×10^{-7}	10000	25	2.7	—	—	—	—	—	—	—	全直径 4	2.6	25
1XZ20/30W-1	二代倒像	20/30	225	20	15	2×10^{-7}	6000	44	2.5	—	—	—	—	—	—	—	r=6 4	2.6	20
1XZ30/30W-3	二代倒像	30/30	225	20	15	2×10^{-7}	10000	25	2.7	—	—	—	—	—	—	—	全直径 4	2.6	50

2. 微光夜视仪的光学性能

从使用性能而言，可把微光夜视仪当作是带有像增强器的望远镜，故它具有与普通望远镜相应的主要光学性能。

1) 视放大率 γ

γ 表示系统的视角放大性能，其定义为

$$\gamma = \tan\omega'/\tan\omega \tag{8-17}$$

式中：ω 为目标高度对物镜的视角；ω' 为与 ω 相应的由目镜观察时的视角。

若物镜焦距为 f_0'，像增强器线放大率为 β，目镜焦距为 f_e'，则有

$$(f_0'\tan w)\beta = f_e'\tan w'$$

所以

$$\gamma = \tan w'/\tan w = \beta f_0'/f_e' \tag{8-18}$$

2) 极限分辨角 α

若像增强器光阴极的极限分辨力为 R_c（lp·mm^{-1}），则相应的系统极限分辨角 α 必满足

$$\alpha f_0' = 1/R_c$$

所以

$$\alpha = 1/(R_c f_0') \tag{8-19}$$

若以圆孔衍射考虑物镜的衍射极限，则要求物镜的通光口径 D_0 满足

$$D_0 > 1.22\lambda/\alpha \tag{8-20}$$

式中：λ 为工作波长。

通常微光夜视仪物镜的相对孔径都很大，故公式能满足。

3) 视场角（$\pm\omega$）

若像增强器光阴极有效直径为 D_c，系统物镜焦距为 f_0'，则有

$$\omega = \arctan(0.5D_c/f_0') \tag{8-21}$$

在做系统估算时，可近似取

$$2\omega \approx D_c/f_0' \tag{8-22}$$

4) 物镜相对孔径 D_0/f_0'

D_0/f_0' 影响像增强器光阴极面上视场中心的照度 E_c。若目标为朗伯体，天空对它产生的照度为 E_0，目标反射比为 ρ，大气透过率为 τ_a，物镜系统透过率为 τ_o，则

$$E_c = 0.25\rho E_0 \tau_a \tau_0 (D_0/f_0')^2 \tag{8-23}$$

即光阴极面的照度与物镜相对孔径平方成正比。

5) 目镜

目镜的选择首先要保证像增强器光阴极面的极限分辨力在目方与人眼极限分辨力相匹配。若阴极的极限分辨力是 R_c（lp·mm^{-1}），则对应于荧光屏上分辨力为 $R_s = R_c/\beta$（β 是像增强器的线放大率），与 R_s 对应的每线对的宽度是 $W_s = \beta/R_c$。假定人眼的角分辨力是 α_e，则目镜的焦距 f_e' 必须满足

$$f_e' \leq \beta/(R_c \alpha_e) \tag{8-24}$$

亦即其倍率 γ_e 必须满足

$$\gamma_e \geq 250 R_c \alpha_e / \beta \tag{8-25}$$

6）出瞳直径 D'

系统出瞳直径的确定原则就是确保其与眼睛瞳孔的耦合。为了尽量提高仪器的主观亮度，仪器出瞳直径 D' 应不小于眼瞳直径。因为黄昏时眼瞳直径为 4～5.5mm，故一般微光夜视仪的出瞳直径都不小于5mm。考虑颠簸时还应更大些。

7）出瞳距离 l'_z

通常希望微光夜视仪的出瞳距离 $l'_z \geq 20$，用于枪、炮等武器上的瞄准镜和运动载体（如坦克）上的观瞄镜、指挥镜等，则要求更长的工作距离。

3. 微光夜视仪的性能水平

表8-10列出的基本性能大致表现了20世纪90年代初期的水平。

表8-10　几种微光夜视仪性能

国别	美国			荷兰	德国	英国	法国	中国
型号	AN/PVS-2（一代）	AN/PVS-4（二代）	AN/PVS-7（三代）	GS6TS（一代）	Orion80B（一代）	NOD-2（二代）	OB44（二代）	PNV-28（二代）
作用距离/m	星光下：300	星光下：400	—	对人：800 对坦克：2200	星光下：对人：250 对车：350	星光下：对人：1000 对车：1700 对坦克：4000	星光下：对人：450 对车：650 对坦克：900	星光下：对人：400 对车：700
视场/(°)	10.4	14.5	40～45	7	8	5.6	11	10
倍率	4	3.7	1	6	5	9.4	3	4.5
直径/cm	8	12	15	—	26	10.4	10.3
长度/cm	44	24	—	43	29	41.2	33	29
质量/kg	2.6	1.72	0.68	3.2	1.6	11.62	1.9	1.8
用途	轻武器瞄准具	轻武器瞄准具	夜视眼镜	火炮瞄准具	轻武器瞄准具	远距离观察仪	夜间观察仪	手持激光夜视仪

微光夜视仪作用距离一般比较近。雨、雪、雾、霾及风沙、水汽等都会严重妨碍其发挥作用。

已实用的微光夜视仪型号已有几百种，其中第二代最多，约占一半以上。

4. 其他

为适应在极低照度（$10^{-4} \sim 10^{-5}$ lx）条件下工作的需要，出现了所谓"杂交"式微光夜视仪方案。这种"杂交"主要表现在像增强器上。如以二代近贴管或三代管作为第一级，单级一代管作第二级的耦合式像增强器，其优点是增益很高；并且，适当减轻微通道板所承受的增益负担，可以谋求信噪比与增益之间的最佳折中，而分辨力只比二代近贴管下降约10%。这就使二者充分发挥优势，扬长避短。基于此类构思，出现了所谓一代半、二代半微光夜视仪的方案。

1) 一代半微光夜视仪

在一代单级管前面耦合一只二代近贴管,形成混合级联式像增强器,它只比一代单级管略大一点,却兼有一、二代像增强器的优点。采用这种像增强器的微光夜视仪,其作用距离增大,还能自动防强光危害,更适于实战应用。荷兰 Oldelft 公司的 GsbMC 型夜视仪即属此类。

2) 二代半微光夜视仪

美国 Litton 公司研制的 M909 型夜视眼镜采用了所谓二代半像增强器。这种像增强器是采用高灵敏度三碱(Na, K, Sb)光电阴极、高性能 MCP 和以玻璃面板为输入窗的二代管。

改进传统的制作工艺,例如先形成 Na_3Sb 而非先形成 K_3Sb,再蒸发 K 和 Sb,使之形成有很强晶体结构的 Na_2KSb;并增大 Na_2KSb(Cs)光阴极中光电子的逸出长度,且使它具有适当厚度,改善监控手段等,可使光灵敏度由 $300\mu A \cdot lm^{-1}$ 提高到 $700\mu A \cdot lm^{-1}$。增大 MCP 的开口面积比,提高首次撞击的二次发射系数及倍增过程的统计特性以降低噪声因数,在通道出端涂二次发射系数很高的材料等,都能有效地改善 MCP 的工作性能。

已经制成的二代半管型号 PHILIPSXX1610,其典型性能为:光灵敏度 $650\mu A \cdot lm^{-1}$,辐射灵敏度($0.83\mu m$ 波长)$60mA \cdot W^{-1}$,分辨力 $38lp \cdot mm^{-1}$。

通常认为,二代半像增强器是第二代到第三代的过渡型号。

上述 M909 型夜视镜,因为采用二代半器件和新型物镜,其分辨力和作用距离都有较大提高。从性能/价格比和技术可能性来看,发展第二代与第一代像增强器的杂交耦合不失为一个值得重视的方向。

实践证明,用第二代 $\phi 18/18mm$ 近贴管与第一代 $\phi 18/18$ 或 $\phi 18/7mm$ 单级管级联构成的杂交管,已能在极微光照度条件下正常工作。

8.1.7 微光夜视仪的视距估算

1. 微光夜视仪的助视作用

微光夜视仪对人类视觉性能的提高可以归纳为:

(1) 延长了时域,克服了"夜盲"障碍;

(2) 增大了空域,使人们不仅"看"得更远、更清晰,而且能在低照度空间(如防空洞内)正常视觉;

(3) 扩展了频域,把有效光谱区延伸至近红外频段。

其所以如此,原因可总结如下:

(1) 微光夜视仪的物镜入瞳孔径比人眼瞳孔大得多,而系统所捕获的光子数按二者比值的平方规律迅速增加,这就有力地增大了信息量。

(2) 像增强器阴极面的量子效率远高于人眼暗适应条件下的量子效率。

(3) 系统把目标图像增强至适于人眼观察的程度,避免了人眼在弱光照条件下的一系列视觉缺陷(如分辨力急剧下降,对比度灵敏阈的增大、部分动态信息的丢失等)。

(4) 利用了望远镜的助视功能，使视距增大，分辨力增强。

(5) 借助光电阴极向长波段延伸的光谱响应特性，把裸眼不能感知的部分近红外辐射信息利用起来。

2. 观察等级与 Johnson 准则

观察等级通常分为探测、分类、识别和辨认四个等级，常用的为探测和识别。往往由于标准不同，在标出或主观检验的探测或识别距离上会有较大的差距，所以应该有一个统一的标准。对于光电设备目前比较认可的是 Johnson 准则。Johnson 根据实验，把人眼对目标的观察感知同对"等效条带图案"（即"线对数"）的视觉联系起来，使人们可以不必考虑目标的具体类别和形态，直接以其"临界尺寸"所包含的可分辨等效线对数来评定视觉水平。目标的临界尺寸是指其最小投影的线度尺寸，而目标的等效线对图案则是一组黑白相间的平行等间隔矩形带状图案（图 8-17）。条带的长度方向与目标临界尺寸方向正交，条带的排布范围以充满临界尺寸为准。临界尺寸中所包含的可分条带之最大线对数量代表了目标被观察时对应的观察等级。

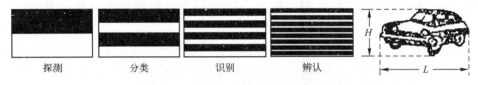

图 8-17 汽车的观察等级所对应的条带（线对）数

图 8-18 为 Johnson 的实验方案所选用不同目标时的情况。图中表示出了对不同目标临界尺寸方向所需对应的线对数。

关于探测/分类/识别/辨认的 Johnson 准则见表 8-11。

表 8-11 对应的观察概率 $P=0.5$。例如，观察一个站立的人，则当人像宽度包含刚可分辨的线对数达到 4 时，其识别概率是 0.5。若要求更高的识别概率，则这种线对数还要更多。图 8-19（N 为所需线对数，N_e 为目标实际占据的线对数）或表 8-12 表示了观察概率与这种线对数的关系。

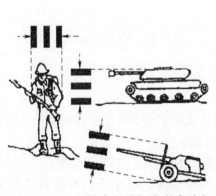 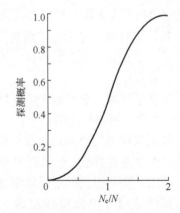

图 8-18 Johnson 准则对不同目标的实验方法　　图 8-19 目标等效线对数与探测概率的关系

第8章 光电侦察

表 8-11 Johnson 准则观察等级和可分辨线对数

观察等级	含义	在概率0.5下的可分辨线对数
探测（发现）	在视场内发现目标	1.0±0.25
分类	可大致区分目标类型	1.4±0.35
识别	可将目标细分	4.0±0.80
辨认（认清）	可区分目标型号和特征	6.4±1.50

表 8-12 说明，对于不同概率，所要求的被观察目标的尺寸是不同的。例如，对于 0.5 概率，识别时需要目标的尺寸为 4/3 对线，即 8/6 个瞬时视场（IFOV）或探测器张角（DAS），而当目标尺寸减小为 2/1.5 对线，即 4/3 个 DAS 时，其识别概率仅为 0.1。

表 8-12 概率与分辨率线对数的关系

观察概率	探测	识别（保守/一般）	辨认	观察概率	探测	识别（保守/一般）	辨认
1	3	12/9	24	0.3	0.75	3/2.25	6
0.95	2	8/6	16	0.1	0.5	2/1.5	4
0.8	1.5	6/4.5	12	0.02	0.25	1/0.75	2
0.5	1.0	4/3	8	0	0	0	0

另外，为了提高探测/识别概率，需要提高目标/背景的信噪比，它们之间的关系见表 8-13。

表 8-13 概率与信噪比的关系

概 率	1	0.9	0.8	0.7	0.6	0.5	0.4	0.3	0.2	0.1	0
信噪比	5.5	4.1	3.7	3.3	3.1	2.8	2.5	2.3	2.0	1.5	0

由此可知，为了提高对目标的探测或识别的概率，显示的图像必须足够大，图像的信噪比要高。而最大的探测或识别距离是指刚能够探测或分辨时的距离，测试一般又是主观进行的，因此可能会造成较大的误差。

3. 视距估算

这里所谓"视距"可理解为最远观察距离（或称极限观察距离）。由于极限观察距离与观察等级密切相关，故视距估算应按指定的观察等级进行，而观察等级常以约翰逊准则的分级为准。

1）基本公式

若在距离 d 处有高度为 H 的物体，则它对夜视仪物镜的张角为 H/d，成像于像增强器光阴极面上之高度为

$$H' = f'_0 H/d \tag{8-26}$$

式中：f'_0 为物镜焦距。

假定像增强器阴极极限分辨力为 $N_c(\text{lp} \cdot \text{mm}^{-1})$，则 H' 所占线对数为

$$n = f'_0 H N_c / d \tag{8-27}$$

于是有

$$d = f'_0 H N_c / n \quad (8\text{-}28)$$

若令 n 是某一观察等级所要求的线对数，则式中的 d 就是与该观察等级对应的极限距离。由此可知，视距与物镜焦距、像增强器阴极面极限分辨力成正比。

从增大视距而言，人们希望物镜焦距尽量长。为保证像增强器阴极面上有足够的照度，物镜的相对孔径要尽量大。不难想见，在物镜焦距很长的同时又要求大相对孔径，势必使物镜尺寸增大。这时，为保证夜视仪的视放大率，目镜的外形尺寸也须相应增大。于是造成全系统体积庞大，重量增加。可见，视距与夜视仪的体积、重量是有矛盾的。另外，对选定的像增强器，光阴极面的有效直径是确定的。这样，物镜焦距的增大会使系统的视场减小。因此，从这个意义上说，夜视仪视距与视场也有一定的抵触。

视距估算是把目标及环境条件与微光夜视仪的特性参数联系起来，估算仪器的最远观察距离。大气情况直接影响视距，为了简单，先不考虑大气因素。

2）不计大气影响时的视距估算

在不考虑大气因素的条件下，视距估算的依据为：夜天光照度 E_0，目标及背景的反射比 ρ_0、ρ_b，相对孔径与物镜焦距 D_0 / f'_0，物镜光学系统的透过率 τ_0，光阴极的极限分辨力 N_c，目标的临界尺寸（最小成像尺寸）H_m 及观察等级所要求的可分辨等效条带数 n。估算步骤是：

（1）由 E_0、ρ_0、ρ_b 计算目标及背景亮度 L_0、L_b：

$$L_0 = \rho_0 E_0 / \pi$$
$$L_b = \rho_b E_0 / \pi \quad (8\text{-}29)$$

（2）由 L_0、L_b 计算目标的对比度 c_0：

$$c_0 = (L_0 - L_b)/(L_0 + L_b) \quad (8\text{-}30)$$

（3）计算光阴极面的照度 E_c：

$$E_c = 0.25 \rho_0 E_0 \tau_0 (D_0 / f'_0)^2 \quad (8\text{-}31)$$

（4）由 E_c、c_0 查像增强器极限分辨力曲线得到相应的极限分辨力 N_c（若 c_0 与曲线簇中所列对比度不符，要先用公式进行换算）。

（5）按观察等级所要求的等效条带数 n、目标临界尺寸 H_m、阴极的极限分辨力 N_c 及物镜焦距 f'_0，由公式计算相应的视距。

下面是一估算实例。

已知 $E_0 = 2 \times 10^{-2} \text{lx}$，$\rho_0 = 0.1$，$\rho_b = 0.05$，$f'_0 = 100$，$D_0 / f'_0 = 1/1.5$，$\tau_0 = 0.9$，$H_m = 2\text{m}$，要求能"识别"此目标，即 $n = 4$；估算其识别距离 d_R。

（1）由式（8-29）、（8-30），有

$$c_0 = (\rho_0 - \rho_b)/(\rho_0 + \rho_b)$$

所以 $c_0 = 0.3$

（2）由式（8-31），有

$$E_c = 0.25 \times 0.1 \times 2 \times 10^{-2} \times 0.9 \times (1/1.5)^2 = 2 \times 10^{-4} (\text{lx})$$

（3）由 c_0、E_c 查像强器极限分辨力曲线得到相应的 $N_c = 24 \text{lp} \cdot \text{mm}^{-1}$。

(4) 识别距离为
$$d_R = f'_0 H_m N_c / n_R = 100 \times 2 \times 24 / 4 = 1200 \text{(m)}$$

3) 大气的影响

微光夜视仪系在可见光到近红外波段工作，而这个波段正好在大气窗口，一般在估算微光夜视仪的视距时，大气吸收的影响可以不计，只考虑散射的危害。

散射的危害包括两方面。其一，散射使来自目标的辐射通量衰减，造成有用信息损失；其二，来自周围甚至有效视场外景物的辐射，有一部分会因散射而进入夜视仪，使有害的背景噪声增加。结果是：经过距离为 d 的传输之后，在夜视仪所在处，目标和背景所表现出的亮度 L_{0d}、L_{bd} 都与各自的本来亮度 L_0、L_b 不同。通常把 L_0、L_b 分别叫目标和背景的固有亮度，而把 L_{0d}、L_{bd} 分别叫目标和背景的表观亮度。显然，当目标距离为零时，表观亮度与固有亮度相同。

在不计吸收且大气被均匀照明的情况下，若不考虑大气中悬浮粒子的不均匀分布，则表观亮度与固有亮度的关系为

$$L_{0d} = L_0 \tau_a + L_s (1 - \tau_a)$$
$$L_{bd} = L_b \tau_a + L_s (1 - \tau_a) \tag{8-32}$$

式中，τ_a 为大气透射率，L_s 为夜视仪所在处地平天空的辐亮度。

式 (8-32) 表明，表观亮度可认为是由两部分叠加而成的：一部分是固有亮度（L_0、L_b）经透射衰减后的值（分别为 $L_0\tau_a$、$L_b\tau_a$）；另一部分是路径上形成的辐亮度增量 $L_s(1-\tau_a)$。对微光夜视仪而言，该增量主要取决于地球外部辐射源所造成的天空亮度。

与表观亮度相对应的目标对比度叫表观对比度，即

$$c = (L_{0d} - L_{bd}) / (L_{0d} + L_{bd}) \tag{8-33}$$

以前式代入并化简，得表观对比度为

$$c = (L_0 - L_b) / [L_0 + L_b + 2L_s(\tau_a^{-1} - 1)] \tag{8-34}$$

为了区分，式 (8-30) 所定义的对比度 c_0 叫固有对比度。在不计大气吸收和散射时 $c = c_0$。

4) 考虑大气影响时的视距估算

对微光夜视仪来说，大气吸收的影响可以不计，只考虑散射的影响。由于散射影响随物体距离而变，故视距估算需经过一个逐次逼近的过程，步骤如下：

(1) 同前例 (1)。

(2) 按规定的大气条件和假定的距离 d_i 计算大气透射率 τ_a 和表观对比度 c。

(3) 计算阴极面照度

$$E_c = 0.25 \rho_0 E_0 \tau_a t_0 (D_0 / f'_0)^2 \tag{8-35}$$

(4) 同前例 (4)。

(5) 按前面公式试算迭代视距 d_{i+1}，并判断

$$|d_{i+1} - d_i| < \Delta d \tag{8-36}$$

（式中 Δd 是设定的视距允差）是否成立。

(6) 若式 (8-36) 成立，则取视距为 d_{i+1}。若不成立，则以 d_{i+1} 取代 d_i 从步骤 (2) 转入下次计算。

如此反复，直至式（8-36）成立。

在进行这种估算时，首次所取的目标距离 d_1 系人为选定，目的是估算大气散射造成的影响。以后各次计算是以前一次估算出的视距来考虑这种影响。当式（8-36）成立时，即说明在考虑大气影响时所设定的目标距离与系统的视距吻合，即设想的情况符合实际。式（8-36）中的 Δd 一般可取视距值的 1%。

若像增强器光谱响应曲线与夜天辐射光谱差异甚大，则要对所算得 E_c 做光谱修正。

8.1.8 微光电视

微光电视是工作在微弱照度条件下的电视摄像和显示设备，故也叫低光照度电视（LLLTV）。它是微光像增强技术、电视与图像技术相结合的产物。与一般广播电视和工业电视不同，它能在黎明前的微明时分（地面照度约 $1lx$）照度水平以下正常工作，允许最低照度约 $10^{-4}lx$（无月黑夜）。而广播电视和一般工业电视的工作照度要求却高得多（例如要求白昼的照度，约 $10^2 lx$）。

1. 基本组成

微光电视系统主要包括微光电视摄像机、传输通道、接收显示装置三部分。其中的微光电视摄像机除具有普通电视摄像机的功能之外，还突出地表现出把微光图像增强的作用。微光电视的传输通道可以是借助电缆或光缆的闭路传输方式，也可以是利用微波、超短波做空间传输的开路方式。它的接收显示装置与一般电视没有显著的区别。

2. 微光电视摄像机

微光电视摄像机包括以下主要部件：

（1）微光摄像物镜——把被摄景物成像。

（2）微光摄像管——在低光照度条件下把上述物镜所成的光学图像转变为电视信号。

（3）扫描电路——为水平和铅垂偏转线圈提供线性良好的锯齿波形电流，对摄像管靶面做行、场扫描。

（4）视频信号放大器——把摄像管输出的视频信号放大到适于传输。

（5）电源、控制电路和防护装置等。

3. 摄像的基本原理

微光摄像机把空间二维微弱光学图像转换成适用的视频信号。此转换包括：

（1）微光摄像物镜把微弱光照的被摄景物聚焦成像在摄像管光电阴极面上。

（2）光电阴极做光电转换，把光学图像变成二维空间的电荷量分布。

（3）摄像管靶板收集经过增强的电荷，在一帧的时域内做连续积累。

（4）电子枪发射空间二维扫描的电子束，在一帧时间内逐点完成全靶面的二维扫描。由于扫描电子束的着靶电荷量取决于靶面积累的电荷多少，故扫描电子束形成的电流被靶面电荷分布所调制，于是从输出端得到景物的视频信号。

在行扫描逆程中，摄像机电路自动输出"行消隐信号"，中断扫描电子束。在一场扫描完成后的回扫期间，也有"场消隐信号"自动中断扫描电子束。行、场消隐信号经过复合即成为"复合消隐"脉冲信号，加到摄像管的调制板上，用以截断扫描电子束。

为了接收机的接收显示，摄像管在行扫描正程结束时，都会自动输出一个窄脉冲信号，令显像管电子束相应地做行回扫，这个脉冲信号叫行同步信号，意在使发射与接收保持行同步。摄像管每在一场扫描结束时也输出一个窄脉冲信号，令显像管相应地做场回扫，此脉冲信号叫场同步信号。行、场同步信号复合形成"复合同步"信号。同步信号不需显示，故总在消隐信号之后。

前述景物视频信号经过前置放大器放大后与复合同步信号混合，形成峰-峰值为1V的全电视信号输出。

目前，我国电视采用625行制式，其中50行处于帧扫描的逆程，实际有效扫描行为575。帧频与市电频率相同，为每秒50帧。若以隔行扫描计，则扫描总行数仍为625，有效行数575，场频为50Hz，而帧频为25Hz。场消隐信号占25行的扫描时间；场同步信号占3行的扫描时间，它在场消隐信号发出之后出现。以信号电平而言，行、场同步信号为100，消隐信号为75%。

4. 微光电视的应用与特点

在军事上，微光电视可用于以下场合：

(1) 夜间侦察、监视敌方阵地，掌握敌人集结、转移和其他夜间行动情况。
(2) 记录敌方地形、重要工事、大型装备，发现某些隐蔽的目标。
(3) 借助其远距离传送功能，把敌纵深领地的信息实时传送给决策机关。
(4) 与测距机、红外跟踪器（或热像仪）、计算机等组成新型光电火控系统。
(5) 在电子干扰或雷达受压制的条件下为火控系统提供替代的或补充手段。
(6) 对我方要害部门实行警戒。

目前，外军在各兵种都配有微光电视装备。给歼击机、轰炸机、潜艇、坦克、侦察车、军舰等重要武器配上微光电视，则作战性能更加完备。

在公安方面，可应用微光电视组成监视告警系统，对机场、银行、档案室、文物馆、重要机关、军用仓库等实施远距离夜间监视和告警。

微光电视在扩展空域、延长时域、拓宽频域方面对人类视觉的贡献与微光夜视仪相似。同时，微光电视又有一些新的特色：

(1) 它使人类视觉突破了必须面对景物才能做有效观察的限制。
(2) 突破了要求人与夜视装备同在一地的束缚，实现远离仪器现场的观察。
(3) 可实施图像处理，提高可视性。
(4) 可以实时传送和记录信息，可以对重要情节多次重放、慢放、"冻结"。
(5) 实现多用户的"资源"共享，供多人多点观察。
(6) 改善了观察条件。
(7) 因为可以远距离遥控摄像，隐蔽性更好。

它的缺点是：

(1) 价格较高，使大批量装备部队受到限制。
(2) 耗电多，体积、重量较大。
(3) 操作、维护较复杂，影响其普及应用。

8.2 红外热成像

热成像技术能把目标与场景各部分的温度分布、发射率差异转换成相应的电信号，再转换为可见光图像。这种把不可见的红外辐射转换为可见光图像的装置被称为热成像系统（热像仪）。热成像技术的发展综合了红外探测器件、光学设计、扫描技术、信息处理等学科的进步成果，在军事上具有广泛的应用。

有资料称，美国、俄罗斯利用卫星上的热像仪可以侦察到地面上部队的集结、伪装的导弹、地下发射井的设置及战略导弹的发射动向，积累敌情信息。另有报道，侦察机上的热像仪可在20km高空发现地面的人群、行驶的车辆；甚至能因为航迹水面与周围海水间存在0.05~0.5℃的温差而探测水下40m深处的潜艇。在地面，热像仪可根据其摄取的热图像判断出哪些车辆是刚停驶的、哪些是长期未用的。美国机载热像仪还能摄取16h前曾点燃的炊烟、打过的火炮、开过的军车，能感知埋在地下1m深处且时间已过1年的管道；手持热像仪能发现隐藏在林丛深处60m的人（微光夜视仪在同样条件下只能探测到10m左右的深处）……这都是一般观察手段力所不及的。

8.2.1 红外成像技术概述

1. 发展简史

原始的扫描热像仪以前称作温度记录仪，它是以照相胶卷记录图像的一种单元探测器二维慢帧扫描器，因而不是一种实时装置。1952年，利用一个16英寸的探照灯反射器、一个双轴扫描器和一个测辐射热探测器，制成了美国的第一台自动温度记录仪。

随着制冷型锑化铟（InSb）探测器和锗掺汞（Ge∶Hg）探测器的发展，首先出现了机载的一维扫描下视仪器。1956年，增加了另一维扫描，制成了第一台实时的长波前视红外系统（FLIR）试验装置。1958年，美国德州仪器公司制成了第一台红外行扫描仪。1960年，美国陆军制成了第一台地面FLIR，它有两块旋转折射棱镜产生螺旋扫描，使用单元InSb探测器。视场为5°，瞬时视场1mrad，帧时间为5s，热灵敏度约为1℃，CRT显示。

从20世纪60年代开始，美国德州仪器公司和休斯公司制定了研究机械扫描类型FLIR的计划，1965年完成样机，试验很成功。至1974年间，共研制了60多种不同的FLIR，产品有几百种，包括了地面和空中的不同用途。仪器的工作波段、探测器类型、扫描体制等不尽相同，带来的问题是成本高，维修及后勤保障困难，可靠性（MTBF）较低。

美国在1972年提出通用组件热像仪的概念，所采用的为并扫体制。要求把热像仪分割成几个标准化组件，各承包商采用同样的标准进行生产，为满足不同的使用要求，又分成了三个等级（分别采用60元、120元、180元探测器）。此计划在1976年开始执行。

从20世纪六七十年代起，各国相继研究了并扫、串扫和串并扫体制的热像仪。根据各国的具体国情，英国在1975年提出通用组件的计划，将热像仪通用组件（TICM）分成两类，即Ⅰ类TICM和Ⅱ类TICM，均采用串并扫体制，1982年起正式投产。法国制订了发展计划，1985 年建立生产线，1985 年投产，1987 年装备军队。德国、意大利、荷兰等国家大都采用了美国方案，直接引进了美国生产线。

20 世纪 70 年代出现了红外电荷耦合器件（CCD），以后统称为红外焦平面阵列（IRFPA）器件，80 年代开始研究采用 IRFPA 器件的热像仪，90 年代初出现了样机，开始为采用 3~5μm 的小面阵 InSb、HgCdTe、铂硅（PtSi）的仪器，后来才出现 8~12μm 的仪器，其中重要的发展是以法国为首的采用 4N（4 列，每列有 N 元）系列的长波红外热像仪。这种类型热像仪与原来的通用组件热像仪相比，其噪声等效温差（NETD）可提高半个到一个数量级。

20 世纪 80 年代，非制冷探测器阵列的发展很快，美国陆军夜视实验室认识到这种技术的成本低和重量轻的特点，与国防高级研究计划局共同出资发展了铁电型和电阻型两种阵列，至今（320×240）元或（640×480）元等多种器件和热像仪已经很成熟，成为目前热成像技术发展的重要方向。

20 世纪 90 年代，凝视型 HgCdTe 和量子阱红外光电探测器（QWIP）焦平面阵列得到快速发展，并提出了第三代焦平面探测器和热成像的概念。

2. 从第一代热像仪到第二代热像仪

可能大家很容易联想到，为什么热像仪没能像可见光电视那样，经历从摄像管到固体摄像器件的过程。其实在其发展史中，我们已经了解到，热像仪与电视一样，也经历过摄像管和固体摄像器件的过程，只不过热像仪所经历的光机扫描周期较长，原因是整个热成像技术的发展是与红外探测器的发展紧密相关的。20 世纪 60 年代以前，由于当时使用的红外探测器主要为铅盐类器件，其截止波长约 3μm，器件的响应时间也较长，而热电器件由于其灵敏度低、响应速度更慢，所以不可能出现实用的热像仪。60 年代以后，由于出现了工作于 3~5μm、8~14μm 波段的多种单元或多元探测器，其性能也已满足热成像技术的基本要求，因此发展较快的是机械扫描型热像仪。但是一开始由于只能研制出单元探测器，要成像必须加入二维扫描器，所以最早出现的为单元二维扫描热成像装置。此后随着探测器工艺的提高，多元探测器的出现，才发展出了用多元探测器的热像仪和不同的热成像扫描制式。而采用热电材料的摄像管由于灵敏度的原因而没有得到大力发展。

由于军事应用的需求，各国发展了适应自身条件的热成像通用组件，但在进一步的发展中又遇到了困难，因为探测器的元数不可能无限增加，于是热像仪性能的提高变得很困难。随着 IRFPA 的出现，研制出了与可见光固体电视摄像机那样的凝视型热像仪。

分立式的多元探测器与单元探测器一样，每个探测元都必须从杜瓦引出信号线，180 元的器件至少需要 181 根引线，可以想象到，如此多的引线会使杜瓦变得非常复杂，对微弱信号不可避免会引入干扰和损失，制冷机的效率也会下降。出路是需要像可见光固体摄像机那样，在杜瓦内部完成部分信号处理的功能，使探测器不仅仅完成光电转换，而且还要完成如信号读出和转换等功能，在多列的探测器中，则还要完成时间延迟积分（TDI）的功能。探测器结构的变化，以及数字电路的发展，使热像仪从结构到信号处理方式都发生了很大变化，NETD 性能也提高了差不多一个数量级。

从发展过程可以看出，热成像技术发展是与探测器发展紧密相关的。后来人们把分立式探测器称为第一代探测器，而采用焦平面技术的探测器为第二代探测器，由此热像仪也就分成了第一代和第二代。

第一代探测器的排列图案、扫描方式及信号的预处理如图 8-20 所示，其中图（a）为单元探测器；图（b）为排成一列（充满一列）的多元探测器并扫；图（c）为排成一行（不充满一行）的多元探测器串扫；图（d）为没有充满行和列的面阵探测器（电路简化成（2×2）元）串并扫，关于串并扫的概念在后面介绍。

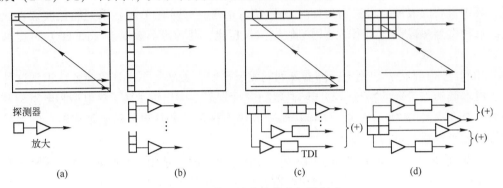

图 8-20　第一代热成像的扫描制式
(a) 单元；(b) 多元线列并扫；(c) 多元线列串扫；(d) 多元面阵串并扫。

第二代热成像的探测元排列和用于扫描型 IRFPA 的扫描方式如图 8-21 所示，其中图（a）为 1 列 IRFPA 器件通过多路传输经一路（或几路）前放输出；图（b）为 4 列 IRFPA 器件通讨 TDI 输出；图（c）为面阵 IRFPA。

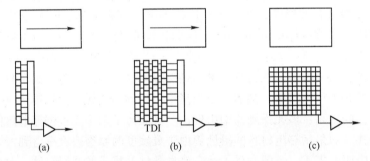

图 8-21　第二代热成像的扫描制式
(a) 线列 IRFPA ($N=1$)；(b) 线列 IRFPA ($N=4$)；(c) 面阵 IRFPA。

3. 热成像技术的分类

从热成像的发展和技术水平来分，如前所述，已将热像仪分成第一代和第二代热像仪。热成像按扫描速度分，可分为慢扫描和快扫描两种。扫描速度的快慢一般以扫描景物的场频（或帧频）来衡量，但是并没有严格的界限。一般快扫描热成像以能否实时显示活动目标图像为依据，这时场频大概需要在 15Hz 以上。近年来由于数字变换技术的发展，图像显示的频率可以和扫描频率不一致，即不管扫描频率多少，均可以将图像显示成需要的场频，这对于提高人眼发现和识别目标有好处，因此根据需要，扫描景物的场频可以相应下降。一般慢扫描热成像的场频设计在几赫兹以下，由于对景物的扫描速度下降，则热成像温度灵敏度提高，为此常用的慢扫描热成像的扫描频率约为 0.2Hz，其观测的景物必须是相对静止的。

从使用角度来说，热像仪可以分成民用型和军用型。实际上，民用和军用并无严格的区别。一般采说，民用热像仪具有较好的使用环境，性能可以较低，扫描速度要求不高而价格则要求便宜，但绝大多数用户要求能定量提供温度数据，并具有图像处理、伪彩色、数据或图像记录等功能。因而这种热像仪必须对辐射数据进行处理和标定。由于影响物体红外辐射大小的因素很多，例如，物体自身的发射率 ε 以及反射率（当被测物体周围有强辐射源时）的影响，其中尤其以发射率 ε 的影响最大，所以在测温时必须消除 ε 对测温精度的影响，但即使这样，使用热成像测温还会有较大的误差。另外，民用热像仪所观测的目标一般处于近距离范围内，因此可不考虑大气的影响，否则必须对测温结果进行修正。民用热像仪由于具有测温功能，有时还被称为温度记录成像仪。作为军用热像仪，由于使用者的要求不同，最终输出的信息形式会有一定的差别，例如，用于跟踪、制导、火控的热像仪，必须输出目标的位置信息，或具有多目标识别、跟踪的能力。不管何种使用方式均需要显示电视型图像，但一般不需要经过伪彩色处理。由于目标的温差变化较大，又要保持仪器的高灵敏度，得到高的图像质量，又不允许调节热像仪的孔径、增益，所以在信号通道中，需要加入自动增益控制、通道均衡、亮度自动控制等。另外，由于军用热像仪一般需要探测远距离的目标，通过大气造成的衰减必须考虑。对于军用热像仪，国外有时还将它们分成用于机载的前视红外和其他用途的摄像机两大类。

从热像仪所采用的探测器类型来区分，有采用热探测器和采用光子探测器的两类热像仪。使用热电摄像管的热成像和使用光子探测器的热像仪在结构上有很大的差别。热电摄像管热像仪更接近 CRT 电视摄像机，没有光机扫描结构，但一般需加入调制器，工作波段可延伸到 $50\mu m$，这种热成像装置的价格便宜，不用制冷，但灵敏度（NETD 一般为 $0.5\sim1℃$）较低。近年来，采用微测辐射热计和热电焦平面阵列探测器的热成像技术发展迅速，其性能较热电摄像管有所提高。采用热电摄像管的热成像在国内被称为红外电视。其他大部分热成像均采用光子探测器。

由热成像探测器是否采用制冷又可分成制冷型和非制冷型热像仪。

8.2.2 热成像装置的组成及基本工作原理

1. 组成

图 8-22 为典型热成像装置组成框图。由图可以看到，热成像系统主要由四部分组成：

（1）收集景物辐射的接收器，其中包括光机扫描器。
（2）光电转换和信号处理，其中包括红外探测器和制冷器，一般需输出电视制式的信号。
（3）能显示图像，即完成电光转换的显示器。
（4）电源。

热成像装置也可以分成光学系统、光机扫描系统、红外探测器及制冷器、信号处理装置、显示器和电源等。

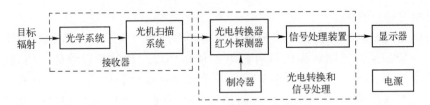

图 8-22 热成像装置组成框图

1) 光学系统

光学系统可以由反射式或透射式系统组成，两者可以达到同样的效果。但为了减小光学系统的尺寸和质量，热成像装置中的光学系统基本上使用透射式结构，这就必须使光学系统的工作波段与探测器相匹配。也就是说，透射式系统起到了限制热成像装置工作波段的作用，所以中波和长波波段的镜头是不大可能互换使用的。

2) 光机扫描系统

光线经水平一个方向或水平和垂直两个方向的光机扫描后，景物的辐射就聚集到探测器上。当扫描器扫描时，探测器接收的辐射对应着景物的不同位置，这个过程称为景物分析。在第一代和第二代热成像装置中，必须在物镜和探测器之间插入光机扫描器和辅助光学系统，扫描器的作用是将光学系统所形成的像扫过探测器，以达到连续、完整地分解图像。采用扫描器，能以小的瞬时视场实现对大的空间区域目标的搜索和成像。在第一代热成像装置中，根据探测器图案和扫描制式，有一维和二维扫描器，常用的扫描元件有转鼓、摆动镜等。在第二代热成像装置中，一般使用的线列探测器充满整个垂直视场，靠摆动镜扫描来满足水平总视场的要求。

当采用面阵探测器时，这时热成像装置如同电视摄像机一样，不需要任何扫描器，光学系统直接成像于 FPA 器件上。

探测器将景物相应位置的辐射变化转换成电信号与时间的关系，结合扫描器扫描位置传感器输出同步信号，就可以显示出景物的图像。扫描器的有无以及是一维还是二维，取决于所选用探测器的类型。

3) 红外探测器及制冷器

红外探测器由能够转换红外辐射的光敏面、读出电路（FPA 探测器中有）组成，它们都封装在能保持探测器光敏面工作温度的杜瓦内，在杜瓦上还必须具有能透过红外辐射的窗口。为了得到需要的工作温度，可以在杜瓦内加入制冷剂或利用制冷机取得低温。在非制冷探测器中，为了稳定探测器工作温度，热电制冷器也包括在杜瓦中。显然，控温和测温也需要在杜瓦内外安装相应的温度传感器。

4) 信号处理

在采用 IRFPA 器件的热成像系统中，信号处理的作用大致包括：

(1) 提供与探测器完成光电转换必需的驱动信号或电源，包括驱动脉冲、直流偏置。

(2) 将探测器输出的模拟视频信号放大到需要的电平。

(3) 制冷机的控制电路和电源。

模数转换电路将模拟视频信号转换为所需分辨力的数字信号。

数字信号处理电路完成图像均匀性校正、盲元填充，图像增强、滤波，控制和数模转换以及提供时钟信号等。

5) 显示器

在热成像系统中使用的显示器均由显示屏和驱动电路组成。

2. 基本工作原理

1) 扫描成像原理

扫描成像的目的是将物空间的红外辐射分布变换成显示器上的图像。图 8-23 中使用一个单元探测器，当没有扫描器时，光学系统将物空间视场中某一点的能量聚焦到探测器上，并转换成电信号输出。当在光路中加入一个水平扫描器后，探测器就按顺序接收空间一行的辐射，经过信号处理后，在显示器上就可以用灰度显示出这一行红外辐射的强弱，这时如将系统放置在飞行平台上并向地面观察时，就可以得到地面一条带的图像，这就是红外行扫描仪。当在系统中再加入垂直扫描元件，则不需要平台运动就可以获得物空间的图像。如采用能够覆盖整个垂直视场的线列探测器时，则省去垂直扫描器就可以得到物空间的图像，当探测器为足够大的面阵列时，水平扫描也就不需要了。

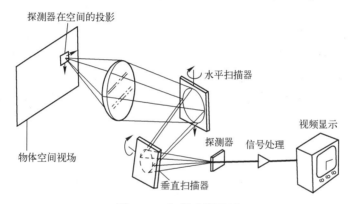

图 8-23 扫描成像原理

2) 提高热成像装置探测灵敏度——从单元探测器到多元探测器

在热成像装置发展的早期，红外探测器为单元（一个小的光敏面）探测器，因而首先出现的为单元型热成像装置。这种热成像实际上是利用单个探测器通过光机扫描逐行扫过景物得到电信号，再经过信号处理还原成可见的图像。与已经比较成熟的电视摄像机相比，其扫描速度比较慢（如场频为 0.2~25Hz），图像线数少、清晰度差，温度灵敏度决定于使用要求和热成像所采用的扫描速度。噪声等效温差（NETD）为 0.1~1℃。

在这种热成像装置中，实际上是使用一个探测器按顺序接收空间不同位置的红外辐射，如果要求提高探测器对空间的采样速度，则探测器在每个采样位置停留的时间就缩短，这就要求探测器的响应速度很快，信号处理电路的带宽增加，而探测器的噪声输出正比于 $\Delta f^{1/2}$，噪声的增加必然引起温度灵敏度的下降。所以为了提高温度灵敏度，采用单元探测器的热成像装置就要尽量降低扫描速度。假定每场图像扫描 100 行，这时如果使用 100 个探测元，使每个探测元只扫描一行，则在达到同样图像场频的情况下，每个探测元的扫描时间增加了 100 倍，即每个探测元对空间的采样速度降低了，电路带宽减小了，噪声下降，温度灵敏度就提高了。当然最好能像可见光成像的器件那样，使探测元填满整个焦面，则这时不仅可省去扫描器，图像扫描速度和温度灵敏度也大大提高。但是由于技术上的原因，红外探测器从单元到多元，以至到焦平面阵列探测器，走过了漫长的道路，所以热成像装置的发展也同样经过了相同的历程。

3）采用多元探测器的几种扫描制式及其比较

为了满足军事应用的要求，必须提高热成像的扫描速度，但如上所述，扫描速度的增加，使系统信号处理带宽相应增加，导致热成像 NETD 性能的下降。为了解决这个矛盾，在热成像系统研制中，就出现了多元探测器和扫描制式的问题。当多个探测器的排列为线列，并与水平扫描方向一致时，由于多个探测器同时扫过同样的景物，就得到了同样的信号（在时间上有一点差别），而扫描速度不变（带宽 Δf 不变），如将每个探测器的信号延迟和相加（即时间延迟积分，简称 TDI 电路），就相当于将 N 个探测器变成了一个探测器，而探测器的探测率(D^*) 为单个探测器的 $N^{1/2}$ 倍，则在同样扫描速度下，热成像装置的 NETD 值为原来的 $1/N^{1/2}$，这就是串扫制式（图 8-20（c））。当线列探测器的放置与垂直扫描的方向一致，要求扫描景物的速率不变，则对于 N 个探测器，水平扫描速度为原来的 $1/N$，于是信号处理的带宽就可以为原来的 $1/N$，结果使热成像的 NETD 值也为原来的 $1/N^{1/2}$，这就是热成像的并扫制式（图 8-20（b））。由此可以看到，采用 N 个探测器，不管是采用串扫，还是并扫，其对热成像 NETD 性能的贡献是一致的。上述采用线列探测器的串扫或并扫制式，各有其优越性，其中串扫制式的图像均匀性较好，对探测器均匀性的要求可以降低，但扫描器的制作难度较高，元数较多时 TDI 电路也比较复杂，而并扫制式虽然图像均匀性不如串扫制式，但由于扫描器的难度降低，因此采用较多。另外，实际上由于探测器噪声频谱等的影响，串扫制式和并扫制式对 D^* 的贡献不可能完全一致，一般认为，热成像装置达到同样性能时的探测器元数串扫可以少于并扫，但串扫方式还是采用较少，这说明增加探测器元数的难度和成本要比制作扫描器的难度和成本低。如果采用小型的面阵探测器，则成为串并扫制式（图 8-20（d）），这时兼顾了两者的优缺点，在英国、法国的热成像装置中采用较多。在英国，由于采用了扫积型（Sprite）器件，使 TDI 电路功能可以在探测器中完成，从而减少了杜瓦引线，简化了外部的信号处理。法国由于采用了光伏器件，为进一步发展焦平面阵列器件创造了有利条件。

4）红外焦平面阵列探测器的作用

在采用分立式探测器的第一代热成像装置中，探测器元数是不可能无限增加的。其原因是由于受到组成热成像系统各方面因素的影响。首先探测元数的增加，引线增加更多，使探测器组件的研制难度增加，制冷困难，成本增加，可靠性下降；探测器元数的增加，使信号通道也相应增加，信号处理困难加大。总之，当元数增加到一定数量以后，对 NETD 性能的提高就达不到预期的效果。一般认为，第一代热成像装置中探测器元数不应超过 200 元。

探测器元数对热成像装置 NETD 性能的贡献在理论上是 $N^{1/2}$ 倍。例如，对于同样的系统，将同样面积和同样性能的探测器从 1 个增加到 4 个，就可以使热成像装置的 NETD 值下降 1/2。实际上由于种种原因，达不到这个理论值。另外，为了提高热成像装置的分辨力，而保持热成像的温度灵敏度，也需要靠增加探测器元数来达到。例如，当需要将图像像素在水平和垂直方向均增加 1 倍时（扫描速率保持不变），假定光学参数不变和像质能达到要求，则可以将 1 个探测元变成 4 个探测元，而灵敏元的总面积不变，这样增加元数以后的每个灵敏元面积为原来的 1/4，显然接收能量也为原来的 1/4。如要达到同样的 NETD，则元数需增加到 16 倍（$16^{1/2}=4$）。实际上由于水平像素的增加，探测器的滞留时间减小，造成信号处理带宽加大，为弥补其对 D^* 的影响，探测器元数还需要增加。由此可见，热成像装置性能提高一点，探测元数需要增加不少，热成像装置的成本也会大幅度提高，而且元数的增加是有限制的。因此在第一代热成像装置中，由于元数的限制，对热成像性能不可能有更大的提高。

另外，在第一代热成像装置中，必须加入一维或二维的光机扫描器。这种扫描器要求具有比较高的扫描精度，否则将会影响图像的质量，是热成像装置中一个很重要的组件。在第一代热成像装置中所出现的图像不佳很大部分是由此引起的。扫描机构不仅复杂，而且成本高，并且影响到热成像装置的可靠性。同时，由于扫描器的原因，要进一步提高帧频（如高于标准电视速率）会遇到许多困难。

为了克服第一代热成像装置中利用增加探测元数来提高热成像性能的困难，采用了以下方法：一是克服增加元数给探测器组件带来的困难，设想将探测元与部分信号处理电路集成在一起，就可以达到并串转换或延迟积分的功能，从而减少了探测元的引线，这样在增加元数时可以不增加杜瓦的引线；二是当元数增加到充满整个焦平面时，就可以省去在第一代热成像装置中比较复杂的扫描器，与可见光电视一样成为凝视型热成像装置。虽然在第一代热成像装置中，红外探测器也置于光学系统的焦面上，因而广义上也是焦平面阵列器件，但目前人们理解为将那些不但具有探测器功能、而且还具有信号处理功能的多元器件称为焦平面阵列器件。红外焦平面阵列（IRFPA）技术是探测器制造技术和大规模集成电路结合的产物，其功能主要包括辐射探测、多路传输读出等。采用 IRFPA 器件的热成像装置被称为第二代热成像装置。由于部分信号处理功能在 IRFPA 器件中完成，使得探测器组件的结构简单、可靠性提高。利用第一代热成像装置中的扫描器，结合 IRFPA 器件技术，并将第一代热成像装置中的分立式线列探测器加上多路传输读出电路或上述几列器件和电路再通过延迟积分，就得到了一种介于第一代和第二代之间的热成像装置，称为扫描型 IRFPA 器件热成像装置，一般被归纳在第二代热成像装置中。可以看到，扫描型 IRFPA 热成像装置是在 IRFPA 器件还达不到大规模面阵列时的过渡性产物。由于热成像装置中必须包括与第一代并扫热成像装置一样的扫描器，所以体积和质量不可能大幅度下降，但由于采用了 IRFPA 器件，探测器采用更多的元数有了可能，尤其是几列器件的 TDI 技术，可提高热成像的性能，而对于信号处理，由于经过了杜瓦内焦平面上的预处理，使得杜瓦外部的电路大大简化。在线列焦平面阵列器件的元数足够多的前提下，扫描型 IRFPA 热成像装置的性能可优于第一代热成像装置，在第一代并扫型热成像装置中已使用了 180 元的器件（180 行），而扫描型 IRFPA 通常采用的为（240×4）元、（288×4）元、（480×4）元和（960×4）元等系列。

在第二代热成像装置中，IRFPA 器件是关键部件，IRFPA 的元数、D^*、均匀性等在很大程度上决定了热成像的水平，但 IRFPA 器件的生产难度很大，尤其是对于能达到第一代热成像图像像素的大面积 IRFPA 更是如此。最早发展的面阵列仅为（32×32）元、（64×64）元、（128×128）元等，由于元数太少，作为热成像的实用性较小。但最近十几年来，无论在短波、中波还是长波，中低规模（从（320×240）元到（640×480）元）IRFPA 和热像仪的产品，包括制冷和非制冷型已经很成熟。

同时，第三代热成像系统也已经出现，虽然目前对第三代热成像系统的定义还不十分明确，但通常人们认为这种系统将具有以下的特点：

（1）高性能、高分辨力制冷型、双色或三色波段的成像系统。
（2）中等或高等水平的非制冷型成像系统。
（3）非常低成本的非制冷型成像系统。

5）制冷型和非制冷型热成像装置

在热成像装置中使用的光子探测器一般均需要工作在低温下才能具有高的灵敏度，而且大多工作在 100K 以下，其中 77K 为主，这就必须为这些探测器创造低温环境。将探测器芯片封装在杜瓦内，与 300K 的环境温度绝热，但还必须由制冷剂或制冷机来提供和保持低温。这种采用制冷型探测器的热成像装置称为制冷型热成像装置，制冷型探测器的灵敏度可以比非制冷的热探测器高出 2 个数量级左右，所以实际上它的高灵敏度是以牺牲仪器的功耗、成本、可靠性为前提的。当然在还没有制造出实用的热探测器阵列前，这是最好的选择。

不使用制冷器，或提高探测器的工作温度，对于制冷型热成像装置来说是不可能正常工作的。20 世纪 70 年代出现过采用 48 元硒化铅探测器的热成像装置（美国 AN/FPS-7 和 AN/FPS-10），它采用热电制冷，工作波段在 3~4μm，此后，由于 HgCdTe 探测器的发展，出现了 3~5μm 的常温器件，生产出了采用线列器件的多种热成像装置，如英国的 LT1065 型手持热像仪。由于这些热成像装置共同的特点是只能工作在中波波段，虽然采用了多级的热电制冷器和发展过扫积型器件，但在灵敏度和图像帧频等方面与制冷型热成像装置相比差距较大，因此不能满足军事上越来越高的要求，逐渐被制冷型所替代。

20 世纪 70 年代，采用热电摄像管的热成像装置（或称红外电视）得到发展，其性能达到了分辨力 400 线，NETD 为 0.2℃，至今在消防等方面仍在应用。此后提出了发展固体热电成像探测器阵列的建议，并在以后的研究中得到了实现。20 世纪 80 年代，进行了许多非制冷探测器阵列技术的研究，特别是美国陆军夜视实验室认识到了这种技术所具有的成本低和重量轻的特点，与国防高级研究计划局共同出资发展了铁电型和电阻型两种阵列。计划最终能发展出分辨力超过 300 线、NETD 低达 0.04℃ 的探测器阵列。自 90 年代以来，出现了许多主要采用上述两种器件的实用热成像装置，目前已成为热成像技术发展的重要方面。

对于由二维热敏像素组件构成的 IRFPA，每个像元都由与衬底连接的敏感区组成（图 8-24）。照射到像元上的红外辐射被该敏感区吸收，使其温度上升。所以每个像元必须与周围绝热，才能将这些热完整地转换成电信号。同时为了能够反映红外辐射的变化，即探测元温度变化能跟上景物温度的变化，具有快速的响应，探测元上的热还必须有散热的通路，而且不应该辐射到周围的探测元上，所以探测元的结构，尤其热设计是非常复杂的。根据所采用探测器的机理，探测元的温升由偏置电路、驱动电路转换成需要序列的电信号。这就将面阵列探测器的输出变换成了串行的视频输出。图 8-25 和图 8-26 分别为钛酸锶钡（BST）热电探测器和氧化钒（VO_x）微测辐射热计的两种探测器的单元结构示意图。

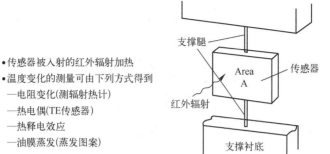

图 8-24 热红外传感器元结构及原理

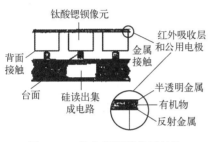

图 8-25 热电探测器单元结构

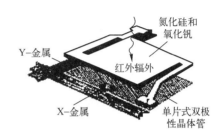

图 8-26 微测辐射热计单元结构

8.2.3 几种典型热成像装置的介绍

1. 第一代热成像装置

1) 采用并扫的美国通用组件热成像装置

美国通用组件热成像装置采用并扫制式。红外探测器采用线列结构，其元数充满整个垂直视场，所以扫描器为一维的平面摆动镜。热成像装置分成低、中、高级三种性能，分别对应着使用 60 元、120 元、180 元制冷型线列光电导 HgCdTe 探测器。采用 60 元探测器的轻便系统通常用于反坦克导弹火控瞄准具，它使用 2.7 倍单目镜或使用 6.4 倍双目镜通过 25mm 第二代像增强器观察 LED 阵列扫描出的图像；采用 120 元探测器的较大系统通常用于坦克瞄准具；采用 180 元探测器的高性能系统通常用于飞机前视红外系统。后两者通常采用电光电多路传输系统，通过微型电视摄像机，将 LED 阵列扫描图像转换成标准视频输出，CRT 显示，或采用电子多路传输，直接获得视频输出。除 LED，所有显示器件及电路均不属于通用组件。

通用组件的系统结构如图 8-27 所示。它只有一维扫描，采用的是平面反射镜，反射镜的两面分别扫描景物的红外光和 LED 发出的可见光。平面反射镜扫描时正程和逆程均利用，因此扫描效率比较高，并且扫描镜在垂直方向可以微扫（点头），以得到隔行扫描的图像。其工作原理是：景物的红外辐射通过望远镜成平行光落到扫描镜上，经扫描后的光又通过成像系统聚焦到探测器上，各探测器元输出的电信号经过并行处理后去驱动与探测器同样结构和元数的 LED，LED 发出的光经过光学和摆动镜后，在目镜中就可看到景物的热图像。由于红外和可见光两者均采用同一块扫描镜，因此探测和显示完全同步。

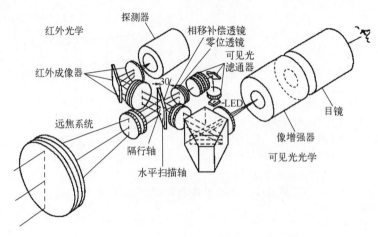

图 8-27 美国通用组件热成像装置工作原理结构图

系统由下列组件组成：探测器/杜瓦、制冷器（节流式或斯特林）、扫描器、红外成像器、发光二极管阵列、可见光准直器、前置放大器、偏置调节器、主放大器/驱动器、扫描/隔行电子学、辅助控制电路。表 8-14 列出了美国通用组件的主要性能。

表 8-14 美国通用组件主要性能

项　目	MCTNS 60 元	MCTNS 120 元	MCTNS 180 元
公司	Raytheon，Kollsman	Raytheon，Kollsman	Raytheon，Kollsman
工作波段/μm	8~12	8~12	8~12
视场/（°）	6.8×3.4（宽），2.2×1.1（窄）	14.7×11.1（宽），3.6×2.7（窄）	14.7×11.1（宽），3.6×2.7（窄）
空间分辨力/mrad	0.5（宽），0.167（窄）	0.8（宽），0.2（窄）	0.8（宽），0.2（窄）
NETD/℃	<0.2	<0.1	<0.1
制冷启动时间	<6min（斯特林制冷器） <30s（节流制冷器）	<10min（斯特林制冷器）	<10min（斯特林制冷器）
电源功率/W	30（斯特林），7.5（节流）	—	—
瞄准线精度/mrad	0.1		
质量/kg	10		

2）采用串并扫制式的英国 I 类通用组件热成像装置

英国通用组件热成像装置采用串并扫制式，计划发展三种性能，实际实现的为两种通用组件。其中 I 类组件（TICM I）采用制冷型双排 23 元光电导 HgCdTe 探测器，为轻便型系统。它的扫描器由一个电动机带动的转鼓和摆动平面镜组成。采用单目镜直接观察 LED 阵列扫描图像，经简化后就成了 HHT I 手持热成像装置。II 类组件（TICM II）采用由制冷型扫积型光电导 HgCdTe 探测器，扫描器为双电动机驱动的可编程二维扫描机构，对大视场（60°）快速扫描，提供 625 线标准 CCIR 视频输出。

图 8-28 是英国 TICM I 原理框图，表 8-15 列出 TICM I 及其多用途热像仪的主要性能。

第8章 光电侦察

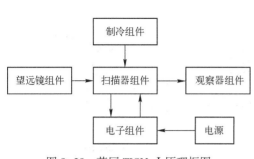

图 8-28　英国 TICM Ⅰ 原理框图

表 8-15　TICM Ⅰ 及其多用途热像仪主要性能

观察概率	探测	识别（保守/一般）	辨认
1	3	12/9	24
0.95	2	8/6	16
0.8	1.5	6/4.5	12
0.5	1.0	4/3	8
0.3	0.75	3/2.25	6
0.1	0.5	2/1.5	4
0.02	0.25	1/0.75	2
0	0	0	0

在 TICM Ⅰ 类组件基础上，为了进一步减小体积和质量，发展了 HHT Ⅰ 手持热像仪。这时 24 元探测器仅使用 14 元，其他组件相同。与多用途热成像一样，望远镜有大小两个视场，电动转换。其性能基本上与多用途热成像相似。图 8-29 为 HHT Ⅰ 热像仪外形。图 8-30 为其中扫描器的工作原理。扫描器包括探测器和 LED 成像部件。由于采用平行光扫描，加上电子组件、制冷组件、目镜等就成为一个大视场热成像装置。扫描器完成二维扫描，但驱动是由一个电动机完成的，其中水平扫描由转鼓实现，垂直扫描由平面反射镜摆动完成。图 8-31 为 HHT Ⅰ 热像仪各组件的功能原理图。

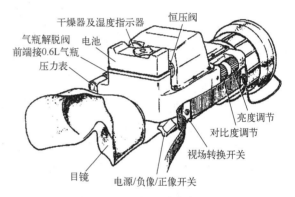

图 8-29　HHT Ⅰ 热像仪外形

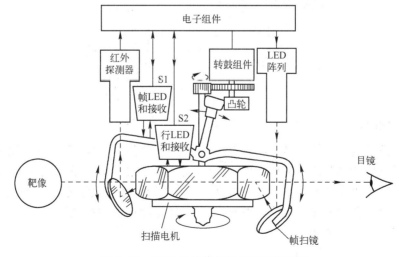

图 8-30　HHT Ⅰ 热像仪扫描器工作原理

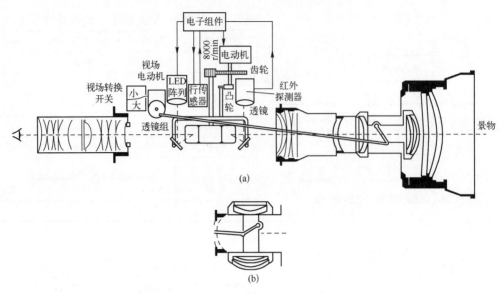

图 8-31 HHT Ⅰ 热像仪各组件的功能原理
(a) 望远镜处于大视场；(b) 望远镜处于小视场。

3) 采用扫积型探测器的英国Ⅱ类通用组件热成像装置

TICM Ⅱ 组件热成像装置也采用平行光扫描，但是分别由两个电动机驱动，其中水平扫描由直流电动机带动六面转鼓实现，垂直扫描由摆动电动机带动平面反射镜完成，因此两个电动机必须严格同步。图 8-32 所示为其系统原理。

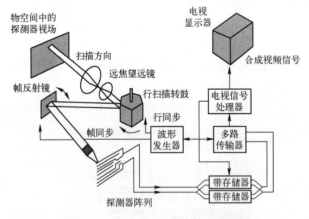

图 8-32 英国 TICM Ⅱ 组件原理框图

扫积型探测器的突出优点是它可以在探测器条内部完成串扫功能，一条探测器完成了多个探测元的光电转换和信号叠加（即 TDI），这不仅省去了大量的探测元输出线，使杜瓦结构简化，而且可靠性提高了，也不需要在外部再使用延时积分电路。早期由于受信号处理芯片的限制，并串转换采用了模拟电路。TICM Ⅱ 组件的性能如下：

视场　　　　　$60°×40°$
焦距　　　　　27.5mm
扫描面积　　　（384×256）像素

探测器视场　　（8×8）像素
探测器　　　　8元扫积型光电导HgCdTe（元宽62.5μm，间距75μm）
工作波段　　　8～13μm
MRTD　　　　0.1℃（在0.2c/mrad时）
视频输出　　　CCIR
电源　　　　　19～32V
组件质量　　　8kg

2. 第二代热成像装置

1）采用4N系列焦平面阵列探测器的热成像装置

在介绍扫描型二代热成像装置以前，首先需要了解扫描型焦平面阵列探测器，目前应用较为广泛的是4N系列，其中N为探测器所具有的行数，如288元、480元等，而4为每行探测器所包含的个数。当然4不是唯一的，还有2、6等。图8-33为法国（288×4）元红外探测器的光敏元结构分布图。显然由于探测器不可能充满光学系统的整个焦面，为了得到热图像，还需要与美国通用组件一样，加入一维扫描器。其中每行4个探测器在组件内部完成串扫功能，使4个探测元组成的一个等效探测通道其性能提高了1倍；288行实现并扫，每水平扫描一次就得到具有288行的一场图像。整个288行信号可以由多路开关合成几路（如6路）信号输出。奇、偶行探测器在位置上相隔一定的尺寸，即扫描景物在时间上有一定延迟，这将通过信号处理使图像对齐。

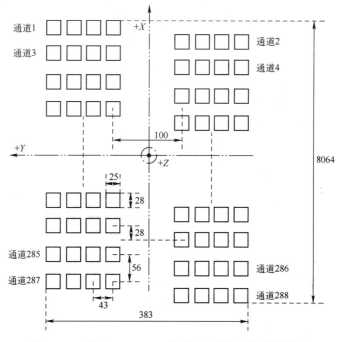

图8-33　法国（288×4）元红外探测器光敏元结构分布

图8-34为扫描型IRFPA热成像原理框图。这种热成像装置由红外望远镜、光机扫描器、信号处理电路、红外探测器组件、制冷组件、显示器组件、电源等组成。

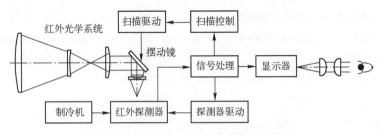

图 8-34 扫描型 IRFPA 热成像原理框图

热成像装置工作时,从目标和背景来的红外辐射先进入选定视场的红外望远镜,经红外望远镜光学放大,转换成平行光束,再由水平摆动镜进行光机扫描,然后经汇聚光学成像系统,将辐射聚焦于探测器上。由于扫描摆动镜的水平摆动,在一场成像周期,依次把垂直方向的整个视场,按水平从左到右的顺序成像在红外探测器阵列上。红外探测器由制冷器冷却到工作温度,并将接收到的红外辐射转换成多路电信号。水平扫描有效期间,在驱动电路控制下,多路模拟信号经过数据采集和制式转换电路变为数字信号,由信号处理电路对这些信号进一步修正和处理,最后转换成标准视频信号,送到显示器上,在显示器上就呈现出一幅表现景物热特性的黑白图像。操作者通过目镜可观看到放大的景物热图。

信号处理包括的内容取决于所采用探测器的类型、信号结构和驱动,也与热成像要求的输出有关。图 8-35 为(288×4)元信号处理原理框图。(288×4)元红外探测器输出的多路模拟信号,经过预处理电路进行增益和电平的调整后,由高精度的 A/D 转换电路进行数字化,再将多路数字信号合成为一路信号,通过几何校正和制式转换将红外探测器的数字信号处理成标准的视频信号。在图像处理模块中,针对红外探测器的特点进行非均匀性修正、灰度直方图统计以及完成亮度/对比度的调节。处理后的数据经过灰度变换后,再进行红外图像的边缘增强、盲元替代和图像极性变换等,最后将处理后的图像数据存储在显示缓冲存储器中,利用视频 D/A 输出标准视频信号,在机内小型显示器或外界 CRT 上显示。对于使用 IRFPA 探测器的热成像装置,由于探测器自身存在的不均匀性、盲元等,在信号处理中一般都需要加入均匀性校正和盲元填充等。对某些探测器,为了减小温

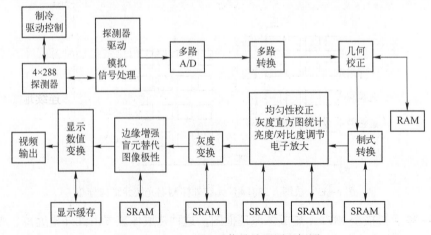

图 8-35 (288×4)元信号处理原理框图

度的漂移，在光路中还必须加入基准辐射源或快门等。

美国 Kollsman 公司在 1989—1990 年就进行了长波扫描型 IRFPA 热成像装置的研制，所采用的探测器是由法国 SOFRADIR 公司提供的工作波长 7.5~10.7μm、（240×4）元光伏 HgCdTe IRFPA。选取延时积分模式以提高系统的灵敏度，并在焦平面上完成 TDI 功能和信号的多路传输。采用直线驱动分置式斯特林制冷器。电流计式驱动电动机完成单向扫描。数字扫描转换成视频输出。图 8-36 为系统的框图及光学系统示意图。

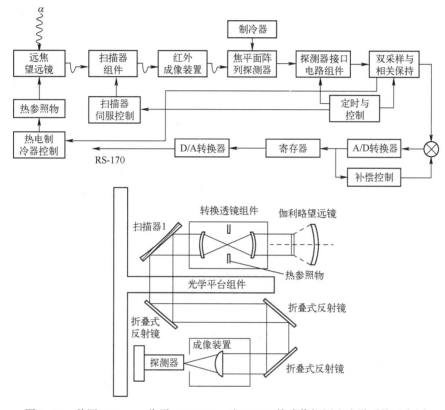

图 8-36 美国 Kollsman 公司（240×4）元 IRFPA 热成像框图和光学系统示意图

长波红外光进入望远镜后被聚集到同时受基准黑体照射的中间焦面上，基准黑体温度可变，用于进行直流补偿和通道间的校正。入射光在到达扫描器以前转换成平行光，扫描器上装有位置传感器，经过闭环控制，提高了扫描精度。扫描后的光线经过光学系统聚集到探测器上。探测器的信号由起缓冲作用的接口电路板输出。为了能够连续地多路传输和降低探测器的输出噪声，通过采用双采样和相关保持的原理来延长有效数据时间。在将信号转换成数字信号之前，利用基准黑体的信号进行通道间的补偿校正和总增益的调整。形成数字信号后，对通道间的增益变化，因探测器结构所导致的位置交错进行校正。数据存储后，通过 D/A 转换器以视频速率读出。利用 D/A 转换器的同步钳位进行最终的补偿校正。其结构基本上与通用组件相匹配。通光口径为 9.5cm，达到的噪声等效温差为 0.05℃，灵敏度可比第一代热成像装置提高约半个数量级。

表 8-16 列出了法国 THOMSON-CSF 公司采用（288×4）元探测器的三种热成像装置

性能。这三种热成像装置可适于不同用途,为使用(288×4)元红外探测器的典型热成像装置。SOPHIE 为手持型,可如双筒望远镜那样使用,质量仅为 2.4kg(图 8-37);CATH-ERINE-FC 为轻便型,全机质量为 5.5kg,可用于火控系统等;CATHERINE-GP 为高性能用途的热成像,质量为 12.5kg。三种产品均采用法国 SOFRADIR 公司的长波(288×4)元红外探测器。

表 8-16 采用(288×4)元探测器的扫描型焦平面热成像装置性能

型 号	SOPHIE	CATHERINE-FC	CATHERINE-GP
视场/(°)	8×6 4×3 电子放大倍率×2	9×6.75 3×2.25 电子放大倍率×2	9×6.75 3×2.25 电子放大倍率×2
对坦克的探测距离/km	5(宽视场),9(窄视场)	4.5(宽视场),11.5(窄视场)	6(宽视场),15(窄视场)
对坦克的识别距离/km	3.5(窄视场)	4.5(窄视场)	6(窄视场)
制冷及启动时间/min	5(斯特林闭合循环)	6(斯特林闭合循环)	5(直线斯特林)
尺寸/(mm×mm×mm)	250×110×310 ($W×H×D$)	250×240×120 ($W×H×D$)	430×210×180 ($W×H×D$)
功耗/W	8(正常),15(启动)	25(正常),35(启动)	75(正常),120(启动)
质量/kg	2.4	5.5	12.5

图 8-37 扫描型 IRFPA 手持热像仪

2)采用凝视焦平面阵列探测器的热成像装置

图 8-38 为采用(320×256)元凝视型 IRFPA 探测器的热成像原理框图。

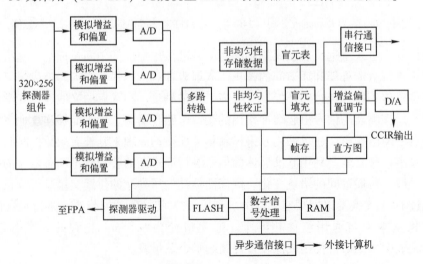

图 8-38 采用凝视型 IRFPA 探测器的热成像原理框图

由于探测器为面阵结构,并充满整个视场,所以在系统中不必加入扫描机构就能成像。而某些热成像装置为了增加对空间的扫描行数和每行的采样点数,加入了微扫描器。如果使每个探测元在相邻的左右和上下扫描得到 4 个位置的信号,在扫描精度满足要求的情况下,可以得到采样点提高到 4 倍的精细图像。

图 8-38 中探测器的信号读出,即一幅图像的模拟信号被分成 4 路输出,分别由 4 个 A/D 转换器转换成数字信号,4 路数字信号通过多路转换变换成一路输出。数字处理的内容在 IRFPA 热成像装置中基本是一致的。其输出为模拟的复合视频,直接由显示器观察图像。通过串行通信接口可调节热成像的参数。外接计算机通过异步通信接口可以对信号处理内容进行更多的调节,例如图像的一点校正和两点校正等。

图 8-39 为日本三菱公司采用（512×512）元的 PtSi FPA 热成像装置组成框图。这是一种高分辨力的红外凝视成像系统。图像具有 260000 多个像素。它由摄像头和摄像机控制两部分组成。摄像头内有 IRFPA 器件、斯特林制冷器、辅助电子设备。控制装置由固定图案校正器、视频控制器、制冷器驱动器以及辅助电源等组成。图 8-40 为 PtSi FPA 探测器组件框图。图 8-41 为 PtSi IRFPA 热成像图像优化模块框图。

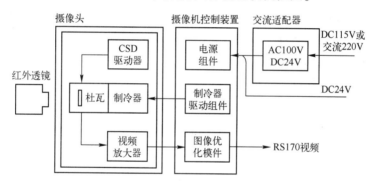

图 8-39　PtSi IRFPA 热成像组成框图

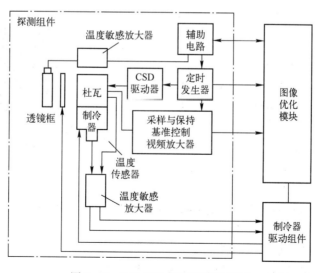

图 8-40　PtSi FPA 探测器组件框图

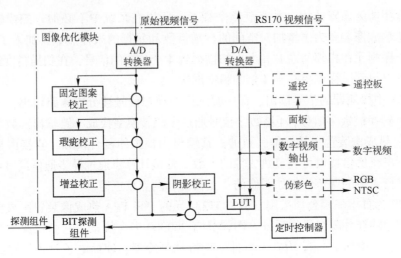

图 8-41 PtSi IRFPA 热成像图像优化模块框图

PtSi IRFPA 热成像装置主要性能如下：
探测器　　红外硅肖特基势垒电荷扫描器件
像元数　　（512×512）元
可探测波段　3～5μm
红外镜头　　$f=50mm$，$F=1.2$
制冷方式　　斯特林闭合循环
图像显示　　黑白 256 级
NETD　　　0.15℃（黑体 27℃时）
视场　　　　14°×11°

图 8-42 为美国 Raytheon 公司 MAG2400 型中波红外远距离热成像装置，采用 3～5μm 中波红外（320～240）元 InSb IRFPA 探测器，其具体参数如下：

工作波段　　3～5μm
视场　　　　9.5°×7.2°至 1.9°×1.4°连续可变
空间分辨力　320×240（带微扫）
瞬时视场　　0.5mrad×0.5mrad（宽）
　　　　　　0.1mrad×0.1mrad（窄）
制冷　　　　斯特林制冷机
制冷启动时间　5min
功耗　　　　10W
电池工作时间　2.5h
尺寸　　　　194mm×152mm×260mm（不带眼罩）　194mm×152mm×372mm（带眼罩）
质量　　　　4kg（带内部电池）

图 8-42 美国 MAG2400 型中波红外远距离热成像装置

3) 采用非制冷焦平面的热成像装置

图 8-43 为采用热敏电阻型微测辐射热计的非制冷热成像装置信号处理框图。由于热敏电阻型微测辐射热计与热电探测器的工作机理不同，在热电探测器热成像装置中将由一

个调制盘替代快门。当然对于热敏电阻型微测辐射热计热成像装置,从工作原理上讲,快门(能瞬时提供均匀背景的技术)不是必需的。但是快门为了降低温度漂移和自动地对图像进行均匀性校正,几乎所有同类型热成像装置中都采用。

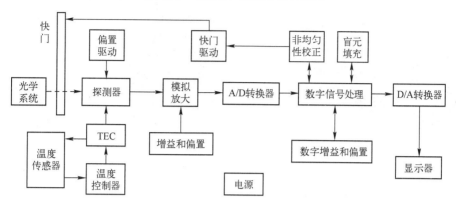

图 8-43 非制冷热成像信号处理框图

从信号处理框图可以看到,非制冷热成像装置和制冷热成像装置基本上是一致的。非制冷探测器与制冷探测器一样,一般也需要将其封装在杜瓦内,并由热电制冷器(TEC)稳定其工作温度,由于其工作温度在常温附近,如 30℃,所以杜瓦结构较制冷型简单。稳定工作温度可以使图像的非均匀性校正简单,灵敏度保持一致,这对于测温型热成像装置来说尤其重要。快门是一块发射率均匀的挡板,当环境温度发生变化或图像均匀性变差时,可驱动非均匀性校正电路,这时挡板旋转到探测器前,产生一个均匀的背景,如果探测器的输出不一致,就可以通过电路校正到均匀的输出。在环境温度发生变化时,由于 TEC 的作用,探测器总是工作在恒定温度下,所以减小了环境温度的影响。如果测量出挡板的温度,并且事先校正好了探测器输出与温度的关系曲线,就可以得到被测物体的温度值,这是民用热成像装置的重要应用。

在目前的非制冷 IRFPA 探测器中,由于 TEC 和杜瓦的使用,使探测器的尺寸和质量以致功耗都增加了不少,因此,省去 TEC 和杜瓦结构是非制冷热成像发展的一个重要方面,这时就要求探测器自身的均匀性和温度特性很好,同时要求信号处理能将由于环境温度变化引起的图像不均匀性校正得很好。采用这一技术后,将使非制冷热成像装置体积小、重量轻、功耗低、可靠性高的特点更加突出。

图 8-44 为法国 SAGEM LUTIS 型非制冷热成像仪,可用于夜间驾驶、武器瞄准、监视、消防等方面。用于驾驶观察的仪器性能参数如下:

工作波段　　　$8\sim 12\mu m$
视场　　　　　$8°\times 6°$
功耗　　　　　6W
探测器　　　　非制冷凝视 IRFPA
NETD　　　　0.1℃
视频输出　　　CCIR
质量　　　　　1.8kg

图 8-45 为 Therma CAM P65 型非制冷热像仪。

图 8-44 SAGEM LUTIS 型非制冷热像仪

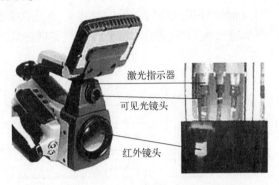

图 8-45 Therma CAM P65 型非制冷热像仪

8.2.4 热成像系统的性能评价

实验室评价热成像系统的性能参数可分成两类：一类是主观性参数，它们由观察者通过人眼观察得到，包括最小可分辨温差（MRTD）和最小可探测温差（MDTD）；另一类是客观性参数，它们通过辐射测量或电参数测量得到，有反映信号传递特性的参数（如信号传递、光谱传递、几何传递、强信号响应、低频响应、系统时间响应）、反映光学传递特性的参数（如调制传递函数、相位传递函数）、反映噪声等效特性的参数（如噪声等效温差（NETD）、空间不均匀性）等。

从另一个角度出发，这些参数可分成描述系统温度灵敏度的参数（如 NETD、MRTD、MDTD，其中 MRTD 和 MDTD 是能反映温度和空间分辨能力的综合参数）、描述系统空间分辨力的参数（如空间分辨角或瞬时视场、光学传递函数）、描述系统传递特性的参数（如信号传递函数、光谱传递函数）、其他参数（如均匀性、畸变）等。

1. 描述系统温度灵敏度的参数及测试方法

1）噪声等效温差

NETD 是系统观察试验图案（一般为方靶）时，基准电子滤波器输出端产生的峰值信号与均方根噪声比（S/N）为 1 时标准试验图案上黑体目标与背景的温差。

NETD 的测试框图如图 8-46 所示。其靶标板为方孔图案，方孔的尺寸应大于或等于瞬时现场角 θ_d 的 5 倍以上。按图调节好测试系统后，调节目标与背景温差 ΔT，使被测系统产生的信号比噪声大 10 倍以上，通过应该外加的基准滤波器，用示波器或其他仪表测出峰值信号 U_s，用均方值电压表测出噪声 U_n，即得到

$$\text{NETD} = \frac{U_n}{U_s}\Delta T \tag{8-37}$$

采用 NETD 参数的优点是，它描述了系统大面积的温度灵敏度性能，从理论上可以模型化，可以预测，对系统设计有帮助；测试装置和测试方法简单，使用方便。其缺点是 NETD 只反映光学系统、探测器及一小部分电路的特性，没有考虑从测量点到显示间的噪声源或滤波作用；测量的是单帧信噪比；采用电滤波器限制噪声，使得高频响应下降。所以 NETD 描述系统性能是不全面的。

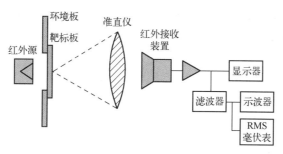

图 8-46　NETD 测试框图

由于在不同温度下黑体和背景的相同温差所产生的辐射能量是不同的，所以 NETD 应该标明测量温度，如 0.1℃（30℃时），表示在 30℃下的 NETD 为 0.1℃。当使用环境温度的背景板和黑体测量温度时，由于背景板温度不易调节，所以在不同环境温度时的测量结果会引起误差。

对于 IRFPA 探测器和热成像装置，目前一般使用 NETD 参数来表示其性能，两者应该是统一的。但探测器可以针对每个探测元进行测量；而热成像装置已经转换成模拟视频输出，其电路包括整个信号处理，也不可能插入基准滤波器。所以热像仪对应到每个探测元的测量是困难的，只能测量出多个探测元的平均值，但此时测量的结果也能反映整个热像仪的性能。

测量 NETD 时也可以使用两个黑体，分别代表目标和背景的温差，调节代表背景温度的黑体温度，就可以测量出在不同背景温度时的 NETD。

2）最小可分辨温差（MRTD）

这是评价热成像性能的一个重要的综合性参数。它反映了系统的热灵敏度特性，也包含有系统的空间分辨特性，同时又是一个与野外性能有关的主观评价参数。定义 MRTD 为：当被测系统对准标准的周期测试图案（4 杆，每杆纵横比为 7∶1）时，观察者刚能分辨出 4 杆图案时目标与背景之间（最低信噪比约为 2.25）的最低等效黑体温差。MRTD 的测试框图如图 8-47 所示。采用的靶标是 4 杆图案，黑体和背景的温差可以从正温差改变成负温差，以减小零点漂移。测试时，按要求选取一个 4 杆图案置于准值仪的焦平面处，调整好测试系统，瞄准某一 4 杆图案，先设置为正温差，调节黑体温度使观察者刚能从显示器上分辨出 4 杆图案，记下此时的温差值；再降低温度使其变成负温差，并直到再次刚分辨出 4 杆图案（此时图案亮度反向）为止，再记下此时的温差值；将两个温差的绝对值相加再除以 2，则得到对应这个空间频率下的 MRTD 值。改变靶标，使其为另一个空间频率值，用同样方法测量得到 MRTD 值。最后可以得到 MRTD 与空间频率的关系曲线，如图 8-48 所示。

此曲线（图 8-48）的物理意义：高空间频率下的渐近线表示了系统的最高空间分辨能力；低空间频率下的斜率和拐点表示了系统的噪声性能；中间频率（一般指 $f_{T0}=1/2\theta$）时的 MRTD，用于比较各个热成像的性能，或称 MRTD 的标称值。

采用此参数的优点是它把主要的图像质量特性变成了单一可测量的量，且可以模型化。预计用它估算出目标的识别距离。测试时所使用的设备也较少，测量也比较方便。缺点是该参数是与观察者有关的主观参数，测试结果会受测试者人为的影响。另外测量一条完整曲线往往受靶标空间频率和时间的影响。

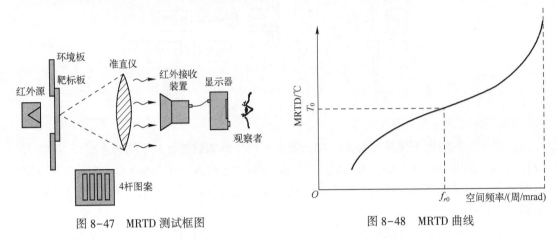

图 8-47　MRTD 测试框图　　　　图 8-48　MRTD 曲线

MRTD 也可以进行自动测试，但测试中需要利用由大量测试结果得到的数据，因此适于大批量生产中使用。对于凝视型焦平面热成像装置，由于 4 杆靶标图案和探测器尺寸的不匹配，会引起热成像显示图案的失真，所以近年来提出了采用三角形方向判别（TOD）法测量 MRTD 的方案。

3）最小可探测温差（MDTD）

MDTD 是目标尺寸的函数，反映了系统对于不可分解的点源的探测能力（定义为观察者能在背景中看到方形或圆形目标的能力），对于计算点源目标的探测距离是很有用的。MDTD 的测试设备和方法与 MRTD 的测试设备和方法是一致的，只要将靶标换成方形或圆形靶标即可，但所得到的曲线形状在高频处无渐近线。

2. 描述系统空间分辨力的参数及其测试方法

一般将探测器的瞬时视场 θ_d 定义为热成像的空间分辨力，而瞬时视场角决定于探测器的尺寸和系统的焦距，这个值无须测量。实际上空间分辨力还与光学、电路、显示器性能有关。常常使用的参数有空间分辨角（$\Delta\theta$）和调制传递函数（MTF）。

1）空间分辨角（$\Delta\theta$）

当系统对准目标时，随着目标的张角减小，视频信号降低。当它降到大目标张角最大信号幅度的 50% 时，对应的目标张角即为系统的空间分辨角。

测试时采用一可变狭缝靶标，把它放置在黑体源前面。调整热成像，使它聚集在靶标上，用示波器观测波形。图 8-49 中上部为显示波形，下部为测试装置。图中①为黑体产生的信号波形和幅度；②为测试系统和游标产生的信号波形；③为调节游标狭缝宽度时产生的信号波形。测试中，调节狭缝宽度，使③的幅度为①的 50%，此时的狭缝宽度所对应的角度即为被测热成像的空间分辨角。

2）调制传递函数（MTF）

$$\text{OTF}(f_T) = \text{MTF}(f_T) \cdot e^{i\text{PTF}(f_T)} \tag{8-38}$$

式中：OTF 为一个复数；MTF 为复数的模数或绝对值，称为调制传递函数。它表示系统

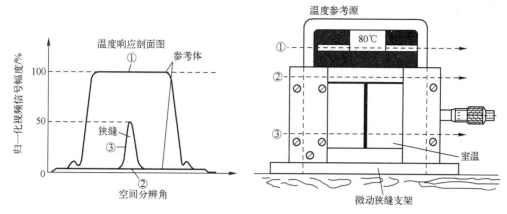

图 8-49 空间分辨角的测量

的调制传递和物空间中空间频率的关系,直接反映了系统的空间分辨特性。OTF 的虚部或幅度为相位传递函数(PTF),它表示系统所引起的空间频率的相移。

与电路特性一样,调制传递函数相当于电路的幅频特性,相位传递函数相当于电路的相频特性。对于热成像来说,表示为空间的响应特性。整个系统相似于一个低通滤波器,小目标具有高的空间频率,对小目标的分辨能力,即在高空间频率下它的传递特性。如果系统在高空间频率时仍然能保持高的传递性能,则表示其空间分辨特性好。

这一参数的测试也与电路性能的测试相对应。例如,电路的幅频特性可以用脉冲响应性能来表示。即输入一个窄脉冲,从输出脉冲的波形可以计算出电路的幅频特性。同样在热成像的扫描方向上接收一个窄缝的黑体源,则热成像显示器在扫描方向所显示的亮度分布(可由扫描亮度计进行测量)应该是一个钟形脉冲(称为线扩展函数),再经过计算得到调制传递函数。这时所测得的调制传递函数包括了光学、电路、显示等部分,能反映系统总的空间响应特性。如果直接用视频信号测量 MTF,则该性能不包括显示部分。

这一参数所需要的测试设备较多,测试方法比较复杂,测试中也容易产生误差。图 8-50 为线扩展函数(LSF)和调制传递函数(MTF)的曲线形状。

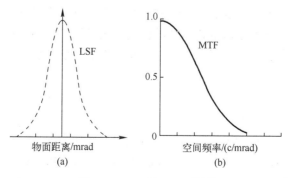

图 8-50 LSF 和 MTF 曲线

(a) LSF 曲线;(b) MTF 曲线。

3. 描述系统传递特性的参数和测试方法

反映系统输入与输出之间的关系,即系统的传递质量,也表明了系统的动态特性。

1) 信号传递函数(SiTF)

信号传递函数为被测系统对准一方形或圆形测试靶标时,系统的输出亮度(发光率)与输入的目标背景等效黑体温差的关系。

测试装置与 MRTD 测试基本相同,但采用的是方形或圆形靶标,其大小为整个水平视场的 1/10 左右,显示器输出的亮度采用两个微光度计进行测量。一个用于测量靶标的亮度,另一个用于测量背景板的亮度。从低到高渐渐增加靶标的温差 ΔT,测出两个微光度计的亮度差 ΔB;对亮度差取对数,可得到 $\lg \Delta B$ 与 ΔT 关系曲线,如图 8-51 所示。改变系统的增益和亮度,就可以得到两组曲线。

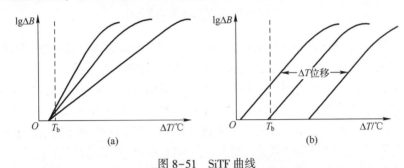

图 8-51 SiTF 曲线
(a) 亮度恒定增益可变;(b) 增益恒定亮度可变。

从两组曲线中可以得到系统的温度窗口和可以调节的温度范围,前者对应着对比度电位器调节过程中图像亮度线性范围所对应的目标最大和最小温度范围,而温度偏置表示亮度电位器调节的亮度变化范围可对应的目标温度范围。此参数反映出了热成像可调节的动态范围,其大小影响热成像装置探测强弱不同目标的能力。如对于弱小目标的探测,热成像装置需要大的增益,否则因目标的信号太弱而探测不到。

2) 光谱传递函数(SPTF)

光谱传递函数为在某一参考波长时产生某一输出亮度所需的输入光谱辐射功率与任一波长时产生相同输出亮度所要求的光谱辐射功率之比与波长的关系。实际上它是在维持被测系统的输出亮度不变(通过改变输入源的温度)的情况下测量系统的光谱响应。

测量设备和测量方法都比较复杂,因此一般不测量这个参数,而直接用探测器的光谱响应曲线代替。

4. 其他参数

1) 均匀性

这是描述系统输出一致性的参数,分大面积均匀性和小面积均匀性两种。前者指的是显示器上各点之间的输出与整个视场上平均输出的偏离量;后者指的是相邻之间输出的变化量。测试时,用一装有狭缝的微光度计对显示器热图像进行扫描,记录输出变化就可得到均匀性,只是大面积均匀性测试时所用的狭缝宽度较大。也可以利用视频信号经过数字化后直接进行测量。

2）畸变

畸变为在整个视场内放大率的变化与轴上放大率的百分比。也有定义为传感器探测一角尺寸已知和角位置已知的图案时测量热成像所显示图像的固有失真，这就包括了位置上的失真和形状上的失真。

测量时将固定张角的靶标放置在热成像视场的中心和四个角位置上，一般只测量靶标像的尺寸失真，即形状的畸变。而位置失真的测量，需要精密测量角度变化值，测量设备和方法均比较复杂。

5. 野外条件下性能评价

上面所讨论的测试方法均是在实验室进行的，其结果同在野外使用时会有一定差别，而且在野外使用时也常常需要检验热成像的性能，因此出现了一些野外的评价方法。

在野外对热成像的评价与实验室的测试原理是一致的。下面简单介绍一种野外测量热成像温度灵敏度和空间分辨力的设备和方法。

红外源可使用一种金属容器（通常用铝板制成），其 5 个面是绝热的，留下 1 个面作为被测量的窗口并涂以无光黑漆，则这个面就相当于一个面源黑体。容器内根据测试需要，可将装有冰水混合物代表 0℃ 的温度源，或 20℃ 的水代表 20℃ 的温度源。测温度分辨力的靶标形状如图 8-52 所示。此靶标用马蹄形铝板制成，上面开有 5 个或更多的窗口，表面涂以无光黑漆，其两端分别插入温度为 T_1 和 T_2 的两个容器内。可认为在温度传递过程中在靶标上产生了均匀分布的温差，可用热电偶分别测出窗口处的温度。在此靶标板的后面，放置另一块环境温度板，仪器透过窗口就可以看到环境温度板，同样可用热电偶测出其温度。则由于每个窗口处的靶温不同，和背景板之间就产生了不同的温差。图 8-53 的靶标用于测量空间分辨力，它放置在红外目标源之前。

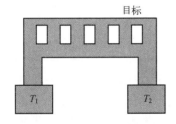

图 8-52 野外测温度分辨力靶标

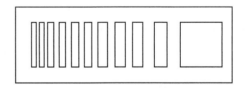

图 8-53 野外测量空间分辨力的靶标

温度灵敏度的测量是将热成像装置对准靶标，调焦，从热成像上可看到靶标图像。改变 T_1 和 T_2，可使窗口和靶之间的温差变化，当刚能分辨出某个窗口所代表的目标时，测量出的此窗口和靶的温差即是其温度分辨力。也可以通过测量出的信号幅度反过来计算出温度分辨力。当然距离太远时，由于大气衰减会产生误差，另外靶标板在窗口处的温度梯度也会影响测量精度。

测量空间分辨力时，采用百分比分辨力来表示空间分辨特性。百分比分辨力定义为：$R=A_b/A$，式中，A_b 为对某一特定尺寸的杆，仪器测出它与背景板之间的峰-峰值；A 为环境板和目标源之间仪器测出的峰-峰值。改变被测系统与靶标间的距离 L，就可以得到百分比分辨力和瞬时视场之间的关系。这里瞬时视场为 $\theta=S/L$，式中，S 为靶标尺寸。

由测量结果可以得到不同百分比时的 S-L 之间的关系曲线（图 8-54）。R 可以选取50%~100%之间的任何值（若 $R=50\%$，则与前面介绍的 $\Delta\theta$ 测量方法一致），表示了最小可分辨目标尺寸与观察距离之间的关系。每条曲线的斜率对应百分比分辨力时的最小可分辨角。采用百分比分辨力表示系统空间分辨特性比用 $\Delta\theta$ 表示要全面。

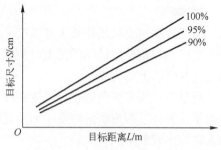

图 8-54　测量得到的空间分辨力线

6. 战术技术指标

1）特定条件下对特定目标的作用距离

作用距离是武器装备的重要战术指标，但是热成像装置的作用距离与很多因素有关。其中包括：目标特性尺寸、红外辐射特性（温度、ε）、状态等；气象条件和工作波段；使用条件，如地面、空中；对目标的观察等级，如探测还是识别；热成像的性能参数和操作使用能力等。

（1）目标特性。目标越大，温度越高，可能看得就越远；目标的工作状态，例如，汽车是熄火还是发动，以及熄火和发动的时间长短，对长时间发动或行驶的车辆作用距离就远；目标温度注重的是目标与背景的温度差，目标等效尺寸下的等效温差越大，则作用距离就越远。另外与目标辐射方向性有很大关系。

（2）气象条件和工作波段。对于不同的气候条件，如热带或副极带，对红外辐射的衰减差别很大。用 LOWTRAN 7 计算得到，当使用乡村消光系数和能见度为 5km 时，在海平面高度上距离为 5km 时的大气透射率如表 8-17 所列。

表 8-17　在海平面高度上距离 5km 时的大气透过率

波段/μm	热带大气	副极带冬季
3~5	0.1649	0.3398
8~12	0.1138	0.6103

其中热带大气属于高温潮湿天气，副极带冬季为低温干燥气候。显然，当在高温潮湿天气时，长波的衰减要比中波大，而在低温干燥气候条件下，长波的衰减要小得多。就同一个波段而言，则低温干燥气候条件下的大气透射率均比高温潮湿天气时要好得多，但是当能见度较差时，中波因散射引起的衰减会明显大于长波。由此可见，气象条件对热成像装置作用距离的影响很大，也很复杂。因此在评价不同热像仪的作用距离时，必须在相同的气象条件下进行。

（3）使用条件。地面使用的仪器，在观察地面目标时，一般背景辐射复杂，背景温度也较高，而且由于观察高度低而大气透射率也较低，因此对于探测或识别目标都比较困难。在地面观察空中目标时，由于背景情况简单，目标与背景的温差较大，大气透射率较水平距离要好，所以对同样目标的观察距离要远。

（4）观察等级。参见微光夜视仪的观察等级相关知识。

（5）热成像的性能参数和操作适应能力。热成像装置的 MRTD(f) 的性能直接影响作用距离，它能够达到的空间频率越高（在此空间频率下能够测量出 MRTD 值，此值与

IFOV 或 DAS 所对应的空间频率是有一定差别的），MRTD 性能越好，则作用距离会越远。热成像装置的操作控制能力也会影响仪器的作用距离，如增益和电平的调节能力、图像处理能力、操作者对仪器的熟悉程度和对热图像的认识水平等。

2）可靠性和可维修性

在美国制出第一代通用组件热像仪以前，由于各自设计的系统没有考虑统一的标准，不仅制造成本高，部件也不能互换，因此使系统的可靠性和可维修性很差。为此，在热像仪设计时就应该考虑到这两项性能指标。在制冷型热像仪中，由于制冷机的平均无故障时间（MTBF）较低，而且使用了高真空的杜瓦和光机扫描机构，使整个系统的 MTBF 较低，一般为数百小时。对于凝视型非制冷热像仪，由于没有扫描机构和制冷机，使 MTBF 可以提高到数千小时。当采用标准化的组件设计后，两者的平均修复时间均可以大大下降。

8.2.5 热成像技术的军事应用

就军事应用而言，利用热成像技术可以从地面、海上、空中直至太空获取信息，并与许多武器装备相结合，可以大大提高其效能。表 8-18 简单列出了热成像技术的应用。

表 8-18 热成像技术的应用

应用方面	应用内容
空间应用	地球资源、监视告警、空间防卫、天文研究、反导导弹
海空应用	空中导航、目标定位、威胁告警、搜索跟踪
地面应用	车辆夜视、火控系统、搜索跟踪、安全防卫、便携侦察
常规导弹	地空导弹、空地导弹、空空导弹、反坦克导弹
民用	交通运输、消防安全、无损检测、环保检测、生物医学、工业应用、科研教学

1）侦察和监视

在恶劣气候、战场强烟雾尘埃和夜间条件下，可见光观察设备或微光夜视仪的作用距离会受到很大的影响，此时热成像技术就显示出了很大的优越性。从单兵手持热像仪进行战场前沿侦察，到车载、舰载、机载前视红外系统，都能在昼夜和不良气候条件下获得较好的图像，实现对目标的探测和识别。对于不同的用途，热成像装置的结构尺寸、质量、体积有不同的要求，所以热成像装置的性能参数也会有大的差别。例如，手持式热像仪要求体积小、重量轻、功耗低，但由于仪器可以携带到前沿使用，对作用距离的要求就降低了；而空中使用的仪器，要求探测的距离较远，自然性能就必须高，体积和质量也必然会大。为了提高识别目标的能力，尤其是识别伪装的能力，利用真假目标在 $3\sim5\mu m$ 和 $8\sim12\mu m$ 波段的辐射差别，对两个波段同时得到的图像进行处理，可大大提高识别能力，因此发展双波段甚至多波段热成像技术成了第三代热成像技术的重要内容之一。

2）跟踪和制导

武器装备如火炮、导弹在发射前都必须由搜索跟踪系统探测到目标，并跟踪到一定的距离，引导发射器对准目标，再开炮或发射导弹击中目标。搜索跟踪系统安装在地面或载体上，而热成像装置是其上很重要的传感器，担负探测目标的重任，由于需要满足较大的距离范围，一般需要有两个或三个视场。导弹在发射后可以自动跟踪目标，同样需要由传感器提供误差信号，而如今在很多先进的导弹中已经使用了热成像的导引头。

3) 车辆或飞机的夜间驾驶导航

发达国家的主战坦克、装甲车、作战飞机均安装了热成像装置，提供夜间驾驶或导航功能。作为辅助驾驶用的热成像要求观察视场比较大，而作用距离要求不高，所以近年来采用非制冷型热像仪较多，制冷型热像仪由于成本高而在这方面的使用受到了限制。用于飞机导航的热像仪由于要求的作用距离远而一般采用制冷型热像仪，并需要安装在吊舱内，观察视场也需要比较大。

4) 武器装备的瞄准——热瞄准具

上面提到的跟踪系统实际上也用来完成瞄准功能，但对于轻便武器（如枪、肩扛式武器等）来说，安装在上面的瞄准具要求很小、轻，成本也要求较低。非制冷热成像技术的出现使其成为可能。目前各国就生产了多种采用这种热成像技术的热瞄准具。

5) 搜索和告警

热成像装置也可用来完成搜索、告警任务，当然此时必须具有扫描机构，用来完成对特定区域的搜索，同时由于它需要从探测到的信号中提取出目标，对信号处理就有着不同的要求。

8.2.6 展望

红外热成像技术的应用范围可从民用到军用，而民用的占有范围在过去是很小的一部分，但近来尤其是非制冷热成像技术的发展，使情况发生了很大变化，从市场角度出发，未来将以军民两用型非制冷热成像技术为主导产品。民用热成像技术的应用包括消防、夜间驾驶、搜索救援、工业检测、过程控制、科学研究和医疗等许多方面。而军用要求性能更高的产品，现代战场已变成一个与太空、天空、海洋和陆地各种力量相联的网络，每个平台和子平台都需要制冷和非制冷的先进红外传感器。它们共同的特点是需要传感器具有更大尺寸的阵列、更小像元、更高灵敏度和更低功耗。这些要求均已包含在第三代红外热成像系统中。

以通常的理解，第三代热成像系统需要提供更大规格阵列的像元数（如（1000×1000）元、（2000×1000）元、（2000×2000）元等）、高帧速、高温度分辨力、多波段、智能化和图像增强功能等。为了降低成本，非制冷热成像技术成为其中重要的发展方向。概括而言，它包括如下三方面的内容：

(1) 发展高性能、高分辨力的制冷型、双波段或多波段的热成像技术，以提高探测或识别目标的能力。

(2) 发展中等到高等水平的非制冷热成像技术，以替代目前正在使用的大多数热成像装置。

(3) 发展成本更低和尺寸更小的非制冷热成像技术，提高在近距离探测上与微光夜视仪的竞争能力，并且使热成像装置可以和更多的武器装备相匹配。

8.3 激光测距

激光测距是激光技术在军事上最早和最成熟的应用。自 1961 年美国休斯飞机公司研制成功世界上第一台激光测距机之后，激光测距技术发展迅速，在战场上广泛应用，对军队的作战和训练产生了革命性的影响。按测距方法，激光测距可分为脉冲激光测距和连续波相位激光测距。

8.3.1 脉冲激光测距系统构成及工作原理

脉冲激光测距系统的基本组成框图如图 8-55 所示。脉冲式激光测距系统仅由三个基本部分组成：激光发射装置、接收装置和信息处理装置。激光发射装置的任务是发射峰值功率高、光束发散角小的激光脉冲，经发射光学系统进一步准直后，照射目标。接收装置是接收从被测目标反射回来的微弱脉冲激光信号，经接收光学系统汇聚在光电探测器的光敏面上，使光信号转换成电信号并经放大，启动信息处理装置里的计数、显示部件工作。至于信息处理装置，其主要作用是测量激光脉冲从测距处到被测目标往返一次的时间 t，经计算后显示出准确的距离。

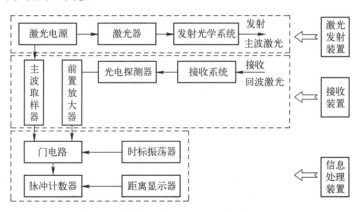

图 8-55 脉冲激光测距系统工作原理框图

脉冲激光测距系统的工作原理如下：主波来自激光发射器，是激光发射采样信号，它作为时间计数器测量时间的起始信号；回波是由目标反射回的激光并经过光电转换、放大后的电信号，作为时间计数器的测时终止信号。计时器测量的是激光脉冲至目标的往返时间。如果时标振荡器的频率周期为 T，通过计数器"门"的周期数 N 乘以 T，即为所测量的时间，由速度、时间和距离三者的关系可得

$$R = \frac{ct}{2} = \frac{cNT}{2} = \frac{cN}{2f} \tag{8-39}$$

式中：f 为计数时钟频率；c 为光速。根据光速（$c = 2.998 \times 10^8 \mathrm{m/s}$）即可得出目标距离。例如，钟频为 150MHz，则 1 个时钟脉冲间隔代表 1m，如果周期数 $N = 10000$，则距离 $R = 10000$m。图 8-56 为脉冲激光测距时序关系。

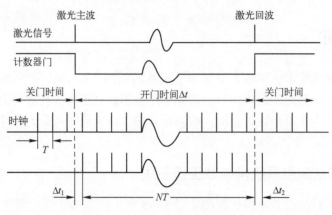

图 8-56 脉冲激光测距时序关系

上述计数器的时间量化值为一个钟频周期。为了减少计数器的量化误差，采用内插计数器，并测量非整周期时间 Δt_1 和 Δt_2。其基本原理是：当计数器收到信号时，开始对设定的小电容器进行恒流充电，当下一个时钟周期到就停止充电，并保持峰值电压，这样就将时间值变为电压值（称为时/幅转换）。因为电容器上的充电电压与充电时间呈线性关系，并事先进行过标定，所以只需对电压进行峰值数字采样（模/数），再将电压变成时间，即可精确地测出 Δt_1 和 Δt_2 值。这样可以采用低的时钟频率得到高的距离分辨力。例如，钟频为 15MHz，12 位模/数采样，可得出计数器的距离分辨力为 5mm。测量距离为

$$R=\frac{ct}{2}=\frac{1}{2}c(NT+\Delta t_1-\Delta t_2) \tag{8-40}$$

8.3.2 相位激光测距原理

连续波激光雷达采用的是相位测距方法，即利用受调制的激光器对目标发射一束连续波激光束，激光接收机接收由目标返回的回波，通过测量发射的调制激光束和接收的调制光回波之间的相位移来测量目标距离。

对于直接探测的连续波激光测距系统来说，因探测器只对接收的光回波强度敏感，故激光器通常用幅度调制，即光强按正弦规律变化。对于外差探测的激光测距来说，其激光器通常用频率调制。

连续波激光测距系统的测距精度高，可达 2mm 左右；但由于连续波激光测距系统的峰值功率远低于脉冲激光测距系统，故测距能力远不如后者。对漫反射目标的相位测距的最大测程为 1~3km。

1）多波长相位测距法

图 8-57 为相位激光测距原理框图。输出的激光是用电光调制器调制，调制器用一个高稳定的振荡器驱动，接收信号与振声器信号进行相位比较，其数量通常为 2π 的倍数。距离和相位之间存在以下关系

$$R=\frac{\lambda_m}{2}\left(N+\frac{\Phi}{2\pi}+\frac{\Phi_0}{2\pi}\right) \tag{8-41}$$

式中：R 为距离；λ_m 为调制波长；N 为调制的波长数；Φ_0 为测量系统本身固有的恒定相位移；Φ 为测量的相位移。

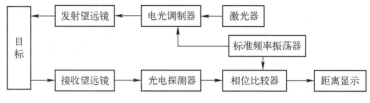

图 8-57 相位激光测距原理框图

如果目标距离尺大于 λ_m，在确定 N 时会产生不确定解。为了得到较高的测距精度，又不使距离测量产生不定解，可顺序地用几个波长去调制激光器，并测量每个波长的相位移。例如，测几千米的距离，用 2 个调制波长就可以了；测几百千米的距离，就需要 5 个调制波长。在多个调制波长中，最短的调制波长将决定测距精度，称为精度波长或基本波长，其频率称为精测频率或基本测量频率。其他波长称为粗测波长或辅助测量波长。为了保证必需的测距精度，精测波长必须选得足够短，即精测频率选得足够高，其典型值为 100～1000MHz；其他粗测波长逐渐加长。

幅度调制的连续波相位测距精度取决于相位测量的极限值和精测波长，设相位测量的极限值为 0.5°，则测距精度为

$$\sigma_m = \frac{0.5°}{360°}\lambda_m \tag{8-42}$$

式中：σ_m 为测距精度；λ_m 为精测波长。

2）频率调制相位测距法

频率调制相位测距法与多波长相位测距法的不同处在于：多波长相位测距法是用电光调制器调制激光的输出幅度；频率调制相位测距法则用微波调制激光器载波的幅度。微波频率在激光束往返于目标的时间内连续变化，由接收机接收从目标反射回的激光信号，此时的回波频率与微波调制频率不同，回波信号在混频器内与来自微波发生器的信号进行混频，得到与距离有关的差频信号，从而得到目标距离。

由于要得到调制频率随时间严格的线性变化是很难的，故频率调制相位测距法不适用于高精度测距。

8.3.3 脉冲激光测距方程

激光测距方程描述了到达激光接收机光电探测器的部分发射功率与激光测距机性能参数（发射功率、光束发散角、光学系统透射率、接收视场）、传输介质的衰减以及目标特性（目标有效截面、反射率）之间的关系。以下根据目标特性及尺寸大小，按漫反射目标和合作目标型分析激光的作用距离方程。漫反射目标又分为大目标和小目标。凡是目标受光横截面大于激光束横截面尺寸的称为大目标；反之称为小目标。

1. 漫反射小目标的情况

当目标离激光发射机很远时，激光束在目标上的光斑面积通常大于目标有效反射面

积，目标表面全部截获激光束。激光测距方程为

$$P_r = P_t \frac{A_r \sigma}{4\pi \theta_t^2 R^4} T_t T_r T_a \tag{8-43}$$

式中：P_r 为接收光功率（W）；P_t 为发射光功率（W）；θ_t 为发射光束的发散角；R 为目标距离；A_r 为目标的雷达散射截面积（m^2）；T_t 为发射光学系统的透射率；T_r 为接收光学系统的透射率；T_a 为大气或其他介质的单程透射率。

2. 漫反射大目标的情况

在这种情况下，目标上的激光光斑面积小于目标有效反射面积，目标表面部分截获激光束。假设目标表面为朗伯散射面，目标的雷达散射截面 $\sigma = 4\rho R^2 \theta^2 \cos\varphi$，则测距方程为

$$P_r = P_t \frac{A_t \rho \cos\varphi}{\pi R^2} T_t T_r T_a \tag{8-44}$$

式中：ρ 为目标反射率；φ 为目标表面法线与发射光束之间的夹角。

3. 漫反射细长目标的情况

假设在垂直入射的情况下，目标的雷达散射截面 $\sigma = 4\pi\rho Rc\tau$，则激光测距方程为

$$P_r = P_t \frac{A_t \rho c \tau}{\theta^2 R^3} T_t T_r T_a \tag{8-45}$$

式中：c 为光速；τ 为脉冲宽度。

1）角反射器小目标的情况

在这种情况下，由于目标上安装了角反射器，所以目标反射很强，测距方程为

$$P_r = \left(\frac{P_t}{R^2 \Omega_t}\right)(A_r \rho) T_t T_r T_a^2 \tag{8-46}$$

式中：Ω_t 为发射光束的立体角。

2）镜反射大目标的情况

这种情况很少发生，仅在对水面测距时遇到。假设在垂直入射的情况下，测距方程为

$$P_r = P_t \frac{\rho A_r}{4\theta^2 R^2} T_t T_r T_a \tag{8-47}$$

由上述几种情况的分析可知：脉冲激光测距机的接收功率与发射功率、光学系统、大气透射率以及接收孔径的面积成正比，而与光束发散角的平方成反比，与距离则存在 $P_r \propto 1/R^2$、$P_r \propto 1/R^3$、$P_r \propto 1/R^4$ 三种关系，由发射光束的形状和目标的后向图形确定。

8.3.4 最大可测距离和精度分析

在此仅讨论脉冲激光测距的精度。在脉冲激光测距方程中，如果用最小可探测功率 $P_{\min}$ 代替接收功率，则由测距方程可得到最大可测距离 $R_{\max}$。例如对漫反射小目标，测距方程为

$$R_{\max} = \left(P_t \frac{A_r \sigma}{4\pi\theta^2 P_{\min}} T_r T_t T_a \right)^{\frac{1}{4}} \tag{8-48}$$

对漫反射大目标，测距方程为

$$R_{\max} = \left(P_t \frac{A_r \rho \cos\varphi}{\pi P_{\min}} T_r T_t T_a \right)^{\frac{1}{2}} \tag{8-49}$$

由上述方程可看出，要增大可测距离，必须提高激光测距机的发射功率 P_t，增大接收孔径的面积 A_r，加大目标的有效反射面积 σ，增大发射光学系统和接收光学系统的透射率 T_t 和 T_r，减小发射光束的发散角 θ，提高接收灵敏度即减小接收机的最小可探测功率 $P_{\min}$ 的数值。此外，大气的透射率 T_a 与可距离密切相关，晴朗的天气，可测距离远；恶劣的天气，可测距离会大大缩短。

在不增加整机尺寸的情况下，激光测距机的可测距离可通过增加激光测距机的发射功率、减小激光测距机接收机的最小可探测功率、减小发射光束的发散角来增大。光束发散角与激光谐振腔的设计和波长有关，激光发射功率直接与发射机的效率和激光材料的增益有关，接收机的等效噪声功率可通过提高探测器的量子效率及组合低噪声高增益的前置放大器等措施来减小。

在脉冲激光测距机中，影响测距精度的因素可归纳如下：①脉冲宽度；②接收机带宽；③距离计数器读数精度；④脉冲被目标展宽；⑤光束路程上的折射率变化；⑥信号起伏；⑦统计的脉冲失真；⑧信噪比。

8.3.5 军用激光测距机的特点

对战场目标进行测距的军用激光测距主要是使用脉冲激光测距机。20 世纪 80 年代初期到中期的战场上，广泛装备应用的军用激光测距机大多是测程在 10km 以内的中程 Nd:YAG 激光测距机，接收元件多用硅雪崩光电二极管，最大测程在 8000～10000m，最小测程在 150～500m；测距精度为 ±10m 或 ±5m，光束发散角为 1mrad 左右。坦克、地炮和步兵使用的激光测距机，重复频率一般为几次/min～1 次/s，Q 开关大多采用可饱和吸收染料片。高炮、机载和舰载激光测距机，重复频率较高，通常为 10～20 次/s，Q 开关大多采用光电 Q 开关。

目前装备和研制的军用激光测距机具有以下特点：

(1) 小型化、标准化和固体组件化。采用体积小、重量轻、成本低、不耗电的被动染料 Q 开关和灵敏度高、工作电压为几百伏的低压硅雪崩光电二极管，以及中、大规模集成电路，可实现激光测距机的小型化、低成本，以及激光接收机的固体组件化和元部件的标准化。美国利用上述技术，已于 20 世纪 70 年代中后期研制出一批小型低成本的军用手持激光测距机，如 AN/GV5-5 型中程激光测距机，质量仅 3kg，可在战车、坦克和军舰上应用；再如，美国的 LRR-104 微小型激光测距机，质量仅为 510g，体积比一个香烟盒还小，可广泛应用于测瞄合一的系统中。

(2) 多功能。目前研制和装备的多功能激光测距机有激光测距指示器和激光测距跟踪器两类，它们于 20 世纪 80 年代初开始装备部队。

激光测距指示器是一种既可以精确测量目标距离，又可以为激光末制导武器精确指示目标的仪器。实现途径有两种方案：一种是改变激光测距机的发射机，提高输出能量和重复频率，减小光束发散角，并且激光器能发射编码的激光脉冲；另一种是在现有的指示器中加上激光接收机等测距组合件而成。

激光测距跟踪器是一种具有测距和跟踪双重功能的仪器。一般是在激光测距机中附加上四象限跟踪器构成，如英国机载的 LRMTS、Rapier 导弹激光发射系统（Rapier Laser Fire）中的激光自动跟踪测距仪等。这类仪器利用与激光测距机同轴的四象限跟踪器自动跟踪目标，用激光测距机精确测量目标距离，在一些高炮火控系统和机载火控系统中已装备这类仪器。

此外，还有将激光测距机与其他仪器组装在同一个壳体内、完成多种功能的激光仪器，如美国 M-931 型激光测距夜视仪，它利用 GaAs 激光测距机和微光夜视仪组装成一个望远镜式的结构，可供昼夜观察和测距用。挪威 LP-100 型的激光测距机与微小型数字式弹道计算机组装在一个壳体内，除测距外，还可进行简单的弹道计算。

8.3.6 军用激光测距机的主要军事应用

激光测距机按主要军事应用分为地炮激光测距机、高炮激光测距机、坦克激光测距机、机载激光测距机、舰载激光测距机。

1. 步兵、地炮激光测距机

地面武器射程和威力增大，机动性的提高，使作战双方都力求在最大有效射击距离上首发命中目标，因而对射击保障器材的作业速度和精度提出了更高的要求。普通的光学测距器材误差较大，已无法满足这一要求。激光测距机具有精度高、速度快、单站测距、轻便灵活等特点，已逐步取代了普通光学测距机。实践证明，使用激光测距机可以提高武器的首发命中概率，节省弹药。据美军炮兵部队的试验，用一台脚架式激光测距机可使炮兵前进观察员测定目标位置的精度从 500m 提高到 25m，从而使火炮射击的精度从 250m 提高为 100m。

1) 任务要求

（1）测定目标距离或位置，为指挥人员或射击指挥系统提供目标诸元。

（2）测量炸点偏差，校正火炮、迫击炮射击。

（3）自我定位，用激光测距机测量两个已知点的距离或两发射弹炸点的距离，通过后方交会确定观察员自身的位置。

2) 作用形式

主要分为手持式、脚架式和直接安装到直瞄三种形式。以下介绍前两种形式。

（1）手持式激光测距机。手持式激光测距机体积小、质量小、携带方便，大致可分两类：一类是形如一架标准的 7×50 军用望远镜，质量在 2kg 左右，作用距离达 10000m，测距精度 5m 或 10m，可装备步兵、炮兵分队及装甲车辆和直升机，如美国的 AN/GVS-5、挪威的 LP7、法国的 TPV89、英国的 HHLR 等；另一类体积更小，质量在 1kg 以下，最大作用距离可达 4000~5000m，电源为一次性使用的锂电池，主要装备迫击炮分队和反坦克导弹分队，用于近距离测距，其产品有美国的 AN/PVS-6、LRR-104 系列等，价格比较便宜。

目前大多数手持式激光测距机可配用脚架和测角装置,而且还可与夜视器材组合使用。

(2) 脚架式激光测距机。脚架式激光测距机主要用于炮兵观察所。通常带有测角装置,由于有依托,测距的准确率较高。其质量一般在 2~20kg,作用距离一般为 150~20000m,精度 5m 或 10m。

3) 主要战术、技术要求

(1) 作用距离。在决定测距机的作用距离时,一方面要考虑战术任务的需要,另一方面还要考虑到作用距离受限于瞄准光学系统的放大倍率和天候、地形条件。例如,为便于观察起见,炮兵光学器材的放大倍率通常取 7×,激光测距机也不例外。根据试验,通过的光学系统在战场上发现和识别典型目标的距离一般为 5000~10000m。如从战术使用角度考虑,步兵用激光测距机的作用距离有 5000~6000m 就可以满足要求了,而炮兵用激光测距机的最大作用距离一般应在 10000m 以上。

(2) 测距精度。激光测距机的测距精度主要取决于时钟振荡器的频率。步兵、炮兵用激光测距机选用的钟频通常为 15MHz 或 30MHz,其相应的测距精度分别为 10m 或 5m。由于存在弹着散布,这样的精度可满足炮兵射击的要求。

(3) 重复频率。炮兵对激光测距机重复频率的要求一般不高,通常每分钟 6 次左右。

(4) 其他因素。为了增大测程和减小发射功率,测距机通常要选用灵敏度高的接收元件。目前一般采用高灵敏度的硅雪崩光电二极管。用雪崩管作为探测元件,既可保证仪器有较大的作用距离,又可防止为提高发射功率和加大接收孔径而导致仪器十分笨重。例如,美国 AN/GVQ-10 型和 AN/GVSQ-184 型激光综合观测系统(IOS),主要用于固定阵地观察,可进行昼夜观察、测距和指示目标。整个系统由激光测距机、AN/TVS-4 微光观察仪和 SU-63 双目望远镜三部分组成。微光仪在星光下可观察 1500m 远的目标;双目望远镜可识别 8000m 远的人;系统全重 170kg,适于在基地防御中对远距离目标进行精确测量。AN/GVSQ-184 是在 AN/GVQ-10 型基础上改进的第二代产品,它用掺钕钇铝石榴石(Nd:YAG)激光测距指示器代替了红宝石激光测距机,采用了集成电路,可同时测量三个目标的距离,并可为激光制导武器照射目标,它的作用距离为 30000m,测距精度为 5m。

2. 高炮激光测距机

20 世纪 70 年代以来,国外普遍重视发展对付低空快速目标的小高炮防空火力系统,与这种武器配用的光电火控系统发展很快,对空激光测距机在光电火控系统中得到广泛应用,尤其是在四次中东战争中暴露了炮瞄雷达易受干扰的问题之后,这种发展趋势更加明显。目前,性能优良的光电火控系统正在大量装备,对空激光测距机的性能也有很大提高。

1) 任务要求与使用形式

目前,对空激光测距机的应用大体有两类:一种是与光学或光学陀螺瞄准具、模拟或数字计算机组成简易火控系统,用以对付低空目标;另一种是与微光、红外、电视等光电跟踪系统组成综合光电火控系统,作为雷达火控系统的补充手段。

2) 主要战术、技术要求

对空火控系统用的激光测距机,其基本原理与一般激光测距机相同,但在测距能力、重复频率以及发射功率等方面较之地炮或坦克激光测距机要求更高一些。

3) 作用距离

现代空中武器攻击力增强,攻击距离增大。为了提高小高炮系统的防空效能,其火控系统应有较大的目标发现距离。通常对空测距机的测距能力要求在 20km 左右。因此对测距机的峰值发射功率和接收灵敏度提出了较高要求。

4) 发射功率

为了适应现代空中目标速度很快、低空性能相当好的特点,满足高炮火控计算机的目标距离数据率的要求,对空测距机应该有足够高的回波概率。目前对空测距的发射功率一般达到 5~10MW 以上。

5) 重复频率

由于空中目标高速运动,它在高炮有效防空范围内出现的时间仅几秒钟。所以为保证跟踪精度与提高毁伤概率,要求对空测距机有比对地测距机高得多的重复频率。目前对空激光测距机的重复频率一般为 10~20 次/s。例如,在美国 20mm 高炮中,配用的激光测距机与光学瞄准镜、混合式计算机组成火控系统,光学瞄准镜采用"指挥仪"式结构,与激光测距机共用光学部件,放大倍率和视场可由炮手选择。作用距离为 4~10km,测距精度为 ±2.5m。

3. 坦克激光测距机

坦克激光测距机为坦克炮射击提供精确的目标距离数据。该数据可直接输送给坦克计算机,以控制坦克瞄准目镜中瞄准标记的偏移,或通过瞄准镜内的弹道分划预赋火炮射角。

1) 任务要求与使用形式

坦克激光测距机有两种安装形式:一种是装在车体外炮塔上或火炮防盾上,但由于易受敌方炮火的摧毁,已逐渐被淘汰;另一种是目前广泛使用的,将其装在车体内与瞄准镜相结合,车长也可以通过遥控控制和显示器激发控制激光测距机并读出距离数据。

2) 主要战术、技术要求

(1) 光束发散角。坦克激光测距机的光束发散角不宜过大。因为光束发散角大,在目标上展宽的直径就大,目标只能部分截获激光束,包含在激光束中的很多能量就会被目标前面或后面的假目标漫反射回来,造成假目标回波。如果光束发散角为 0.7mrad,就可能产生多个目标回波。所以,一般光束发散角 ≤0.5mrad 为宜。

(2) 发射功率。当目标的典型反射率为 15% 时,激光测距机输出的峰值功率必须在 1.4~1.9MW。由于激光束通过瞄准光学系统时能量会损失 30% 左右,因而还需要更高些的输出峰值功率。

(3) 激光测距机与坦克潜望瞄准镜的组合方式。激光测距机与坦克潜望瞄准镜共有三种组合方式:激光发射与激光接收异轴、异孔径,激光发射与激光接收异轴、共孔径,激光发射与激光接收共轴、共孔径,构成合为一体的激光发射接收机。这三种方式中第三种方式较好。例如,美国 M-1 坦克激光测距机与 M-1 坦克稳定的潜望式炮长昼夜瞄准镜合为一体，构成橄光测距昼夜瞄准镜。激光测距机的发射与接收光学系统共轴，与炮长瞄准镜的昼用瞄准光学系统共光轴。它的作用距离为200~8000m，测距精度为±10m，距离分辨力为15m。该测距机在设计上采用了低成本的可饱和染料片Q开关、高灵敏度的低压硅雪崩光电二极管探测器、大规模集成电路和故障自检电路等，装备数量已相当可观。

4. 机载激光测距机

由于地面防空系统的迅速发展，对战场进行支援的飞机要获得生存，就必须采取低空、高速的攻击方式，并且要求命中率足够高，为此需要发展机载激光测距机，以提供精确的目标距离信息。

1）任务要求与使用形式

安装在作战飞机上的脉冲激光测距机主要用于：在低空的攻击中提供目标距离信息，输入机载火控计算机，解算出武器投放参数；在低空飞行中提供导航测距信息。

2）主要的战术、技术要求

机载激光测距机与车载激光测距机相比，基本原理和组成部件大致相同。但由于它是在高速运动和大幅度机动条件下使用，相应地提出了某些特殊要求。

（1）复频率。机载激光测距机具有较高的重复频率，通常为1~10Hz。低重复频率测距用于导航，激光器采用强迫空气冷却。高重复频率测距用于为航空火控系统提供目标距离信息。激光器需要采用乙二醇水溶液或其他合适的液体循环冷却。

（2）光束控制器。因为激光波束很窄，在高速飞行条件下准确地对准目标成为其应用的关键，为此专门设计了二维光束控制器，由机载惯性导航系统把目标方位和俯仰位置信号输送给两个伺服马达，调整控制激光器前面的两块棱镜，以控制输出激光束在方位和俯仰两个方向上对准目标，完成测距。

3）操作过程

机载激光指示器中的激光发射机是与其他传感器，如电视（TV）或前视红外（FLIR）传感器组合使用的。激光发射机与目标观察传感器的瞄准线一致，并且激光测距机从动于电视或前视红外传感器。当前视红外传感器捕获、识别和跟踪了所要攻击的目标时，激光测距机也完成了同样过程，发射激光脉冲，即可对目标进行激光测距或指示。而前视红外或电视传感器用于提供目标位置信息。例如，瑞典埃里克森公司的机载激光测距机，该激光测距机用于空-地精确的目标距离参数，它采用组件结构，包括激光发射机、接收机、测距计数器和光束偏转装置等四个组件，全部组件可在外场更换。光束偏转装置由马达驱动的两块反射镜组成，以控制激光束的方向，跟踪瞄准目标。该测距机可与各种瞄准系统和武器投放系统交联，可由所交联的火控系统和惯导系统输入光束偏转指令构成激光惯导/攻击系统。它主要用于装备"幻影"战斗机和"阿尔法"喷气战斗机，作用距离为160~20000m，测距精度为4m。

5. 舰载激光测距机

海军使用的激光测距机多数是在炮兵或陆军其他兵种使用的激光测距机的基础上稍加改进而成。其作用距离和技术性能要求与陆军炮兵使用的基本相同。海军用激光测距机主要分为两种：水面舰船用激光测距机、潜艇潜望镜用激光测距机。

1) 水面舰船用激光测距机

(1) 任务要求与使用形式。它主要用于和电视跟踪器、红外跟踪器、微光夜视仪以及电子计算机等组成舰用光电火控系统，可作为中、小型舰船的主要火控系统。装备大型舰船时，只作为辅助火控系统。由激光测距机、红外跟踪器等组成的光电火控系统大致分为两类：

① 激光测距机与电视跟踪器组合系统。一般靠搜索雷达捕获目标或由指示器提供目标的概略位置，然后进行自动或手动跟踪。瑞典的 TVT300 型自动电视跟踪系统、EOS-500 型光电火控系统和我国的 H/ZGJ-1A 光电跟踪仪等属于这一类系统。

② 激光测距机、电视跟踪器、红外跟踪器组合系统。这类系统不仅具有夜间观察能力，而且还具有穿透烟雾的能力，适于跟踪低空、超低空和掠海目标。它通常具有自选能力，在白天、晴天一般选用电视跟踪、激光测距，在黑夜、雨天一般选用红外跟踪、激光测距。法国的"图腾""红外眼镜蛇"，我国的 H/ZGJ-1 光电跟踪仪属于这一类系统。

(2) 作用距离。水面舰船用激光测距机的测距范围大致在 0.3~20km，最大作用距离均在 10km 以上。近距离的激光测距机一般配用在小口径火炮上，其作用距离大于小口径炮射程即可。远距离的激光测距机配用主炮，如英国"郡"级舰主炮系统用到的激光测距机测程为 20km 以上。

(3) 特点。水面舰船使用的激光测距机由于在海洋上使用，仪器的密封措施要加强，有的激光测距机安装了刮水器，以避免雨、水的影响。

2) 潜艇潜望镜用激光测距机

(1) 任务要求与使用形式。由于激光测距机具有测距迅速、简便、精度高等优点，一些现代潜艇潜望镜上加装了激光测距机，并与像增强器、热像仪等组合使用。潜艇攻击潜望镜用激光测距机大致有两类：

① 把激光测距机和像增强器组装在潜艇潜望镜镜管中，激光测距机的发射机、接收机、电源等安装在潜望镜的锥管中。距离显示器安装在目镜上方，触发按钮、激光通/断开关安装在潜望镜操作手柄附近。特点是传输光路中激光通过的光学元件少，光能损耗少，但对激光测距机本身可靠性要求高。

② 把激光测距机封装在潜艇潜望镜底部，如美国 76 型潜艇潜望镜采用了这种结构。特点是整机拆装方便；若激光测距机不能使用，不影响潜望镜的使用；激光光路能量损耗大。

(2) 作用距离。潜艇潜望镜用激光测距机的作用距离可达 6km。这对潜艇的攻击与生存将起重要作用。例如英国潜艇潜望镜/激光测距机。该激光测距机和英国巴尔公司与斯特劳德公司研制的像增强器组装在潜艇潜望镜中，可昼夜使用，所测距离数据既可读出，又可直接传送给潜艇火控系统。激光测距机的发射机、接收机、低压电源、高压电源、储能电容器在潜艇潜望镜的锥管部位，距离显示器安装在目镜上方；触发按钮、激光通/断开关安装在潜望镜操作手柄附近。特点是潜艇潜望镜视场大，观察直观，光能损耗少。它的作用距离是 5000m，测距精度为 ± 10m（需要时也可达到 ± 5m），质量 2kg。

8.3.7 军用激光测距机的现状与未来发展趋势

激光测距机是军用激光系统的成功范例,也是激光技术在军事上最早且是最重要的应用之一。1961 年世界上第一台红宝石激光器在美国问世,1962 年第一台军用激光测距机成功地进行了演示,1969 年军用激光测距机首先装备了美国陆军。到目前为止激光测距机已经发展了三代。第一代是红宝石激光测距机,第二代是掺钕钇铝石榴石(Nd:YAG)激光测距机,第三代主要是二氧化碳(CO_2)激光测距机、二极管泵浦固体激光测距机、新型固体激光测距机和拉曼频移型激光测距机等。三代激光测距机的优缺点及应用情况如下。

1. 红宝石激光测距机(第一代)

红宝石激光测距机输出波长为 $0.6943\mu m$ 的红色可见激光,其隐蔽性差、易损伤人眼、能量转换效率低、阈值高、笨重且耗能大,因而基本上已被淘汰,很少装备。

2. Nd:YAG 激光测距机(第二代)

Nd:YAG 激光测距机的输出波长为 $1.06\mu m$ 的不可见近红外光,与第一代激光测距机相比较,其转换效率高、阈值低、能在高重复频率下工作,电耗降低、体积减小,具有较好的隐蔽性,因而获得广泛使用,成为目前海、陆、空三军大量装备的主要的军用激光测距机。但 Nd:YAG 激光测距机还存在以下严重的缺陷:

(1) 能损伤人眼。Nd:YAG 激光测距机发出的激光在近距离能致盲人眼,在远距离时能损伤人眼,因而会给训练和试验带来困难。

(2) 在有雾、霾的气象条件下和战场烟尘环境中传输性能差,受能见度的影响很大。

(3) 与目前和今后要大量装备应用的 $8\sim 12\mu m$ 波长的热像仪兼容性差,因为它们工作在不同的波长,故不能共用部件和元件。

3. 人眼安全的激光测距机(第三代)

第三代激光测距机的性能改进重点体现在以下几个方面:对人眼安全,提高效率,改善光束质量以提高射程,以及研制新的激光材料等。

1) 二氧化碳(CO_2)激光测距机

鉴于固体 Nd:YAG 激光测距机存在不少缺点,自 20 世纪 70 年代中期军方开始考虑发展 CO_2 激光测距机并做了性能对比试验。结果发现波长为 $10.6\mu m$ 的 CO_2 激光测距机比波长为 $1.06\mu m$ 的 Nd:YAG 激光测距机具有以下更为突出的优点:

(1) 大气传输性能好。CO_2 激光透过大气雾、霾和战场烟尘的性能好,能见度对其影响很小。战场烟雾通常是白磷、红磷和六氯乙烷,它们对 CO_2 和 Nd:YAG 激光的吸收系数见表 8-19。从表中可看出,对于同样的激光输出功率,CO_2 激光测距机的测程大于 Nd:YAG 激光测距机的测程;而对于同样的测程,CO_2 激光测距机所需的激光功率小于 Nd:YAG 激光测距机所需的激光功率。

表 8-19 烟雾对 CO_2 和 Nd:YAG 激光的吸收系数

烟雾 激光	CO_2激光($10.6\mu m$)	Nd:YAG 激光($1.06\mu m$)
磷(白磷、红磷)烟雾	$0.36m^2/g$	$2.30m^2/g$
六氯乙烷烟雾	$0.10m^2/g$	$3.00m^2/g$

（2）人眼安全。中小功率的 CO_2 激光器的 $10.6\mu m$ 波长远离眼睛的透射波长可由角膜吸收，因而不会损伤或致盲受到照射的人眼，在训练与演习中较为安全。

（3）工作波长 $8\sim12\mu m$ 的热像仪相兼容。可以共用光学系统、扫描系统、接收机和电源，从而硬组合系统结构紧凑、体积缩小、重量减轻、成本降低。

（4）效率高。灯泵 Nd:YAG 效率一般为 1%~3%，最高不超过 5%，而 CO_2 激光器的效率一般为 10%~20%，高的可达 25%，从而可减小整机的重量和体积。它的缺点主要是技术要求高，给使用和训练带来一定的困难。目前研制的 CO_2 激光测距机有供坦克用的观瞄合一式，供地面部队使用的便携式和手持式，供机载应用的高重复频率型等。工作方式可选用脉冲式、连续式或调制波方式，探测方法可选用直接探测法和外差探测法。

2) 二极管泵浦固体激光测距机

二极管阵列泵浦的固体（主要是 Nd:YAG）激光器具有以下特点：

（1）效率高。二极管电光转换效率高（40%~50%，而闪光灯为 10%），激光器吸收二极管光的效率高（30%，而闪光灯为 10%），所以二极管泵浦固体激光器（DPL）比闪光灯泵浦固体激光器（如目前的灯泵 Nd:YAG）的效率提高 10 倍左右，从而可使电源和冷却系统的重量减少 90%。

（2）寿命长。二极管寿命显然长于闪光灯，普通激光器寿命为 100 万次，激光二极管阵列寿命达 3 亿次。

3) 新型固体材料激光测距机

这类激光测距机主要工作波长在 $1.5\sim2.1\mu m$ 的人眼安全区，对角膜的安全比 CO_2 激光测距机还好，穿透雾、霾的能力比 CO_2 差，但比 Nd:YAG 激光强。目前采用的固体材料有铒玻璃（工作波长 $1.54\mu m$）、掺铒铝酸钇等。

4) 拉曼频移型激光测距机

受激拉曼散射频移技术，是利用甲烷气体振动模将 Nd:YAG 的 $1.06\mu m$ 波长激光频移到 $1.54\mu m$ 的人眼安全波长激光，腔外拉曼过程是在 Nd:YAG 激光器输出的通路中插入一个简单的高压甲烷盒来实现的。休斯飞机公司在 20 世纪 80 年代中期第一次将拉曼频移激光器装入备选的微型对人眼安全的激光红外观察装置中，整机输出约为 8mJ，测程达 10km。由于腔内功率密度大，因此增加了转换效率，同时改进了光束质量，使腔失调灵敏度减小，从而大大增加了可靠性。拉曼气体循环，可以高重复频率工作，适用于防空火控系统。

8.4 激光雷达

激光雷达是以激光束为信息载体的雷达，由于它把辐射源的频率提高到光频段，因此它不仅可精确测速、精确跟踪，还能探测到微小目标（如细小的导线）。目前激光雷达已用于激光测距、激光测速、激光跟踪、激光导航、障碍回避、激光成像、气象、水下探测以及航天器空间交会对接等多种应用中。

8.4.1 激光雷达的特点

1. 优点

(1) 抗干扰能力强、隐蔽性较好。由于工作在光波段,因而不受无线电波干扰,使激光雷达能在日益激烈的电子战环境中工作;光波能穿透再入大气层目标周围的等离子鞘"黑障区",使激光雷达测量这类目标时信号不中断;低仰角工作时对多路径效应不敏感,能跟踪超低空飞行目标,如掠海飞行的反舰巡航导弹,具有很好的抗地面杂波干扰性能;激光束很窄($1 \sim 0.01$mrad),只有在被照射的那一点和那一瞬间(约10^{-9}s)才能被接收,所以敌方对它的截获概率很低。

(2) 测量精度高。具体体现在距离、角度和速度的分辨力上。

① 距离分辨力高。一般脉冲激光测距机的纵向距离分辨力很容易达到1m,在特殊情况下,可以做到优于2cm。例如,人卫激光测距系统对高度为20000km导航卫星(装有激光后向反射器)进行测距,其测距精度高达2cm。

② 角度分辨力高。例如,天线(望远镜)孔径为10cm的CO_2激光雷达,其角度分辨力为0.1mrad,这与人眼相当,可以分辨3km处0.3m的目标。

③ 速度分辨力高。仍以工作在10.6μm的CO_2激光雷达为例,其多普勒频移为$2kHz/(cm \cdot s^{-1})$,很容易分辨速度为1m/s的目标。

距离和速度分辨力高,意味着可采用距离-多普勒成像技术得到运动目标的图像信息。

(3) 体积小、重量轻。在与微波雷达功能相同的条件下,激光发射望远镜(发射天线)口径一般为厘米级,而微波雷达天线口径一般为米级,大的到20m以上。

2. 缺点

(1) 受气候影响大,不能全天候工作。大气对激光的散射和吸收比微波严重,尤其是在有云、雾、雨时,激光雷达作用距离短。

(2) 不利于大面积搜索,易丢失目标。由于激光雷达还要完成诸如目标搜寻等更为复杂的任务,激光束太窄反而限制了扫描的范围,大面积搜索时容易丢失目标。在这方面激光雷达不如微波雷达,若与传统的雷达相结合,可优势互补。

8.4.2 激光雷达分类

按激光工作方式可分为脉冲激光雷达、连续波激光雷达。按探测方式可分为直接探测雷达和外差探测雷达。按激光雷达的军事应用范围可分为以下类型:

(1) 靶场测量激光雷达(武器试验测量)。用于导弹发射初始段弹道和低空目标飞行轨迹测量、目标飞行姿态测量、导弹再入段轨迹测量等。

(2) 火控激光雷达。包括防空武器火控、地面作战武器火控、空地攻击武器火控、航炮火控和高能激光武器精密瞄准等。

(3) 跟踪识别激光雷达。包括导弹制导、空中侦察、敌我目标识别、机载远程预警和水下目标探测等。

(4) 激光引导雷达。包括航天器交会、对接和巡航导弹地形和障碍物回避。

（5）大气测量激光雷达。包括测量大气的能见度、测量云层的高度、测量风速以及测量大气中各种化学生物物质（如毒剂）的成分和含量。

8.4.3 激光雷达组成及原理

1. 激光雷达组成

激光雷达组成框图如图 8-58 所示。各组成部件的功能分别说明如下。

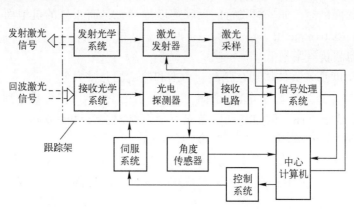

图 8-58 激光雷达组成框图

（1）激光发射器。激光是激光雷达的信息载体，通过它探测目标的特征信息，包括目标位置、轨迹、速度、性质、外形等信息。激光器是激光发射源，根据不同雷达的用途采用不同的激光器。

（2）光学系统。激光雷达的光学系统又称光学天线，其作用与无线电雷达天线相同。发射光学系统又叫发射望远镜，其作用是将来自激光器的激光束发散角压缩，使远处的激光能量密度增大。接收光学系统又称接收望远镜，其作用是接收来自目标反射的激光信号，并将其汇聚到光电探测器的光敏面上。

（3）光电探测器。光电探测器的作用是将光信号转换成电信号。

（4）信息处理系统。信息处理系统的主要功能是对光电探测器探测到的信号进行处理，并提取包括目标的距离、角脱靶量、速度和图像等在内的目标信息参数。

（5）跟踪瞄准系统。跟踪瞄准系统简称跟瞄系统，包括放置激光收发系统的跟踪架、伺服系统和其他辅助的捕获、跟踪设备。

（6）角度传感器。角度传感器由角码盘和解码、读出电路组成。角码盘与跟踪架的转轴刚性连接，分别与方位轴和俯仰轴相连的两个角度传感器给出跟踪架方位和俯仰的精确角位置。

2. 激光雷达工作基本原理

激光雷达最基本的工作原理与无线电雷达没有区别，即由雷达发射系统发送一个信号，经目标反射后被激光雷达的接收系统收集，再经光电转换、处理并获得目标的运动信息。

相干探测型激光雷达又有单稳与双稳之分。在单稳系统中，发送与接收信号共用一个光学孔径，并由发射/接收（T/R）开关隔离。T/R 开关将发射信号送往输出望远镜和发射扫描系统进行发射，信号经目标反射后进入光学扫描系统和望远镜，这时，它们起光学接收的作用。T/R 开关将接收到的辐射送入光学混频器，所得拍频信号由成像系统聚焦到光敏探测器，后者将光信号变成电信号，并由高通滤波器将来自背景源的低频成分及本机振荡器所诱导的直流信号统统滤除。最后高频成分中所包含的测量信息由信号和数据处理系统检出。双稳系统包含两套望远镜和光学扫描部件，T/R 开关自然不再需要，其余部分与单稳系统的相同。

1）激光测距原理

以军事上用得最多的脉冲激光测距为例，按图 8-55 所示，发射光学系统向目标发射激光脉冲，并将激光发射采样信号（以下简称主波）作为信息处理系统测量时间的起始信号。从目漫反射回的激光（以下简称回波）通过接收光学系统，经光电探测器转换成电信号，再经放大后作为时间计数器的终止信号。根据时间计数器所测量的激光脉冲往返时间，计算得到目标距离，即

$$R = ct/2 \tag{8-50}$$

式中：R 为目标距离；c 为光速（$c = 2.998 \times 10^8 \text{m/s}$）；$t$ 为激光脉冲往返时间。

2）激光测速原理

激光雷达有两种测速方法：一种是通过相邻两次测量的距离差除以重复频率得到目标相对测量站点的距离变化速率，再由所测量的角度变化率求出运动目标的速度；另一种是较精确的多普勒测速法，通过测量运动物体引起对入射激光频率的偏移量（即多普勒效应）来计算目标运动速度，反射光相对入射光频率变化值与速度的关系为

$$f_d = \frac{2v}{c\lambda}\cos\alpha \tag{8-51}$$

式中：v 为目标运动速度；λ 为激光波长；c 为光速；α 为激光束与目标运动方向夹角。

3）激光跟踪原理

激光跟踪是利用多元探测器从目标反射的激光回波中提取目标角度信息的测量装置。它将探测到的目标角信息量作为跟踪架伺服系统的驱动信息，使跟踪架视轴与目标夹角朝减小的方向转动，从而使视轴总是围绕目标摆动，对目标进行精密跟踪。

在脉冲激光跟踪系统中，一般采用单模 Nd∶YAG 激光发射器，探测器通常采用四象限光电二极管。四象限探测激光跟踪原理框图如图 8-59 所示。

从目标反射回的激光进入接收光学系统并成像在探测器光敏面上，在四象限光电二极管光敏面上的光斑能量分布反映出入射光束相对接收光轴的夹角。四象限探测体制的角脱靶量（角偏差）数学模型为

$$\theta = K\frac{i_a - i_b}{i_a + i_b} \tag{8-52}$$

式中：i_a、i_b 分别为来自四象限管的上下或左右的激光信号强度；K 为比例系数，与系统焦距、光斑尺寸相关。

当 i_a 和 i_b 分别为左边二象限和右边二象限信号之和时，则由式（8-52）计算得出的是方位角偏差。同样，如果 i_a 和 i_b 分别为四象限上、下信号时，则由式（8-52）计算得

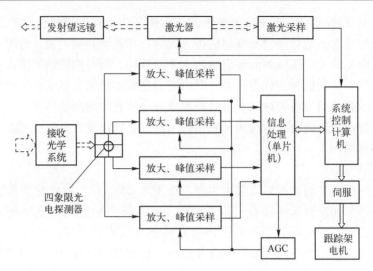

图 8-59 激光跟踪原理框图

出的是俯仰角偏差。当目标与跟踪器接收轴线有一定的角度偏差时，四个探测单元输出幅度不同的电流信号。从四路信号的差异就可计算出目标偏离跟踪器接收轴线的角度信息（脱靶量）。此信息控制伺服系统，即可实现对目标的跟踪。

激光跟踪系统的跟踪精度与目标角脱靶量测量精度和转台跟踪系统性能有关。对于四象限探测的激光跟踪系统来说，影响测角脱靶量精度的因素有系统信噪比（S/N）、目标特性、大气湍流、信号通道的非线性、四路均匀性。其中影响最大的是 S/N 和大气湍流，电路性能引起的误差可以做得很小。对于 S/N 产生的 RMS 误差 σ_s 的表示式为

$$\sigma_s = K \frac{1}{S/N} \tag{8-53}$$

大气湍流引起的误差与可见光电视和红外跟踪相同，一般为角秒量级。用于靶场的激光跟踪雷达的跟踪精度一般可以做到小于 0.05mrad。

4）激光成像原理

（1）扫描成像。采用高重复频率激光脉冲对目标逐点扫描照射，在接收每个脉冲回波信号的同时对跟踪架机械轴角传感器进行采样，然后通过计算机绘出以方位角为横坐标、俯仰角为纵坐标的每点信号强弱的目标图像。简单地说，将目标分成若干个大小相等的方格，依次取出每格中的特征信息，然后再按次序组成与目标方格一一对应的图像。如果采用的是单元探测器，则采用二维扫描成像；如果是采用线列多元探测器，则采用一维扫描成像。

（2）凝视成像。激光凝视成像原理与普通数码相机相同，只是照射物体的光源不同，前者采用的是脉冲激光，后者采用的是自然光或闪光灯。采用激光的优点是可采用窄带滤光片滤去大量非激光的白光，还可采用距离门技术减少后向散射，极大地提高信噪比。

（3）三维成像。三维成像除空间的二维成像外，还增加距离参与成像，因为每个像元都含有距离信息量。例如，采用具有时间分辨力的多元阵列探测器，每个像元都能测量对应目标相应部位的距离，经过信号处理后，获得具有三维空间信息的立体图像。

5) 激光测污及侦毒原理

（1）激光差分吸收探测。采用波长相近的两束激光射向探测区，其中一束激光波长正好对准被测气体分子的吸收峰。由于这两束光波长在光谱上相近，大气中气溶胶对它们的散射截面基本相同，那么两束光的后向散射强度的差别，主要是由于所探测的气体分子对它们的吸收差别所引起的。通过接收两波长激光的回波信号的差分，即可测定被测气体分子的类型和浓度。差分吸收法探测灵敏度高，使测量污染物的浓度灵敏度由百万分之一提高到亿分之一。

（2）激光拉曼频移探测。当气体分子受到强激光照射时，光子与气体分子的振动-转动能级发生相互作用，使得散射光的频率较之入射光产生位移，即拉曼频移。大气中各种物质分子都具有特定的拉曼频移值，采用外差探测技术，测出拉曼频移量，即可测定被测气体分子的类型和浓度。

（3）激光共振荧光探测。利用调谐激光器发射出与被测气体中原子或分子的能级结构相对应的波长，使其产生共振激励到高能态，经一定时间延时（即荧光寿命）又返回到低能态，并发出荧光。每一种原子或分子都具有自身特有的荧光谱，测量荧光谱的波长和强度，可以确定气体分子的类型和浓量。

8.4.4 激光雷达的应用

1. 靶场测量

军用激光雷达最早成功应用于靶场测量。在雷达引导下，将带有激光合作目标的飞行器目标引入激光雷达跟踪视场，然后利用激光自动跟踪或其他光电跟踪手段对目标进行精密跟踪测量。国外主要用于对战术武器试验的飞行轨迹、姿态的测量和对无线电测量雷达的距离标校。国内从 20 世纪 70 年代开始在光电跟踪设备上装置 Nd∶YAG 脉冲激光测距仪，对装有角后向反射器的战略导弹初始段飞行轨迹进行精确测量，最远测量距离达 500km 以上。在 1980 年我国洲际导弹全程飞行试验中，718 激光电影经纬仪对装有角后向反射器的导弹再入段飞行轨迹进行激光测量成功，对确定导弹再入轨迹起到重要作用。激光测量设备从 20 世纪 70 年代末以来，一直是我国武器靶场的主要高精度测量设备。表 8-20 列出具有代表性的靶场激光测量设备情况。

表 8-20 靶场激光测量设备

名称	技术指标						研制单位
	激光器	重复频率/Hz	脉冲功率（或能量）	作用距离/km（合作目标）	距离精度/m	测角精度	
ATARK	Nd∶YAG	60~240	60mJ(60Hz)	—	±0.3	0.1mrad	瑞士康特拉维斯公司
PATS	Nd∶YAG	20~100	50mJ(100Hz)	0.1~40	±0.6	≤0.1mrad	美国 GTE 夕尔凡尼亚公司
ALT-4	Ar⁺	连续	2.5W	0.6~5	—	10″	美国 GTE 夕尔凡尼亚公司
718/331	Nd∶YAG	10、20	20MW	0.5~600	1	—	中国华北光电技术研究所、长春光机所
778	Nd∶YAG	10~100	—	0.5~300	1	≤0.1mrad	中国华北光电技术研究所、成都光电所

2. 空间交会测量

早在20世纪70年代左右，美国用于宇宙飞船空间交会对接的激光雷达就付诸使用。采用GaAs半导体激光器（工作波长为$0.8\sim0.9\mu m$）或低功率CO_2激光器，作用距离为几十千米，测距、测角、测速精度分别为10cm、0.3mrad和0.05m/s，功耗仅几十瓦。

3. 综合火控

综合火控是指火控系统中光电传感器具有探测、捕获、跟踪、测距等战术功能。在大多数的火控系统中，激光主要用于测距；在激光制导武器系统中，激光具有测距/目标指示功能或光斑跟踪功能。一般采用Nd:YAG固体激光器，激光波长$1.06\mu m$或$1.54\mu m$、$1.57\mu m$，后二者为人眼安全波长。

瑞典埃里克森公司研制的用于防空火控系统的激光跟踪器，采用重复频率25Hz、峰值功率4MW的Nd:YAG激光器及四象限探测器，能对目标进行自动跟踪，对飞机测量，作用距离可达10km；它可以与火控雷达组成微波激光雷达；与红外成像跟踪器组成光电火控仪（光雷达）；可单独装在精密基座上，构成火控激光雷达。

美国麻省理工学院为空军研制的机载多功能CO_2成像激光雷达，在测量目标中，能进行自动转换，安装在A-10攻击机上，可准全天候工作。在近空支援任务中，回避地形和障碍物，捕获和识别目标，并实施闭环火控。该系统采用CO_2激光器，具有脉冲发射和连续发射激光两种工作状态；激光波长为$10.6\mu m$，连续输出功率50W；采用外差探测，探测器为线列HgCdTe，成像探测，瞬时视场0.1mrad，最大作用距离3km，距离、速度、角度的分辨力分别为0.15m、2.2m/s和0.08mrad。

4. 远程预警、精密跟踪、瞄准和识别

美国研制的精密跟踪瞄准"火池"激光雷达，主要用于美国导弹防御系统试验对入侵弹道导弹的精密跟踪瞄准和识别，也能对装有角反射器的人造卫星进行精密跟踪和识别，可对再入目标和其他飞行目标跟踪测量。"火池"激光雷达采用CO_2激光器，峰值功率1kW，采用相干探测，对装有角反射器目标的卫星的作用距离远达1500km，角跟踪精度$1\mu rad$。"火池"在20世纪70年代研制成功，并成功地跟踪测量了测地卫星和航天飞机；80年代中期为配合"星球大战"，对"火池"进行了改进，集中采用了一系列新技术：高精度、高强度、小惯量支架技术；高精度快速反应伺服控制技术；自适应光学补偿和控制技术；双跟踪环路（微调镜跟踪环路和望远镜架跟踪环路）；误差处理机和卡尔曼滤波技术等。利用激光束高空间分辨力成像特征对低观测目标进行探测和识别，也是军用激光雷达的重要应用。由于CO_2气体激光雷达存在体积、质量、可靠性等技术上的不足，实际应用只限于靶场试验。

为了战术弹道导弹（TBM）防御需要，美国研制具有激光测距的机载"门警"光电预警系统。它能探测出在助推段或后置助推段的TBM，并测出后置助推段弹道三维数据。"门警"系统中的激光测距分系统，采用由Nd:YAG脉冲激光抽运的KTP光参量振荡器（OPO），输出$1.57\mu m$人眼安全波长激光，脉冲能量为600mJ，脉冲宽度为10ns，重复频率10Hz。由于系统对目标的跟瞄精度小于$5\mu rad$，激光发射光束角仅约$20\mu rad$，而相应的激光接收视场为$30\mu rad$，对弹道导弹的测量距离可达1000km。

5. 直升机防撞

碰撞电力线、铁塔等近地目标是造成武装直升机事故的主要原因。据统计，1975—1980年期间，北约有226架直升机发生这种碰撞事件。国外20世纪80年代末至90年代初先后研制出几种直升机和防撞激光雷达样机。美国的LOTAW系统和英法联合研制的CLARA系统，采用CO_2激光外差成像体制，对标准电力线作用距离为400~1400m；美国研制的OASYS系统，采用GaAlAs半导体激光器，脉冲能量仅8μJ，采用直接探测方式，可探测400m距离处的电力线。

6. 精确制导

精确制导是激光雷达最成功的应用领域。美、英、法等先进国家，早已将用于半主动式制导的Nd：YAG激光测距机/目标指示器装备部队，并在海湾战争、阿富汗战争和伊拉克战争中广泛采用，在战争中发挥了极为重要的作用（详见第9章）。

7. 侦毒和化学战剂监测

用激光可以探测沙林、棱曼、VX和糜烂性毒气等化学战剂，确定其浓度和扩散方向。在20世纪80年代，美国研制成区域侦毒CO_2激光雷达和遥感相干CO_2激光雷达，以差分方式工作时，探测、识别各种汽化物和小的悬浮粒子；以差分散射方式工作时，探测区分大的悬浮粒子。这两种侦毒激光雷达的最大作用距离分别为1.6km和6km。同时，美国还研制成了化学生物探测激光雷达，采用Nd：YAG激光器，发射脉冲宽度为10ns的高功率激光束，聚焦于被测试样上，使它产生等离子体，分析其原子光谱，确定化学战剂的成分。

8. 局部风场测量

不管是民航飞机，还是军用飞机，很多飞机事故是在飞机起飞或降落过程中发生的，其主要是由于局部风场变化（称风切变）太大，飞行员对此无法预计导致的结果。美国研制的机载脉冲多普勒CO_2激光雷达，用于搜集风暴边缘不同高度水平截面内（0.3~20km）的风速和方向数据，还曾用于测量航天飞机着陆时跑道上的风速和风切变。该系统的作用距离20km；测速精度1~2m/s；测角精度18mrad；角度覆盖范围为方位0°~360°，俯仰−5°~90°。近年开始用波长2μm固体激光雷达测量风切变。

9. 水下目标探测

通常水下目标探测的激光雷达采用在水中传输衰减最小的蓝绿激光，一般是倍频Nd：YAG激光器或Ar^+激光器，其激光波长分别为0.53μm和0.5145μm。采用双频（激光波长为1.06μm及其倍频光0.53μm）激光雷达装在直升机上，从机载平台对水下目标（水雷或潜艇）进行快速的探测和定位，不仅可以探测到目标的精确位置，而且利用接收来自水面反射的1.06μm激光回波与来自水下目标反射的0.53μm回波的时间差，精确得出目标离海面的精确深度。采用高重复频率脉冲激光和光机扫描系统，可以对海面水下目标进行快速、大范围的搜索探测。比较有代表性的产品是加拿大光学技术公司与瑞典萨伯仪器公司联合研制的直升机载激光反潜雷达——"鹰眼"反潜系统和美国Kaman公司研制的"魔灯"激光水雷探测系统。这两套水下探测系统都是在20世纪80年代末研制成的，在90年代初就已投入使用。"魔灯"30型曾用于海湾战争中，探测深度为30m。苏联时期研制的"紫英石"激光探测系统已装备在"熊"4型战斗机上,探测深度为45m。

为充分利用激光雷达的优点,克服其缺点,不断扩大应用,正在使用和研制的大多数的激光雷达均设计成组合的系统。例如,将激光雷达与红外跟踪器或前视红外装置、电视摄像机、电影经纬仪和微波雷达等进行组合。与单独的激光雷达比较,这种组合系统具有明显的优点:兼具分系统的优点,各系统能相互取长补短。例如,在使用激光雷达与微波雷达组合系统时,首先利用微波实施远距离、大空域目标搜索、捕获和粗测,然后用激光雷达对目标进行近距离粗雷达密跟踪测量,这样就克服了单独的激光雷达目标搜索、捕获能力差的缺点;而在微波雷达电子战剧烈的环境中,则使用激光雷达,这样又可弥补微波雷达易受干扰和攻击的不足。另外,随着激光二极管抽运固体激光器、激光接收用的焦平面阵列探测器和图像处理技术的快速发展,有望采用全固态激光成像跟踪和识别的激光雷达用于机载、弹载近程武器火控系统。

8.4.5 典型军用激光雷达

激光雷达是一项正在迅速发展的高新技术,在军事部门具有广泛的用途,受到了各国军事部门的极大关注。国际导弹技术控制法明确指出:"激光雷达系统将激光用于回波测距、定向,并通过位置、径向速度及物体反射特性识别目标,体现了特殊的发射、扫描、接收和信号处理技术。"并把激光雷达作为限制扩散的军事技术之一。下面分别介绍军事部门大力发展的几类激光雷达。

1. 侦察用成像激光雷达

激光雷达分辨率高,可以采集三维数据,如方位角—俯仰角—距离、距离—速度—强度,并将数据以图像的形式显示,获得辐射几何分布图像、距离选通图像、速度图像等,有潜力成为重要的侦察手段。

美国雷锡昂公司研制的ILR100激光雷达,安装在高性能飞机和无人机上,在待侦察地区的上空以120~460m的高度飞行,用GaAs激光进行行扫描。获得的影像可实时显示在飞机上的阴极射线管显示器上,或通过数据链路发送至地面站。1992年,美国海军执行了"辐射亡命徒"先期技术演示计划,演示用激光雷达远距离非合作识别空中和地面目标。该演示计划使用的CO_2激光雷达在P-3C试验机上进行了飞行试验,可以利用目标表面的变化、距离剖面、高分辨率红外成像和三维激光雷达成像,识别目标。同时,针对美国海军陆战队的战备需求,桑迪亚国家实验室和Burns公司分别提出了手持激光雷达的设计方案。这种设备能由一名海军陆战队队员携带,质量在2.3~3.2kg,可以安装在三脚架上;系统能自聚焦,能在低光照条件下工作;采集的影像足够清晰,能分辨远距离的车辆和近距离的人员。视场15×15mrad,影像分辨力0.15mrad,作用距离1km,距离分辨力15m。

2. 直升机障碍物规避激光雷达

军事上常常希望飞机低空飞行,但飞机飞行的最低高度受到机上传感器探测小型障碍物能力的限制。且不说阻塞气球这样的对抗设施,在60m以下,各种动力线、高压线铁塔、桅杆、天线拉线这样的小障碍物也有明显的危险性。直升机在进行低空巡逻飞行时，极易与地面小山或建筑物相撞。

现有的飞机传感器，从人眼到雷达，均难以事先发现这些危险物，这种情况在夜间和恶劣天气条件下尤其突出。而扫描型激光雷达因具有高的角分辨力，故能实时形成这些障碍物有效的影像，提供适当的预警。

美国研制的直升机超低空飞行障碍规避系统，使用固体激光二极管发射机和旋转全息扫描器，可检测直升机前很宽的空域，地面障碍物信息实时显示在机载平视显示器或头盔显示器上，为安全飞行起了很大的保障作用。德国戴姆勒·奔驰宇航公司研制成功的障碍探测激光雷达更高一筹，它是一种固体 $1.54\mu m$ 成像激光雷达，视场为 $32°×32°$，能探测 $300\sim500m$ 距离内直径 $1cm$ 粗的电线，将装在新型 EC-135 和 EC-155 直升机上。法国达索电子技术公司和英国马可尼公司联合研制的吊舱载 CLARA 激光雷达采用了 CO_2 激光器，不但能探测标杆和电缆之类的障碍，还具有地形跟踪、目标测距和指示、活动目标指示等功能，适用于飞机和直升机。

许多国家在研制直升机用的障碍回避激光雷达。美国诺斯罗普·格鲁曼公司与陆军通信电子司令部夜视和电子传感器局联合研制直升机超低空飞行用的障碍回避系统。该系统使用半导体激光发射机和旋转全息扫描器，探测直升机前很宽的范围，可将障碍信息显示在平视显示器或头盔显示器上。该激光雷达系统已在两种直升机上进行了试验。

在美国陆军夜视和电子传感器处的指导下，作为陆军直升机障碍回避系统计划的一部分，Fibertek 公司研制了直升机激光雷达系统，用于探测电话线、动力线之类的障碍。该激光雷达由传感器吊舱和电子装置组成，是使用二极管泵浦 $1.54\mu m$ 固体激光器。吊舱中安装激光发射机、接收机、扫描器和支持系统。电子装置由计算机、数据和视频记录器、定时电子系统、功率调节器、制冷系统和控制面板组成。该激光雷达系统安装在 UH-1H 直升机上。

德国戴姆勒-奔驰宇航公司按照联邦防卫技术和采办办公室的合同，研制了 Hellas 障碍探测激光雷达。该激光雷达是 $1.54\mu m$ 成像激光雷达，视场为 $32°×32°$，能探测距离 $300\sim500m$ 的、直径 $1cm$ 以上的电线和其他障碍物（取决于角度和能见度）。1999 年 1 月德国联邦边防军为新型 EC-135 和 EC-155 直升机订购 25 部 Hellas 障碍探测激光雷达。

达索电子技术公司、蔡司电光公司和英国 GEC-马可尼航空电子公司、马可尼 SPA 公司联合研制的 Eloise CO_2 激光雷达，是另一种直升机载障碍报警系统，可提前 10s 提供前方有 5mm 电缆的报警，使直升机能在恶劣气候条件下作战飞行。

3. 化学和生物战剂探测激光雷达

传统的化学战剂探测装置由士兵肩负，一边探测一边前进，探测速度慢，且士兵容易中毒。俄罗斯研制成功的 KDKhr-1N 远距离地面激光毒气报警系统，可以实时地远距离探测化学毒剂攻击，确定毒剂气溶胶云的斜距、中心厚度、离地高度、中心角坐标以及毒剂相关参数，并可通过无线电通道或有线线路向部队自动控制系统发出报警信号，比传统探测前进了一大步。德国研制成功的 VTB-1 型遥测化学战剂传感器技术更加先进，它使用两台 9~11μm、可在 40 个频率上调节的连续波 CO_2 激光器,利用微分吸收光谱学原理遥测化学战剂,既安全又准确。

化学/生物武器是一种大规模毁伤武器。面对不断扩散的化学和生物武器的威胁,许多国家正在采取措施,加强对这类武器的防御。激光雷达可用于化学和生物战剂的遥测。每种化学战剂仅吸收特定波长的激光,对其他波长的激光是透明的。被化学战剂污染的表面则反射不同波长的激光。化学战剂的这种特性,就允许利用激光雷达探测和识别。激光雷达可以利用差分吸收、差分散射、弹性后向散射、感应荧光等原理,实现化学生物战剂的探测。化学和生物战剂探测激光雷达采用的激光器,主要是 CO_2 激光器和 Nd:YAG 激光器。

4. 机载海洋激光雷达

传统的水中目标探测装置是声呐。根据声波的发射和接收方式,声呐可分为主动式和被动式,可对水中目标进行警戒、搜索、定性和跟踪。但它体积很大,质量一般在 600kg 以上,有的甚至达几十吨重。而激光雷达是利用机载蓝绿激光器发射和接收设备,通过发射大功率窄脉冲激光,探测海面下目标并进行分类,既简便,精度又高。如今,机载海洋激光雷达以第二代系统为基础,增加了 GPS 定位和定高功能,系统与自动导航仪接口,实现了航线和高度的自动控制。

美国诺斯罗普公司为美国国防高级研究计划局研制的 ALARMS 机载水雷探测系统,具有自动、实时检测功能和三维定位能力,定位分辨率高,可以 24 小时工作,采用卵形扫描方式探测水下可疑目标。美国卡曼航天公司研制成功的机载水下成像激光雷达,最大特点是可对水下目标成像。由于成像激光雷达的每个激光脉冲覆盖面积大,因此其搜索效率远远高于非成像激光雷达。另外,成像激光雷达可以显示水下目标的形状等特征,更加便于识别目标,这已是成像激光雷达的一大优势。

8.4.6 激光雷达的发展现状和趋势

1. 激光雷达的发展历程

1964 年美国研制成波长为 632.8nm 的气体激光雷达 OPDAR,装在美国大西洋试验靶场,测距精度为 0.6m,测速精度为 0.15m/s,角精度为 ±0.5mrad,对装有角反射器的飞行体作用距离为 18km。

20 世纪 70 年代,重点研制用于武器试验靶场测量的激光雷达,国外研制成多种型号,例如,美国采用 Nd:YAG 固体激光器的精密自动跟踪系统(PATS)、瑞士的激光自动跟踪测距装置(ATARK);美国研制的 CO_2 气体激光相干单脉冲"火池"激光雷达,跟踪测量了飞机、导弹和卫星,最远作用距离达 1000km。

20 世纪 80 年代,在进一步完善靶场激光测量雷达的同时,重点研制各种作战飞机、主战坦克和舰艇等武器平台的火控激光测量雷达。在此期间,研制成具有代表性的产品有采用 Nd:YAG 激光器、四象限探测器体制的防空激光跟踪器(瑞典),作用距离 20km,角精度 0.3mrad。

20 世纪 90 年代以来,随着军事形势的变化,常规武器命中率和杀伤力的不断提高,激光雷达在电子对抗中的作用越来越显得重要，因而国际上着重对激光雷达的实用化进行研究。在解决关键元器件、完善各类火控激光雷达的同时，积极进行诸如前视/下视成像目标识别、火控和制导、水下目标探测、障碍物回避、局部风场测量等方面的激光雷达实用化研究。国外典型的激光雷达如表 8-21 所示。

表 8-21 国外典型激光雷达

名　　称	研制机构	用途及功能	主要技术性能	进展情况
"火池"激光雷达	美国麻省理工学院林肯实验室	用于反导，具有跟踪和目标识别能力	采用 CO_2 相干脉冲激光器，HgCdTe 四象限外差探测，作用距离达 1000km，跟踪精度 $1\mu rad$	1976 年样机，1990 年改进后用于反导系统实验
IRAR 战术多功能激光雷达	美国麻省理工学院林肯实验室	用于战术攻击近空支援火控系统，具有目标探测、跟踪、测距和成像识别功能	采用 CO_2 CW 或相干脉冲激光器，HgCdTe 外差探测作用距离 3km	1981 年样机试验
OASYS 激光成像防撞雷达	美国诺斯罗普公司	用于直升机防撞告警，具有三维成像和测距功能	采用 GaAlAs 激光器，APD 直接探测，视场 25°×50°，电线探测距离为 400m，质量为 18kg	1994 年完成样机试验，中标装备
"门警"系统激光雷达	美国海军和林肯实验室	用于海军战区导弹防御系统的预警探测，具有目标跟踪和测距功能	用 YAC 泵浦 KTP OPO，直接探测，作用距离 100~1000km，精度：1m，$5\mu rad$，由 InSb 红外焦平面阵列提供跟踪信号	20 世纪 90 年代中期研制成功，拟装备 E-2CS-3 预警
"魔灯" ML-30 激光探雷系统	美国 Kaman 公司	用于直升机海中探测水雷，具有大面积扫描、探测、识别和定位功能	采用二极管泵浦脉冲 YAG 激光器，像增强 CCD 探测，探测深度 30m	1991 年装备并参战使用，其后多次改进，1997 年小批量装备

2. 在 2005 年前后形成的装备

（1）多功能综合火控激光雷达。它采用外差探测，有测距、测速、跟踪、目标识别和攻击点选择能力，作用距离为数千米，适于机载。

（2）空间交会对接激光雷达。它使用 GaAlAs 半导体激光器，做脉冲或连续波直接探测，能搜索、跟踪、识别目标和测量相对姿态，作用距离从几米至几十千米，适于飞行器载，可解决自主式自动交会对接问题。

（3）巡航导弹激光制导雷达。采用二极管激光器或二极管泵浦的固体激光器，以直接探测方式做三维成像，用于巡航导弹防撞、中段修正和末制导。

（4）反导预警激光雷达（如表 8-21 中"门警"系统）。

（5）局部风场测量激光雷达。用二级管泵浦的 Ho、Tm：YAG 激光器（$\lambda = 2\mu m$）进行外差探测，速度分辨率优于 0.5m/s，作用距离大于 10km，测量局部空域风速分布，特别是水平风速切变，以修正弹道和防止飞机失控。

（6）机载激光探雷和扫雷一体化系统。采用二极管泵浦 Nd∶YAG 倍频激光器，探测深度大于 30m，搜索速率优于 10~40n mile/h，具有探测、识别、定位和扫雷一体化工作能力。

3. 发展动向和前景

（1）新体制和新应用。常规激光雷达只用于测距、测速、跟踪和二维扫描成像，而近期又报道了包括激光相控阵雷达、动目标指示雷达、干涉雷达和激光 SAR 等新体制研究，只是尚未达到工程应用程度。

（2）二极管激光器和二极管泵浦的全固体激光器将成为激光雷达的重要辐射源。

（3）多传感器集成和多功能一体化。将激光雷达、红外/可见光电视、微波雷达集成于同一平台共用伺服机构（甚至部分共用孔径），形成侦察、测量、制导、火控、监视等多功能装备，已是重要趋势，部分已有装备。

（4）更远的作用距离是不断追求的目标。

总之，激光雷达从功能上要求越来越多；从体积、质量上要求越来越小和越来越轻，这样就要求器件、技术单元甚至整个激光雷达进行集成化，构成激光源、探测单元和信号处理单元一体化；从使用波长上看，激光雷达已向多波长方向发展；从规模上看，激光雷达已向综合、复合联网发展。所以，要求激光雷达的结构越来越复杂，要求性能越来越高，指标越来越苛刻。

8.5 光学遥感

在紫外至红外波段，利用光电子技术手段远距离获取目标及背景信息的技术叫光学遥感技术。因为任何物体都能辐射和反射电磁波，且不同物体的这种辐射、反射特征不同，故可借助光学遥感器获取其特征信息，为军事、国防和建设服务。

8.5.1 光学遥感系统组成

光学遥感系统的结构如图 8-60 所示，系统包括光学遥感器、遥感平台、信息传输与处理设备。

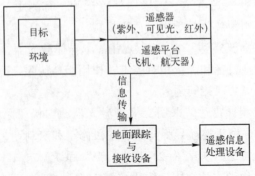

图 8-60 光线遥感系统组成

1. 光学遥感器

在不同的光波段有不同的光学遥感器。例如，长焦距照相机、多光谱照相机、航空照相机、电视摄像机、CCD扫描仪等可用于紫外至近红外波段，而红外辐射计、红外扫描仪、热像仪等可用于中、远红外波段。

照相机用胶卷记录影像信息，具有空间分辨力高和影像符合人眼观察习惯的优点，但难于做实时处理和远距离传送，且受光照和天候条件的限制。采用光电探测器的遥感器，其信息经过光电转换，可以远距离传送和进行实时处理、显示，还能用磁带、光盘、胶片等记录。

光学遥感器有成像式和谱数据式两大类。前者获取目标和场景的图像，如各种相机、扫描仪等；后者获取景物的光辐射强度、光谱分布等谱信息，如辐射计、波谱仪等。在军事上，前者应用得多。

2. 遥感平台

这是遥感器的载体，如高空气球、无人飞行器、飞机、航天器、火箭等。

3. 信息传输与处理设备

对遥感信息必须做辐射校正、几何修正、图像整饰、特征提取、目标分类及各种专题处理，才能满足应用要求。处理方式有光学的和电子学的两种。前者是用光学手段实现图像增强、复原、差异提取、假彩色合成和景物辨识等；后者是用计算机做图像校正、增强、分类、专门信息提取，或用高分辨力彩色屏幕显示甚至制成图片等，其在军事上的应用越来越多。迅速发展的计算机图像处理技术为遥感信息处理提供强有力的支撑，促进其军事应用。

8.5.2 光学遥感系统的军事应用

（1）光学侦察。运用遥感技术实施军事侦察是获取地面、海区甚至地下、水下军事目标信息的重要手段。尤其是卫星遥感信息，常常是现代战争不可或缺的宝贵资源，是战争决策的重要支撑。

（2）红外预警。预警卫星携载红外传感器可以探测和监视洲际导弹、潜射导弹等；卫星组网可覆盖全球，提供15~30min的预警时间。预警飞机上安装红外传感器，也可发现敌方导弹、飞机的行踪。

（3）军事测绘。航空摄影早已用于军事测绘；星载测绘更有优点；卫星遥感资料经过处理可制军用地图。

（4）军事气象服务。气象卫星通过各种光学遥感器可实时获取全球气象资料，提供准确气象信息为军事服务。

8.5.3 全景摄影航空相机

图8-61是这种相机的示意图。一平行于航向的狭缝式视场光阑作垂直于航向的扫描，把地面很宽横向范围（以左右地平线为极限）的场景逐条依序记录于底片；扫完一幅后自动卷片，准备扫描下一幅。由于扫描过程中载体在飞行，其影像会有变形，加之扫描中物距变化，放大率会不同。

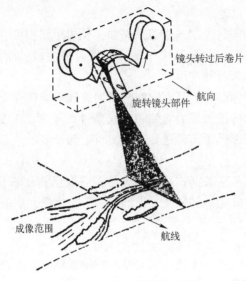

图 8-61　全景摄影示意图

8.5.4　定狭缝摄影航空相机

图 8-62 是此类相机示意图。它以一垂直于航向的狭缝视场光阑对应于地面一条带范围，底片的运动与载体运动同步，相机摄得一条不分幅的长条照片。它与上述系统不同，其狭缝是不动的。

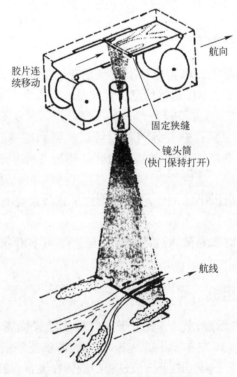

图 8-62　缝隙摄影示意图

8.5.5 多光谱相机

多光谱摄影是一种重要的光学遥感技术。它采用不同的滤光片和胶片组合，同时对同一景物拍摄几张波段不同的黑白照片，准确识别景物中的特定目标。采用多光谱成像技术能充分揭示出目标隐含的光谱反射特性，多幅图像的光谱分析更能反映目标内在的真实特性，提高光电设备对目标的侦察识别能力。在航空、航天遥感器中，它们有三种类型：

（1）多相机型。用几部相机装为一体，每部有互不相同的滤光片和各自的胶片。如美国 Apollo-9 飞船上的 SO65 即有四部相机（焦距，$f'=80$，胶片宽 $b=70$），谱段各为（μm）0.5~0.9（黄）、0.48~0.6（绿）、0.7~0.9（深红）、0.6~0.7（红）；F 数各为 8，4，16，4；曝光时间依次是 1/250，1/125，1/250，1/250（s）。

（2）多镜头共胶片型。它把多个镜头和相应的滤光片组合，在同一胶片上记录各自的黑白影像，同时做显影处理。如美国 Mark-1 四镜头四谱段相机即为一例。

（3）单镜头分光型。它只有一个镜头接收物光束，镜头后设置的分光镜实行谱段划分，在一条或几条胶片上得到多谱段的黑白照片。

8.5.6 多光谱摄像机

用摄像管、CCD 等取代胶片，可构成多光谱摄像机，如美国 Landsat-1/-2 卫星上的 RBV 系统，其三波段为 0.475~0.575μm、0.58~0.68μm、0.69~0.83μm。美国 U-2 的 Senior-year 以及洛克希德·马丁公司的"赛尔斯"光电侦察系统均采用多光谱传感器，能提供高清晰度的 7 频段视频和红外图像。

热成像技术使多光谱摄像的波段延伸至长波红外。例如美国 Skylab 的 S-192 系统，其光谱区为 0.4~12.5μm，热像探测器为 HgCdTe，可见光和近红外区的探测器是硅和 PbS。输出为 8 位的数字信号，瞬时视场 0.18mrad，飞行高度 435km，对应的地面分辨力为 78m。

8.5.7 超光谱摄像系统

目前的多光谱成像，一般划分为几个至几十个波段，每段的宽度约 0.05~0.1μm，而超光谱成像则谱段为几百个，段宽约 0.01μm。例如美国"海军地图观测"（NEMO）卫星系统，在 0.4~2.5μm 波段分 210 个光谱通道提供海岸区图像，在 30km 的幅宽度内以 60m 做地段采样，轨道高为 605km。

超光谱成像通常是利用隙缝和棱镜或光栅分光计获得，可提供特殊目标鉴别用的很窄的光谱特性，或可对数量较少或较宽的频带进行自适应测量。超光谱传感器在巴尔干冲突中初次露面，其最佳用途是对照自然背景发现人工目标。目前，BAE 系统公司正向美军交付 AURORA 型第四代超光谱传感器，其载荷重 13.6kg，含有一个 600 万像素的超光谱传感器，用于 RQ-7"影子"无人机探测简易爆炸装置。美国 TRW 公司的最新型 TRW IS-3 超光谱成像仪，波段范围在 0.4~2.5μm，有 384 个连续光谱通道，且可见光近红外带宽仅为 5nm，短波红外也只有 6.25nm，信噪比很高（几百比 1），有极强的目标鉴别能力；光谱分辨率高（典型值 5~10nm），这对识别伪装、分辨敌友、目标定类和地雷探测等非常重要，将安装在"影子200""猎人""捕食者"或"全球鹰"上。

思考题

1. 微光像增强器对图像的像增强作用是如何实现的？其主要特性有哪些？
2. 早期的微光夜视仪为什么要进行强闪光防护？
3. 微光夜视仪对像增强器有哪些技术要求？请说明原因。
4. 微光夜视系统分几类？各有什么特点？
5. 已知观测条件 $E_0 = 2 \times 10^{-2}$ lx，$\rho_0 = 0.2$，$\rho_b = 0.1$，$\tau_0 = 0.9$，$f'_0 = 90$mm，$D_0/f'_0 = 1/1.5$，待测目标人和坦克的临界尺寸 H_m 分别为 0.4m 和 3m，要求能识别上述两类目标，请估算出它们的识别距离 d_R。
6. 简述脉冲式激光测距系统的工作原理。
7. 影响脉冲式激光测距系统精度的因素有哪些？若基准振荡器的振荡频率为 75MHz，与其对应的测距误差为多少？
8. 试给出脉冲式激光测距系统测量距离估算的计算过程（用公式表示），并分析影响脉冲式激光测距系统测量距离的因素。
9. 与微波雷达相比较，激光雷达具有哪些优点？

第9章 光电打击

光电打击目前尚没有明确的定义，这里指的是利用光电武器装备对敌方发动攻击的一类军事行动。光电打击与普通的攻击不同，其最大的优点就是打击精度高，因而又称为光电精确打击。实现光电精确打击的装备主要包括跟踪、火控系统（包括光电制导系统），是指为完成对来袭目标实施精确打击的使命，而采用的对目标运动参数进行高精度测量的光电探测系统。这类系统能实时探测目标的三维运动参数（高低、方位、距离）并进行高精度火控解算，如机载光电火控系统、红外制导系统等。本章重点介绍光电制导和光电火控系统及技术，它们是实施光电精确打击的光电武器装备。除此之外，还对能有效增强打击效果的光电引信技术进行初步介绍。

9.1 光电制导

在20世纪，尤其是八九十年代，精确制导武器取得了显著的进展。精确制导武器（PCW）利用各种传感器和信息网获取待攻击目标的位置、速度、图像及特征状态等信息，经分析和处理后实时修正或控制自身的飞行轨迹，使之最终命中目标，具有相当高的命中精度。光电制导武器是精确制导武器的重要组成部分，光电制导技术是光电制导武器的核心技术，也是光电子技术在军事领域中的重要应用技术。

9.1.1 光电制导技术的特点及发展

1. 技术特点

半个世纪以来，光电子技术、光学技术和目标特性研究的进展，为光电制导技术发展及武器装备应用提供了良好技术基础。新型光电探测器、新型激光器和先进光学系统的开发，都为光电制导武器与制导技术带来革命性变化，具体的发展特点如下：

1）波段范围宽

与微波雷达相比，光学波段很宽，大致在 $0.2 \sim 1000 \mu m$ 波段内。可见光波段（$0.4 \sim 0.75 \mu m$）内存在大气窗口，但在某些波段内呈现"不透光"的现象；在短波红外（$1 \sim 3 \mu m$）、中波红外（$3 \sim 5 \mu m$）和长波红外（$8 \sim 14 \mu m$）三个红外窗口，红外制导技术已得到充分的开发并广泛应用于武器装备中；甚长波红外波段（$14 \sim 22 \mu m$）正在开发利用中，太空中目标温度与背景温度很低，利用甚长波红外有利于探测深空背景中的低温目标。

紫外波段（$0.2 \sim 0.4 \mu m$）已用于紫外被动制导技术中。由于飞机发动机喷焰的温度不高，紫外波段发射的能量又较低，紫外目标特性不明显，制约了该波段在武器装备中的应用。但对于采用固体火箭发动机一类超高速飞行器，其喷口温度很高，发动机喷焰二次燃烧也会产生丰富的紫外辐射能量，易于被紫外传感器接收。例如，典型的"毒刺后续型"便携式防空导弹采用了中波红外/紫外双色探测制导技术。

激光制导技术已重点开发了波长 $1.064\mu m$ 的半主动激光寻的制导武器，得到了大量应用并取得明显效果。但实战使用表明，该波段激光制导武器由于受战场烟尘和气象条件的影响较大，因此，正在研制新的波长激光制导技术和新一代主动激光成像制导技术。

2）制导模式多

精确制导技术重点研究弹上寻的末制导，即导引头技术。由于光学波段已得到较好的开发和利用，所以光电导引头可采用的制导方式比较多。制导武器按工作波段可分为三大类，即红外制导、激光制导和电视制导；按导引头工作体制可分为主动制导、半主动制导和被动制导。红外制导和电视制导一般为被动制导体制，激光制导多为半主动制导体制，激光驾束式制导体制也有应用，激光主动成像体制正在开发之中。红外制导按探测跟踪方式分为红外非成像（点源）制导和红外成像制导。发展中的光电多模复合制导是多种光电传感器复合或光电传感器与微波雷达传感器复合制导，多种传感器同时工作或按一定程序交替工作。除光电寻的末制导之外，尚有光学（红外、可见光）前视景像匹配制导或下视景像匹配制导、光电指令（光学视线指令、光学非视线指令）制导。

光电制导武器模式多样化特点体现了光电制导技术领域对光电子技术研究成果在武器装备中的创新性应用。

光电制导武器问世仅有 50 多年的历史，但发展势头迅猛。这一切都源于光电子技术及各项相关专业技术的高速发展，为光电制导武器系统设计、研制、集成提供了必要的技术支持和多种选择。每当光电子技术领域开发新波段、新技术、新方法，光电制导技术领域就迅速利用其研究成果并应用于武器装备中。例如，红外探测器工作波段由短波发展到中波和长波，探测器元数由单元发展至多元、线列、焦平面阵列，其每一项进步都为红外制导武器的发展带来良好的机遇。例如，美国出现了典型的"红眼睛""毒刺"和"毒刺后续型"三代红外非成像制导的便携式防空导弹及光机扫描成像、凝视焦平面阵列成像二代红外成像制导武器。因此光电子技术领域的进步与发展，推动光电制导武器不断迈上新台阶，发展新品种。

2. 发展概况

首次出现在 20 世纪 50 年代的光电制导武器是红外制导的空空导弹，而在 60 年代出现的激光制导航空炸弹，其圆误差概率或直接碰撞命中目标的概率很高，常规武器与之无法比拟，当时被誉为"灵巧"武器，开拓了"精确制导"新概念。

光电精确制导武器种类很多，而在近代高技术局部战争中用得最多而最有成效的是红外制导武器、激光半主动制导武器和电视制导武器。

1）红外制导武器

20 世纪 60 年代以来，红外制导武器的工作波段由短波红外发展到中波红外，使空空导弹和便携式防空导弹从只能尾随攻击飞机发展到具有全向攻击飞机能力；探测器工作波段从中波红外扩展到长波红外，使红外制导武器从只能跟踪高温目标发展到具有跟踪常温甚至较低温度目标的能力；红外制导武器所用的探测器由单元发展到多元、线列及焦平面阵列，探测器灵敏度和分辨力不断提高。红外制导武器是历次高技术局部战争中使用最多、取得成效最显著的制导武器。据统计，历次局部战争中损失的作战飞机中，90%以上是红外制导导弹击落的。

20世纪70年代中期以后，红外制导武器的工作体制由非成像发展到红外成像，由点源跟踪发展到成像跟踪，并由第一代红外光机扫描成像发展到先进的凝视红外成像。作为典型的信息化兵器，红外成像制导武器已开始广泛应用于现代局部战争中，并将在今后战争中发挥更大的作用。目前，有许多国家正在加紧开发基于新型传感器的新一代红外成像制导武器。

2）激光半主动制导武器

20世纪60年代，美国成功地把激光技术应用于武器装备中，研制成了风标式速度跟踪体制的第一代"宝石路"Ⅰ型激光制导炸弹，并立即在越南战场投入使用，取得极大成功。70年代中期，美军针对战场使用中暴露出的问题，对第一代激光制导炸弹的制导系统和挂载机构进行改进，提高了制导精度和抗干扰能力，并减少了投弹时对载机的机动性限制，成为"宝石路"Ⅱ型激光制导炸弹，但仍保留风标速度跟踪体制。80年代后，美国开始发展具有陀螺稳定机构、比例导引体制的第三代激光制导武器，由原来单纯对付地面静止目标发展到对抗坦克、军舰、直升机等多种运动目标，并在直升机上大量装备激光制导反坦克导弹，成为地面集群坦克、装甲车辆的"克星"。

激光半主动制导武器已在历次局部战争中大量使用，并取得十分明显的战斗效果。如海湾战争中，美军不仅大量使用了激光制导炸弹和反坦克导弹，还发射激光制导炮弹。"沙漠之狐"军事行动中，美军共投掷55枚"宝石路"Ⅱ型和6枚"宝石路"Ⅲ型激光制导炸弹，命中率达75%。

3）电视制导武器

自20世纪60年代以来，电视制导武器已经历三个发展阶段。第一代模拟式，第二代数字电视制导武器，共有十余种型号装备部队。其中，第一代典型型号有美国的"白眼星"、GBU-15和苏联KAB-500型电视制导炸弹；第二代有美国的"秃鹰""幼畜"（AGM-65A/B）、AGM-130电视制导炸弹和导弹。有的电视制导武器发射前由人工锁定目标，有的发射后自动锁定目标。发达国家已都采用灵敏度和分辨力高、探测能力强、低照度下工作性能好的电荷耦合器件（CCD）摄像机。

电视制导武器已用于现代局部战争，并取得很好的战果。海湾战争中，美军曾使用"白眼星"、GBU-15、AGM-65A/B、AGM-130等多种型号的电视制导武器，ACM-65A/B的命中概率达到80%以上，GBU-15实战命中概率超过85%。

第三代，即新一代智能型电视制导武器正在发展中，例如，以色列和美国联合研制的HaveNap电视制导导弹命中概率可达94%，其精度足以攻击一个指定建筑物的门窗，能有效攻击地面高价值目标。然而，电视制导的致命弱点是只能在白天能见度好的条件下才能发挥武器的效能，因此在使用上受到天气条件的严格限制，而且随着红外成像制导技术的发展，会更多使用红外制导武器。

9.1.2 光电制导技术分类和基本概念

包括光电制导技术在内的精确制导武器是通过弹上的探测和制导系统，随时测定它与目标的相对运动，根据偏差的大小和运动状态形成控制信号，控制制导武器的运动轨道，使之最终命中目标。所以制导系统是精确制导武器的核心。现在精确制导武器上运用的制导技术有下列几种。

1. 遥控制导

遥控制导是以设在精确制导武器外部的制导站完成目标和导弹的相对位置与相对运动的测定，然后引导制导武器飞向目标。遥控制导分为指令制导和驾束制导两类。

1）指令制导

制导站根据制导武器在飞行中的误差计算出控制指令，将指令通过有线或无线的形式传输到制导武器上，控制制导武器的飞行轨迹，直至命中目标。指令制导又包括有线指令制导与无线指令制导。

（1）有线指令制导。其指令靠导线传输给导弹，主要用于射程为几千米的反坦克导弹。它依靠射手目视观察发现目标并进行定位，在能见度好、地形平坦、射手操作熟练的情况下，有很高的命中精度。现代的有线指令制导多是"光纤制导"，采用光纤传输指令，由装在导弹上的电视摄像机获取目标的图像，并将其下传到制导站；制导站形成控制指令再经光纤上传到导弹。这种制导方式可供给制导站直视达不到的山坡和障碍物后面的目标图像，因此制导距离可达几十千米甚至上百千米。

（2）无线指令制导。它的指令是靠无线方式（如雷达波束或激光束方式）传输给导弹的。它由制导雷达分别测出目标和导弹的相对位置和速度，并经计算形成控制指令，然后用天线发出无线电遥控指令，纠正导弹的飞行，直到命中目标。这种制导方式的作用距离远，弹上设备少；但其缺点是易受外界干扰且当制导距离越远时制导精度越低，故一般只作为中段制导使用。

无线指令制导的另一种形式是电视遥控制导。电视摄像讥装在导弹头部，它将目标和背景的图像通过发射机发送给制导站，由制导站形成指令再发给导弹，引导导弹击中目标。这种制导方式的优点是在多目标情况下，操作人员可以选择最重要的目标进行攻击；其缺点是指令多易受电子干扰，且图像质量受能见度影响很大。

2）驾束制导

驾束制导系统由指挥站和精确制导武器上制导控制装置组成。制导站发现目标后，通过雷达波束或激光束照射目标，当导弹发射后飞入波束，导弹的控制装置自动测出它偏离波束轴线的角度和方向，控制导弹沿波束轴线方向飞行，由于天线轴线始终对准目标，故能引导导弹命中目标。

为使制导精度高，波束应很窄。波束窄则导弹又难以进入，为解决此矛盾，制导站通常要发出宽窄不同的两个照射波束，两波束轴线重合，宽波束用来粗制导，窄波束用来瞄准目标。

驾束制导的优点是可以同时制导数枚导弹，且由于控制装置直接接收波束能量，不易受干扰。其缺点是攻击过程中，制导站必须始终照射目标，因此制导站易受敌方的攻击。这种制导方式缺乏同时攻击多目标的能力。

2. 地图匹配制导

地图匹配制导也称为地形匹配制导，它是利用图形识别技术完成导弹制导的。其基本原理是把飞行路线中若干地区的地面特征图，预先存储于弹上，当飞行到这些地区时，将导弹探测器现场实测到的地面图像同预先存储的地面图像相对照，比较两者的差别，根据地图对应的误差计算出导弹的飞行误差，再由弹上计算机算出控制指令，修正弹的航向，使之沿预定的航线飞向目标。

存储在弹上的地面图像是由侦察卫星或其他飞行器预先测定的，经过计算机处理成数字信息后存储在弹上计算机中。

地形地貌的特征图像因照射能量不同而不同。其中有可见光电视图像匹配制导、微波雷达图像匹配制导、红外图像匹配制导和激光雷达图像匹配制导之分。

地图匹配制导的制导精度与射程无关，即使导弹射程几千千米，也能达到较高的精度，已经做到圆误差概率小于30m。今后随着摄取图像质量的提高和弹上计算机内存及运算速度的提高，误差将越来越小。

地图匹配制导要求弹上计算机有庞大的内存容量，能存储大量的数字地图。所以，导弹一般不采用全航程地图匹配制导，而是全航程的若干点上用地图匹配制导方法校正惯性制导的误差，或者用地形匹配方法进行末制导。实际系统是惯性制导加地图匹配制导系统。

3. 寻的制导

寻的制导是指导弹能够自主地搜索、捕捉、识别、跟踪目标的制导。它是精确制导武器主流制导方式。由于寻的器装置都装在精确制导武器的头部，故又称为"导引头"。

寻的制导根据目标信息的物理特性不同，分为紫外寻的制导、红外寻的制导、可见光电视寻的制导、激光寻的制导、微波和毫米波寻的制导。这里仅介绍红外寻的制导、电视寻的制导和激光寻的制导。根据目标信息的来源不同，又可分为主动式、半主动式和被动式寻的方式。

1) 红外寻的制导

红外寻的制导是利用装在弹上的红外探测器捕获和跟踪目标辐射的红外能量实现被动寻的制导。红外寻的制导分红外非成像制导和红外成像制导两大类。

（1）红外非成像制导，也叫红外点源制导，是目前导弹常用的制导方式。它的优点是制导精度高，攻击隐蔽性好。但它的缺点也很突出：受云、烟尘和雾的影响大；只能提供目标的方位信息，不能直接提供距离信息；易受曳光弹、红外诱饵、阳光和其他热源的干扰。

（2）红外成像制导是正在发展中的新型红外制导方式。由于它采用红外焦平面阵列探测器探测目标的红外辐射，因而可获得目标的红外图像，其图像与电视图像近似。它最突出的优点是具有目标识别能力，甚至可以识别目标的局部部位，所以制导精度高，而且有昼/夜全天时工作能力和抗干扰能力。

2) 电视寻的制导

电视寻的制导利用装在精确制导武器头部的电视摄像机获取目标图像信息，控制导弹跟踪并命中目标。电视寻的制导的特点是能提供清晰的目标影像，因此具有目标识别能力。它不仅制导精度高，而且便于鉴别真假目标，不受电磁干扰影响。它的主要缺点是由于依靠目标的阳光反射被动寻的，不能提供距离信息，且受气象影响很大，在能见度低时作战效能很差，不能夜间工作。

3）激光寻的制导

激光寻的制导是由弹外或弹上的激光束照射在目标上，弹上的激光导引头接受目标漫反射的激光，实现对目标的跟踪和对弹的控制，使弹飞向目标的一种制导方法。

按照激光源所在的位置不同，激光寻的制导有主动和半主动之分，迄今只有照射光束在弹外且波长为 1.06μm 激光半主动寻的制导得到应用。多年来在多次局部战争中大量使用了这类武器，取得了很好的效果。

激光半主动寻的制导的特点是制导精度极高、抗干扰能力强、结构较简单、成本较低。其主要缺点是，由于在摧毁目标之前必须用激光指示器始终照射目标，被敌人发现的可能性较大，而且机动性较差；另外受天气条件影响较大。

如果将激光成像雷达装在制导导弹上，则有激光成像主动寻的制导。激光成像雷达是一个激光发射/接收系统，它扫描所需观察的景物得到其"图像"，能给出目标的距离、速度、角度和反射光强度等多个特征参数。因此，它是真正具有"发射后不管"功能的激光主动制导的核心技术，但过去由于受激光器体积和探测器技术发展水平的限制，发展比较缓慢。

4）多模复合寻的制导

多模复合寻的制导是指有多种模式的寻的导引头参与制导，共同完成导弹的寻的任务。

目前应用较广的是双模寻的制导系统。如被动雷达/红外双模寻的制导系统、被动红外/紫外双模寻的制导系统以及正在开发中的激光成像雷达/被动红外成像寻的制导系统等。

多模复合寻的制导的优点是发挥各单一模式的优点，相互取长补短，形成制导系统寻的性能的综合优势。例如，被动雷达/红外双模复合寻的体制，被动雷达有作用距离远，且采用单通道被动微波相位干涉仪能区分海上多路径引起的镜像目标；红外制导有视场角较小、寻的制导精度高的优点。两者结合起来，实现精确制导武器的远区用被动雷达探测，近区自动转换到红外寻的探测，使导弹具有作用距离远、命中精度高和低空性能好的优点。

9.1.3 激光制导

激光制导是利用激光获得制导信息或传输制导指令，使导弹按一定导引规律飞向目标的制导方法。

1. 系统构成

原则上讲，雷达制导的一些基本概念可以引用到激光制导技术中，只是制导用的信号源是激光相干光源。激光制导技术的分类也可以沿用原来描述雷达制导的原则。激光制导技术的分类及适用的武器系统如图 9-1 所示。

激光制导系统的构成与其类型有关，下面将以半主动激光寻的制导和激光驾束制导为例说明激光制导系统的构成。

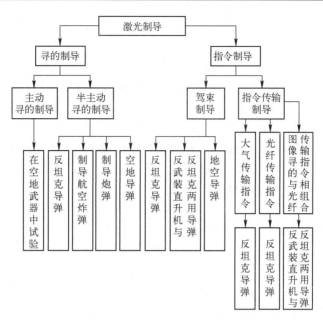

图 9-1 激光制导技术的分类及适用的武器系统

图 9-2 是半主动激光寻的制导系统构成。激光目标指示器又称为激光照射器，是激光信号源。它除了包括激光发射机外，还有发送激光和观瞄目标的光学系统以及对目标进行跟踪的装置。有些激光目标指示器还具有测距功能，可为武器的火控系统提供目标的距离数据。半主动寻的制导武器除了战斗部、气动稳定翼、火箭发动机（对导弹）等外，核心是半主动激光导引头。

图 9-3 是激光驾束制导系统构成。这时的激光照射器不起指示目标的作用，而是产生控制武器飞行的激光波束。当然光束也要指向目标，使弹在光束中飞行达到命中的目的。驾束制导用的激光照射器中，除激光发射机、跟踪装置、光学系统外，还有激光空间编码机构。

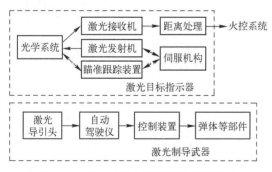

图 9-2 半主动激光寻的制导系统构成

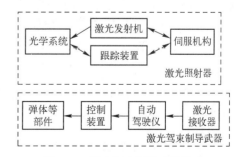

图 9-3 激光驾束制导系统构成

激光驾束制导武器上没有激光导引头，但在尾部装有激光探测系统，该系统能感知目标在激光照射器发出的具有空间编码特征的激光波束中的位置，并送给控制系统，实现对武器的控制。

2. 半主动激光寻的制导原理和构成

1) 制导规律

制导规律是指制导过程中，调节武器飞行参数所遵循的某种规律。从原则上讲，雷达制导规律都可以用于激光制导，但真正在激光寻的制导武器上应用的是速度追踪制导和比例导航制导两种。

（1）速度追踪制导。速度追踪制导规律要求制导武器的速度矢量指向目标。弹上导引头除了要探测目标反射的激光信号，还要测出目标视线与武器速度矢量之间的夹角，如图9-4所示。图中 q 是目标视线角；θ_c 是武器速度矢量与水平线夹角（弹道倾角），导引头测出的误差角 ε，制导规律的数学方程是

$$\varepsilon = q - \theta_c = 0 \tag{9-1}$$

要实现这一制导规律，首先要在导引头上建立速度矢量的测量基准，然后要通过探测激光光斑位置测出 ε 角。这种速度追踪导引头一般通过万向支架与弹相连，并有风标机构，这样在武器飞行过程中，风标机构使导引头轴线顺向弹的运动速度方向（相对于大气），此轴线就成了测量误差角的基准轴。当存在较大风速（大气运动）时，这一测量基准会存在原理误差。这种制导规律适合攻击慢速、大目标的武器系统，例如，许多国家的半主动激光制导航空炸弹就采用这种风标式导引头来实现速度追踪制导。弹上控制系统按导引头测出的误差信号转动舵面，经弹体动力学环节，逐步使误差趋向零。

（2）比例导航制导。比例导航制导规律要求弹的横向加速度与目标视线角速度成正比，即弹上速度矢量的旋转角速度与视线角速度成比例。这种导引头首先要跟踪目标（激光光斑），并测出视线角速度。这通常是通过将陀螺机构装在导引头中来实现的。图9-5是比例导航制导原理。图中 q 为目标视线角；θ_c 为弹道倾角；θ_1 为导引头瞄准角。首先导引头对目标跟踪，使 $\theta_1 \to q$，然后测出视线角速度 $\dot{q}$，通过控制系统使弹变化，并使 $\dot{\theta}_c = K\dot{q}$。这就是比例导航制导的数学表达式，其中 $\dot{\theta}_c$ 为弹道倾角速度，K 为导航常数。

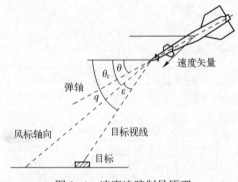

图9-4 速度追踪制导原理

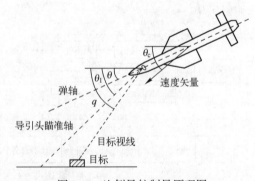

图9-5 比例导航制导原理图

比例导航制导比速度追踪制导复杂，制导精度更高，并能克服风的影响，适用于攻击快速运动目标。激光制导炮弹和激光制导空地导弹采用这种制导规律。

2) 激光导引头

在半主动寻的制导中，无论采用哪种制导规律，都需要有导引头。激光导引头有两项

任务：探测目标反射的激光能量；按制导规律测定某参数，送入控制系统。为完成这两项任务，激光导引头需由光学系统、激光探测器、机械部件和电子部件构成。

（1）光学系统。导引头光学系统起着收集汇聚激光能量的作用，头部有整流罩，探测器前有滤光片。光学系统可以是纯透射式的，也可以是折反射式的，其焦距、口径要根据对导引头的视场和探测灵敏度的要求进行设计。光学元件可以装在万向支架上，以适应激光光斑跟踪的要求。由于目前的半主动激光制导武器多采用 $1.06\mu m$ 波长的激光，所以光学系统一般用玻璃材料及镀金属层的反射镜组成。

（2）激光探测器。激光导引头的探测器多为四象限光电二极管，它由四只互相独立的光电二极管组成。其响应波长应与激光指示器发射的波长一致。由于半主动激光制导常用 $1.06\mu m$ 波长，所以探测器用硅材料制成。目标反射的激光光斑经导引头光学系统成像于光学系统焦平面附近的探测器上，四个象限输出反映了聚焦光斑在四个象限上的分布，比较相互间的大小，可以得到导引头轴线和目标视线之间角误差在两个通道上的大小和方向（一对对角的象限反映一个通道）。

作为四象限探测器的延伸，也有采用双四象限和多元探测器的形式。例如，俄罗斯的激光制导炮弹采用双四象限探测器，在捕获目标阶段用面积大的四象限，而在跟踪阶段则用中央的小面积的四象限。

（3）机械部件。机械部件起着支承光学系统、探测器和部分电路以及与弹体相连的作用，同时要通过导引头机械部件和其他部件实现制导规律。

（4）电子部件。激光导引头的电子部件对探测器输出信号进行放大处理，一般要有自动增益控制电路，以防止导引头接近目标时，信号过强。在比例导航制导的导引头中，电子部件还包括陀螺电路，完成跟踪和输出视线角速度。

3）激光目标指示器

激光目标指示器是激光制导武器系统的重要组成部分。在半主动寻的系统中，激光目标指示器要保证激光光斑始终稳定在要攻击的目标上，同时其激光功率经目标反射后进入导引头的部分能满足导引头最小可探测信号的要求。激光目标指示器可以是地面使用的，也可以装在车上和飞机上。激光目标指示器可分为激光器、瞄准和发射光学系统以及跟踪装置三个主要部分。有的激光目标指示器还装有激光接收系统，从而具有测定目标距离的功能，即目标指示激光测距合一。

（1）激光器。激光器是半主动寻的制导的信号源。目前用得最多的是脉冲 Nd:YAG 激光器。其典型参数是：激光波长 $1.06\mu m$，脉冲宽度 $10\sim 12ns$，重复频率 $20Hz$，脉冲能量 $30\sim 100mJ$，发散角 $1\sim 5mrad$。

为了实现在同一个战区分别用多枚制导武器攻击不同的目标，并提高抗干扰能力，在激光目标指示器中增加激光编码机构。编码的方法很多，在武器上使用的有脉冲 0、1 编码，脉冲间隔编码和脉冲重复频率编码三种类型。

（2）瞄准和发射光学系统。瞄准光学系统可以是独立的瞄准具，也可以与火控系统相结合，用于瞄准、捕获所要攻击的目标。发射光学系统则起到压窄光束发散角的作用。在地面激光指示器中，瞄准和发射光学系统比较简单，而在机载激光目标指示器中，由于相对运动速度较大，瞄准和发射光学系统往往与跟踪系统组合在一起。

(3) 跟踪装置。由于激光本身对目标和背景的识别能力不强，在激光目标指示器中还必须有其他的手段来识别和跟踪目标。常用的跟踪手段有手动跟踪、半自动跟踪、电视自动跟踪、红外自动跟踪和激光光斑自动跟踪等。

3. 激光驾束制导原理和构成

1）制导规律

驾束制导规律是"三点法"制导律，即在武器制导飞行过程中，激光照射器、弹、目标三点始终在一条直线上。

激光驾束制导一般都是用同一激光束跟踪目标，并控制弹的飞行。它较多地用于地空武器系统中。图9-6是激光驾束制导地空导弹系统的示意图。其制导的基本过程是：激光照射器先捕获并跟踪上目标，给出目标所在方向的角度信息，然后经火控计算机控制导弹发射架，以最佳角度发射驾束导弹，使它进入激光波束中，进入波束的方向要尽量与激光束轴线的方向一致。在飞行过程中，弹上激光接收机接收到激光器直接照射在导弹上的激光信号，并从中处理出驾束制导所需的误差量，即弹体轴线与激光束轴线的偏离方向和大小，由它送入弹的控制系统，操纵舵面或

图9-6　激光驾束制导地空导弹系统

改变推力方向，使弹的飞行方向改变，从而使弹体轴线顺向激光束轴线。在这个过程中，目标在运动，激光照射器要不停地跟踪目标，使激光束轴线始终指向目标。

2）空间编解码

驾束制导的核心问题是判断弹在激光束中相对光束中心的位置，是通过一套空间编码和解码机构来实现的。

在驾束制导用的激光发射器中，利用激光某种特性随光束中空间位置的变化就可以进行空间编码，即设法使光束中某一位置处的激光特性包含位置信息。在弹上接收系统中有解码机构，根据探测到的包含了位置信息的激光特性，处理出弹在光束中偏离的位置。激光驾束制导所采用的激光空间编码方式有扫描编码、相位调制编码、频率调制编码和偏振编码。

3）驾束制导的激光照射器和接收器

驾束制导的激光照射器多用半导体激光器，个别也采用二氧化碳（CO_2）气体激光器和固体激光器。它们的连续波输出被调制成几千赫以上的高重复频率脉冲。驾束制导系统对激光功率要求比寻的制导系统低。例如，地空驾束制导导弹在作用距离3～5km时，激光器的平均功率只需瓦量级。

激光驾束制导武器中，激光接收器装在弹的尾部，其核心部件是能探测制导激光波长的探测器。在用近红外半导体激光器作光源时，接收器多采用硅光电二极管，而探测长波红外（10.6μm）CO_2激光信号则需要低温（77K）下工作的碲镉汞（HgCdTe）探测器。探测器数量可以是单个或对称分布的四个，前者适用于旋转弹体，后者只能用于滚动方向

第9章 光电打击

稳定的弹体。

4. 传输指令制导原理和构成

前面已经提到,用激光束传输制导指令的制导方式本质上属于激光通信,但由于许多制导武器中采用这种方式,所以仍作为一种制导方式。

这种与驾束制导不同的指令制导方式又分为视线指令制导和非视线指令制导。在激光视线指令制导方式中,激光可起跟踪目标和传递控制指令到制导武器去的双重作用,也可以只起传输控制指令的作用,而跟踪目标依靠红外测角、电视测角等手段。

激光非视线指令制导方式用在光纤(有线)制导中。图9-7是光纤制导原理示意图。在隐蔽阵地上将导弹发射出去,越过视线障碍(如小山头)后,弹上成像导引头(如电视或热成像导引头)获得目标区域图像视频信号,该信号调制二极管激光器输出的光脉冲,经光纤传回到制导站;在制导站上,光信号经激光接收机接收,转变成电信号再解调出图像视频信号,供显示和跟踪器处理。控制指令可由操作者发出,也可由跟踪器自动生成。控制指令调制制导站上的激光二极管的输出,经光纤送到弹上激光接收机,从而控制导弹对目标实现跟踪并最终命中。

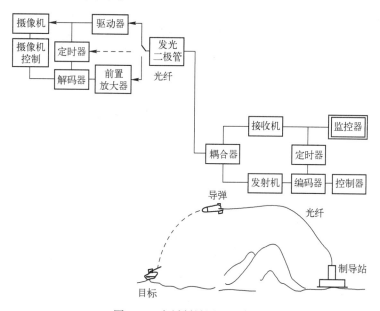

图9-7 光纤制导原理示意图

5. 激光制导技术在武器系统中的应用

1965年,美国空军资助德州仪器公司把普通炸弹改装为"宝石路"激光制导炸弹,并于1968年在越南战场首次使用,其效果令人震惊,并由此引发了激光制导研究热潮。

20世纪70年代后期出现的激光制导导弹,使国际上激光制导研究进一步升温,美国的"幼畜"空地制导导弹和法国AS-30L空地激光制导导弹是其中的典型代表。

1980年,美国开始生产"铜斑蛇"激光制导炮弹,用155mm口径的榴弹炮发射,射程为12~20km,圆误差概率在0.3~1m内,命中概率为80%~90%,1~2发即可击毁一辆坦克，相当于约300发常规炮弹。与此同时，俄罗斯也研制生产了"红土地"激光制导炮弹，其性能与美国的"铜斑蛇"类似。

激光制导用于反坦克武器，出现了"第三代"反坦克导弹，其中，美国"海尔法"激光制导反坦克导弹可以算是一个代表，自20世纪80年代末开始，大量装备部队。

瑞典从1977年开始批量生产RBS-70便携式地空激光驾束制导导弹，其命中概率极高，是防低空飞机的优良武器；又被安装在直升飞机上，作为自卫性武器。

1) 激光制导炸弹

常规炸弹在现代战争中作用越来越小。除命中率低、造成无辜伤亡和载机损失之外，对轰炸地下深处的坚固设施常常无能为力。最初由普通炸弹改装成的半主动激光寻的炸弹一用于战场就表现了非凡的战绩。它能从通风孔、门窗等薄弱部位被导入，有效地摧毁地下指挥中心、地下发射井、地下飞机库、重要建筑物及坚固掩体等，能实现间接瞄准、自寻的俯冲攻击，便于准确打击复杂条件下的重点部位和战场上同时出现的多个目标，且结构简单，成本较低，易于通用组件化。美国"宝石路"系列航空炸弹就是典型例子之一。

图9-8是美国"宝石路"Ⅰ、Ⅱ型激光制导航空炸弹中所采用的速度追踪导引头结构示意图。这种导引头的缺点是超低空寻的能力差，需要在相当高度上投放（或需俯冲）。

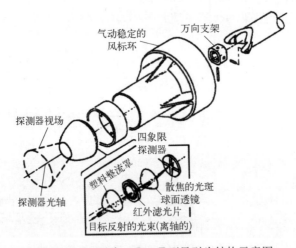

图9-8 "宝石路"Ⅰ、Ⅱ型导引头结构示意图

"宝石路"Ⅲ型激光半主动寻的制导炸弹装有微机控制的自动驾驶仪，且其激光导引头可与电视导引头、红外导引头互换。它采用比例导航体制，工作波长为1.06μm，仍用四象限硅探测器。GBU-28"宝石路"Ⅲ是其中特制的一种型号，仍采用德州仪器公司生产的寻的导引头组件，特别适用于攻击坚固的目标和地下几十米深处具有坚固掩体的高级指挥部，取得预期效果。这是迄今穿透能力最强的炸弹。

2) 激光制导炮弹

半主动激光寻的炮弹也称为"灵巧"炮弹。激光制导炮弹是美国最先在大孔径炮弹上实现的，这就是"铜斑蛇"制导炮弹，由普通155mm榴弹炮发射，其寻的器是一种陀螺-光学耦合式结构，如图9-9所示。采用的是比例导航制导引体制。在炮弹上装的激光导引头能承受火炮发射时的高达 10000g（$g=9.8m/s^2$）以上的加速度。除美国外，俄罗斯研制成功了"红土地"激光制导炮弹，其气动布局、控制方式与美国"铜斑蛇"不同，但导引头仍然是用的比例导航制导规律。激光制导炮弹和激光制导航空炸弹一样，都使用编码的脉冲 Nd：YAG 激光器作为光源。

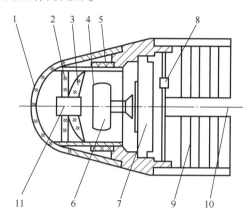

图9-9 陀螺-光学耦合式激光寻的器
1—整流罩；2—滤光片；3—透镜；4—平面反射镜；5—壳体线圈；6—陀螺转子；7—启动弹簧；
8—横滚速率传感器；9—电路板；10—射流通道；11—探测器及前置放大器组合。

3）激光制导导弹

（1）激光制导反坦克导弹。激光制导反坦克导弹是陆军使用最多的激光制导武器，可以车载发射或直升机发射。其制导体制有半主动激光寻的、激光驾束以及光纤指令制导等多种形式。

半主动激光制导的反坦克导弹以美国的"海尔法"导弹最具代表性，它用的是比例制的导引头，如图9-10所示，可在直升机上发射，主要用于攻击坦克、各种战车、雷达站等地面军事目标。激光目标指示器可置于地面或装在发射导弹的直升机上，其激光源是 Nd：YAG 脉冲激光器。

激光驾束制导反坦克导弹没有导引头，不会影响破甲威力。所用激光波段有近红外和长波红外两类。已装备的激光驾束制导反坦克导弹的空间编码多采用相位调制和频率调制的方法。

瑞士和美国合作研制的"阿达茨"防空反坦克两用导弹采用了视线指令与激光驾束相组合的方式，如图9-11所示。其发射后的第一阶段，由 CO_2 激光束将制导指令传递到导弹上；在第二阶段，用 CO_2 激光束对导弹实施驾束制导。

光纤制导的反坦克导弹采用了遥控与电视白寻的相结合的制导方式。

（2）激光制导防空导弹。激光制导的防空导弹以驾束制导为主，最有名的是早期由瑞典研制的 RBS-70 防空导弹，它采用 CaAs 激光器作照射光源，其空间编码为条形光束扫描方式，并用弹上逻辑电路进行解码。

（3）激光制导空地（舰）导弹。在激光制导空地（舰）导弹中，采用激光半主动寻的技术，导引头为比例导航制导方式，其典型的例子是美国"幼畜"ACM-65C/E 导弹，

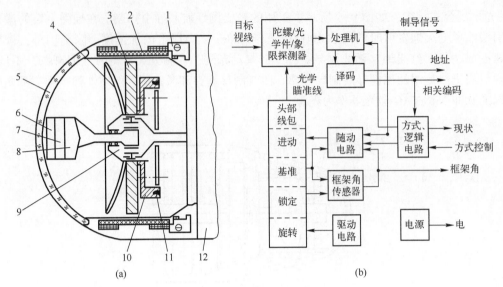

图 9-10 "海尔法"导弹寻的器
(a) 位标器结构；(b) 框图。
1—碰合开关；2—线包；3—磁铁；4—主反射镜；5—头罩；6—前放；7—激光探测器；
8—滤光片；9—万向支架；10—锁定器；11—章动阻尼器；12—电子舱。

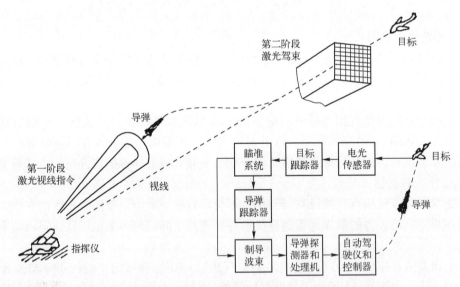

图 9-11 "阿达茨"防空、反坦克两用导弹制导原理示意图

它们以半主动激光制导，以机载方式攻击坦克、导弹阵地、指挥所、雷达站、舰艇、桥梁等。图 9-12 表示其由机载目标指示器或地面目标指示器配合，攻击地面目标的作战过程。导弹在发射前已被锁定在指示器照射的目标上，飞行中接收目标反射的编码激光脉冲序列，不断修正航向，直至击中目标。导弹发射后，载机即机动，脱离原航向。

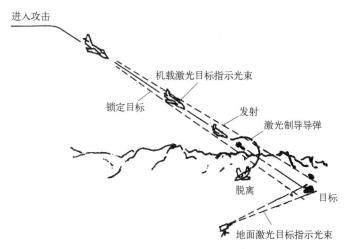

图 9-12 "幼畜"半主动激光制导空地导弹作战使用过程示意图

9.1.4 红外寻的制导

在光电制导技术中，被动寻的制导技术占有极其重要的地位，其军事应用十分广泛。被动寻的制导是指制导武器利用对景物（目标）反射的阳光和环境光或其自身发射辐射的探测和处理，实现对目标的跟踪和寻的制导。其辐射波长范围从紫外、可见光、红外至毫米波，制导方式可分为点源（非成像）和成像寻的制导方式两大类。目前，紫外波段只有点源寻的制导方式，而且与红外寻的制导方式结合成红外/紫外双模式寻的制导；在可见光波段只有用电视（可见光成像）寻的制导方式；在红外波段点源寻的制导和成像寻的制导都在使用，而重点发展成像寻的制导。虽然不同波段所用探测器不同以及目标的反射和自身辐射特性不同，但无论点源寻的制导还是成像寻的制导，其基本原理和构成大致相同。因此，本节只介绍红外被动寻的制导技术，而紫外寻的制导和可见光电视寻的制导将在相关的复合制导事例中给出适当介绍。

1948 年，美国最先开展红外制导导弹的研制，并相继研制出"响尾蛇"空空导弹。此后，红外制导系统广泛用于反坦克导弹、空地导弹、地空导弹、空空导弹、末制导航空炸弹、末制导炮弹、末制导巡航导弹以及子母弹等。

从时间和技术上划分，红外制导大致经历三个发展阶段。

第一阶段是从 1948 年至 20 世纪 60 年代中期。红外探测器基本是非制冷硫化铅（PbS），工作波长为 $1\sim3\mu m$。典型武器如美国"响尾蛇"系列空空导弹、苏联 SAM-7 地空导弹、美国"红眼"便携式防空导弹等。其特点是只能以尾追方式攻击空中速度较低的飞机，抗干扰能力很弱。这种系统现已被淘汰。

第二阶段是 20 世纪 60 年代中期至 70 年代中期。红外制导大多采用制冷锑化铟（InSb）探测器，工作波长为 $3\sim5\mu m$，提高了探测灵敏度。从设计上改进了调制方式和电路，使得寻的器具有更大的视角和跟踪加速度，同时增强了抗干扰能力，且系统可用于近距离格斗，攻击角可达 270°左右。美国的"毒刺"、法国的"西北风"等地空导弹是这一时间红外制导导弹的典型代表。

以上两时期的红外制导系统都把被攻击的目标当作热辐射"点"源进行探测，导弹总是锁定和跟踪目标的最热部位。这种系统在较强红外干扰条件下，或是面对处于复杂红外背景中的地面坦克、装甲车等目标可能会"力不从心"。

从20世纪70年代中期开始，红外制导技术进入第三发展阶段，其突出标志是改"点源跟踪"为"成像跟踪"。8~14μm波段碲镉汞（HgCdTe）线列探测器走向实用，尤其红外焦平面阵列探测器研制成功，致使红外制导导弹跃上基于热成像和相应处理技术的新台阶。第一代红外成像寻的导弹的代表是美国"幼畜"AGM-65D空地导弹，它采用长波红外小面阵光电导碲镉汞（HgCdTe）探测器加光机扫描器。第二代红外成像寻的导弹则采用红外焦平面阵列探测器，其代表是美国"响尾蛇"AIM-9X空空导弹和英、法、德联合研制的远程"崔格特"反坦克导弹。

1. 红外点源导引头寻的制导技术

红外点源导引头寻的制导技术是指导引头对目标红外特性的探测技术，这里将把探测目标作为点源处理。它利用目标与背景相比具有张角很小的特性，采用空间滤波等背景鉴别技术，把目标从背景中识别出来。目前红外点源导引头主要工作波段为3~5μm，属中波红外波段，其特点是体积小、重量轻、成本低，而且是无源探测，工作隐蔽，不易受电子干扰。

1) 红外点源导引头的组成及其工作原理

飞航式导弹红外点源导引头的组成如图9-13所示。它由接收光学系统、调制盘、红外探测器和制冷器、信号处理和导引控制系统组成。

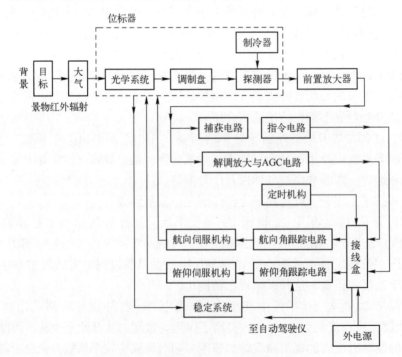

图9-13 飞航式导弹红外点源导引头组成

第9章 光电打击

接收光学系统不断将目标和背景的红外辐射接收并汇聚起来送给调制器,光学调制器将目标和背景的红外辐射信号进行调制,并在此过程中进行光谱滤波和空间滤波,然后将信号传给探测器。探测器把红外光信号转换成电信号,经前置放大器和捕获电路后,根据目标与背景噪声及内部噪声在频域和时域上的差别,鉴别出目标。捕获电路发出捕获指令,使接收光学系统停止搜索,自动转入跟踪。

红外点源导引头在航向和俯仰两个方向上跟踪目标,其角跟踪系统由解调放大器、角跟踪电路和随动机构组成。在红外导引头跟踪目标的同时,由航向、俯仰两路向自动驾驶仪输出控制电压,控制导弹向目标攻击。

2) 接收光学系统

红外导引头的光学系统主要是收集、聚焦红外辐射能量,即把对应于一定空间立体角内的目标辐射集聚在尺寸足够小的红外探测器上,且由探测器实现光电转换。同时,光电系统还要配合误差形成环节实现对目标空间位置编码,依次来测量目标在空间相对于基准的方位,提供控制信息。

红外导引头光学系统一般由各种透镜、反射镜、场镜、聚光锥体、整流罩、调制盘和滤光片组成。为了使红外导引头正常工作,对光学系统要求是:有足够大的视场;工作波段内传输损耗小;像差限制在一定程度内;结构紧凑;在各种气候条件下,光学性能稳定。

实际应用中典型红外导引头光学系统的结构如图9-14所示。整流罩通常是一个球冠形的同心透镜。作为导弹头部的外壳,要求既能透过红外线,又具有良好的空气动力学特性。整流罩是一块负透镜,它所产生的球差与球面反射镜符号相反,故可与球面反射镜配合来校正光学系统的球差。同时,整流罩在整个工作波长内吸收和反射要小,有高的透射性能。

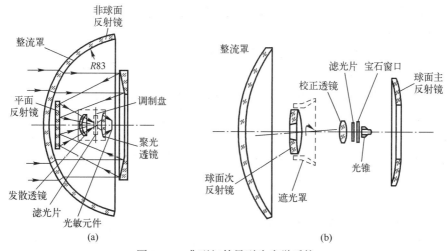

图9-14 典型红外导引头光学系统
(a)"玛特拉"R530光学系统;(b)反舰导弹红外光学系统。

光学系统的球面反射镜是主镜,起聚焦作用,而次反射镜用来折叠光路,以缩短光学系统的轴长度。有些光学系统的次反射镜安装是非同轴的,这是为了适应不同调制方式对扫描提出的要求。另外,光学系统为了完成对目标与背景的光谱滤波,要加设滤光片。

3) 调制盘

在红外点源导引头中，多数都有一个核心元件——调制盘，其功能有：①把恒定的辐射通量变成交变辐射通量；②进行空间滤波，抑制背景，突出目标；③提供目标方位信息。

按照使目标"像点"在调制盘上实现扫描方式，调制盘可分为三类：①旋转调制盘。以调制盘本身的旋转实现"像点"在调制盘上扫描，调制盘的输出就携带了目标的方位信息。②章动调制盘。有的调制盘不是旋转工作，而是使其中心绕系统的光轴作圆周平移运动。平移一周，"像点"就在调制盘上扫出一个圆，此为圆周平移调制盘，简称章动调制盘。章动一周时，其上各点扫出半径相同的圆。③圆锥扫描调制盘。圆锥扫描系统令调制盘不动，而以光学系统的扫描机构运动，实现"像点"在调制盘上的圆周扫描，扫描圆的中心位置代表了目标的角坐标。

若按调制方式划分，可分为调制盘调制方式和非调制盘调制方式。调制盘又可分为调幅式、调频式、调相式、脉冲编码和脉冲调宽式。非调制盘调制方式可分为玫瑰线扫描系统和带"十"字形或"L"形探测器的系统。这些调制方式在红外点源导引头中都得到了很好的应用。

4) 红外探测器

红外探测器是用来探测物体红外辐射存在、分布、强弱的装置，它能把物体的红外辐射能量转换成可测量的电信号，它是红外点源寻的制导装置中的核心器件之一（详见第5章）。

5) 信号检测

信号检测就是完成对探测器输出的微弱交变电信号进行低噪声前置放大、频率滤波、放大、解调和变换，最后输出控制角跟踪随动机构的直流误差电压。

6) 搜捕与跟踪系统

从导弹攻击目标的角度出发，要求导引头开机后马上捕捉到目标，并稳定地跟踪目标，直至命中为止。红外导引头的特点之一是有较小的瞬时视场角，以满足空间角分辨力的要求。但要迅速有效地捕获目标，就必须使瞬时视场按一定规律顺序扫描一个较大的空间，即空间搜索。

搜捕系统的功能是：产生搜索信号，控制光学系统对预定空域进行搜索，将红外系统较小的瞬时视场扩展为满足战术指标要求的一定空间视场。当搜捕到目标后，就能依据一定的判别推测，使跟踪系统能自动转入跟踪状态。而导引头的跟踪系统就是实现对目标的适时跟踪，并向自动驾驶仪输出控制指令。

2. 红外点源导引头在武器中应用实例

红外点源寻的制导的武器种类很多，这里按不同的调制方式列举一些应用最广泛的典型例子。

1) 用调幅调制盘的空空导弹（"响尾蛇"AIM-9B）

图9-15是"响尾蛇"AIM-9B空空导弹导引头的结构及其调制盘。图中由两圆环腔组成的水银盘，其作用是抑制陀螺自由进动。在进动线圈里层有与弹体共轴的轴向线包，当导弹机动时，弹轴方向改变，但因陀螺的定轴性，其转子轴还在原来的方向。这时，大

磁铁会在此线包中感应而产生一个电信号，经放大、移相后传至进动线圈，使陀螺进动，保持与弹轴取向一致。在导弹尚未进入跟踪阶段时，须将陀螺锁定在弹轴方向上，而在捕获到目标时，要求陀螺带动光轴盯住目标。二者都靠陀螺进动，但前者信号来源于陀螺定轴性，后者信号来源于光学系统调制信号。

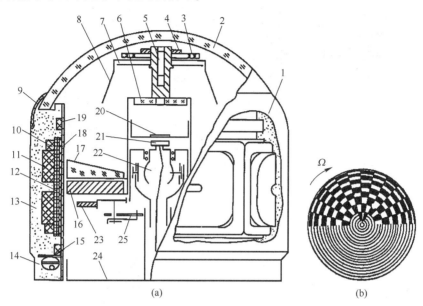

图9-15 "响尾蛇" AIM-9B 导引头结构和调制盘
（a）导引头结构；（b）调制盘。

1—壳体；2—头罩；3—水银盘；4—螺母；5—螺钉；6—支撑玻璃；7—次反射镜；8—伞形光阑；9—头罩压圈；10—基准线圈；11—旋转线圈；12—进动线圈；13—树脂；14—调制线圈；15、18、19—锁定线圈；16—大磁铁；17—主反射镜；20—调制盘组件；21—硫化铅探测器；22—万向支架；23—平衡环；24—底座；25—弹簧抓卡。

图中调制盘取"棋盘格"式图形。光学系统还包括整流罩、球面反射镜、平面次反射镜、中继透镜、伞形光阑等。

"响尾蛇" AIM-9B 是世界上最早使用的红外制导导弹，于1956年服役于美国空军和海军，现已改进为 AIM-9X 第四代红外成像制导空空导弹。与"响尾蛇"类似的红外制导空空导弹，世界各国都有装备。

2）用调频调制盘的地空导弹（"毒刺"）

美国"毒刺"地空导弹中采用圆锥扫描调频调制盘，图9-16是其导引头结构和调制盘。由图看出，其调制盘和场镜装在内环上，不随转子旋转；球面次反射镜光轴与陀螺转子轴间有一小的夹角，以此实现圆锥扫描。其主反射镜与大磁铁合为一体，大磁铁的一面镀反光材料充当反射面。由于采用圆锥扫描方式，同时采用制冷 InSb 探测器，使灵敏度、跟踪精度提高，攻击角扩大。

3）用调制盘、光敏面系统的地空导弹（"西北风"）

法国"西北风"地空导弹也是一种点源寻的制导系统。与以上各系统不同，它的导引头采用调制盘-光敏面组合，图9-17是"西北风"导弹导引头结构、调制盘与探测器。调制盘在光学系统焦平面上，对"像点"能量进行调制和空间滤波。探测器是工作在3~

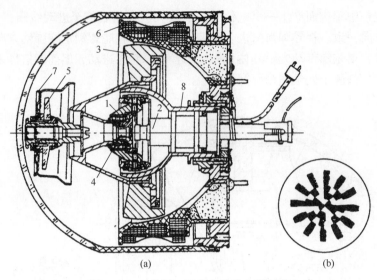

图 9-16 "毒刺"导引头结构和调制盘
（a）导引头结构；（b）调制盘。

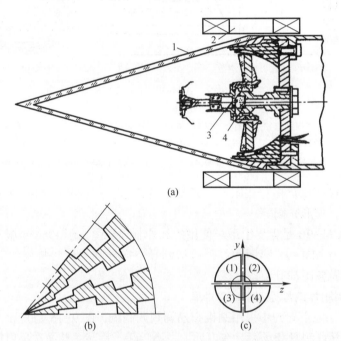

图 9-17 "西北风"导弹导引头结构、调制盘图案和探测器形状
（a）导引头结构；（b）调制盘图案；（c）探测器形状。
1—MgF_2 头罩；2—旋转线圈；3—调制盘；4—探测器。

5μm 波段的 InSb 四象限元件，设计保证其光敏面处于陀螺内、外环的中心，制冷器使之能在 2s 内冷却至 87K。由于四象限探测器的设计、制造保证其各象限的性能有良好的一致性，故可依据其接收"像点"能量分布提取目标的误差信息。一般以"点"源跟踪方式工作的系统都采用单元探测器，而"西北风"都采用四象限元件。

4) 用玫瑰线扫描系统的地空导弹（"毒刺后续型"）

图 9-18 是采用反射镜反向旋转实现玫瑰线扫描的方案示意图。根据计算表明，此类系统的灵敏度明显优于采用调幅式调制盘系统。

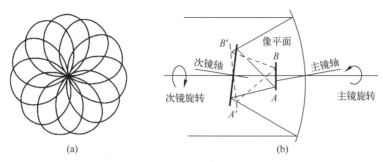

图 9-18 玫瑰扫描图案及产生方法
(a) 玫瑰扫描图案；(b) 玫瑰扫描图案产生方法。

美国"毒刺后续型"便携式地空导弹是性能很好的导弹，其显著特点之一就是采用了玫瑰线扫描方案，其另一特点是使用双波段夹心探测器，InSb 用于 $4.1\sim4.4\mu m$ 中红外波段；CdS 用于 $0.3\sim0.55\mu m$ 紫外可见光波段。它能有效抗干扰，具有白天全向攻击能力，且性能还在不断改善。它的 CdS 紫外探测器有效响应波段为 $0.3\sim0.55\mu m$，同时，在 $0.6\sim11\mu m$ 波段有 85% 的透射率，这为其后置红外探测器创造了条件。这种夹心探测器工作时，紫外辐射首先被紫外探测器转换为电信号；红外部分则透过 CdS，由红外探测器转换为电信号。在这种系统中，红外制导是主要的，在目标很远时，依靠紫外探测器探测目标对阳光中紫外线的反射（例如，飞机头部铝合金蒙皮在白天反射的阳光紫外线，其光谱辐射亮度比晴空背景高 1~4 个量级），以便及早把目标从背景中提取出来，增加作用距离和提高全向攻击能力。当导弹不断接近目标，接收到足够强的红外辐射时，系统便切换到红外制导工作方式。

5) 用"L"形探测器阵列的反坦克导弹（"陶式"）

在非调制盘式点源导引头中，一般采用"十"字形或"L"形探测器阵列，它们的排列如图 9-19 所示。二者误差信号形成与提取原理相似，区别在于：在"像点"扫描一周过程中，方位（俯仰）通道内所产生的脉冲信号个数"L"形为一个，而"十"字形为两个。由图可见，在视场角相同时，"L"形的一支臂长是"十"字形一支臂长的 2 倍，这增加了"L"形探测器的制作难度。为解决此矛盾，可采用两种视场：大视场用于捕获目标，精度允许低些，故采用"十"字形阵列探测器，小视场要求尽量高的测角精度，宜采用"L"形阵列探测器。

美国"陶"式反坦克导弹用的红外测角仪采用了上述带"L"形探测器的系统。这种导弹的工作过程是目视瞄准、转台跟踪、红外测角、导线传送控制指令、管式发射，其中红外测角仪是全系统的核心。"陶"式反坦克导弹采用调制的弹上信标，利于抗干扰。

3. 红外成像寻的制导技术

1) 概述

电视导引头在导弹等武器系统中的应用，最早是在美国研制的滑翔炸弹上。迄今为

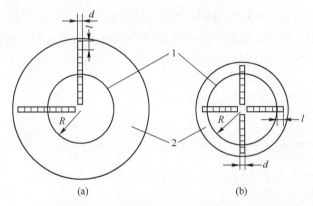

图 9-19 "L"形和"十"字形探测器
(a) "L"形阵列探测器；(b) "十"字形阵列探测器。
1—扫描圆；2—基片。

止，美、俄等军事强国又先后研制并装备了电视制导的"幼畜""海猫"X-59 等类型的导弹。虽然目前电视导引头使用并不广泛，但随着红外焦平面阵列探测器和图像处理技术的发展，促进了红外成像制导技术的发展，并为红外成像制导技术奠定了雄厚的技术基础。换句话说，红外成像导引头的基本工作原理结构完全是在电视导引头技术基础上发展起来的。

美国光机扫描红外成像制导"幼畜"空地导弹是第一代红外成像寻的制导的典型代表，其中休斯公司研制的"幼畜"AGM-65D 空地反坦克导弹和 AGM-65F 反舰导弹就是典型代表，它已于 1983 年开始成批生产并装备部队。

第二代红外成像寻的制导的主要标志是采用红外焦平面阵列探测器。第二代红外导引头几乎是 1980 年在美国和欧洲同时开始研制，它采用凝视红外焦平面阵列探测器，无需光机扫描成像，因此系统结构紧凑、工作可靠。它是最有发展前途和生命力的一种红外成像寻的制导方式，给发展小型战术导弹的红外成像导引头带来生机。这类导弹典型代表有：美国"海尔法"导弹，法、英、德联合研制的"崔格特"导弹，美国 AIM-9X 空空导弹等。当前这些红外成像制导系统仍处于研制和试制阶段，并将日趋实用化。

2) 红外成像寻的制导系统的组成和原理

装在导弹头部的红外成像寻的制导系统又称为红外成像导引头，它与点源寻的制导导引头的区别在于接收和处理目标与背景红外辐射的方法不同，其他都是一样的。它由红外成像系统、图像处理器及随动系统三大部分组成，如图 9-20 所示。

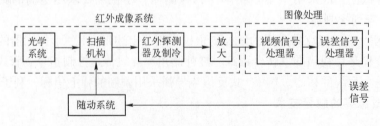

图 9-20 红外成像寻的制导系统组成框图

目标的红外辐射经红外成像系统输出相应的视频信号，经图像处理器后可测定目标在视场中的位置以及与视场中心的偏离量。经误差信号处理器得出相应的误差信号电压，经功率放大后，驱动随动系统方位和俯仰的执行电动机，使成像系统的视场中心对准目标。这样不断地测量和修正，保证对目标的跟踪。与此同时，装在随动系统轴上的角度传感器输出的角速度信号与误差信号一起输入给自动驾驶仪处理，然后输出与设定的制导规律相应的制导电压，令导弹舵面的执行机构动作，使导弹按要求的弹道飞行，直至命中目标。

3）图像信息处理系统

热成像系统将景物的热图像转换成视频信号，由视频信号处理器处理后，输给误差信号处理器，不断地测出视场内景物图像的瞬时角位置，并形成相应的误差信号，经放大后输出给伺服机构对目标进行跟踪。这里的关键问题在于用何种方法处理和获得目标热图像在视场中的角位置信息，并形成相应的误差信号。人们把这种提取目标图像信息实现自动跟踪的系统称为图像信息处理系统，其中实现自动跟踪的方法可分为波门跟踪和相关跟踪两大类。

（1）波门跟踪。波门跟踪对红外成像寻的制导系统来说，其所要攻击的同一目标的像的大小随着距离不同而变化。由于热成像系统的分辨力是有限的，目标在较远处的距离上呈点源出现在视场中，随着导弹接近目标时，才出现目标的热图像，其尺寸会逐渐充满视场，甚至超过视场。这要求图像处理系统具有兼顾点源和扩展源的处理功能。波门跟踪是一种既合适又简单的方法。视场目标与跟踪波门关系如图 9-21 所示。

波门的尺寸略大于目标的图像，而且波门紧紧套住目标图像。图像处理系统只对波门内的那部分视频信号进行处理，而不是处理整个视场内的信息。这样不仅大大压缩了大量无用的信息处理量，而且允许目标与背景之间视频信息比在较大范围内变化，同时也可以很有效地排除部分背景干扰，以达到选通的目的。针对目标图像尺寸随距离的变化，波门的尺寸也随目标图像尺寸变化而自动地改变。这种波门叫自适应波门。波门跟踪原理如图 9-22 所示。

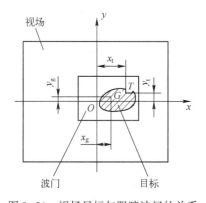

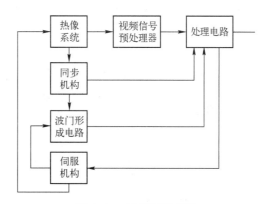

图 9-21 视场目标与跟踪波门的关系　　　　图 9-22 波门跟踪原理

当出现目标时，处理电路输出相应的触发信号至波门形成电路而产生波门。设视场中心为 O，目标中心位置为 $T(x_t, y_t)$，波门中心位置为 $G(x_g, y_g)$。由处理电路输出的误差信号与目标偏离视场中心的值(x_t, y_t)是相对应的。伺服机构受误差信号的控制，使热成像系统的视场中心与目标中心重合。若波门位置与目标位置重合，则$(x_t, y_t) = (x_g, y_g)$。若目标在运动，则波门和目标位置之间便产生偏移，其值为$(\Delta x_{tg}, \Delta y_{tg}) = (x_t, y_t) - (x_g, y_g)$。伺服机构控制波门形成电路，使波门中心也向目标中心方向移动，致使$(\Delta x_{tg}, \Delta y_{tg})$趋向于零。波门的产生还应和热成像系统的扫描机构同步，并受其控制。波门的大小受目标的视频信号的宽度控制。如果是点目标，其视频信号是一窄脉冲，利用其前后沿触发波门形成电路，产生一个比之稍大的波门，以便对点目标进行跟踪。

将目标视频信号处理成与目标角位置相应的误差信号的方法有边缘跟踪法和矩心跟踪法。

① 边缘跟踪。这是一种简便的方法，是根据目标与背景图像亮度的差异，抽取目标图像边缘的信息，用这个信息去控制波门的形成，同时产生与目标位置相应的误差信号。

② 矩心跟踪。它是点跟踪法的一种形式，有两个特点：一是提取目标信息的阈值可以是自适应的，即阈值的大小随目标与背景之间信息对比而变化，由视频信号处理器完成；二是误差信号的产生是在整个被探测的目标面积上对高于阈值的信息进行求积平衡，定出目标矩心，由误差信号处理器完成。平衡误差值的极性表征波门（跟踪窗）中心偏离视场中心的方向，而误差信号的幅度值表示其偏离中心的距离。

矩心跟踪法对目标矩心的确定一般采用如下两种方法，即质心坐标法和面积平衡法。质心坐标法是将跟踪窗（即波门）内目标图像的有效面积划成矩阵，即对图像的分割处理。各阵元即像素的视频信号幅度凡是超过阈值的均参与积分处理，得出目标的质心坐标。按质点坐标求矩阵的方法简便，精度较高。面积平衡法是跟踪窗将目标图像分成四个象限或两对象限，然后对每对象限内超过阈值的视频信号分别积分。如果目标处在跟踪窗中心，则跟踪窗中心线上下和左右的数字式目标信息应该平衡，否则会不平衡，结果产生误差信号，并将按帧频调整跟踪窗的中心线位置。

总之，波门跟踪利用的图像信息不多，运算量比较小，便于实时跟踪。但它要求分割目标和背景，对信噪比的要求较高，主要适于跟踪对比度和背景相比足够强的目标，通常不适于跟踪具有复杂结构的目标和背景的场合。自适应波门跟踪法不仅在正常情况下能对目标进行跟踪，在异常情况下也能进行一定程度的跟踪。其中质心跟踪法计算简单，稳定性、可靠性和精度较高，不受物体大小和旋转变化的影响，特别适用于跟踪坦克、车辆、军舰、飞机等高温目标，因而可用于空地、地空以及反舰等不同类型的导弹上。但是它的致命弱点就是当假目标出现时容易造成跟踪目标的丢失。

（2）相关跟踪。相关跟踪是将系统的基准图像在实时图像上以不同的偏移值位移，根据测量两幅图像之间的相关函数判断目标在实时图像中的位置，跟踪点就是两个图像匹配最好的位置，即相关函数的峰值。在相关跟踪的误差信号处理中，对相关度取值有一定要求。相关函数有很多种，通常运算量很大，为此在它们的基础上发展了一些运算量小的实用匹配算法。

目前常用的几种相关函数有：归一化相关函数、差值函数、δ算法和多子区灰度相关法；而且还有序贯相似性探测算法（SSDA）和子母样板匹配算法等实用的相关匹配算法。

SSDA 用来实现快相关处理，其量度函数与平均绝对差值法相同，但其运算次数却可以减少很多。其原理是：对非匹配点进行少量的"粗略"计算和评估；而对可能的匹配子区进行量多的"精细"计算和评估，从而提高了相关处理效率，缩短了相关计算的处理时间，是一种非常实用的算法。

子母样板匹配算法。子母样板中，反映目标全部特征的图像称为母样板，只表现目标局部特征的图像称为子样板。子母样板匹配就是先使用子样板做匹配，后使用母样板做匹配，这样就可有效减少总计算量。

除此之外，还有很多减少计算量的匹配算法，如函数灰度相关法、变分辨力相关算法以及采用快速傅里叶变换的计算法等。这些算法由于大大减少了相关计算的运算量，因而是相关算法得到了广泛的实际应用。

与波门跟踪算法相比，相关跟踪算法利用了更多的图像信息，因而能更有效可靠地跟踪目标，是应用较广的一种跟踪算法。它对图像质量要求不高，可在低信噪比条件下工作，对于选定的跟踪目标图像不相似的其他一切景物都不敏感，能适应复杂结构的目标和背景的场合，可用来跟踪较小的目标以及目标区域的某一特殊部分或对比度比较差的目标。

相关跟踪对于地面固定目标，如桥梁、发电站、导弹发射井、仓库、指挥中心等建筑物进行跟踪特别有效，而且对于低速而有规律运动的大型舰艇也非常有效。相关跟踪通常用于巡航导弹的末制导。它所用的样板图像（基准图像）可以是预先获得的灰度函数矩阵模板，也可是在前一时刻摄取而存储的包含目标的场景图像。在攻击固定目标时，它通常采用预先摄取的目标红外图像做样板，以期与获得的目标红外图像做相关匹配。在进攻运动目标时，则通常以提供的 K 帧图像为样板，求其与第 $(K+1)$ 帧图像的相关度，借以提取目标的位移量，并形成误差信号以控制伺服机构。

4）红外成像寻的制导系统应用实例

自 20 世纪 80 年代以来，红外成像寻的制导技术得到突飞猛进的发展。第一代红外成像导引头采用光机扫描加线列多元红外探测器，目前已较成熟并已批量生产装备部队。典型产品有美国的"幼畜"AGM-65D/F 空地/空舰红外成像寻的制导导弹、"斯拉姆"（SLAM）空地红外成像寻的制导导弹等。第二代红外成像导引头采用扫描或凝视红外焦平面阵列探测器，目前已开始投入使用，其典型产品有先进短程空空导弹（ASRAAM）、"响尾蛇"AIM-9X 空空导弹，以及"海尔法"空地反坦克红外成像寻的制导导弹。

美制"海尔法"空地反坦克导弹不用光机扫描机构，以（32×32）元、（64×64）元或（128×128）元 InAsSb/Si 红外焦平面阵列探测器实现凝视成像，其红外成像寻的导引头如图 9-23 所示。

目标的中波红外（3~5μm）辐射经由整流罩和卡塞格伦光学望远镜系统，聚焦于 InAsSb 混合焦平面阵列探测器上，焦平面阵列的输出送至信号处理器，做直流非均匀性（背景抑制）和交流非均匀性（自动响应控制）响应补偿，经校准的视频信号同时送给扫描转换器（做电视显示）和微处理器多模跟踪器，通过预处理和相应的跟踪处理变为控制信号。

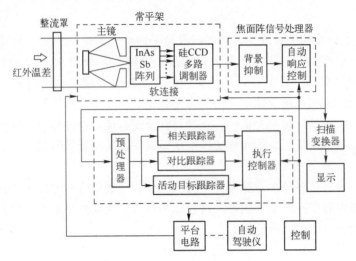

图 9-23 用于"海尔法"的红外成像寻的导引头

装载"海尔法"导弹的直升机备有先进的前视红外系统,用以搜索目标,并保证导弹发射时目标位于寻的器视场内。导弹发射后,运用多模跟踪功能连续跟踪目标;在末段,多模跟踪器以相关算法计算目标图像区域内的灰度梯度,以选择最佳攻击点。"海尔法"导弹的发展将采用更大面阵的双色红外($3\sim5\mu m$ 和 $8\sim12\mu m$)焦平面阵列系统,进一步提高性能。

9.1.5 电视制导

电视制导指利用电视来控制和导引导弹飞向目标的技术。电视制导有两种方式,一种是遥控式电视制导,另一种是电视寻的制导。

遥控式电视制导系统是早期的电视制导系统,借助人工完成识别和跟踪目标的任务。其导引系统的部分或全部导引设备不在导弹上,而是位于导弹发射点(地面、飞机或舰艇)上,由在导弹发射点的相关设备组成指挥站,遥控导弹的飞行状态。导弹在攻击飞行过程中,始终与指挥站进行信息的交互,直至导弹准确命中目标。

电视寻的制导系统是近期发展的电视制导系统,它与红外自动寻的制导系统相似,其导引系统全部装在导弹上。装在导弹头部的电视摄像机摄取的目标图像经过导引系统的处理,形成导引指令,传送给控制系统以控制导弹的飞行状态。导弹自主地完成目标信息的获取、处理和自身飞行姿态的调整等一系列工作,实现自动搜寻被攻击目标。此制导方式的导弹具有"发射后不管"的能力。

电视制导具有抗电磁干扰、能提供清晰的目标图像、跟踪精度高、可在低仰角下工作、体积质量小等优点,但因为电视制导是利用目标反射可见光信息进行制导的,所以在烟、雾尘等能见度差的情况下,作战效能下降,夜间不能使用,无法实现全天候工作。

1. 电视制导的原理

1)遥控式电视制导

遥控式电视制导由于导弹上的制导设备比较简单、命中精度高和使用方便等优点而受到重视。

在遥控式电视制导系统中,电视摄像机摄取目标的可见光图像,经过传送,显示在指控站中的荧光屏上。控制人员通过观察荧光屏上的目标信息,根据相应的导引规律作出正确的判断,发出导引指令给飞行中的导弹;导弹上的接收装置收到指令后,由导弹上的控制系统根据具体指令内容调整导弹的飞行姿态,直至命中目标。

遥控式电视制导导弹系统在实现上主要有两种类型。一种是将电视摄像机安装在导弹头部,这时制导系统观测目标的基准是在导弹上,例如英、法联合研制的AL168"马特尔"空地导弹、美国的"秃鹰"空地导弹、以色列的"蝰蛇"反坦克导弹等均采用这种方式。另外一种是将电视摄像机安装在弹外的指控站上,这时制导系统观测目标的基准就是指控站上,其典型代表是法国的新一代"响尾蛇"地空导弹系统。以上两种遥控类型的共同点是:制导指令均在导弹外的指控站上形成,遥控导弹根据指令修正飞行弹道。

2)电视寻的制导

电视寻的制导作为武器的末制导,是电视精确制导技术的发展方向。制导设备全部安装在导弹上,导弹一经发射,它的飞行状态由它自身的导引系统导引,控制它飞向目标。这种"发射后不管"的特性非常适合飞机的对地攻击行动,使飞行员有更多的回旋余地作机动飞行,以躲避对方防空武器的攻击。电视寻的制导由于利用的是目标上发射的可见光信息,因此它是一种被动寻的制导。

电视寻的制导以导弹头部的电视摄像机拍摄目标和周围环境的图像,从有一定反差的背景中自动选出目标并借助跟踪波门对目标实施跟踪,当目标偏离波门中心时,产生偏差信号,形成导引指令,并自动控制导弹飞向目标。

电视导引头一般由可变焦距的光学系统、高分辨率CCD摄像机、稳定伺服平台、稳定伺服控制器、图像处理模块、图像传输付旨令接收接口模块以及二次电源、舱体结构等部分组成,如图9-24所示。

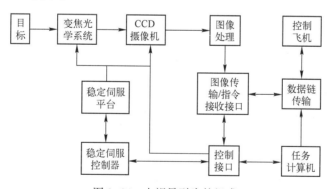

图9-24 电视导引头的组成

电视导引头完成获取目标图像、向传输系统提供模拟图像(或压缩数字图像)、锁定跟踪目标、向任务计算机(或制导计算机)输出目标角偏差信息(或目标角速度信息)等功能。

"发射后不管"方式主要适用于对近程简单背景目标(如海上舰艇)的攻击,该方式又可分三种使用方法:

(1) 自动捕获。载机（舰）使用雷达、光电指挥仪等探测系统发现目标后为导弹提供航速、航向等信息；导弹转入自导阶段后，电视导引头应进入自动扫描搜索状态，一旦目标出现在视场并满足电视导引头的捕获条件，电视导引头即捕获目标并立即转入跟踪状态，稳定跟踪目标。

(2) 图像预装订。当飞机（舰）上的光电跟踪仪发现和捕获目标时，飞机（舰）上的指挥仪通过导引头的接口系统为导弹提供目标的航向、航速、距离和目标图像信息，电视导引头能自动调整光轴与弹轴的初始俯仰角，并根据光电跟踪仪送入的图像进行目标的特征提取，将此作为后续图像处理的依据。导弹发射并转入自控平飞段后，电视导引头随即进入自动搜索状态，此时导引头根据光电跟踪仪捕获并存入的目标图像信息捕获目标。当导引头经过搜索后发现了与发射前装订的图像相吻合的目标时，导弹进入自动捕获跟踪状态。

(3) 直接瞄准。导弹发射前，目标离发射飞机（舰）较近时，电视导引头在飞机（舰艇）上直接捕获并跟踪目标；导弹发射后，电视导引头应能稳定跟踪已经捕获的目标。

2. 电视制导武器的应用

1) 遥控式电视制导空地导弹系统

英、法联合研制的 AJ-168"马特尔"空地导弹（见图9-25）是一种比较典型的采用遥控式电视制导技术的导弹系统。这种导弹系统的指控站就设在飞机座舱内，它采用的是追踪导引规律。飞机座舱内的指控人员通过操作（作用于导弹），使目标保持在电视屏幕的十字线的中央，这时指令装置就根据操作杆的动作转换成

图 9-25 AJ-168 Martel 空地导弹

指令信号，然后通过数据传递吊舱中的天线发送给导弹，导引导弹对准目标飞行，直至命中目标。这种导弹可在低、中、高空发射，最大射程为 60km，最大速度超过声速。若作战距离较远，则导弹会自动进行低空飞行，以防止被敌方雷达发现。当目标进入电视摄像机视界内时，飞行员再将子弹导向目标。这种制导方式的主要缺点是载机在导弹命中目标之前不能脱离战区，易损性攻大。

2) 电视寻的制导的典型应用

美国研制的"幼畜"空地导弹系列武器，分别采用电视制导、红外成像制导、激光制导等多种制导方式。目前，"幼畜"导弹除装备美国空军、海军和陆战队外，还装备了一些国家和地区的战斗机，成为世界地空导弹领域最大的家族。在"幼畜"空地导弹家族中，AGM-65A，AGM-65B 和 AGM-65H 这 3 种型号的导弹均采用电视寻的制导技术。

在作战中，首先由导弹载机的驾驶员通过光学系统发现目标（如坦克），随后操纵载机使之对准目标，并进入准备攻击状态。与此同时，驾驶员启动导弹上的摄像机（导弹尚未发射），目标及背景的电视图像出现在载机座舱的显示器上；驾驶员调节人工跟踪系统，实现视频上的十字轴线中心对准目标，而后锁定目标，摄像机进入自动跟踪状态，便可随机发导弹。载机驾驶员在敌方火力圈外发射导弹后，载机应马上脱离战场或继续留在

敌方火力圈外；观察导弹作战效果或转入攻击第二个目标。发射后的导弹能够自动跟踪发射前锁定的目标并把它摧毁。

3. 电视制导技术的发展趋势

在电视遥控制导技术方面，由于电视视线制导存在着作战距离近、隐蔽性较差的缺点，目前主要是发展电视非视线制导，尤其是发展非视线光纤指令制导。这是由于光纤制导具有作用距离远、隐蔽性和安全性比较好的优点，而且光纤不向外辐射能量，不易受干扰。同时，光纤传输数据的速率高、容量大，可快速向制导站回传电视图像，因此，导弹的命中精度高。但光纤制导也存在不足的一面，如导弹的飞行速度较慢，可能在中途被敌方拦截。另外，系统比较复杂，因而造价较高。

电视寻的末制导技术已成为电视精确制导的发展热点。其优点是制导精度高，可对付超低空目标（如巡航导弹）或低辐射能量的目标（如隐身飞机）；可工作在宽光谱波段；无线电干扰对它无效；体积小、质量轻、电源消耗低、使用小型导弹。电视寻的制导的不足之处是对气候条件要求高，在雨雾天气和夜间不能用。此外，由于电视寻的制导属于被动式制导，除非用很复杂的方法，否则得不到目标的距离信息。

发展电视、雷达、红外、激光等的复合制导是必然趋势。例如法国的新一代"响尾蛇"地空导弹，就有雷达、电视和红外3种制导方式并存，根据情况需要灵活应用。而美国的"幼畜"空地导弹则品种系列化，例如，在晴天，可以挂装AGM-65B电视制导导弹；在夜间，可挂装AGM-65D红外成像制导导弹；攻击点状小目标时，可挂装A6M-65C/E激光半主动寻的制导导弹等。

电视制导无人攻击机是继电视制导导弹之后出现的新型精确制导武器，具有更大的灵活性、机动性以及长时间巡航能力。它可以深入敌方腹地，对目标进行先发制人的攻击和压制，在当今及未来战争中起着不可忽视的作用。

电视制导无人攻击机模型划分为4个子模块：电视导引头模块、电视制导无人攻击机运动学和动力学模块、电视制导无人攻击机与目标相对运动模块和制导控制模块。

（1）电视导引头模块。电视导引头主要由CCD光学成像系统、陀螺稳像系统和图像处理系统三大部分组成。电视导引头采用同轴安装的内框架结构，微型CCD摄像系统安装于位标器陀螺转子轴上；电子线路部分由集成电路及FPGA为主的各控制电路板构成；图像的跟踪控制由DSP及内部软件完成。

电视制导无人攻击机的电视导引头用来测量并实时计算目标形心偏离预定航迹的陀螺转子轴的角偏差，形成控制指令，驱动陀螺进行方位和俯仰方向进动，跟随目标，并输出视线角速度信号提供给电视制导无人攻击机制导系统使用。它是一个独立的测量系统，由某型导引头加装CCD成像系统构成。

（2）电视制导无人攻击机运动学和动力学模块。电视制导无人攻击机运动方程是表征电视制导无人攻击机运动规律的数学模型，也是分析、计算或模拟电视制导无人攻击机运动的基础。完整描述电视制导无人攻击机在空间运动和制导系统中各元件工作过程的数学模型是相当复杂的，这里不再详细介绍。

（3）电视制导无人攻击机与目标相对运动和制导控制模块。电视制导无人攻击机与目标相对运动模块是描述电视制导无人攻击机与目标相对运动的模块。制导控制模块是描述如何利用比例式导引法将电视制导无人攻击机导引头输出信号转化成舵机控制信号的模型。

9.1.6 光纤制导

光纤制导导弹（FOG-M）具有导线制导和无线电波、红外、可见光制导及激光制导导弹所不具有的独特优点，如保密性强、隐蔽性好、制导精度高、信息传输容量大，抗电磁、核辐射和化学反应的干扰以及成本低、体积小、质量轻等，是近年来国外广泛用于对付武装直升机和坦克的一种制导技术和制导体制，受到以美国为首的西方国家陆、海、空三军的高度重视，是很有潜力的制导体制。

1. 光纤制导导弹的工作原理

光纤制导导弹（FOG-M）工作原理如图9-26所示，由发射制导系统、光缆和导弹子组成。

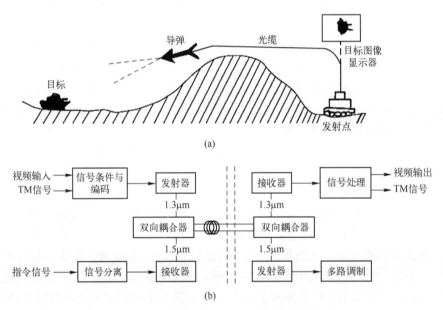

图9-26 光纤制导导弹的工作原理示意图
(a) FOG-M的工作原理图；(b) 发射制导控制框图。

图9-26中，导弹从不可见目标的发射点垂直向上空发射到100~200m（随地形或障碍物高度而定）后经光缆将导弹导引头摄取到的包括目标在内的场景图像传送到发射点，射手以此识别选择和跟踪目标或由火控计算机自动识别跟踪目标，对导弹发出控制指令，再经光缆传送到导弹并控制导弹飞向目标。由图还可看出：

（1）导弹发射制导系统由激光发射接收器、双向耦合器、信号处理和指令形成及目标自动跟踪器、目标图像显示器三部分组成，其中激光发射接收器用于发射、接收1.5μm的上行信号和1.3μm的下行信号；双向耦合器是完成激光信号和电信号的相互转换；信号处理、指令形成和目标自动跟踪器用于由导弹传送给发射点的目标信息和弹上信息并将这些信息进行修正处理后,形成导弹运动控制和弹上探测器的转动控制等指令信号,对目标进行自动跟踪并控制导弹命中目标;目标图像显示器用于实时显示目标的图像和导引头的飞行轴向。

(2) 导弹由导引头、万向支架、惯性测量装置、控制器和激光发射接收器等组成,其中导引头是导弹探测目标的关键部件,一般用可见光 TV 摄像机、前视红外(FLIR)成像探测系统或红外搜索跟踪(IRST)点源探测系统或毫米波(MMW)雷达等,用于实时获取目标图像;万向支架用于控制和稳定导弹的飞行轴向;惯性测量装置用于测量并实时提供导弹运动状态的信息;控制器是根据地面发射制导系统的指令信息,用于控制导弹的飞行状态;激光发射接收器由向下行(地面)发送光信号的激光发射器和接收来自上行(地面)光信号的接收器以及光导纤维双向耦合界面组成,并经光纤界面发射和接收光信号,提供电信号与激光信号之间的相互转换。

(3) 光缆包括光纤卷盘和光缆两部分,其中光缆是经光纤卷盘连接导弹和地面发射制导系统之间的光导纤维,一条光缆通过两个波分复用通道可以同时发送上行 $1.5\mu m$ 的光信号和下行 $1.3\mu m$ 的光信号;光纤卷盘主要用于释放信息传输和指令制导的光缆。

2. 光纤制导武器的应用

自 1985 年美国陆军首次将光纤制导导弹用于非瞄准线上对付武装直升机和坦克以来,扩大了美国各军、兵种的如下应用范围:

(1) 1992 年美国国防部和陆军提出,从 1994 年起研制出间瞄式武器系统增强型光纤制导导弹(EFOG-M),装备快速反应部队,用于对付机动性强的武装直升机和装甲部队。

(2) 美国海军海洋系统司令部提出"海光"(Staray)计划,从舰上发射光纤制导导弹(FOG-M),于 1994 年从大量试验中取得了可靠数据;美国海军防空系统司令部于 1993 年分别提出"空光"(Skyray)计划和光纤技术计划(FOT),其中"空光"计划是从空中发射光纤制导的反舰导弹,于 1994 年进行了多次试验;光纤技术计划是一种从空中发射光纤制导的"白星眼"制导炸弹,从 A-7"海盗"攻击机上发射"白星眼"光纤电视或红外成像制导炸弹,目前从 20 多次试验中取得了大量数据,待装后用于对付海上舰艇。

(3) 美国空军早于 1988 年与罗克韦尔公司签订了一项有 275 万美元的合同,用于论证光纤制导的 GBU-15 炸弹和研究 AGM-30 导弹的光纤制导系统,并于 1991 年经大量试验后又签订了 5000 万美元的研制合同。

在美国之后,日本、英国、瑞典、法国、德国及意大利等国也都在研制光纤制导导弹。典型的系统有德国的"玛姆巴"(MAMBA)光纤制导导弹,巴西的 MACMP 光纤制导反坦克导弹,法、德、意联合研制的"独眼巨人"(Polypheme)光纤制导导弹,以及瑞典的激光驾束制导导弹 RBS-70 的改进型等。最值得一提的是"独眼巨人"(见图 9-27),该弹采用的高分辨率红外摄像机可使射手观察宽 523m、长 3000m 的视场,能发现 4km 处的目标,识

图 9-27 "独眼巨人"导弹发射三维图

别 2km 处的目标,确认 1km 处的目标。既可由地面发射,又可由海下 300m 深处的潜艇发射,被誉为反潜飞机的克星,已于 1996 年由法国的一个导弹连完成部队试验,并于 20 世纪 90 年代末装备部队使用。

3. 光纤制导技术的发展趋势

对现有的和在研的光纤制导导弹进行综合分析,可以看出有如下发展趋势:

(1) 采用更先进的红外成像探测器。随着材料生长技术及微电子技术的发展,高密度、高响应率、高探测率、高工作温度、更小像元及更高灵敏度的 IRFPA 必将被研制出来并投入使用,这必将提高光纤制导导弹的昼夜作战能力,在敌我混杂的近战环境中准确地识别、锁定和攻击目标的能力。例如,"龙"的后继型采用的 256×256 元凝视 IRFPA 器件及非瞄准线武器采用的 244×400 元硅化铂肖特基势垒 IRFPA,都是较新的红外成像器件,因而代表了光纤制导导弹的发展方向之一。

(2) 制导光纤由多模向单模方向发展,并不断拓延光纤的长度。多模光纤传输损失大,但便于拼接,多用于近距离制导;单模光纤传输损失小,但拼接难度大,多用于中、远距离制导及抗干扰性要求较高的场合。随着作战距离的增大及作战环境的日益恶化,以及随着光纤拼接技术的发展,由单模光纤取代多模光纤并不断拓延光纤的长度,必将成为光纤制导导弹的又一发展方向。

(3) 向通用化、标准化及小型化方向发展。目前,无论是光纤制导导弹本身还是其部件都在不断地朝着通用化、标准化及小型化的方向发展。因为组件的标准化、通用化可以提高武器系统尤其是成像系统、制导光纤、跟踪与瞄准系统的通用性与可靠性,并改善武器的维护使用条件及降低成本;小型化可以提高武器系统的机动能力,便于车载及空运。

(4) 采用更先进的技术。为了提高攻击能力,光纤制导导弹无论是整机还是部件都在不断采用更先进的技术。例如:随着光电子学科及相关学科的发展,高抗张强度、低损耗、抗疲劳及更能承受储存期和高放线应力的光纤必将被研制成功并投入使用;随着光纤拼接技术的发展与采用,接头处的附加损失将不断减小,故障率也会越来越低;随着光纤绕放技术的改进及微型化高性能光端机的研制成功,导弹的飞行速度将会进一步提高,成像质量也会得到进一步改善,等等。

9.1.7 展望

目前和今后相当长的一段时间内,世界各国竞相发展的精确制导技术有红外成像制导、毫米波制导、激光雷达成像制导、复合制导和智能化制导等。

1. 红外成像寻的制导技术

红外寻的制导是当前精确制导技术中使用最多的一种。从 20 世纪 80 年代初开始,由于红外焦平面阵列探测器和微型计算机的发展,红外成像制导技术迅速发展起来。美国的"海尔法"反坦克导弹,英、法、德三国联合开发的远程"崔格特"反坦克导弹以及美国"响尾蛇"AIM-9X 空空导弹是这一时期同时开发的第二代红外成像寻的制导武器的代表。

第三代红外成像寻的制导是凝视红外焦平面阵列技术与多模识别相结合,形成完全自动式的智能导引系统，具有强大的抗红外干扰能力、自动捕获和识别目标能力以及复杂情况下自动决策能力，将成为21世纪发展追求的重要目标。

2. 激光成像雷达寻的制导技术

激光成像雷达是一种主动式激光雷达，按成像方式可分为二维反射强度成像、三维距离成像和距离-多普勒成像三种。

目前使用最多的激光半主动寻的制导和驾束制导都要用激光束照明目标，这就无法做到"打了不管"。发展激光主动导引头，即把激光照射器也装在导引头上，就可解决这个问题。近年来二极管抽运固体激光器构成的全固态激光成像雷达得到迅速发展，并用于主动式激光导引头。

激光主动导引头的难点，一是激光器小型化，采用二极管抽运固体激光器可以满足这一要求；二是对目标识别问题，即区分来自目标的反射信号和来自背景的反射信号。除强度识别外，目前研究的识别技术有三维图像识别和偏振识别。

3. 复合寻的制导技术

从长远看，单一模式的导引系统将难以适应新的局部战争的要求，而发展和采用复合寻的制导将是唯一的选择。复合寻的制导兼有两种或多种频谱的性能优点，既可充分发展各自模式的优势，也可相互弥补对方的劣势，在战术上使用将大大提高寻的制导系统的抗干扰性能、全天候性能、反隐身和识别目标的能力，提高制导精度，扩展作用距离，因此是非常重要的发展方向。

在多种复合形式中，红外/毫米波复合技术性能最佳，该系统光、电互补，克服了各自的不足，综合了光和电制导的优点，仍然是当前和今后相当长一段时间内世界各国研究的重点。

4. 智能化寻的制导技术

随着人工智能、成像制导、微计算机和自适应控制技术的发展，人们已在探索研究智能化制导技术。智能化寻的制导采用图像处理、人工智能和计算机技术，对目标进行自动探测、自动识别、自动捕获和跟踪，并进行瞄准点选择和杀伤效果评估。

智能化寻的制导系统要具有很高的探测灵敏度和空间分辨力，其主要技术特点如下：

（1）能在充满各种干扰的战场环境下完全自动地探测、搜索和识别视场中的全部目标及捕获多目标并进行实时多模跟踪。

（2）能综合利用多种信息，对传感器和复合传感器探测的数据进行融合处理；采用具有规划、理解、推理和学习功能的计算机，能够模拟专家在解决问题时有效而复杂的思维活动，使智能制导系统能在瞬息万变的战场环境中判断和决策，自动跟踪目标。

（3）对视场中目标进行威胁判断、优先加权和排序等，选择威胁最大的目标进行拦截。

（4）能进行瞄准点选择和杀伤效果评估。

（5）具有对故障、干扰和环境进行综合分析和决策能力。

为了适应未来高技术条件下的战场环境，精确制导武器的高度精确化、自动化和智能化必将成为21世纪各国追求发展的主要目标。

9.2 光电火控

光电火力控制简称为光电火控,系指控制武器跟踪和瞄准目标并实施准确打击的专门光电技术。早期的火控系统采用光学机械式仪器,如高炮射击指挥仪等。随着电视、微光、红外和激光等光电子技术的发展,先后有可见光电视、红外夜视仪、微光夜视仪、激光测距机等光电设备作为火炮射击时的观察测量手段。20 世纪 70 年代以来,将可见光技术(电视)、红外技术和激光技术与电子技术相结合(以下分别称电视、红外、激光传感器),研制成了包括地面、车载、舰载、机载在内的各类火炮、导弹、炸弹等武器的光电火控指挥系统装备,具有对目标进行捕获、跟踪、精密测量和控制武器发射等功能,使武器精确地打击目标。自 20 世纪 80 年代以来,光电火控系统已得到普遍使用,而且性能不断提高。

9.2.1 光电火控系统的组成

具体的光电火控系统是根据武器的需要来配置部件,其基本组成有观瞄装置、测距及测角装置、火控计算机、显示器等。一般地,光电火控系统组成如图 9-28 所示,它由两大部分组成,即目标光电探测跟踪系统(左边部分)和火炮跟瞄与射击控制系统(右边部分)。图中各部件功能简要说明如下。

1. 目标光电探测系统

它由目标探测传感器(电视摄像机、微光电视、红外热像仪和激光测距机)、角度传感器、信息处理/测控计算机、跟踪架(含伺服)等部分组成。目标探测传感器由电视摄像机、微光电视或红外热像仪和激光测距机组合,是光电火控系统的"眼睛"。前三者是对目标进行探测与角位置测量,可以选取其中的一项或二项组合,输出目标位置相对光学系统光轴的偏差角度信息;后者是测量目标的距离,输出目标的距离信息。

2. 角度传感器

角度传感器是给出与其相连接的转台轴的转动角度,转台是指跟踪架或炮塔。转台轴包括方位转轴和俯仰转轴,它们分别由光电传感器或火炮射向的水平光轴和垂直光轴而定,因而,角度传感器的角度读数实际就是光轴或射向的角位置。

3. 伺服系统

伺服系统包括驱动电动机、测速机、校准电路和功率驱动电路。驱动电动机是带动转轴转动的动力部件,测速机及电路是控制转台的转向、转速的部件。

4. 操作员

操作员的作用是在无引导雷达的情况下进行人工搜索、捕获和跟踪目标。

5. 火炮稳定器

它是为解决平台(如坦克)随着地形起伏而摆动的问题。稳定器是一套驱动和稳定系统,这套系统在俯仰方向驱动和稳定的对象是火炮,在水平方向驱动和稳定的对象是炮塔。稳定器普遍用陀螺仪作为测量元件。

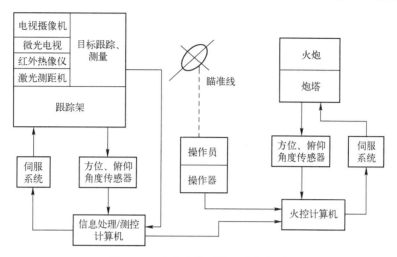

图 9-28 光电火控系统组成方框图

6. 火控计算机

它是现代火控系统的核心部件，主要功能是根据激光测距机输入的目标距离、弹道传感器自动输入的以及人工装定的各种弹道参数，按照不同弹种，求解弹道方程和提前角方程，确定火炮在俯仰方向的瞄准角和方位修正量，自动装定好表尺，并将瞄准角和方位角传输给火炮与炮塔伺服装置进行自动调炮，使火炮处于射击状态；同时具有对火炮系统各组成部件实施自检和控制的作用。

7. 弹道修正传感器

为提高首发命中率，光电火控系统包括弹道修正传感器。其功能是把各种影响首发命中的因素定量地测量出来，输送给火控计算机。计算机按照一定数学模型及时地算出相应的修正量给予补偿。目前，较多火控系统只配用距离、目标角速度和火炮耳轴倾斜自动传感器，有的还增加一个横风传感器；而对于具有行进间射击功能的平台，还增加了测定车辆行驶速度的传感器。

9.2.2 系统工作原理

为了便于理解光电火控系统的工作原理，先对工作过程进行简要说明。以坦克光电火控系统工作过程为例：作战时，当捕获目标后，炮手操纵瞄准具始终"盯"住目标；激光测距机对目标进行测距；计算机根据测得的目标数据和修正弹道的各种参数进行计算，用得出的火炮提前量控制炮塔，使其旋转至相应的角位置；当显示器出现炮位信号时，火炮就开火射击目标；机载自动跟踪式火控系统的武器发射过程与上述相似，只是包括武器投放或发射在内的过程全自动进行。

1）火炮控制系统

火炮控制系统简称炮控系统，按火炮稳定系统的结构分为两类：其一是对目标的瞄准线从动于火炮轴线；其二是火炮轴线随动于目标跟踪器的瞄准线。前者瞄准线的稳定精度与火炮相同，不能保证动态的精确跟踪与瞄准，作战时只能在短时间内进行射击；后者则可在行进间攻击机动目标，使武器性能明显提高。

2）目标捕获与跟踪

通过微波雷达引导或者人工捕获使目标进入光电传感器（如电视摄像机或红外热像仪）的跟踪视场内，或光电传感器自动搜索捕获到目标，经信息处理后，控制跟踪架向目标方向转动，使目标的角偏差量越来越小，然后目标在距光轴一定的小角范围内"摆动"。这就是目标跟踪，而摆动的角范围值称为跟踪精度。

3）目标参数测量

（1）位置/轨道测量。目标距离由激光测距机实时测量得出；目标的高低（俯仰角）和方位角分别由与跟踪架（转台）转轴相连的角度传感器（通常称轴角编码器）给出，再用光电传感器测量的目标角脱靶量（目标相对光轴的夹角）进行修正，精确的目标角为

$$E = E_c + \alpha_e \tag{9-2}$$
$$A = A_c + \alpha_a \tag{9-3}$$

式中：E 为目标俯仰角；A 为目标方位角；E_c 为俯仰角编码器读数；A_c 为方位角编码器读数；α_e 为目标俯仰脱靶量；α_a 为目标方位脱靶量。

对目标进行连续测量，由不同时刻测量的位置参数构成目标的运动轨迹。

（2）速度测量。一般的光电火控系统不采用多普勒测速法，而是通过计算机对目标的轨迹即时间-位置参数运算后得出目标的实时速度。

4）射角提前量装定

在火炮射击时，火控计算机根据目标的距离、速度和气温、气压、横向风速、炮口磨损、炮口偏移等修正量，计算出火炮轴线相对于瞄准线（目标视线）在俯仰和方位两方向射角提前量（分别以 α、β 表示），并将其输送至炮塔。

9.2.3 光电火控系统的功能和性能特点

不同的武器系统所配的光电火控系统的功能是不同的，应根据武器系统的要求选配不同的光电传感器。一般来说，光电火控系统能实现的功能如下：

（1）搜索、捕获。由于光电传感器的视场均比较小，通常采用雷达引导快速捕获目标，只有在无雷达引导的情况下采用光电传感器自动搜索、捕获目标。

（2）测量目标。对目标测量是光电火控系统的重要功能，包括目标特性、空间位置、运动速度等的测量。

（3）目标选择。在多目标的情况下，按一定的准则（如按对己方的威胁大小）将目标分类，优先选择所攻击目标。

（4）照射目标。配合半主动激光制导武器，向被攻击的目标发射编码脉冲激光，引导装有激光寻的器的导弹或炸弹攻击目标；对驾束式激光制导的导弹来说，激光瞄准目标和照射己方的导弹，作为引导导弹飞向目标的控制信息。

（5）控制武器发射的初始态。它包括武器的射向、射角提前量、发射时间等的控制。

光电火控系统是武器装备的重要组成部分，其性能常对武器装备起决定作用，典型光电火控系统有以下性能特点：

（1）探测距离远。与传统的光学手段相比，用于光电火控系统的红外热像仪，对目

标探测的距离一般为几十千米,最远可达100km;激光测距仪的作用距离一般为10千米以上,最远可达50km以上。

(2) 对目标跟踪测量、瞄准精度高。采用红外焦平面热像仪的跟踪瞄准精度可高达0.1mrad,激光测距精度一般为1~5m。

(3) 速度快、自动化程度高。指挥仪式或自动跟踪目标式光电火控,火炮随动于瞄准线对目标进行自动跟踪射击。

(4) 抗干扰能力强。具有极好的抗地面杂波干扰和无线电干扰性能。

光电火控的主要缺点是作用距离受天气影响大,不利于在雨天、雾天等恶劣天气条件下使用。

9.2.4 典型光电火控系统

1. 坦克光电火控系统

坦克的火炮控制系统简称为坦克炮控系统。依坦克火炮稳定系统的结构,炮控系统有两类:一是瞄准线从动于火炮轴线者;二是火炮轴线随动于瞄准线者。前者瞄准线的稳定精度与火炮同,故不能保证动态的精确跟踪与瞄准,作战时只能在短停间进行射击;后者则可在行进间攻击机动目标,使武器性能明显提高。采用第一类炮控系统者,其光电火控有扰动式和非扰动式之分;采用第二类炮控系统者,其光电火控有指挥仪式和自动跟踪目标式两种。

1) 扰动式光电火控

在此种系统中,瞄准镜与火炮固连或以一定方式从动于火炮,炮手操控整个火炮才能使瞄准镜"盯"住目标,且静态时瞄准线零位与火炮轴线被校准为互相平行。作战时,火控计算机依据目标距离、速度和气温、气压、横风、药温、炮膛磨损、炮口偏移、火炮耳轴倾斜等修正量,计算火炮轴线相对于瞄准线在俯仰和方位两方向的射角提前量 α, β,并将其输送至瞄准线驱动单元;使瞄准线偏移 $(-\alpha,-\beta)$(此过程叫"装表",其技术途径如:精确移动分划板,或在视场中引入一个位置精确的光点作为瞄准基点),这使得瞄准线偏离目标。此时,炮手操动火炮(带动瞄准镜),使瞄准线重新"盯"住目标,即火炮射击准备就绪,可以开火。

在装表过程中,瞄准线曾偏离目标,即发生过"扰动",故称扰动式光电火控。

2) 非扰动式光电火控

与上述扰动式相比,非扰动式增加了计算机对火炮本身的控制,也就是说,在计算机用射角提前量负值 $(-\alpha,-\beta)$ 控制瞄准线时,也用 (α,β) 正向调动火炮。由于瞄准线和炮轴线同时反向运动,基本抵消了视场中瞄准线相对于目标的偏离,故谓之非扰动方式。但目标的精确瞄准,最终还要由炮手操控火炮来实现。

非扰动式是扰动式的发展,它结构不太复杂,且有较高的反应速度,但由于瞄准线仍从动于火炮,其稳定精度难以提高。

3) 指挥仪式光电火控

此种方式的突出特点是瞄准线与火炮分离,并具有独立的稳定单元。作战时,炮手只需操纵专门的瞄准线控制装置始终"盯"住目标,火控计算机解算的射击诸元信息会直接送至炮控系统做射角装定,即火炮不再受炮手直接操控,而是随动于瞄准线。故系统没有因装表而产生瞄准线偏离目标的过程。

图9-29是指挥仪式坦克火控系统结构。这种系统的优点是瞄准线可以达到很高的稳定精度(因为这里只需稳定光学元件,比稳定整个火炮容易得多),故可在行进间攻击机动目标,又因为没有瞄准线的扰动现象,只要火炮稳定精度足够高,则系统反应时间会比前两种都短,炮手的操作也明显简化(只控制瞄准线)。这种方式在现代坦克中得到了最广泛的应用。

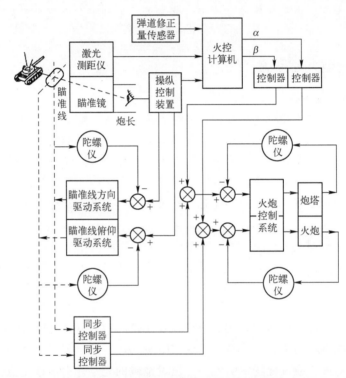

图 9-29 指挥仪式坦克火控系统结构

4) 自动跟踪目标式光电火控

这种方式是在独立稳定的瞄准线操控装置前端冠以跟踪线(目标跟踪器的基准点与目标跟踪点的连线)控制单元,其典型结构系由指挥仪式火控系统与目标自动跟踪器复合而成。图9-30是该类系统的示意图。

图中目标自动跟踪器基于对目标运动图像的理解,以一定周期(例如目前以20ms或40ms为周期)探测目标位置和相应的速度等信息,进而对瞄准线做自动控制,实现对运动目标的自动跟踪。

这种系统进一步减轻了炮手的工作负担,又能快速提取目标的动态信息,使火控系统总体性能显著提高,是当前火控系统的主要发展方向。

2. 武装直升机的光电火控系统

武装直升机的光电火控系统主要用于反坦克、近距空中支援、空中监视等。作战时,

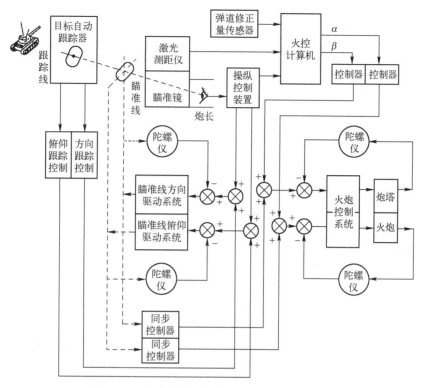

图 9-30 自动跟踪目标式坦克火控系统示意图

副驾驶员用望远镜、摄像机、微光电视或热像仪等搜索和跟踪目标,激光测距机测定距离,航空机关炮、火箭或导弹便自动对目标开火。

观瞄装置、高重频激光测距机、测角装置、计算机等可组成近海面反导弹光电火控系统。

9.2.5 火控系统性能实例

1. Mirador Signaal 公司(荷兰)舰载光电火控系统

跟踪架　　　工作范围:方位 360°,俯仰 -3°~+120°
　　　　　　最大转速:方位>5rad/s,俯仰>4rad/s
可见光电视　宽视场 4.4°×3.3°,窄视场 2°×1.5°
热像仪　　　波段:8~12μm
　　　　　　探测器:(288×4)元 CMT
　　　　　　视场:宽 9°×6.75°,窄 3°×2.25°
　　　　　　NETD:0.1K
激光测距机　激光器:Nd:YAG
　　　　　　波长:1.06μm
　　　　　　重复频率:3~8Hz
　　　　　　作用距离:20km

2. Litening 机载吊舱光电火控系统

跟踪架	工作范围：方位±400°，俯仰−150°~+45°
	跟踪稳定性：30μrad
可见光电视	像素：（768×494）像素
	宽视场 3.3°×3.5°，窄视场 1°×1°
热像仪	波段：8~12μm
	探测器像素：708×240
	视场：宽 18.4°×24.5°，中 4.5°×4.5°，窄 1.5°×1.5°
	NETD：0.1K
激光测距机/目标指示器	激光器：Nd∶YAG
	脉冲能量：100mJ；激光束发散角：0.2mrad

9.2.6 光电火控系统发展趋势

光电火控系统在现代武器装备中越来越重要，几乎所有的常规武器都配有不同的光电测量、控制装置。光电火控系统的发展趋势是：

（1）重点发展具有大视场范围搜索、多目标识别的红外搜索与跟踪系统（IRST）；

（2）更新观瞄装置，如采用红外焦平面阵列器件、四代微通道像增强器来提高红外热像仪、微光夜视仪的观瞄性能；

（3）激光测距机不仅用于测距并可用于激光制导的目标照射，并采用二极管抽运 Nd∶YAG 和人眼安全波长激光器，以期减小设备体积、质量，提高寿命与可靠性；

（4）改进目标信息处理方法和提高信息处理速度，以期提高搜索、捕获目标的速度、识别能力、测量精度和增大作用距离，以适应武器发展的需要；

（5）发展多功能、多传感器的一体化和信息融合技术，以发展成为与雷达、通信和指挥控制系统相结合、快速反应的光电火控系统。

9.3 光电引信

引信是武器系统的重要组成部分，它的作用是探测、识别目标，适时引爆战斗部，以最大限度发挥战斗部的威力。

光电引信是利用光场的变化获取目标信息的一种近炸引信。它也是目前现代化武器系统中的一个重要组成部分，主要配用在导弹上。早在第二次世界大战期间，就开始对光电引信进行了大量研制工作，如英国在第二次世界大战初期研制了一种光电式光学引信，这为美国后来发展光电引信奠定了基础，因此，美国在 1942 年相当成功地研制出了一种被动式光电引信。在这一时期，还开始研究了红外线光学引信，但由于当时的红外探测器用在引信上显得很迟钝和不敏感，因此未能继续研究下去。直到第二次世界大战结束后，美国决定重新研制非无线电近炸引信，对光学引信做了大量研究工作。在朝鲜战争以后，红外引信很快就装备部队，用于舰炮高射榴弹 MK90 系列和"响尾蛇"空空导弹，至今已几次更新换代，发展为 MK404 高射炮弹红外引信和 DSU−15A/B 空空导弹红外目标探测装置。在光电引信中,被利用的光学物理场有可见光、红外光、紫外光和激光。本节主要介绍红外引信和激光引信原理。

9.3.1 光电引信的分类及特点

在光引信中最常用的分类方法有两种,根据光引信借以工作的光场性质来分,有可见光引信、红外线引信、激光引信。根据光引信借以工作的光场形成的方法来分,有被动型光引信及主动型光引信。

被动型光引信的工作光场是由目标产生的,具有热源的目标周围都有大量的红外线辐射场。飞机、坦克、军舰、工厂等都是具有热源的目标。目标的热辐射本身就是一个可利用的信息源。只要在引信的接收系统中设置适当的红外探测器,把携带目标信息的光信号转变为电信号,然后再经过适当的选择和处理,便可以启动执行级。红外探测器及光学系统组成如图 9-31 所示。

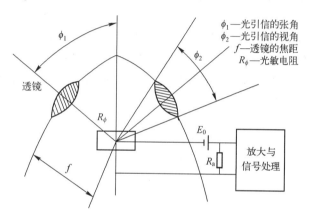

图 9-31 被动式光电引信敏感装置示意图

光敏电阻受光照射后,其阻值发生变化,进而引起电路电流变化而产生信号,该信号经放大及处理后推动执行级工作。

主动型光引信工作光场是由引信自身产生的,也就是说,在引信中要设置一个产生光场的光源。主动型光引信是利用目标和其周围的介质对光的反射程度具有明显的差异性来控制引信起爆的。因此,主动型光引信和被动型光引信的不同之处,就是多了个形成光场的光源。当引信视场内没有目标时,空间介质对光的反射很微弱,而且强度均匀并恒定,这时放大器输出端没有信号输出。当引信视场内出现目标,而且目标反射的光信号射入到光敏元件时,这时光的照射强度发生显著变化,于是放大器的输出端就能输出一个足够的电压信号,推动执行级工作。

由上述分析可见,被动型光引信构造简单、对电源能量消耗小、体积小、质量小。目前用得较广泛的红外线引信多属于被动型。被动型的光引信也有缺点,即对目标的依赖性大、工作不稳定。不同目标辐射场的性质可能相差很大,这就会造成引信作用距离的散布。主动型光引信由于自身产生光场,对目标的依赖性小。但其最大缺点是对光源能量要求较大、体积大、质量大、结构复杂。一般可见光引信大都是主动型的。

激光引信是20世纪70年代发展起来的一种新原理引信。它一般多是主动型的，其光源为一激光发生器，射出的激光束也是一种电磁辐射，其波长范围一般在近红外区，光束通常以重复脉冲的形式发送，遇到目标发生反射，一部分反射激光被引信敏感装置接收，经过放大和信号处理，推动执行级工作。由于二激光具有单色性、方向性、相干性以及强光性这些特点，因此使激光引信具有高距离精度的良好的战术技术性能，使用范围可以更广。但目前阶段由于体积较大，使用上受到一些限制。国外某些导弹、迫弹上配用了激光引信。在利用激光制导的系统中，也可以使用半主动型激光引信。

综上所述，目前得到广泛应用的是被动型的红外引信与主动型的激光引信。

光引信与前述的米波多普勒无线电引信相比，具有以下优点：

（1）有尖锐的方向性；

（2）作用距离较大；

（3）具有良好的抗人工干扰能力。

光引信也存在一些缺点：

（1）目前应用最多的被动型红外线引信，依赖目标的辐射特性，而不同目标或同种目标在不同环境条件下的辐射特性有很大差异，这将造成精确定距的困难；

（2）红外引信与激光引信由于其组成均有光学系统，因而体积较大，在一些口径较小的弹药中应用有一定难度；

（3）背景辐射，如太阳、云朵等都可能对引信造成干扰，即光引信的自然干扰大。

在现役的武器装备中，以被动型红外引信为多，主要用在空地、地空导弹上。此外，主动激光引信也越来越多地装备在各种弹上。

9.3.2 红外引信

红外引信与无线电引信所利用的信号不同，其工作原理与具体结构也不同，主要区别在敏感装置部分。

1. 敏感装置

红外引信的敏感装置也可称为光敏装置或光学接收器，其任务是定向接收目标的红外辐射，并将红外信息转变为电信号。主要由滤光器、光学系统、光敏电阻组成。

1）滤光器

滤光器的任务是完成色谱滤波，以加强抗干扰性，也就是要最大限度地削弱工作上不需要的光谱段辐射能。前面对目标和背景的辐射特性分析表明，滤波器应在目标辐射的主要能量分布的波段内构成通带。如对喷气式飞机，应在 $3.5\sim5\mu m$ 范围构成通带，在 $2\mu m$ 以下是背景干扰能量集中处，要尽可能地予以衰减。因此要求滤波器通带的短波段边沿要陡峭，而长波段可以不作更多要求。

滤光器是利用各种不同的光学现象如吸收、干扰、选择性反射、偏振等进行工作的。从结构上可分为固体的、液体的和气体的三类。在引信中常用的是固体滤光器。固体滤光器分为吸收式和非吸收式两大类。

吸收式滤光器是利用光辐射通过物质时，会引起分子、原子或束缚电子的振动，从而吸收部分辐射能的原理。这种吸收以单个吸收带形式出现，故称为选择性吸收。属于这一类的有动物胶滤光器、有色玻璃滤光器、塑料滤光器等。

动物胶滤光器是一层染色的动物胶膜（厚 0.5~0.1mm），为了防止胶膜受潮和受温度的直接影响，将它夹在两块平板玻璃之间胶合起来。它的光谱透射曲线如图 9-32 所示。动物胶滤光器的缺点：光谱特性不稳定，会逐渐发生变化，受温度和湿度的影响；坚固性差。

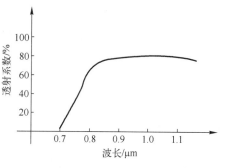

图 9-32　动物胶滤光器光谱透射曲线

有色玻璃滤光器，它是在玻璃上用分子染色剂及胶质染色，染色的物质不同，其光谱特性也不同。图 9-33 是钴氧化锰的玻璃滤光器的光谱特性曲线。由曲线可见，这种玻璃不能通过可见光，只能通过 0.9~4.5μm 的红外辐射，因此它是近红外的良好滤光器。与动物胶滤光器相比有以下优点：耐热高、光谱特性稳定、不随时间变化。可以大量制造特性相同的滤光器。

塑料滤光器是由赛璐珞、尼龙和聚乙烯化合物制造的滤光器。呋喃树脂滤光器就属于此类滤光器。其光谱透射曲线如图 9-34 所示。可以制成 1~3μm 范围内透射性良好的滤光器。

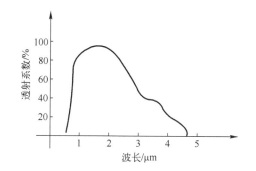

图 9-33　钴氧化锰玻璃滤光器的光谱特性曲线

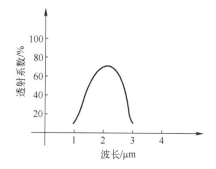

图 9-34　塑料滤光器的光谱特性曲线

无吸收性的滤光器本身不吸收辐射能，是由于滤光器对辐射能产生漫射或散射的原理而工作的。属于此类的有粉末滤光器、粗糙表面滤光器和异折射率滤光器。

2）光学系统

光学系统的作用是接收辐射能通量，把它传送给红外敏感元件，并保证敏感元件能获得最大的辐射照度，同时还要保证引信具有方向图所要求的视角。通常目标辐射源总是向四面八方辐射能量的，而引信中的敏感元件感光面小，因此必须利用光学系统，把投射到上面的辐射能变成按一定方向传输的光线并聚焦到敏感元件的感光面上。光学系统的感光面比敏感元件的感光面大得多，因此使敏感元件感光面的照度大大加强。

对光学系统的要求：

（1）保证光学系统在弹轴的子午面构成尖锐的定向视角，同时在赤道面上有完整的圆周视角，以取得最大的杀伤效果；

（2）具有足够大的感光面积和良好的汇聚特性，以提高引信的灵敏度；

(3) 保证有一定的光谱特性以提高背景干扰和减少作用距离的散布；

(4) 引信工作波段内的光线通过它时，损失要小；

(5) 结构紧凑，稳固可靠，工艺性好，便于制造、装配和调整。

光学系统大致可分为三类：

(1) 折射系型：由于透镜材料的光的折射率和空气不同，因此光线在通过它和空气介质的界面时要产生折射，只要适当地赋予界面的几何形状，便可使通过它的光线朝着所需要的方向传播。

(2) 反射型：光线在传播中受到一个或几个反射镜的反射，只要适当地赋予反射镜面的形状，就可使反射的光线沿着所要求的方向传播，投影到敏感元件的感光面上。红外引信的反射光学系统的反射面多采用抛物面的形状。

(3) 折反型：即折射光学系统和反射光学系统组合使用。由于引信受体积限制，折反光学系统在引信中使用较少。

3) 敏感元件

被动式红外引信的关键部件是敏感元件，它是把热能转换为电能的红外辐射能转换器。

红外辐射的各种效应都可用来制造红外敏感元件，但要做出有实用价值的敏感元件，主要是应用红外辐射的热效应和光电效应。因而红外敏感元件可以分成两大类，即热敏元件和光电元件。

热敏元件利用物体因红外辐射和照射而变热的所谓"热效应"。物体变热、温度升高会引起一些物理参数的改变，有些物理参数的改变比较大，就可以用来制造红外敏感元件。因此从物理过程来说，热敏元件首先需要使敏感元件的温度升高，这一过程是比较慢的，因此热敏元件的响应时间都比较长，大都在毫秒数量级以上。另外，由于是加热过程，不管是什么波长的红外辐射，功率相同，对物体的加热效果也相同，因此热敏元件对入射辐射的各种波长基本上都有相同的响应率，称为无选择性红外敏感元件。由于这类元件存在灵敏度低及无选择性的性能，故在引信中没有得到应用。

光电元件利用物体中电子吸收红外辐射而改变运动状态的光电效应，其物理过程是红外辐射的照射直接引起电学性质的改变，这个过程比起加热物体的过程要快得多，因此其响应时间一般要比热敏元件的响应时间短得多，最短的可达纳秒（10^{-9}）数量级。此外，要使物体内部的电子改变运动状态，入射辐射的光子能量 $h\nu$ 必须足够大，也就是它的频率必须大于某一值。换成波长来说，就是能引起光电效应的辐射有一个最长的波长限存在。因此光电元件的光谱响应曲线都有一个长波限。只要光子的能量足够大，相同数目的光子基本上具有相同的效果。因此这类敏感元件常常被称为光子敏感元件。光子敏元件有三种：第一种是金属受辐射照射会引起电子发射，称为光电子发射效应，基于这一效应制成的光电管已经是可见光波段内常用的一种敏感元件，它所响应的波长最长只能到约 $1.1\mu m$；第二种是利用光辐射照射均匀的半导体引起电导率增加的光电导效应的敏感元件；第三种是光辐射照射半导体 PN 结产生电动势的光生伏特效应的光电敏感元件，在引信中被广泛应用。

2. 红外引信工作波长的确定

选择红外引信工作波长的问题，看起来似乎很简单，只要选择在目标辐射强度最大的波段内工作就可以了，而其他波长的辐射能都要求滤波器予以完全吸收。这样的选择只是从引信抗干扰的要求出发，还必须考虑另一方面，即要减少引信作用距离的散布。

不同目标所辐射的红外光谱差别很大，如果将目标辐射最强处的光谱作为引信的工作波段，将使引信的工作波段展得太宽。另外，不同目标的红外辐射强度也有很大不同，例如涡轮式螺旋桨喷气发动机的辐射强度比活塞式发动机的辐射强度大 10 倍左右，造成红外引信对不同目标的作用距离可能产生很大的散布。

单位面积上的辐射强度称为辐射照度，表达式为

$$E = K\frac{P}{r^2} \tag{9-4}$$

式中：K 为辐射通过的大气衰减系数；P 为目标在引信接收方向上的辐射强度；r 为辐射源到引信接收器的距离。

设 E_p 为引信开始动作时引信敏感元件上的辐射照度值，对于不同的辐射强度 P_1 与 P_2，引信作用距离为 r_1 与 r_2，则有

$$E_p = K_1\frac{P_1}{r_1^2} = K_2\frac{P_2}{r_2^2} \tag{9-5}$$

由于红外引信作用距离一般在几十米之内，可以认为红外辐射通过大气层的衰减系数为 1，由上式可得

$$r_1 = r_2\sqrt{\frac{P_1}{P_2}} \tag{9-6}$$

如果 P_1 等于 200W/sr 为活塞式飞机的最大辐射强度，r_1 等于 20m 为引信的作用距离，那么当喷气式发动机飞机的最大辐射强度最等于 1800W/sr 时，引信的作用距离为 60m，引信作用距离增加了 2 倍。引信作用距离的差异，会降低弹药的毁伤效率。

如何减少作用距离的散布呢？在设计引信时，可以通过适当选择引信敏感装置的通带来减小作用距离的散布。辐射场的强度随温度增加而加大，并且辐射强度最大处的光谱波长是随温度的提高而变短的。例如，对于螺旋桨式的飞机来说，温度为 300℃，其对应辐射能通量最大值的波长 λ_m 范围在 4.5~5μm 之间；而对丁喷气发动机飞机来说，其辐射温度达 600~700℃，相应辐射的光谱分布最大值向较短的波长一边移动，λ_m 范围为 3~4μm 之间。如果在设计引信时，通过选择适当的滤光器和光敏电阻的综合光谱特性，限制引信的工作波长就在辐射体温度较低的目标辐射最强的光谱上，那么对于温度较低的辐射体，虽然它所辐射的能量少，但它所辐射的能量被引信接收的多，即接收效率高；而对于温度较高的辐射体，虽然其辐射的能量多，但由于其辐射最强处的光谱的波长不在引信的工作波段内，而处于引信工作波长范围内只有一小部分能量被引信吸收，即接收效率低。这样，虽然辐射体所辐射的能量差别很大，但实际被引信接收系统接收并能转变成电信号的能量，其差别却大为减少，因而减少了引信作用距离的散布。同时，通过工作波段的选择，也可以使引信的工作波段变窄，进而提高了引信的抗干扰性。

3. 红外引信接收系统的方向图

前面已经介绍接收系统（光敏装置）的作用是定向接收目标的辐射。定向接收的目的有两个，即解决命中问题和抗干扰问题。

1) 双支路

所谓双支路，就是一条为待炸支路，另一条为爆炸支路。要使引信作用，必须使目标信号按先后顺序传到两个支路中去。双支路主要由引信接收系统的方向图来形成，一个单支路接收系统的方向图可用三个角度来表示，如图9-35所示。

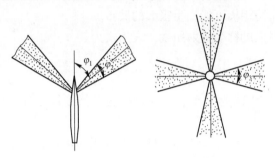

图 9-35　单支路接收系统的方向图

在通过弹轴的平面（即子午面）内，用光路角 φ_1 和视场角 φ_2 来表示。光路角又称张角，它是光轴与弹轴之间的夹角。视场角是光学系统接收到光线的角度，它一般等于从光学系统的光瞳中心对光学窗的张角，光学窗即视场光阑，它可以是一个实在的光阑，或者是调制盘、敏感元件等。在导体横截平面（即赤道平面）内，用视场角 φ_3 表示，除了视场角 φ_3 外，光敏装置的光束数目也是很重要的。要保证没有死角，也就是说在赤道面内要是一个完整的圆形视场，φ_1、φ_2 和 φ_3 的选择与战斗部特性、目标特性、导弹与目标的交汇条件、干扰源的特性等因素有关。

双支路接收系统的方向图如图9-36所示。待炸支路的作用是收到目标辐射的信号时，做好起爆的准备。爆炸支路的作用是收到目标辐射的信号时，给出起爆信号。图中 φ_r 为视场空白角，即在通过弹轴的子午面内，多通道光学引信的一个通道的视场角与另一通道的视场角之间相隔的角度。

对于设计正确的引信，在弹体与目标接近过程中，目标的红外辐射一定先进入待炸支路，使系统处在待炸状态，然后进入爆炸支路。双支路系统要正常工作，必须遵循一定的工作顺序，即信号的加入一定是先进入待炸支路，后进入爆炸支路，或者至少要同时把信号加入两个支路。

只有具有这样的顺序，才能正确地接近所要攻击的目标。若以相反的顺序加入，则双支路系统不工作，说明这个目标不是我们所要攻击的目标。

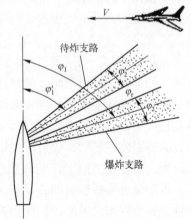

2) 命中问题

命中问题实际上也就是引信定位的问题，即如何确　图 9-36　双支路接收系统的方向图定引爆时弹与目标的相对方位与距离，以保证最大的杀伤效果。

为了分析问题，设目标与导弹在同一平面内运动，并且是尾追的情况，如图9-37所示。为了保证最大的杀伤效果，爆炸支路的方向应该与破片飞散密度最大的方向重合，这就是选择爆炸支路光路角 φ_1 的一个条件。

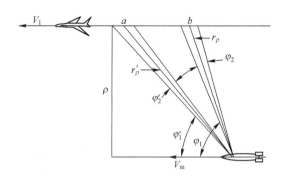

图9-37 目标与导弹在同一平面内尾追的情况

为了保证双支路系统正常工作，导弹应以前进的方向接近目标。因此待炸支路的视场应该在爆炸支路的视场之前，即要求待炸支路方向图的光路角 φ_1' 应小于 φ_1 角。

在导弹接近目标时，目标首先进入待炸支路的视场，经过一段时间 t 以后，目标再进入爆炸支路的视场。距离 r_ρ' 和 r_ρ 延迟时间 t_ρ 的数值均可利用已知的射击条件（目标速度 V_T、弹速 V_m、脱靶量 ρ 以及 φ_1 和 φ_1'），通过简单的三角关系求得

$$\begin{cases} r_\rho' = \dfrac{\rho}{\sin\varphi_1'}, \ r_\rho = \dfrac{\rho}{\sin\varphi_1} \\ t_\rho = \dfrac{\rho}{V_m - V_T}\left(\dfrac{1}{\tan\varphi_1'} - \dfrac{1}{\tan\varphi_1}\right) \end{cases} \tag{9-7}$$

由以上各参量的关系可看出：$r_\rho' > r_\rho$，所以引信的待炸支路灵敏度应该大于爆炸支路的灵敏度。根据可能的接近条件，由引信的作用距离 r_ρ 可求出 r_ρ' 的数值。显然 φ_1' 和 φ_1 之间的差越小，r_ρ' 和 r_ρ 之间的差也越小。延迟时间 t_0 的数值与接近条件有关。由于 t_P 的存在，故需在待炸支路中增加一个专门的延迟时间装置，应保证该装置的延迟时间大于上式中的 t_P 值。φ_1' 和 φ_1 之差越小，t_P 也越小，要求待炸支路的延迟时间也越小。

由以上分析可见，为了保证引信的定位及系统正常工作，对双支路提出以下几点要求：

（1）视场角 φ_2' 和 φ_2 要小，保证双支路具有窄的方向图。

（2）待炸支路灵敏度应该大于爆炸支路的灵敏度，以保证在距目标较远的距离上，待炸支路仍能工作。

（3）对于喷气式发动机飞机进行尾追时，目标的主要辐射面是尾喷管和燃气流而不是目标的要害部位，此时应在两支路之后的引信电路中设置延时电路，以保证对目标要害部位的妥协。

以上要求不是绝对的，其中有的还和引信其他要求有矛盾。如视角小的要求与保证引

信所需要的作用距离这一要求有矛盾，视角越小，进入的能量越少，从而作用距离也越小。又如从要求待炸支路灵敏度大于爆炸支路灵敏度，以保证所需能量的观点看，φ_2'应比φ_2大。而这又影响φ_1'和φ_1的数值彼此接近。这些互相矛盾的要求，设计引信时，要根据主要战术技术指标合理解决。

3) 抗干扰问题

对被动型红外引信来说，防止自然干扰有着重要的意义。从对背景辐射的分析可知，太阳与云彩的干扰是主要的。为了抗太阳和云彩的干扰，在数值给定后，取决于以下两点：

(1) 使干扰源不能同时影响两个支路。

(2) 不同时影响两个支路的条件下，使干扰源依次对待炸支路和爆炸支路作用的时间间断大于待炸支路的信号延迟时间。

下面分别讨论对付太阳与云彩干扰的情况。

(1) 太阳干扰。当太阳光同时进入两条盛路时，可能引起引信作用。为了避免这个干扰，需要在两个支路的视场中有1°空白角，即$\varphi_r \geq 1°$。这是因为太阳离得远，太阳的轮廓构成的张角很小。

导弹的空间位置是不断变化着的，这样将会导致一种结果，即太阳光可能先出现在待炸支路的视场中，经过一段时间后又出现在爆炸支路的视场中。将这一段时间小于待炸支路的延迟时间，则引信会因此干扰而误动作。

导弹的几何轴在空间位置发生变化的原因之一是弹道的弯曲，也就是一种沿切线方向的连续变化。对于不可控的火箭来说，弹道切线方向的变化很小。由外弹道学可知，切线方向变化的角速度决定于下式

$$\frac{d\theta}{dt} = \frac{g\cos^2\theta}{V} \tag{9-8}$$

式中：θ为弹道切线的水平倾角；V为弹的水平分速度。

若$V=200 \text{m/s}$，$\theta=0°$，$g=9.8 \text{m/s}$，则

$$\frac{d\theta}{dt} = \left|\frac{g}{V}\right| = \left|\frac{9.81}{200}\right| \approx \frac{1}{20} \text{rad/s} \tag{9-9}$$

这个角速度很小，当t等于0.1s时，弹丸轴线才转动1/200rad的角度。弹丸弹道的这种缓慢弯曲不会导致太阳光从待炸支路的视场内迅速转入爆炸支路的视场内。但对于可控制的导弹来说，由于捕捉目标，弹道可能弯得很厉害，因而它所造成的太阳光对两支路的连续干扰必须加以考虑。这叫弹轴方向变化的角速度，取决于导弹的机动性，应满足以下关系式

$$\left|\varphi_1' - \varphi_1 - \frac{\varphi_2'}{2} - \frac{\varphi_2}{2}\right| > \left(\frac{d\theta}{dt}\right)_{max} t_\rho \tag{9-10}$$

式中：$(d\theta/dt)_{max}$为导弹机动飞行时最大的变化角速度。

满足上面的关系式，即表明太阳光依次干扰两条支路的时间间隔小于引信中所设计的两条支路间隔时间，接收系统会正常工作。

弹轴的空间位置发生变动的原因之二是弹的章动。在章动过程中，太阳光可能依次进入待炸支路和爆炸支路的视场内，如图9-38所示。

要想消除这种干扰的可能性，必须要使视场之间的空白角大于弹的最大可能章动角的 2 倍，用数学式可表示为

$$\varphi_T = \left(\varphi_1 - \frac{\varphi_2}{2}\right) - \left(\varphi_1' + \frac{\varphi_2'}{2}\right) > 2\delta_{\max} \quad (9-11)$$

式中：$\delta_{\max}$ 为弹的最大章动角。

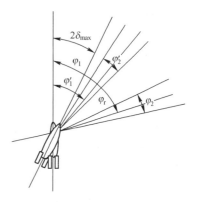

图 9-38 章动角影响分析图

这个条件是不让太阳光在章动过程中进入两个支路，若按这个要求来设计引信，则往往难以实现。例如 $\varphi_1 = 75°$，$\varphi_2' = \varphi_2 = 5°$，$\delta_{\max} = 20°$，则得 $\varphi_1' = 30°$。

这时，如果要保证各种射击条件下，r_ρ 等于 30mm，那么和延迟时间会很大，以致满足不了这个要求。如果将上述条件变成太阳光进入两个支路视场之间的时间间隔应大于待炸支路的延迟时间，只要知道弹在弹道上的章动规律，解决这个问题并不太复杂。如认为章动可以近似表示为一个周期为 T、最大章动角为的 $\delta_{\max}$ 单摆振动，即

$$\delta = \delta_{\max} \sin\left(\frac{2\pi}{T}t\right) \quad (9-12)$$

则消除太阳光依次进入两条支路的干扰的条件变为

$$\varphi_T = \left(\frac{\mathrm{d}\delta}{\mathrm{d}t}\right)t_\rho \quad (9-13)$$

式中：$\mathrm{d}\delta/\mathrm{d}t$ 为章动角速度。

综上所述，要消除太阳的干扰，关键是选择 φ_1' 的问题。对于自动瞄准的空空导弹来讲，选择 φ_1' 的问题较简单，因为导弹接近目标的角度变化很小，尾追攻击，射击条件较简单，导弹的章动较小。但有的导弹机动性大，特别是最近几年发展起来的格斗弹，其几何轴随时间变化的速度可能很大，在这种情况下确定 φ_1' 时，必须知道在与目标相遇后作机动运动时的角速度，即使是概略的也可以。

（2）云彩干扰。有明显分界线的大块云朵对两支路的同时影响会造成对引信的干扰。如果想利用空白角的大小来消除它是不可能的，因为云朵的轮廓构成的张角可能相当大，这种情况下只好利用云朵散射、反射的光谱特性和目标辐射光谱特性的差别，采用滤光器来消除云彩的干扰，实验证明效果良好。

红外引信接收系统的方向图 φ_1、φ_1'、φ_2 和 φ_2' 的确定，主要从满足命中和抗干扰的要求来进行选择，以上所介绍的只是一般选择的原则。

4. 双支路红外引信分析

对付具有强辐射源的各种喷气式飞机的"响尾蛇"空空导弹，所配用的引信就是采用双支路原理的被动式红外引信。当导弹与目标距离在 9m 以内，接近目标的相对速度为 150~800m/s 时，红外引信启动，引爆战斗部。该引信由敏感装置（即光学接收系统）、电子电路部分、安全保险执行机构和热电池组成。下面主要分析光学接收系统及电路部分。

1）光学接收系统

光学接收系统用来接收目标的红外辐射并探测目标。它共有八个红外接收器。其中四

个长缝接收器（第一路）能接收与导弹纵轴成 45°方向的红外辐射；另外四个短缝接收器（第二路）能接收与导弹纵轴成 75°方向的红外辐射，形成两个相互独立的光学通路，其视场角是 1°30′。两通道接收器交错排列，环形分布，用螺钉固定于一个八角框架上。接收器上的长、短光缝分别与引信壳体上的长短窗口相对应。在光缝上装有滤光片，底部有一真空镀铝的抛物面反射镜，硫化铅光敏电阻安装在反射镜的焦点上。由于两个通道抛物面的形状和位置不同，形成两个通道接收角度的差异。在垂直于导弹纵轴的平面内，每一个接收器都能接收 90°范围以内的红外辐射，不论导弹从目标哪一边接近，光学接收系统都能接收到来自目标的信号。

（1）接收器的光路图。如图 9-39 所示，在 45°或者 75°方向上，由目标来的红外辐射，首先透过外壳上的保护胶带，再透过滤光片，滤除杂散干扰，然后照射到抛物面反射镜上，经反射聚焦在光敏电阻上。光敏电阻的阻抗在红外辐射的照射下发生变化，由于导弹与目标的接近速度为 150~800m/s，同时光学系统的视场角只有 1°30′，所以光敏电阻被目标的红外辐射照射只是瞬间，感受到的只是个脉冲信号。

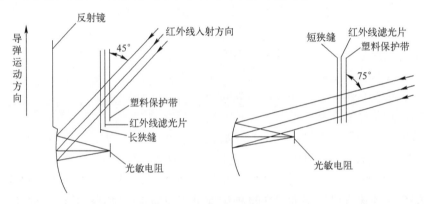

图 9-39　接收器光路图

所用光敏电阻波段范围为 1~3μm，而在 2μm 处其接收能力最强。红外滤光片长缝的在 2.0~4.5μm、短缝的在 2.5~3μm 之间有 30%~60%透射率，这就将光敏电阻的工作范围控制在 2.0~4.5μm（长缝）、2.5~3.0μm（短缝）较窄的光谱范围内。

（2）两通道信号的关系。导弹以一定的脱靶量，从目标尾部接近目标。这时两路光学接收器将在不同的时间，以不同的角度接收到来自目标的辐射信号。为分析方便，设导弹与目标在同一平面内平行接近，如图 9-39 所示。

导弹以相对速度 150~800m/s 接近目标，到 45°方向时第一通道首先接收到目标信号，导弹再飞过一段到 75°方向时，第二通道才接收到目标信号。这就是说，在两路信号间存在一个顺序关系。只要是导弹从目标尾部正常接近，必然先得到第一通道信号，然后才得到第二通道的信号。

这两路脉冲信号有一定的时间间隔，从图 9-40 中可见，当导弹与目标的距离是最大允许脱靶量 9m 时，从 45°方向到 75°方向飞过的距离最长。如再设导弹以最小的相对速度 150m/s 接近目标，则这种情况下，两路脉冲信号的时间间隔最长。可以算出，两路脉冲信号的时间间隔将小于 44ms。导弹的导引误差减小，或相对速度增大，其时间间隔都将减小。

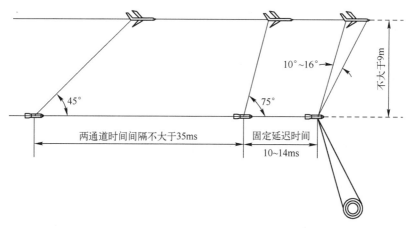

图 9-40 导弹接近目标时两通道信号的关系

两路脉冲信号的幅值和导弹与目标间的距离有关。距离近,光学接收器接收到的红外辐射强,脉冲信号的幅值就增大。反之,导弹与目标间的距离大,甚至超过允许脱靶量时,脉冲信号的幅值就会逐渐减小。

从以上分析可以看出,导弹与目标在距离 9m 以内正常相遇时,两路脉冲信号之间存在有一定的顺序关系、一定的时间间隔以及它们都有比较大的幅值。这就是它们之间的规律,可以利用这个规律来选择引信的最佳起爆时机。

2) 电路

从导弹发射瞬间起,引信便开始工作。光学接收系统不断探测周围空间的红外辐射,会接收到各种各样的信号,如阳光的散射、云朵对阳光的反射以及空中目标的红外辐射等。引信怎样排除干扰,分辨出有用信号,又如何利用目标的信号选择最佳起爆时机等,这便是电路要解决的问题。

前面已经讲过,两通道的信号存在一定的关系,针对这些点,电子电路的功用是:把光学接收系统接收到的红外辐射脉冲信号转换为电脉冲信号,并进行放大,做大信号进行顺序鉴别、时间鉴别和幅值鉴别,排除干扰,形成起爆脉冲;为了击中目标要害,要使起爆脉冲延迟 10~14ms,起爆脉冲控制执行级工作,起爆战斗部。电路框图如图 9-41 所示。

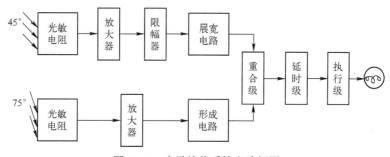

图 9-41 光学接收系统电路框图

(1) 脉冲放大器。在目标红外辐射作用下,光敏电阻的组织发生变化,将目标信息转换成电信号。由于光电阻被红外辐射照射只是一瞬间,所以输出的电信号是一个脉冲信号。该信号通过脉冲放大器进行放大后，输出一个正（或负）脉冲信号。

（2）限幅器、脉冲展宽电路和重合级。放大器在放大目标信号的同时，也放大了各种各样的干扰信号，这部分电路的作用就是对信号进行顺序鉴别、时间鉴别和幅值鉴别，取出真实的目标信号。

三个鉴别是这样进行的：以第一个电路脉冲信号为辅助，先加以限幅，使其幅值一定，利用这个幅值一定的脉冲经脉冲展宽电路形成一个一定宽度的波门，去控制重合级。当在这个波门以内，重合级得到第二路脉冲信号且足够大时，重合级工作，输出一个负脉冲信号至延时级。如果只有一路脉冲，或者有两路信号，但一、二路的顺序相反，或两路时间间隔太大，或脉冲幅值小，这些都不反映导弹与目标正常相遇的情况，而是背景干扰或导弹已脱靶，这时重合级都不工作。

第二路中形成电路的作用是将第一路放大器输出的脉冲信号进行微分，得到一个尖顶的窄脉冲信号加至重合级。重合级是一个有双控制极的开关，其特点是当两个控制极上电压均达到一定值时，开关导通，否则开关断开，第一路信号经放大、限幅和展宽后加至重合级第一控制极上，当该信号足够大，在波门存在期间达到一定值时，使重合级处于等待导通状态。若在返段时间内，加至第二控制板上的第二路放大器输出信号经形成电路后达到一定值时，重合级便可导通。这段时间是根据导弹与目标正常相遇时，两路信号的时间间隔大小来确定的，该引信为44ms。

由上述可见，要使重合级工作，第一路必须首先工作，且信号幅值足够大，开启第一控制极，使重合级处于等待状态。在44ms内，第一路信号足够大时，使第二控制极开启，重合级导通，输出一个负脉冲信号。

（3）延时电路。当重合级输出目标时，目标正在引信前方75°方向，虽然目标已进入战斗部杀伤范围以内，但是还没有进入最大杀伤区，还不应立即起爆战斗部。为了使目标的要害部位处在战斗部杀伤破片最密集区，以便给目标最大限度的杀伤，故设置了延时电路。对于指定的目标，固定延时时间为10~14ms。

该延时电路由单频稳态多谐振荡器形成，延时后的信号输出给执行级，作为起爆战斗部的信号。

9.3.3 激光引信

激光引信是随着激光技术的发展出现的一种新型的近炸引信。利用激光来探测目标，具有极窄的光束和极小的旁瓣，有很强的抗外界电磁场干扰的能力，并能精确控制起爆点位置。

激光引信是一种光学引信，属主动式近炸引信的技术范畴。激光引信通过激光对目标进行探测，对激光回波信息进行处理和计算，判断出目标、计算出炸点，在最佳位置适时引爆战斗部。激光引信是激光探测技术在武器系统中最成功的应用。

激光引信具有极窄的激光谱线，光束和探测场可以设计得很窄。它具有测距精度高、角分辨力强、隐蔽性好、抗综合干扰能力突出、主动式全向探测攻击和引战配合效率高的优点。

激光引信的分类方法很多，通常按作用探测原理、探测方式、配用弹种等进行分类。

按激光探测体制可分为直接探测体制(单脉冲探测、脉冲编码探测等)、相干探测体制;按激光探测场可分为小探测场(毫弧度至几度)、大探测场(几十度至360°)、收发光场平行、收发光场交叉等;此外,还可按应用平台来分类。

1. 激光引信工作原理

激光引信技术是一项综合性技术,涉及光电子、微电子、无线电、计算机、激光、光学及精密机械技术领域。具体有激光发射技术、激光测距技术、精密光学设计技术、编码技术、小信号检测技术、信息统计与快速处理技术、数据高速通信技术、抗干扰技术、电磁兼容技术、安全性与可靠性设计技术等。

激光引信是一种主动型的引信,它本身发射激光,这一束光通常以重复脉冲形式发送,光束到达目标后发生反射,有一部分反射激光被引信接收系统接收后变成电信号,经过适当处理,使引信在距目标一定距离上引爆战斗部。

激光引信的测距原理与脉冲无线电引信是相同的,只要测出激光束从发射瞬间到遇到目标后反射光波返回到引信处的时间 τ_0,便可得出目标的距离 R,即 $R=c\tau_0/2$。

激光引信按其工作原理可分为主动式激光引信和半主动式激光引信两类。由于半主动式需增加设备、人员管理及导弹发射后还需跟踪照射目标等方面的原因,所以很少应用,一般多采用主动式激光引信。主动式激光引信结构图如图9-42所示。图9-43为主动式激光引信原理框图,主要由发射系统和接收系统两大部分组成。

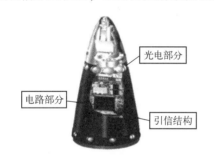

图9-42 主动式激光引信结构图

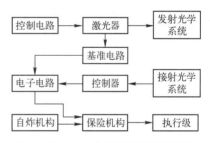

图9-43 主动式激光引信原理框图

发射系统产生所要求的频率、能量的激光,并以光束的形式向空间辐射光能量,在空间形成所需的探测场,同时给出同步信号。接收光学系统主要完成由目标返回激光的探测、目标信号的识别并引爆信号。

发射系统包括控制电路、激光器激励电路、同步信号电路和激光发射光学系统。控制电路中有产生所需频率信号的振荡电路、功放电路及延迟电路,如果是编码体制的激光引信,还要有编码电路。当前除功放电路外,大都采用数字电路来实现。功放电路主要产生激光器激励电路所需的高压信号。目前,大峰值功率的激光器所需的激光电流都很高,所以激励电路是产生大峰值电流的电路。发射光学系统要求其出光效率高、出光波束符合设计指标。对于单通道小视场的激光引信,采用非球面透镜或复合球面系统。对于360°探测场的激光引信,常采用光锥来完成。同步电路的触发信号取自部分由发射激光转换的电信号,为使系统简单,此信号多取自激励电路。同步电路产生快速上升的整形信号作为测距基准。

接收系统包括接收光学系统、光敏元件、前置放大电路、信号处理电路和执行级。在国内研究的激光引信中，接收光学系统大都为球面复合系统，要求接收视场在能覆盖发射激光波束的前提下尽可能小，保证所要求的有效接收面积及高的光学透过率。为此，选择合适的光学材料，把接收光学系统和发射光学系统设计成尽量靠近光轴，且相互平行或在一定距离相交来实现光学截止。图9-44所示为某型主动式激光引信光学示意图，该系统将发射光学系统和接收光学系统设计为同轴系统，这种设计可缩小引信的体积和增大有效接收面积。

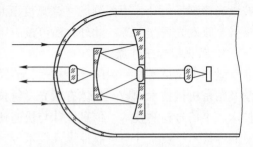

图9-44 激光制导引信光学示意图

光敏元件是激光引信中的关键器件，它的优劣，直接影响整个系统的性能。一般要求它具有高的灵敏度及响应速度，等效噪声功率低。前置放大器是将微弱信号放大到满足处理要求的信号，因此要求它是低噪声、响应速度快的宽带放大器。

信号处理电路有两个基本作用：识别目标信号和干扰信号，干扰信号包括人工干扰、背景干扰及引信内部产生的干扰；判断目标的位置，当目标处于战斗部最有利杀伤位置时，输出启动信号使执行级工作，引爆战斗部。

2. 激光引信的主要技术参数

1）作用距离

能量型激光引信的作用距离与接收系统和发射系统的性能有关，也与目标特性和背景有关。设目标对激光具有漫反射特性，接收机所接收到的激光功率可按下式计算

$$P_r = 4P_T \frac{A_r A_T}{\pi^2 R^2 \theta} \tau_T \tau_r \rho \tau_u^2 \tag{9-14}$$

式中 P_r 为接收功率；P_T 为发射功率；A_r 为接收机有效孔径面积；A_T 为目标有效面积；τ_T 为发射光学系统透过率；τ_r 为接收光学系统透过率；ρ 为目标发射系数；τ_u 为单向传播路径透过率；R 为作用距离；θ 为发射波束平面角。

如果光束截面完全落到目标上，则

$$A_T = (\pi \theta^2 R^2)/4 \tag{9-15}$$

由于激光引信的作用距离近，大气传输衰减可忽略不计，即 $\tau_u = 1$

将 A_T、τ_u 值代入式（9-14）中，则可得到

$$P_r = 4P_T \frac{A_r}{\pi R^2} \tau_T \tau_r \rho \theta \tag{9-16}$$

一般，激光引信均采用式（9-15）来计算，如遇特殊情况，例如引信作用空域为360°时，则可根据此式推导出适用的公式。

为了可靠地检出有用信号，必须使接收到的功率超过接收器通带 Δf 内的等效噪声功率（NEP）n 倍，n 即为所要求的信噪比。由式（9-14）得到计算激光引信作用距离的公式

$$R = \sqrt{\frac{P_T A_r \tau_T \tau_r \rho \theta}{\pi n \text{NEP}}} \tag{9-17}$$

在有背景噪声的情况下，等效噪声功率还要增加，同时探测器的灵敏度下降，使作用

距离减小。

由上述测距公式显示出影响能量型激光引信作用距离的因素主要有：发射激光功率及其波束角、接收机的固有噪声、背景噪声、接收孔径、光学系统的质量、目标特性等。目标特性是客观存在不可改变的事实，它只是设计时要考虑的因素。

增加发射功率，一般要增加系统的复杂性、体积、质量和耗电量。小型激光引信满足不了这样的要求，因此不能苛求用增加发射功率来增加作用距离。一般原则是在满足体积、质量、能耗要求的情况下，尽量发挥其潜力，使功率达到最佳水平。

发射波束大，目标不能完全拦截波束，使部分激光能量损失掉；另外，由于波束大，接收视场相应增加，这样将增加接收背景杂光的能量，使信杂比降低。如果发射波束过小，对于飞机、军舰一类目标，镜面发射成分增加，满足不了攻角大变化范围的要求。因此，探测视场的大小需根据具体情况进行综合分析来确定。一个好的光学系统要能满足使用时的各种情况，并使其效率达到所要求的最佳状态。光学系统设计的关键问题是在满足接收孔径的条件下，使光学系统的透过率达到最大值，或者，在光学透过率达到最大值时，整个接收孔径必须完全有效。增加接收孔径面积，也受到激光引信体积的限制。在地空、空空导弹中，激光引信体积都很小，只能在允许的情况下，尽量增加接收孔径面积。

提高作用距离最有效、最有潜力的是接收机的设计，它包括探测体制的选择、探测器的选用、前置放大器设计、信号处理电路的设计。如能使其达到最佳状态，不但可以提高信噪比，而且可以在低信噪比的情况下正确地输出有用信号。

2) 作用距离精度

作用距离精度是一个十分重要的指标，它直接影响引战配合效率。由于激光的特点，目前，它的作用距离精度优于其他体制的近炸引信。

激光引信的定距精度，依据其定距原理而异。激光引信所对付的目标，其反射特性很复杂，既有漫反射特性，也有镜面反射特性，反射系数亦不同。在相同的距离上由于作用姿态的不同，目标反射信号的幅值可有几个数量级的变化。这些都会对定距精度产生影响。

3) 抗干扰性能、探测概率及虚警概率

作用于激光引信的干扰主要有两类。一类是引信内部产生的干扰，它包括接收机的固有噪声、发射接收之间的光信号泄漏（发射系统中强电信号的辐射及通过电源地线台耦合到接收系统中形成的干扰）；另一类是外部干扰，它包括背景、海浪、雨、雾及云层等自然干扰，还有人工干扰。

激光引信的可靠作用是：无论有无干扰，都能够判断目标是否存在，并能准确地给出启动信号。通常用探测概率和虚警概率表示。在目标与干扰同时存在的条件下，系统能检测到目标存在的概率称为探测概率。当无目标存在时，系统判断为有目标存在的概率称为虚警概率。一般根据信噪比，同时考虑光学杂波背景和接收机的噪声阈值电平来计算虚警概率；或者在给定探测概率及虚警概率的情况下，计算满足要求所需的信噪比。探测概率和虚警概率不仅与单个信号的信噪比有关，还与信号处理方式有关。

3. 激光引信国内外研究概况

激光近炸引信是一种主动式近炸引信，它在预定距离内检测目标，当导弹处在最佳炸点位置时启爆战斗部。激光近炸引信探测脉冲窄、调制方便、抗干扰能力强、能精确探测目标距离和位置,具有引战配合效率高和抗光电干扰能力突出等优点,特别适应现代战争精确打击和光电对抗技术的发展,成为当前武器系统最优选的近炸引信之一。特别是进入新世纪以来,激光近炸引信的应用领域、研究领域趋向广泛,从炮弹、导弹到无人机,从水下到天空,激光近炸引信在多种型号平台上均得到研究应用。它是精确打击武器的组成部分,是新一代新型导弹的重要标志之一。表 9-1 列出了国内外配用激光引信的部分战术导弹和无人机。

表 9-1 配用激光引信的国内外部分战术导弹和无人机

导弹类型	国别	导弹名称	备注
空空导弹	美国	"响尾蛇":AIM-9L、AIM-9J-3、AIM-9N-1、AIM-9N-3、AIM-9P-1、AIM-9P-3、AIM-9M、AIM-9X	近距格斗型
	英国	AIM-132	先进近距(ASRAAM)
	俄罗斯	AA-11 的改型(R-73)、AA-12(R-77)、AAM-AE	近距格斗型 先进近距(ASRAAM)
	南非	Darter、U-Darter	近距格斗型
	以色列	"怪蛇" 4	
	中国	空空导弹	近距格斗型
地(舰)空导弹	英国	"长剑" 2000(MKICB)的改型	—
	以色列	巴拉克 I	三军通用的超近程导弹
	法国	"西北风"	
	瑞典	RBS-70、RBS-90	
	美国	"海小槲树"	
	美国、瑞士	阿达茨(ADATS)	
	美国、德国、丹麦	拉姆(RAM)RIM-116A	
	巴西	MAA-1	
	中国	面空导弹	
反辐射导弹	美国	哈姆(HARM)AGM-88A、"佩剑"(Sidearm)	
	英国	ALARM	
	俄罗斯	AS-17/X-31II	
	中国	反辐射导弹	—
反舰导弹	中国	反舰导弹	—
反坦克导弹	美国	"龙" 3(DRAGON3)M47 "陶" 2B(TOW2B)BGM-71F	侧向激光、磁复合近炸引信
	美国、瑞士	阿达茨(ADATS)	前向触发引信 侧向激光近炸引信
	以色列	马帕斯(MAPATS)	—
	法国、德国	米兰 2T、霍特 2T(HOT-2T)	
	西欧	中程崔格特(TRIGAT-MR) 远程崔格特(TRIGAT-MR)	激光定距 激光定距
无人机	南非	RAKI	—
	中国	反辐射无人机	—

激光引信在一些武器系统中的作用包括:对空导弹近炸、全向攻击、目标方位判别(定向引炸);反舰导弹近炸、二次降高高度装定、末端高度控制;反辐射导弹近炸、抗

电磁干扰、目标方位判别（定向引炸）；对地导弹定高引炸、近炸、母弹开仓、弹头定高引炸；反坦克弹近炸；巡航导弹高度精确控制；无人驾驶飞机定高引炸、低空突防高度控制；水雷非触发引信；航弹近炸、定高引炸。我国激光引信的研制和应用情况如表 9-2 所示。

表 9-2　我国激光引信在主要系统中研制和应用情况

应用平台	主要功能	拥有的技术特点
海防导弹	脱靶近炸、末端高度控制	激光动态测距技术，抗海量干扰技术，触发优先控制保证技术
反辐射导弹	近炸、判别目标	激光动态测距技术，光学抗高温技术，抗高过载技术，伪随机编码探测技术
面空导弹	全向探测近炸、判别目标	激光周视探测技术，抗阳光、云雾干扰技术，空中目标快速判别技术
空空导弹	全向探测近炸、判别目标	激光周视探测技术，抗阳光、云雾干扰技术，空中目标快速判别技术
对地导弹	定高引炸、近炸	激光动态测距技术、抗地物干扰技术
反坦克导弹	过顶引炸	激光三角精确定距技术、抗地物干扰技术
无人驾驶飞机	定高引炸、低空突防高度控制	激光动态测距技术，抗阳光、云雾干扰技术
炮弹	定高引炸	抗高过载技术
其他	激光水下目标探测	激光水下探测技术

思考题

1. 简述半主动激光寻的制导的工作原理。
2. 简述激光驾束制导的工作原理。
3. 相对半主动激光制导，激光驾束制导有哪些优缺点？
4. 红外寻的制导有哪些优缺点？
5. 简述红外成像制导的工作原理。
6. 光电火控的基本构成有哪些？
7. 坦克光电火控系统有哪些类型？理解各类火控系统的特点。
8. 光电引信是什么？在战场中有何实际应用？

第10章 光电对抗

光电对抗是指利用光电子技术手段，对敌方来袭的光电武器和装备实施告警、干扰及防御，以削弱、破坏其作战效能，保护己方人员安全和光电武器装备的正常使用而采取的技术措施和行动。光电对抗是电子对抗的一个重要组成部分，它与雷达对抗技术、通信对抗技术共同构成电子对抗的三个基本技术领域。按己方装备的工作性质，光电对抗可分为光电告警、光电干扰和光电防御。

10.1 光电告警

光电告警系指运用光电技术手段，对敌方光辐射源或光散射源进行探测、搜索、定位、辨识及运动参数测定，并即刻确认其威胁程度、提供相应情报和发布告警信息的战争行动。通常有主动方式和被动方式之分。前者需要我方主动发射光波至敌方，再依据由敌方返回的光信号提取我们所需要的信息。由于回波多是散射光信号，故此时可把目标看作"散射源"。后者则不需要我主动向敌发射信息光波，而是直接利用敌目标的辐射获取所需信息。

光电告警可分为激光告警、红外告警、紫外告警及光电复合告警。

10.1.1 激光告警

激光是一种特殊的光源，具有高亮度、高相干性和高方向性的特点。激光告警就是根据激光的这些特征，实现对激光威胁源的告警。激光告警的功能是当目标被敌方激光测距机、激光目标指示器及激光雷达等军用激光装置的激光束照射时，探测和识别激光辐射，探测激光辐射源方向、波长及使用方法等战术技术参数，发出声光告警并引导光电干扰设备实施干扰，它是进行激光对抗的前提和首要工作。

激光告警适用于固定翼飞机、直升机、坦克和装甲车辆、舰船、地面重点目标等，用以警戒目标所处环境中的光电火控或激光制导武器的威胁。根据其工作原理的不同，大致可分为方向识别型、相干识别型和散射探测型这三类激光告警器。

1. 主要战术技术指标

激光告警设备的主要战术技术性能指标范围如表10-1所示。

表10-1 激光告警设备的主要战术技术性能指标范围

指标名称	通常取值范围	指标名称	通常取值范围
告警距离	1~15km	虚警率	1/(1h)~1/(24h)
视场角	水平360°，垂直180°	探测概率	0.9~0.99

(续)

指标名称	通常取值范围	指标名称	通常取值范围
灵敏度	$10^{-3} \sim 10^{-6} \text{W/cm}^2$	光谱分辨力	$0.01 \mu m$
动态范围（分析）	$10^4 \sim 10^8$ dB	脉宽鉴别	$10 \sim 100$ ns
动态范围（致盲）	$10^8 \sim 10^{12}$ dB	方位角分辨力	$1° \sim 45°$

2. 激光威胁源的典型特征

激光告警器不仅要确定威胁激光源的方位，还要确定激光源的基本参数。例如工作波长、脉冲宽度、脉冲重复频率、能量幅度等。现有激光威胁源的典型特征如表10-2所示。

表10-2 激光威胁源的典型特征

威胁源	典型特征
激光测距机	激光脉冲宽度小，重复频率低
目标指示器	激光束与测距激光相似，但重复频率高
致盲式激光武器	激光也与测距激光相似，但能量密度高
通信用的激光	调制的连续波或重复频率很高的脉冲串
"硬破坏"用的激光武器	常采用连续波激光或脉冲宽度较大的激光，能量密度极高

3. 激光告警器

1）方向识别型激光告警器

方向识别型激光告警器是利用激光的高方向性，通过一组光电探测器探测威胁激光信号并实现告警和定向。这种告警器探测灵敏度高，视场大，且结构简单，无复杂的光学系统，成本低，因而被广泛应用。国外在20世纪70年代就进行了型号研制，80年代已大批装备部队。方向识别型激光侦察告警器能告警威胁激光的方位（即定向），其方位精度与光电探测单元的数量有关，探测单元越多，方位精度越高。

下面以挪威Simrad和英国Lasergage公司联合研制生产的RLl型激光侦察告警机为例来说明方向识别型激光告警器的工作原理，如图10-1所示，它是一种典型的方向识别型告警器，供装甲车辆使用，现已大量装备部队，它由探测头和控制显示器两个部件组成。

探测头由5个光电探测器组成，水平方向放置4个，垂直方向放置一个，如图10-1上部所示。水平方向每一个探测器的视场水平为135°、垂直为-20°~+67.5°，相邻两探测器的重叠视场为45°，如图10-2（a）所示，俯仰方向视场分区如图10-2（b）所示。因此360°水平视场被分为8个独立的大小均为45°的区域。而整个视场（360°×87.5°）被分割为17个独立的视场区域。当威胁激光照射到告警器上时，如果只被其中一个光电探测器探测到，则威胁激光来自这个光电探测器中心所指的45°空域；若同时被相邻的两个光电探测器探测到，则威胁激光来自由这两个光电探测器的重叠视场构成的45°空域，从而实现对威胁激光的告警和定向。该激光告警器的显示器用九个发光二极管来表示威胁激光的大致方向，如图10-1下部所示，其中8个发光二极管排成一圈，分别代表水平方向

8个45°的扇形视场区，圆圈中央的发光二极管表示上方。每接收一个激光脉冲信号，告警器除用发光二极管显示告警外，还同时发出持续2秒的音响告警。

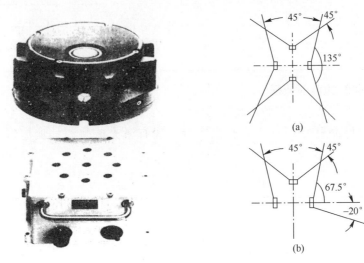

图 10-1　RL1 型激光告警器　　图 10-2　RL1 型激光告警器光电探测器结构示意图
（a）水平方向；（b）俯仰方向。

2）相干识别型激光告警器

相干识别型激光告警器是利用激光的相干性来实现对威胁激光的告警，是目前测定威胁激光波长的最有效方法。激光辐射有高度的时间相干性，故利用干涉元件调制入射激光即可确定其波长和方向。根据所用干涉元件的不同，相干识别型激光侦察告警器可分为F-P（法布里-珀罗）型、迈克尔逊型、光栅型等。其共同特点是可识别波长且识别能力强，虚警率低，不同点是前二者较后者视场大、定向精度高。

下面以常见的 F-P 型激光告警器为例说明其工作原理。美国珀金-埃尔默公司的 AN/AVR-2 型激光告警器就是相干识别型激光告警器的典型，也是世界上技术最成熟、装备量最大的激光告警器之一。它由 4 个探测头和 1 个控制器组成，可覆盖 360°的范围，如图 10-3 所示，它利用 F-P 标准具对激光的调制特性进行探测和识别。

F-P 相干型激光告警器的工作原理如图 10-4 所示，F-P 干涉仪是告警器的核心，它是一块高质量透明材料（如玻璃或锗等）平板，两个高精度平行的通光面镀有反射率在 40%~60%的范围内的半透膜。当光线入射到标准具时，一部分光直接透过，另一部分光在透明材料中经两个反射面多次反射后再透过标准具。因激光是相干性极好的平行光，故两部分光将产生相干叠加的现象。当两部分光的光程差为波长的整数倍时，因相位相同，光强相互叠加，此时干涉仪的透过率最大。当光程差为半波长的奇数倍时，两部分光相位差 180°，光强相互抵消，这时干涉仪的透过率最小，绝大部分光被干涉仪反射。因光程差随入射角的不同而变化，故探测器探测到的光强与激光束的入射方向有关。下图中，当干涉仪 Z 轴周期性左右摆动（Z 轴垂直于通光面法线）时，探测器探测到的光强与干涉仪摆动角之间的关系如图中的曲线所示。曲线上的 A 点所对应的角度恰好是标准具的法线与激光平行时干涉仪的摆动角，因此，只要测定此时标准具的摆动角，就可确定激光束的入射方向。同时，确定曲线中 A 点与 B 点之间的距离，就可推算出激光的波长。非相干背景光穿过干涉仪时不产生上述相干叠加现象，故光电探测器探测到的光强不产生图中曲线所示的变化，通过相减处理即可消除背景光的影响，这就大大降低了虚警率，提高了鉴别激光的能力。

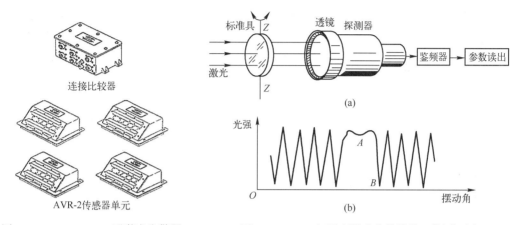

图 10-3　AN/AVR-2 型激光告警器　　图 10-4　F-P 相干型激光告警器的工作原理图

此外，相干识别型激光告警器还有迈克尔逊型激光告警器，其典型代表是美国电子战系统研究实验室 1981 年公开报道的 LARA 激光接收分析仪。如图 10-5 所示，该告警器中的迈克尔逊干涉仪由一个分束棱镜和两块相互垂直的球面反射镜构成，激光照射时可形成"牛眼"形干涉图，用二维阵列探测器检测干涉条纹，由微处理器进行数据处理，同心圆环的圆心位置可计算出来袭激光的入射方位角，干涉圆环间距可计算出激光的波长。由于非相干光不能形成干涉条纹，因而阵列探测器只要检测到干涉环的存在，就说明有激光照射。由干涉环的圆心位置可以确定出激光入射方向，由干涉环的条纹间距可以求出入射激光波长。这种告警器不需要机械扫描，因而可以截获单次激光短脉冲，是一种很有前途的激光告警方法。

3）散射探测型激光告警器

上述两种形式的激光告警器是在威胁激光的直接照射下才能告警，因此称之为直接探测型告警器。随着激光技术的发展和进步，激光的发散度和准直性越来越好，这样，光电武器装备输出的激光照射到目标上的激光光斑也越来越小，以美国先进的 LANTIRN 激光制导光电吊舱为例，其照射激光传输 10km 之后光斑可小于 1m。如果用直接探测型激光侦察告警器对其告警，对装甲车、坦克等小目标还可以，但对舰船、建筑物等大目标则需在目标上布满激光告警器才能准确告警，这既不经济，也不现实。我们知道，激光照射到目标上有散射光，散射光能被探测到的范围非常广，采用对威胁激光照射到目标上的散射光进行探测从而实现告警的激光告警器称之为散射探测型激光侦察告警器，它是一种间接探测型激光告警器，具有告警区域广等优点。

一种散射探测型激光侦察告警器的原理结构如图 10-6 所示，它由塔形棱镜、滤光片、费涅尔透镜和光电探测器组成。当散射激光从侧面入射到塔形棱镜时，经棱镜全内反射后，通过滤光片由费涅尔透镜聚焦到光电探测器上，不同方向入射的散射激光对应于光电探测器上不同的位置，从而实现对散射激光的告警和定位。

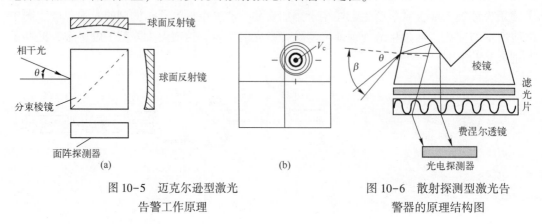

图 10-5　迈克尔逊型激光告警工作原理　　　图 10-6　散射探测型激光告警器的原理结构图

4. 激光告警器性能比较

上述三种不同形式的激光告警器各有其自身的特点，其性能比较如表 10-3 所示。

表 10-3　激光告警器的比较

类型	方向识别型	相干识别型	散射探测型
优点	简单，视场大，灵敏度高，成本低	使用单元探测器，虚警率低，角分辨力高，能测激光波长	无须直接拦截激光束，使用单元探测器，监视区域广
缺点	角分辨力低，不能测激光波长，虚警率高	需机械扫描，不能截获单次激光短脉冲，视场较小	散射探测灵敏度低，虚警率高，要用滤光片

激光告警按角度分辨力的不同可分为：低（45°）、中（3°）、高（1mrad）精度告警。系统反应时间与角分辨力有关，低精度为 4~10s，中等精度为 3~4s，高精度为 0.1s 左右。

防空系统的作战反应时间与告警装置的角分辨率密切相关。如 1 枚距保卫目标 3~4km 距离、速度 2 倍声速的激光制导导弹，仅需时间 6.4~8.4s 抵达目标；当告警精度 90°~360°时，炮手捕获瞄准目标需 4~10s，显然是来不及反应作战的。当告警精度为 8°时，炮手需 3~4s；当告警精度为 1°时，炮手仅需 0.1s，留给军事指挥平台的反应时间就比较充分了。美国 AIL 系统公司研制的高精度激光告警接收机（HALWR），测量目标到达角精度接近 1mrad，是比较先进的激光告警器。

美国 AIL 系统研制公司研制的高精度激光警戒接收机（HALWR）用 CCD 作为探测器，其方位覆盖 30°、俯仰为 20°、探测波长 0.4~1.1μm、脉宽 10~200ns、探测灵敏度可达 0.28mW/cm²、方位角测量精度为 1mrad 或更高、俯仰为 1.5mrad，该设备能同时定位和显示三个激光威胁源。英国的 Saviour 型、英国和挪威联合研制的 RL1、RL2 型等，用硅光电二极管作为探测器，以阵列形式覆盖较大的警戒范围。利用多元相关探测技术将虚警率降至约 0.001（1000 小时一次），光谱带为 0.66~1.1μm。增强多波段告警能力、提高灵敏度，以期达到远距离截获将是激光告警的发展方向之一。

5. 激光告警技术的发展趋势

早期激光告警器主要是非成像型探测器,其波长覆盖范围较窄,主要集中在可见和近红外波段;方位分辨力较低,一般为几度到几十度,取决于二极管的数量;不能确定激光波长;器件大而笨重,作战效能不高。随着激光技术的飞速发展,军用激光器的种类和波长覆盖范围迅速扩大,对激光告警器的要求越来越高。同时,现代光电子技术的深入发展,也使得研制更高性能的告警器成为可能。

目前,激光探测告警技术的研究主要集中在以下几个方面:将波长覆盖范围不同的探测器组合到一起,以拓宽光谱响应范围;提高激光告警的方位分辨力,如采用光纤延迟技术、CCD摄像技术,在非成像型告警器中采用邻域相关技术等;为了测定激光波长,研制出相干识别型激光告警器;为了更精确地判断激光威胁源的性质,还要求告警器能够识别激光的脉冲特性,如脉冲宽度、脉冲重复频率、脉冲编码特征等;为了适合单兵使用,人们开发出小型、便携式的激光告警器;为对抗激光对卫星的威胁,需要开发小型的、抗辐射能力强的星载激光告警设备,CCD由于存在辐射软化问题难以胜任,有源像素传感器(ASP)则是一种兼具CCD优良特性和抗辐射性能的新型传感器,因而成为星载激光告警器的首选。

今后激光探测告警技术将与雷达及其他告警技术结合在一起,构成全波段、一体化的告警设备。不同告警技术的结合和信号数据的综合处理,可以对威胁源的特征做出精确判断,从而可以采取更有效的防护和反击措施,提高作战系统的战场生存能力。

10.1.2 红外告警

红外告警通过红外探测器探测飞机、导弹等威胁目标自身的红外辐射或该目标反射其他红外源的辐射,并根据目标红外辐射特征和预定的判断准则发现和识别来袭的威胁目标,确定其方位、距离等信息并及时告警的技术。主要装在飞机、舰船上,频段覆盖范围为 $3\sim 5\mu m$ 和 $8\sim 14\mu m$ 波段。当有来袭导弹威胁时,告警装置便发出告警信号,启动与之相连的系统实施对抗,进行自我保护。

1. 红外告警器探测目标的工作机理

1)工作体制

红外侦察告警系统按其空域覆盖形式可划分为扫描型和凝视型两种体制,其主要区别体现在红外探测单元上。

(1)扫描型红外告警器。采用单元探测器或阵列探测器,通过二维光机扫描完成对空域的监视。如图10-7所示,目标上的光入射到一个可转动的平面反射镜上,当平面镜转动时,平面镜反射的光束的方向就会发生改变,达到扫描成像的目的。

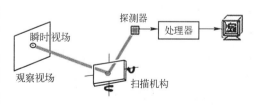

图10-7 机械扫描成像原理图

光机扫描可分为物方扫描和像方扫描,物方扫描需要比像方扫描大的机械运动部件。扫描型的优点是可利用现行探测技术实现大视场的监视,可以用较少探测器提供高的分辨率。

（2）凝视型红外告警器。采用焦平面探测器和固定视场完成对空域的监视。扫描系统对探测短持续特征的信号不太实用，而对于某些类型导弹的判决和假目标的抑制很重要。凝视系统因为连续覆盖整个视场，因而不会错过短持续事件，凝视系统需要大数目的探测器阵列来完成只需少量元数扫描系统完成的角分辨力，但大视场光学系统设计较为困难。

2）工作机理

红外侦察告警系统从背景中把目标检测出来的机理有：

（1）依据目标的瞬时光谱特征。某些重要目标在特定时刻的辐射具有明显的特征，基于此可以识别此类目标。例如，导弹在其被发射时，其火舌卷流的辐射光谱曲线在"红""蓝"色处有明显的"尖峰"，依据特定时刻的这种光谱特征可以感知导弹的发射，因为背景辐射不具备这种特征。

（2）依据目标辐射的时间特征。有些目标的辐射强度随时间而变化，且这种变化遵循一定的规律。比如导弹，它在刚发射时的红外辐射强度很高；在助推段时，其辐射强度相对下降；至惯性飞行段时则辐射强度更弱。根据红外辐射强度随时间变化的这种规律可以识别导弹和判定其运动状态。

（3）依据多光谱特征。任何物体都有相应的红外辐射光谱曲线。不同物体在某一波长附近的辐射强度可能相同或相近，但不可能在各波段都有相同或相近的辐射强度。如果同时获取红外区域多个波段的辐射，并进行信息融合处理，就能更充分地表现特定目标的特征，从而发现和识别它。

（4）利用图像特征。目标的红外图像不仅包含了其红外辐射强度信息，而且直观展现了它的几何形体，其总信息量比只利用辐射强度时要大得多，故利用红外图像提取目标是迄今为止最可靠的方式。不仅如此，有了图像，就可以充分利用先进的图像处理技术，准确地识别目标，精密地标定其角方位，还能利用帧间运算，提供其运动参数，建立其航迹，预测其坐标和实施跟踪。

2. 导弹尾焰的红外辐射特征

在光电对抗领域，红外侦察告警器主要针对来袭导弹，通过对导弹发动机产生的尾焰红外辐射特征的探测来实现告警。它主要有导弹发射告警器和导弹来袭告警器两种。导弹尾焰的红外辐射特征类似于人的指纹，是区分导弹与其他目标或背景的基本依据。

导弹尾焰的红外辐射特征是指尾焰的红外辐射在光谱上有一种特殊的分布，如图10-8所示。导弹发射时发动机产生的尾焰，其红外辐射主要在 $2.7\mu m$ 和 $4.2\mu m$ 波段附近，特别是在 $4.2\mu m$ 附近有"红"（$4.35\sim4.5\mu m$）与"蓝"（$4.17\sim4.2\mu m$）两色的辐射峰值，幅值一大一小，且相互关联，这种"红""蓝"两色的辐射峰值就是导弹尾焰的红外辐射特征，是探测与识别导弹发射的特征光谱。

3. 导弹发射红外告警器

侦察导弹发射的红外告警器主要针对处于发射段和助推段的远程战略导弹和战术导弹的告警，通常使用红外侦察预警卫星来实现，它主要通过红外望远镜和红外探测器阵列实现对导弹发射的测定，如图10-9所示。美国的DSP卫星（国防支援侦察预警卫星）就是一种红外侦察预警卫星，下面以此为例来说明其工作原理。

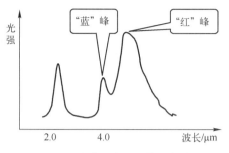

图 10-8 导弹尾焰的红外辐射特征

图 10-9 红外侦察预警卫星

DSP 预警卫星定点在赤道上空 35780km 的地球同步轨道（静地轨道）上，绕自身转轴以每分钟 6 周的速度自转，其 3 米长的红外望远镜对准地球表面，在红外望远镜的像面上安装了 6000 个导弹尾焰的红外特征辐射探测器线阵。当地球表面上有导弹发射时，导弹尾焰的红外特征辐射就会被探测器线阵中的一个或多个探测器探测到并获得其具体位置，通过自转扫描跟踪，DSP 预警卫星还能测定导弹的飞行轨迹并预测导弹的弹道和大致的落地点，从而提供准确的预警信息。系统总共由四颗卫星组成，以覆盖地球赤道上空所有的地球表面，从而监视地球上所有的导弹发射情况。该系统在海湾战争中，曾用于监视伊拉克发射的"飞毛腿"导弹，以便于向以色列的"爱国者"反导系统提供预警信息。

4. 导弹逼近红外告警器

通过光电传感器探测火箭发动机喷出火焰中的红外（紫外）能量来提供告警，称之为无源 O-E 型导弹逼近告警系统，其种类很多，技术也相对成熟，现已大量应用于各种战机、军舰等。在低空突防、空中格斗、近距支援、对地攻击、起飞着陆等状态，作战飞机易受到短程红外制导的空空导弹和便携式地空导弹的攻击。因此，导弹来袭告警的作用十分重要。

美国在此领域处于世界领先地位，AAR-42、AAR-44、P-MAWS2000 系统已装备飞机，AAR-47A 有三个高灵敏度传感器，1993 年试验中成功地挫败了包括苏联在内的 20 枚地空导弹的袭击。采用大面积阵列的区域凝视技术，目标分辨能力最高可达微弧量级，告警距离为 10~20km。美国和加拿大联合研制的 AN/SAR-8 红外搜索与跟踪系统，用于补充舰载雷达告警系统功能，其视场方位角为 360°，俯仰角为 20°，平均虚警时间为 40min，工作波段 3~5μm 和 8~14μm，探测距离大于 10km。

下面以美国最先进的导弹来袭红外告警器 AN/AAR-57 来说明其工作原理。如图 10-10 所示，AN/AAR-57 是一种先进的机载红外侦察告警设备，由 4~6 个分别装在飞机上不同位置的红外辐射特征探测器和一个控制处理部件组成。当有导弹（如地空导弹或空空导弹）来袭时，导弹尾焰的红外特征辐射就会被其中的一个或多个探测器探测到，红外探测器的输出信号经控制处理部件处理后即提供准确告警和导弹方位、距离变

图 10-10 AN/AAR-57 导弹来袭红外告警器

化趋势等告警信息，以便采取合适的对抗措施。AN/AAR-57 具有通用的标准通信接口，可与多种光电对抗设备相联构成一种复杂的综合光电对抗系统。AN/AAR-57 可对来袭导弹实现全方位被动探测，有虚警抑制能力，可靠性高，通过多传感器融合，具有威胁状态（方位、距离变化趋势等）和多目标告警功能。

采用多光谱、超光谱、特超光谱的红外焦平面成像技术，将有助于侦察系统在不同波段上识别伪装的或隐蔽的各种目标。

红外告警技术的发展趋势是：用电扫描或多元并行处理代替机械扫描的全景凝视接收前端；突破高分辨力、高探测率和多光谱方面的探测器；体积小、功能强的单片机代替微机软件；注重功能模块的通用性以及它与系统共用高分辨力的综合显示系统。

10.1.3 紫外告警

由于热辐射和化学荧光辐射，导弹发动机的羽烟可产生一定的紫外辐射，且由于后向散射效应及导弹运动特性，其辐射可被探测系统从各个方向探测到。紫外侦察告警就是通过探测导弹羽烟的紫外辐射，确定导弹来袭方向并实时发出警报的行为。

紫外告警器利用"太阳光谱盲区（220~280nm）"的紫外波段来探测导弹的火焰与尾焰，并根据特征进行探测、截获、定位和分析，发出来袭导弹威胁的告警信号，以便实施干扰。由于这一波段的太阳紫外辐射受大气层阻挡到达不了低空，因而形成了光谱上的"黑洞"，探测系统可避开最强大的自然光源——太阳造成的复杂背景，大大降低了信号处理的难度，降低了告警器的虚警率。

紫外告警与红外告警相比，具有体积小、重量轻、虚警率低、不需扫描、不需低温冷却等优点。利用紫外波段进行导弹探测有如下几个优点：

(1) 紫外探测有极其灵敏的探测器；
(2) 紫外探测器结构简单，不制冷，不扫描，体积小；
(3) 在紫外区，空间紫外背景辐射减少，紫外区位于太阳盲区，信号检测容易，虚警下降；
(4) 紫外告警可在多威胁状态下，以威胁程度快速建立多个优先级，并提出最佳对抗决策建议。

但紫外告警的缺点是：告警距离较近，角分辨力低。

紫外告警是 20 世纪 80 年代以来随着光电侦察告警技术发展而诞生的新方法、新途径，是一种新型导弹告警技术。其突出的优点是虚警率低、隐蔽性好、不需要扫描和制冷、易于装备使用，所以从问世以来就显示出巨大的生命力。

紫外告警设备通常由探测单元、信号处理机两部分组成。探测单元一般由多个探测头组成，其工作原理和红外侦察告警器类似。主要有以下两类：

(1) 概略型紫外告警。概略型紫外告警以单阳极光电倍增管为核心探测器件，概略接收导弹羽烟的紫外辐射，具有体积小、重量轻、低虚警、低功耗的优点，缺点是角分辨力差、灵敏度较低。尽管存在这样两个缺点，但它作为光电对抗领域的一项新型技术，在引导红外弹投放等许多领域仍十分实用。

(2) 成像型紫外告警。成像型紫外告警以面阵器件为核心探测器，精确接收导弹羽烟紫外辐射,并对所观测的空域进行成像探测,识别分类威胁源。优点是角分辨力高、探测能力强、识别能力强,具有引导红外弹投放器和定向红外干扰机的双重能力和很好的态势估计能力。

德国宇航公司研制的"米尔兹"用来探测超声速导弹发射与逼近,系统反应时间为0.5s,角分辨力为1°,总质量为8kg,探测距离大于5km。

典型设备还有:南非 MAW 紫外告警器;美国 AAR-54(V)导弹逼近紫外告警、AAR-47A、AAR-47B 导弹逼近紫外告警及 AWAWS 紫外告警器。

AN/AAR-47 是一种紫外/激光综合告警器,如图 10-11 所示。系统由 4 个探测头组成,中间的是紫外探测器,提供 360°×60° 的侦察告警范围,角分辨力为 90°,比较差,为概略型。紫外探测器是非制冷的光电倍增管,在导弹到达前 2~4s 发出导弹攻击的告警信号。该系统还能自动地释放假目标,探测哑红外干扰弹,并在 1s 内重新施放干扰,全部对抗过程的工作时间小于 1s。

图 10-11　AAR-47 紫外/激光综合告警器

10.1.4　光电复合告警

随着光电探测设备和光电制导武器的工作模式向多个光波波段复合的方向发展,传统的单一波段工作模式的干扰设备往往难以发挥有效的对抗干扰作用,因此,必须向多种干扰手段相复合的方向发展。

作为主要的攻击武器,光电精确制导导弹的告警技术也有多种,不同的导弹告警技术的性能比较见表 10-4。

表 10-4　常见导弹告警技术的比较

特　性	紫　外	红外(扫描)	红外(凝视)	雷　达
探测距离	好~适中	好	好	一般
虚警率	很低	很高	很高	高
探测精度	高	高	高	低
导弹发动机熄火探测	不能	不能	不能	能
视场覆盖	很好	很差	很好	差
距离数据	无	无	无	有
对太阳敏感度	低	高	高	无
飞机发动机干扰	无	有	有	少
航空电磁干扰	无	无	无	高
对敌方干扰敏感	不	不	不	高
可靠性	高	低	低	低
产品价格	一般	高	很高	高

光电复合告警技术是在激光告警、红外告警和紫外告警技术基础上发展起来的复合高级告警形式。这种告警器采用一体化的探测红外、激光和紫外等主要威胁光源的综合告警技术，应用多波段光电传感器的综合和多种光电探测信息的融合技术，是小型化、模块化和具有通用功能的综合告警结构，使各类告警技术优势互补，资源共享，从而更好地发挥综合效能。例如，英、法合作研究的"女巫"系统，集红外诱饵弹、箔条诱饵弹、雷达/红外诱饵弹与有源干扰设备于一体，形成一套综合性的诱饵对抗系统。

光电复合告警技术工作在 $0.3 \sim 14 \mu m$ 的各种波长范围内，它不但能探测激光辐射的主光斑，还能探测并定位激光的散射光，并能实时地识别威胁信号的类型、波长、重频、编码等特征，以应付各个波段、各个方向的光电制导武器和复合制导武器的袭击。

光电复合典型告警装备有：美国研制的 DOLE 激光雷达告警系统（可同时探测观察红外、紫外和射频威胁）；法国的红外和激光告警器；英国的激光和红外探照灯控制器等。

10.2 光电干扰

光电干扰系指以特定手段破坏敌方对光信息的利用、降低其光电装备的使用效能，并保护自己的所有作战行为。它有有源干扰和无源干扰两种方式。有源干扰也称为主动干扰，它以己方装备发射与敌光电装备相应的光波，或者转发敌装备发射的信息光波，对敌光电装备实施压制或欺骗。无源干扰也称为被动干扰，它以特定手段堵塞敌光电装备的光信息通道，或者示假隐真使敌光电装备受骗，从而保护自己。

10.2.1 光电干扰的基本原理

光电武器与光电装备的种类繁多，其结构和工作方式也不尽相同，由此衍生的干扰、对抗方式也是五花八门，想要用单一的理论去概括各种武器的干扰原理是困难的。但无论是光电精确制导武器，还是光电侦察与火控装备，都有一个光电信息获取单元（即光电传感器）和一个信息处理单元（即以计算机为主构成的信息处理控制系统），就像人的眼睛和大脑。而武器装备辐射出的光波（即特定波段的电磁波）就像人手中利剑，光电干扰就是敌我双方利用特定光波这把"利剑"格斗。针对光电精确制导武器和光电侦察与火控装备的"眼睛"和"大脑"，采用强光致盲、致眩干扰等使其"眼睛"变瞎；采用烟幕遮蔽等干扰使其"眼睛"看不见目标；采用光电诱饵等干扰使其"大脑"无法找到目标；采用光电欺骗等干扰使"大脑"产生判断错误而攻击虚假目标，从而有效地对抗敌方的光电精确制导武器和光电侦察与火控装备。从信息获取的角度来看，实施光电干扰的主要方法有两类，即切断信息来源和提供虚假信息。

10.2.2 光电干扰的分类

光电干扰按照武器装备是否辐射光波分为有源干扰和无源干扰两种方式。

有源干扰：又称为主动干扰，它利用己方光电设备发射的光波，对敌方光电武器装备进行压制或欺骗干扰；有源干扰又可分为欺骗式干扰和压制式干扰两类。应用欺骗式干扰技术的主要有红外干扰机、红外干扰弹、激光干扰机等。其中红外干扰设备通过迅速燃烧或发射红外辐射,模拟军用目标(如飞机、舰船、坦克)发动机等部位的热辐射特征,欺骗红外制导武器飞向干扰目标。而激光干扰设备通过改变或模仿激光反射信号,使敌方激光测距机的测距结果出现偏差,欺骗或迷惑激光制导武器。压制式干扰通过红外激光的定向强红外辐射,使敌红外探测器或导引头工作在非线性饱和区而失效,从而实现对目标的保护。

无源干扰:也称被动干扰,它是利用特制器材或材料,反射、散射和吸收光波能量,或人为地改变己方目标的光学特性,使敌方光电武器装备效能降低或被欺骗而失效,以保护己方目标的一种干扰手段。无源干扰是一种非常有效的干扰手段,主要作用在于改变目标光学特性和改变目标光学传输特性两方面,主要手段包括烟幕遮蔽和水幕干扰、红外辐射抑制、激光吸收涂层、伪装网和平台外假目标等,其基本原理是在目标周围布防光的反射体或吸收体,减少目标和其周围环境的辐射差别,以假乱真,达到的目的是保护己方不被敌方光电设备探测到;同时,降低敌方光电侦察和制导系统的作战效能。

10.2.3 烟幕干扰

1. 烟幕

烟幕是悬浮在空间的直径很微小的固体(烟)或液体(雾)的微粒群体,也称气溶胶。它是光学不均匀介质,其分散介质是空气,而分散相是具有高分散度的固体和液体微粒,如果分散相是液体,这种气溶胶就称为雾;如果分散相是气体,这种气溶胶就称为烟。有时气溶胶可同时由烟和雾组成。

烟幕是一种简便易行、有较高性能价格比的干扰和反侦察手段。据第二次世界大战的实战统计,进攻中若使用高度为 $10\sim15m$ 的中等浓度的烟幕或高度仅为 $5m$ 的高浓度烟幕,可以使部队伤亡减少 90% 以上。烟幕不仅能干扰目视的可见光侦测系统,而且对红外微光、电视和激光等新型观瞄器材也有很大障碍作用。据测定,烟幕可使步枪的命中率降低 70%~80%,甚至使反坦克炮和坦克炮完全丧失作用,使反坦克导弹的效能降低 1/5 到 1/3。

利用烟幕可以形成干扰屏障,可见光、红外辐射和激光在通过烟幕时被散射、吸收而衰减,从而达到遮蔽目标的作用。烟幕可以显著削弱现代光电侦察设备、光电火控和光电制导武器的效能,同时烟幕器材的成本也相对较低。实践证明,价值几百美元的烟幕剂,就可以使价值几千乃至几十万上百万美元的武器装备失去作用。因此,烟幕是一种高效费比的技术手段,也是光电对抗中最实用、最有效的手段之一。

2. 烟幕的干扰机理

当光辐射通过烟幕时,由于光波波长以及烟幕微粒的大小、形状、表面粗糙程度和光学性质的不同,烟幕微粒将对光线产生折射、反射、衍射和吸收。综合的效果将使透过烟幕的光的强度比进入的光的强度要小。散射和吸收是造成光衰减的基本原因。根据烟幕对光能量衰减的机理不同,可将其分为散射型和吸收型。

散射型烟幕是由无数个小灰体组成的悬浮微粒云,它们较长时间悬浮在空中,使光线向各个方向发生偏折。烟幕对光的散射作用是由烟幕微粒内部的折射、烟幕微粒表面的反射、衍射和其他原因造成的。照射在烟幕任何一个微粒上的入射光被其向各个方向散射,该散射光又照射到邻近的微粒上,从这些微粒上被二次散射,继而发生第三次到多次散射,这样,烟幕的微粒不仅被最初的入射光照亮,又被其周围各微粒多次散射的光照射。总的效果是使沿原入射方向上的来自目标的光辐射能量减少。于是目标便难以被对方发现,从而达到遮蔽的效果。

吸收型烟幕对光线有强烈的吸收作用,一部分是分散介质(空气)的吸收作用,另一部分是分散相(烟幕微粒)的吸收作用;后一部分的作用是主要的。吸收型烟幕可以看成相当于无数个直径为 3~100μm 的小灰体停留在大气中,这些小灰体对入射光有强烈的吸收作用,并使得自身温度升高,然后再向外辐射,但辐射出去的光波大于原来的入射波长,同样使得目标得以遮蔽或保护。微粒对光的吸收遵循 Lambert-Beer 定律

$$\varPhi_{\lambda T}(x) = \varPhi_{\lambda i}(0) \exp(-\rho \mu_{\lambda \alpha} x) \tag{10-1}$$

式中:$\varPhi_{\lambda T}(x)$ 为在烟幕中传播距离 x 后的光谱辐射通量;$\varPhi_{\lambda i}(0)$ 为在 $x=0$ 处的光谱辐射通量;ρ 为烟幕的质量密度;$\mu_{\lambda \alpha}$ 为烟幕微粒的光谱质量吸收系数。

由上式可以看出微粒对光的吸收与烟幕的光谱质量吸收系数、微粒的质量密度、光通过烟幕的厚度(光程)之间有定量的关系。

如果同时考虑微粒对光辐射的散射和吸收作用,则只需将上式中的 $\mu_{\lambda \alpha}$ 换成光谱质量消光系数 $\mu_{\lambda e}$。可见,烟幕的质量消光系数、密度和厚度越大,对光的衰减也越大。光通过烟幕时的衰减,使定向透射系数变小,透明度和对比度降低,不易发现目标,这是烟幕能起到遮蔽干扰作用的主要原因。

烟幕对红外辐射的衰减作用即消光作用的强弱与微粒的大小及成分关系密切。当微粒尺寸比光辐射波长小得多时,消光作用主要靠微粒的组分对光辐射的吸收损耗。当微粒尺寸与辐射波长大小相当时,吸收与散射两方面的耗损形成烟幕的消光机理。根据 Lambert-Beer 定理可知,烟幕的消光系数越大,浓度越大,辐射穿过烟幕的路程越长,则烟幕的透过率越低,对目标的遮蔽效果越好,因此往往用烟幕的消光系数的大小来表示干扰效果的好坏。

3. 烟幕的分类

1) 对抗可见光的烟幕

电视制导武器、微光夜视仪及大部分光电侦察设备的工作波段都位于可见光部分,即 0.38~0.75μm。在这一波段,要充分利用气溶胶的散射作用。

对抗可见光的烟幕剂通常有黄磷、赤磷等。也可采用彩色烟幕,它能使目标与背景融合在一起,不被可见光侦察设备发现。如绿色伪装烟幕对在森林中隐藏的坦克和装甲车辆等有很好的伪装效果。

2) 对抗红外的烟幕

红外烟幕可分为固态发烟型和液态发烟型两种。固态发烟型主要有六氯乙烷、红磷、黄磷、滑石粉、碳酸铵、树脂等绝缘的发烟材料;液态发烟型主要有高沸点石油、煤焦油、含金属的挥发性油雾等。实际测量表明,红磷烟对 0.31~0.76μm 波段光辐射的消光系数达 1.22(m^2/g),对 3~5μm 波段的光辐射的消光系数为 0.25(m^2/g),对 8~14μm 波段的光辐射的消光系数为 0.28(m^2/g)。而鳞片状铝粉对 10.6μm 波长辐射的消光系数达 0.96(m^2/g)。

第 10 章 光电对抗

目前，国外比较着重研究的发烟材料是六氯乙烷，它对 3.2μm 以下的红外辐射有较明显的遮蔽能力，如在其中加入 10%~25% 的附加物（芳香族碳氢化合物），则可提高对 3.2μm 以上红外辐射的吸收率。芳香族化合物在 11~15μm 之间，羧苯酮、酯酸酐在 5.6~6.2μm 之间，碳酸钙在 3.5~7μm 之间都有强烈的吸收带。另外，染色聚甲基丙烯酸甲酯和染色聚甲基丙烯酸纤维素粉状材料对 0.4~14μm 宽光波段的辐射均有良好的衰减效果。

（1）热烟幕。热烟幕在形成时通常伴随化学反应，并且发出热量。按其组分又可分为 HC 型、改进的 HC 型和赤磷型。

HC 型烟幕剂是指包含金属粉和有机卤化物的烟幕剂，而改进的 HC 型烟幕剂是在 HC 型烟幕剂中加入一些红外活性物质，这种烟幕剂的特点是通过氧化剂和还原剂反应产生高温，在反应过程中产生许多细小的碳粒，从而增强对红外线的遮蔽。

国外专利报道了一种改进的 HC 型烟幕剂的组成：30% 的六氯乙烷、30% 的蒽和 40% 高氯酸钾。其中高氯酸钾为氧化剂；六氯乙烷一方面作为氧化剂，另一方面作为碳粒源；蒽是碳粒源，在不完全燃烧时产生直径大于 5μm 的碳粒，并且呈絮状，能在静止空气中长时间悬浮。

赤磷型烟幕剂是以赤磷为基础再添加某些红外活性物质构成的。

（2）冷烟幕。冷烟幕的形成通常只包含物理过程，按照其成分的性质可分为固体型和液体型两大类。

固体型冷烟幕的材料大体包括以下几类：

（1）金属粉。该金属粉通常为鳞片状，用得较多的有黄铜粉、青铜粉、铝粉等。为防止金属粉末在储存和运输过程中结团而导致使用时分散性及悬浮性不好，可加入一些分散剂。

（2）无机和有机粉末。常用的这类粉末有石墨、滑石粉、高岭土、硫酸铵、碳酸钙、高氯酸钾、六氯乙烷、氯丁橡胶、氯化萘及碳氟化合物等。

（3）表面镀金属的颗粒。包括表面镀金属的实心球、表面镀金属的空心球和表面镀金属的薄片。在介质表面镀金属可以增强其红外衰减性能，这是因为金属膜增加了单个粒子的散射衰减。

液体型冷烟幕通常包括水、硫酸铝水溶液以及一些液体有机化合物。它要求组分熔点低，沸点高，腐蚀性、毒性和刺激性小。因此在实际使用中应根据不同的使用环境加以仔细选择，当材料的物理性能达不到要求时，需要采取措施改善其性能，如加入防冻剂降低其凝固点等。

3）对抗激光的烟幕

对抗激光的烟幕可以分为两大类：一类是对抗可见光激光和近红外激光的烟幕，另一类是对抗中、远红外激光的烟幕。目前主要对抗的是 1.06μm 和 10.6μm 的军用激光系统。

对抗可见光激光和近红外激光的烟幕的制备原料主要有六氯乙烷、四氯化钛、三氧化硫、四氯化硅等。HC 发烟剂、WP 发烟剂、FS 发烟剂、雾油等是比较典型的这类烟幕剂。

对抗中、远红外激光的烟幕的制备原料主要有乙烯、丙烯、二甲基乙醚等（当然也可采用对抗中、远红外的固体粉末烟幕）。它们对激光的吸收能力强（约为大气吸收的100万倍），且不易燃烧。其中一些烟幕的性能如表10-5所示。

表10-5　1.06μm波段的激光对抗化合物的性能

化合物	分子式	吸收系数/($L·mol^{-1}·cm^{-1}$)	易燃性	毒性	一般特性
乙烯	C_2H_4	$1.5×10^{-3}$	是	窒息性	无色，无有害气味，烯族烃反应
丙烯	C_3H_6	$1.75×10^{-3}$	是	窒息性	无色，烯族烃反应
二甲基乙醚	C_2H_6O	$1.89×10^{-3}$	是	麻痹性	无色，醚性气味
氟氯烷	CCl_2F_2	$8.1×10^{-4}$	否	几乎无	无色，轻微气味，热稳定

4. 烟幕器材

（1）发烟弹药。它包括：武装直升机自卫用的抗光电制导榴弹、海上舰船自卫用的发烟弹和发烟罐、陆地上坦克装甲车辆自卫式发烟弹以及各类射程各异的发烟炮弹。

（2）发烟器。它可以用压力或气流施放，如利用喷雾器或低空慢飞的飞机像喷洒农药那样在威胁源与被保护目标之间形成烟幕，也可以通过加热汽化再冷凝的办法使液体干扰剂形成烟幕雾滴。

5. 烟幕技术的发展趋势

烟幕技术的发展应着眼于现代高技术战争，烟幕剂的研制应着重于多波段的遮蔽能力，烟幕器材应向着多元化、系列化方向发展。

现有的烟幕剂多在可见光至近红外波段，为适应对抗多波段侦察和制导的需要，烟幕应由可见光、近红外波段向覆盖中、远红外波段甚至毫米波波段发展，以实现全波段遮蔽与干扰能力。例如，用硼、亚硝酸钾和三氧化钛组成的混合烟幕，可遮蔽可见光至远红外波段的辐射并有很强的衰减能力。

为了适应现代战场复杂环境的需要，烟幕器材要向多元化、系列化方向发展。为了对抗光学侦察和制导武器，必须向受到其威胁的各种目标提供多样化的烟幕器材。在实践应用中，具体要考虑的就是烟幕对抗的距离远近和遮蔽目标的面积大小。例如，对抗较远的光学侦察和制导武器，可发射装有烟幕剂的榴弹和迫击炮弹；对抗逼近的制导武器，可以使用发烟面积大的发烟系统来充分迷盲制导武器的视场。

6. 烟幕的应用

烟幕的应用范围很广，主要用于保护陆基和海基固定目标和低速运动目标，通过烟幕在目标上方形成有效遮蔽，从而使敌方的光电侦察设备无法发现目标，光电制导武器迷失目标，达到对抗和保护的目的。

烟幕干扰装备已被国外陆海空三军都广泛使用，主要装备的烟幕器材主要有烟幕罐、烟幕炸弹和炮弹、发烟火箭弹、烟幕手榴弹、烟幕榴弹、车辆发动机排气烟幕系统、航空烟幕撒布器、直升机烟幕系统等，可产生迷盲烟幕、遮蔽烟幕、欺骗烟幕和信号烟幕等。根据不同需要，产生的烟幕可达几十米至几万米宽，烟幕形成时间最短少于2s，持续时间可达几分钟、几十分钟或更长。烟幕中的烟粒或雾滴尺寸一般为0.2~0.8μm，数目可

达 10^{12} 个/m^3，能有效地对抗可见光和近红外的目视光学观瞄系统和 1.06μm、1.54μm 的激光测距、制导系统。例如：美军为武装直升机加装了 M259 型黄磷发烟火箭弹，它可形成 $(1000×30×50)m^3$ 的烟幕墙，持续时间达 1min。它对可见光和近红外光的质量消光系数为 $0.1\sim1.2m^2/g$。

美军常规的烟幕干扰装备有 AN-M7、AN-M7A、AN-M6 等油雾烟罐，还有 ABC-M5 型、MA2 型六氯乙烷发烟罐等。另外，国外还研制了瞬发烟幕系统，如 NWC29、NWC78 等，它们可在启动后 1s 内遮蔽目标，可完全遮蔽可见光，并对 2~12μm 的红外光有明显的消光作用。

目前，国内外正不断改进可见光和近红外烟幕，积极研制远红外和毫米波烟幕，已取得了一定的进展。如美国的 M76 红外烟幕弹，其烟幕剂为红磷发烟剂，宽带遮蔽材料是铜粉和铝粉，在可见光至 8~14μm 的远红外都有良好的遮蔽性能。另外，美国的 XM81 多光谱烟幕弹，覆盖可见光、红外和毫米波波段，可在 2s 内形成烟幕墙并持续 20s。

烟幕器材的发展趋势是研究具有多光谱性能、无毒、无腐蚀、无刺激的发烟剂，研制体积小、耗能省、成烟迅速和大面积的发烟器材弹药。

对自卫式烟幕的一般要求：
(1) 工作波段：可见光、近红外、中红外到远红外；
(2) 衰减率：85%；
(3) 形成时间：<2s；
(4) 持续时间：≥20s；
(5) 有效遮蔽面积：>数倍目标面积。

10.2.4 红外诱饵干扰

红外诱饵是用诱饵产生的红外辐射来模拟被保护目标的红外辐射特征，以欺骗和干扰敌方的红外跟踪与红外制导系统，使其脱离对目标的跟踪，从而保护目标免遭攻击的一次性使用的光电干扰器材，可从地面、飞机或舰艇上发射，诱骗空空、空地、地空和反舰导弹等。

红外诱饵是应用最广泛的一种有源红外干扰器材，具有如下特点：
(1) 具有与真目标相似的光谱特性，这是实现有效干扰的必要条件，并且诱饵的辐射强度应比目标的辐射强度大 2 倍以上。
(2) 能快速形成高强度红外辐射源：为实现有效的干扰作用，红外诱饵投放后，必须在离开导弹导引头视场之前点燃，并达到超过目标辐射强度的程度。大多数红外诱饵在 0.25~0.5s 内可达到有效的辐射强度，并可持续 5s 以上。
(3) 具有很高的效费比：红外诱饵属于一次性干扰器材，一旦干扰成功，便可使红外制导系统不能重新截获、跟踪所要攻击的目标，达到保护高价值的军事目标如飞机、军舰的目的。而红外诱饵本身结构简单、成本低廉，因此具有很高的效费比。

1. 工作原理

目前绝大多数红外诱饵主要是针对点源制导导弹，如红外点源制导的空空导弹、地空导弹等。红外点源制导导弹通过导引头中的红外探测器探测到目标（如飞机）的红外特征辐射，从而截获、跟踪并攻击目标。当红外诱饵和目标同时出现在红外导引头视场内时，由于红外诱饵与目标具有相同或相近的红外辐射特征，导引头无法将目标与诱饵分开，因此红外制导导弹跟踪两者的等效辐射能量中心点。由于红外诱饵的红外辐射强度大于目标红外辐射强度，所以等效辐射能量中心偏向红外诱饵，如图10-12所示。

红外诱饵发射后，一方面由于有发射时的推力，另一方面由于空气的阻力等多种因素，使红外诱饵与目标形成一定的分离速度，一般为每秒几十米。随着红外诱饵与运动目标的距离越来越远，目标逐渐远离红外导引头的视场中心并最终脱离导引头的视场，当目标离开红外导引头的探测视场以后，红外制导导弹就只跟踪红外诱饵，从而达到保护目标免遭攻击的目的。这就是红外诱饵的干扰原理。这一干扰过程通常称为质心干扰或矩心干扰，其干扰过程如图10-13所示。

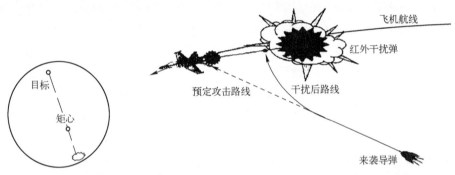

图10-12　红外诱饵干扰原理图　　　图10-13　红外诱饵干扰过程示意图

2. 红外诱饵装备

主要有红外诱饵弹、红外综合箔条弹、喷油延迟燃烧诱饵和热气球诱饵四种形式。以下介绍前三种形式。

1）红外诱饵弹

红外诱饵弹又称红外曳光弹、红外干扰弹，它是一种烟火剂类型的诱饵，这类诱饵结构简单，成本低廉，是应用最广泛的红外诱饵和最有效的光电对抗措施。

红外干扰弹由弹壳、抛射管、活塞、药柱、安全点火装置和端盖等零部件组成。弹壳起到发射管的作用并在发射前对干扰弹提供环境保护。抛射管内装有火药，由电底火起爆，产生燃气压力以抛射红外诱饵。活塞用来密封火药气体，防止药柱被过早点燃；安全点火装置用于适时点燃药柱，并保证药柱在膛内不被点燃。

其工作原理是：红外干扰弹被抛射后，点燃红外药柱，燃烧后产生高温火焰，并在规定的光谱范围内产生强红外辐射。普通红外干扰弹的药柱由镁粉、硝化棉及聚四氟乙烯树脂和黏合剂等组成，通过化学反应使化学能转变为辐射能，反应生成物主要有氟化镁、碳和氧化镁等，其燃烧反应温度高达2000~2200K（K为温度单位，比常用的摄氏温度低273℃）。

因一般喷气式飞机发动机尾喷口的温度约900K，其红外辐射主要在3~5μm的中波红外波段，所以机载红外干扰弹的红外辐射光谱范围通常是1~5μm；军舰的外表温度比较低，烟囱的温度也不过400K，其红外辐射主要在8~14μm的远波红外波段，所以舰载红外干扰弹光谱范围一般为 8~14μm。

当前红外诱饵弹的典型参数为：

(1) 工作波段：1~3μm 和 3~5μm；
(2) 辐射强度：静态≥20kW/sr；动态≥2kW/sr；
(3) 压制系数：$K \geq 3$；
(4) 等效温度：1900~3000K；
(5) 燃烧时间：3~12s；
(6) 起燃：≤0.5s；
(7) 分离速度：15~30m/s。

燃烧持续时间是表征红外干扰弹有效干扰时间的一个参数，持续时间应大于目标摆脱红外制导导弹跟踪所需时间。机载红外干扰弹的燃烧持续时间一般大于 4.5s，舰载红外干扰弹的燃烧持续时间一般是 40~60s。

辐射强度是表征红外干扰弹干扰能力的一个参数，例如，一般喷气式飞机发动机尾喷口的温度约 900K，面积是数千平方厘米，如果是两台发动机，则飞机尾喷口处等效的辐射强度约为 500~3000W/sr，因此机载红外干扰弹的辐射强度至少应为 1000~6000W/sr。

上升时间是红外干扰弹从点燃到额定辐射强度值的 90% 时所需的时间。一般情况下，要求上升时间要小于红外干扰弹与目标同时存在于红外导引头视场内的时间。机载红外干扰弹的上升时间一般小于 0.25s。

红外干扰弹干扰成功的判断准则是使红外制导导弹脱靶，而且脱靶量应大于导弹杀伤半径，还应加上一定的安全系数。红外干扰弹的战术使用参数主要包括投放时间间隔、一次投放数量和投放时机等。这些参数与导弹攻击方位、载机的飞行速度、飞行高度和导引头红外视场角等威胁特征因素有关，还与飞机自身的红外辐射强度有关。例如，飞机在加力飞行状态比正常巡航时的红外辐射强度要大得多。所以，红外干扰弹的战术使用要根据战场实际情况而定。如果飞机上装备了导弹告警设备，如前述的导弹来袭告警器，则可以按照预定程序投放红外干扰弹；若没有装备告警设备，飞机一旦进入攻击状态或进入敌防御区域，则以近似等于红外干扰弹燃烧持续时间的间隔连续投放红外干扰弹。

图 10-14 是飞机发射红外干扰弹的情况。法国研制的一种红外诱饵弹，用液体四氯化钛和烟火剂作热源，利用烟火剂产生的热使四氯化钛生成能产生 8~14μm 红外辐射的烟云。美国特拉克公司研制的一种自燃式红外诱饵弹，拟装到 B252 轰炸机上。这种弹含有一种新的化学物质，可自动与大气中的氧反应，产生红外辐射。这类红外诱饵弹的一个发展趋势是扩展红外辐射波长范围和使红外辐射特性更接近所要保护的目标。

图 10-14 飞机发射的红外干扰弹

红外诱饵弹有 MK46/47、MJV27、MJV28、M206、AN/ALA234、AN/ALA17、AN/AHS226、AN/ALE240(V) 等型号。干扰复合和成像制导的有美国和澳大利亚共同研制的"纳尔卡"舰载诱饵系统。

2) 红外综合箔条弹

金属箔条弹是一种无源雷达干扰措施，可有效干扰雷达制导的导弹。如果在金属箔条的一面涂以无烟火箭推进剂等材料，以材料燃烧后产生的红外辐射来模拟目标辐射，则可达到干扰和诱骗红外制导导弹的目的。同时，箔条云对太阳光的反射与散射也能有效地干扰近红外波段的导引头。长、短合适的箔条还可对射频和微波系统起到干扰作用。因此，红外综合箔条弹可对抗先进的红外和雷达复合制导的导弹，也是一种常用的光电对抗手段。其结构、工作原理、战术指标和战术使用方法与红外干扰弹类似。

自卫箔条弹的典型参数：

(1) 容量：100~150g；

(2) 反射率：>80%；

(3) 分离速率：20~30m/s；

(4) 扩散情况：120ms 内扩散成直径 2~3m、长 10~15m 的圆柱形或椭球形云团，其主轴与载体航迹平行。

飞机发射红外综合箔条弹时的情况如图 10-15 所示。

3) 喷油延迟燃烧诱饵

喷油延迟燃烧诱饵也称"热砖"干扰，即当飞机发现被敌方导弹跟踪时，突然从飞机发动机附近的专用喷口喷射出一团与飞机发动机燃料相同的凝固油料，延迟一段时间后开始燃烧，如图 10-16 所示。燃烧时产生的强红外辐射与发动机尾焰的辐射光谱完全一致，具有很好的目标模拟性，从而牵引红外点源制导导引头跟踪能量中心，造成来袭导弹脱靶。目前许多国家都在研究成型燃烧技术，并变化频段，模拟中长波段目标的形状，以更有效地干扰红外制导导弹。喷油燃烧是一种很有发展潜力的红外干扰手段。

图 10-15 飞机发射的红外综合箔条弹

图 10-16 喷油延迟燃烧诱饵

3. 红外诱饵应用战例

在 1973 年春的越南战场上，越南使用苏联提供的便携式单兵肩扛发射的红外点源制导防空导弹 SA-7 在三个月内击落了 24 架美国飞机，给美国以极大的震撼。在这种情况下，各国纷纷研究对抗红外点源制导的干扰措施，并相继出现了红外干扰弹和红外有源干扰机等，产生了许多成功战例，如后来的越南战场上，美国针对 SA-7 的威胁特点，投放了与飞机尾喷口红特性相似的红外干扰弹，使来袭的 SA-7 红外制导导弹受红外诱饵欺骗而偏离被攻击的飞机，SA-7 红外制导导弹的作战效能大打折扣，几乎失去了作用。为了提高 SA-7 抵抗红外干扰弹的能力，针对红外干扰弹的干扰原理和早期红外干扰弹的红外辐射光谱特征与喷气发动机的红外辐射光谱特征相差较大，苏联对 SA-7 红外制导导弹进行了简单的改进，加装了滤光片等反干扰措施后，在后面的战争中又一次发挥了它的威力。1973年10月，在第四次中东战争中，这种导弹又击落了大量以色列飞机，使早期的红外干扰弹的干扰效果大大降低。后来，以色列采用了"喷油延迟燃烧"等红外有源干扰措施，因其红外辐射光谱特征与飞机喷气发动机的红外辐射光谱特征一致，使SA-7无法通过滤光片等简单的反干扰措施进行区分，导致导弹的命中概率明显下降，飞机损失大大减少。

10.2.5 光电干扰机

光电干扰机包括欺骗式干扰机和压制式定向干扰机两类。

欺骗式干扰是指用一特定方式的干扰光（其强度相对于压制式而言，能量要小得多）照射到光电精确制导武器的导引头上，使其信息处理系统上当受骗而脱离目标的干扰形式。欺骗式干扰机都是非定向干扰，其干扰空域大，有红外干扰机和激光干扰机两种。红外干扰机一般是全向干扰，能在水平360°和俯仰数十度的空域形成干扰能力。激光干扰机主要是回答式干扰机。

压制式干扰是指用强光照射到光电精确制导武器的导引头上，使导引头无法工作而失效的一种干扰方式，有相干定向能压制式和非相干定向能压制式干扰两种，前者是用强激光定向照射到光电导引头使其失效的一种干扰方式，后者是用强红外光聚焦照射到光电导引头上使其饱和失效的一种干扰方式。

1. 红外干扰机

红外干扰机是一种有源红外对抗装置，通常由红外辐射源、调制器和发射光学系统组成。辐射源发出与飞机发动机的峰值辐射波长相近的红外辐射，经过一定频率调制后发射出去。干扰机跟踪时，可使来袭导弹的视场内出现两个热源，目标与干扰信号同时进入跟踪视场，结果使其不能提取出正确的误差信号，产生虚假跟踪信号，从而失控而使导弹脱靶。它也是当今广泛使用的一种干扰装备。

红外干扰机是针对导弹寻的器工作原理而采取对应干扰措施的有源干扰设备，其干扰原理与红外制导导弹的导引机理密切相关。

红外点源制导导弹普遍使用带有调制盘的红外导引头，目标的红外辐射通过红外导引头的光学系统后在焦平面上形成一"热点"，调制盘和"热点"作相对运动，使热点在调制盘上扫描而被调制，目标视线与光轴的偏角信息就寓于通过调制盘后的红外辐射能量之中。调制后的目标红外能量被导弹的探测器接收后，经信号处理后得出目标与导引头光轴线的夹角偏差或该偏差的角速度变化量，作为制导修正依据。当干扰机介入后，其干扰信号也聚集在"热点"附近，并随"热点"一起被调制，同时被探测器接收。干扰机的能量是按特定规律变化的，当这种规律与调制盘对"热点"的调制规律相近或影响了调制盘对"热点"的调制规律时，偏差信号将产生错误，致使导弹控制系统产生控制误差，使导弹偏离攻击目标，从而达到干扰的目的。

进入20世纪80年代后，开始采用微机控制下改变干扰脉冲速率和码型技术，研制定向发射干扰脉冲的红外干扰机，这种干扰机的特点是可以重复使用和连续工作、干扰视场宽、隐蔽性好，尤其是用于低辐射强度飞机自卫效果更好。缺点是缺乏大量红外源，目前不能实现高辐射强度的干扰。

图 10-17 为红外干扰机的典型结构图。其核心部分是红外光源和调制器。

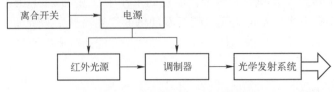

图 10-17 红外干扰机的典型结构图

红外光源一般采用非相干高功率红外辐射源，主要有燃油加热陶瓷、电加热陶瓷、金属蒸汽放电光源三种。

燃油加热陶瓷和电加热陶瓷光源干扰机一般都有很好的光谱特性，适于干扰工作在 $1\sim3\mu m$ 和 $3\sim5\mu m$ 的红外制导导弹。如英国的 BAe、美国的 AN/ALQ-144 等。金属蒸气放电光源主要有氙灯、铯灯和燃料喷灯等，这种光源可工作在脉冲方式，在程序控制下能干扰更多或新型的红外制导导弹，如美国的 AN/ALQ-157。

调制器是红外干扰机的主要部件，有机械调制盘式、滤波器式和电子调制式三大类，它是根据具体的干扰对象进行设计的。调制器要保证经调制后的干扰信号能与目标信号同时进入导弹的跟踪回路，使跟踪回路受到干扰信号的影响，导致控制回路产生错误的失调信号和制导指令，直到导引头完全偏离目标。

红外干扰机是当今各国广泛装备于海陆空三军的干扰设备。典型的装备有：美国 AN/ALQ-157；AN/AAQ-88（V）；AN/ALQ-132、146 红外干扰机；AN/ALQ-147"热砖"红外干扰吊舱；MIRT 与"挑战者""马塔托"干扰机等系统。据报道，在海湾战争中，多国部队装备了近 3000 部 AN/ALQ-144、AN/ALQ-146 和 AN/ALQ-157 干扰机。其中，AN/ALQ-144 干扰机如图 10-18 所示，它由微处理器控制，可按预编的程序进行干扰，当遇到新的威胁时，可针对该威胁修改程序，以实现有效的干扰。

图 10-18 AN/ALQ-144 红外干扰机

美国洛拉尔公司的红外定向干扰系统（DIRCM）采用铯灯作光源，发射非相干红光，光束宽度为 15°，在 AAR-44 导弹逼近告警系统引导下，可在 360°方位、$-70°\sim+16°$ 俯仰范围内扫描。测量精度优于 1°，并能跟踪导弹的相对弹道轨迹对红外制导导弹实施定向干扰。诺斯罗普公司新研制的 GRC-84-02B "萤火虫"定向红外干扰机，采用双红外波束将非相干的氙灯能量聚集在逼近的导弹上，干扰效果较好。

先进的非相干定向红外干扰系统对于采用成像型夜视红外传感器的来袭导弹显得无能为力。针对非相干光源的不足，近年来采用工作于红外波段的激光器作为干扰光源的定向红外干扰技术受到重视。其方法是：应用工作波长处于被干扰对象透射波段内的激光器，以适当的重复频率和码型向被干扰对象发射激光脉冲，诱使敌光电探测设备将其当成目标信号进行处理，从而造成敌装备错误判断，或使敌装备的信号处理系统过载。美国赖特实验室改用闭环激光的定向红外干扰技术，通过激光器首先向寻的器附近发射激光能量，并通过分析回波确定红外制导导弹的类型，然后系统选择最有效的激光调制方式对抗此类红外制导导弹。此系统称为"灵巧定向红外干扰系统"，更适于对付各类新型红外器。

红外干扰机的发展方向是：努力使其辐射集中向某一特定方向发射，以增强干扰能力；实现全方位干扰或多波段干扰等。

2. 激光干扰机

激光干扰机是光电对抗系统的一个重要组成部分，是指那些自身产生激光或转发干扰激光的设备，主要用于欺骗、压制、致盲或破坏对方的光电制导武器、光电观瞄与跟踪设备。激光欺骗干扰设备、激光致盲武器、激光对抗武器，以及战术激光武器等是当前技术发展比较成熟的典型激光干扰机。本节主要探讨欺骗式激光干扰机。

激光欺骗干扰是通过发射、转发或反射激光辐射信号，形成具有欺骗功能的激光干扰信号，扰乱或欺骗敌方激光测距、观瞄、跟踪或制导系统，使其得出错误的方位或距离信息，从而极大地降低光电武器系统的作战效能。即以一定技术手段，向敌激光接收器传送虚假激光信号，造成其相应激光装备工作失误，达到保护自己的目的，这就是欺骗式激光干扰技术，而相应的设备称为欺骗式激光干扰机。

为保证"欺骗"有效，技术上应做到：

（1）虚假激光信号的基本特征（如激光波长、重复频率、脉冲宽度、编码方式）与真信号相同；

（2）虚假信号的强度至少不低于真信号；

（3）虚假信号能由被干扰的激光装备接收。

这一条包含了对虚假信号到达角和时间特征的要求。前者是要求虚假信号的走向符合被干扰装备的视场角条件，后者则要求虚假信号在被干扰装备的选通时间内到达。

按被干扰装备的用途，欺骗式激光干扰目前又分为对激光测距机的干扰和对激光制导武器的干扰两种。前者是向敌测距机传送错误的距离信号，后者是向敌激光寻的器提供假目标的角坐标信息。

激光欺骗干扰可用于干扰敌方激光制导武器和激光测距系统等光电威胁源。

1）激光测距干扰机

激光测距机是当前装备最为广泛的一种军用激光装备。它的测距原理是利用发射激光与回波激光的时间差值与光速的乘积来推算目标的距离。许多国家在武器平台上，装备了大量的激光测距机（包括激光指示器），如坦克、装甲车、步兵炮兵阵地、水面舰艇以及武装直升机、各种战斗机等。由于这些测距机是火控系统的必要组成部分，因此对激光测距机的干扰研究极为重要，一些国家已研制出相应的干扰设备。其主要工作方式是欺骗式干扰。激光测距欺骗干扰技术可分为产生测距正偏差和负偏差两类。

对激光测距机实施欺骗干扰，可采用两种方法。一种方法是采用某种措施控制回波产生一定的时间延迟（如采用光纤二次延迟技术产生测距正偏差），从而导致大于实际距离的测距结果。另一种干扰方法是采用高频脉冲激光器作为欺骗干扰机，向四周发射高重复频率激光脉冲，使高频激光干扰脉冲能够在激光测距的回波信号之前进入激光测距机的激光接收器，使敌测距机接收到一个负偏差（短距离）虚假测距信号，从而使测距机的测距结果小于实际的目标距离，达到测距欺骗干扰的目的。

(1) 无源型测距正偏差干扰。德国研制成功一种无源光纤激光测距干扰系统，采用光纤二次延迟技术。当平台受到敌方激光测距信号照射后，由光纤经极短的二次延迟后，按原路反射回去，使敌方测距机在设定的距离选通范围内探测到的是产生测距正偏差的干扰信号，其干扰原理如图10-19所示。在平台四周均匀分布许多汇聚透镜，每个汇聚透镜的焦平面与一根光纤相耦合，光纤的另一端使用了光学耦合元件，与延迟光纤相连。在延迟光纤的尾端设有反射镜，将所有光纤与一根延迟光纤相连接。这样，在任一方向入射的激光信号都会被一个透镜所接收，并由延迟光纤两次延迟，按原路反射回去，产生一个正偏差（远距离）的错误测距脉冲。延迟时间由延迟光纤的长度决定，其长度选择应使反射回去的激光干扰脉冲能落入测距机所设定的距离选通范围之内。

(2) 有源型正距离欺骗干扰。有源型正距离激光测距干扰机可称为应答式干扰机，也可称为同步转发式激光干扰机，结构如图10-20所示。激光探测器置于汇聚透镜1的焦平面上，以便有效地接收激光能量。激光探测器的输出端接电子延迟线路的输入端，电子延迟线路的输出端接激光探测器的触发器。干扰激光脉冲由汇聚透镜2发射出去。激光器的光轴应平行于汇聚透镜的光轴，且汇聚透镜1和2的光轴也互相平行，这样使干扰脉冲能按原方向发射回去。由于这种激光干扰机发出的干扰脉冲信号总是滞后于实际目标的回波脉冲信号，因此它只能进行正距离测距欺骗。

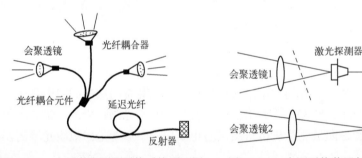

图10-19 光纤激光测距干扰系统原理图　　图10-20 有源干扰装置部分电路示意图

有源型正距离激光测距干扰机相对于无源型，其优点是：体积较小，机动性较强，不需要庞大的无源型干扰平台；干扰激光功率控制灵活，延迟时间精确可调；激光束发散角较大，能有效覆盖被干扰目标，有利于提高干扰成功率。其缺点是：对侦察系统要求较高，而无源型基本不需要侦察系统，由于敌方测距机的接收视场很窄，对我方告警系统的角度分辨力和引导系统的跟踪精度比较高；结构较为复杂，成本较高。在敌方测距机的一个测程内，有源型干扰系统可使干扰脉冲尽可能提前于目标回波到达或者同时到达敌方测距机接收口径，以提高干扰效果。例如，在美国的LARC激光测距机对抗系统中，采用先进的脉冲分析并提前发射激光干扰脉冲体制。这对激光器要求不高，但对告警系统要求较高。告警系统为了实现对敌方测距机的快速发现和精确定位，较好的办法是利用光学系统的"猫眼效应"来完成对测距机光电探测器的定位。

(3) 测距负偏差欺骗干扰。采用发射高重复频率的激光干扰机，其组成如图10-21

所示。干扰机发射高重复频率、高峰值功率且有一定发散角的激光束，使敌方激光测距机不管何时开机都能接收到随机的干扰脉冲。有效的干扰脉冲一般先于真实的目标回波信号，所以使敌方测距机误判干扰脉冲为较短距离的目标回波信号，从而达到干扰的目的。

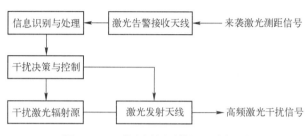

图 10-21　激光测距干扰机组成框图

（4）激光测距机的反干扰。针对激光测距机的几种欺骗干扰手段，其具体实现的形式不一而足。有"矛"必有"盾"，激光测距机/指示器系统的发展也在积极应对这些干扰措施，针对具体的干扰形式，采取多种反干扰技术措施，包括多波长、距离波门、快门、滤光片、偏振接收、抗饱和接收技术等。

① 多波长测距往往配合滤光片接收技术，可有效对抗敌方的有源干扰，但是对上述的光纤延迟无源干扰作用不大。

② 距离波门针对正距离干扰效果较好，但是不能完全阻止高重频干扰脉冲。

③ 偏振接收技术可大幅度降低进入接收机的有源干扰强度。但是，若对方的告警系统很快探测到测距机的发射脉冲的偏振态，从而引导干扰机发射与之相垂直偏振的干扰脉冲，测距机也会受到干扰。

④ 快门和抗饱和接收技术用来对付敌方的压制性软杀伤干扰，不属于欺骗干扰范畴。

综上所述，针对测距机的欺骗干扰和测距机的反干扰手段各有千秋。干扰不可能是绝对的干扰。实际上，需要根据战术要求，选择适当的干扰措施，取得较大的效费比；干扰手段也不能单纯地追求"全能"。测距机的反干扰措施也不可能对所有的干扰都奏效，这是一个矛盾的权衡。但是在一定的战术环境中，达到一定的对抗目的是可能的。

2）激光制导武器干扰机

激光有源制导欺骗技术可分为转发式和回答式或两者兼用等形式，主要对象就是激光制导武器，包括激光制导炸弹、导弹和炮弹。转发式激光欺骗干扰，是将激光告警器接收到的敌激光制导脉冲信号，自动地进行放大，并由激光干扰机进行转发，形成激光欺骗制导脉冲信号。应答式干扰，是将收到的激光脉冲记忆、精确地复制，产生激光欺骗制导信号。实际作战使用中，多是这两种形式干扰综合应用。目前装备较多的主要是半主动式比例导引激光制导武器，多为机载，用来攻击地面重点军事目标。

由激光精确制导武器的工作原理，可知半主动激光制导武器本身存在着易于受到激光欺骗干扰的可能性。首先，激光目标指示器向目标发射激光指示信号的同时也暴露了自己，这为对激光威胁源进行告警和对威胁信息进行识别提供可能；另外，导引头与激光目标指示器相分离，使得制导信号的发射与接收难于在时间上严格同步，从而使导引头容易受到欺骗干扰。

（1）对半主动激光制导武器的干扰。通常对半主动激光制导武器可采用激光假目标有源欺骗干扰方式进行干扰。具体说来，就是在被保护目标附近放置激光漫反射假目标，用激光干扰机向假目标发射与制导信号相关的激光干扰信号，干扰信号进入激光导引头的接收视场，使导引头上的信息识别系统将干扰信号误认为制导信号，导引头受到欺骗后控制弹体向假目标飞去。典型的激光有源欺骗干扰过程如图10-22所示。

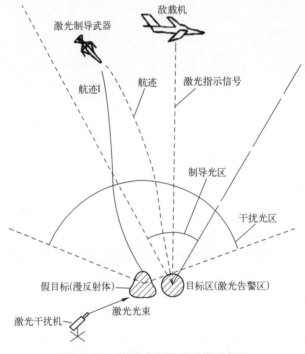

图 10-22 激光有源欺骗干扰示意图

（2）激光有源欺骗干扰系统。激光有源欺骗干扰系统通常由激光告警、信息识别与控制、激光干扰机和漫反射假目标等设备组成，如图10-23所示。

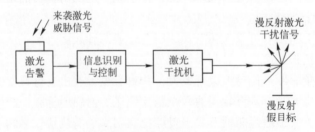

图 10-23 激光有源欺骗干扰系统结构图

典型的激光欺骗干扰系统有美国的AN/GLQ-13车载式激光对抗系统和英国的GLDOS激光对抗系统。

美国陆军GLQ-13车载激光对抗系统采用模块结构，可保卫各种规模和形状的地面重要目标，并能通过自控设备而独立工作。英国 GEC-Maconi 航空电子设备公司研制的 405 型激光诱饵系统，用来诱骗激光制导武器，它包括激光告警器、先进信号处理器、瞄准系统及激光发射机。该系统可检测与分析正在照射目标的激光束，然后按该激光束的特性进行复制，并用复制的激光束照射诱饵目标，将激光制导武器引向诱饵。这种系统采用了光纤耦合探头和先进的散射抑制技术，灵敏度高，虚警率低。美国陆军研制的"魟鱼"车载激光致盲系统，采用"猫眼效应"进行侦察定位。其光电装备的光学系统在受到激光束照射时，由于光学"准直"作用，其产生的"反射"回波强度比其他漫反射目标（或背景）的回波高几个数量级，就像黑暗中的"猫眼"，这就是"猫眼效应"。其激光器为平均功率 1kW 的 CO_2 激光器和输出能量 100mJ 的板条状 Nd∶YAG 及其倍频激光器，有效干扰距离分别为 1.6km 和 8km，能破坏敌光电传感器和损伤更远距离的人眼。

（3）关键技术：

① 多波长来袭激光的识别与干扰。在未来战场上，只能识别和干扰单一波长激光装备的系统将不符合实际需要。因而必须研究对多波长、变波长激光的识别技术和干扰技术。采用多传感器复合探测可做多光谱辨识。

② 来袭激光的信息处理。为实现有效地干扰，要求干扰系统的反应时间足够短，而来袭激光的脉冲重复率可能较低（例如激光测距机和目标指示器，其重复频率 $\leqslant 20s^{-1}$），且是编码发射，这使得在很短时间内被接收的激光信号很少，即能被利用的信息量很小，给信号处理带来困难。逐渐发展起来的时/空相关综合处理技术，能促进这一难点的解决。

③ 对来袭激光信号的模仿。逼真地模仿来袭激光信号的特征，是欺骗式干扰成功的保证。通常希望干扰信号与来袭信号在波长、脉宽、码型、重复频率等方面相同，且时序同步。实践中不一定能做到时序完全同步，但必须使干扰信号中包含与来袭信号时序同步的成分（这就是通常所说的"相关"）。

④ 假目标研制与设置。实用时要求假目标最好是标准的漫反射朗伯体，以保证其全向漫反射和实现全角空域干扰；同时希望它在形体与辐射特征方面都尽量与被保护目标一致，以干扰敌方的光电侦察，起到"以假乱真"作用；甚至还要求它能不怕风吹雨淋，不怕暴晒、冰冻等，能够全天候工作。

对驾束式激光制导系统，目前尚未见报道能有效实施有源欺骗式干扰的实用装备。这无疑是亟待发展的干扰技术。

3）压制式定向干扰机

上述的红外干扰机和激光干扰机，干扰光均向所有空域辐射，其优点是能形成全向干扰，使各个方向来袭的红外制导或激光制导导弹都会受到干扰，其缺点也是因为干扰光全向辐射，在一定干扰光功率和一定干扰距离的前提下，导引头所接收到的干扰光功率非常小，或者形成有效干扰的距离很近。对红外干扰机，数千瓦的干扰功率，有效干扰距离最多也就 1~2km，不仅干扰效果有限，能干扰的导弹种类和可使用红外干扰机的平台也很有限。

压制式定向干扰机是指用强光照射到光电精确制导武器的导引头上，使导引头无法工作而失效的一种干扰方式，有相干定向能压制式和非相干定向能压制式这两种干扰形式。

光电压制式干扰机的干扰机理：光电武器装备中的光电探测器在不同光强下的典型输

出如图 10-24 所示。光电武器装备中的光电探测器只有工作在线性区，才能获取目标方位、距离等控制信息，而一旦进入饱和区将无法获取目标的有用信息，因此无法工作而失效。

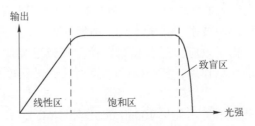

图 10-24　光电探测器的光强响应曲线图

如果将上述的全向红外干扰机的红外干扰光功率全部集中并经聚集后定向照射到远处的光电导引头上时，因为光电导引头的灵敏度很高，受强光照射后，导引头至少会饱和而失效，严重时会使导引头损坏，使光电精确制导武器的"眼睛"变"瞎"，从而达到有效干扰的目的。因普通红外光源是非相干光源，这种形式的干扰机称为非相干定向能压制式干扰机。

激光是一种相干光，其方向性非常好，能量高度集中，用激光作红外干扰机的光源，就构成了相干定向能压制式干扰机，不仅干扰效果更好，而且可省去上述红外定向干扰机复杂的聚集和定向系统。因此，激光压制式干扰机是光电压制式干扰机的主要代表和主要发展方向，各国均竞相研制。

为了将方向性极好的激光持续有效照射到光电武器装备的眼睛上，激光压制式干扰机必须具有目标跟踪能力，并且使目标的跟踪系统与激光同轴，以确保被跟踪的目标受到激光的持续照射。典型的激光压制式干扰机的结构如图 10-25 所示。对目标的跟踪一般采用红外成像跟踪，并且与红外成像告警合为一体。

例如，Loral 公司研制的定向红外对抗系统，采用铯灯作为红外光源，并聚焦成宽 15°、高低角 10°～-70° 的棱锥形光束。由 AN/ARR-44（MAWS）告警器来引导干扰光束。

又如美国诺斯罗普公司研制的 QRC-84-02B 系统，用 $10.6\mu m$ 波长的 CO_2 脉冲激光器，通过 $AgGaS_2$ 非线性晶体倍频产生 $4.8\mu m$ 的中红外激光。该光源与（256×256）元的红外焦平面列阵告警系统一起安装在跟踪转架上，由告警系统自动探测与跟踪来袭导弹，然后引导红外激光束对准导引头实施干扰。由于该干扰方式通过欺骗措施使导弹脱靶，其所需的激光功率比激光致盲武器小得多。

图 10-26 是英国马可尼公司研制的一种激光压制式干扰机，采用高功率脉冲激光干扰方式，可干扰各种红外制导、激光制导和成像制导导弹，通过红外成像实现对各种导弹威胁源的告警和定向干扰跟踪。

压制式定向干扰机具有干扰效果显著、干扰距离远等特点，但因其定向干扰光基本上是平行光，干扰光的束散角很小，非相干红外光的束散角一般在几度以内，激光的束散角更小，一般在 mrad 量级。因此，压制式定向干扰机都必须有复杂的目标定位与跟踪系统，以便将强光干扰始终照射到光电导引头上，形成长时间的强光干扰。压制式定向干扰机的目标定位与跟踪系统目前一般采用红外成像告警和跟踪，如图中的激光定向干扰机，右边大的光学窗口就是红外成像告警与跟踪系统，左边小的光学窗口是干扰激光输出窗口。

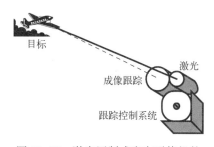

图 10-25 激光压制式定向干扰机的典型结构示意图

图 10-26 英国马可尼公司的激光压制式干扰机

采用脉冲重复率高达兆赫以上的激光脉冲对激光导引头实施压制式干扰，是激光干扰机的发展方向之一，它能使导引信号完全淹没在干扰信号中，从而使导引头因提取不出信号而迷盲，或因提取错误信息而被引偏。

10.2.6 激光致盲

激光致盲主要指：①伤害人眼视网膜；②破坏光电器件；③破坏光学系统。各种波长激光中，以 $0.53\mu m$ 波长的蓝绿激光对人眼伤害最大，$0.4\sim1.4\mu m$ 波长的激光，都能对人眼造成较大伤害。若激光能量比人眼致盲激光高出一到几个数量级时，热电型红外探测器出现破裂和热分解现象，光电导型红外探测器则被汽化或熔化。激光能量瞬间大量投射到光学玻璃表面时，玻璃可能发生龟裂效应，继而出现磨砂效应而不透明，光学系统遭破坏。

根据激光束作用的对象是光电传感器、光学元器件，还是武器装备的外壳（如整流罩），所需要的激光能量或功率有很大的差异。激光依输出功率的高低在光电对抗中有不同的地位和作用。当激光的输出功率非常大时，如连续输出功率或准连续输出功率在 10000W 以上或单脉冲输出能量在 1000J 以上的强激光可直接摧毁武器装备中的整流罩、各种前置传感器、外壳等关键部件，从而使武器装备完全失效，这种强激光我们一般称为激光武器，如下述的光电摧毁式干扰。当激光的连续或准连续输出功率为几百瓦至万瓦级水平或单脉冲输出能量在 10J 以上时，就可使敌方光电系统中的光电传感器（眼睛）致盲失效，从而使光电武器装备失效，这种干扰形式称为激光致盲。当激光的输出功率再小一些时，如激光的连续或准连续输出功率为瓦级以上或单脉冲输出能量在几十毫焦以上时，可有效地干扰敌方的光电武器装备中的光电传感器，这种干扰形式称为光电压制式干扰，如上述的相干定向能压制式干扰机。当激光的功率更小时，则可对光电武器装备形成诱骗式干扰，如上述的激光干扰机。

激光致盲是一种主动干扰装备。为了有效地实现致盲，致盲激光器的波长应与被致盲的光电武器装备的工作波长一致,如表 10-6 所示,致盲激光的功率大小与被致盲的光电武器装备的光学系统结构、光电探测器及工作波长有很大的关系。致盲激光器往往采用可调谐的激光,其致盲激光波长可调,用来克服对方用反射膜、滤光片之类的简单对抗措施。

表 10-6 致盲干扰激光与被致盲武器的对应关系

光电武器类型	工作波段或探测器	干 扰 激 光
红外成像制导武器	通常为 3~5μm 或 8~12μm	DF 激光或 CO_2 激光
激光制导武器	1.06μm,通常采用四象限硅探测器	一般采用 Nd:YAG 激光
电视制导武器	通常采用 CCD 探测器件	采用 Nd:YAG 激光或倍频 Nd:YAG 激光
激光测距机	1.06μm,多采用硅雪崩光电二极管探测器件	通常采用 Nd:YAG 激光

美国的"魟鱼"车载激光致盲武器,输出激光单脉冲能量虽只有约 100mJ,但可使 8km 远处的光电传感器致盲,可用于致盲同波段的激光测距机、光电火控与跟踪系统、光电精确制导武器等。该系统装载在"布雷德利"装甲车辆上。海湾战争时,美国将"魟鱼"运到了沙特阿拉伯,但地面战争仅 100 小时就结束了,使"魟鱼"失去了实战应用的机会。

人眼是一种灵敏的可见光传感器,激光对人眼有很大的伤害作用。在使用激光时一定要注意安全,特别是军事上大量使用的波长为 1.06μm 的近红外 YAG 激光。在马岛战争中,英国军队曾经用激光致盲武器致盲阿根廷的飞行员,收到了良好的效果。目前,国际公约尽管已禁止使用专使人眼致盲的激光武器,但并不禁止使用其他激光武器系统。因此,在战场上对激光的防护仍然十分重要。

10.2.7 光电摧毁

光电摧毁是指以强光辐射直接摧毁或杀伤敌方光电武器装备或人员的行为。从技术上讲,目前只有强激光(即激光武器)可达到这样的目的和效果。

激光武器以武器装备的外壳为攻击对象时,其功率(能量)密度阈值则分别要比探测器等光学元器件的损伤阈值高 4~5 个量级。

高能激光武器是当前新概念武器中理论最成熟、发展最迅速、最有实战价值的前卫武器,具有"杀手锏"作用。它涉及高能激光器、大口径发射系统、精密跟瞄系统(光束定向器)、激光大气传输与补偿、激光破坏机理和激光总体技术这六大关键技术,其特点是"硬杀伤",直接摧毁目标。

高能激光武器以其巨大的能量密度,能洞穿、引爆精确制导武器、空间武器等。其研制成本较高,但使用成本则较低。例如对付"飞毛腿"导弹,发射一枚"爱国者"导弹高达数十万美元,而发射一次高能激光仅需几百至几千美元,在未来的防空体系中,将发挥举足轻重的作用。美国人对激光武器的使用手段,提出了所谓"光子飞机"的概念。"光子飞机"实际上是一种可移动的空间平台,它能反射地面或空间传来的高能激光束。"光子飞机"部署在适当位置,反射镜偏转适当角度,便可将美国本土强大的地面激光武器系统的激光束，瞬间投射到地球的任何地方，包括空中、空间。

近年来美国倾入大量资金，加快机载激光武器（ABL）、天基激光武器（SBL）、战术激光武器（THEL）、地基激光武器（GBL）和舰载激光武器（HELWS）的研制。TRW公司研制的"通用面防御综合反导激光系统"（Gardian）采用中红外（3.8μm）氟化氘化学激光器，功率为0.4MW、φ700mm光束定向器，系统反应时间1s，发射率为20~50次/min，辐照时间为1s，能严重破坏10km远的光学系统，杀伤率可达100%。美国波音公司、TRW公司和洛克希德·马丁公司承担了ABL研制合同，ABL系统由波音747-400型飞机平台、无源红外传感器、数十兆瓦功率的氧碘化学高能激光器和高精度光束控制的跟踪瞄准系统组成。在12km高空和远离敌方90km外领空巡航，对对方未确定的多枚战术导弹实施高效拦截并击落侦察卫星。每次战斗的飞行时间12~18h，每次射击时间3~5s。数十兆瓦的激光通过口径为1.5m的光束定向器发射，用自适应光学校正大气湍流后的跟瞄精度高达0.1μrad，足以攻击600km远处的目标，摧毁29种导弹中的任何一种的压力燃料储箱。ABL系统还将设计成能对付从单个发射场到多个分散发射场间歇式进行的每次5~10枚导弹的齐射。

最有前景的高能激光器是自由电子激光器，美国海军从1996年开始研制，目标是研制出符合沿海作战要求的1.6μm兆瓦级自由电子激光器，能破坏同时到达的4个超声速巡航导弹，20s内应对360°的作战范围，硬热杀伤（空气动力破坏或高度的爆燃），目前已达到千瓦级水平。

光电对抗中最彻底、最直接的办法就是光电摧毁。

10.3 光电防御

光电防御系指在有光电对抗的条件下，为破坏敌光电侦察、光电干扰效果和保护自己而采取的所有战术技术措施。光电防御技术是与光电武器装备内部的工作原理以及工作方式密切相关的，因此采取的措施也就与武器装备类型有关。

10.3.1 光电隐身

1. 定义及分类

减少目标的各种可能被探测的光电特性，使敌方探测设备难以发现目标或使其探测能力降低的综合技术称为光电隐身技术。需要强调的是，要想达到良好的隐身效果，必须在武器装备系统的结构、动力设计、结构材料的选用以及遮蔽技术、融合技术等伪装技术的使用方面进行综合考虑。

光电隐身技术主要分为可见光隐身技术、红外隐身技术、激光隐身技术。可见光隐身就是要消除或减小目标与背景之间的可见光波段的亮度与颜色差别，降低目标的光学显著性。红外隐身就是利用屏蔽、低发射率涂料及军事平台辐射抑制的内装式设计等措施，改变目标的红外辐射特性，降低目标和背景的辐射对比度，从而降低目标的被探测概率。激光隐身就是消除或削弱目标表面反射激光的能力，从而降低敌方激光侦测系统的探测、搜索概率，缩短敌方激光测距、指示、导引系统的作用距离。

2. 光电隐身的原理

1) 可见光隐身

可见光侦察设备利用目标反射的可见光进行探测，通过目标与背景之间的亮度对比来识别目标。

目标表面材料对可见光的反射特性是影响目标与背景之间亮度及颜色对比的主要因素，同时，目标材料的粗糙状态以及表面的受光方向也直接影响目标与背景之间的亮度及颜色差别。因此，可见光隐身通常采用以下三种技术手段。

（1）涂料迷彩。任何目标都是处于一定的背景上，目标与背景又总是存在一定的颜色差别，迷彩的作用就是消除或削弱这种差别，使目标融于背景之中，从而降低目标的显著性。

按照迷彩图案的特点，涂料迷彩可分为保护迷彩、仿造迷彩和变形迷彩三种。保护迷彩是近似背景基本颜色的一种单色迷彩，主要用于伪装单色背景上的目标；仿造迷彩是在目标表面仿制周围背景斑点图案的多色迷彩，适合多色背景上的相对固定目标，或停留时间较长的可活动目标，使目标斑点图案与背景颜色相似，从而达到迷彩表面融合于背景之中的目的；变形迷彩是由与背景颜色相似的不规则斑点组成的多色迷彩，仅用于多色背景上的活动目标，由于迷彩的部分斑点与背景相融合，成为背景的一部分，而其他斑点以与背景形成明显差别，从而歪曲了目标的外形，使目标难以辨认，此法可使活动目标在活动地域内各种背景上都产生变形效果。

（2）伪装网。伪装网是一种通用性伪装器材，一般来说，除飞行中的飞机和炮弹外，所有的目标都可使用伪装网。伪装网主要用来伪装常温状态的目标，使目标表面形成一定的辐射率分布，以模拟背景的光谱特性，使之融于背景之中，同时在伪装网上采用防可见光的迷彩，来对抗可见光侦察、探测和识别。伪装网的机理主要是散射、吸收和热衰减。

（3）伪装遮障。遮障可模拟背景的电磁波辐射特性，使目标得以遮蔽并与背景相融合，是固定目标和运动目标停留时最主要的防护手段，特别适用于有源或无源的高温目标。伪装遮障主要由支撑骨架和伪装面组成。支撑骨架具有特定的外形，起到支撑、固定伪装面的作用。伪装面主要由伪装网、隔热材料和喷涂的迷彩涂料组成。对常温目标的伪装，采用在伪装网上喷涂迷彩涂料所制成的遮障即可；对有源或无源高温目标伪装，还需在目标和伪装网之间使用隔热材料以屏蔽目标的热辐射。

2) 红外隐身

目前对目标红外隐身包括三个方面的内容：一是降低目标的红外辐射强度；二是改变目标表面的红外辐射特性；三是光谱转换技术。

（1）降低目标红外辐射强度技术。降低目标红外辐射强度也可称为降低目标与背景的热对比度，使敌方红外探测器接收不到足够的能量，减少目标被发现、识别和跟踪的概率。具体可采用以下几项技术手段和措施。

① 采用空气对流散热系统。空气是一种选择性的辐射体，其辐射集中在大气窗口以外的波段上，可以说空气是一种能对红外辐射进行自遮蔽的散热器。红外探测器只能探测热目标，而不能探测热空气。为了充分利用空气的这一特性，目前正在研制和采用空气对流系统，以便将热能从目标表面或涂层表面传给周围的空气。空气对流有自然对流和受迫

对流两种，完成自然对流的系统是一种无源装置，不需要动力，不产生噪声，可用散热片来增强能力。完成受迫对流的系统是一种有源装置，需要风扇等装置作动力，其传热率高。空气对流散热系统只适用于专用隐身，不适合作通用隐身手段。

② 涂覆可降低红外辐射的涂料。这种涂料降低目标红外辐射强度有两种途径：一是降低太阳光的加热效应，这主要是因为涂料对太阳能的吸收系数小；二是控制目标表面发射率，主要有两种方式：降低涂料的红外发射率；使涂料的发射率随温度而变，温度升高，发射率降低，温度降低，发射率升高，从而使目标的红外辐射能量尽可能不随温度的变化而变化。

③ 配置隔热层。隔热层可降低目标在某一方向的红外辐射强度，可直接覆盖在目标表面，也可离目标一定距离配置，以防止目标表面热量的聚集。隔热层主要由泡沫塑料、粉末、镀金属塑料膜等隔热材料组成。泡沫塑料能储存目标发出的热量，镀金属塑料薄膜能有效地反射目标发出的红外辐射。隔热层的表面可涂不同的涂料以达到其他波段的隐身效果。在用隔热层降低目标红外辐射特性的同时，由于隔热层本身不断吸热，温度升高。为此，还必须在隔热层与目标之间用冷却系统和受迫空气对流系统进行冷却和散热。

④ 加装热废气冷却系统。发动机或能源装置排气管和废气的温度都很高，可产生连续光谱的红外辐射。为降低排气管的温度，可加装热废气冷却系统，该系统在消除废气中热量同时，不加热可见表面。目前研制和采用的是夹杂空气冷却和液体雾化冷却两种系统。夹杂空气冷却就是用周围空气冷却热废气流，它需要风扇作动力，存在噪声源。液体雾化冷却主要通过混合冷却液体的小液滴来冷却热废气，这种冷却方法需要动力，以便将液体抽进废气流，而且冷却液体用完后，需要再供给。

⑤ 改进动力燃料成份。通过在燃油中加入特种添加剂或在喷焰中加入红外吸收剂等措施，降低喷焰温度，抑制红外辐射能量，或改变喷焰的红外辐射波段，使其辐射波长落入大气窗口之外。

（2）改变目标表面红外辐射特征技术。目前主要有两种技术手段：即模拟背景的红外辐射特征技术和改变目标红外图像特征技术。

① 模拟背景的红外辐射特征技术。采用降低目标红外辐射强度的技术，只能造成一个温度接近于背景的常温目标，但目标的红外辐射特征仍不同于背景，还有可能被红外成像系统发现和识别。模拟背景的红外辐射特征，是指通过改变目标的红外辐射分布状态或组态，使目标与背景的红外辐射分布状态相协调，使目标的红外图像成为整个背景红外辐射图像的一部分。模拟背景的红外辐射特征技术适用于常温目标，通常的手段是采用红外辐射伪装网。

② 改变目标红外图像特征技术。每一种目标在一定的状态下，都具有特定的红外辐射图像特征，目标红外图像特征的变形技术，主要在目标表面涂覆不同发射率的涂料，构成热红外迷彩，使大面积热目标分散成许多个小热目标，这样各种不规则的亮暗斑点打破了真目标的轮廓，分割歪曲了目标的图像，从而改变了目标易被红外成像系统所识别的特定红外图像特征，使敌方的识别发生困难或产生错误识别。

（3）光谱转换技术。任何物体温度只要高于绝对零度，都会发出红外辐射，温度越高，红外辐射的峰值波长就越短。光谱转换技术是通过某些材料吸收被保护目标在 3~

5μm 和 8~14μm 波段的红外辐射，同时发出在 3~5μm 和 8~14μm 波段以外的中远红外辐射，这样辐射落在大气窗口以外，完全被大气吸收和散射掉，从而减少目标被发现的概率。光谱转换技术实现的具体途径是采用在 3~5μm 和 8~14μm 波段大气窗口发射率较低、而在大气窗口外的中远红外波段上发射率较高的涂料，或采用光谱转换复合材料等。

3) 激光隐身

激光隐身从原理上与雷达隐身有许多相似之处，它们都以降低反辐射面为目的，激光隐身就是要降低目标的激光反射截面，与此有关的是降低目标反射系数，以及减小相对于激光束横截面区的有效目标区。为此，激光隐身的技术有以下几项：

(1) 采用外形技术消除可产生角反射器效应的外形组合，变后向散射为非后向散射，用边缘衍射代替镜面反射，用平板外形代替曲面外形，减少散射源数量，尽量减小整个目标的外形尺寸。

(2) 采用吸收材料技术，吸收材料可吸收照射在目标上的激光，其吸收能力取决于材料的导磁和介电常数，吸收材料从工作机制上可分为两类，即谐振型与非谐振型，谐振型材料中有吸收激光的物质，且其厚度为吸收波长的 1/4，使表面反射波与干涉相消；非谐振型材料是一种介电常数、导磁率随厚度变化的介质，最外层介质的导磁率近于空气，最内层介质的导磁率接近于金属，由此使材料内部很少发生寄生反射。

(3) 利用激光的散斑效应激光是一种高度相干光，在激光图像侦察中，常常由于目标散射光的相互干涉，而在目标图像上产生一些亮暗相间随机分布的光斑，致使图像分辨率降低。可利用这一散斑效应来对目标隐身。

(4) 改变反射回波的偏振度激光雷达为提高信噪比。在接收通道中一般设置有检偏器，即只允许与发射激光偏振方向相同的回波进入。因此，可设法在被探测目标上采取适当的外形措施，改变目标反射光的偏振方向，降低偏振度，从而达到减少目标反射回波的目的。

(5) 采用光致变色材料利用某些介质的化学特性，使入射激光穿透或反射后变成为另一波长的激光。

3. 发展趋势

光电隐身技术发展趋势是研究全波段隐身技术，既要兼顾可见光隐身、激光隐身和红外隐身，还要与雷达隐身统一起来，并将防御性的传统伪装技术向以目标内伪装为代表的进攻性伪装技术方向发展。未来光电隐身技术的发展重点概括如下：

(1) 研制多性能的新型宽频带伪装迷彩涂料：包括多波段复合型伪装涂料、热红外伪装涂料、反射特性和辐射特性随环境变化的伪装涂料。

(2) 研究能模拟植物背景热特征的热红外伪装网：包括研究能模拟单叶红外特征的材料、研制热惯性与植物等背景相接近的材料、研制发射率随温度而变化的补偿性材料、寻找更好的网面结构，提高相应的网面制造工艺水平。

(3) 寻求更合理的隔热层结构和相应的构造工艺：包括尽可能降低隔热层表面的发射、在隔热层上开设合理的空气通孔，以加强隔热层自身的空气对流能力。

(4) 研制适应不同目标的标准组件式伪装遮障系统：包括标准组件式重型伪装遮障系统、标准组件式轻型伪装遮障系统。

10.3.2 光电伪装

由于光电侦测技术的高分辨力、高精度,隐蔽性好,抗电子干扰能力强,响应速度快,可昼夜使用等优点在可见光和红外波段发挥得淋漓尽致。其中照相侦察卫星、微光夜视仪、红外热像仪等由于工作波长短,与其他工作波长较长的侦察设备相比,具有很高的分辨力,光电制导武器如激光制导导弹或炸弹、红外成像制导导弹等具有很高的制导精度和命中率。这些武器在战争中将对敌方的军事、政治和经济目标构成严重威胁。因此,用来隐蔽自己以防敌光电侦察与精确制导的光电伪装技术得到了飞速的发展。

光电伪装技术包括迷彩伪装技术、遮障伪装技术、烟幕伪装技术、示假伪装技术和综合伪装技术。光电伪装按伪装任务可以分为防光学侦察伪装(习惯上常称为光学伪装)、防热红外侦察伪装、防雷达伪装。

1. 迷彩伪装

迷彩伪装就是用颜料或涂料来改变目标、遮障或背景的颜色,从而降低目标显著性的一种伪装措施。颜料是影响伪装涂料性能的重要因素之一。通过颜料发射率的调节可以有效降低表面辐射温度,达到红外伪装的效果。目前用于伪装涂料中来降低涂层发射率的颜料主要有两种:金属颜料和半导体颜料。

2. 遮障伪装

遮障伪装就是用一定的物质将被保护目标遮拦起来,以阻断或严重削弱目标反射的可见光和辐射的红外线,使敌方的光电探测器不能接收到目标信号或接收到的信号很微弱,从而不能发现和识别目标。遮障伪装技术是通过采用伪装网、隔热材料和迷彩涂料来隐蔽人员、兵器和各种军事设施的一种综合性技术手段。根据用途和外形的不同,遮障分为水平、垂直(倾斜)、掩盖和变形等四种类型。

1)水平遮障

水平遮障是遮障面与地面平行,架空设置在目标上面的一种遮障。它通常设置在敌地面观察不到的地区,用于遮蔽集结地点的机械、车辆、技术兵器和道路上的运动目标,可妨碍敌空中观察。

2)垂直遮障

垂直遮障是遮障面与地面垂直设置的遮障。它主要用于遮蔽目标的具体位置、类型、数量和活动,如遮蔽筑城工事、工程作业和道路上的运动目标等,以对付地面侦察。垂直遮障可分为栅栏遮障和道路上空垂直遮障,栅栏遮障设置在目标暴露于敌人的一侧,或设置在目标周围。道路上空垂直遮障是横跨道路架空设置的垂直遮障,可妨碍敌沿道路纵向观察。

3)掩盖遮障

掩盖遮障是遮障面四周与地面或地物相连以遮盖目标的遮障。它主要用于对付地面侦察和空中侦察。根据遮障面的形状可分为凸面掩盖遮障、平面掩盖遮障和凹面掩盖遮障。凸面掩盖遮障用于掩盖高出地面的目标,如掩体内的火炮、坦克、车辆和材料堆列等,其外形应与周围地物相似。平面掩盖遮障用于掩盖不高出地面的目标,如壕、交通壕、露天工事、道路及位于沟、坑内的目标等。凹面掩盖遮障用于掩盖冲沟、壕沟等内的目标。

4）变形遮障

变形遮障是改变目标外形及其阴影的遮障。它既可用于伪装固定目标，又可用于伪装活动目标。变形遮障可分为檐形遮障、冠形遮障和仿形遮障。檐形遮障与地面成水平或倾斜设置在目标上或目标近旁，以防空中侦察，可制成扇状、伞状等，其尺寸不小于目标长度或宽度的 1/3，并在上面涂刷与目标或背景相似的颜色。冠形遮障与地面成垂直设置在目标上或设置在目标近旁，以防地面侦察，可制成不规则的扁平状，尺寸不小于目标高度的 1/3。仿形遮障应仿造一定的外形，使目标从表面上失去军事目标特征，可仿造民用建筑物、建筑上的装备或其他地物等。

3. 烟幕伪装

烟幕伪装是保护地面固定目标或低速运动目标免遭敌方光电侦察和成像制导兵器攻击的一种经济而有效的手段。烟幕是烟和雾的通称，属于气溶胶体系，是光学不均匀介质。当分散介质是空气，分散相是具有高分散度的固体微粒时，这种气溶胶就是烟；当分散介质是空气，而分散相是液体微粒时，这种气溶胶就叫雾。有时气溶胶可以由烟和雾共同组成。由于可见光、红外辐射和激光在通过烟幕时被散射、吸收而衰减，从而起到遮蔽目标的作用，所以现代战场上经常利用烟雾来形成干扰屏障，以干扰敌方光电侦察系统、保护我方目标和行动。烟幕可以有效降低现代光电侦察和光电制导武器的效能，据统计：进攻时使用遮蔽烟幕，能使敌方武器效能降低 4/5，防御时能使敌方武器效能下降 9/10。同时烟幕器材成本相对较低，往往使用几百美元的烟幕剂，就可以使价值几千乃至几十万、上百万元的武器装备失去作用，因此烟幕是一种高效费比的干扰手段，也是光电对抗中最实用、最有效的手段之一。烟幕伪装技术已经受到各国军队的高度重视。

4. 示假伪装

示假伪装是通过设置假目标来模拟真目标的特征，欺骗敌方的光电侦察系统，吸引敌方注意力和光电精确制导武器的攻击。示假就是通过设置假目标来模拟真目标的特征，欺骗敌方的光电侦察系统，吸引敌方注意力和光电精确制导武器的攻击。迷彩、遮障和烟幕都是通过隐真方式将目标隐蔽起来，使探测器不能发现、判断和识别，致使敌制导武器无法跟踪、瞄准和攻击。但对很多大型目标来说，由于目标本身较大，位置相对比较固定，暴露特征明显，要完全隐蔽比较困难，示假不失为一种好的方法。在真目标周围设置一定数量的假目标，主要为降低光电侦察、探测、识别系统对真目标的发现概率，并增加光电侦测系统的误判率，进而吸引敌方光电制导武器的攻击，大量地分散和消耗敌方精确制导武器，提高真目标的生存概率。

示假是伪装的一个重要方面。为了使假目标获得良好的伪装效果，假目标除外形、颜色、各大部件尺寸应与真目标一致外，可见光的反射特性和红外线的辐射特性也应与真目标相近似。光电假目标的基本技术手段是在伪装器材外表涂有相应光学性能的涂层以吸引光电侦察，设有激光反射体和发热装置以产生等效激光回波和热红外信号。

5. 综合伪装

综合伪装是在天然伪装的基础上，利用各种技术手段，减小目标与背景在热红外、可见光和紫外波段的辐射或反射能量差别，以隐蔽目标和降低目标的暴露特征。

6. 发展趋势

随着光电侦察技术在现代空袭中的广泛应用，人员、技术兵器、军事设施等几乎所有军事目标都需要被提供伪装防护，这也就要求光电伪装涂料具有为所有的目标提供防护的性能。既要可以直接涂覆在静态的固定目标上，也应可以涂覆在高速运动的目标；既可以经过处理涂覆在织物上制成隐身罩、隐身网，也可以直接喷涂在金属作战平台或建筑物上；既可以涂覆在常温物体上，也可以涂覆在高温或低温物体上。这就要求在涂层与被保护物体表面之间有符合要求的附着力。

1) 复合伪装能力更强

由于高技术战争中光电侦察探测技术，多波段以及导弹武器系统大多采用雷达、红外、激光、电视制导体制以及多模复合制导体制，所以在实战中，单一干扰技术不可避免地具有一定的局限性，只有采用多元的综合光电一体化干扰技术才能大大提高目标保护的可靠性和有效性，这就要求伪装涂料除了具有防红外与激光探测性能外，还应包括涂料的可见光特性、雷达波性能以及对太阳辐射的吸收性能等，不仅具有光电的性能，还应具有防雷达等其他电子侦察的性能。

2) 使用条件全天候

作战中，光电信号环境是复杂多变的，是一个动态过程，比如，冬季和夏季，日出和黄昏时光线的强度、入射角等参数都是不同的，这种差别要求研制的光电伪装涂料应该适应季节、天候、日照等的变化，如果背景情况变化了，而隐身涂层的特性没有随之调整，则其隐身效果就会打折扣。理想的伪装涂层所提供的反射率谱应有较大的幅度，或能随背景的变化进行近实时的调整。

3) 综合功能无副作用

作为不会影响目标的原有性能等优点而备受重视的伪装涂料技术在军事上正被大量应用，而涂料主要由功能填料、着色颜料、黏合剂、分散剂、添加剂等化学物质组成，这就不可避免地在主要考虑涂料的多功能、全波段光电隐身功能之外，还要考虑这些有害或无害的化学物质在组合后可能产生的副作用。无毒、无腐蚀、无刺激、体积小、消耗低、不污染环境，对人和动物无害，并有利于植物生长的环保型涂料是发展的方向。

10.3.3 激光防护

由于激光具有单色性好、方向性强、相干性及亮度高等优异性能，其在工业、农业、医疗、国防、军事等领域得到了广泛应用，并成为当代科学技术中发展最快的科技领域之一。也正是由于激光的这些特点，对人体和光电设备的传感器及光学系统构成了极大威胁，激光安全与防护日益紧迫，如何进行有效的激光防护已引起各国的极大重视。

1. 激光威胁

激光技术在军事领域的应用和发展非常迅速，主要包括激光测距机、激光目标指示器、激光雷达、激光制导、激光致盲武器等。据报道，日本 NEC 公司研制了铒玻璃 $1.54\mu m$ 近红外 Q 开关手提式激光测距仪，实现了 10km 测距。德国利用压缩甲烷的拉曼频移技术研制了 Nd:YAG 激光器，实现了 20km 测距。美国研究的激光致盲武器种类最多，水平最高，如车载式的"虹鱼"和"骑马侍从"、机载式的"花冠王子"以及步兵手持式的 AN/PLQ-5 眩目器和"眼镜蛇"等,这些激光武器的威力已经在海湾战争、马岛战争以及伊拉克战争中得到了验证。

激光技术在军事上的广泛应用给人体和光电设备带来了极大威胁,主要来自两个方面:

(1) 以激光束作为信息载体的各种激光设备,如激光制导、激光侦察等,这些设备因其高度准确性,比其他探测手段更具威胁,同时在近距离可以导致人眼和光电传感器致盲。

(2) 以激光束作为能量载体的各种激光武器,其任务是在近距离对装备系统进行硬破坏,在远距离使人眼和光电传感器致盲,从而使士兵和装备失去作战和生存能力。

激光对光学材料的破坏现象十分复杂,作用机理也不尽相同,对光电装置(如 CCD 摄像机),其光谱响应范围为 $0.4 \sim 1.1 \mu m$,峰值波长为 $0.9 \mu m$,激光器使 CCD 工作处于饱和状态,从而干扰产生白亮斑和带覆盖画面,白亮区出现处图像被淹没,以致出现暂时性失灵甚至永久性破坏。

激光对人眼的损伤过程主要有热损伤、光化学损伤和电离损伤等。由于眼球是很精细的光能接收器,它是由不同屈光介质和光感受器组成的极灵敏的光学系统。眼的屈光介质有很强的聚焦作用,将入射光束高度汇聚成很小的光斑,从而使视网膜单位面积内接收的光能比入射到角膜的光能提高 10^5 倍。视网膜光感受器是极灵敏的光敏组织,在蓝、绿光谱内只要 $8 \sim 10$ 个光子就可以产生视觉,其能量相当于 $1.4 \times 10^{-5} J/cm^2$。因此,眼球是激光最敏感的器官,很容易受到激光的伤害。

激光对人眼的损伤主要受激光波长(表 10-7)、功率、脉冲、光束的发散度以及大气衰减等因素影响。一般而言,$0.4 \sim 1.4 \mu m$ 的激光对人眼威胁最大。常用的激光振荡波长从 $0.2 \mu m$ 的紫外线开始,包括可见光、近红外光、中红外光和远红外光。从图 10-27 中可以看出,大于 $1.3 \mu m$ 的中远红外光基本上不能进入人眼内,能量在角膜表面层被吸收;远红外光主要损伤角膜;强可见光和 $1.2 \mu m$ 的红外光对角膜晶状体和玻璃体有损伤,严重时会使视网膜破裂;而可见激光主要损伤最脆弱的视网膜,尤以 $0.53 \mu m$ 的绿光致盲

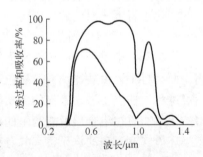

图 10-27 眼球光透过率及眼底吸收率和波长的关系

效果最佳,如 Nd:YAG 倍频激光和 Nd:YAG 激光。从表 10-7 可以看出人眼对不同波长激光的吸收情况。由于人眼很容易受到激光的严重损伤而且未来战场上的激光威胁日益严重,积极发展有效的激光防护技术和制备先进的激光防护材料已成为各国亟待解决的问题。

表 10-7 人眼屈光介质的透射率与视网膜的吸收率

激光类型	波长/μm	视网膜吸收率/%	折光介质吸收率/%	有效吸收率/%
钕激光	1.06	12	42	5.4
红宝石激光	0.69	56	96	53.7

(续)

激光类型	波长/μm	视网膜吸收率/%	折光介质吸收率/%	有效吸收率/%
倍频钕激光	0.53	74	88	65
气体激光	0.48~0.54	70	80	56

根据激光产品对使用者的安全程度，国内外均把激光产品的安全等级划分为以下四级：

(1) 1级激光。1级激光多指红外激光或激光二极管产生的不可见激光辐射（辐射波长大于1400nm），辐射功率通常限制在1mW。这类激光在合理可预见的工作条件下是安全的，它们不会产生有害的辐射也不会引起火灾。

(2) 2级激光。2级激光产生波长400~700nm的连续或脉冲可见光辐射，辐射功率一般较低，连续光的辐射功率通常限制在1mW。这类激光产品通常可由包括眨眼反射在内的回避反应提供眼睛保护。1级或2级激光产品通常供演示、显示或娱乐之用，另外还常用在测绘、准直及调平等场合。

(3) 3级激光。3级激光分为3a级和3b级。3a级激光产生可见或不可见激光，通常用肉眼短时间观察不会产生危害，但是当用显微镜或望远镜等光学仪器观察激光时，激光束会对眼睛造成伤害。3a级激光通常可由包括眨眼反射在内的回避反应提供眼睛保护，该级激光的漫反射光通常是不会有危害的，它没有造成火灾的可能。3a级可见激光输出功率限制在2级激光输出功率的5倍，即5mW；不可见激光输出功率限制在1级激光的5倍。

3b级激光规定连续激光的输出功率大于500mW，对可重复脉冲激光的单脉冲能量规定在30~150mJ（依波长而变）；3b级激光对肉眼和皮肤会造成伤害，该级激光的漫反射光也会对眼睛造成伤害。

(4) 4级激光。平均功率超过500mW的连续或可重复脉冲激光归为4级，单脉冲输出的激光能量在30~150mJ（依波长而变），激光波长是可见的或不可见的。4级激光的功率足可以使人的眼睛或皮肤瞬间内受到伤害。该激光的漫反射光对眼睛或皮肤一样具有很强的危害性。4级激光有使可燃物燃烧的可能，一般激光功率密度达到$2W/cm^2$时就会有引发火灾的可能。

3级或4级激光产品通常应用在科研实验、工程研究、激光雕刻、激光焊接、激光切割加工等需要高能量激光辐射的领域。

激光对视觉的伤害是激光产品最大的潜在危害。不同波长的激光会损害眼睛的不同结构，其对眼睛的损害程度也不尽相同。如图10-28所示，可见光以及近红外波段（400~1400nm）的激光辐射会损伤视网膜，因为激光经角膜、水晶体等眼屈光介质的汇聚作用，会使到达视网膜的激光辐照量（或辐照度）比角膜处高出约10万倍。400nm以下的紫外激光辐射大部分被角膜吸收，其致伤的机理主要是光化学效应。而眼屈光介质对1400nm以上的中远红外激光辐射一般不透过，几乎完全被角膜吸收，其中99%集中在角膜前部100μm的上皮层和基质上，其损伤机理主要为光热效应。

安全等级为1级的激光及其产品目前还没有明确的对视力有害的报道。2级激光是低

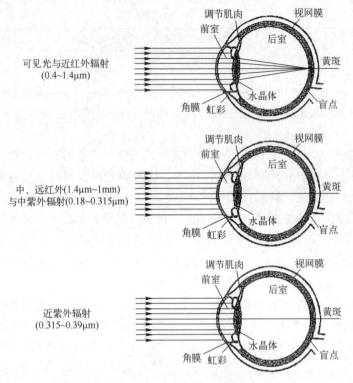

图 10-28　不同波长激光对眼睛的伤害部位

功率的激光,它只产生 400~700nm 的可见光,在通常小于 0.25s 作用时间内不会对人眼造成伤害。如果迎着光路观察,3 级特别是 3b 级激光就有可能很严重地损伤眼睛。因此,对这类激光安全控制的办法集中在避免用肉眼直接观察激光,措施包括:尽可能地封闭光路;在不需要激光满功率输出的情况下,采用降低激光功率的装置,光路隔断器和输出激光滤色片以降低激光功率;只在能够控制的区域内操作激光。所有 3b 级激光操作人员都应接受安全培训。

高功率的 4 级激光会对眼睛和皮肤产生严重损伤。上面介绍的所有防护措施对 4 级激光都是必需的,另外需要增加的防护措施包括:当实验室门开启时,激光不能输出的自锁闭机构;所有人员必须佩戴防护眼镜;给激光光路安装防护罩;远程开启激光、远程摄像监控等措施都是可行的。

2. 激光防护材料的性能指标

理想的激光防护技术及防护材料应有如下性能指标:

(1) 防护带宽足够宽。

(2) 对人体和光学系统有害的各谱线激光均有所需要的衰减能力。

(3) 输出阈值足够低。

(4) 应使入射的激光光强衰减至人眼所能接受的安全范围,对激光辐射能量的衰减程度,常用 OD 表示。

$$OD = \log(1/\tau_\lambda) = \log(I_i/I_t) \tag{10-2}$$

式中：T_λ 为防护材料对波长为 λ 的入射激光的透过率；I_i 为入射到防护材料的激光强度；I_t 为透过防护材料的激光强度。从公式中可以看出，若防护材料的光密度为 3，可使光强减弱到原来的 $1/10^3$，如果光密度为 6，可使光强减弱到原来的 $1/10^6$。

（5）输入阈值足够低。在足够低的激光能量和功率密度入射下，能把输出能量和功率限制在所要求的输出阈值以下。

（6）对弱辐射有较高的线性透过率，以保证人眼对周围环境有足够高的可见光和光电传感器对信号接收的要求。

（7）响应时间短。对脉宽为纳秒的高重复频率激光束响应及时。

（8）破坏阈值大。对于足够强的激光入射有较高的破坏阈值，以防止防护器材损坏而失去防护能力。

3. 激光防护防护原理及材料

激光技术的飞速发展对激光防护器材的要求越来越高，为了使操作人员的眼睛和光电设备的光电传感器得到有效的保护，科研人员开展了对激光防护原理、方法、材料的探索和研究，并取得了可喜的进展。

从光学原理上看，光与物质相互作用，使介质产生极化，宏观极化强度 P 和光场强度 E 的关系可用下式表示

$$P=\chi^{(1)}E+\chi^{(2)}E+\chi^{(3)}E+\chi^{(4)}E+\cdots \tag{10-3}$$

从防护原理上分，激光防护材料主要有基于线性光学原理的激光防护材料、基于非线性光学原理的激光防护材料和基于相变光学原理的激光防护材料。

1）基于线性光学原理的激光防护材料

基于式（10-3）中的线性项产生光学效应的激光防护材料，称为基于线性光学原理的激光防护材料，主要包括线性吸收型、反射型、衍射型、复合型以及相干型防护材料。

（1）吸收型防护材料。目前国内外应用最广、实用化技术最高的激光防护材料，有塑料型和玻璃型两种。塑料型是在光学塑料中加入吸收激光的有机染料，优点是光密度高、质轻、价格低、制备方便，缺点是易老化、表面硬度低、耐化学试剂性差。玻璃型是在玻璃熔炼的过程中加入无机燃料制成，克服了塑料防护材料的缺点，但其光密度低、吸收波长少。目前实现多波段防护的激光玻璃的研究也取得了很大进展，南京工业大学研制的吸收 $0.53\mu m$ 和 $1.06\mu m$ 的激光防护玻璃，光密度达到 4，可见光透过率 $T \geq 58\%$，基本满足激光防护的要求。

（2）反射型激光防护材料。在玻璃基底上蒸镀多层介质膜，利用光的干涉原理，有选择地反射特定波长的激光，而使其他波长的激光绝大部分通过。与吸收型防护材料相比，反射型防护材料是反射激光，因此能经受更大的激光功率。

（3）衍射型激光防护材料。在全息光学元件研究工作的基础上研制出新型激光防护材料，根据布拉格衍射原理（$\sin\phi=\lambda/2\Delta x$，式中 ϕ 为照射角，λ 为激光波长，Δx 为全息图干涉条纹间距），利用全息摄影方法，在塑料或玻璃基片上制作三维相位光栅，通过控制全息图干涉条纹间距，可以按防护要求反射特定波长的光，而使其他波长的光通过。

（4）复合型激光防护材料。在吸收型防护材料表面再镀上反射膜，既能吸收某一波长的激光，又能利用反射膜反射特定波长的激光，在一定程度上改变了防护材料的防护性

能，从而达到激光防护的目的。

（5）相干型激光防护材料。由多层介电材料沉积在基片上制作而成，由于激光的高相干性，使得激光在通过相干防护材料后相干相消，起到滤光的作用。

上述基于线性光学原理的激光防护材料还存在着明显的缺点：只对光波波长敏感，对光波强度不敏感；对同一波长的强光和弱光的入射不加区分地平等吸收和反射，因而对同一波长的高光学密度和高透明度两个指标不能同时兼顾。

2）基于非线性光学原理的激光防护材料

自从 Leite 等首次观察到光限幅现象至今，人们对基于非线性光学理论的激光防护研究一直有着浓厚的兴趣，并取得了很大进展，1994 年美国首次报道了一种全波段防护式的宽带热散焦液态光限幅器。基于非线性光学原理的激光防护技术是 20 世纪 80 年代发展起来的新型激光防护技术，利用了三阶非线性光学效应，主要有非线性吸收、非线性折射、非线性散射和非线性反射。

（1）非线性吸收型。非线性吸收型包括反饱和吸收和双光子吸收，从目前的研究成果看，研究最多、性能最好、可接近实用化的方案是非线性反饱和吸收，它是一种吸收系数随入射光强增加而增加的现象，特点是响应时间快，一般为皮秒量级，适于对调 Q 和锁模激光的防护。其原理可由 5 能级系统解释。在弱光照射时的吸收主要是单重基态 $^1S_0$ 的吸收，介质的透射光强可用下式表示

$$I_{ex} = I_0 \exp(-N_0 \sigma_0 L) \tag{10-4}$$

式中：N_0、σ_0 及 L 分别为介质的电子数密度、单重态基态吸收截面及激光与样品的作用长度。随着入射光能量的增加，电子由基态跃迁到单重激发态 $^1S_1$，并很快通过无辐射跃迁转移到三重态的 $^3T_1$ 上，随着其上粒子布居数增加，并且由 $^3T_1$ 到 $^3T_2$ 的跃迁有大的吸收截面 σ_1，因此，强激光照射时，三重态的吸收起主要作用。此时介质的透射光强为

$$I_{ex} = I_0 \exp[(-N_1 \sigma_0 - N_2 \sigma_1) L] \tag{10-5}$$

式中：N_1、N_2 分别为 $^1S_0$、$^3T_1$ 上的粒子布居数密度。

图 10-29 为反饱和吸收的光限幅效应，在低入射光时，介质的透过率保持一常数，因此透过光能量随入射光能量的增加而增大。随后由于三重态的吸收，造成样品透过率随光强的增加而减小，使得透过介质的能量保持一定值，起到阻挡激光的作用，这一过程即为反饱和吸收过程。目前研究较多的该类材料主要有阴丹士林类化合物、C_{60} 类化合物、金属酞菁类化合物等有机材料。

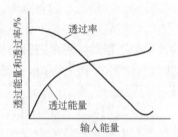

图 10-29 反饱和吸收的光限幅效应

（2）非线性折射型。非线性折射型包括自散焦和自聚焦两种非线性光学效应，是指在高斯光束作用下，非线性材料内产生折射率的轴对称变化，非线性折射率与光强的关系为

$$n = n_0 + n_2 I \tag{10-6}$$

式中：n_0、n_2、I 分别为线性折射率、非线性折射率系数和光强。其防护原理为，当入射光的光强小于自聚焦和自散焦阈值时，材料呈现出高透射性；当入射光强达到或超过自聚焦或自散焦阈值时，材料呈现低透射，并使出射光强基本稳定在某一值。

(3) 非线性散射型。图 10-30 所示为由某种液体和微粒构成的悬浮液非线性散射体的结构和特点，若液体的线性折射率为 n_0，微粒的线性折射率为 n_0'，选择 $n_0 = n_0'$，两种材料有一种为非线性光学材料，其折射率为 $n = n_0(n_0') + n_2 I$，n_2 为非线性折射率系数，I 是悬浮液中的光强。弱光入射时，$n_2 I \approx 0$，悬浮液的光学性质是均匀的，光通过悬浮液不出现非线性散射，呈高透射特性；强光照射时，$n_2 I \neq 0$，悬浮液的光学性质是非均匀的，光通过悬浮液时出现非线性散射，呈低透射特性。

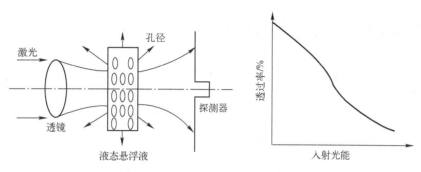

图 10-30　非线性散射的光限幅效应

(4) 非线性反射型。非线性反射包括非线性界面和反射双稳态，线性材料和非线性材料之间的界面称为非线性界面。其光限幅器原理如图 10-31 所示，非线性介质（n_a）和线性介质（n_b）面结合时，非线性介质折射率为

$$n_a = n_b + \Delta n(I) \tag{10-7}$$

式中：$\Delta n(I) > 0$。在低入射光强下，$\Delta n(I)$ 很小，光将部分或全部透射；当光强达到一定阈值后，非线性介质的折射率增大，入射光发生非线性反射，从而实现光限幅。1992 年，R. R. Michael 等研究了碳悬浮颗粒的非线性界面的光限幅原理。

3) 基于相变原理的激光防护材料

这是 20 世纪 80 年代发展起来的新型防护材料，是利用热致相变材料，在室温下为一种结构，呈透明态。受到激光照射后，材料产生温升，当温度上升到一定高度时转变为另一种结构，变成不透明状态。目前研究最多的相变材料是 VO_2 薄膜，VO_2 晶体相变时，从高温四方晶系相变到低温的单斜晶系，如图 10-32 所示。据报道，美国西屋电器公司按照美国防部的保密计划，研制成功一种 VO_2 防激光膜，其开光作用可保持 25 年之久。

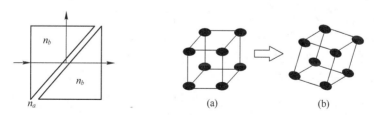

图 10-31　非线性反射光限幅示意图　　图 10-32　从四方晶系相变到单斜晶系

上述基于非线性光学原理的激光防护材料的共同特点是，不仅对波长敏感，对光强也敏感，对同一波长的强光和弱光入射时的作用是不同的。在原理上克服了线性光学防护方

法的缺点，同时兼顾了同一波长的高光学密度和高透明度两个指标，是国内外激光防护研究的趋势和热点之一。

激光技术的飞速发展，对激光防护材料的性能要求更加苛刻，传统的激光防护技术和防护材料已无法满足现代军事激光防护的要求。因此，加强激光防护技术和激光防护原理、方法和器材的研究势在必行。激光防护材料的发展趋势是实现全波段、高光密度、高透过率、高损伤阈值、低防护阈值和快速响应的新一代激光防护材料。

10.4 光电对抗的发展现状和趋势

光电制导武器的迅猛发展是光电对抗技术兴起和进步的主要牵引力。

1. 发展现状

1972年春，越南首次使用苏制SA-7红外防空导弹（单兵肩扛发射的便携式导弹），三个月内击落美机24架，引起轰动。这促使美方采取对抗措施。美军针对SA-7的弱点，很快研制了机载红外干扰弹、机载AN/AAR-43/44红外告警器、AN/ALQ-123红外干扰机及烟雾器材等。机载红外告警器能及时发现来袭SA-7导弹；红外干扰弹的红外辐射特性与飞机尾喷口的相近，它的发射使SA-7飞向红外诱饵而偏离飞机，从而降低了SA-7的作战效能。于是，SA-7相应采取光谱滤波等措施，使其抗干扰性能得以改善。在1973年10月的第四次中东战争中，它又击落以色列多架飞机。据此，以色列采用"喷油延燃"技术（也称"热砖"技术）实施有源干扰，又使SA-7的命中率下降……

从20世纪70年代中期以来，红外/紫外双色寻的导弹、红外成像寻的导弹相继服役，使得以往采用的针对"点"源寻的制导的光电对抗手段不再有效。于是红外烟幕、面源红外诱饵、激光致盲等对抗技术迅速兴起。例如，法国的舰载红外干扰火箭，能装填150枚红外干扰子弹。火箭在飞行中依次将子弹抛射，形成类似于舰艇外形的一片诱饵烟云，以欺骗红外成像导弹。

20世纪末，美英联手研究多光谱红外定向干扰技术，以对抗现已装备的各种红外导弹。

在越南战场崭露头角的激光制导炸弹，曾以惊人的炸桥战绩出尽风头。但在轰炸河内富安发电厂时却显得无能为力——面对越军施放的层层烟幕，美军几十枚此种炸弹无一命中。这一战例极大地促进了烟雾装备的发展。各种烟幕弹、发烟罐、布烟车等相继服役。与此同时，美制激光制导炸弹也由"宝石路"I型发展到III型，导引精度提高了一个量级，并增加了"目标记忆"功能。

海湾战争中，多国部队的激光制导武器又一次成为"表演明星"。这更促进了激光对抗技术的发展。美制AN/GLQ-13、英制GLDOS等激光对抗系统采用有源欺骗干扰方式，可把敌激光制导武器引向假目标；美制车载"鲕鱼"激光干扰系统可使来袭激光制导导弹的光电传感器致盲、失效。

光电对抗技术在光电装备的发展中悄然兴起，并在与不断优化的光电装备的斗争中迅速成长起来，成为现代军事技术的重要部分。

2. 总体趋势

如果做一个简单的类比，普通光电装备相当于"矛"，而光电对抗装备则相当于"盾"。从目前来看，总体情况是"矛"领先于"盾"。这使得 21 世纪前期的光电对抗技术面临着十分严峻的挑战。

（1）作战对象的战术使用性能显著提高。光电精确制导武器是光电对抗装备作战的首要对象。近 20 年来，此类武器的战术使用性能显著提高。例如，它们从几千米、十几千米的末制导发展到几十千米乃至几百千米的中/末段制导；从几千米的中空高度攻击发展到可从几米到几十米的超低空巡航攻击。这无疑使实施对抗的难度大大提高。

（2）作战对象的品种、型号极大地增加。现在的光电装备服役量之大、配置范围之广都是史无前例的。小的到单兵携带，大的从车载、舰载、机载到星载。这希望光电对抗装备能把"触角"伸向地面、海域、空中、太空甚至到战场的各个角落。作战对象已远不止光电制导武器、普通观测器材，还包括卫星和防区外精确攻击武器。

（3）作战对象的技术性能已极大改善。成像制导武器的实用，使早期干扰"点"源寻的器的装备无能为力；光电传感器时间特性和空间分辨力的极大提高以及微计算机的应用，使传统观念上的有源欺骗和伪装技术难以奏效；由于抗激光加固技术的进步和激光防护手段的完善，以往那些只能输出单一波长的激光干扰装备可能失效；军事卫星的临时发射和它的变轨飞行能力，极大地增加了对其侦察与定位的难度，那种"守株待兔"式的作战部署一无所获。

由于光电装备的迅猛发展以及光电对抗技术成果所展现的优异战绩和极高的效费比，今后 20 年内，光电对抗技术会有长足进步，并表现许多特色。

（1）多功能集成化。以先进的光学技术、光电子技术、计算机技术和图像处理技术为依托，把光电侦察告警、光电干扰与其他电子对抗手段集成于一体；采用专家系统、智能化技术等与 C^3I 系统组合，把设备级的对抗推进到系统/体系的对抗，把对具体装备的破坏发展到对决策指挥信息链的破坏。

（2）多光谱一体化。多光谱信息融合技术的实用和发展，使以往那些单一波长、单一光频段的光电对抗装备将发展为全光频段（涵盖从紫外至远红外的整个光波段）装备。例如，美、英等多家公司合作研制的定向红外对抗（DIRCM）系统 AN/AAQ-24（V）就是多光谱对抗装备。它采用紫外波段做导弹逼近告警，在 $1\sim3\mu m$、$3\sim5\mu m$ 波段可实施激光或非激光干扰。

（3）多层防御与对抗全程化。光电对抗应体现多层防御与全程对抗的宗旨。以针对激光制导武器的对抗为例。第一层应针对其载体的光电侦察来实施，目的是使之不能及时发现己方目标；第二层则针对其载体的光学测距定位装置，使之"测不准，定不对"，以致不能发射或错误发射制导武器；第三层针对激光制导武器的搜索过程，使之无法锁定目标；第四层则在其末制导阶段实施，将导弹引偏或使其早炸、不炸而失效。

若单层防御的成功概率为 0.7，则上述四层防御的成功概率为
$$0.7+0.3\times0.7+0.3^2\times0.7+0.3^3\times0.7=0.9919$$

可见，多层防御和全程对抗的效果是明显的。

（4）新体制、新技术不断涌现。未来 20 年，实施光电对抗的一些新技术将工程化为

实用装备。例如美国已试验过多次的多波段漫反射假目标技术将可能在实战中应用；美国海军的"舰艇自卫水障"（Water Barrier Ship Self-defense）将可能形成装备，作为防御反舰导弹的最后屏障；带迷彩式金属涂层的气球组网布阵有可能用来保护重要地面设施；基于相干光学的处理系统可能形成通用组件模块，装在多种武器系统中对特定军事目标做超快速识别；天基激光器（SBL）将可能部署，等等。

思考题

1. 什么是光电对抗？光电对抗基本内容是什么？
2. 激光告警器和红外告警器能分别告警哪些威胁？
3. 光电告警与雷达预警相比，有何优缺点？
4. 简述相干型激光侦察告警器的工作原理。
5. 试述红外诱饵的干扰原理，说明在实战环境下，应如何使用才能更好地发挥红外诱饵的干扰作用。
6. 讨论激光制导导弹的光电对抗方法，与哪些告警器相联可构成自动光电对抗系统。
7. 激光压制式定向干扰机为什么要对干扰目标进行持续跟踪？如何实现跟踪？
8. 光电伪装包括哪些伪装技术？

第 11 章 光 电 导 航

光电导航是以光电探测器或元件来感知，并通过电子技术手段传输、变换、处理各种光电信息且最终获取载体位置、航向、姿态、速度等导航参量的技术。其典型代表有激光陀螺（或光纤陀螺）惯性导航、天文导航（也称星光导航）。本章主要介绍激光陀螺惯性导航和天文导航。

11.1 导航的基本概念

导航是航空、航海、航天、陆地交通过程中的基本问题，是引导载体从一个地点（出发点）到达另一个地点（目的地）的过程。引导的载体包括车辆、舰船、飞机、导弹、宇宙飞行器等。导航系统就是完成引导任务的整套设备。导航系统必须能够提供载体的一些运动参数和到达目的地的航行参数，如载体的位置、速度、姿态角等。确定载体导航参数可以运用不同的物理原理和技术设备，因而出现了不同的导航方法和不同的导航设备，如无线电导航、卫星导航、天文导航、惯性导航、陆标导航以及运用测速、测向设备的简单推算导航等。

导航设备有两种工作状态：一是指示状态，这种状态下导航设备只提供载体的运动参数和引导驶向目的地的航行参数，驾驶人员根据这些信息控制载体航行（如操舵），导航设备不直接参与对载体的控制；二是控制状态，即导航设备将导航信息直接提供给自动驾驶系统（又称航行控制系统），自动控制载体按照预定的航线航行。如有的舰船上装有自动驾驶仪，根据导航系统提供的导航参数，结合预先设定好的计划航线，可自行控制舵机改变舰船航向、控制主机调速装置调节舰船航速，使舰船按照预定航线到达目的地。这种用导航系统控制航行系统的方式称为制导，如弹道导弹、人造卫星运载火箭的飞行控制系统就是制导系统，也就是自动航行系统。不论导航系统工作于何种状态，导航系统的核心任务就是准确地、即时地、全面地提供载体的运动参数和导航参数。

11.2 载体的空间位置和姿态的描述

惯性定律成立的空间称为惯性空间。一个在地球附近运动的物体，物体相对地球有相对运动，同时地球相对惯性空间也有运动，故至少需要三套坐标系，即惯性坐标系、固定在地球上的坐标系及固定在物体上的坐标系，才能完整地描述物体对于地球和惯性空间的运动。

根据载体运动情况和不同的导航需求，导航中常用的坐标系主要有惯性参考坐标系、地球坐标系、地理坐标系、地平坐标系、载体坐标系、平台坐标系和计算坐标系等。此外，坐标系之间的角度关系可以描述载体（刚体）在空间的角位置，即姿态。

11.2.1 常用坐标系

1. 地心惯性坐标系（i 系）$Ox_iy_iz_i$

惯性敏感器件（如陀螺和加速度计）都是以牛顿定律为基础工作的，它们的运动都以惯性空间为参照物。因此，需要用一个坐标系来代表这个惯性空间，这个坐标系就是惯性坐标系。惯性空间就是绝对不动的空间，但绝对不动的空间实际上是不存在的。太阳也不是静止的，它和太阳系一起还绕银河系运动，由于这种运动很慢，对惯导系统的研究不会产生影响，因此在研究惯性敏感器件和惯性系统的力学问题时，通常将相对恒星所确定的参考系称为惯性空间，空间中静止或匀速直线运动的参考坐标系为惯性参考坐标系。当载体在宇宙中运动时，常把日心坐标系作为惯性系，称为日心惯性系。当载体在地球附近运动时，多采用地心惯性坐标系作为惯性参考坐标系。如图 11-1 所示，地心惯性坐标系的原点取在地球中心，Oz_i 轴沿地球自转轴，而 Ox_i 和 Oy_i 轴在地球赤道平面内和 Oz_i 轴组成右手笛卡儿坐标系。地心惯性坐标系不参与地球的自转运动。

2. 确定载体相对地球表面位置的坐标系

1）地球坐标系（e 系）$Ox_ey_ez_e$

如图 11-2 所示，坐标原点在地心，与地球固联，随地球一起转动。Oz_e 轴沿地球自转轴且指向北极，Ox_e 轴与 Oy_e 轴在地球赤道平面内，Ox_e 轴在参考子午面内指向零子午线（格林尼治子午线），Oy_e 轴指向东经 90°方向。地球坐标系也称为地心地球固联坐标系，载体在该坐标系内的定位多采用经度 λ、纬度 ϕ 和距地面高程 H 来标定。

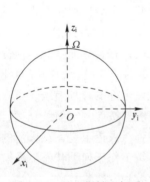

图 11-1 地心惯性坐标系

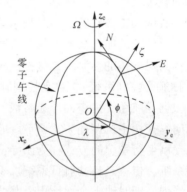

图 11-2 地球坐标系

2）地理坐标系（g 系）$OEN\zeta$

地理坐标系也叫当地水平坐标系，如图 11-3 所示，坐标系的原点取在载体 M 和地球中心连线与地球表面交点 O（或取载体 M 在地球表面上的投影点），OE 在当地水平面内指东，ON 在当地水平面内指北，$O\zeta$ 沿当地地垂线方向并且指向天顶，与 OE、ON 组成右手坐标系，即通常所说的 3 个坐标轴按"东、北、天"为顺序构成右手笛卡儿坐标系。地理坐标系 $OEN\zeta$ 随着地球的转动和载体的运动而运动，它是水平和方位的基准。

当载体在地球上航行时，载体相对地球的位置不断发生改变，而地球不同地点的地理坐标系，其相对地球坐标系的角位置是不相同的，即载体相对地球运动将引起地理坐标系相对地球坐标系转动。这时地理坐标系相对惯性参考系的转动角速度应包括两个部分：一是地理坐标系相对地球坐标系的转动角速度；二是地球坐标系相对惯性参考系的转动角速度。

3) 地平坐标系（t 系）$Ox_t y_t z_t$

地平坐标系 $Ox_t y_t z_t$ 的原点与载体所在的点重合，一轴沿当地垂线方向，另外两轴在当地水平面内。图 11-4 所示为 Ox_t 和 Oy_t 轴在当地水平面内，并且 Oy_t 轴沿载体的航行方向；Oz_t 轴沿当地垂线向上；三轴构成右手笛卡儿坐标系。因这里水平轴的取向与载体的航迹有关，故又称航迹坐标系。

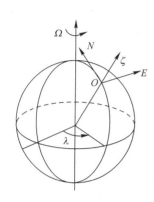 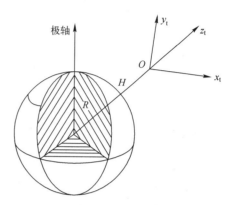

图 11-3 地理坐标系　　　图 11-4 地平坐标系

当载体在地球上航行时，将引起地平坐标系相对地球坐标系转动，这时地平坐标系相对惯性参考系的转动角速度应包括两个部分：一是地平坐标系相对地球坐标系的转动角速度；二是地球坐标系相对惯性参考系的转动角速度。

3. 载体坐标系

1) 载体坐标系（b 系）$Ox_b y_b z_b$

载体坐标系是用来表示载体对称轴的坐标系。载体坐标系的定义并不唯一，通常取载体的重心 O 作为载体坐标系 $Ox_b y_b z_b$ 的原点，三个轴分别与载体的纵轴、横轴和竖轴相重合，组成右手笛卡儿坐标系。飞机和船舰等巡航式载体、弹道导弹等弹道式载体的载体坐标系，以及陆地载体载体坐标系的选取习惯分别如图 11-5（a）~（c）所示。

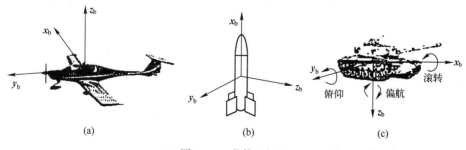

图 11-5 载体坐标系

2) 陀螺坐标系 $Oxyz$

陀螺坐标系是用来表示陀螺本身输出的坐标系。其原点取在陀螺的支点上，Oz 轴沿转子轴但不随转子转动，Oy 轴沿陀螺内环轴并固联于内环，随内环转动，Ox 轴垂直于 Oy、Oz 轴，符合右手定则。也可取 Oy 轴沿陀螺外环轴，Ox、Oy、Oz 轴符合右手定则。

在实际使用中，陀螺坐标系一般与载体坐标系重合。

3) 平台坐标系（p 系）$Ox_p y_p z_p$

平台坐标系 $Ox_p y_p z_p$，原点取在载体的重心，Ox_p、Oy_p 两轴总在水平面内且互相垂直，Oz_p 垂直水平面。平台坐标系可以与地理坐标系重合，也可以在水平面内与地理坐标系成一定夹角。惯导系统的分类就是根据实际平台所模拟的坐标系而划分的，如平台系和地理坐标系完全重合，称指北方位惯导系统；平台方位与地理坐标系相差一个游移角 α，称游移自由方位惯导系统；平台方位指向惯性空间，称自由方位惯导系统等。

4) 计算坐标系

计算坐标系，泛指惯导系统力学编排计算所在的坐标系，它可以是上述前几种坐标系的任意一种。

11.2.2 载体位置、姿态和方位的确定

导航参数有很多，如瞬时位置、速度、姿态和航向、已飞距离、待飞距离等。其中最基本的是地理位置、姿态和航向信息。这些参数随着坐标系选择的不同而不同。在解算参数时常常要用到坐标系之间的变换矩阵。下面简述坐标系之间的变换矩阵，以及利用坐标系之间的关系确定载体位置、姿态和方位。

1. 地心惯性坐标系 $Ox_i y_i z_i$ 和地球坐标系 $Ox_e y_e z_e$ 之间的关系

地球坐标系（e 系）和地心惯性坐标系（i 系）之间的转动是由地球自转引起的，从导航开始时刻，e 系绕 z_e 轴转过 Ωt（图 11-6），i 系到 e 系的变换矩阵为

$$\begin{bmatrix} x_e \\ y_e \\ z_e \end{bmatrix} = C_i^e \begin{bmatrix} x_i \\ y_i \\ z_i \end{bmatrix} \quad C_i^e = \begin{bmatrix} \cos\Omega t & \sin\Omega t & 0 \\ -\sin\Omega t & \cos\Omega t & 0 \\ 0 & 0 & 1 \end{bmatrix} \tag{11-1}$$

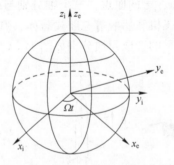

图 11-6 e 系与 i 系之间的角度关系

2. 载体的位置矩阵、地理坐标系 $OEN\zeta$ 和地球坐标系 $Ox_e y_e z_e$ 之间的关系

对于在地球上经纬高为 (λ, ϕ, H) 的点的地理坐标系（g 系）和地球坐标系（e 系）之间转动可由经纬度来表示。根据经纬度的定义，e 系到东北天 g 系可通过绕 z_e 转动 $90°+\lambda$，

再绕所得的坐标系的 x_e 轴转 $90°-\phi$ 得到，e 系到 g 系的变换矩阵为

$$\begin{bmatrix} x_g \\ y_g \\ z_g \end{bmatrix} = C_e^g \begin{bmatrix} x_e \\ y_e \\ z_e \end{bmatrix} \quad C_e^g = \begin{bmatrix} -\sin\lambda & \cos\lambda & 0 \\ -\sin\phi\cos\lambda & -\sin\phi\sin\lambda & \cos\phi \\ \cos\phi\cos\lambda & \cos\phi\sin\lambda & \sin\phi \end{bmatrix} \tag{11-2}$$

地球坐标系和地理坐标系之间的关系，确定了载体的地理位置，所以地球坐标系到地理坐标系的变换矩阵叫载体的位置矩阵。

3. 载体的姿态矩阵、载体坐标系和地理坐标系之间的关系

载体的航向（偏航）角、俯仰（纵摇）角和横滚（横摇）角统称为姿态角。载体姿态和航向就是载体坐标系相对地理坐标系或地平坐标系之间的方位关系。

飞机和舰船等巡航式载体的姿态角是相对地理坐标系而确定的。以飞机姿态角为例，载体坐标系和地理坐标系之间的变换见图 11-7，图中航向角 ψ、俯仰（纵摇）角 θ 和横滚（横摇）角 γ 称为巡航式载体的姿态角。假设初始时机体坐标系 $Ox_by_bz_b$ 与地理坐标系 $OEN\zeta$ 对应各轴重合。机体坐标系按图中所示的三个角速度 $\dot\psi$、$\dot\theta$ 和 $\dot\gamma$ 依次相对地理坐标系转动，这样所得的三个角度 ψ、θ 和 γ 就分别是飞机的航向角、俯仰角和横滚角（注意绕方位轴 $O\zeta$ 旋转 $-\psi$）。按照上述规则转动出来的三个角度，可以说是欧拉角选取的一个实例。地理坐标系和载体坐标系的变换矩阵为

$$C_g^b = \begin{bmatrix} \cos\gamma & 0 & -\sin\gamma \\ 0 & 1 & 0 \\ \sin\gamma & 0 & \cos\gamma \end{bmatrix} \begin{bmatrix} 1 & 0 & 0 \\ 0 & \cos\theta & \sin\theta \\ 0 & -\sin\theta & \cos\theta \end{bmatrix} \begin{bmatrix} \cos\psi & -\sin\psi & 0 \\ \sin\psi & \cos\psi & 0 \\ 0 & 0 & 1 \end{bmatrix} \tag{11-3}$$

$$\begin{bmatrix} x_b \\ y_b \\ z_b \end{bmatrix} = C_g^b \begin{bmatrix} x_g \\ y_g \\ z_g \end{bmatrix}$$

$$= \begin{bmatrix} \sin\psi\sin\theta\sin\gamma+\cos\psi\cos\gamma & \cos\psi\sin\theta\sin\gamma-\sin\psi\cos\gamma & -\cos\theta\sin\gamma \\ \sin\psi\cos\theta & \cos\psi\cos\theta & \sin\theta \\ -\sin\psi\sin\theta\cos\gamma+\cos\psi\sin\gamma & -\cos\psi\sin\theta\cos\gamma-\sin\psi\sin\gamma & \cos\theta\cos\gamma \end{bmatrix} \begin{bmatrix} x_g \\ y_g \\ z_g \end{bmatrix} \tag{11-4}$$

航向角 ψ 的定义域为 $0°\sim360°$、俯仰角 θ 定义域为 $-90°\sim+90°$，横滚角 γ 定义域为 $0°\sim\pm180°$。可见，载体的姿态和航向角就是 b 系和 g 系之间的方位关系，故 C_g^b 称为"姿态矩阵"。

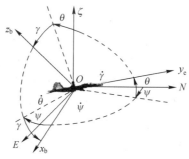

图 11-7　b 系和 g 系之间的角度关系

而弹道导弹等弹道式载体姿态角是相对地平坐标系（t 系）而确定的。这里选取的地平坐标系如图 11-8 所示。其原点取在导弹的发射点；Oy_t 轴在当地水平面内并指向发射目标；Oz_t 轴沿当地垂线指上；Oy_t 轴与 Oz_t 轴构成发射平面（弹道平面）；Ox_t 轴垂直于发射平面，并与 Oy_t、Oz_t 轴构成右手直角坐标系。该地平坐标系又称发射点坐标系。

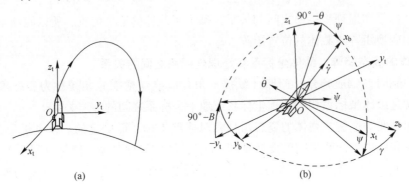

图 11-8　弹道导弹的姿态角

弹道导弹的姿态角如图 11-8（b）所示。假设初始时弹体坐标系 $Ox_b y_b z_b$ 与地平坐标系 $Ox_t y_t z_t$ 对应各轴重合（其中，Oy_b 轴与 Oy_t 轴的负向重合）。弹道导弹通常为垂直发射，故初始时俯仰角为 90°。弹体坐标系按图 11-8 所示的三个角速度 $\dot{\psi}$、$\dot{\theta}$ 和 $\dot{\gamma}$ 依次相对地平坐标系运动，这样所得的三个角度 ψ、$(90°-\theta)$ 和 γ 就分别是导弹的偏航角、俯仰角和横滚角。

11.3　光电惯性导航

11.3.1　惯性导航简介

惯性导航（简称惯导）系统利用惯性敏感元件在飞机、舰船、火箭等载体内部测量载体相对惯性空间的线运动和角运动参数，在给定的运动初始条件下，根据牛顿运动定律，推算载体的瞬时速度和瞬时位置。惯性导航涉及控制技术、计算机技术、测试技术、精密机械工艺等多门应用技术学科，是现代高精尖技术的产物，但其基本的定位原理并不复杂。

1. 惯性导航的发展历程

虽然惯性导航所依据的力学原理早在 300 年前的牛顿时代就为人们所掌握了，可以说，有了牛顿力学定律就有了惯性导航的理论基础，但是作为一门高科技的尖端技术，惯性导航需要有先进的科学理论和精良的制造工艺作为支撑条件，因此惯性导航系统直到 20 世纪中叶才出现。惯性技术在过去发展较慢的主要原因是：一直不能制造出满足惯性系统要求的高精度陀螺仪和加速度计，也没有能满足要求的计算装置。实际上，惯性技术涉及力学、控制技术、计算机技术、测试技术、精密机械工艺等，是一门综合性很强的应用技术学科。惯性导航是随着上述学科技术的发展而发展的。尤其是惯性元件陀螺仪与加速度计，它们是惯性导航系统的基本支撑元件，惯性导航的发展历史与惯性元件的发展是息息相关的。

1765年，欧拉出版了著作《刚体绕定点转动的理论》，首次用解析分析的方法揭示了定点转动的刚体的运动本质。1778年，法国科学家拉格朗日在《分析力学》一书中建立了在重力力矩作用下定点转动刚体的运动方程。法国科学家傅科在1852年第一个把高速转子安置在万向支架系统中构成了陀螺仪——傅科陀螺，可以说傅科陀螺是惯性仪表的始祖。1906年，德国科学家安修茨制成了陀螺方位仪，其自转轴能指向固定的方向。1907年，安修茨又在方位仪的基础上增加了摆性，设计了一种单转子摆式罗经，制造了世界上第一个能依靠重力力矩自动找北的摆式陀螺罗经。

1923年，德国教授舒勒在研究消除陀螺罗盘加速度误差时发现，如果陀螺具有84.4min的自由运动周期，它就会保持在重力平衡位置，而不受航行体任意运动的干扰，这就是舒勒摆原理。将这个原理运用到惯导系统时，如果将陀螺稳定平台的自由运动周期调整为84.4min，则平台不受航行体任意运动的影响而始终保持在当地水平面内。限于当时的技术水平条件，舒勒的上述原理当时不可能实现，但它对惯导技术的发展起到了重要作用。

1942年，德国在V-2火箭上采用两个双自由度陀螺和一个陀螺积分加速度计，构成了惯性制导系统，用陀螺稳定火箭的姿态和航向，用沿火箭纵轴方向安装的加速度计测量火箭入轨的初始速度，这是惯性技术在导弹制导方面的首次应用。限于当时的水平，陀螺和加速度计的精度较低，惯性系统设计得也不够完善，制导精度较低，在轰炸伦敦的过程中，有1/4的V-2火箭提前掉进英吉利海峡。但这一工作引起了人们的极大重视，推动了惯性导航的进一步研究。第二次世界大战后，美国和苏联等发达国家都争先开展惯性导航和惯性制导技术的研究。

为减少陀螺仪支撑轴上的摩擦力矩，提高陀螺的精度，美国麻省理工学院仪表实验室（后来独立出来称为德雷珀实验室）在20世纪50年代采用液浮支撑，成功研制了单自由度液浮陀螺仪，使陀螺的漂移到达了惯性级的要求。1953年德雷珀实验室研制成功舰船惯性导航系统样机，1957年研制出"北极星"导弹惯性制导系统样机，1964年研制出"阿波罗"宇宙飞船惯性导航系统样机。北美航空公司1958年研制出N6-A（MKl）型舰船惯性导航系统，装在美国海军"鹦鹉螺"号核潜艇上。"鹦鹉螺"号核潜艇依靠一套N6-A型舰船惯性导航系统和一套MK-19平台罗经，从珍珠港出发，在冰下航行21天，到达英国波特兰港，成功地进行了穿越北极的试验。此后又陆续研制出N7-A（MK2）型舰船惯性导航系统、采用陀螺监控技术的MK2Mod3型舰船惯性导航系统、采用静电陀螺的XN88导航系统等。

20世纪70年代以来，惯性技术的发展步伐呈现出加快的趋势，基于新原理、新技术、新工艺的技术产品层出不穷。如70年代末80年代初应用的激光陀螺及其系统开始获得成功，90年代微机电陀螺、光纤陀螺及其系统开始应用。在惯性仪表的发展下，各类惯性导航系统也发展迅速。图11-9给出了惯性仪表与惯性导航系统的大致发展历程。

惯性导航技术起源于西方国家，目前在国际上美国已成为惯性技术发展的典型代表。由于惯性导航在航海、航空及航天领域有不可替代的作用，各军事大国都将其作为优先发

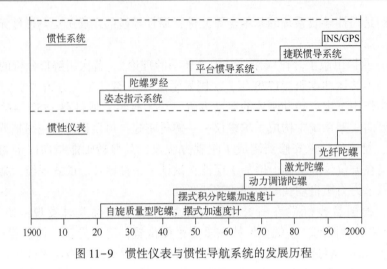

图 11-9 惯性仪表与惯性导航系统的发展历程

展的高技术。进入 21 世纪以来,陀螺技术从传统的以旋转刚体进动性敏感惯性运动的机电陀螺阶段,发展到应用萨格奈克效应的光学陀螺阶段,如激光陀螺、光纤陀螺。目前应用精密机械、微电子学、半导体集成电路工艺等技术的前沿性新技术——微机电惯性仪表正迅速兴起,如硅微机械陀螺、微机械加速度计等。在需求牵引和技术推动的共同作用下,惯性技术在不断的发展过程中。高精度光纤陀螺产品将进入由传统机械式陀螺所主宰的战略级领域,而在导航及战术级领域,微机电/微光机电陀螺将占主导地位。

我国从"六五"开始,原国防科工委就把惯性技术纳入预先研究和应用发展中,经过惯性器件多年建设,目前也将惯性技术作为国防预研关键技术纳入到信息化建设系统中重点建设,已经形成了一定规模的研发与生产能力,建成了比较现代化的中心实验室,拥有一批惯性技术研究与生产队伍,已经研制出了种类丰富的有自主知识产权的惯性仪表及系统,在人造地球卫星、运载火箭、飞机、舰艇上都采用了我国自主研制的惯性导航系统。从整体上看我国惯性技术的发展与国际上先进军事大国相比有明显的滞后,目前在战略级、导航级领域,传统的机电仪表及系统(液浮陀螺、动力调谐陀螺、挠性陀螺及其系统)仍占主体地位;在战术级领域,主要是动力调谐陀螺构成的捷联系统(或测量装置),激光陀螺惯性导航系统所占的比例已呈现出增长趋势。在导航级和战术级领域,激光陀螺惯导系统将占主导地位,同时光纤陀螺惯导系统也将会出现实用型产品,在战术级领域推广应用。

2. 惯性导航系统的特点

惯性导航系统具有以下主要优点:

(1)依靠自身测量的载体运动加速度信息来连续推算载体速度和位置,因而是一种自主式的导航系统。

(2)工作时不需要接收外部信息,因而不受外界干扰,包括气候条件的影响(比较:无线电导航用户设备、卫星导航用户设备均需要接收无线电电波,易受干扰,陆标导航需要能见度好)。

(3)工作时不向外辐射能量,因而使载体具有隐蔽性(比较:导航雷达能确定载体相对某目标的方位与距离,但需辐射能量,多普勒计程仪能测量载体的速度用于推算,但也要辐射能量)。

(4) 在确定载体位置的同时,还能测量载体的姿态角(横摇角、纵摇角、方位角)。这是其他定位设备不能做到的。

惯性导航的上述优点,赋予惯性导航以极大的生命力,惯性导航是现代精确打击武器的核心信息源,在军事上和航空航天领域有着不可替代的作用,可用于潜艇的导航、民航飞机的导航、导弹与火箭的制导、宇宙航行体的制导等。

惯性导航系统也有其不足之处,主要有:

(1) 惯性导航系统确定的载体位置是由加速度计测得的加速度经二次积分获得的,其本质上是一种推算定位方法,误差是随时间积累的,长时间工作,误差会超出允许范围,必须定期利用其他系统的信息对惯导进行重调或校正。

(2) 要制造高精度的惯导系统,必须要求惯性元件有高精度,对制造工艺、装配工艺要求严格,整个系统成本高。

惯性导航系统除定位方面的应用外,还可用于测绘领域,即惯性测量。

11.3.2 惯性器件

惯性器件(或称惯性仪表)是指陀螺仪和加速度计。陀螺仪用来测量运载体的角运动,或在控制角运动的伺服回路中用作控制环节;加速度计用来测量载体的加速度。二者都是惯性器件,这里的"惯性"具有两重含义:陀螺和加速度计服从牛顿力学,基本工作原理是动量矩定理和牛顿第二定律,即基本惯性定律;作为测量元件时输出量都是相对惯性空间的测量值,如角速度输出是相对惯性空间的角速度,加速度输出是绝对加速度,陀螺作为控制元件时,产生的角速度是相对惯性空间的角速度。结合本书的内容体系,这里仅对光学陀螺仪(包括激光陀螺仪和光纤陀螺仪)和摆式加速度计进行简介。

1. 激光陀螺仪

激光陀螺仪是没有自旋质量(即机械陀螺转子)的固态陀螺。与传统的机械陀螺相比,激光陀螺仪作为一种新型的角速度传感器,具有可靠性高、寿命长、测量动态范围宽、启动时间短,不受重力加速度、振动和冲击的影响,直接数字输出,便于与计算机联用等一系列优点,已经成为捷联惯导系统的首要选择。

1960年,美国Hughes研究实验室的T. H. Maiman首次研制成功了"红宝石激光器"。同年,美国Bell电话公司实验室的A. Javan等人研制成功了波长为1.15μm的"氦氖气体激光器",一年后,波长改为0.633μm。此后,Heer(1961年)、Rosenthal(1962年)、Macek和Davis(1963年)等人先后提出了利用Sagnac效应设计环形光路激光器构成激光陀螺的设想。1963年2月,美国Sperry公司的Macek和Davis首先宣布研制成功了世界上第一台"激光陀螺仪"(Ring Laser Gyro)。该装置采用波长为0.633μm、光程长为4m(边长为1m)的正方形环形光路。

1) 激光陀螺仪的结构

激光陀螺仪的主体是一个环形谐振腔,一般做成三角形或四边形。谐振腔环路中有沿相反方向传播的两束激光,通过测量两束激光的频率差即可获得被测角速度。因为激光陀螺仪的工作物质是激光束，系全固态装置，从而具有非常优良的特性。图 11-10 给出一个三角形环形激光陀螺仪的结构示意图。

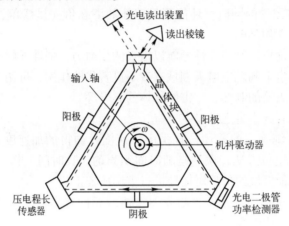

图 11-10　三角形环形激光陀螺仪

其主要由环形谐振腔体、反射镜、增益介质和读出机构相关的电子线路组成。在环形腔内充有按一定比例配制的 He-Ne 增益介质，保证连续激光的产生，三个光学平面反射镜形成闭合光路（环型激光揩振器），由光电二极管组成的光电读出电路可以检测相向运行的两束光的光程差。顺时针和逆时针两束光程差 ΔL 为

$$\Delta L = (4A/c)\omega \tag{11-5}$$

式中：A 为设计的光路环绕的面积，其法线与角速度 ω 的方向相同；c 为在真空中的光速。激光陀螺仪在谐振状态的频率的部分偏移比($\Delta f /f$)等于光程长度的变化的比（$\Delta L/L$），因而描述旋转光束频率差为

$$\Delta f = \left(\frac{4A}{L\lambda}\right)\omega = K\omega \tag{11-6}$$

式中：L 为腔长；λ 为波长；K 为激光陀螺仪的标度因数，$K=4A/(L\lambda)$，主要由激光陀螺仪的结构确定。

式（11-6）中，L 和 A 均为已知量，通过测量 Δf 即可测量运动载体角速度 ω，这是理想的激光陀螺仪的方程式。即在理想的激光陀螺仪中，输出差频比例于输入角速率，其比例系数为 K。从式（11-6）可看出，三角形环形激光陀螺仪是一种单自由度角速率陀螺。

2) 激光陀螺的误差源

在设计一个 RLG 时，主要应考虑如下三个误差源：零偏、闭锁和标度因数误差。这些误差源在图 11-11 给予说明。

不加抖动的 RLG 的所有研究都显示出在低旋转速率的情况下，频率差的线性关系不成立。下面讨论这些误差源。

(1) 零偏 (null shift)。一个激光陀螺出现零偏，就是说在一个零旋转速率下有一个非零的频率差输出。当光路对于相向运动的光波是各向异性时就出现零偏。原因可以归于两束光反射性能指标不一致性；为避免锁定而加入的"机抖"幅值的不对称性；有源介

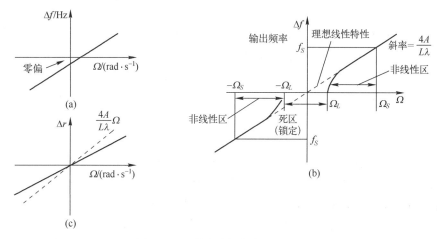

图 11-11 激光陀螺的主要误差源
(a) 零偏误差；(b) 闭锁误差；(c) 标度因数误差。

质流的温度梯度和电流差；以及各向异常的不规则的色散效应和原子流。

(2) 闭锁。激光陀螺在小角速度输入下存在死区的现象称为闭锁。闭锁现象的最重要结果是标度因数是旋转速率 Ω 的函数，在激光陀螺中，相向运动的两束光在低转速情况下存在耦合，主要是由不完善的反射镜引起的。进一步说，反向散射，局部损坏和极化的各向异常引起状态的频率锁定在低旋转速率。即闭锁是死区，对于小于 Ω_L 的角速率其输出是零。在数学上，频率差 Δf 可以表示为

$$\Delta f = \begin{cases} 0 & (\Omega^2 \leqslant \Omega_L) \\ \left(\dfrac{4A}{LA}\right)\sqrt{\Omega^2 - \Omega_L} & (\Omega^2 > \Omega_L) \end{cases} \tag{11-7}$$

闭锁的典型值约为 $0.1(°)/s$。为了避免前面提到的锁定问题，用偏置法或机械抖动改善陀螺的输出特性。

(3) 标度因数误差。在激光腔内的增益介质可以影响其标度因数偏离其理想值，用 $1+\varepsilon$ 表示，ε 是其误差项，也可分为常值和随机两类误差。主要是由增益介质参数波动和谐振腔的参数变化引起的，如传递光束的频率 f 和介质的反射系数有关联，将引起色散效应，对于 RLG，这意味着光腔长 L 或标度因数是频率的函数。对于带"机抖"的 RLG，其锁定区补偿非线性、环境温度的变化均引起标度因数误差。激光陀螺的标度因数误差很小，易做到 ε 小于 1×10^5。

2. 光纤陀螺仪

光纤陀螺仪是激光陀螺仪的改进型，由于使用了光纤圈（光纤绕成圈），使得总光程大大增加，从而转动时的光程差也大大增加，提高了检测精度。

光纤陀螺作为光学陀螺仪的典型代表，具有启动快、不需预热、可承载高动态环境（包括振动和冲击）、对交叉轴转速不敏感、动态范围宽、标度因数线性度好、系统稳定性高等优点，因此自从 1976 年美国犹他州大学 Vali 和 Shorthill 提出光纤陀螺的概念以来，光纤陀螺仪就一直受到人们的青睐。美国 Honeywell 公司研究的光纤陀螺仪实验室精度为

0.00038(°)/h。Litton 公司的陀螺仪为 0.011(°)/h，标度因数稳定性达到 10^{-5}。日本航空电子有限公司研制的陀螺仪精度为 0.008(°)/h，标度因数稳定性达到 $5×10^{-4}$。由于材料、器件和工艺等因素，我国研制的光纤陀螺精度一直是在 0.1(°)/h~30(°)/h 的中低精度范围内。

从光纤陀螺未来发展来看，高精度和低成本是两大方向。高精度的光纤陀螺主要应用在空间技术、军事应用和科学研究领域，而低成本光纤陀螺主要作为角度传感器在汽车导航、机器人等许多精度要求不高的领域中有广阔的应用前景。随着光纤技术、激光技术和数据处理技术的迅速发展，基于光纤陀螺的惯性组合导航系统将大量推广应用。

光纤陀螺分为干涉式和谐振式两种。当光学环路转动时，在不同的前进方向上，光学环路的光程相对于环路在静止时的光程都会产生变化。利用这种光程的变化，如果使不同方向上前进的光之间产生干涉来测量环路的转动速度，这样就可以制造出干涉式光纤陀螺仪，如果利用这种环路光程的变化来实现在环路中不断循环的光之间的干涉，也就是通过调整光纤环路的光的谐振频率进而测量环路的转动速度，就可以制造出谐振式的光纤陀螺仪。从这个简单的介绍可以看出，干涉式陀螺仪在实现干涉时的光程差小，所以它所要求的光源可以有较大的频谱宽度，而谐振式的陀螺仪在实现干涉时，它的光程差较大，所以它所要求的光源必须有很好的单色性。

1) 干涉式光纤陀螺

实际上是一种由单模光纤做光通路的 Sagnac 干涉仪，其基本原理可以用图 11-12（a）所示的圆形环路干涉仪来说明。该干涉仪由光源、分束板、反射镜和光纤环组成。光在 A 点入射，并被分束板分成等强的两束光。反射光 b 进入光纤环沿着圆形环路逆时针方向传播；透射光 a 被反射镜反射回来后又被分束板反射，进入光纤环沿着圆形环路顺时针方向传播。这两束光绕行一周后，又在分束板汇合。

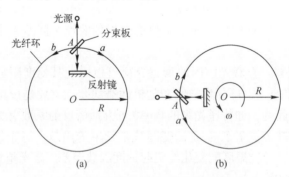

图 11-12　干涉式光纤陀螺基本原理

当干涉仪相对惯性空间无旋转时，相反方向传播的两束光绕行一周的光程相等，都等于圆形环路的周长，即

$$L_a = L_b = L = 2\pi R \tag{11-8}$$

当干涉仪绕着与光路平面相垂直的轴以角速度 ω（设为逆时针方向）相对惯性空间旋转时，由于光纤环和分束板均随之转动，相反方向传播的两束光绕行一周的光程就不相等，时间也不相等，如图 11-12（b）所示。经过计算，可以求出两束光绕行一周到达分

束板的光程差为

$$\Delta L = c\Delta t = \frac{4\pi R^2}{c}\omega \qquad (11\text{-}9)$$

这表明两束光的光程差 ΔL 与输入角速度 ω 成正比。

通过测量两束光之间的相位差即相移来获得被测角速度。两束光之间的相移 $\Delta\varphi$ 与光程差 ΔL 有如下关系

$$\Delta\varphi = \frac{2\pi}{\lambda}\Delta L \qquad (11\text{-}10)$$

式中：λ 为光源的波长。将式（11-9）代入式（11-10），并考虑光纤环的周长 $l = 2\pi R$，可得两束光绕行一周再次汇合时的相移为

$$\Delta\varphi = \frac{4\pi Rl}{c\lambda}\omega \qquad (11\text{-}11)$$

光纤陀螺仪采用的是多匝光纤环（设为 N 匝）的光纤线圈，两束光绕行 N 周再次汇合时的相移为

$$\Delta\varphi = \frac{4\pi RlN}{c\lambda}\omega \qquad (11\text{-}12)$$

由于光速 c 和圆周率 π 均为常数，光源发光的波长 λ 以及光纤圈半径尺 R、匝数 N 等结构参数均为定值，因此光纤陀螺仪的输出相移 $\Delta\varphi$ 与输入角速度 ω 成正比，亦即 $\Delta\varphi = K\omega$。式中 K 称为光纤陀螺刻度因数，即

$$K = \frac{4\pi RlN}{c\lambda} \qquad (11\text{-}13)$$

式（11-13）表明，在光纤线圈半径一定的条件下，可以通过增加线圈匝数即增加光纤总长度来提高测量的灵敏度。由于光纤直径很小，虽然长度很长，整个仪表的体积仍然可以做得很小，例如光纤长度为 500~2500m 的陀螺装置其直径仅 10cm 左右。但光纤长度也不能无限地增加，因为光纤传输光具有一定的损耗，所以光纤长度一般不超过 2500m。

2）谐振式光纤陀螺

谐振式光纤陀螺仪的工作原理与谐振式激光陀螺的区别在于用光纤环形谐振腔替代了光学玻璃制作的谐振腔，激光源在谐振腔外，构成了一个无源的谐振腔，在原理上无闭锁效应。光纤的长度则可依据陀螺的标度因数要求而确定。

目前，谐振型光纤型光纤陀螺仍未实用化，主要技术原因是不能有效地克服影响其中精度的各种噪声。

3. 加速度计

陀螺用来感测运载体的角运动信息，而加速度计则用来感测运载体的线运动信息，两者都是构造惯性导航系统的核心器件，其精度高低和性能优劣基本上决定了惯性导航系统的精度和性能。惯导系统依靠加速度计对比力进行测量，进而确定载体的位置、速度以及产生跟踪信号。这里说的加速度计（Accelerometer）仅指线位移加速度计。

随着惯性导航技术的迅速发展，出现了各种结构和类型的加速度计。按测量系统的组成形式，分为开环式加速度计和闭环式加速度计；按检测质量的支承方式，分为滚珠轴承

加速度计、宝石轴承加速度计、液浮加速度计、气浮加速度计、磁悬浮加速度计、挠性加速度计和静电加速度计等；按工作原理，分为摆式加速度计和非摆式加速度计。本节仅就摆式加速度计的基本结构和工作原理加以介绍。

1）加速度计的基本测量原理

图 11-13 是一种加速度计的简化模型，由质量块 m、弹簧 c 和阻尼器 D 组成，敏感轴 x 沿铅垂向上，虚线表示基座无加速度时质量块处于自由状态时的位置，此时质量块的质心定义为位移 x 的原点。设基座具有沿 x 方向的加速度 a，则在惯性力作用下，弹簧发生变形，产生的弹性力与变形方向相反，阻尼力与变形速率方向相反，所以根据牛顿第二定律可得

$$m(\ddot{x}+a) = -D\dot{x}-cx+mg \tag{11-14}$$

该式在 x 轴上的投影形式为

$$m\ddot{x}+D\dot{x}+cx = -m(a+g) \tag{11-15}$$

对常值加速度 a，质量块 m 运动达到稳态时，$\ddot{x}=0$，$\dot{x}=0$，于是有

$$(a+g) = -\frac{cx}{m} = \frac{F}{m} \tag{11-16}$$

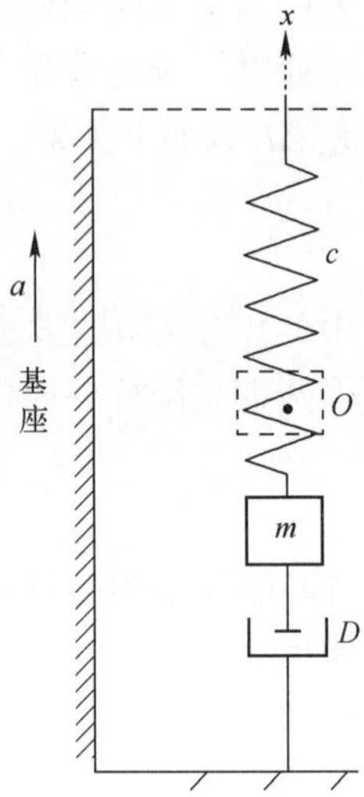

图 11-13　加速度计简化模型

由于比力 f（specific force）定义为作用在单位质量上的非引力外力，所以 $F/m=f$ 即为比力。在该简单的特例中，F 是可通过弹簧的变形量来测量的，即加速度计可测量得比力 f，而 $f=a+g$，所以要对加速度计的输出作适当处理后，才能获得基座的运动加速度，在此例中应从 f 中扣除 g 才能获得 a。因此严格地说，加速度计应该称为比力计。

如果图 11-13 所示简化模型的敏感轴 x 处于水平位置，并假设沿 x 轴存在阻力 F，则式（11-15）应改写成

$$m\ddot{x}+D\dot{x}+cx = -ma+F \tag{11-17}$$

若 a 小到使 $-ma+F=0$ 成立，则 $x=0$，此时加速度 $a\neq 0$，但加速度计无输出，定义此加速度为加速度计的灵敏阈，即

$$a_{\min} = \frac{F}{m} \tag{11-18}$$

该指标反映了加速度计能测出的最小加速度。此外位移信号检测器的灵敏度也称为灵敏阈。惯性级加速度计的灵敏阈应优于 $10^{-4}g$。

反映加速度计性能的另一个指标是加速度计的灵敏度，可用刻度系数描述。前者通常指它的稳态放大系数，即

$$a_{\min} = \frac{F}{m} \tag{11-19}$$

后者以其输出信号来表示，其中计入了信号器的灵敏度 K_P

$$K_{SS} = \frac{m}{c}K_P \tag{11-20}$$

反映加速度计性能的第三个指标是自然频率,它表征了加速度计的动态特性

$$\omega_n = \sqrt{\frac{c}{m}} \tag{11-21}$$

该指标是根据使用要求来确定的,一般为数十赫兹至数百赫兹。自然频率一旦确定,仪表的测量范围即其上、下限也就确定了。

2) 摆式加速度计简介

按图 11-13 所示简化模型设计加速度计存在诸多问题,如质量块与基座支承面间存在摩擦力,该摩擦力将严重影响加速度计的灵敏阈;对质量块的运动难以实现精确约束;输出信号检测和对质量块的力反馈控制困难。因此,工程上都采用具有偏心质量的摆式结构作为加速度计的设计方案,常见的摆式加速度计简介如下。

(1) 液浮摆式加速度计。为了提高加速度计的灵敏阈,必须尽量减小质量块支承处的摩擦影响。与液浮陀螺相仿,解决摩擦影响的有效途径是采用液浮支承,图 11-14 是按此思路设计的液浮摆式加速度计。

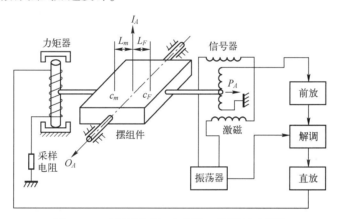

图 11-14 液浮摆式加速度计工作原理示意图

摆组件浸泡在浮液中,产生的浮力使轴承处的正压力减少至接近为 0。设 c_m 为摆组件的质量中心,c_F 为摆组件的浮心,距支承轴的距离分别为 L_m 和 L_F,摆组件的质量为 m,浮力为 F。记 I_A、O_A、P_A 分别为加速度的输入轴、输出轴和摆轴,则在重力和浮力的共同作用下,摆组件绕输出轴的摆性力矩为

$$M_P = mgL_m + FL_F \tag{11-22}$$

该力矩等效为摆组件的重力偏心力矩 mgL,其中 L 为摆组件的等效重力力臂,即

$$mgL = mgL_m + FL_F \tag{11-23}$$

令

$$P = mL = mL_m + \frac{F}{g}L_F \tag{11-24}$$

称为加速度计的摆性。

设沿 I_A 轴作用有加速度 a_A,所产生的摆性力矩使摆组件绕 O_A 轴旋转产生输出角 θ,信号器输出与 θ 相应的电信号,经前置放大、解调和直流放大后加至力矩器,产生绕 O_A

轴的恢复力矩，平衡掉摆性力矩，从力矩器电流采样值可提取出输入加速度 a_A。

（2）陀螺积分加速度计。在远程制导武器中常用基于陀螺原理的加速度计，即陀螺积分加速度计，图 11-15 为其工作原理图，该型加速度计最早在德国的 V-2 火箭中使用。

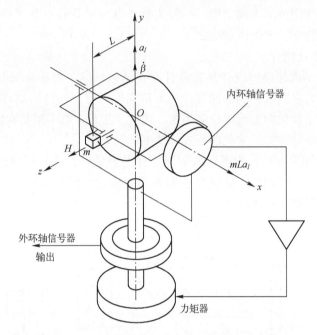

图 11-15　陀螺积分加速度计工作原理示意图

陀螺积分加速度计实质上是一个双自由度陀螺仪，内环轴处于水平位置，外环轴处于铅垂位置，在内环上距支承中心 L 处安装有一个偏心质量块 m。设陀螺的角动量为 H，沿 y 轴作用有加速度 a_I，则沿 x 轴作用有摆性力矩 $M_x = mLa_I$，从而使陀螺绕 y 轴进动，进动角速度为

$$\dot{\beta} = \frac{mLa_I}{H} \tag{11-25}$$

在外环轴上的信号器可拾取 β 角为

$$\beta = \int_0^t \dot{\beta} d\tau = \frac{mL}{H} \int_0^t a_I d\tau = \frac{mL}{H}(V - V_0) \tag{11-26}$$

根据输出的 β 角可计算出沿 y 轴的速度为

$$V = V_0 + \frac{H\beta}{mL} \tag{11-27}$$

在陀螺绕外环轴作进动运动时，外环轴轴承的摩擦力矩会引起陀螺绕内环轴进动，这种进动会使陀螺感受加速度时绕外环轴进动的角动量发生变化，甚至可使陀螺的角动量趋向与外环轴重合，此时陀螺退化为定轴转动刚体，丧失测量功能。为了避免上述问题的出现，确保陀螺能准确感测 y 轴方向的加速度，由内环轴信号器检测出的内环偏角信号经放大后送至外环力矩器，组成力矩再平衡系统，按负反馈状态工作，就可以使陀螺绕内环轴的转动受到控制。

11.3.3 惯性导航系统

惯性导航系统可以对载体的姿态、速度和位置进行实时自主测量，目前已在舰船、飞机、航天器、导弹和车辆等载体上都得到了广泛应用。惯性导航系统按工作方式通常可以分为两类：平台式惯性导航系统（平台惯导系统）和捷联式惯性导航系统（捷联惯导系统）。

1. 惯性导航系统基本工作原理

假设舰船在海面的较小范围内航行，这样舰船的活动区域可近似看作是一平面，球面导航就可以简化为平面导航。在舰船上安装一三轴陀螺稳定平台隔离舰船的角运动，平台的三根稳定轴分别指东、指北及指向天顶，即平台水平且方位指北。再沿平台的正东方向和正北方向各安装一个加速度计，从两个加速度计的输出中，可以提取载体沿正东方向和正北方向的加速度：a_E 和 a_N。

如图 11-16 所示，从加速度计输出中提取加速度 a_E、a_N 经一次积分，并与初始速度相加即形成载体的东向瞬时速度 v_E、北向瞬时速度 v_N。

$$\begin{cases} v_E = v_{E0} + \int_0^t a_E \mathrm{d}t \\ v_N = v_{N0} + \int_0^t a_N \mathrm{d}t \end{cases} \tag{11-28}$$

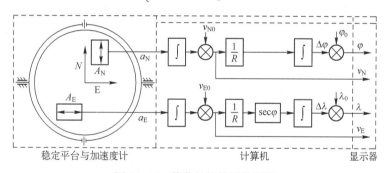

图 11-16　简化的惯性导航原理

根据 v_E、v_N 可得出载体位置坐标经纬度 $(\lambda、\varphi)$ 的变化率，再积分则得到经纬度的变化量，加上初始坐标即可得到载体的瞬时位置（R 为地球半径）

$$\begin{cases} \varphi = \varphi_0 + \int_0^t \dfrac{v_N}{R} \mathrm{d}t \\ \lambda = \lambda_0 + \int_0^t \dfrac{v_E}{R\cos\varphi} \mathrm{d}t \end{cases} \tag{11-29}$$

可见惯性导航的理论基础是牛顿第二运动定律。从本质上说，惯性导航系统就是一根据加速度推算速度位置的系统。

2. 平台式惯导系统

平台式方案（参见图 11-17）将陀螺仪安装在由框架构成的稳定平台上，用陀螺仪敏感平台的角运动，通过平台稳定回路使平台保持指向的稳定。把加速度计也放在稳定平台上，其敏感轴的指向也是明确的，加速度的输出信息由导航计算机处理，可方便地提取载体的加速度，计算载体速度、位置及对平台的控制量。在实现定位的同时，载体的航向、姿态信息可以从稳定平台上的框架轴上直接测量得到。

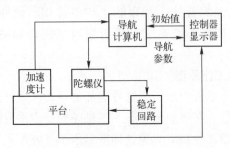

图 11-17　平台式惯导系统原理框图

平台式惯性导航系统中环架将惯性敏感元件与载体的角运动隔离开来，这样陀螺仪的测量范围可以较小，系统的精度易于保证。但平台的机械结构非常复杂，制造成本高、可靠性差、体积大，这是其主要缺点。舰船惯性导航系统由于使用时间长，精度要求高，大多采用平台式结构。

3. 捷联式惯导系统

捷联式惯导系统，是将陀螺仪、加速度计构成的惯性测量单元直接与载体固联，测量得到的载体角运动和线运动参数是沿与载体固联的坐标轴上的分量。导航计算机通过计算"姿态矩阵"可以将加速度信息转换到惯性坐标系或当地地理坐标系中，从而实现了"数字平台"，然后再进行速度位置计算，如图 11-18 所示。

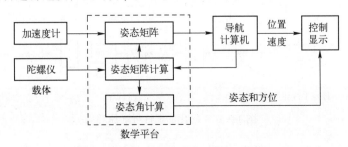

图 11-18　捷联式惯导系统原理框图

捷联式惯性导航系统没有物理上的平台，结构简单，体积容易控制，加工容易，可以通过余度技术提高系统的容错能力。但陀螺仪加速度计相当于直接与载体固联，要求惯性元件的测量范围大，抗振动、抗工作环境恶劣能力强，同时计算复杂、计算负荷大。捷联式惯导一般应用在飞机、导弹、航天器等使用时间相对较短、同时要求惯导的体积小的场合。

11.4　天文导航

天文导航是一种古老的导航方法，在我国古代就有应用。在中国的明朝，郑和曾七次下西洋，创造了世界航海史上的伟大创举。上万人的船队远航，与大海波涛、明岛暗礁及变化万千的恶劣气候搏斗，必须准确地测定船舶的地理位置、航向和海深等。当时这样大的船队航行，靠什么来导航呢？这就是古代的天文定位技术。当时采用观测恒星高度来确定地理纬度的方法称为"牵星术"，所用的测量工具称为牵星板。根据牵星板测定的垂向高度和牵绳的长度，即可换算出北极星高度角，它近似等于该地的地理纬度。郑和率领的船队在航行中就是采用"往返牵星为记"来导航的。在航行中，他们还绘制了著名的《郑和航海图》。该图以南京为起点，最远达非洲东岸。

天文导航的基本方法是利用光学仪器（如六分仪）人工观测星体高度角和方位角，进而确定航行体的位置。目前已出现利用光学或射电望远镜接收星体发射的电磁波来测量星体高度角和方位角的星体跟踪器。天文导航对宇宙航行是比较理想的，用于舰船导航则受天候、气象条件限制。

观测出星体的高度和方位，为什么能确定船位呢？这里简要地介绍一下天文导航定位的几何原理。下面先看一种简单的情况：利用北极星的高度角确定船位纬度。

如图 11-19 所示，由于北极星基本上在地球自转轴线上，又距离地球非常遥远，因此地球上任一点与北极星的连线都可认为是平行的。假设观测点在 P，从 P 点观测出北极星的高度角（即星体的方向与当地地平面的夹角）为 h，则根据图 11-19 所示的简单几何关系可以看出，P 点的地理纬度 φ 就等于 h，即 P 在纬度为 h 的等纬度圆上。

观测北极星只能确定观察点纬度，不能确定观察点经度。若恒星体 S 不在地球极轴方向上，则可以观测出星体的两个角位置参数：高度角和方位角。利用高度角可将船位确定在一个称为等高度圆的圆位置线上，利用星体的方位角可将船位确定于一条称为等方位线的位置线上，而两条位置线的交点即为船位，这种利用一个星体的高度角和方位角确定船位的方法称为单星定位。什么是等高度圆和等方位线呢？

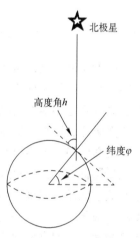

图 11-19 利用北极星的高度角确定当地纬度

在某一时刻 t，设地球地心 O 与观测的天体 S 的连线穿过地球表面 S'，点 S' 的坐标为 (λ_s, φ_s)，称 S' 为 S 在地球表面上的投影点。若观测出星体高度角为 h，则与上述用北极星的高度角确定出船位纬度的原理类似，可作一圆，圆上任何一点与 S' 所夹的弧心圆角为 $90-h$，船位必然在此圆上，此圆即为等高度圆，如图 11-20 所示。利用北极星的高度角确定的等纬度圆实质上就是一个等高度圆，只不过圆心在极轴上。

若又观测出星体的方位角 A，则可作一条过 S' 的曲线，此曲线上任一点观测 S' 的方位角均为 A，此线称为等方位线。有了等高度圆与等方位线，其交点也就是船位 P，如图 11-21 所示。

必须注意，作等高度圆和等方位线的前提是必须知道观测时刻所观测星体在地球表面上投影点的确切位置 $S'(\lambda_s, \varphi_s)$。但是由于在同一时刻不同的恒星体在地球表面上的投影点不在同一位置，在不同时刻由于地球自转使得同一恒星体的投影点也不在同一位置，使用等高度圆和等方位线确定船位时，必须确定所观测的星体名称和观测时刻，通过查阅天文年历获知该星体此刻在地球上的投影位置。当然，天文历书上并不直接注明天体投影点的经纬度，而是在天球赤道坐标系上用赤经、赤纬和恒星时角等参数表示恒星的相对地球的角度位置。确定船位时，也并不是直接画出等高度角位置线和等方位角位置线，而是利用球面三角形边角关系和数学公式解得船位经纬度，具体公式这里就不介绍了。

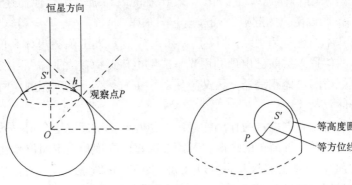

图 11-20　等高度圆　　　图 11-21　利用等高度圆和等方位线确定船位

一般来说，利用测量一颗星所得的等高度圆和等方位线确定船位的单星定位方法精度不高，因为测量星体方位角时，很难有非常精确的方位基准。若测得两颗恒星体的高度角，则可确定出两个等高度圆，其交点之一为船位。两个交点相距一般较远，容易分辨哪个是真船位，哪个是假船位，这种方法称为双星定位。

天文导航在不需要任何外界信息的前提下，可高精度（精度随时间不降低）校正惯导陀螺的漂移误差，可利用恒星地平高度相对某位置不变的原理校正因加速度计零偏引起的水平姿态误差。因此，作为战时必备的手段和最高精度的姿态测量设备，天文导航是高强度电子战条件下隐蔽性与可靠性最好、精度最高的自主导航手段，为综合电子信息系统提供最精确的空间和时间坐标。

天文导航在舰艇上已得到普遍应用，且精度达到较高水平。如俄罗斯现役 D 级核潜艇、法国的"凯旋"级核潜艇、德国的 212 型主力潜艇上都装备了天文导航潜望镜。美国和俄罗斯的远洋测量船和航空母舰上装有天文导航系统。美国 Microcosm 公司研制的 DayStar 天文导航设备，白天测星能力+7 等；美国 Trex Enterp Rises 公司与海军天文台合作研制的 Daytime Stellar Imager 天文导航设备，白天测星能力+6 等，定位精度 30m，均可安装在舰艇和飞机上。

陆基天文导航系统主要是完成平台地理位置和水平姿态的确定，以及对某些陆基高精度跟踪测量设备的机械与电气系统的误差综合标校。奥地利近来利用天文导航原理，测量陆基平台的垂线偏差，精度达到 0.4″。德国研制的天顶仪，垂线偏差的测量精度达到 0.1″~0.2″。国外的陆基航天测控雷达都采用天文导航原理对雷达的机械与电气系统的误差进行综合标校，综合标校精度优于 5″。

美军的中远程轰炸机 B-52、FB-111、B-1、B-2A，大型运输机 C-141A，高空侦察机 RC-135、"全球鹰"等，以及俄罗斯的轰炸机 Tu-16、Tu-95、Tu-60 等均使用了天文导航设备。美军 B-2 远程战略轰炸机上安装了诺斯罗普公司的 NAS-26 型天文/惯性导航系统，当纯惯导工作时，导航精度为 926m/h，而采用天文导航校正惯导的工作模式时，飞行 10h 后的导航定位精度仍优于 324.8m（圆概率）。B-2A 轰炸机加装了性能更好的 NAS-27 型天文/惯性导航系统，12h 内定位精度优于 200m。

弹载天文导航方面，俄罗斯从 20 世纪 70 年代的地地洲际弹道导弹到目前最新一代的各型战略导弹几乎都采用星光中制导方式，以提高其命中精度。最新一代 PC-12M 型洲际弹道导弹（SS-27）是 21 世纪俄罗斯战略核力量的支柱装备，该导弹采用星光惯性制导，最大射程 10500km，命中精度优于 90m。装备 DⅣ型潜艇和 DⅢ型核潜艇的 SS-N-23 导弹，是俄海军最新型远程潜地弹道导弹，最大射程 8500km，采用星光惯性制导，命中精度 595m。美国的"三叉戟"ⅡD-5 型潜射导弹是目前世界上最先进的潜射弹道导弹，采用星光惯性制导，射程 11100km，命中精度 90m。"侏儒"固体洲际导弹是美空军的第五代地地战略弹道导弹，采用全程制导，中段采用星光惯性制导，射程 12000km，命中精度 146~182m。

天基平台是天文导航的最佳应用环境。美国 Ball Aerospace Systems Group 的 CT-633 星体跟踪器，可作为主姿态传感器，用于地球轨道卫星和空间站。NASA 下属喷气推进实验室研制的 ASC 星体跟踪器，应用于丹麦地磁探测卫星 Orsted。Hughes Danbury 光学系统公司的 HD-1000 星体跟踪器用于 NASA/CNETOPEX 太空船中。德国 Jena-Optronik GmbH 的 ASTRO 系列星体跟踪器，具有自主式姿态确定能力，用于航天器姿态控制，应用于 MIR 空间站上。

2000 年，美国三军导航政策年会确定了惯导和天导是美海、空军主要作战平台必备的导航手段。诺斯罗普·格鲁曼公司研制的最新一代机载/舰载天文/惯性天文导航系统，定向精度达到 20″，为全世界最高，美军方已采购 30 套装备于运输机和大型驱逐舰。

思考题

1. 什么是导航？有哪些常见的导航方法？
2. 导航中常用的坐标系有哪些？
3. 什么是惯性导航？
4. 惯性导航系统有什么特点？
5. 激光陀螺的传感误差来源于哪些因素？
6. 简述惯性导航系统的基本工作原理。
7. 理解天文导航的基本原理。

第12章 光电通信

在人类历史上，用光进行通信古已有之，如用烟火报警、发射信号弹指挥作战等，都是用光波来传递信息，但由于那时没有可靠高强度的光源和稳定低损耗的传输媒质，无法得到高质量的光通信，这些光通信系统不仅信息容量非常有限，而且其传输距离也很近。激光器的出现为光通信提供了一个理想的光源，其良好的方向性、单色性和相干性保证了理想信息载体所必备的易于调制和接收的特性，而其他光源所无法比拟的高亮度又解决了信号的远距离传输问题；低损耗光纤的产生给光通信系统提供了优良的信号传输介质，使长期停滞不前的光通信得到了飞速的发展，人类也因此跨入了光通信的新时代。

激光通信系统在本质上就是主动式光电系统，只不过其光信息发射和接收分开，分别处于不同的现场位置，整个工作过程与激光测距类似。因此，激光通信也可称为光电通信，是光电技术在通信领域的具体应用，特别是以激光为载体的自由空间激光通信为无线电静默的战争环境下提供了一种高速、大容量、保密的通信手段。为了叙述方便，本章仍按光通信术语进行介绍，并且只介绍与军事应用相关的激光通信。

12.1 激光通信概述

激光通信是以激光作为信息载体的通信。随着信息时代的迅猛发展，无线电波段可以利用的频带宽度与日益增长的信息传输量之间发生了尖锐矛盾，成为严重制约信息时代向前发展的难题，而解决这个难题的钥匙正是激光通信。

12.1.1 激光通信的特点

1. 通信容量巨大

激光不但频率很高（$10^{13} \sim 10^{15}$ Hz，比微波高10万倍～100万倍），而且单色性极好，因此可作通信的载频使用。若每路电话频带宽度以4kHz计，则可容纳100亿路电话。全球如果按50亿人计算，则全世界的人同时利用一束激光通话还绰绰有余。若每套彩色电视的频带宽度为10MHz，只要用一束激光便可同时播映1000万套电视节目而不会互相干扰。由此可见，激光通信的通信容量非常巨大，这是过去任何通信技术都望尘莫及的。

2. 通信质量高

激光的频率极高，以致无线电波对它的任何干扰都无济于事，连核爆炸也奈何不得，就好像地面上的人群车辆再多也干扰不了天上的飞机一样。当然只有光波才能形成干扰。激光的高方向性使光波也很难干扰。由于激光的频带资源丰富，非常适合数字通信方式，因而通信失真度小。总之,激光通信能把上述几方面综合起来满足通信要求:通电话,声音清晰;传输数据,准确无误;传递图像,逼真清晰。

3. 保密性好

激光大气通信中,激光束几乎是一条准直的细线,传播时发散角特别小,不像普通无线电通信那样向周围空间发散,也不像目前被认为保密性较好的微波束那样会存在一个旁瓣发散。加之它大多是不可见的红外线激光,要截获将是十分困难的。所以激光通信在军事上具有"天然保密员"之称。

12.1.2 激光通信原理

激光通信实际上是有线通信的电信号处理技术、无线通信的电调制技术、激光调制技术和激光传输技术相结合的产物。其原理框图如图12-1所示。通过调制器将编码后的话音电信号调制到激光载波上,即激光束成为载上了话音信号的光信号;再经光学天线(即发射望远镜)发射出去。完成这一功能的所有设备整体称为激光发射机。大气、水下和光纤都是激光信号的传输介质,称为通信信道。激光接收机和发射机的信号传递过程正好相反。由光学天线(接收望远镜)收集到的激光信号经过光电探测器完成光电转换,变成相应变化的电信号,再经电解码过程恢复发送的话音信号,完成通信的全过程。只要对发射机和接收机进行改造,激光同样可以传送电视、电报、图片、文件等信号,把电视传输和话音通话结合起来就构成可视电话。

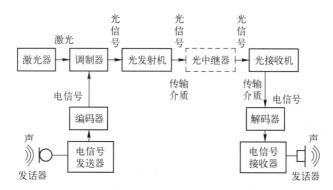

图12-1 激光通信原理框图

12.1.3 激光通信分类

按传输介质不同,激光通信分为大气激光通信、空间激光通信、水下激光通信和光纤激光通信四种方式。

1. 大气激光通信

激光大气通信由于既具无线电通信的便捷,又有有线电通信的保密性,所以特别适合临时、紧迫以及意外事件和要求保密性很高的定点通信的场合。例如,因建筑物或江、河、湖、海的阻隔,敷设电线电缆有困难时;岛屿、山头之间传统的通信工程造价太高不合算时;高速电视传真、数据传送无线电频带分配有困难时等场合均可派上用场。在战时，无线电静默期间，战斗分队和单兵之间可进行激光无线通信。

实现激光大气通信的首要条件是两地之间必须"直视"，也就是说能看得见才能通得上。两点间有建筑物、高山或其他物体遮挡，通信无法进行。加之大气传输效应的不良影响，激光大气通信的距离和使用范围受到很大限制。本章不做详细介绍。

2. 空间激光通信

空间激光通信包括同步轨道航天器、低轨道航天器、小卫星、航天飞机等之间的通信；上述各航天器与地面站之间通信；以及小卫星组成的空间信息网和天基综合信息中各节点、终端之间的通信等，其表现形式与应用环境是广泛和多样化的。

现代通信的大容量和全球化要求以及高技术条件下的战争极大地依赖空间优势这一战略理念的形成，促使发达国家高度重视并大力发展空间激光通信技术。从 20 世纪 70 年代初着手概念研究，进入 90 年代后，美、德、日等国空间激光通信的研究开发工作日趋活跃。预计在 21 世纪初期空间激光通信将变为现实，并同地面和海底光缆通信网结合起来，为宽带综合业务数字网提供极其宽裕的传输通道。

3. 水下激光通信

潜水艇是水下作战的舰艇，特别是核潜艇，整个潜艇就是一座地下核武器库或水下导弹发射基地，具有极大的战略威慑力。但潜艇也有不少弱点，其中最大的弱点是要在保证隐蔽性的前提下，艇与艇之间、艇与岸之间快速实时的通信联络非常困难。经过长期探索认为激光对潜通信是一种较为可行的方法。

对潜通信的首要问题是激光在水中的传播问题。试验表明，光在海水中每行进 1m 就会被吸收 50%以上，所以普通光线在海水中只能行进几米就消耗殆尽了。试验还发现，海水吸收光的规律主要与光波长有关。其中蓝绿光（最佳透过波长在 490nm 附近）在水下有较好的传输能力，称为水下窗口。现在已投入使用的海底测绘激光系统，测深已达 70m。

激光对潜通信分为卫星方式和机载方式两种体制。卫星方式的对潜通信是全球性的，适用于对环球航行的战略弹道导弹核潜艇的通信；机载方式适用于对战术潜艇的通信。

从上述情况可见，对潜激光通信的技术难度比大气激光通信要大得多，实用化问题尚待解决。但从理论上讲目前尚无其他通信方式能与之匹敌。

4. 光纤激光通信

光纤通信是激光通信的主流。由于光纤通信的兴起，大大加快了人类社会信息化的步伐。1993 年 9 月，美国总统克林顿宣布了一项"美国全国信息基础设施计划"，旨在建立起覆盖美国全境的光纤网络，通过计算机系统，采用电视、传真、电话等多种通信手段，向美国公民适时提供所需的信息。这一计划以光纤为依托，融激光技术、光纤技术、计算机技术、通信技术、网络技术、多媒体技术、卫星通信技术等为一体，以交互方式传递信息数据、图像和声音。它能以极快的速度和巨大的容量传递信息，被称为"信息高速公路"，成为信息时代的标志。

12.2 光纤激光通信

12.2.1 光纤的基本知识

自 1970 年提出光纤通信这个概念以来,光纤通信系统得到了前所未有的飞速发展和广泛应用,这主要归功于光纤这种传输介质与传统的铜电缆相比具有一系列明显的优点。

1. 光纤的基本结构

光纤是一种高度透明的玻璃丝,由纯石英经复杂的工艺拉制而成,其基本结构如图 12-2 所示。

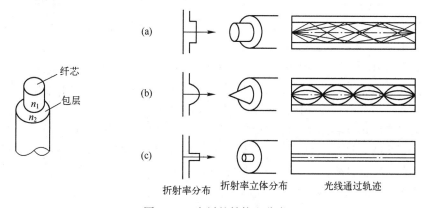

图 12-2 光纤的结构和分类
(a) 阶跃光纤; (b) 渐变光纤; (c) 单模光纤。

光纤通常由两部分所组成,中心部位称作纤芯,主要由纯二氧化硅(即石英)组成,其折射率 n_1 较大,是传播光的波导;外层折射率 n_2 较小,称为包层,其作用是把光封闭在纤芯中。为了增加光纤的机械强度和可弯曲性,在拉制光纤过程中,光纤外部还要涂覆多层高分子材料,它们被称作为涂覆层。

光纤中传播的模式就是光纤中存在的电磁场场形,用几何光学的观点直观地进行描述就是以某一角度射入光纤端面,并能在光纤的纤芯-包层交界面上产生全反射的传播光线,就可称为光纤中传播的一个模式,当光纤的芯直径较大时,则在光纤的孔径角内,可允许光波以多个特定的角度入射光纤端面并在光纤中传播,此时就称光纤中有多个光波模式。这种能传输多个模式的光纤就称为多模光纤。如图 12-3 所示,以不同入射角入射在光纤端面上的光线在光纤中形成不同的传播模式,沿光纤轴传播的称作基模,相继还有一次模、二次模等,模次较低的模为低次模,如二次模;模次较高的模为高次模。

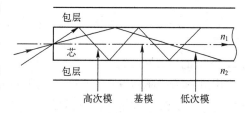

图 12-3 光纤中的传播模式

当光纤芯直径很小时,光纤只允许与光纤轴方向一致的光线通过,即只允许通过一个基模这种只允许传输一个基模的光纤就称为单模光纤。

光纤中传播的模式反映在光纤的横截面上就是各种不同形状的光斑，表12-1给出了光纤中常见光波模式的表示法及其所对应的场强分布。其中LP_{01}模称为基模，它是唯一能在单模光纤中稳定传输的光波场。

表12-1 光纤中常见光波模式的表示法及其所对应的场强分布

简 并 模	LP_{01}	LP_{11}	LP_{21}
混合模	$HE_{21}×2$	TE_{01}、TM_{01}、$HE_{21}×2$	$HE_{31}×2$、$EH_{11}×2$
对应场强分布（E）	◯	⊖ ⊘ ⊘	⊕ ⊕

将多根光纤聚集在一起就构成了光缆。为了增加光纤的机械强度，在成缆时必须采用强度构件（元件）以增强光缆的机械强度以便在运输和施工敷设中不使光纤受到损伤，同时使光缆具有20年以上的使用寿命。加强构件是光缆的重要组成之一，光缆中所使用的强度构件应满足杨氏模量高、单位长度重量小、挠曲性能好、屈服应力大于给定光缆的最大应力等要求。常用的加强构件有合金钢丝线、定向处理的聚酯单丝、芳伦纤维、玻璃纤维等。为了改善光缆的性能，除强度构件外，还有填充物、缆芯捆扎带、防水层以及外护套等。为了满足某些特定的要求，还制作出一些不同结构的光缆，如阻燃野战光缆、耐低温野战光缆、耐压野战光缆、抗拉野战光缆、抗核加固野战光缆等。如图12-4所示是光纤通信系统中所使用的不同结构的光缆。

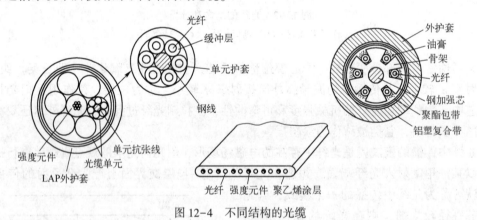

图12-4 不同结构的光缆

2. 光纤的传光机理

应用电磁场传播的模式理论可以精确研究各种不同类型的光纤的传光机理，但是计算过程繁杂，一般没有解析解，要借助于计算机数值计算才能有满意的结果。利用几何光学方法来研究阶跃型多模光纤的传光机理可以得到良好的近似结果，而且计算简单，物理解释比较直观，所以本节采用几何光学的全反射理论来说明光纤的传光原理。

图12-5是阶跃型多模光纤的剖面图，光线在其中传输的路径也如图所示，图中n_0为空气的折射率，n_1为光纤芯的折射率，n_2为光纤包层的折射率，$n_1>n_2$，根据几何光学理

论，光线在光纤中传输时，只要能在纤芯和包层的界面之间发生全反射，就可以没有损耗地从光纤的一端传输到另一端。根据全反射定律，光线在图 12-5 中的 B 点发生全反射的条件是

$$\sin\phi_c = n_2/n_1 \tag{12-1}$$

而 $\psi_c = 90° - \phi_c$，所以

$$\sin\psi_c = \sqrt{1-\left(\frac{n_2}{n_1}\right)^2} \tag{12-2}$$

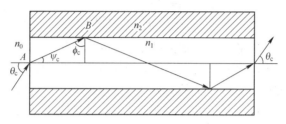

图 12-5 光线在阶跃型多模光纤中的传输

在图 12-5 中的 A 点，根据 Snell 定律，有：

$$n_0\sin\theta_c = n_1\sin\psi_c = \sqrt{n_1^2 - n_2^2} \tag{12-3}$$

由于 $n_0 = 1$，所以

$$\sin\theta_c = n_1\sin\psi_c = \sqrt{n_1^2 - n_2^2}$$

要使光线能够在光纤中以全反射的形式传播，则入射角必须满足全反射条件 $\phi \geq \phi_c$，也就是 $\psi \leq \psi_c$，这意味着光线从光纤端面入射时，其入射角必须满足 $\theta \leq \theta_c$ 条件才能够在光纤内部产生全反射。如果在光纤端面不能满足此条件，这种光线的能量将由于在纤芯和包层界面上发生折射而很快损耗掉，从而不能将光从光纤一端传输到另一端中。由此可见，光纤端面上的临界角 θ_c 表征了光纤集光能力的大小，是接收光的最大角，通常把它称为孔径角。在光纤通信领域中常用数值孔径这个参数来表示这种性质，光纤的数值孔径（NA）定义为

$$\text{NA} = \sin\theta_{\max} = \sqrt{n_1^2 - n_2^2} \tag{12-4}$$

因此，对于阶跃型多模光纤，其导光原理可以概括为三条：

（1）纤芯的折射率 n_1 必须大于包层的折射率 n_2，即首先要满足光波导条件 $n_1 > n_2$；

（2）在光纤的芯包界面上满足全反射条件，即入射角必须大于临界角 θ_c；

（3）为保证能在芯包界面上发生全反射，光线在光纤端面上的入射角必须小于孔径角，即小于光的最大接收角。

对于渐变型光纤（即梯度光纤）的导光原理，我们可以按照阶跃光纤的分析思路作近似处理。渐变型光纤的中心轴折射率最大，从中心到包层界面沿半径折射率渐小，在芯包的界面处最小，假若我们把光纤芯划分成许许多多的薄层，而且又假设每一薄层的折射率是均匀的，那么，就可以采用类似的推导方式，得出光线在渐变型光纤中的轨迹如图 12-2（b）所示。

单模光纤的传输特性只有借助于电磁场理论才能有正确结果。

3. 光纤的光学特性

光纤的光学特性主要指光纤对其中所传输的光信号所表现出的衰减和散射效应,当光信号功率很强时,还会存在非线性效应。

1) 光纤的衰减特性

衰减是光纤的重要指标,它表明光纤对光能的传播损耗,对光纤通信系统的传输距离有决定性的影响。光纤的衰减系数 α 定义为

$$\alpha = \frac{10}{L} \lg \frac{P_i}{P_0} (\mathrm{dB/km}) \tag{12-5}$$

式中: P_i、P_0 分别为光纤的输入、输出光功率; L 为光纤长度。

光信号在光纤中传输时存在损耗,光纤的损耗主要是光纤中的分子及杂质对光产生了吸收和散射效应。吸收损耗是由于光纤材料本身以及其中的不纯物质对光能吸收所引起的,它们把光能以热能形式消耗于光纤之中。光纤材料吸收损耗是一种固有损耗,不可避免,只能选择固有损耗较小的材料来做光纤。石英在红外波段内吸收较小,是优良的光纤材料。不纯物质主要是包含在光纤材料中的 Fe、Co、Ni、Mn 等金属离子和 OH^- 离子,当采用基本上没有金属离子的超纯原料来拉制光纤时,这种损耗主要由 OH^- 离子引起,而且 OH^- 离子吸收颇为严重。

散射损耗是以光能形式把能量辐射出光纤之外的一种损耗。由于光纤制作工艺上的不完善,例如有微气泡或折射率不均匀以及存在内应力等原因,光能在这些地方会发生散射,使光纤损耗增大。另一种散射损耗是所谓瑞利散射,即光波遇到与波长大小可比拟的带有随机起伏的不均匀质点时发生的散射。瑞利散射损耗与波长四次方成反比,光纤材料分子会引起这种散射损耗,这种损耗是不可避免的。但可以采用较长的工作波长以减少瑞利散射损耗。

如图 12-6 所示是单模光纤的损耗频谱,显然光纤在 0.8~0.9μm 波段和 1.31μm、1.55μm 波长附近共存在三个低损耗窗口。0.8~0.9μm 波段石英光纤的损耗已经降到 3dB/km 以下,这就是所谓的短波长窗口,70 年代至 80 年代初期的光纤通信系统用的就是这一波段; 1.31μm 波长的最低损耗可达 0.35dB/km 以下,1.55μm 波长的最低损耗可达 0.15dB/km,这两个波长就是所谓的长波长窗,由于 1.31μm 激光器首先成熟而得到广泛应用,所以现在正投入大量运营的光纤通信系统就工作在这一窗口;但 1.55μm 波长的损耗最低,特别是近几年 1.55μm 光纤放大器的研制成功,使得这一窗口成为人们积极开发、应用的热点。

2) 光纤的色散特性

光纤的色散是指光纤中不同的频率成分和不同的模式成分的光信号的传输速度不同,从而使脉冲信号脉宽展宽、产生畸变的现象,色散、脉冲展宽、频带宽度均反映了光纤的这一特性。与其他传输介质比较起来,光纤的传输损耗并不大,它对系统信号传输的影响也不是太大,真正制约光纤通信系统无中继传输距离的因素其实主要是光纤的色散。光纤的色散主要由材料色散和模间色散所引起,单模光纤只允许一个光波模式在其中传输,故不存在模间色散而只有材料色散,材料色散是由于光纤材料对不同频率的光具有不同的折

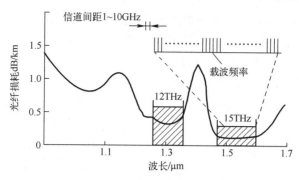

图 12-6 单模光纤的损耗频谱

射率而造成的;多模光纤中的光脉冲信号的展宽则主要是由于不同模式的光波的群速度各不相同而造成的,虽然在光纤的入射端各种模式的光同时入射并以相同的速度传输,但它们到达光纤输出端的时间却不同,设最早和最晚到达光纤输出端的光波模式的时差为 ΔT,为了使信号的展宽不产生码间干扰,ΔT 必须小于信息传输容量所决定的比特间隔,因此光纤通信系统所能传输光信号的最大距离与比特率受到色散的限制,如图 12-7 所示是具有不同色散性质的光纤所能传输光信号的最大距离与比特率。

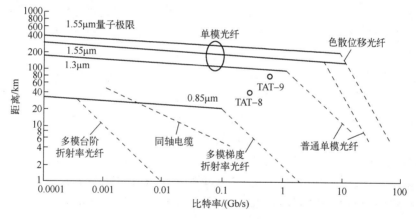

图 12-7 不同光纤所能传输光信号的最大距离与比特率

由于光纤的芯径很细,光能量非常集中,因此,光信号在光纤中传输时,往往还会产生自相位调制、交叉相位调制、受激非弹性散射、参量过程等非线性效应,这些非线性效应大多是对光信号的传输有害的,所以光纤通信系统中的光信号功率都很小,一般在毫瓦量级。

4. 光纤的物理化学性质

光纤的物理化学性质主要包括机械特性、温度特性、绝缘性能和化学性能等。

1) 机械特性

光纤或光缆在线路施工中会受到各种各样的力的作用,还会受到冲击、振动的影响,光纤能否经受住这些作用,并稳定、安全工作 20 年以上,是决定其能否应用于通信系统的根本问题。因此光纤的机械特性非常重要。

石英中的硅氧键（Si-O）的结合能是很大的，从理论上推算其抗张强度极高，可达$200kg/mm^2$以上，比钢的强度高，与铁的强度相当；但是石英的塑性差、脆性大，容易破裂，表面稍有伤痕就会断裂；而光纤内部的气泡、微粒、杂质等都会使其抗张强度减小，因此，光纤的抗张强度远没有达到理论值，一般只有$10\sim30kg/mm^2$。

为获得高强度光纤，一般应提高预制棒和拉丝的质量，提高拉丝温度，保持拉丝炉内外环境洁净，制作出内部无气泡、无缺陷、表面光滑匀称的光纤并及时涂覆保护，使其免受机械损伤及尘埃、水分等的污染，在成缆之前还要进行严格的筛选。

2）温度特性

由于光纤通信网络覆盖了诸如赤道和南北极、沙漠和海洋、高原和盆地等这样有着截然不同环境的区域，为了使处于不同区域的居民能通过光纤通信系统同时共享信息资源，光纤的温度特性应保持基本稳定。光纤的温度特性主要取决于光纤本身的质量。石英本身的热稳定性比金属材料要好，但光纤的涂覆材料都是有机物，所以温度变化仍然会对光纤的性能产生不利的影响。主要原因是石英玻璃的线膨胀系数为$3.4\times10^{-7}/℃$，而硅橡胶和尼龙的线膨胀系数为$1\times10^{-4}/℃$，当温度变化1℃时，两者长度变化量相差1000倍。若光纤的石英长度变化1mm，则塑料涂层长度应变化1m，而实际上两者又紧密地联系在一起，于是涂层受到的张力将迫使石英纤维受到压缩力的作用而产生微弯曲，从而导致损耗增加，损耗增加与温度变化量的平方成正比，特别是在0℃的低温下，光纤损耗的变化会随着温度降低而逐渐加大。为了改善光纤的温度性能，要进行合理的设计，选择适当的涂覆、套塑材料，并对生产工艺进行优化。

3）绝缘性能

石英玻璃是一种性能优良的绝缘介质，其电阻率高达$1\times10^{18}\Omega/cm$，因此能承受几十千伏至几十万伏的高压，特别适合在高强电磁场区应用。由于光纤传输的本身就是不带电的光波，因而在这样的场合下即使出现光纤断路也不会引起火灾。

4）化学性能

石英玻璃的主要化学成分是SiO_2，分子的结构为化学性能比较稳定的共价键，所以光纤耐化学腐蚀，可以用于比较恶劣的环境中。

12.2.2 光纤通信系统

光纤通信也就是利用光纤作为通信介质的一种通信方式。1966年，英籍华人高锟最先提出用玻璃纤维进行远距离激光通信的设想；1973年，美国康宁公司制成每千米传输损耗只有20分贝的光纤；同年，美国贝尔实验室研制出能在常温下连续工作的半导体激光器；这两项技术突破为光纤通信的实现铺平了道路，1976年，美国在芝加哥两个相距7km的电话局间首次进行了光纤通信试验，实现了一根光纤能够同时容纳8000对人通话，至此，光纤通信进入了一个飞速发展的时期，并在短短的二十几年的时间内构筑了一个连通全球的庞大光纤通信网络，几乎完全取代了电缆通信系统而成为人类传送信息的主要手段。本节将简要介绍光纤通信系统的工作原理、常用器件、扩容技术以及特点。

1. 光纤通信系统的工作原理

除了将传输介质变为光纤，光纤通信系统的基本组成与图12-1所示的光通信系统完全一样,也是由电发射机、光发射机、光中继器、光接收机、电接收机等模块和一些连接用的光无源器件所组成的。

1) 电发射机

与模拟通信相比较,数字通信有很多的优点,因此,大容量长距离的光纤通信系统大多采用数字传输方式。电发射机的主要功能就是将所要传输的信息(大多数时候是模拟信号)转变为数字信号,按一定的规则进行信源级编码。

数字信号是对连续变化的模拟信号进行抽样、量化和编码产生的,称为PCM(pulse code modulation),即脉冲编码调制抽样是指从原始的时间和幅度连续的模拟信号中离散地抽取一部分样值,变换成时间和幅度都是离散的数字信号的过程;抽样所得的信号幅度是无限多的,让这些幅度无限多的连续样值信号通过一个量化器,四舍五入,使这些幅度变为有限的 M 种(M 为整数),这就是量化;编码是指按照一定的规则将抽样所得的 M 种信号用一组二进制或者其他进制的数来表示,每种信号都可以由 N 个 2 二进制数来表示,M 和 N 满足 $M=2^N$。

为了提高通信线路的利用率,电发射机往往还要采用频分复用(FDM)、时分复用(TDM)、码分多址(CDMA)和空分多址(SDMA)等多路复用技术,将多路信源信号复用为一路。

2) 光发射机

光发射机由输入接口、光源、驱动电路、监控电路、控制电路等构成,其核心是光源及驱动电路,如图 12-8 所示是其组成框图。

从 PCM 设备(电端机)送来的电信号是适合 PCM 传输的码型,为 HDB3 码或 CMI 码,是双极性码,不适合在光纤线路中传送,为此应进行线路编码,将信号变换成能在光纤线路中传输的码型信号。光纤线路码码型有多种,在

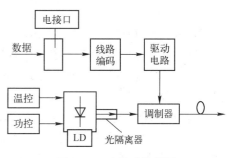

图 12-8 光发送机框图

选择线路码时不仅要考虑光纤的传输特性,还要考虑光电器件的特性。一般说来,由于光电器件都有一定的非线性,因此采用脉冲的"有""无"来表示"1"和"0"的二进制码要方便得多。但是简单的二进制信号有三种实际问题要解决,否则也不能达到良好的效果。第一,不能有长连"0"或长连"1"出现,因为长连"0""1"会使定时信息消失,从而使再生中继器和终端接收机的定时提取产生困难;第二,简单的二进制码中含有直流成分,而由于"0""1"码出现个数的随机变化,使得直流成分的大小随机地发生变化;光接收机中是采用交流耦合的,直流成分的变化会引起信号基线浮动,这会给判决再生带来困难;第三,简单的二进制信号在业务状态下不能监测线路误码率。为此,在数字信号被传送到光纤传输之前,需将简单二进制信号变换成适合光纤传输系统的光线路码型。

光纤通信系统对光源的要求很高,主要包括:

(1) 波长稳定性要求:WDM 系统对光源发射波长的稳定性具有较高的要求,波长的漂移将导致信道之间的串扰;

(2) 功率稳定性要求:某信道功率的漂移,不仅影响本信道的传输性能,而且通过

EDFA 的瞬态效应影响其他信道的性能。

光源的控制电路主要包括温度控制和功率控制电路，它们的作用就是消除温度变化和器件老化的影响，稳定发射机性能。其他的控制电路还有光源慢启动保护电路、激光器反向冲击电流保护电路、激光器过流保护电路和激光器关断电路。

光纤通信系统中的光源一般采用半导体激光器（LD）或半导体发光二极管（LED），调制器常采用注入电流直接调制使光纤线路码信号加载到激光器或发光二极管所发射的光信号上。

3）光接收机

光接收电路由光电检测器、前置放大器、主放大器、均衡放大器、自功增益控制（AGC），以及基线恢复、判决电路（包括时钟提取和定时判决电路）等组成，如图 12-9 所示。

图 12-9　光接收机基本组成框图

光电检测器（PD）将传送来的光信号转变为电信号，对光检测器的基本要求是高的光电转换效率、低的附加噪声和快的响应速度；由于光电检测器产生的光电流非常微弱，只有 nA~μA 量级，必须先经过前置放大器进行放大，它是光接收机的关键部分，要求它有足够小的噪声、适当的带宽和一定的信号增益；但前置放大器的输出信号还较弱，不能满足幅度判决的要求，因此还需主放大器作进一步的信号放大；光接收机中入射光功率通常会有一个可变的动态范围，放大器的增益也应能随入射光功率的变化而得到相应调整，即实现自动增益控制（AGC），在光接收机中，常把这种能实现自动增益控制的放大级作为主放大器，用以控制主放大器增益的 AGC 电压是均衡后的信号，先经峰值检波变成与交流信号的峰值成正比的直流信号，再经 AGC 放大电路放大后形成；主放大器的输出信号被送到均衡电路，均衡电路对某些频率成分进行补偿、抑制甚至滤除，将已畸变和有严重码间干扰的信号进行均衡，使其尽可能地恢复原来的状况，以利于定时判决。

为了准确无误地进行判决和时钟提取，还要首先对基线漂移进行处理，由于各种因素的影响，信号中的直流分量难以达到理想的程度，为此可使信号的基线（低电平）固定在某一电平上，其方法有相位法和负反馈自动跟随法等。

判决电路的目的是把从接收放大器送过来的输入信号与判决门限电平进行比较，再由恢复时钟决定的抽样时刻决定出是"1"码还是"0"码，根据无码间干扰判决条件，判定均衡器所输出的信号脉冲是"1"码还是"0"码应在码元中心、信号最大时进行，因此抽样判决时刻的准确性非常重要。经过基线处理的信号，首先要进行幅度判决，经过幅度判决的信号是不归零（NRZ）信号，它没有时钟频率分量，不能提取时钟信号，只能将 NRZ 信号进行非线性处理变成归零（Rz）信号，然后再进行时钟提取，提取时钟的方法有锁相环法和窄带滤波法。

4）光中继器

在长距离光缆通信系统中，由于发射光源的入射光功率、接收机灵敏度、光缆线路的衰减以及色散等原因，光端机之间的最大传输距离将受到限制。通常情况下，34Mbit/s 系统光端机之间的距离约 50~80km；140Mbit/s 系统的无中继间距在 40~60km。若要传输很长的距离就必须设置中继器。中继器的作用主要是使衰减的信号得到补偿，使变了形的光信号脉冲得到纠正与恢复，并完成区间通信及其他辅助功能。

光中继机的基本结构如图 12-10 所示。它包括光接收、光发送和区间电路分插三大模块，光接收和光发送模块与系统中的光接收机和光发送机基本一样，一级情况下，中继器可以看成是没有输入、输出接口及线路码型正反变换的光端机"背靠背"地互连，中继器与光端机所不同的地方是要将公务信息、监控信息以及区间通信信息分离出来，同时将中继站所需要传送的辅助信息送入光路中与主信道一起传送下去。

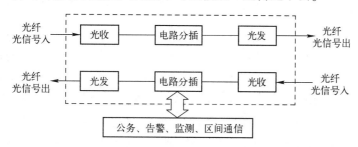

图 12-10 光中继器基本组成和原理框图

这种光中继器采用的是光-电-光（O-E-O）的模式，即光电检测器先将光纤送来的非常微弱并失真了的光信号转换成电信号；再通过放大、整形、再定时，还原成与原来的信号一样的电脉冲信号；然后用这一电脉冲信号驱动激光器发光，又将电信号变换成光信号，向下一段光纤发送出光脉冲信号。通常把有再放大（re-amplifying）、再整形（re-shaping）、再定时（re-timing）这三种功能的中继器称为"3R"中继器，这种方式过程繁琐，很不利于光纤的高速传输。自从掺铒光纤放大器问世以后，信号中继实现了全光中继，通常又称为 1R（re-amplifying）再生。

5）电接收机

电接收机的作用是将光接收机所输出的电信号进行码型反变换，恢复成与原来电发射机相同的 PCM 码型，再进行解复用、解码，将信号还原成原始的多路信息。

2. 光纤通信系统常用器件

除了光端机和电端机及其所包含的各种光学、电子以及光电器件之外，光纤通信系统中还需要有连接器、耦合器、分路器、光开关、复用器、光放大器等多种光无源和光有源器件。

1）光耦合器与光复用器

光耦合是对同一波长的光功率进行分路或合路。通过光耦合器可以将两路光信号合成到一路上，如图 12-11（a）所示，P_1 和 P_2 两路光信号经耦合器后变成了一路输出 P_3。同时，光耦合器还可以对光进行分路，如耦合器示意图 12-11（b）所示，输入的光信号 P_{in}

经过介质膜的反射和折射分成了两路信号,其中这两路信号的功率比是可以调节的。

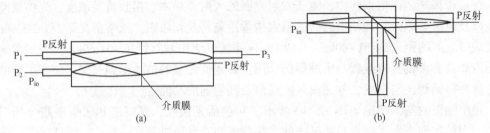

图 12-11 耦合器示意图

光复用器可以把不同波长的信号复合注入到一根光纤中。相反地,解复用器则把复合的多波长信号解复用,把不同波长的信号分离出来。

2) 光隔离器

某些光器件,如 LD 及光放大器等对来自连接点、熔接点、滤波器等处的反射光非常敏感,并导致性能的恶化,因此需要用光隔离器来阻止光反射。光隔离器是一种只允许单向光通过的光无源器件,其工作原理是基于法拉第旋转的非互易性。光隔离器的结构如图 12-12 所示,将磁光材料如康宁(Corning)8363 号玻璃,放到磁通密度为 2700 高斯的磁场中,材料厚度为 14cm 时,旋转角可达 45°,如果首先使入口处的起偏振器和出口处的检偏振器的光轴方向彼此相差 45°,这时,达到检偏振器的入射光,因偏振面旋转了 45°,所以能够通过检偏振器而从检偏振器反射回来的光,按原路到达起偏振器时,因振动面按同一方向又旋转了 45°,和原入射光相比,振动面已发生了 90°的旋转,正好与起偏器的方向正交,所以不能通过起偏器。这就形成了光的单向传输系统,故称其为隔离器。

3) 环形器

环形器的工作原理等同于隔离器,如图 12-13 所示,光传送顺序沿顺时针方向,(a) 中由 1 端输入的信号只能沿顺时针方向进入 2 和 3 端,而不能沿逆时针方向进入 3 和 2 端,这样就防止了光线的反射。(b) 的原理同 (a) 相同,只是端口比 (a) 多一个。

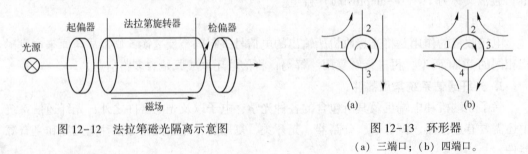

图 12-12 法拉第磁光隔离示意图

图 12-13 环形器
(a) 三端口;(b) 四端口。

4) 光滤波器

光滤波器是用来进行波长选择的仪器,它可以从众多的波长中挑选出所需的波长,而除此波长以外的光将会被拒绝通过。它可以用于波长选择、光放大器的噪声滤除、增益均衡、光复用/解复用,常见的光滤波器有基于干涉原理的熔锥光纤滤波器、Fabry-Perot 滤波器、多层介质膜滤波器、马赫-曾德干涉滤波器和基于光栅原理的体光栅滤波器、阵列波导光栅滤波器（AWG）、光纤光栅滤波器、声光可调谐滤波器。图 12-14 分别是基于干涉原理的多层介质膜滤波器原理图和基于光栅原理的体型光栅滤波器示意图。

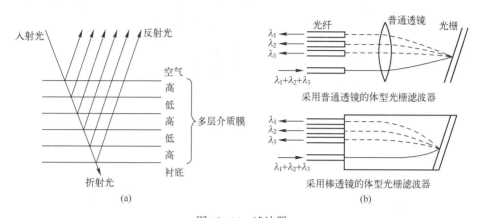

图 12-14　滤波器
（a）多层介质膜滤波器；（b）基于光栅原理的滤波器。

5）光纤连接器和衰减器

光纤连接器常用来进行从光源到光纤、从光纤到光纤以及光纤与探测器之间的光耦合，是一种可拆卸重复使用的光无源器件。图 12-15 所示是光纤连接器的基本结构。

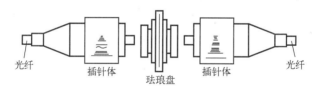

图 12-15　光纤连接器的基本结构

可调式光衰减器一般用于光学测量。在测量光接收机的灵敏度时，通常把它置于光接收机的输入端，用来调整接收光功率的大小。使用光衰减器时，要保持环境清洁干燥，不用时要盖好保护帽，移动时要轻拿轻放，严禁碰撞。

光衰减器是用于对光功率进行衰减的器件，它主要用于光纤系统的指标测量、短距离通信系统的信号衰减以及系统试验等场合。光衰减器要求重量轻、体积小、精度高、稳定性好、使用方便等。它可以分为固定式、分级可变式、连续可调式几种。图 12-16 分别是连续可调式衰减器的工作原理和结构示意图。

6）光放大器

光放大器（OFA）是指运用于光纤通信线路中实现信号放大的一种有源器件，它是在泵浦能量（电或光）的作用下实现粒子数反转（非线性光纤放大器除外），然后通过受激辐射对入射光放大。它与激光器的不同之处在于光放大器没有反馈机制。目前能用于光纤通信的光放大器主要是半导体激光放大器和掺稀土金属光纤放大器，特别是掺铒光纤放大器（EDFA）备受青睐。

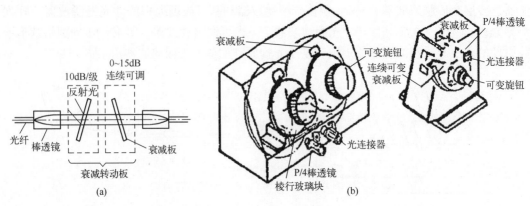

图 12-16　连续可调衰减器
(a) 工作原理；(b) 结构。

半导体激光放大器（SOA）的放大原理与半导体激光器的工作原理相同，也是利用能级间跃迁的受激现象进行光放大，只是它被去掉了构成激光振荡的谐振腔，由电流直接激励，可获得 30dB（1000 倍）以上的光增益。半导体激光放大器尺寸小、容易集成，频带很宽，增益也很高，但最大的弱点是与光纤的耦合损耗太大，易受环境温度影响。

掺稀土金属光纤放大器是在制作光纤时，采用特殊工艺，在光纤芯层沉积中掺入极小浓度的稀土元素，如铒、镨或铷等离子，制作出相应的掺铒、掺镨或掺铷光纤，这些掺杂离子在受到泵浦光激励后跃迁到亚稳定的高激发态，在信号光诱导下，产生受激辐射，形成对信号光的相干放大。这种 OFA 实质是一种特殊的激光器（图 12-17），它的工作腔是一段掺稀土粒子光纤，泵浦光源一般采用半导体激光器。

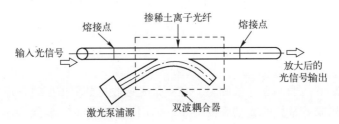

图 12-17　掺稀土金属光纤放大器工作原理示意图

当前光纤通信系统工作在两个低损耗窗口 1.55μm 波段和 1.31μm 波段。选择不同的掺杂元素，可使放大器工作在不同窗口。

掺铒光纤放大器（EDFA）工作在 1.55μm 窗口，噪声低，增益曲线好，放大器带宽大，与波分复用（WDM）系统兼容，泵浦效率高，工作性能稳定，技术成熟，在现代长途高速光通信系统中备受青睐。目前，"掺铒光纤放大器（EDFA）+密集波分复用（DWDM）+非零色散光纤（NZDF）+光子集成（PIC）" 正成为国际上长途高速光纤通信线路的主要技术方向。

掺镨光纤放大器（PDFA）工作在 1.31μm 波段，已敷设的光纤 90% 都工作在这一窗口。PDFA 对现有光通信线路的升级和扩容有重要的意义。目前已经研制出低噪声、高增益的 PDFA，但是它的泵浦效率不高，工作性能不稳定，增益对温度敏感，离实用还有一段距离。

7）光开关

光开关是光路控制器件，起着控制光流和转换光路的作用。光开关应具备插入损耗低、转换重复性好、开关速度快、使用寿命长以及结构紧凑等性能，由于光开关是一种把光波在时间上或空间上进行切换的一种器件，所以只要在时间上或空间上能对光波进行切换都可制作成光开关。光开关种类很多，可以概括为机械式光开关、固体式光开关和半导体光波导开关等三类。机械式光开关利用机械动作达到光开关目的，这种光开关最大优点是插入损耗小、串音低，但是速度慢，易磨损，容易受振动、冲击的影响；固体式光开关利用电光效应、磁光效应以及声光效应进行光开关，这种光开关重复性好、开关速度快、可靠性高、使用寿命长、尺寸小，可以单片集成等，但其插入损耗和串光性能不够理想；半导体光波导开关是基于电光效应引起折射率变化、载流子注入感生折射率变化以及量子限制斯塔克效应场感生折射率变化等现象做成的，这种光开关具有损耗低、开关速度快、便于批量生产、重复性好、能够与其他元器件单片集成形成阵列等优点。如图 12-18 所示是一种采用液晶作旋光材料的电光开关原理示意图。

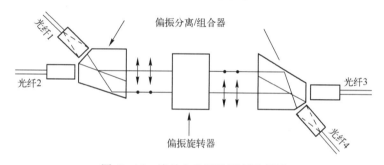

图 12-18　液晶电光开关原理示意图

3. 光纤通信系统的扩容技术

随着世界经济的发展，语音、图像、数据等信息量成爆炸式的增长，尤其是因特网的迅速崛起，使广大用户对扩大光纤通信网络容量的要求十分迫切。为了获得更大的通信容量，常采用时分复用（TDM）、频分复用（FDM）、波分复用（WDM）及空分复用（SDM）等多种技术对光纤通信系统进行扩容。所谓复用，也就是将多各信道所要传送的信息复合到一起进行传输。

1）时分复用（TDM）

如图 12-19 所示是 TDM 工作原理示意图，信道 1、信道 2、…、信道 N 等电信道的信号传输速率较低，光纤信道的信号传输速率大于电信道最高信号传输速率的 N 倍，光纤信道上的每一帧信号被分成 N 个时槽，每个时槽内传输一路信号。首先，将 N 个信道的数字比特流送入输入缓冲器存储起来，然后一个类似于旋转开关的器件轮流地读入 N 个数字缓冲器中的数据，使每路数据流与复用器取样速率同步，帧缓冲器按顺序记录并存储每路输入缓冲器数据流通过的时间，构成了在时间轴上按一定规律交错排列的复合脉冲串——数据帧，N 个信道的数据帧结构如图 12-19（b）所示。其中的"帧开销"时槽是为了检测误码、解决解复用器与复用器的同步，填充因取样速率与信道速率所必然存在的差异而导致的时隙问题而引入的。这样，包含了各个子信道信息的数据帧将变换为光信号在光纤中传输，到达接收端（即另一个光纤调制解调器）后，先进行光电变换，将光信号还原为一帧电信号送入接收缓冲器中，再将帧信号依次地从接收缓冲器中取出，将每路信号字按照协议分配至各自的输出缓冲器和解同步器中，完成解时分复用功能，使各信道信息还原。

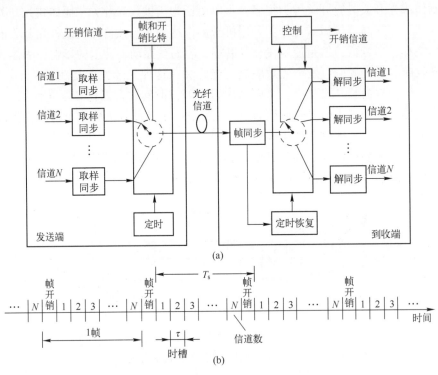

图 12-19 时分复用（TDM）原理示意图

2）频分复用（FDM）

光载波的频率很高，FDM 扩容方式是让多个信道各自使用不同的频率调制信号，信号频谱之间相隔足够远，保证合频器进行复合时各信道的频谱不会在频域内相互重叠；合频器所输出的电信号被光发射机转换为光信号在光纤中传输；在接收端，先使用分频器将各信道的信号分离，再在各信道通过滤波还原出原信道所传送的信号，如图 12-20 所示。

3）空分复用（SDM）

SDM 就是将多根光纤复合在一起来进行多信道的信号传输，每一根光纤负责传送一个信道的信号，由于光纤的芯径很细，很容易将多根光纤组成光缆来实现系统的 SDM 方式的扩容，但是这种扩容方式必须要重新敷设光缆。

4）波分复用（WDM）

图 12-21 所示为 WDM 光纤通信系统工作原理示意图。为了充分利用光纤低损耗区的巨大带宽资源，WDM 系统以不同波长的光波作为信号载波而将光纤的低损耗窗口划分为

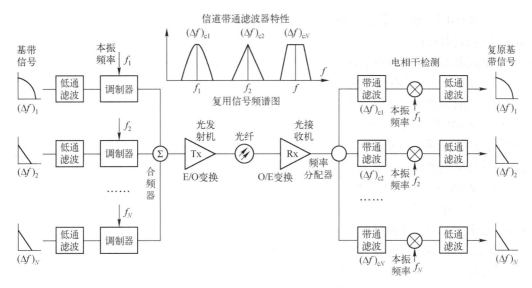

图 12-20 频分复用（FDM）光纤传输系统

若干个信道。先在发送段，采用复波器将不同的标准波长的信号光载波合并起来送入一根光纤进行传输；再在接收端，由分波器将这些承载着不同信号、具有不同波长的光载波分开，于是可以通过一根光纤传送多路信号，在不敷设新光缆的前提下扩充网络的通信容量。

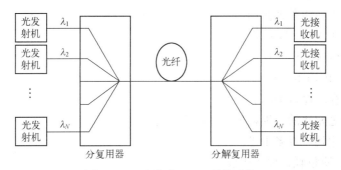

图 12-21 多信道 WDM 通信系统

由单模光纤的损耗频谱可知，单模光纤的低损耗带宽资源约有 60THz；其在 1500～1600nm 之间衰减小于 0.2dB/km，所对应的频带带宽为 35THz，以最小间隔 100GHz 计，该频带可提供 350 个中心波长；其在 1290～1358nm 之间的衰减小于 0.36dB/km，该频带也可提供 250 个中心波长。这意味着采用密集波分复用技术，可使一根光纤的传输容量至少比单波长传输增加 600 多倍。与光纤通信系统的其他扩容手段相比，WDM 技术具有以下特点：

（1）WDM 系统使 N 个波长复用起来在一根光纤中传输，对于早期安装的芯数不多的通信光缆，不必对原有系统作较大的改动即可大幅度地扩充其通信容量，不仅与现有的通信网有良好的兼容性，还可以大量节约光纤；

(2) WDM 系统以波长选择路由,同一光纤中所传输的不同信息是通过载波波长来识别的,因而它对所传信号的调制格式(模拟或数字)、转移模式(ATM、STM 等)、传输速率、电调制方式等特性没有限制,可采用一根光纤实现多媒体信号的混合传输;

(3) WDM 系统具有可扩充性和可重构性,当用户通信量增加或网络出现故障时,只需增加一个附加波长即可引入任意想要的新业务,对网络进行重构;

(4) WDM 系统具有高的灵活性和可靠性,在组网方面,通过波长选路由,简化了网络硬件,可提高网络的灵活性,光纤放大器的使用大大减少长途干线系统中继器的数目,使网络的可靠性更高;

(5) WDM 系统很容易升级扩容,如果在设计通信系统时考虑其最佳线路和环形光路保护,就可以通过引入 OADM(光分插复用器)和 OXC(光交换)设备构成最佳光路由选择,逐步过渡到全光通信网络。

因此,信息界已达成共识:WDM+光纤放大器是充分挖掘光纤带宽能力,实现高速通信的最佳途径,也是未来具有高度生成性的巨容量全光通信网络的基本模式。

4. 光纤通信系统的特点

与普通电子通信系统相比,光纤通信系统具有下述特点。

1) 频带宽,信息容量大

光纤本身具有极大的传输容量,尚用光纤通信系统一根光纤的传输速率就可以达到 10Gbit/s(未采用 WDM 技术),加上各种扩容技术(如 TDM、SDM、WDM、FDM 等)的应用,更可大大增加系统的信息传递量,当工作在 1310nm 的掺镨光纤放大器(PDFA)和量子阱结构的半导体激光器商用化后,采用密集波分复用技术,就可使单模光纤的低损耗潜在带宽达到 27THz,这意味着用这样的一根光纤,便可在 1s 左右的时间将人类古今中外的文字资料传送完毕,这样巨大的带宽是人类用之不尽的资源。

2) 损耗低,传输距离长

在光纤最低损耗窗口 1550nm 处,商品光纤的衰减可达 0.25dB/km,这是以往的任何传输线都不能与之相比的。损耗低,无中继传输距离就长,现在光孤子光纤通信系统的无中继传输距离可达到一万多千米。

3) 体积小,质量轻,便于敷设

光导纤维细如发丝,其外径仅为 125μm,光纤材料的比重又小,成缆后的质量也比电缆轻,例如一根 18 芯的光缆质量约为 150kg/km,而 18 管同轴电缆的质量约为 11t/km。经过表面涂敷的光纤具有很好的可挠性,便于敷设,可架空、直埋或置入管道,可用于陆地、海底以及飞机、轮船、人造卫星、宇宙飞船等任何环境及任意通信平台之上。

4) 抗干扰性好,保密性强,使用安全

光波频率高,光纤不带电、不导电,光缆密封性好,有很强的抗电磁干扰能力;光波集中在芯层中传输,在包层外很快衰减,因而保密性好;光纤材料是石英,光缆可以不含金属,具有抗高温和耐腐蚀的性能,因而可抵御恶劣的工作环境。

5) 材料资源丰富,无后顾之忧

通信电缆的主要材料为稀有金属铜,其资源紧缺,而石英光纤的主体材料是 SiO_2,可谓取之不尽、用之不竭,材料资源极为丰富。

5. 光纤通信系统在军事装备中的应用

光纤作为一种传输媒质，与传统的铜电缆相比具有一系列明显的优点，因此，自20世纪70年代以来，光纤技术不仅在电信等民用领域取得了飞速的发展，而且因其抗电磁干扰、保密性好、抗核辐射等能力，以及质量轻、尺寸小等优点，也得到了各发达国家政府和军方的重视与青睐。

特别是在美国，早在20世纪80年代中期，先后计划的光纤军事应用项目就达400项左右，这些项目包括固定设施通信网、战术通信系统、遥控侦察车辆和飞行器、光纤制导导弹、航空电子数据总线和控制链路、舰载光纤数据总线、反潜战网络、水声拖曳阵列、遥控深潜器、传感器和核试验等，这些项目陆续有报道取得了不同的进展。进入21世纪后，美国国防部更把"光子学、光电子学"和"点对点通信"列为2010年十大国防技术中的两项，其中光纤通信技术占据着举足轻重的地位，这预示着美国等西方国家对光纤技术军事应用的研究将全面展开并加速进行。本节将以美国海军为例介绍光纤通信系统在军事装备中的应用。

现代化的舰艇上装备有大量的通信、雷达、导航、传感器系统和武器指挥系统等设备，这些设备之间的信号传输、交流与通信使得舰载通信系统的通信容量大大增加，原有的电缆通信系统根本无法满足现代化舰艇对信息传输容量的巨大需求，加上舰艇上电子设备和电气系统以及敌方干扰所带来的电磁干扰、射频干扰等问题，在舰艇上使用光纤通信系统已成为海军刻不容缓的事情。

舰载光纤通信系统可以将舰艇上雷达、电视、电话、指控/火控计算机、摄像机以及各种传感、探测系统等所有需要进行信号（或数据）交互的装备通过一个光纤环网联络起来，按照一定的通信协议进行信号的传输及交互。

美国海军十分重视舰载光纤通信系统的开发和应用。20世纪80年代初美国海军就实施了开发大型新舰船用光纤区域网作为计算机数据总线的计划——AEGIS（宙斯盾）计划。1986年初，美国海军海洋系统司令部又在此基础上成立了SAFENET（能抗毁的自适应光纤嵌入网）委员会，并于1987年成立工作组指导制定了SAFENET-I和SAFENE-V两套标准，分别于1991年1月和1992年1月完成，前者是一种军用加强型IEEE 802.5令牌环网，传输速率16Mbit/s，后者是基于ANSI 3XT9.5 FDDI（光纤分布数据接口）令牌环网，传输速率100Mbit/s，这些系统已安装在CG-47Aegis导弹巡洋舰、DDG51级导弹驱逐舰、"乔治·华盛顿"号航空母舰等舰艇上。从1991年年中开始，美国海上系统司令部和国防高级研究计划局还联合制定了利用同步光网（SONET）、宽带综合业务网（B-ISDN）和异步传输模式（ATM）标准，开发高速光网（HSON）原型的计划，由海军研究实验室负责开发和评价，该网利用单模光纤，传输速率从155Mbit/s到2.4Gbit/s。1992年实现了1.7Gbit/s的第一阶段目标。1997年11月，美国在核动力航空母舰"杜鲁门"号上采用气送光纤技术完成了光纤敷设，后来又成功地在"企业"号上进行了敷设，"杜鲁门"号上所用光纤达67.58km，美国"小石城"号航空母舰上的雷达数据总线传输容量已达到1Gbit/s，使原来质量达90吨的同轴电缆被半吨重的单模光缆所代替。

高级水下作战系统（SUBACS）是美国海军最大的舰载水下光纤通信计划项目，该项目计划在所有的洛杉矶688级攻击型核潜艇和新型"三叉戟"弹道导弹潜艇中装备光纤数据总线,将传感器与火控系统接入分布式计算机网,从而大大提高潜艇的数据处理能力。在1989年以后生产的"海狼"SSN-21级攻击型潜艇中还采用了通用电气公司海战部开发的AN/BSY-2综合光纤作战控制声学系统。

美国海军之所以如此重视舰载光纤通信系统,主要是因为在舰艇上使用光纤通信系统具有以下优点:

1) 减少质量和体积

大部分作战和武器系统都位于军舰上部和桅杆的结合处,除武器和火控设备外,一艘典型的驱逐舰的作战系统包括6台主计算机、22台小型处理机、30个显示器、12个存储器件、主要雷达设备和一套完备的电子作战系统,这些设备和系统之间必须保证迅速、准确、有效的联络,目前所采用的点对点电缆通信所需要的设备和互连电缆的质量占了军舰质量的一大部分,一根1600m长的金属缆线重约500kg,而等长的光缆质量仅为125kg,由于等长光缆的通信容量比电缆高1000倍以上,所以如果把现行舰船上的电缆信号网转换为等效的光缆网,其质量和体积都可减少90%,大大减轻舰艇吃水线以上质量,提高舰船的安全和机动性。

2) 降低缆线成本

据美国海军海上系统指挥部介绍,在最新式的航空母舰上铺设点对点雷达数据线电缆,其费用高达100万美元以上,而用一根8芯多路复用光缆连接相同的系统只需3.8万美元;一般舰载信号网,若使用光缆可节省78%费用,再考虑到光纤的宽带特性,采用复用技术还可进一步节省费用。

3) 减轻维修负担

用光缆替代电缆还可减少通信系统的元器件数量,例如一个点对点互连的电缆系统需要两根90针的双工电缆,而光纤系统至少可减少60%的输入/输出端口铰连,大大提高了通信系统的可靠性,同时减轻了维修负担。

4) 提高信息质量

光纤系统的宽带宽、低误码特性以及SDM、TDM、WDM、FDM等复用技术的综合使用,可将舰船的控制、告警、火控、监视、通信和管理集为一体,可用于动态图像和大数据量传输,大大提高舰艇不同部门之间交换信息的数量和质量,为舰船通信系统的扩展提供极大的余地,这对未来舰船的大容量计算机和高数据率信息交换网络具有重大的意义。

5) 抗干扰

对目前若干舰船系统进行的测量表明,舰艇自身电磁干扰的电场强度最高可达200V/m,雷达频率干扰的场强可达50kV/m。从舰艇的发展趋势看,舰艇上电磁辐射器件的数量和功率还会不断增加,电磁干扰也已经成为现代化信息战的主要战术之一,所以必须增强舰载电子设备抗电磁干扰的能力。在电缆通信系统中,抑制电磁干扰所产生的噪声是通过使用专门的屏蔽材料和装置,但这些屏蔽装置通常位于舱房内,不仅不能完全解决电磁干扰和雷达频率干扰,还增加了电子系统的复杂性和成本,如果使用光纤通信系统,由于光纤具有不受电磁、射频及核电磁脉冲等信号的干扰的特性,可从根本上杜绝电磁干扰的影响。

6）可在恶劣环境下工作

光纤不带电、不导电、耐腐蚀，具有化学稳定性，可带电操作，可通过高电区和爆炸区，可在潮湿或水淹区等较恶劣环境下正常工作。

正是由于光纤通信可以给舰艇带来许多好处，国内外海军舰艇上都开始装备光纤通信系统，如光纤电话系统、光纤数据传输系统、外场通信光纤系统、舰载雷达光纤系统、光纤声呐线路、潜艇拖曳浮标光纤线路等。

12.3 星间激光通信

12.3.1 卫星通信系统简介

卫星通信是利用人造地球卫星作为中间中继站转发电磁信号，在两个或多个地球站，宇宙站之间进行信息交换和信息传输的通信方式，是微波中继通信技术和航天技术相结合的产物。美国国防部最早进行卫星通信开发，它采用超高频频段进行话音及高速数据传输，为国防及外交提供宽带业务服务。1965年，国际通信卫星组织（INTELSAT）成立，并发射了第一颗静止国际通信卫星（INTESAT，IS-1），正式开展卫星通信业务。我国通信卫星的研制始于20世纪70年代331卫星通信工程的实施。到1984年4月，成功发射了第一颗同步通信卫星并投入使用，标志着我国通信卫星从研制转入到使用阶段。迄今为止，卫星通信已经进入军事侦察、通信广播、电视直播、导航定位、气象预报、资源探测、环境监测和灾害防护等国防和民用的各个领域，成为现代社会中不可缺少的通信手段。

卫星通信系统主要由空间分系统、通信地球站、跟踪遥测及指令分系统和监控管理分系统等四大部分组成，其框图如图12-22所示。

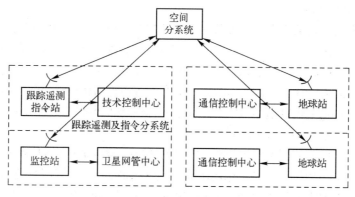

图12-22 卫星通信系统组成框图

其中，跟踪遥测及指令分系统负责对卫星的轨道、位置及姿态进行监视和校正；监控管理系统负责对卫星的性能及参数进行业务开通前的检测和业务开通后的理性检测；空间分系统为通信卫星。

和其他通信方式相比较，卫星通信具有通信距离远、通信面积大、费用与通信距离无关、通信频带宽、可多址通信、适合多业务等优点，顺应了通信国际化的大趋势，在现代通信中的地位日益重要。

12.3.2 星间激光通信的提出及其优势

用光进行空间通信的设想最早可追溯到1945年Arthur Clarke发表在《无线电世界》上的一篇文章。这篇文章提出了在卫星间进行光通信的设想，但限于当时的技术水平，这一设想未受到重视。随着1960年以后激光技术和空间技术的发展，星间激光通信成为可能，因此不少国家注意到了激光用于卫星间通信的优势。

与传统的微波通信相比，星间激光通信具有以下明显的优势。

(1) 光载波频率高，因为其可用频带极宽，潜在的通信容量巨大。

(2) 激光通信系统所用的半导体光源功耗小，转换效率高，因而对电源的要求极低。

(3) 由于光波波长短，收发天线尺寸小、质量轻，可以大幅减轻卫星质量，提高其有效负荷，降低其费效比。

(4) 用于信息载体的激光光束发散角极小，不易被截获，因而用于军事通信具有极好的保密性。

(5) 激光光束不受射频电磁场的干扰，其抗干扰能力毋庸置疑，同时还可抗击高能电磁脉冲武器的攻击，提高了卫星的生存能力。

正是因为星间激光通信具有上述优势，所以很多发达国家都在投入巨资竞相进行卫星间激光通信技术的研究。

12.3.3 星间激光通信的发展现状

由于在容量、成本等方面具有明显的优势，星间激光通信受到了广泛关注，包括我国在在内的许多国家和地区先后开展了一系列计算机仿真、地面模拟和星上实验研究。

1. 美国的研究状况

美国开展空间光通信方面的研究最早，于20世纪60年代中期就开始实施空间光通信方面的研究技术，是技术走在最前沿的国家之一。美国最主要的研究部门有美国国家航空航天局（NASA）和美国空军（Air Force），NASA的JPL实验室早在70年代就一直进行卫星激光通信的研究工作，其他如林肯、贝尔等著名实验室也都开展了空间激光链路的研究。近几年来，空间激光链路的研究已成为美国的研究热点，这改变了近些年美国在这一领域的研究落后于欧洲甚至日本的局面。

美国空间通信研究的历史展示了随着技术的进展，空间光通信技术不断改进的过程。在刚开始进行空间光通信研究时，选用的光源是CO_2激光器。随着激光器的发展，空间光通信系统选用的光源也不断发生变化，现在研制的空间光通信系统的星上光源都选用半导体激光器。以美国著名的JPL实验室近几年研制的一套空间光通信系统为例，该系统分别采用波长810nm和852nm的GaAlAs半导体激光器作为通信光源和信标光源。调制方式为直接电流调制。此外，一开始星间激光通信的应用是高码率的同步卫星间（GEO-GEO）光连接和低码率的深空光中继，以后，随着体积小、质量轻和成本低的近地卫星（LEO）的研制，LEO-LEO、LEO以及相应的关键技术和元器件的发展，激光通信的应用逐步扩展到 LEO-LEO、LEO-GEO、LEO-地面站和 LEO-飞机的光通信链路。2000 年 6 月 7 日，美国成功地发射了空间技术研究卫星 STRV-2。该卫星包含了一套先进的光通信技术试验装置，它由美国弹道导弹防御署（BMDO）和英国国防部的防御评估和研究署合作开发。STRV-2 激光通信系统的数据传输率为 1.0Gbit/s，传输距离为 1800km，质量为 14.3kg。

为了提高系统的数据率，美国也进行了星间光通信的光波复用研究。JPL 研究的装置采用了波长相同，但具有不同偏振方向的两路光通道进行数据传输，每路通道传输数据率为 600Mbit/s，从而使整个系统的数据率达到 1.2Gbit/s，这是提高空间光通信系统数据率的一个有效方法。另一种提高系统传输数据率的方法是波分复用（WDM），即在空间光通信系统中采用多个波长的光源同时传递数据，构成多路通道，如美国 MITRE 公司以美国第二代中继星 TDRSSⅡ为背景需求而研制的波分复用方法。在该空间光通信模拟实验系统中，波长分别为 810nm、830nm 及 860nm 的三个半导体激光器构成三个通道。在接收端，利用干涉滤光片将三个不同波长的光信号分开。这样的波分复用系统对提高数据率很有吸引力，因此，现在各国已十分重视对应用于空间光通信系统的波分复用器件及技术的研究。

2. 欧洲国家的研究状况

欧洲空间局（ESA）于 1977 年夏开展了高数据率空间激光链路研究，至今 ESA 在空间光通信方面已经进行了多年的研究工作。ESA 先后在空间光通信研究方面制订了一系列计划，有步骤地开展对空间光通信各项技术的研究，现已在该领域的一些关键技术方面处于明显的领先地位。

ESA 研制的 Artemis 卫星于 2001 年升空，主要用于 LEO-GEO 数据中继应用。其中，一个链路采用光链路，该链路两端使用相同的 ISL 端机，并且可以同位于 Canary 岛的地面站进行通信。半导体星间激光链路试验（SILEX）装置用于 LEQ-GEO 光通信的 SILEX 光通信端机，由马特拉马可尼空间公司完成并集成到 Artemis 和地球观测卫星 SPOT-4 上。该系统采用 800nm 波段的半导体激光器作为光源，SILEX 光端机采用 25cm 天线孔径，其特征类似于日本发射的激光通信工程试验卫星（OICETS）。SILEX 通信的最大距离为 45000km。通信速率从低轨星到同步星为 50Mbit/s，而从同步卫星到低轨星则为 2Mbit/s，该系统已进入星间通信实验阶段。ESA 或欧洲国家还针对不同的应用研制了一系列满足不同需要的星间链路通信光端机，具体参数如表 12-2 所示。

表 12-2 欧洲国家研发的典型卫星激光通信终端

名 称	研发机构	数据码率/(Mbit/s)	通信波长/μm	应 用	质量/kg	功耗/W
SOUT	英国	2~10	0.8	LEO-GEO	25	40
SOTT	英国	1000	0.85	GEO-GEO	45	100
SOLACOS	德国	650	1.064	GEO-GEO	70	50
SROIL	ESA	1200	1.064	LEO 星座	15	40

3. 日本的研究现状

日本于20世纪80年代中期开始了光学空间通信研究工作，主要有邮政省的通信研究室（CRL）、宇宙开发事业团（NASDA）及高级长途通信研究所（ATR）的光学及无线电通信研究室。

根据近几年的研究情况，日本主要对两个自由空间光通信系统进行研究和实验，一个是NASDA支持的安装于OICETS上的激光应用通信设备（LUCE）系统，另一个是CRL研制的安装于ETS-Ⅵ的激光通信设备（LCE）系统，这是两个十分引人注目的空间光通信研究计划。

尽管日本开展空间光通信研究比美国和欧洲空间局晚，但是进展迅速。1995年6月，日本的技术实验卫星与美国大气观测卫星成功地进行了8min的双向激光通信；同年7月，日本的工程试验卫星ETS-Ⅵ成功地与地面站之间进行了星地双向链路的光通信实验，这是世界上首次成功进行的空间光通信实验。此举使日本一跃而居空间光通信研究领域之首位。日本和欧洲空间局还将利用各自研制的装于各自卫星上的空间光通信终端合作进行空间通信系统的空间实验，这进一步显示出空间领域逐步走向国际合作化的趋势。日本星地链双向光通信实验的成功进一步证明了空间光通信中难度最大的链路——星地链路的可行性。此外，日本还在积极研制专用于进行空间光通信系统实验的小型光学星间通信工程试验卫星（OICETS）。OICETS只携带质量为500kg的光学终端，在500km的低轨道上运行。OICETS的目的是在空间对空间光通信的探测、跟踪等光学技术及光学装置方面进行实验，以评价及改进空间光通信技术及装置。目前，OICETS计划正在积极实施中。

4. 国内研究状况

国内在星间激光通信方面的研究工作尚处在起步阶段，仅限于对星间激光通信方案的预研，最具代表性的单位是电子科技大学物理电子学院所属的激光通信实验室，其初期工作主要是进行基于大气信道的空间激光通信，先后成功研制了3路、60路和960路激光大气通信系统，其中960路激光大气通信系统可传输960路电话或多路彩色电视信号；在"九五"期间开始对卫星激光通信的理论、关键技术、系统设计和计算机仿真进行近似全方位的研究，研制成功了能完成空间光的捕获、对准和跟踪的PAT装置及其伺服平台。近几年来，北京大学、哈尔滨工业大学等单位也开展了这方面的工作。

12.3.4 星间激光通信系统构成

星间激光通信系统通常由光发送机、光接收机、合/分束元件、收/发光学天线及其伺服平台、PAT子系统等部件构成，如图12-23所示。

在图12-24中，星间激光通信系统可分为若干个子系统，包括信号子系统、光学天线平台、瞄准捕获跟踪（PAT）子系统等。其中，信号子系统包括调制器、信号光源、光电检测、接收机等，负责光信号的产生与还原；光学天线平台包括光学收发天线、精瞄跟踪装置、粗瞄装置及合/分束器，负责实现激光光束的发送和接收；PAT子系统包括信标信号、信标光源、误差检测、误差信号处理、控制计算机、伺服平台、粗瞄/精瞄跟踪装置等，负责激光光束的精确指向及跟踪。

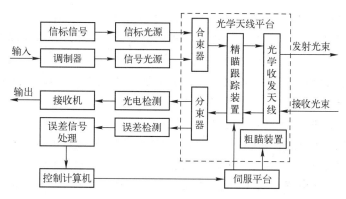

图12-23 星间激光通信系统功能框图

12.3.5 星间激光链路的种类

如图12-24所示,根据卫星种类的不同,星间激光链路可分为如下4种。

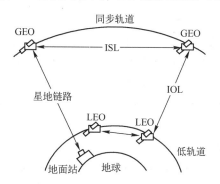

图12-24 各种星间激光链路示意图

(1) 轨道高度小于100km的低轨道卫星(LEO)与36000km高的同步轨道上的同步卫星(GEO)间的链路,一般称此为轨道间链路(IOL)。

(2) 同步轨道卫星间链路(GEO-GEO链路),称为星间链路(ISL)。

(3) 低轨道卫星间的链路(LEO-LEO链路),这是越来越迫切需要建立的链路。尤其随着小卫星星座的飞速发展,使得对低轨道卫星间激光链路的需求更加急迫。

(4) 同步轨道卫星成低轨道卫星与地面站之间的链路,即星地激光链路。

1. GEO-LEO 激光链路

低轨道卫星与同步卫星之间的激光链路主要指低轨道上的用户星与同步轨道上的数据中继卫星(TDRSS)之间的链路。由于卫星位于大气层以上,不受大气衰减的影响,因此在星间链路中用光波进行通信具有突出的优点和巨大的潜力,主要的技术问题如下所述。

(1) 光波波长选择。根据现有的成熟技术,应选用半导体激光器作为光源。目前研制的空间光通信系统波长主要选用800~1000nm波段的半导体激光器,而半导体激光器泵浦的倍频Nd:YAG激光器是极有竞争力的星上光源之一。

(2) 探测、调制、解调技术、光学多路复用技术等研究。由于 APD、CCD 等探测元件的研究工作进展快速，因此该方面的研究虽然重要，但并不是卫星光通信的主要难点。

(3) 光学信号的瞄准、捕获和跟踪技术研究。该项技术是星间激光链路的关键技术，也是卫星间光通信的难点，而瞄准光路、捕获光路、接收光路的设计是其中的重要部分。从以下几点即可知其难度：

① 波束很窄，捕获难。就目前半导体激光器光源情况，通信波段宜选用 0.8~1.0μm，光束发散角在 10mrad 以下，这样窄的波束要在中继星和用户星之间 40000km 左右距离上实现捕获很困难。相比较而言，卫星间进行传统的微波通信时，即便工作在波长很短的 Ka 波段，其波束宽也在 3.5mrad 左右，天线瞄准精度只需约 1mrad 即可，波束的捕获、瞄准要容易得多。

② 跟踪天线装在一个浮动的卫星平台上，该平台由卫星姿态控制系统所稳定。捕获、接收、对准光路中的光学元器件由于温度变化、空间环境影响、后向反射光干扰等因素，也将影响激光捕获、跟踪、对准的精度，使得各部分光路设计更复杂。

③ 该部分中的光学子系统要求光学质量高、寿命长（10 年）、遮挡低（挡光比小于 5%）、天线增益高（增益值要达到 115dB）等。这些光学性能的实现都有相当的难度。

2. GEO-GEO 激光链路

在 GEO-GEO 星间链路中，由于两颗同步卫星间无相对运动，保持相对静止，这使激光链路的瞄准、跟踪、捕获难度降低。因此，GEO-GEO 激光链路与 LEO-GEO 激光链路相比，其发射、接收、调制、解调、滤波、放大各子系统基本上相同，且在瞄准、跟踪、捕获子系统上要相对简单一些。

3. LEO-LEO 激光链路

最近几年，采用低轨道或中轨道卫星星座的全球通信网络系统受到多方重视，在不久的将来，一些在轨卫星星座系统将得到发展。在这些系统中，有的没有建立星间链路，而是通过地面中继站进行全球通信；有的虽然采用星间链路，但在星间链路中采用微波频段，这一方面限制了通信的容量，另一方面又由于微波频段的通信终端体积过大、成本过高（在大量重复制造时尤其明显），使其在实际应用上受到了限制。由于星间激光链路与微波频段链路相比具有更大的容量，因而光学星间链路能用于未来的通信系统。此外，星间链路还要求用户终端有更小的天线和发射机，而光波波段可以减少链路子系统的质量和体积。ESA 小光学用户终端研究计划的小光学用户终端（SOUT）的质量仅为 25kg，功耗不超过 40W。该计划中的甚小光学用户终端（用于低轨道卫星之间的通信）体积更小、质量更轻、功耗更小，甚小光学用户终端（VSOUT）的质量只有 10kg，功耗为 20W 左右。

20 世纪 90 年代初，各国的空间光通信思想由数据中继主导。然而，随着时间的推移，一些潜在的中继数据用户将消失，而中低轨道小卫星星座星间激光链路作为一种新型潜在的星间激光链路正被推广应用到移动通信和多种方式对话的广大的小卫星网络中。由于这些新的远景的推动，ESA 在 1991 年开始了基础研究，调研了商业卫星星座对小型激光终端潜在的需求、可能的设计及解决办法，采用了新型的衍射光学技术和先进的微系统设计原理，使得设计很小且更轻的系统成为可能。

4. 星地激光链路

在全长 500~40000km 不等的星地激光链路中，必须另行考虑的大气信道长度为 12km，占全长度的比例非常小，但正是这比例很小的大气信道给星地激光通信带来了同其他星间激光通信完全不同的特点。相比较而言，星地激光通信要面对的问题与大气激光通信面临的问题非常类似，主要考虑大气对激光束的衰减、散射及大气湍流对激光束光强的闪烁效应等；所不同的是，近地大气激光通信通常不用考虑云层的影响，但这是星地激光通信必须考虑的问题。此外，LEO-地面的星地链路还需要考虑 PAT 问题。

同其他星间激光链路相比，星地激光链路目前还不成熟。

12.4 水下激光通信

12.4.1 概述

1. 水下光通信的提出

据不完全统计，截至 1995 年，地球上现役潜艇大约 950 艘。在众多的潜艇中，装备有战略核导弹的核潜艇是一种机动能力极强、隐蔽能力极强、抗首次打击能力极强的战略核力量，得到了包括我国在内的多个有核国家的重视。核潜艇的这些优良特性主要得益于其超强的水下续航能力——由核反应堆提供长期水下续航的动力和艇员必需的氧气，为保证其生存性和打击突然性，值班核潜艇通常需要在远离大陆的大洋水下 200m 左右潜航。

在水中传播的各种波中，以纵波（声波）的衰减最小，因而声呐技术和水声信息传输技术被广泛采用和关注。对电磁波这种横波而言，由于海水是良导体，趋肤效应将严重影响电磁波在海水中的传输，以致在陆地上广为应用的无线电波和微波在水下几乎无法应用。电磁波在有电阻的导体中的穿透深度与其波长直接相关，短波穿透深度小，而长波的穿透深度要大一些，因此，长期以来，超大功率的长波通信成为对潜通信的主要形式。不过，即使是超长波通信系统，穿透海水的深度也极有限（最深仅达 80m），而且超低频系统耗资大，数据率极低，易遭受敌方直接攻击或核爆炸电磁脉冲的破坏，难以得到好的效果。在 20 世纪 70 年代初，随着激光技术日益成熟，对潜水下光通信技术逐渐得到了人们的重视。1977 年，美国海军发表了一份研究报告，评估了卫星对潜激光通信的可行性，提出了初步方案和主要的技术要求，1978 年开始正式实施激光对潜通信的研究发展计划。苏联也几乎在同一时期开始研究激光对潜通信。

研究表明，在 400~580nm 波段，海水对光波传播损耗较低，水质较好时损耗可低于 0.05dB/m，这被称为海水的蓝绿窗口，利用海水的低损耗窗口即可实现对潜水下光通信。按大洋海水衰减系数为 0.1dB/m 考虑，如果考虑潜艇处于 200m 深的海水中，则海水损耗为 20~30dB，如果接收机灵敏度设计在 -45dBm（通常对潜通信速率都比较低，因此高灵敏度较易实现，这与高速光通信系统不同），接收天线只能收集到 1% 的光束能量，则只需要激光束进入海水后拥有 -5dBm 的功率即可。

2. 对潜激光通信的研究进展

美国对激光对潜通信的研究与发展很重视，美国海军从 1977 年提出卫星-潜艇通信的可行性后，就与美国国防高级研究计划局开始执行联合战略激光通信计划。1981年，美军在位于加利福尼亚海岸不远的地方进行了一次飞机对潜艇的激光通信实验，一架在12000m高空飞行的飞机与水下300m深处的潜艇实现了激光通信，实验表明，无论是在白天还是黑夜，系统均能很好地工作，每秒可传输几千比特的信息，这一实验的成功推动了美国对潜激光通信的研究。此后，美国海军以几乎每两年一次的频率，进行了6次以上海上大型蓝绿激光对潜通信试验，包括在更高的天空、长续航时间的模拟无人驾驶飞机与以正常下潜深度和航速航行的潜艇间的双工激光通信可行性试验，证实了蓝绿激光通信能在天气不正常、大暴雨、海水浑浊等恶劣条件下正常进行，在激光器、激光接收机和系统试验与方案方面都取得了较大的发展。

1983年年底，苏联在黑海舰队的主要基地塞瓦斯托波尔附近也进行了把蓝色激光束发送到空间轨道反射镜后再转发到水下弹道潜艇的激光通信试验。

我国国内也有多家单位相继开展了水下激光通信研究工作，在系统、有源光器件、光学滤波器、海水信道特性等方面都取得了很有价值的阶段性研究成果，某些器件综合性能指标达到了国际先进水平。

12.4.2 海水信道

1. 海水的透射光谱特性

海水对电磁波的衰减特性如图12-25所示，可知在可见光波段，海水有较好的透射特性。与大气一样的是，海水对光波的衰减主要还是由海水吸收和悬浮微粒散射引起，因此其衰减系数与光波波长、海水的浊度、生物含量、温度及深度有关，大洋海水一般的光衰减系数约为0.1dB/m。温度与盐度对衰减系数的影响不大，海水衰减系数与纯水的差异主要来自海中悬浮的粒子与溶解的其他物质。悬浮粒子与溶解物质对光的衰减随波长的减小而增强。由实验测知：含有浮游生物的海水，衰减系数比纯海水大；对于纯海水，波长为400~580nm的光波衰减系数较小，当波长大于580nm时，衰减系数显著增大；含有浮游生物的海水，绿光部分衰减系数最小，而红、紫光衰减系数最大。一般而言，大洋海水衰减系数最小的波段是480~500nm，近岸海水衰减系数最小的波段是530~580nm。

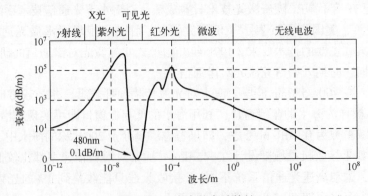

图12-25 海水的衰减特性

2. 海水对激光束传播的影响

由于海水密度比大气高，内容物远比大气的内容物丰富，因此光束在海水中的传播远比在大气中的传播更复杂，不过，光束在海水中传播遭受损伤的机理与在大气中传播时基本相同，也有所谓吸收、散射、扰动、热晕等。此外，对潜通信时光束往往需要从空气进入海水，因此还有光束在水空界面处受到的损伤。

1）海水吸收

海水的吸收特性与海水所含物质的成分密切相关。海水是一种十分复杂的物理、化学和生物系统，海水不仅含有水分子和无机溶解质，还包含大量的悬浮体和包括"黄色物质"的各种有机物，而且黄色物质在可见光范围对海水光吸收的贡献远大于水分子。黄色物质大多存在于河口和近海区，因此这些水域的水对光的吸收较强，外海和大洋水中有机物和悬浮物含量低，对光的吸收较弱。海水的吸收特性还表现出较大的易变性。对于同一水域不同深度、同一水域不同时间和不同水域，海水的吸收特性都表现出随时间和空间变化的特点。海水的吸收系数随深度的变化而改变，通常，吸收系数随海水的深度增加而减少。

2）海水散射

海水的散射比大气的散射复杂得多，海水的散射包括水本身的瑞利散射和海水中悬浮粒子引起的米氏散射及透明物质折射所引起的散射。纯水的散射被当作是一种分子散射，水分子的直径比可见光波长小几百倍，而分子半径远小于入射光波长的分子散射，可以用瑞利散射定律来描述。海水中悬浮粒子引起的散射属于米氏散射问题，悬浮粒子大小的分布和海水中粒子的浓度决定了米氏散射的大小。不同海区、不同水型的散射函数有很大的差别。清洁大洋水主要是水分子散射，沿岸混浊水大粒子散射占很大比重。海水散射的一个重要效应是对光能量的衰减，然而作为光的水下通信还存在另一个重要的效应是由海水微粒对光的多次散射引起的多径效应。这种效应使光信号在时间上和空间展宽，光的前向和后向散射对通信能力和机制产生重大的影响。同样道理，多次散射也使光信号功率大量衰减。

3）水空界面反射与散射

由于海水与空气折射率不同，因此水空界面存在反射，这使光束部分能量遭受反射而损耗；同时，由于海水平面是一个非常复杂的随机波动面，另外海面上不可避免地存在泡沫等漂浮物，这对光束的传播有强烈的散射作用；在一次通信过程中，海面时刻变化，对光束的散射损耗也时刻变化，这相当于在光强上叠加了一个低频随机噪声。

4）海水扰动

同大气湍流非常类似的是，海水会因为温度、盐度的不同而拥有不同的折射率。在海流、生物体扰动、温度差的作用下，光束传播路径上的海水折射率处于时刻变化之中，这与大气湍流效应非常类似。因此，可以预计，激光束在海水中传播时也存在光强起伏问题。不过，对潜通信中，光束在海水中的传播距离一般在 $10\sim300\mathrm{m}$；与海面扰动相比，海水水体扰动造成的光强起伏要小得多，故目前很少有人研究海水扰动问题。

5) 热晕效应

由于海水对光能量的吸收比空气要大得多，因此，如果潜艇发射大功率激光束，光束在海水中的热晕效应必远大于在空气中的情况。同时，海水受热生成高密度蒸汽气泡，对光束产生强烈的散射，造成非常大的损耗，对光束传播有致命的影响。为此，如果需要潜对空方向的通信，在保证总发射光功率不变的情况下，水下光学天线口径应尽量大一些，以避免单位面积内的光功率达到或超过产生高密度蒸汽气泡的程度。

3. 海水信道特性

光束在海水中传播时将受到损耗、光束扩散、多径色散、光强起伏等损伤。目前的研究中主要考虑的是前三点。

1) 损耗特性

光束在海水中传输，如果传输距离较短，与在大气中传输一样，衰减规律也服从指数规律，式（12-6）中 σ 为海水的衰减系数（单位为 Np，换算成 dB 时需要乘以 4.343），L 为光束传播距离。

$$A(L) = \exp(-\sigma L) \tag{12-6}$$

同大气一样，海水的衰减由多个部分组成，即

$$\sigma = \sigma_m + \sigma_a + \beta_m + \beta_a \tag{12-7}$$

式中：σ_m 为海水分子吸收系数；σ_a 为海水中悬浮微粒的吸收系数；β_m 为海水分子散射系数或瑞利散射系数；β_a 为海水中悬浮微粒的散射系数或米氏散射系数。

显然，海水的衰减系数与水中的浮游生物浓度、水中的悬浮粒子、盐分及温度有关，因此，对于不同海域和不同气候特征，衰减系数值就有可能不同。

事实上，海水的水质随深度而变化，即海水存在混浊度不同的水层，而且，不少时候这种变化还相当明显。海水的混浊度随深度的增加而增大，在 10~20m 处到达最大值，随后水质又逐渐变清，并趋于稳定。处理实际问题时，常需要对海水深度进行分层处理。

2) 光束扩散

激光束在海水中传播时除了沿传播方向的衰减外，还有在垂直于传播方向上的横向扩展。光束受到海水强散射作用，其向上的辐射能量分布在一个越来越大的圆形（或椭圆形）光斑内。扩散的程度与水质、激光发射器在水中的深度和水下发射角等因素密切相关。设辐射率分布 $F(\theta_R, \varphi_0, \delta)$ 是接收视场角、方位角和发射器深度的函数，可用数值积分法求出，即

$$F(\theta_R, \varphi_0, \delta) = \frac{\int_0^{2\pi} d\theta \int_0^{\theta_R} N(\theta_R, \varphi_0, \delta) \sin\varphi d\varphi}{\int_0^{2\pi} d\theta \int_0^{\pi} N(\theta_R, \varphi_0, \delta) \sin\varphi d\varphi} \tag{12-8}$$

式中：θ 为接收视场角，φ_0 为信号辐照度到达零时的角度；δ 为接收器光轴和入射光轴之间的偏斜角。

如果假设接收器光轴和入射光轴之间的偏斜角 $<<\delta$，并考虑到海水中光束入射角和海水深度的影响，式（12-8）可简化为一个线性结构，即

$$F(\theta_R,\varphi_0,\delta)=\frac{1-\cos\theta_R-\dfrac{1}{\delta\sin^2\varphi_0}\left[\cos\theta_R\sin^2\theta_R+2\cos\theta_R-2\right]}{1-\cos\theta_0-\dfrac{1}{\delta\sin^2\varphi_0}\left[\cos\varphi_0\sin^2\varphi_0+2\cos\varphi_0-2\right]} \qquad(12\text{-}9)$$

3）接收信号的总能量

综上所述，激光信号经过海水传输后，受到了海水的衰减 $A(L)$、辐射率分布引起的衰减 $F(\theta_R,\varphi_0)$、激光发射器和接收器孔径面积比引起的衰减，因此得到激光接收机探测器接收到的单脉冲能量为

$$E_R=E_p\frac{A}{S}A(L)F(\theta_R,\varphi_0) \qquad(12\text{-}10)$$

式中：E_p 为发射器光学系统输出的单脉冲能量（J）；S 为接收处光斑面积；A 为接收器孔径面积。

4）多径色散

对于窄光学脉冲，海水散射可以引起与光纤中模式色散相似的多径色散。散射脉冲场可以被反射到接收机，并合成为畸变的光学脉冲形状。图 12-26 给出了一个直接的平面波辐射线和几个散射光路。

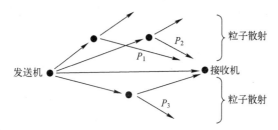

图 12-26 复合散射介质中的直接路径和散射路径

散射光被粒子散射而重新定向，但其中部分路径 P_1、P_2、P_3 最终被散射到接收机。如果从光源发射光学脉冲，散射路径上的光脉冲相对于直接路径上的光脉冲延时到达，并合并成一个比发射的光脉冲更加宽的光学脉冲，这一效应可视为多径色散。

光束在穿过海水的过程中，粒子对光束的影响作用与粒子大小（相对于波长的断面尺寸）和粒子密度（粗子的体积浓度）关系很大。低密度大尺寸粒子趋于服从一次散射理论，主要产生衰减作用；高密度小粒子服从多次散射理论，除衰减作用外，还产生光束散射和光波传播过程中波前的随机相位漂移作用。

由海水散射引起的激光脉冲传输时延差为

$$\Delta T=T_S-T_0=\frac{zn}{c}\left\{\frac{8}{27\omega_0\int_0^{2\pi}\gamma_0^2P(\gamma_0)\mathrm{d}\gamma_0}\left[\left(1+\frac{9}{4}\omega_0\tau\int_0^{\pi}\gamma_0^2P(\gamma_0)\mathrm{d}\gamma_0\right)^{\frac{3}{2}}-1\right]-1\right\}$$

$$(12\text{-}11)$$

式中：c 为光速；z 为海水深度；n 为海水折射率；$\omega_0=b/c$ 为海水单程散射反照率，c 为海水衰减系数，b 为海水体积散射系数，$1/b$ 即为海水的标准散射长度；$\tau=bz$ 为海水中深

度 z 范围内所包含的标准散射长度的个数,也就是光子与海水中粒子相互作用的次数,进而可以用 $\omega_0\tau$ 描述在深度 z 范围内光子被粒子散射的次数;γ_0 为光子与粒子单次碰撞时的散射角;$P(\gamma_0)$ 为粒子标量散射位相函数,它随水质的不同而具有不同的形式,实际应用中一般是通过实验测定各个散射方向上的散射光强度,然后拟合成经验公式。对于大粒子的散射情况,有经验公式

$$P(\gamma_0) = \frac{2b\eta}{\gamma_0}\exp(-\eta\gamma_0), \quad \eta \approx 10 \tag{12-12}$$

由式(12-11)可知,脉冲传输距离 z、海水反照率 ω_0、海水衰减系数 c 以及光子散射角 γ_0 直接影响着脉冲传输时延差 ΔT。图 12-27 中的曲线族描述了不同的海水状况对激光脉冲时延差的影响。

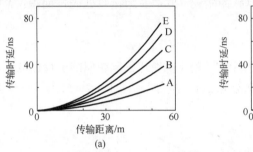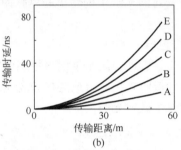

图 12-27 不同状况海水的激光脉冲时延差与传输距离的关系
(a) 海水衰减系数与脉冲时延差;(b) 海水反照率与脉冲时延差。

在图 12-28(a)中,海水反照率 ω_0 和光子散射角 γ_0 的均值一定,$\omega_0 = 0.75$,$\cos\gamma_0 = 0.995$,曲线 A、B、C、D、E 分别对应衰减系数 $c = 0.3\text{m}^{-1}$、0.5m^{-1}、0.7m^{-1}、0.9m^{-1}、1.1m^{-1}、1.3m^{-1}。当衰减系数增大时,表明水质变差,脉冲传输时延差显著增加。

在图 12-28(b)中,海水衰减系数 c 和光子散射角 γ_0 的均值一定,$c = 0.3\text{m}^{-1}$,$\cos\gamma_0 = 0.995$,曲线 A、B、C、D、E 分别对应于海水反照率 $\omega_0 = 0.60$、0.70、0.80、0.90、1.0。当海水反照率增大时,同样表明散射系数增大,水质变差,类似于图 12-28(a)中的情况,脉冲传输时延差显著增大。

12.4.3 水下激光通信的光源技术

1. 对光源的基本要求

水下光通信系统对光源的总体要求包括以下几点。

(1)工作波长。光源波长应处于海水的低损耗窗口(400~580nm),很多系统选择在 480nm 附近。

(2)功率。光源工作于连续波或脉冲状态,峰值功率必须足够大以保证接收光功率足够大,因水下光通信系统工作于可见光波段,此时背景光功率较大,因此与红外光通信相比,信号光功率也相应地更大一些。

(3)脉冲宽度。由于海水散射作用形成多径色散,光脉冲被展宽,在 AT 固定的情况下,展宽后的脉冲峰值幅度的下降量与原脉冲宽度有很大的关系,原脉冲越窄,脉冲峰值

幅度下降越大，因此如果光源为脉冲光源，脉冲应有足够的宽度以保证在存在较大的脉冲展宽的情况下接收光信号脉冲峰值功率还能维持一个较大的值。不过，脉冲宽度对信息速率影响较大，因此需要在二者之间平衡考虑。

（4）重复频率。若光源为脉冲光源，其重复频率应满足信息速率方面的要求。

显然，激光器仍是水下光通信的最佳选择。与光纤通信和大气激光通信不同的是，水下激光通信光源应为适应海水低损耗窗口的蓝绿激光器。

目前，对潜水下激光通信仍多采用 PPM 调制方式。

2. 固体蓝光激光器

海水透射窗口落在蓝光波段内，波长合适的蓝光激光成为海底探测和对潜通信的有效手段，国外许多著名的大公司及研究机构致力于蓝光激光器的研究工作，目前已经推出了多种较为实用的蓝光激光器产品。

早期人们把实现蓝光激光的重点放在气体激光器和染料激光器上面，但这些激光器都存在诸如设备庞大、效率低、寿命短和稳定性差而影响实际应用的严重问题。20 世纪 80 年代中期以来，随着固体激光器技术和非线性光学技术的飞速发展，人们开始在固体激光器领域探寻实现蓝光激光输出的有效方法。

获得高效蓝光激光输出的基本方法有以下几种。

（1）半导体激光器直接产生。

（2）半导体激光器泵浦固体激光器腔内倍频。

（3）由上转换激光器产生。

（4）近红外激光直接进行波长转换。

（5）半导体激光器与其他泵浦的固体激光器输出光和频。

12.4.4　对潜蓝绿激光通信系统

对潜蓝绿激光通信是指利用在海水低损耗窗口波长上的蓝绿激光，通过卫星或飞机与深水中潜行潜艇的通信，也包括水面舰只与潜艇之间的通信。一般来讲，蓝绿激光对潜通信系统可分为陆基、天基和空基三种方案，如图 12-28 所示。

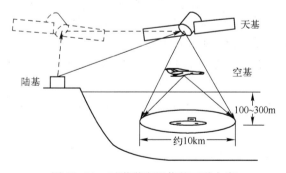

图 12-28　对潜激光通信的三种方案

1. 陆基系统

陆基系统由陆上基地台发出强脉冲激光束，由空间轨道上的卫星担任反射任务，将激光束反射至所需照射的海域，实现与水下潜艇的通信，这种通信也称作反射镜卫星方式。

陆基系统工作时，可通过星载反射镜将激光束扩束成宽光束，实现一个大范围内的通信，也可以压缩成窄光束，以扫描方式通信。陆基系统工作灵活，通信距离远，可用于全球范围内光束所能照射到的海域，通信速率也高，不容易被敌人截获，安全、隐蔽性好。此外，由于激光器置于地面，更换与修理也很方便，电源限制也小，因而对激光器的寿命和效率要求较低。

陆基系统也存在实现难度大的问题。在陆基系统中，激光束需要两次穿越大气层传输，受大气影响较大，主要表现为以下几点。

（1）受天气影响较大，上行光束须在晴朗天气下发射，或者设置多个发射基地以避开天气影响。

（2）受大气衰减和大气湍流影响严重，要求激光器有很高的发射功率。

（3）传输距离远，光束发散损耗大，如采用大口径发射光学天线压缩光束发散角，增加了对准和跟踪的难度，对反射镜阵列的精度要求也很高。

有的系统为缩短激光束在大气中的传输路程并降低大气传输衰减和湍流的影响，将陆基激光器发射的上行光束首先近似垂直地传至陆基台上方轨道的中继反射镜上，再由后者将激光反射到潜艇所在海域上空的空间轨道扫描反射镜，该镜将激光束近似垂直地射向水下潜艇，如图 12-29 中虚线所示。这种方案可简化大气补偿问题，但增加了一面空间反射镜，也增加了系统复杂度，因此可靠性受到影响。

2. 天基系统

天基系统将大功率激光器置于卫星上完成上述通信功能，也称作激光卫星方式。地面通过电通信系统对星上设备实施控制和联络，还可以借助一颗卫星与另一颗卫星的星际之间的通信，让位置最佳的一颗卫星实现与指定海域的潜艇通信。天基方案的优点是结构简单，隐蔽性好，跟踪扫描较容易。由于大功率激光器需要置于卫星上，其体积、质量、功耗、寿命都受到更严格的限制和要求，实现难度更大一些，且不易升级。

3. 空基系统

将大功率激光器置于飞机上，飞机飞越预定海域时，激光束以一定形状的波束（如长 15km、宽 1km 的矩形）扫瞄目标海域，完成对水下潜艇的广播式通信。

如果飞机高度为 10km，以 300m/s 速度飞过潜艇上空，激光束在海面上扫过一条 15km 宽的照射带。在飞机一次飞过潜艇上空约 3s 的时间内，可完成 40~80 个汉字符号的信息量的通信，这种方法实现起来较为容易，在条件成熟时，这种办法很容易升级至天基系统之中，其缺点是飞机的飞行易受敌方监视，因此潜艇隐蔽性弱，有可能危及战略核潜艇的生存。

思考题

1. 激光通信有何特点？
2. 简述激光通信的基本工作原理。

3. 星间激光通信有何优点？
4. 星间激光通信链路有哪些？
5. 试描述水下激光通信的优点。
6. 为什么水下光通信需要使用蓝绿激光？
7. 试描述光信号在海水中传播时受到的各种损伤。
8. 目前对潜水下激光通信有哪几种方案？试对它们进行简要描述。

参 考 文 献

[1] 高稚允, 高岳, 张开华. 军用光电系统 [M]. 北京: 北京理工大学出版社, 1995.
[2] 徐根兴. 目标和环境的光学特性 [M]. 北京: 中国宇航出版社, 1995.
[3] 王永仲. 现代军用光学技术 [M]. 北京: 科学出版社, 2003.
[4] 李世祥. 光电对抗技术 [M]. 长沙: 国防科技大学出版社, 2000.
[5] 李云霞, 蒙文. 光电对抗原理与应用 [M]. 西安: 西安电子科技大学出版社, 2009.
[6] 张敬贤, 李玉丹, 金伟其. 微光与红外成像技术 [M]. 北京: 北京理工大学出版社, 2001.
[7] 白廷柱, 金伟其. 光电成像原理与技术 [M]. 北京: 北京理工大学出版社, 2006.
[8] 邹异松, 等. 光电成像原理 [M]. 北京: 北京理工大学出版社, 2006.
[9] 白廷柱, 等. 光电成像技术与系统 [M]. 北京: 电子工业出版社, 2016.
[10] 白廷柱, 等. 光电成像原理与技术 [M]. 北京: 北京理工大学出版社, 2018.
[11] 宋丰华. 现代空间光电系统及应用 [M]. 北京: 国防工业出版社, 2004.
[12] 石晓光, 等. 红外物理 [M]. 杭州: 浙江大学出版社, 2013.
[13] 常本康, 蔡毅. 红外成像阵列与系统 [M]. 北京: 科学出版社, 2006.
[14] 付小宁, 王炳健, 王荻. 光电定位与光电对抗 [M]. 北京: 电子工业出版社, 2012.
[15] 梅遂生. 光电子技术 [M]. 北京: 国防工业出版社, 2008.
[16] 孙培懋, 李岩, 何树荣. 光电技术 [M]. 北京: 机械工业出版社, 2016.
[17] 江文杰, 等. 光电技术 [M]. 北京: 科学出版社, 2009.
[18] 秦永元. 惯性导航 [M]. 北京: 科学出版社, 2006.
[19] 苏中, 等. 惯性技术 [M]. 北京: 国防工业出版社, 2010.
[20] 高岳, 等. 光电检测技术与系统 [M]. 北京: 电子工业出版社, 2009.
[21] 沙定国. 光学测试技术 [M]. 北京: 北京理工大学出版社, 2010.
[22] 王小鹏. 军用光电技术与系统概论 [M]. 北京: 国防工业出版社, 2011.
[23] 范茂军. 传感技术——信息化武器装备的神经元 [M]. 北京: 国防工业出版社, 2008.
[24] 陈玻若. 红外系统 [M]. 北京: 兵器工业出版社, 1995.
[25] 戴永江. 激光雷达技术 [M]. 北京: 科学出版社, 2009.
[26] 欧阳杰. 红外电子学 [M]. 北京: 北京理工大学出版社, 1997.
[27] 饶瑞中. 现代大气光学 [M]. 北京: 电子工业出版社, 2010.
[28] 许波, 等. 光电对抗中的烟幕技术 [J]. 弹箭与制导学报, 2002, 22 (2): 78-80.
[29] 周治伟, 等. 激光测距干扰与反干扰技术研究 [J]. 红外与激光工程, 2005, 34 (6): 646-650.
[30] 孟献丰, 等. 激光技术的应用与防护 [J]. 红外与激光工程, 2005, 34 (2): 136-141.
[31] 陈福胜. 概念、趋势与对策——军用光电系统技术发展的战略思考 [J]. 光学与光电技术, 2005, 3 (1): 1-4.
[32] 周维虎, 等. 军用光电系统总体技术研究 [J]. 红外与激光工程, 2006, 35: 9-14.